房屋市政工程施工安全较大及以上事故分析

（2020—2022年）

中国建设教育协会建筑安全专委会
首都经济贸易大学建设安全研究中心　组织编写
陈大伟　等编著

中国建筑工业出版社

图书在版编目（CIP）数据

房屋市政工程施工安全较大及以上事故分析．2020—2022年/中国建设教育协会建筑安全专委会，首都经济贸易大学建设安全研究中心组织编写；陈大伟等编著．—北京：中国建筑工业出版社，2024.5
ISBN 978-7-112-29838-9

Ⅰ.①房… Ⅱ.①中…②首…③陈… Ⅲ.①房屋－市政工程－工程事故－事故分析－中国 Ⅳ.①TU990.05

中国国家版本馆CIP数据核字（2024）第089863号

本书分为上篇和下篇。上篇是对2020—2022年房屋市政工程领域发生的47起施工安全较大及以上事故案例的分析（已公布事故调查报告），从事发经过、原因分析到教训总结三个层面进行详细阐述。下篇是对2020—2022年房屋市政工程领域施工安全较大及以上事故的专项分析，从事故总体情况、事故发生地区、事故类型、各方主体责任、事故类型多个维度进行分析。本书旨在通过具体案例的分析，深入查找存在于事故背后、导致事故发生的根本原因和深层次问题，总结事故隐患特征规律，深刻吸取事故经验教训，防止悲剧的重演。

责任编辑：高　悦　张　磊
责任校对：张惠雯

房屋市政工程施工安全较大及以上事故分析（2020—2022年）
中国建设教育协会建筑安全专委会
首都经济贸易大学建设安全研究中心　组织编写
陈大伟　等编著
*
中国建筑工业出版社出版、发行（北京海淀三里河路9号）
各地新华书店、建筑书店经销
北京龙达新润科技有限公司制版
北京云浩印刷有限责任公司印刷
*
开本：787毫米×1092毫米　1/16　印张：34¼　字数：852千字
2024年5月第一版　2024年5月第一次印刷
定价：**128.00**元
ISBN 978-7-112-29838-9
（42904）

编写委员会

评审委员会

前言

为深刻汲取住房城乡建设领域重特大事故教训，以案为鉴、警钟长鸣，我们组织编写了《房屋市政工程施工安全较大及以上事故分析（2020—2022年）》一书。本书分为上篇和下篇。上篇是对2020—2022年房屋市政工程领域发生的47起施工安全较大及以上事故案例的分析（已公布事故调查报告），从事发经过、原因分析到教训总结三个层面进行详细阐述。下篇是对2020—2022年房屋市政工程领域施工安全较大及以上事故的专项分析，从事故总体情况、事故发生地区、事故类型、各方主体责任、事故类型多个维度进行分析。本书旨在通过具体案例的分析，深入查找存在于事故背后、导致事故发生的根本原因和深层次问题，总结事故隐患特征规律，深刻吸取事故经验教训，防止悲剧的重演。

建筑施工安全事故的发生不仅造成了人员伤亡和财产损失，更对建筑业的高质量发展构成严峻挑战。每一次事故都是一个深刻的教训，是对生命尊严和安全责任的严峻考验。本书不仅是对过往事故的记录，更是一份深思熟虑的反思与前瞻，旨在激发建筑业和全社会对安全问题的持续关注和不断探索。我们坚信，通过对过往事故案例的学习，能够提升个人与团队的安全意识，切实提高风险认知和隐患治理能力，为住房城乡建设领域安全生产形势稳定向好，重特大生产安全事故得到有效遏制发挥重要作用。

感谢中国建设教育协会建筑安全专委会、首都经济贸易大学建设安全研究中心为本书付出的辛勤工作，感谢各位业内专家为本书分享的宝贵经验。若您在阅读中有任何意见或建议，请及时与我们沟通反映： jzaq@ccen. com. cn。

目录

上篇　2020—2022年较大及以上事故调查报告

上　篇

2020—2022 年较大及以上事故调查报告

1 2020年较大及以上事故调查报告

1.1 湖北省武汉市“1·5”较大坍塌事故调查报告

2020年1月5日15时30分左右，位于JX区的武汉某旅游开发项目一期一（1）二标段发生一起较大坍塌事故，造成6人死亡，6人受伤。事故直接经济损失为1115万元。

1.1.1 事故工程及参建各方基本情况

事故项目为武汉某旅游开发项目一期一（1）二标段，位于武汉市JX区，主要建设1栋餐饮场所（地上2层），地下1层为停车库。总建筑面积为22048.09m^2，总建筑高度为24.8m，其中，地下1层建筑面积为11029.28m^2，地上2层建筑面积为11018.81m^2，层高6m。发生坍塌建筑为地上建筑门楼部分，建筑面积267.1m^2，横向跨度为20m，纵向跨度为21.3m，坡屋面结构坡度约为22.56°，层高8.8～11.5m。事发时现场正在进行饮食中心门楼坡屋面的混凝土浇筑。

1.1.2 事故发生经过及救援情况

1. 事故发生经过

2020年1月4日晚，施工单位负责人赵某、技术负责人陈某、施工员漆某3人商量饮食中心门楼混凝土浇筑有关事宜。当晚，赵某联系劳务单位泥工班负责人徐某，问其是否有时间安排人员进行混凝土浇筑作业，徐某告知赵某第二天（1月5日）可以安排。随后，漆某联系了商混供应单位销售人员张某协商第二天的混凝土运送事宜，陈某联系劳务单位木工班郑某，要求其安排两名木工第二天到浇筑现场进行模板加固。

1月5日8时左右，劳务单位泥工班康某、成某、陈某（一）、陈某（二）、邓某、钱某、卢某、徐某（女）、成某（女）9人来到施工现场，卢某负责在混凝土泵车上放料，其余8人负责在屋面浇筑混凝土。木工班陈某、李某2人在下方架体内观察混凝土浇筑时架体的状态，并处置异常情况。商混供应单位混凝土泵车操作员徐某在浇筑作业面操作混凝土泵车，负责遥控打泵。施工员漆某在浇筑作业面负责现场施工管理。

如图1所示，1月5日10时左右，完成KZ1框架柱的浇筑。10时30分，完成KZ3

框架柱的浇筑。12时左右，完成A作业面浇筑。12时30分左右吃完午饭后，接着浇筑门楼四周大梁。14时50分左右，开始对B、C、D作业面进行浇筑，此时合计浇筑了160多立方米混凝土（总浇筑量为180m^3）。15时30分左右，在浇筑E作业面过程中，门楼中间部位（B作业面）突然塌陷，随即整个门楼全部垮塌，造成12名施工人员被困。事故发生后，现场人员立即拨打120、119等急救电话。

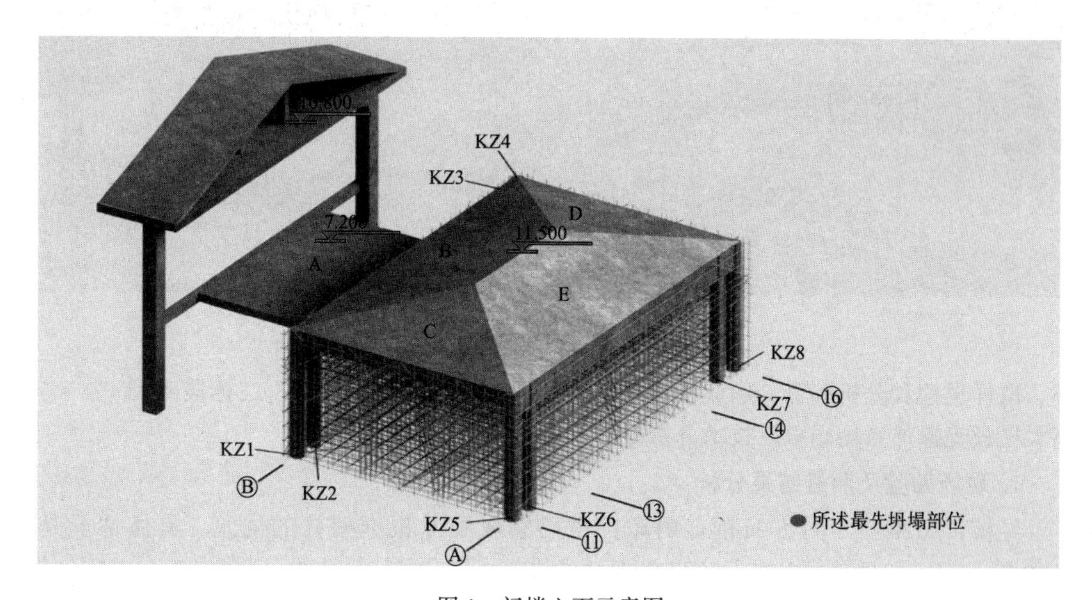

图1　门楼立面示意图

2. 事故救援情况

经现场全力救援，于1月5日18时30分左右，先后救出7人送往JX区第一人民医院进行救治，其中1人经抢救无效死亡，6人受伤情况稳定。

1月6日凌晨1时20分左右至凌晨4时10分左右，2人经抢救无效宣布死亡。凌晨6时5分左右，1人被救出，现场确认已死亡。1月6日15时30分左右，2人被救出，现场确认已死亡。

1月6日16时17分左右，现场经全面排查后确定无其他被困人员，搜救和清理工作全部结束（图2）。

1.1.3　事故伤亡及直接经济损失情况

事故共造成6人死亡，6人受伤，直接经济损失约为1115万元，具体如下：6名死者善后赔付费用为1014万元；6名伤者目前均已康复出院，产生的救治及赔付费用为96万元；伤亡者家属住宿、饮食等其他事务性费用为5万元。

1.1.4　技术分析情况

事故调查组邀请5名相关行业领域的专家进行了技术分析，通过查阅资料、人员询

图2　救援结束后事故现场

问、取样送检和分析验算，形成了武汉某旅游开发项目一期一（1）二标段项目“1·5”高大模板支撑体系坍塌事故技术分析报告，有关情况如下。

1. 现场勘验及测量结果分析

经核，2020年1月5日前，坍塌门楼已完成了6根框架柱的浇筑。具体情况是：2019年12月13日完成KZ5、KZ7框架柱的浇筑；2019年12月30日完成KZ6、KZ8框架柱的浇筑；2020年1月3日完成KZ2、KZ4框架柱的浇筑。

在对15处现场未遭破坏的脚手架立杆步距进行测量后，发现有9处脚手架立杆步距超出施工方案中脚手架立杆步距1.2m的要求，脚手架实际搭设不符合施工方案要求。

轴线处400mm×1200mm大梁下方双排支撑立杆、扫地杆及第一步水平杆处均缺少纵向水平杆。

2. 材料取样检测情况

事故发生后，市建设工程安全监督站组织江夏区建筑管理站、建设单位、施工单位对事故现场钢管、顶托、扣件等材料进行取样，委托湖北省建筑工程质量监督检验测试中心进行检测，发现部分直角扣件抗破坏性能不合格、旋转扣件抗滑及抗破坏性能不合格、可调托撑部分抗压性能不合格、钢管弯曲试验不合格。

3. 模板支架复核及验算原专项施工方案复核情况

根据原专项施工方案搭设参数表及施工工艺要求，通过分析计算坍塌区域⑯轴线处400mm×1200mm、B轴线处400mm×2560mm两根大梁模板支架立杆稳定性，原施工方案设计参数长细比及稳定性均能满足要求。

4. 施工情况验算分析

现场⑯轴线处400mm×1200mm梁底下方双排支撑立杆、扫地杆及第一步水平杆处均缺少纵向水平杆。按最不利受力情况考虑，步距取2600mm，钢管壁厚取现场检测平均壁厚2.4mm计算，该处立杆长细比及稳定性均不满足安全技术规范要求。

现场坡屋面混凝土浇筑未按照方案规定进行对称浇筑，产生的附加弯矩导致B轴线处400mm×2560mm梁底支撑立杆稳定性超出安全技术规范要求。

1.1.5　事故直接原因

事故调查组依据法律、法规和规定，通过调查取证和综合分析，认定造成事故的原因如下：

门楼高大模板支撑体系架体未按照施工方案要求进行搭设，轴线处400mm×1200mm梁支架沿梁跨度方向扫地杆、第一步水平杆缺失，使得水平杆步距超过方案设计步距的两倍以上，致使梁支架的稳定性不满足设计承载要求，且门楼高大模板支撑体系在搭设完毕后未按要求进行验收。现场在进行浇筑时，违反专项施工方案中采用对称浇筑的要求，对门楼坡屋面采用不对称浇筑，实际产生的附加弯矩增加了B轴线处400mm×2560mm梁支架立杆承受的压力，导致该处梁支架稳定性不满足设计承载要求。现场浇筑完竖向结构（KZ1和KZ3两根框架柱）后，未按照方案中“竖向结构强度达到50%以后，再浇水平构件”的要求，随即开始梁板浇筑，由于竖向结构强度不够，B轴线处400mm×2560mm梁钢筋随支架变形下挠，将框架柱拉倒，增加了事故的规模和惨烈程度。事后，经对现场高大模板支撑体系架体材料（钢管、扣件、可调顶托）进行取样，并送检，发现部分材料不合格，导致架体承载力及稳定性低于专项方案的设计预期。上述原因叠加，导致事故发生。

1.1.6　事故间接原因

调查发现相关企业、属地及行业管理部门在日常管理和监督检查中，存在以下主要问题。

1. 企业安全生产主体责任落实不到位

（1）施工单位安全管理责任落实不到位：一是未严格审核劳务单位相关建设施工劳务作业资质，把劳务工程发包给不具备安全生产条件的劳务单位。二是未严格按照方案要求进行高大模板支撑体系搭设，且未严格落实高大模板支撑体系安全验收程序，在高大模板支撑体系搭设完成后，未按规定组织验收。三是未严格落实高大模板支撑安全专项施工方案要求，在浇筑完门楼KZ1和KZ3两根框架柱后，在强度未达到要求的情况下即开始上部梁板的混凝土浇筑。四是未按规定对高大模板支撑体系架体材料进行查验，部分钢管、扣件、可调顶托等材料不合格，导致架体的承载力及稳定性不满足方案的设计预期。五是盲目组织现场施工，在总监理工程师未签署浇筑令的情况下违规组织浇筑施工作业。六是未按要求配备专职安全生产管理人员，项目安全员未取得相关安全管理资格。七是未按规定组织开展安全教育培训，在施工作业前未有效组织安全技术交底，相关工作台账不健全。

（2）项目劳务单位安全生产责任落实不到位：一是未取得建设施工劳务作业资质及安全生产许可证书，不具备承揽建设施工劳务工程的资格。二是在承接劳务工程后，将劳务工程转包给个人劳务队伍，存在违法转包行为。三是安全生产基础工作薄弱，未建立安全生产责任制和安全管理制度，未配备专职或者兼职的安全生产管理人员，无相关安全教育培训和安全检查工作台账。四是未对现场劳务作业过程实施管控，未督促检查劳务安全生产工作，安全管理缺位。

（3）监理单位安全监理责任落实不到位：一是未有效督导和检查项目监理机构工作，未合理安排和组织现场安全监理工作，项目监理人员未经监理业务培训，安全监理工作能力不足。二是未严格审核劳务单位相关建设施工劳务作业资质，进场前对劳务单位资质把关不严。三是未严格履行危险性较大的分部分项工程（简称危大工程）的验收程序，高大模板支撑体系搭设完毕后未组织安全验收，未及时发现存在的安全隐患。四是现场安全监理和巡查检查缺位，事故当天无监理人员在岗，未及时发现和制止现场违规浇筑施工行为，未有效实施危险性较大的分部分项工程旁站监理。五是未严格开展项目日常安全监理工作，监理日志未全面记录危险性较大的分部分项工程实施情况，安全监理基础工作不扎实。

（4）建设单位安全管理责任落实不到位：一是未全面掌握高大模板支撑体系施工进度，未及时督促项目严格落实危险性较大的分部分项工程的验收程序。二是未有效开展现场巡查，未及时发现和制止现场违规浇筑施工行为。三是未按军运会期间停复工工作要求，组织施工、监理单位对项目复工前的安全生产状况进行检查，隐患排查治理不到位。

2. 属地及行业管理部门安全监管责任履行不到位

（1）JX区建筑管理站作为辖区房屋和市政基础建设工程质量及安全的监督管理部门，未严格履行安全监管责任：一是未严格落实冬期房建工程安全生产专项整治行动有关要求，未有效督促项目参建各方开展危险性较大的分部分项工程管理情况的自查自改。二是未及时发现无资质劳务单位承接项目劳务工程的问题，日常安全监督检查工作不细致。三是对项目在军运会期间的停复工抽查检查工作不到位，未能及时发现项目高大模板支撑体系安全验收未落实的问题。

（2）JX区住房和城乡建设局作为江夏区建筑管理站上级主管单位，未有效督促和指导区建筑管理站开展安全监督管理，对区建筑管理站未严格落实冬期房建工程安全生产专项整治行动实施方案的问题失察。

（3）JX区人民政府作为属地政府，安全生产属地监管责任落实不到位，未深入督促和指导辖区开展建筑行业安全生产隐患排查工作，对区住房和城乡建设局安全监管责任履行不到位的问题失察。

1.1.7　事故性质、责任区分及处理建议

经调查认定，该事故是一起较大生产安全责任事故。依据有关法律、法规和规定，事故调查组建议对事故有关单位和个人处理如下。

1. 建议移送司法机关追究刑事责任的人员

（1）张某，男，施工单位项目经理，负责项目全面工作。未严格履行项目经理职责，未督促检查和参与项目安全生产工作，未按规定组织制订并实施项目安全生产教育和培训计划，未有效组织开展项目安全检查和隐患排查治理工作，对项目疏于管理。张某对上述问题负有直接责任，建议由司法机关对其依法追究刑事责任。

（2）赵某，男，施工单位项目负责人，主持项目日常工作。安全生产管理责任落实不到位，未严格审核劳务单位相关资质，安排无资质人员从事安全管理工作，未严格落实项目安全教育培训工作。在施工过程中，未对高大模板支撑体系构件安全质量情况进行进场前的核验，未按规定组织高大模板支撑体系安全验收，未及时发现支撑体系存在的安全隐患。在总监理工程师未签署浇筑令的情况下，违规组织浇筑施工作业。未严格落实高大模板支撑安全专项施工方案有关技术要求。赵某对上述问题负有直接责任，建议由司法机关对其依法追究刑事责任。

（3）陈某，男，施工单位项目技术负责人，负责项目安全技术措施的组织实施。未有效指导劳务单位严格按照方案要求进行高大模板支撑体系搭设，未落实高大模板支撑体系安全验收程序，在高大模板支撑体系未验收以及在总监理工程师未签署浇筑令的情况下，违规组织浇筑施工作业，且在施工作业前未按要求对现场作业人员进行安全技术交底。在实施浇筑过程中，未有效指导和督促现场作业人员落实高大模板支撑安全专项施工方案要求，在门楼框架柱浇筑完后，其强度未达到要求的情况下，即进行门楼上部梁板的混凝土浇筑，违反施工方案浇筑工序。陈某对上述问题负有直接责任，建议由司法机关对其依法追究刑事责任。

（4）何某，男，监理单位项目总监理工程师，未严格履行监理职责，未督促检查和参与项目日常监理工作，未按规定主持编写项目监理安全规划、审批项目安全监理实施细则等规章制度，对项目监理机构安全监理工作的落实情况不掌握、不了解，安全监理责任不落实。何某对上述问题负有直接责任，建议由司法机关对其依法追究刑事责任。

（5）夏某，男，监理单位项目总监理工程师代表，未有效组织开展项目日常监理工作，在无总监理工程师书面授权的情况下，行使总监理工程师安全监理职责和权力。未严格审核劳务单位相关资质。未有效督促项目开展高大模板支撑体系构件安全质量进场前的核验。未严格履行危险性较大的分部分项工程安全验收程序，高大模板支撑体系搭设完毕后未组织安全验收，未及时发现存在的安全隐患。未合理安排人员开展现场安全监理巡查，未及时发现和制止现场违规浇筑施工行为。未有效督促和指导监理人员按规范要求记录监理日志，安全监理基础工作落实不到位。夏某对上述问题负有直接责任，建议由司法机关对其依法追究刑事责任。

（6）蒋某，男，监理单位项目监理员，未严格履行安全监理责任，未督促项目落实高大模板支撑体系施工安全验收程序，未及时发现并消除高大模板支撑体系存在的安全隐患。未有效开展安全监理巡查，未及时发现和制止现场违规浇筑施工行为，安全监理缺位。蒋某对上述问题负有直接责任，建议由司法机关对其依法追究刑事责任。

（7）李某，男，劳务单位法定代表人，作为劳务单位主要负责人，未按规定建立、健全公司安全生产责任制度和安全管理制度，未严格组织和实施安全教育培训工作，未配备专职或兼职的安全生产管理人员，在未取得建设施工及劳务分包等相关资质和安全生产许可的情况下，违规承揽相关施工劳务工程，且违规将劳务工程分包给个人，安全生产责任未落实。李某对上述问题负有直接责任，建议由司法机关对其依法追究刑事责任。

2. 建议给予行政处罚的个人

（1）许某，男，施工单位总裁，未有效督促和检查单位安全生产工作，未有效督促和指导单位开展安全大检查和隐患排查治理，对单位承揽项目存在违法分包转包以及安全管理不到位的问题失察。许某对上述问题负有重要领导责任，根据《中华人民共和国安全生产法》第九十二条第（二）项规定，建议由市应急管理局对其实施行政处罚。

（2）王某，男，监理单位总经理、法定代表人，未有效督促、检查单位承接项目的安全监理工作，未合理设置项目安全监理机构和配备监理人员，对项目监理工作中存在安全监理缺位的问题失察，对项目安全监理巡查工作督促指导不到位。王某对上述问题负有重要领导责任，根据《中华人民共和国安全生产法》第九十二条第（二）项规定，建议由市应急管理局对其实施行政处罚。

（3）赵某，女，建设单位总经理、法定代表人，未有效督促、检查单位所属项目的安全生产工作，对项目安全管理不到位的问题失察，安全管理责任落实不到位。赵某对上述问题负有重要领导责任，根据《中华人民共和国安全生产法》第九十二条第（二）项规定，建议由市应急管理局对其实施行政处罚。

根据《中华人民共和国安全生产法》第一百零九条第（二）项规定，建议由市应急管理局对施工单位、监理单位实施行政处罚。

3. 建议给予党纪政务处分的人员

（1）熊某，男，JX区建筑管理站安全监督科安全监督员，负责事故项目的监督管理，未按要求督促项目参建各方开展危险性较大的分部分项工程管理情况的自查自改。日常安全监督检查工作不细致，未及时发现无资质劳务单位承接项目劳务工程的问题。对项目在军运会期间的停复工抽查检查工作不到位，未及时发现项目高大模板支撑体系安全验收程序不落实的问题。熊某对上述问题负有责任，建议由纪委监委按照干部管理权限和相关责任追究的规定进行处理。

（2）李某，男，JX区建筑管理站安全监督科安全监督员，负责配合做好事故项目的监督管理，未按要求督促项目参建各方开展危险性较大的分部分项工程管理情况的自查自改。日常安全监督检查工作不细致，未及时发现无资质劳务单位承接项目劳务工程的问题。对项目在军运会期间的停复工抽查检查工作不到位，未及时发现项目高大模板支撑体系安全验收程序不落实的问题。李某对上述问题负有责任，建议由纪委监委按照干部管理权限和相关责任追究的规定进行处理。

（3）陈某，女，JX区建筑管理站安全监督科科长，未有效开展冬期房建工程安全生产专项整治行动，未严格督促和检查辖区项目危险性较大的分部分项工程管理情况，虽曾组织对该项目进行安全检查，但未发现项目存在的安全隐患。陈某对上述问题负有责任，建议由纪委监委按照干部管理权限和相关责任追究的规定进行处理。

（4）林源，男，JX区建筑管理站副站长，分管质量监督、安全生产工作，未有效组织开展冬期房建工程安全生产专项整治行动，对整治行动开展情况督促指导不力。林某对上述问题负有主要领导责任，建议由纪委监委按照干部管理权限和相关责任追究的规定进行处理。

（5）金某，男，JX区住房和城乡建设局党组成员、区建筑管理站站长，分管JX区住房和城乡建设局安全生产管理以及建筑工程市场行为、质量安全、文明施工管理工作，主持区建筑管理站全面工作，未有效指导全区建设施工领域安全生产工作，对冬期房建工程安全生产专项整治行动中存在监管不到位的问题失察。金某对上述问题负有重要领导责任，建议由纪委监委按照干部管理权限和相关责任追究的规定进行处理。

（6）夏某，男，JX区住房和城乡建设局党组书记、局长，主持JX区住房和城乡建设局全面工作，对冬期房建工程安全生产专项整治行动中存在监管不到位的问题失察。夏某对上述问题负有重要领导责任，建议由纪委监委按照干部管理权限和相关责任追究的规定进行处理。

（7）张某，男，JX区人民政府副区长，临时主持区政府工作，分管区住房和城乡建设局。2019年以来，多次开会研究部署安全生产工作，深入现场开展安全检查和督办整改。特别在“迎大庆、保军运”战时期间及时传达、部署安全生产隐患排查和专项整治工作，要求强化监督检查。但对建筑行业安全生产隐患排查工作督促指导上，做得不够深、不够细，对区住房和城乡建设局安全监管责任履行不到位的问题失察。张某对上述问题负有领导责任，建议由纪委监委按照干部管理权限和相关责任追究的规定进行处理。

4. 其他处理建议

责成JX区建筑管理站和JX区住房和城乡建设局向JX区人民政府作出深刻书面检讨。

责成JX区人民政府向市人民政府作出深刻书面检讨。

1.1.8　事故防范及整改措施

（1）深刻汲取事故教训，切实落实安全生产责任。各区、各有关部门和企业要充分认识安全生产工作的极端重要性，进一步提高政治站位，牢固树立安全生产红线意识和安全发展理念，时刻筑牢安全生产思想防线，全面贯彻落实习近平总书记关于安全生产工作的重要讲话和指示批示精神，严格按照“三个责任”和“三个必须”的要求，不折不扣抓好各项工作落实落地。要深刻汲取事故教训，把安全生产工作摆在更加突出的位置，进一步健全安全生产责任体系，完善安全生产管理制度，扎实开展安全隐患排查治理工作，采取有力措施，有效防范和减少生产安全事故，切实推动安全生产形势持续稳定好转。

（2）加强危险性较大的分部分项工程安全管理，切实落实各项安全防范措施。项目参建各方要切实加强高大模板支撑体系等危险性较大的分部分项工程安全管理，建设单位在申请办理施工许可手续时，应当提交危大工程清单及其安全管理措施等资料。施工单位应当在危大工程施工前组织工程技术人员编制专项施工方案。对于超过一定规模的危大工程，施工单位应当组织召开专家论证会对专项施工方案进行论证。对于按照规定需要验收的危大工程，施工单位、监理单位应当组织相关人员进行验收。验收合格的，经施工单位项目技术负责人及总监理工程师签字确认后，方可进入下一道工序。专项施工方案实施前，编制人员或者项目技术负责人应当向施工现场管理人员进行方案交底。监理单位应当结合危大工程专项施工方案编制监理实施细则，并对危大工程施工实施专项巡视检查。

（3）严把资质审核关，杜绝违法分包转包等行为。要强化对劳务队伍和人员的安全管理，进一步规范工程发包分包行为。要严格把好工程项目准入关，加强安全生产条件审查，严禁将劳务项目发包给不具备安全生产条件或相应资质的单位和个人。要按规定签订安全生产管理协议，进一步明确发包与承包单位安全生产管理职责。加强施工现场组织协调，强化过程管控，督促劳务人员严格按照规范要求进行作业，对作业人员违章行为要及时制止和督促整改，确保现场施工安全。

（4）强化监管执法力度，深化建筑施工领域安全专项治理。要狠抓事前防范，进一步深化建筑施工领域安全大检查、“打非治违”和隐患排查治理工作，将事故扼杀在萌芽状态。要重点加强模板支撑、起重机械、深基坑、土方开挖、脚手架搭设、拆除等危险性较大的分部分项工程作业的监管，防范坍塌、高处坠落、机械伤害、起重伤害、物体打击等事故，进一步督促项目参建各方加强现场隐患排查，强化现场安全措施。要重点加强对现场安全管理混乱的、事故隐患较多以及整改不力的、安全施工条件不够的、近两年发生过事故的项目和单位的监管力度，加大巡查检查频次，有效实施管控。要对安全生产失信企业实行联合惩戒，使其一处失信，处处受限。通过严厉处罚手段，在全市在建项目和施工企业中起到教育警示和威慑作用。

1.2　浙江省宁波市“3·13”塔式起重机倒塌较大事故调查报告

2020年3月13日11时12分左右，位于宁波市ZH区骆驼街道的东西盛ZH08-05-01地块项目（一标段）某建筑工地发生17号塔式起重机倒塌事故，造成3人死亡、1人受伤，直接经济损失627万元。

1.2.1　基本情况

东西盛ZH08-05-01地块项目由房地产公司开发建设，项目用地面积为86736m^2，宗地用途为：住宅（适建多、高层住宅）。

1.2.2　事故发生经过、应急救援及善后处置情况

1. 事故发生经过

按照事故塔式起重机拆卸合同约定和拆卸告知表中明确的时间安排，于2020年3月13日上午7时30分左右，安装单位塔式起重机拆卸项目部负责人刘某带领塔式起重机拆卸工6名到达东西盛ZH08-05-01地块项目（一标段）某建筑工地，在承包单位对安装单位项目部作业人员进行技术交底后，准备开始拆卸作业。作业前，监理单位和施工单位旁站人员拉好警戒线后当即离开现场。

7时50分左右，塔式起重机拆卸工周某、李某（一）、王某、安全员李某（二）先行登上塔式起重机开始拆卸作业，塔式起重机司机莫某、拆卸工袁某在登塔过程中被刘某中途叫回，并派去维修19号楼施工升降机故障。

8时54分左右，由周某祥在司机室操作塔式起重机，吊起事故塔式起重机东侧地面上的配重块回转到西侧（指塔式起重机起重臂所指方向），进行第一次配平，接着与李某（一）、王某、李某（二）一起下到操作平台拔掉塔式起重机与标准节和标准节与标准节之间的连接销轴，拆出第一节标准节后，塔式起重机起重臂回转至东侧，将配重块放置地面后再次回转至西侧，吊起第一节已拆卸标准节，进行第二次配平。于10时24分左右，拆出第二节标准节后，操作塔式起重机将已拆出的第一节标准节放置西侧地面最

小幅度处。

10时37分左右，塔式起重机吊起第二节已拆卸标准节，进行第三次配平，并于11时3分左右拆出第三节标准节。11时9分左右，塔式起重机起重臂回转至东侧，小车开至最远幅度处，将第二节标准节放置地面。

11时12分左右，塔式起重机起重臂在空载状态下再次回转至西侧时，失去平衡，由西向东偏北侧开始翻转，塔式起重机上四名作业人员和塔式起重机上部结构一起坠落地面。

2. 事故应急救援

承包单位项目现场管理人员张某、李某和安装单位作业人员杨某、刘某等人，在获悉塔式起重机倒塌后，迅速赶到事故现场，和在现场指挥的刘某等人一起立即组织人员开展施救。事故发生后，镇海区应急管理局于3月13日14时35分向市应急管理局上报事故信息，市应急管理局第一时间向省厅和市政府汇报并按领导指示要求，迅速组织各相关单位负责人赶到事故现场，开展事故应急救援和善后工作。事发当天下午，作业人员王某和李某（一）于12时12分左右被送至宁波市第九医院、周某和李某（二）于12时26分被送至宁波市第七医院抢救。王某、李某（一）和周某三人因伤势过重，经抢救医治无效后死亡。

3. 事故善后处理

3月15日，在当地政府部门的牵头协调下，事故承包单位、安装单位积极与死者家属进行协商并签订赔偿协议。同日，死者家属向安装单位出具谅解书，事故善后工作平稳有序，死者家属情绪稳定。受伤人员送往医院积极救治中。

1.2.3　事故原因及性质认定

1. 事故直接原因

事故塔式起重机拆卸过程中，在塔式起重机过渡节与塔身未可靠连接的状态下，安装单位现场负责人指挥无资格作业人员违反塔式起重机操作手册及塔式起重机拆卸专项方案中的相关要求，操作塔式起重机进行了回转、变幅及吊运作业，致使爬升架受到附加倾覆力矩，造成爬升架杆件及连接部位失效，平衡臂、起重臂及回转总成等上部结构缺少支撑，失去平衡，整体翻转坠落，是事故发生的直接原因。

2. 事故间接原因

（1）事故塔式起重机安装单位未能满足企业相应资质的条件，安全生产管理不力，未能及时发现并消除生产安全隐患。

作为事故塔式起重机产权、出租和安装拆卸单位，一是单位技术负责人长期缺位，未能满足建筑企业起重设备安装工程专业承包壹级资质标准要求的条件，违反《中华人民共和国建筑法》第十三条、《建筑业企业资质管理规定》第二十八条和《建筑起重机械安全监督管理规定》第十条的规定；二是单位技术负责人长期缺位，由资料员在自行编制的塔式起重机拆卸专项施工方案上代为签字，违反《建筑起重机械安全监督管理规定》第十二条的规定；三是未安排专业技术人员进行现场监督，未配备专业技术负责人并定期进行巡查，违反《建筑起重机械安全监督管理规定》第十三条的规定；四是在塔式起重机拆卸时，对现场作业人员配备不到位、作业人员违反塔式起重机操作手册及塔式起重机拆卸专项方案进行作业、现场负责人违规指挥等行为，未能及时发现并予以消除，违反《中华人民共和国安全生产法》第三十八条的规定；五是未组织制订并实施本单位安全生产教育和培训计划，未对新上岗作业人员李某（一）进行安全生产教育和培训，违反《中华人民共和国安全生产法》第十八条、二十五条和《建设工程安全生产管理条例》第三十七条的规定。

（2）承包单位未认真履行安全生产主体责任，对事故塔式起重机安装拆卸单位监督管理不力。

作为项目工程总承包单位，又是塔式起重机承租使用单位，一是未健全和落实安全生产责任制和项目安全生产规章制度，对项目负责人李某（二）未按要求在岗履职的行为失察失管，违反《中华人民共和国安全生产法》第十九条、《建设工程安全生产管理条例》第二十一条和《建筑施工企业负责人及项目负责人施工现场带班暂行办法》第十一条的规定；二是事故塔式起重机拆卸作业时，项目负责人李某（二）未按要求在施工现场履职，违反《危险性较大的分部分项工程安全管理规定》第十七条的规定；三是未认真审核塔式起重机安装单位制定的塔式起重机拆卸专项施工方案，专职安全生产管理人员凌某未按要求在拆卸现场旁站，并对塔式起重机拆卸过程进行监督检查，违反《建筑起重机械安全监督管理规定》第二十一条的规定。

（3）工程监理单位履行监理责任不到位，未按照法律法规规定实施监理。

作为项目监理单位，一是未认真执行实施项目危大工程专项施工方案监理实施细则，且事发时监理员李某不在拆卸作业现场旁站，并对塔式起重机拆卸过程进行监督检查，监理工作不到位，违反《房屋建筑工程施工旁站监理管理办法（试行）》第二条和第四条的规定；二是未认真审核塔式起重机拆卸专项施工方案，并监督塔式起重机安装单位执行塔式起重机拆卸工程专项施工方案，违反《建筑起重机械安全监督管理规定》第二十二条的规定；三是对工程总承包单位的项目负责人李某（二）未按要求在岗履职的行为，未下达整改通知，也未向有关主管部门报告，违反《建设工程安全生产管理条例》第十四条、《建筑起重机械安全监督管理规定》第二十二条和《危险性较大的分部分项工程安全管理规定》第十九条的规定。

（4）建设单位未认真落实安全生产责任制，对发现的安全问题督促整改不力。建设单位未认真履行管理职责，组织安全生产大检查落实不力。对工程总承包单位安全生产工作管理不到位，对工程总承包单位项目负责人李某（二）未按要求在岗履职问题，未及时督促整改等，违反《中华人民共和国安全生产法》第四十六条的规定。

（5）行业主管部门及属地政府安全生产监管不力。

当地建设主管部门及属地政府对建筑领域尤其是危大工程安全生产工作监管不到位，对工程总承包单位的项目负责人李某（二）未按要求在岗履职、塔式起重机安装单位专业技术负责人长期缺位和未能满足建筑企业起重设备安装工程专业承包壹级资质标准要求的条件等问题失察失管。

3. 事故性质

经调查认定，这是一起较大生产安全责任事故。

1.2.4 对事故有关责任人员和责任单位的处理意见

1. 免予责任追究人员

(1) 周某，男，事发时17号事故塔式起重机司机，无塔式起重机司机资格证，违规操作，导致塔式起重机坍塌，对事故的发生负有直接责任。鉴于其在事故中死亡，建议免予责任追究。

(2) 李某(二)，男，专职安全生产管理人员，未按要求履行现场安全生产监督职责，对事故的发生负有直接责任。鉴于其在事故中死亡，建议免予责任追究。

2. 建议移送司法机关追究刑事责任人员

刘某，安装单位项目负责人，17号事故塔式起重机施工现场负责人，指挥作业人员违规操作，施工作业现场安全管理不到位，对事故的发生负有直接管理责任，涉嫌犯罪，建议由司法机关立案侦查。

3. 建议给予行政处罚的责任人员

(1) 黄某，女，安装单位法定代表人，主持单位全面工作，督促、检查安全工作不力，未能及时发现并消除生产安全事故隐患，对事故的发生负有责任。按照《中华人民共和国安全生产法》有关规定，建议由宁波市应急管理局依法给予行政处罚。

(2) 庄某，男，承包单位法定代表人，未认真履行主要负责人安全生产工作职责，对项目负责人未按要求在岗履职的行为失察失管，对事故的发生负有责任。按照《中华人民共和国安全生产法》有关规定，建议由宁波市应急管理局依法给予行政处罚。

(3) 吴某，男，监理单位法定代表人、总经理，未认真督促、检查本单位的安全生产工作，及时消除生产安全事故隐患，对公司从业人员疏于管理，对事故的发生负有责任。按照《中华人民共和国安全生产法》有关规定，建议由宁波市应急管理局依法给予行政处罚。

(4) 张某，男，建设单位法定代表人，未正确履行企业安全生产主要负责人职责，未督促下属部门及时消除生产安全隐患，安全生产管理不力，对事故发生负有领导责任。按照《中华人民共和国安全生产法》有关规定，建议由宁波市应急管理局依法给予行政处罚。

4. 建议由建设主管部门依法作出相应处理的其他责任人员

(1) 姚某，男，原安装单位技术负责人，弄虚作假，长期出借资格证书，未实际在岗履职，对事故的发生负有责任。按照《建设工程安全生产管理条例》的相关规定，建议由建设主管部门依法对其作出相应处理。

(2) 李某(一)，男，承包单位项目负责人，东西盛ZH08-05-01地块项目(一标段)项目经理，作为备案项目负责人，长期未按要求在岗履职，事故塔式起重机拆卸作业时，未按要求在施工现场履职。按照《建筑施工企业主要负责人、项目负责人和专职安全生产管理人员安全生产管理规定》有关规定，建议由建设主管部门依法对其作出相应处理。

(3) 凌某，男，承包单位员工，东西盛ZH08-05-01地块项目(一标段)专职安全生产管理人员，未按要求在拆卸现场旁站，对塔式起重机拆卸过程监督检查不到位，对事故的发生负有直接管理责任。按照《建筑施工企业主要负责人、项目负责人和专职安全生产管理人员安全生产管理规定》有关规定，建议由建设主管部门依法对其作出相应处理。

（4）李某，男，监理公司员工，东西盛 ZH08-05-01 地块项目（一标段）施工项目监理，未能正确实施项目监理规划和细则，且事发时不在拆卸作业现场旁站，对事故塔式起重机拆卸施工监督不到位，对事故的发生负有直接管理责任。按照《建筑起重机械安全监督管理规定》有关规定，建议由建设主管部门依法对其作出相应处理。

5. 对责任单位的处理建议

（1）安装单位未认真落实企业安全生产主体责任，对单位员工管理不到位，对事故的发生负有主要责任。根据《中华人民共和国安全生产法》等有关规定，建议由宁波市应急管理局依法给予行政处罚。

（2）承包单位企业安全生产主体责任落实不到位，对事故的发生负有责任。根据《中华人民共和国安全生产法》等有关规定，建议由宁波市应急管理局依法给予行政处罚。

（3）监理单位未能依照法律法规实施监理，对事故的发生负有责任。根据《中华人民共和国安全生产法》等有关规定，建议由宁波市应急管理局依法给予行政处罚。

（4）建设单位对工程总承包单位安全生产工作管理不到位，对事故的发生负有责任。根据《中华人民共和国安全生产法》等有关规定，建议由宁波市应急管理局依法给予行政处罚。

对于以上事故责任单位涉及违反《中华人民共和国建筑法》和《建设工程安全生产管理条例》等法律法规有关规定的其他行为，建议由建设主管部门依法依规作出相应处理。

6. 建议给予相关政务处分及组织处理的人员

（1）黄某，男，ZH 区住房和建设交通局党委委员、四级调研员，对分管领域的安全生产工作监督不到位，对事故的发生负有领导责任。按照《宁波市地方党政领导干部安全生产责任制实施办法》相关规定，建议给予诫勉处理。

（2）陈某，男，ZH 区建筑（交通）工程安全质量监督站站长，未能正确履行职责，对工程总承包单位的项目负责人未按要求在岗履职、塔式起重机安装单位的企业资质不符合要求等问题监管不到位；对危大工程安全监管不够到位，对事故的发生负有直接领导责任。按照《行政机关公务员处分条例》和《宁波市地方党政领导干部安全生产责任制实施办法》相关规定，建议给予政务警告处分。

（3）曹某，男，ZH 区 LT 街道办事处总工会主席，未能正确履行职责，对辖区内工程建设安全生产的监督检查不到位，对事故的发生负有领导责任。按照《宁波市地方党政领导干部安全生产责任制实施办法》相关规定，建议给予诫勉处理。

7. 其他处理建议

（1）建议责成 ZH 区政府向宁波市政府作出深刻书面检讨，并抄送宁波市应急管理局。

（2）建议责成 ZH 区住房和建设交通局、LT 街道办事处向 ZH 区政府作出深刻书面检讨。

1.2.5　事故教训及防范整改措施建议

该建筑施工“3·13”塔式起重机倒塌较大事故的发生，充分暴露出相关责任单位安全意识淡薄、主体责任缺失、监管执法不到位等问题。当前仍处于疫情防控和企业复工复产全面推进阶段，为深刻吸取事故教训，坚决防范化解重大风险，确保不再发生类似生产安全责任事故，针对事故暴露出的问题，提出以下防范整改措施建议。

1. 严格安全生产责任制落实，增强安全生产意识

各地党委、政府和相关部门要坚决贯彻落实习近平总书记关于安全生产的三系列重要指示批示精神，切实落实省、市关于“一手抓防疫复工，一手抓安全生产”的部署要求，树牢安全发展理念，坚持安全发展，坚守“发展绝不能以牺牲安全为代价”这条不可逾越的红线，提高对建筑行业的高风险性认识，杜绝麻痹意识和侥幸心理。要按照《地方党政领导干部安全生产责任制规定》有关要求，严格落实“党政同责、一岗双责、齐抓共管、失职追责”，层层压实责任，切实解决安全监管工作走过场、流于形式等问题，增强发现安全隐患问题能力水平。建设主管部门要按照“管行业必须管安全，管业务必须管安全，管生产经营必须管安全”要求，切实落实行业监管责任，加强基层一线监管力量，注重信息化监管手段实际运用，依照法定职责提高现场监管效能。要高度重视建筑领域危险性较大分部分项工程的安全监管工作，细化监管措施，加强检查督导，协调解决重大隐患问题。要着重加强对建筑企业取得建筑企业资质后是否满足资质标准和市场行为的监督管理。特别是要严格执行《生产安全事故报告和调查处理条例》的有关规定，督促企业按时上报事故情况，妥善保护事故现场及相关证据，各地负有安全生产管理职责的部门要严格执行事故上报要求。

2. 开展建筑起重机械设备专项检查，加大行业监管执法力度

建设主管部门要进一步加强建设领域的打非治违工作，重点集中打击和整治以下行为：建设单位不办理施工许可、质量安全监督等手续，施工单位弄虚作假，无相关资质或超越资质范围承揽工程、转包工程、违法分包工程；施工单位主要负责人、项目负责人、专职安全生产管理人员无安全生产考核合格证书，特种作业人员无操作资格证书，从事施工活动的行为；施工单位不认真执行主要负责人及项目负责人施工现场带班制度；施工单位违反《危险性较大的分部分项工程安全管理规定》，不按照建筑施工安全技术标准规范的要求，对深基坑、高大支模架、建筑起重机械等重点工程部位进行安全管理；加大对施工现场管理混乱，违章操作、违章指挥等违法违规行为的查处力度。

3. 切实强化企业主体责任落实，提高安全生产管理能力

建设单位要认真履行企业安全生产主体责任，建立健全、有效运行安全生产责任体系。严格落实建设单位对施工项目的管理责任，坚决杜绝项目负责人、专职安全生产管理人员等关键岗位人员缺位失职等现象。施工单位、监理单位和建筑起重设备租赁、安装单位要严格落实《建设工程安全生产管理条例》《建筑起重机械安全监督管理规定》等有关规定，严格执行安全生产规章制度，严禁无证上岗、无照经营，杜绝“三违”现象；要认真开展安全生产教育培训，切实增强员工的安全生产意识和操作技能。同时，上述事故责任单位要深入开展风险辨识和隐患排查治理，及时消除安全生产隐患。

4. 深入开展风险管控和隐患排查治理工作，提升企业本质安全

各建筑业企业要对建筑起重机械的安装、使用、维护保养等作业进行专项整治，要制订科学的安全风险辨识程序和方法，全过程辨识施工工艺、设备施工、现场环境、人员行为和管理体系等方面存在的安全风险，逐一落实管控责任，对安全风险分级、分层、分类、分专业进行有效管控，尤其要强化对存有重大危险源的施工环节和重点部位的管控，在施工期间要专人现场带班管理。要健全完善施工现场隐患排查治理制度，明确和细化隐患排查的事项、内容和频次，并将责任逐一分解落实，特别是对起重机械、高大支模架、深基坑等环节和重点部位的定期排查。建筑起重机械安装、使用和租赁单位应严格按照《特种设备安全监察条例》和《建筑起重机械安全监督管理规定》租赁、安装、使用和管理起重机械。使用单位要严格落实起重机械设备日常检查、维护和巡查制度，及时排除事故隐患。

1.3　陕西省咸阳市“4·8”电梯基坑挡土墙坍塌较大事故调查报告

2020 年 4 月 8 日，QD 区某项目发生一起较大坍塌事故，造成 5 人死亡，2 人重伤，直接经济损失 730 万元。

1.3.1　基本情况

1. 事故项目基本概况

该建设工程项目位于咸阳市 QD 区 SD 村，属于 QD 区 SD 村区域回迁安置房建设项目。该项目总占地面积约 280 亩，总建筑面积约 67 万 m^2，预计总投资 20 亿元，规划建设 16 栋高层住宅楼供 SD 村村民回迁安置。该项目由 QD 区发改委立项，区政府成立了 QD 区 SD 村区域安置建设工作领导小组，下设办公室对外公开招标，2019 年 9 月 17 日代建单位中标，负责项目整体代建。代建单位于 2019 年 9 月 30 日进场，成立建设单位项目工程部，并委托施工单位为项目前期场地平整及办公区、施工道路等临时设施建设提供服务。目前项目办公区域的场地布置、临建设施及施工道路已基本完成，施工区域现场场地平整及 3 号、4 号楼基坑开挖已完成，其中，4 号楼基坑已完成混凝土垫层施工。

2. 事故场地及挡土墙建砌流程

发生事故的区域位于该项目 4 号楼电梯基坑，基坑底部长 10.6m，宽 5.64m，深 6.8m。事故中坍塌的挡土墙为东西走向，北侧接基坑土边坡，东西两侧顺斜边坡往上逐渐加宽，墙体为 240mm 厚砖砌体，高 4.52m，长 27.1m。挡土墙与边坡距离不规则，最大宽度 50cm，最小宽度 20cm，墙体每间隔 2.5m 设置砖墙垛，垛宽 240mm，垛高 4.5m。挡土墙基础自下而上为 CFG 桩、200mm 厚砂石垫层、100mm 厚 C15 混凝土垫层，墙体为红砖混合砂浆砌建（图 1～图 3）。

2020 年 4 月 6 日上午 7 时开始至 4 月 7 日 22 时 30 分，施工单位组织 7 名工人，在 4 号楼电梯基坑底部混凝土砂石层上直接敷设水泥砂浆，依次往上用红砖混合砂浆砌建挡土墙，先后于 6 日 11 时、6 日 17 时、7 日 11 时左右砌至 1.2、2.4、3.6m 高度。紧随上述

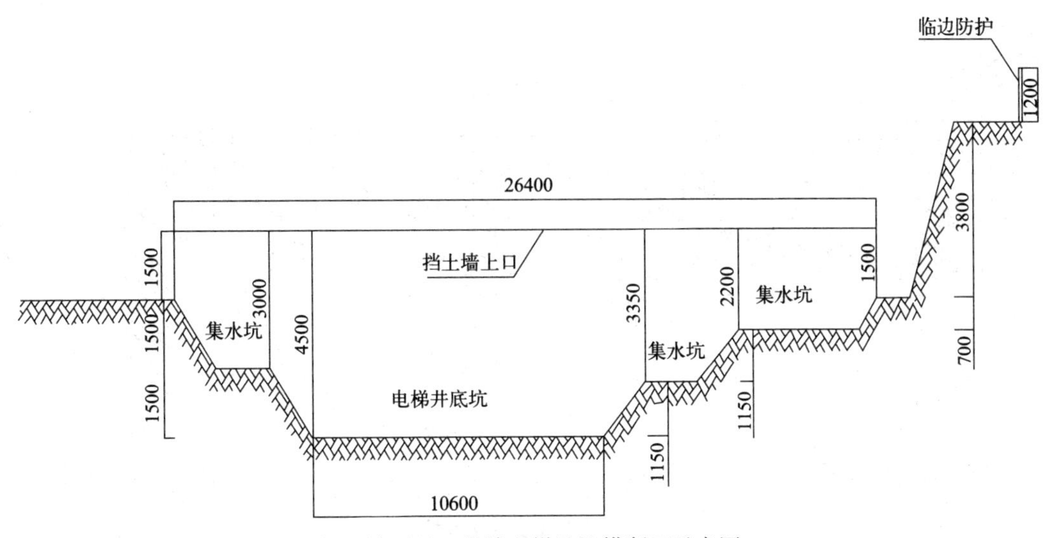

图 1　该项目 4 号楼电梯基坑横断面示意图一

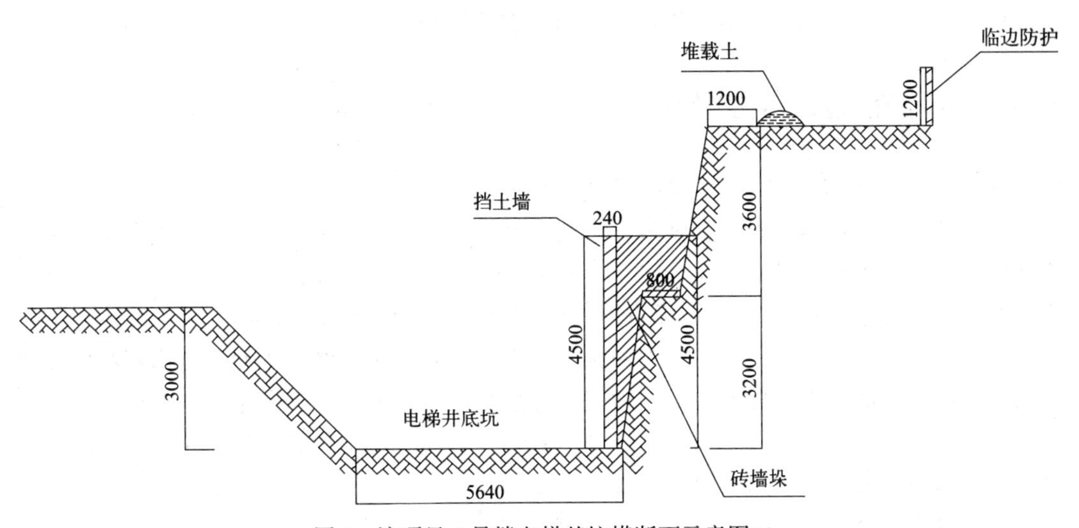

图 2　该项目 4 号楼电梯基坑横断面示意图二

三个时间节点的同时，施工单位安排 2 名非特种作业辅工进行单排钢管架搭设，先后于 6 日 12 时、6 日 18 时、7 日 12 时左右完成第一、二、三步梯搭建（分别对应墙体高度为 1.2、2.4、4.5m 左右），直至 4 月 7 日 22 时 30 分左右，墙体总高度砌至 4.5m，砌墙作业整体完成。在砌墙作业整个过程中，施工单位组织现场工人先后于 6 日 11 时、7 日 8 时、8 日 8 时左右（分别对应墙体高度为 1、2.4、4.5m 左右）向挡土墙与北侧边坡之间间隙进行了 3 次土方回填，最终回填至北侧二次放坡二台处，回填土高度约为 3.2m，三次回填土来自于坡面和坡顶堆载土，回填作业均未进行夯实。

4 月 8 日上午 7 时开始，施工单位组织 7 名工人（分别为：5 名当日临时雇佣人员即本事故中的 5 名死者、2 名辅工即本事故中的 2 名伤者）开始对挡土墙进行墙面砂浆粉刷作业，粉刷作业自上而下进行，上述搭设钢管架的 2 名辅工随同自上而下进行钢管架拆卸；8 日 10 时左右完成第三步架以上高度抹灰及钢管架拆卸，14 时左右完成第一步梯以

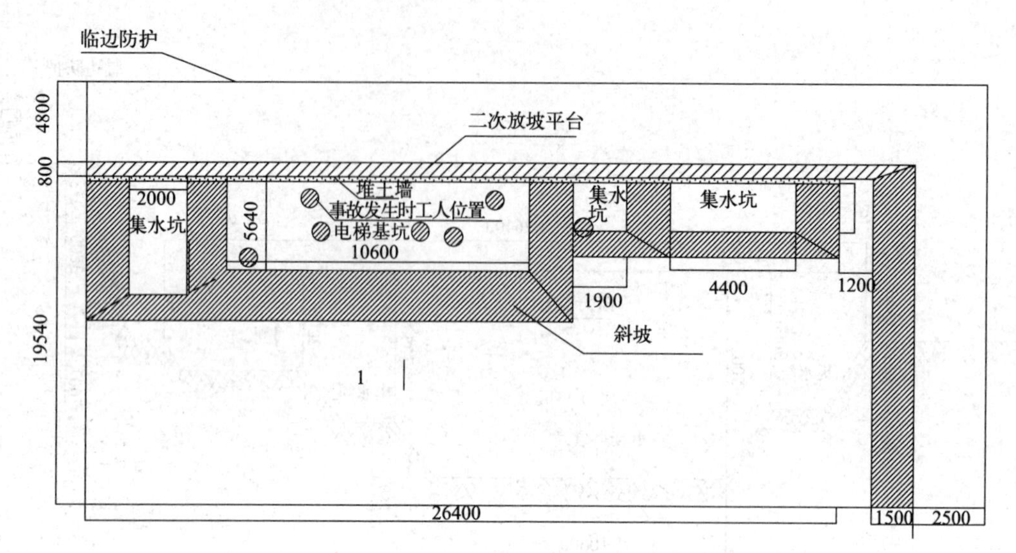

图 3 该项目 4 号楼电梯基坑平面图

上高度抹灰，以及第二步、第一步钢管架的一次性拆卸。

1.3.2 事故经过及救援情况

2020 年 4 月 8 日 7 时左右，施工单位该项目工长王某（一）安排刘某、王某（二）、吕某、赵某、严某 5 名粉刷工和张某、李某 2 名辅工对该建设工程项目 4 号楼电梯基坑北侧挡土墙进行墙体砂浆粉刷作业，15 时 45 分左右，墙体自上而下粉刷即将结束，粉刷工正收捡工具准备离场时，4.5m 高的挡土墙自基部瞬间整体向南倒塌，将刘某、王某（二）、吕某、赵某、严某 5 名粉刷工和张某、李某 2 名辅工砸倒、掩埋在电梯基坑内。事故发生后，在场的施工单位该项目经理何某迅速拨打了“120”急救电话，王某（一）组织现场工人刨砖救人，大约 16 时 5 分，咸阳市第一人民医院多辆救护车陆续赶到现场，对 7 名工人进行抢救，4 名粉刷工现场确认已死亡。将死伤人员送往医院途中，又有 1 名粉刷工经抢救无效死亡，其余 2 名伤者在医院得到及时救治。咸阳市政府和 QD 区政府在接到事故报告后，有关部门立即赶往现场，安排伤者救治、死者善后、事故调查等工作。

1.3.3 事故造成的人员伤亡和直接经济损失

本起事故造成 5 人死亡，2 人重伤，直接经济损失 730 万元。

1.3.4 事故发生的原因和事故性质

1. 事故发生的原因

1）直接原因

4 号楼电梯基坑挡土墙基础不牢，稳定性不足，强度不够，脚手架拆除后支撑力消失，回填土的沉降造成的持续侧向压力致使墙体倒塌是本起事故发生的直接原因。

2）间接原因

（1）安全生产主体责任不落实，安全管理形同虚设。代建单位安全生产主体责任落实不到位，组织机构不健全，没有明确主管安全生产的领导，未设置安全管理机构，内部仅设立工程部，承担组织生产等非安全管理职责，未配备专门安全管理人员（须经相关培训考核取证）。企业安全生产规章制度不健全，无安全生产会议记录，无安全检查记录，无安全教育培训记录，未制订安全生产事故应急预案，未编制事故隐患台账。施工单位在施工现场无专职安全管理人员，雇佣无特种作业资格证的人员进行脚手架的搭设拆除，施工过程中违章指挥，由技术员向工长直接下达口头作业指令，对安全生产方面的要求和安排缺失。

（2）企业违法违规建设，安全法纪意识淡漠。代建单位无视建筑施工和安全生产的各项法律法规，违反企业内部的有关制度，在未按规定办理施工许可证等法定手续，未完成施工总包和监理单位进场，施工图纸未经审查盖章的情况下，违法安排施工单位进场施工。在土方开挖、设立塔式起重机和建设高达4.5m的挡土墙等“高大危”工程施工过程中未设计、未论证、无图纸、无方案，挡土墙砌体和抹灰无安全技术交底，挡土墙回填土施工和脚手架搭设拆除无方案，无安全技术交底。施工单位无视安全生产的各项法律法规，在没有任何施工手续和施工方案、图纸的情况下，仅凭与代建单位之间的口头交流和工人个人的“经验”安排需分部分项施工的“高大危”工程及其相关作业，并违规赶工。

（3）员工安全教育培训极不规范，安全生产意识差。代建单位企业法人及项目负责人均未经专门的安全生产培训教育，安全生产管理能力严重不足。施工单位项目负责人和现场管理人员未经专门的安全生产培训教育并取得相应的安全资格证书，未与员工签订劳务合同，未对新员工进行三级安全教育考核，安全培训教育仅以岗前口头提醒为主，且对安全生产法律法规和内部规章制度相关内容涉及较少，安全生产的实质性内容较少，缺乏针对性，特别是对临时雇来的刘某、王某（二）、吕某、赵某、严某5名粉刷工人，在没有进行任何安全教育的情况下，直接安排粉刷作业，致使从业人员缺乏安全生产意识。

（4）现场安全管理不到位，隐患排查治理不彻底。代建单位未对整个工程作业进行规范的安全管理，对挡土墙建设无设计论证、无图纸审查、无施工方案、无砂浆测试、未进行安全支护、未进行分层夯实回填、未达到砂浆凝结强度等问题视而不见，未进行现场施工安全检查和隐患排查整改，对工地存在的明显“三违”行为（违章指挥、违规作业、违反劳动纪律）没有履行安全管理责任，安全隐患排查严重缺失。施工单位仅单一追求工程进度，随意安排挡土墙及附设工程作业，明显进行“三违”作业，人为多方面、多次、多处制造安全隐患，负责人员和管理人员对存在的有章不循、有令不行、有禁不止的违法违规行为心存侥幸。

（5）项目违法违规建设，相关部门和单位监管不到位。代建单位安全生产主体责任不落实、企业内部管理混乱、对问题未及时整改、日常监督管理不力，对未完善办理建筑施工许可等相关一系列法定手续和程序即进场施工的问题没有进行纠正，履行安全管理责任不到位。QD区住建局及QD区SD村区域安置建设工作领导小组办公室，在QD区该建设项目未取得土地使用证、建设工程规划许可证、建筑工程施工许可证、正式施工图纸等相关手续的情况下，安排代建单位推进该项目违法进行建设施工，未能有效落实“管行业必须管安全”的行业监管要求。

以上均为造成本次事故的间接原因。

2. 事故性质和责任单位

经事故调查组认定，QD区某项目“4·8”基坑挡土墙坍塌较大事故是一起生产安全责任事故。

1.3.5　对事故责任单位和人员的处理情况

1. 对事故责任单位的处理意见

（1）代建单位安全生产主体责任落实不到位，未建立安全生产机构，安全生产制度不健全，未完善办理建筑施工许可等相关一系列法定手续违法违规组织施工，对施工单位的安全监管严重不到位。违反了《中华人民共和国安全生产法》和《中华人民共和国建筑法》的相关规定，对本起事故负主要责任，根据《中华人民共和国安全生产法》《生产安全事故报告和调查处理条例》和《陕西省安全生产条例》等有关法律法规的规定，建议由咸阳市应急管理部门依法对其处以50万元罚款，将其纳入全省安全生产不良记录“黑名单”，1年内不得在咸阳市辖区内开展新业务。

（2）施工单位在未完善办理劳务施工手续的情况下即进场施工，安全生产责任落实极不到位，现场安全管理和安全教育严重缺失，明显持续组织进行违规施工作业，严重忽视人的生命健康安全。违反了《中华人民共和国安全生产法》和《陕西省安全生产条例》的相关规定，是本起事故的重要责任单位，根据《中华人民共和国安全生产法》《生产安全事故报告和调查处理条例》和《陕西省安全生产条例》等有关法律法规的规定，建议由咸阳市应急管理部门依法对其处以65万元罚款，将其纳入全省安全生产不良记录“黑名单”。

（3）QD区住建局及QD区SD村区域安置建设工作领导小组办公室未能有效落实“管行业必须管安全”的行业监管要求，对全区工程质量和施工安全监督检查落实不力，对QD区该建设项目在未办理取得土地使用证、建设工程规划许可证、建筑工程施工许可证、施工设计图纸等相关法定施工许可的情况下，安排代建单位推进该项目违法进行建设施工，对本起事故负主要监管责任。根据《陕西省安全生产条例》的相关规定，建议市住建局、QD区政府对QD区住建局予以通报批评，责成QD区住建局向区政府作出深刻书面检查。

（4）QD区政府成立的SD村区域安置建设工作领导小组在QD区该建设项目未取得土地规划、施工许可、正式施工图纸等相关法定施工许可的情况下，指挥要求区住建局全面推进该项目，加快项目施工计划进展，督促代建单位实施工程建设，对本起事故负有一定的监管责任。根据《陕西省安全生产条例》的相关规定，建议责成QD区政府向咸阳市政府作出深刻书面检查。

2. 对有关责任人员的处理意见

1）建议移交司法机关1人

何某，施工单位该项目负责人。未经专门的安全生产培训教育并考核取证，未与工人签订劳动合同，未对架子工资质进行审查，对新进工人的安全生产三级教育缺失，开展现场安全检查和隐患排查治理极为不到位，在未制订挡土墙施工方案和架体建拆方案，对砌体、抹灰和挡土墙后回填土施工无安全技术交底的情况下组织施建挡土墙，严重违反工程施工程序和要求，导致事故发生，对本次事故负有重要责任。根据《中华人民共和国安全生产法》《生产安全事故报告和调查处理条例》和《陕西省违法失信“黑名单”信息共享和联合惩戒办法》等有关法律法规的规定，建议由施工单位予以开除，并对何某依法追究刑事责任。

2）建议党纪政纪处分人员14人

（1）夏某，代建单位法人代表。未履行任何安全生产法定责任，对该单位未办理任何施工手续和履行相关入场程序的情况下组织入场施工的违法行为熟视无睹，放任项目持续违规施工造成安全隐患，导致事故的发生，对本起事故负有主要领导责任。根据《中华人民共和国安全生产法》《生产安全事故报告和调查处理条例》等有关法律法规的规定，建议撤销其法人资格，董事长职务。

（2）王某，代建单位副总经理。作为代建单位分管安全生产的副总经理，未按照工作职责对工程项目进行检查指导，对违反施工规定，超进度施工，技术间歇不够，现场管理不规范的问题失察，对本起事故负主要领导责任。根据《中华人民共和国安全生产法》《中华人民共和国监察法》和《生产安全事故报告和调查处理条例》等有关法律法规的规定，建议由其上级纪检监察部门对其给予严重警告处分。

（3）郭某，代建单位该项目工程部经理。在该项目未完善办理建筑施工许可等相关一系列法定许可手续的情况下，违规组织项目现场施工，本人无工程类项目管理资质，未经专门的安全生产培训教育并考核取证，落实安全生产责任不到位，施工现场安全生产监管和安全隐患排查治理极为不到位，对本起事故负有主要监管责任。根据《中华人民共和国安全生产法》《中华人民共和国监察法》和《生产安全事故报告和调查处理条例》等有关法律法规的规定，建议撤销其工程部经理职务，由其上级纪检监察部门给予记过处分。

（4）楚某，代建单位工程部副经理。作为该工程项目现场管理人员，履行安全生产责任不到位，安全意识不强，对发现的安全生产制度不健全、盲目加快工程进度等问题没有及时制止，存在侥幸心理，对工地安全生产、工程进度等监督管理不严格，隐患排查不彻底，对本起事故负有主要监管责任。根据《中华人民共和国安全生产法》《中华人民共和国监察法》和《生产安全事故报告和调查处理条例》等有关法律法规的规定，建议由其上级纪检监察部门对其给予记过处分。

（5）杨某，代建单位该项目工程部工程师。在没有施工设计、施工方案和技术交底的情况下，指导挡土墙违规建造作业，导致事故发生，对本起事故负有重要责任。根据《中华人民共和国安全生产法》《中华人民共和国监察法》和《生产安全事故报告和调查处理条例》等有关法律法规的规定，暂停其工程师执业资格，建议代建单位予以开除，留岗查看一年，由上级纪检监察部门给予记大过处分。

（6）曹某，代建单位该项目原负责人。在该项目未完善办理施工许可证等法定手续和相关单位进场程序的情况下，即组织项目前期进场施工，给事故发生埋下隐患，对本起事故负有重要监管责任。根据《中华人民共和国安全生产法》《中华人民共和国监察法》和《生产安全事故报告和调查处理条例》等有关法律法规的规定，建议由上级纪检监察部门给予记过处分。

（7）张某，施工单位法人。企业安全生产制度不健全，对安全生产工作不重视，贯彻国家安全生产法律法规不力，安全生产责任制不落实，在该项目违法进场前提下，在未依法签订施工合同的情况下即成立项目部进场施工，导致事故发生，对本起事故负有直接领导责任。根据《中华人民共和国安全生产法》《生产安全事故报告和调查处理条例》和《陕西省违法失信“黑名单”信息共享和联合惩戒办法》等有关法律法规的规定，建议由市纪委监委给予警告处分。

（8）吕某，QD区SD村区域安置建设工作领导小组工作人员。作为分片包抓该建设项目的工作人员，未能严格落实上级安排的协助代建单位办理规划、施工许可等相关手续的工作，明知该项目未取得相关手续进行违法建设却多次督促该项目推进施工建设，对本起事故的发生负有一定的监管责任。根据《中华人民共和国安全生产法》《中国共产党纪律处分条例》《行政机关公务员处分条例》和《中国共产党问责条例》等有关法律法规的规定，建议由市纪委监委给予严重警告处分。

（9）师某，QD区SD村区域安置建设工作领导小组工作人员。作为分片包抓该项目的工作人员，未能严格落实上级安排的协助代建单位办理规划、施工许可等相关手续的工作，明知该项目未取得相关手续进行违法建设却多次督促该项目推进施工建设，对本起事故的发生负有一定的监管责任。根据《中华人民共和国安全生产法》《中国共产党纪律处分条例》《行政机关公务员处分条例》和《中国共产党问责条例》等有关法律法规的规定，建议由市纪委监委给予严重警告处分。

（10）叶某，QD区SD村区域安置建设工作领导小组总工程师。作为QD区政府派驻项目工地的技术总负责人，履行安全生产职责不力，安全生产意识淡薄，检查施工单位安全生产工作方案、保障措施等不细致，对施工单位施工工艺、技术交底等审核把关不严格，片面强调工程进度，忽视安全生产，对本起事故的发生负有重要监管责任。根据《中华人民共和国安全生产法》《中华人民共和国监察法》和《生产安全事故报告和调查处理条例》等有关法律法规的规定，建议由其上级纪检监察部门对其给予记过处分。

（11）张某，QD区SD村区域安置建设工作领导小组安装工程师。作为QD区政府派驻项目工地的工程师，履行安全生产职责不力，对施工单位违反规定施工、超进度施工的问题没有及时制止，对本起事故的发生负有主要监管责任。根据《中华人民共和国安全生产法》《中华人民共和国监察法》和《生产安全事故报告和调查处理条例》等有关法律法规的规定，建议由其上级纪检监察部门对其给予记大过处分。

1.3.6 事故防范措施建议

针对这起事故暴露出的突出问题，为深刻吸取事故教训，进一步强化建筑施工企业安全生产工作，有效防范类似事故重复发生，提出如下措施建议：

（1）切实落实安全生产主体责任，强化企业内部安全管控。代建单位和施工单位要深刻吸取事故教训，牢固树立安全发展理念，始终坚守“发展决不能以牺牲人的生命为代价”这条红线，坚决克服重生产、重效益、轻管理、轻安全的思想，依法履行法定的建筑施工许可要求和程序，依法履行安全生产主体责任，全面加强企业内部的安全管理。要建立健全并严格落实以总经理负责制为核心的各级安全生产责任制，明确、细化各部门各层级的安全监管职责，直至延伸到现场、班组和岗位，消除责任死角和盲区，做到安全投入到位、安全培训到位、安全管理到位、应急救援到位，确保国家的安全生产法律法规、标准规范和上级的工作部署及要求真正落到实处。

（2）不断健全企业安全管理制度，细化完善各类操作规程。代建单位和施工单位要进一步加强公司规章制度建设，及时建立健全安全生产事故应急预案、事故隐患排查治理制度、安全生产奖惩制度等各类安全生产管理制度，严格落实建筑施工安全操作规定，对可能发生的事故风险全面分析，对存在的隐患认真排查、登记和治理，要结合工地实际，针对重要施工工序、重点施工项目、重大事故隐患建立风险识别、评估、管控制度，加强危险因素辨识及风险分析，严格落实风险对策及措施，强化关键工序、环节的技术检查与安全控制，把各项公司规章制度落到实处。

（3）全面加强安全培训教育工作，不断提高员工安全意识。代建单位和施工单位安全管理人员应依法进行安全生产管理培训并考核取证，要进一步加强对企业员工的安全生产培训教育，在新员工入职培训时的教育中充实国家安全生产相关法律法规、安全管理规章制度和安全操作规程等培训内容，增强员工的安全意识、责任意识，提高员工事故隐患的辨识和防范能力，实现“要我安全”向“我要安全”的转变，从源头和根本上杜绝各类事故的发生。

（4）严格落实安全生产监管责任，加大行业监管和执法力度。QD区有关监管部门要深刻吸取事故教训，强化建筑施工安全监管，以坍塌和高处坠落事故为重点，深化建筑施工领域安全生产专项整治，加强对建设工程施工现场的监督管理和严格执法，特别要对在建工程涉及的深基坑、高大模板、脚手架、建筑起重机械设备等施工部位和环节进行重点检查和治理，坚决杜绝建筑施工中的手续不全、违规施工；督促指导施工单位建立健全安全生产事故应急预案、事故隐患排查治理制度、安全生产奖惩制度等各类安全生产管理制度，严格落实建筑施工安全操作规定；要结合各自实际，针对重点施工项目、重大事故隐患建立风险评估管控制度，加强危险因素辨识及风险分析，严格落实风险对策及措施，强化关键工序、环节的技术检查与安全控制。

（5）认真开展安全隐患排查治理，严厉整治违章违规行为。QD区人民政府要进一步强化以人为本、安全发展理念，按照国家和省、市关于安全生产工作的一系列决策部署，把安全生产工作放在更加突出的位置来抓。进一步规范工程建设领域建设管理秩序，全面提高建设工程质量和安全生产总体水平，加大打击工程建设领域未批先建违法行为，严肃查处工程建设领域未批先建违法案件。继续保持打非治违的高压态势，强化依法治理，采取强有力措施，全面排查整治事故隐患，严检查、严执法、严整改、严处罚、严落实，切实提高安全管理水平，坚决防止各类安全事故发生。

1.4　河南省新乡市“4·18”较大压埋窒息事故调查报告

2020年4月18日17时左右，YY县某建筑工地在倾卸土方时，发生一起土方压埋窒息事故，造成4名儿童死亡，直接经济损失485.4149万元。

1.4.1 基本情况

该建设项目（一期），是新乡市的拆迁安置房地产建设项目。该建设项目土地使用面积32746.07m²，工程总建筑面积78000m²，开发住宅楼11栋，项目预计总投资25000万元人民币，建设工期790d。该建设项目2019年6月5日以挂牌出让形式取得该宗土地，2019年7月10日办理建设用地规划许可证，2020年1月9日办理不动产登记证，2020年4月14日取得建设工程规划许可证；截至2020年4月18日事故发生前，建设单位未取得该项目建筑工程施工许可证。

1.4.2 事故发生经过和应急处置

1. 事故发生经过

2020年3月10日，租赁单位按照建设单位总工程师王某要求，进场开始土方施工作业；至2020年4月18日事故发生前，已基本完成1号、2号、3号、5号、10号、11号、12号楼的基坑挖掘，正在进行9号楼基坑挖掘和个别基坑清底等后续作业。

4月18日13时许，租赁单位吴某驾驶挖掘机，在工地西侧基坑内清理基坑底部土方，并将清理出的土方装载到由蔺某、时某分别驾驶的两辆自卸车上，运送倾卸至工地北侧的临时土方堆放处（以下简称土堆）；再由另一名挖掘机司机彭某负责将所倾卸土方，由土堆的低处整理至高处。为便于自卸车卸土，彭某在土堆南侧挖掘了一个长4m、宽3.7m、深度约为2m的土坑，自卸车将土倾卸至土坑中，再由彭某将坑中土整理至土坑北侧的土堆上。由于工地西侧基坑处清理底部产生的土方量少，为加快作业进度，16时许彭某驾驶挖掘机至工地南侧9号楼基坑处取土装车，然后跟随自卸车回到北侧土堆的土坑处，待自卸车将土卸入土坑后，再将土整理至土堆上。

16时20分左右，4名儿童自工地南侧围挡破损处进入工地，经由工地南侧土堆上玩耍滑下后，自9号楼基坑南侧边缘向东再沿东侧围墙内向北行走，最后到达工地东北侧土方转运土坑附近。

16时49分许，时某驾驶自卸车由南侧基坑取土点向北驶往土坑处卸土，卸完土后空车返回南侧基坑取土点。

16时54分许，蔺某驾驶自卸车由西侧基坑取土点向北驶往土坑处卸土后驶离。由于自卸车在土坑卸土处倒车、卸土时，车辆后方存在驾驶观察盲区，加之土坑卸土处没有安排专人协调指挥，两名司机在倒车、卸土时均未观察到土坑处有人员活动。

16时56分许，时某驾驶自卸车自南侧基坑取土点装满土后驶往卸土处（事发后此车土未卸入坑内），同时彭某驾驶挖掘机由南侧基坑取土点向北驶往土坑处。

17时左右，彭某操作挖掘机开始将土坑内的土向土堆上整理（此时坑中有2车土方），整理至坑内剩余三分之一左右土方时，从挖掘机铲斗中发现一个疑似人形的黄色物体，怀疑是一名儿童，遂将土倒在土坑北侧土堆上，停止作业并下车呼喊时某、蔺某以及坐在时某驾驶车辆上的车主时某，4人一起用手扒土搜寻；其间彭某于17时10分许，向吴某打电话报告。

17时13分许，吴某赶到现场，几人合力将土堆刨开后发现一名上身穿橘黄色上衣，下身穿深色裤子，年龄10岁左右的儿童；随后，吴某分别于17时34分、17时49分拨打了120急救电话和110报警电话。17时45分120急救车赶到事发现场，经医务人员检查确认该名儿童已无生命体征。后在YY县政府组织指挥下，在县应急、公安、住建、卫健、综合救援等单位展开的排查、搜救过程中，又陆续从该土坑中搜救出3名儿童。经医务人员检查确认，后搜救出的3名儿童均已无生命体征。

据公安机关2020年4月29日组织的现场侦查结论：

16时49分许，时某驾驶自卸车由南侧基坑取土点向北驶往土坑处卸土，该卸土过程难以造成对4名儿童的土方压埋。

16时54分许，蔺某驾驶自卸车由西侧基坑取土点向北驶往土坑处卸土，该卸土过程可以造成对4名儿童的土方压埋。

2. 应急处置情况

2020年4月18日17时34分、17时49分，YY县120急救指挥中心、YY县公安局110报警服务平台，先后接到报警。接到报警后，YY县人民医院、YY县公安局迅速派员分别用时11、3min赶到事发现场。接警后，YY县公安局迅速启动命案联动机制，控制在场施工人员，抓捕犯罪嫌疑人并在案发现场周边发动群众了解情况，查寻死亡儿童家长。在查寻该名儿童家长过程中，据与该工地紧邻的原兴街道办事处温庄村村民反映，共有4名儿童失踪。YY县公安局于19时15分向县应急救援总指挥部办公室（以下简称县总指办）报告，要求协助搜救。县总指办接到报告后，经批准立即启动应急救援预案；随即，县应急、住建、卫健、综合救援、原兴街道办事处等单位迅速赶赴现场，开展现场搜救和应急处置工作。

事故发生后，新乡市、YY县均立即启动应急救援预案，市委、市政府主要负责同志直接指挥，并带领有关人员迅速赶赴现场，指导事故救援、调查及善后处置工作；YY县立即成立前方指挥部，县委主要负责同志直接指挥，县政府常务副县长等有关负责同志靠前具体组织实施；至22时35分完成搜救工作。

YY县该建筑工地“4·18”较大压埋窒息事故信息报告、应急救援和善后处置正常有序开展；市、县两级政府及相关部门响应及时，迅速调动应急救援力量参与搜救，搜救过程总体措施得当，避免了事故扩大及次生事故发生；善后处理积极有效，4名遇难儿童于2020年4月21日安葬。

事故的应急处置，还需在信息发布及时准确、舆情应对得当、秩序管控有序、施救方案科学和救援装备设施完善等方面加以改进。

3. 事故造成的人员伤亡和直接经济损失

经核查，该起事故共造成4名儿童死亡。

截至目前，该起事故共造成直接经济损失485.4149万元（含一次性死亡赔偿金、丧葬费、搜救费等）。

1.4.3　事故性质和原因

1. 事故性质

经事故调查组认定，该起事故是一起较大生产安全责任事故。

2. 直接原因

租赁单位在基坑土方开挖、倾卸这一危险施工环节，未按照有关规定安排专人负责；在倾卸土方时，未按规范配备专人协调指挥；自卸车驾驶员在向土坑中倾卸土方时，未发现周边异常情况，致使在土坑处玩耍的 4 名儿童被土方压埋。

3. 间接原因

（1）租赁单位安全生产主体责任落实不到位，安全生产责任制和规章制度不健全，安全生产教育培训不到位；在施工现场组织施工时，未按标准配备专职安全员；作业现场未设置安全防护设施及安全警示标识；施工现场安全管理缺失，对土方施工作业人员安全教育管理不到位。

（2）建设单位借用施工单位资质违规自行组织施工；作为建设单位，违规肢解、发包该建设项目的地基基础工程；未取得建筑工程施工许可证，未办理建设工程安全质量监督手续，违法违规组织施工；安全生产主体责任落实不到位，安全生产责任制和规章制度不健全，安全生产教育培训不到位；施工现场安全管理混乱，对多方进场交叉施工未实施安全生产统一协调、管理；安全巡查缺失，导致施工现场围挡破损未能及时修复，4 名儿童进入施工现场未被及时发现和阻止；未按合同约定通知监理单位入场开展监理工作，致使该建设项目自开工起至事故发生期间，工程施工中监理缺失。

（3）YY 县政府落实机构改革“优化协调高效”的原则要求不到位，在有关领域还不够深入、扎实，督促有关部门履职不力；YY 县政府有关部门履行监管职责不到位，致使该建设项目未取得建筑工程施工许可证，违法开工建设长达 50d 未得到及时查处。

1.4.4　事故有关单位和人员的责任认定及处理建议

（1）租赁单位自卸车驾驶员蔺某：在明知作业现场无指挥人员的情况下，在卸土前未注意观察周边情况，其行为可以造成 4 名儿童被其所倾卸土方压埋，对事故的发生负有直接责任，其因涉嫌重大责任事故罪已由公安机关立案侦查。

（2）租赁单位总经理吴某：全面负责该建设项目土方施工工程，在基坑土方开挖、倾卸这一危险施工环节未配备专职安全员，倾卸土方现场未设置专人进行协调指挥，作业现场未设置安全防护设施及安全警示标识，对事故的发生负有直接管理责任，其因涉嫌重大责任事故罪已由公安机关立案侦查。

（3）建设单位总工程师、施工现场负责人王某：负责该建设项目的技术、质量、安全、进度等工作，未认真履行安全管理职责，对事故的发生负有直接管理责任，其因涉嫌重大责任事故罪已由公安机关立案侦查。

（4）建设单位副总经理、该建设项目主要负责人吴某：负责公司运营管理及主要业务开展，违规肢解、发包该建设项目的地基基础工程；未取得建筑工程施工许可证，未办理建设工程安全质量监督手续，违法违规组织施工；对施工现场安全生产领导管理不力，对事故的发生负有主要领导责任，其因涉嫌重大责任事故罪已由公安机关立案侦查。

（5）建设单位副总经理张某：未认真履行安全生产工作职责，对事故的发生负有重要领导责任，其因涉嫌重大责任事故罪已由公安机关立案侦查。

（6）建设单位实际控制人包某：对事故的发生负有重要责任，其因涉嫌重大责任事故罪已由公安机关立案侦查。

（7）建设单位法人代表吴某、租赁单位自卸车驾驶员时某、租赁单位挖掘机驾驶员彭某：因涉嫌重大责任事故罪已由公安机关立案侦查。

（8）建设单位：安全生产主体责任未落实，违法违规组织建设施工，对事故的发生负有责任，以上行为违反了《中华人民共和国安全生产法》第四条等有关法律法规规定，对事故的发生负有责任；建议由YY县应急管理局依据《中华人民共和国安全生产法》第一百零九条第二项规定对建设单位给予行政处罚，并依据有关规定对其实施失信联合惩戒；建设单位违反了《中华人民共和国建筑法》第七条、第二十四条、第二十六条、第六十四条，《建筑工程施工许可管理办法》第二条、第三条，《建设工程质量管理条例》第七条、第十三条、第六十条，建议由YY县城市综合执法局依据《建筑工程施工许可管理办法》第十二条、《建设工程质量管理条例》第五十五条、第五十六条、第六十条、第六十五条给予行政处罚。

（9）租赁单位：安全生产主体责任未落实，违规组织施工，违反了《中华人民共和国安全生产法》第四条，对事故的发生负有责任，建议由YY县应急管理局依据《中华人民共和国安全生产法》第一百零九条第二项规定对其给予行政处罚；并依据有关规定对其实施失信联合惩戒。

（10）施工总承包单位1：违法出借资质，违反了《中华人民共和国建筑法》第二十六条、《建设工程质量管理条例》第二十五条，建议由YY县综合执法局依据《中华人民共和国建筑法》第六十六条和《建设工程质量管理条例》第六十一条规定对其给予行政处罚。

（11）施工总承包单位2：违法出借资质，违反了《中华人民共和国建筑法》第二十六条、《建设工程质量管理条例》第二十五条，建议由YY县综合执法局依据《中华人民共和国建筑法》第六十六条和《建设工程质量管理条例》第六十一条规定对其给予行政处罚。

（12）其他事项

①建设单位未按照合同约定通知监理单位入场开展监理工作，建设单位未书面通知监理单位参加工程开工前的第一次工地会议；建设单位未按照《建设工程监理规范》GB/T 50319要求向监理单位提供施工图纸等资料；建设单位未按照《建设工程监理规范》GB/T 50319要求提供施工组织设计方案等资料；总监理工程师崔某未向该项目下达《开工令》；监理单位在这起事故中无明显责任。

②在调查中发现该建设项目存在的其他工程建设领域的违法违规问题已移交YY县人民政府依法查处。

（13）相关监管部门职责及履职情况

该建设项目自开工建设至事故发生时，未取得建筑工程施工许可证，对此违法行为负有相关职责的部门是：

①YY县城市管理局（YY县城市综合执法局）（以下简称YY县城管局）：根据有关规定，YY县城管局负责执行具体的行政处罚及相应的行政强制措施；负责对建设单位未

取得建筑工程施工许可证，擅自开工等违法行为的巡查、监督和问题发现以及查处落实；牵头负责城市综合执法过程中，需健全完善的部门间工作衔接机制、协调配合机制、信息共享机制等。

YY 县城管局未认真履行本单位相关职责。自 2019 年 10 月 8 日行政职权划转至 2020 年 4 月 18 日该起事故发生时，未履行本单位对辖区内建设单位未取得建筑工程施工许可证或者开工报告未经批准，擅自开工的违法行为事项进行“城市巡查、监督和问题发现及查处落实”的职责，未牵头就未取得建筑工程施工许可证、擅自施工违法行为的监督检查、移交等问题，健全完善部门间工作衔接、协调配合、信息共享等机制，导致该建设项目未取得建筑工程施工许可证、擅自施工的违法行为，自该建设项目于 2020 年 3 月 10 日开工至 2020 年 4 月 18 日该起事故发生期间，未被其发现、及时制止和依法查处。

②YY 县住房和城乡建设局（以下简称 YY 县住建局）：根据有关规定，负责对工作中发现的建设单位未取得建筑工程施工许可证、擅自开工等违法行为事项的移交。YY 县住建局未正确履行本单位相关职责。事故发生前，YY 县住建局在工作中发现该建设项目的建设单位未取得建筑工程施工许可证擅自开工建设，向其下达了整改通知书，要求其限期整改；但未按规定将此违法行为移交 YY 县城管局，由 YY 县城管局责令其停止施工，限期整改并给予其行政处罚，致使该违法行为未得到及时制止和依法查处。

③有关公职人员处理建议：对在事故调查过程中发现的地方党委政府及有关部门的公职人员履职方面的问题线索及相关材料，已移交市纪委监委。对有关人员的党纪政务处分和有关单位的责任追究，由市纪委监委提出意见。

1.4.5　防范措施建议

（1）建设单位要深刻汲取事故教训，严格遵守安全生产等法律法规，认真落实安全生产主体责任，建立健全安全生产责任制，切实加强安全生产工作；要严格遵守《中华人民共和国建筑法》《建设工程安全生产管理条例》等法律法规，杜绝违法违规建设；要加强建设项目安全生产统一协调管理，认真落实安全生产有关规章制度，强化施工现场的安全管理和安全巡查，杜绝生产安全事故的发生。

（2）租赁单位要严格遵守安全生产等法律法规，落实安全生产主体责任，建立健全安全生产责任制和各项规章制度并认真落实，扎实开展风险辨识管控和安全生产隐患排查治理工作，强化施工现场安全生产管理，增强安全意识，认真执行建筑施工领域的国家标准和行业标准，规范落实安全防范措施，杜绝类似事故发生。

（3）其他行业领域要深刻汲取事故教训，做到举一反三，进一步深入开展安全生产隐患大排查、大整治活动，及时化解各类风险隐患，避免生产安全事故发生。

（4）YY 县城管局、住建局要进一步落实部门监管责任，深入开展打非治违专项整治；严格依照建筑施工有关法律法规，采取切实有效措施，严厉打击非法违法建筑施工活动；要进一步加强重点行业领域的监督管理，扎实开展安全风险辨识管控和隐患排查治理双重预防体系建设，在大排查、大整治等专项活动和日常监管中，要坚决做到违法行为发现一起，打击惩处一起，对非法和严重违法违规的生产经营单位，要实施联合惩戒，形成从严管控、从严整治的高压态势。

（5）YY县委、县政府要向新乡市委、市政府写出深刻的书面检讨，要切实汲取事故教训，认真解决事故中暴露出的薄弱环节，要进一步理顺县城管局与县住建局职责，厘清行业监管与行政执法的关系，合理划分综合行政执法机构与政府职能部门的职责。强化事中事后监管，建立完善综合行政执法机构与政府职能部门之间衔接配合、信息互通、资源共享、协调联动、监督制约等运行机制，建立首问负责、联合（专题）会商、案件移送抄告等制度体系。

要进一步完善应急救援预案，抓好平战结合；进一步完善组织指挥机制，促进各部门联动高效；进一步完善应急力量整合，加强队伍、装备建设；进一步完善媒体应对机制，促进信息发布及时、准确。

1.5　广西壮族自治区玉林市"5·16"建筑施工较大事故调查报告

2020年5月16日19时50分左右，玉林市二环北路的某城五期A1标1号、2号、5号楼工程在建工地发生1起施工升降机坠落事故，造成现场施工人员6人死亡。

1.5.1　事故发生经过和现场应急救援情况

1. 事故发生经过

2020年5月16日19时40分左右，施工升降机司机周某驾驶施工升降机，搭载塔式起重机指挥覃某、混凝土工人杨某（一）、混凝土工人杨某（二）、混凝土工人杨某（三）、混凝土工人罗某共6人，准备到A1标段1号、2号、5号楼项目的5号楼楼顶浇筑造型混凝土。原计划是搭乘施工升降机到32层（该楼地面以上32层），然后再通过到楼顶的楼梯通道走到楼顶层面。19时50分，施工升降机笼体底部上升到5号楼33层楼面（最高附墙以上，按照技术标准，施工升降机驾驶员应该在第32层层站时制动升降机停靠），施工升降机笼体发生侧翻，最终坠落到地面造成事故（连带32层1个附墙，最上面5个标准节等），事故造成搭乘施工升降机的6人中的3人当场死亡，另外3人重伤，经送医后，于20时30分抢救无效死亡。

2. 事故应急救援情况

事故发生后，施工单位分别向玉州区公安、消防、医院、应急、住建等部门报案，请求派人救援。相关单位接到报案后，迅速派出警员和消防救援队伍以及医院急救中心的医务人员赶赴事故现场开展施救，全力抢救伤员。经现场救援人员的全力施救，现场发现救援出来的3人已无生命体征，3人重伤经送医后，于20时30分抢救无效死亡。接到事故报告后，各级领导高度重视，自治区党委、政府领导和玉林市委、市政府主要领导分别作出批示，一致要求要全力做好救援处置工作，迅速组织力量全力抢救伤者，妥善处理后事，认真查明原因，严肃追责问责，并举一反三，排查消除安全隐患，坚决防范类似事故再次发生。玉林市第一时间成立了以市长为组长的某城五期"5·16"建筑施工事故处置工作领导小组，下设7个工作小组，全力做好救治伤者、现场维护秩序、善后处置和事故调查等工作。玉林市和玉州区有关领导第一时间组织市公安、消防、应急、住建、市场监管、卫生健康等部门和区政府有关部门人员到现场指挥救援，开展事故处置工作。

1.5.2　事故人员伤亡及直接经济损失情况

事故造成6人死亡，直接经济损失约为873万元。

1.5.3　事故善后处理和应急救援评估情况

1. 事故善后处理情况

玉林市相关部门妥善做好事故善后处理工作，积极做好死者家属安抚工作，开展死者家属慰问关怀工作。相关企业和死者家属签订赔偿协议，事故相关赔偿工作已完成。

2. 事故应急救援评估情况

事故发生后，属地政府和相关职能部门在事故处置过程中能按照各自职责密切配合、协调联动、应急处置。经评估，事故应急处置指挥得当、分工明确、协调有序、及时有效，没有造成次生事故，事故应急处置较好。

1.5.4　事故现场勘察情况

为客观、真实还原事故发生情况，事故调查组组织专家和技术人员对事故现场进行仔细勘察，对事故施工升降机进行专项调查和技术分析。

主要针对导致施工升降机右笼坠落的原因（施工升降机最高一道附着装置连接的导轨架标准节与其下一节标准节连接位置左侧2根高强度螺栓缺失）进行现场勘察，对施工升降机的机械部分进行查验和分析。

1. 事故现场及损坏的设备（图1～图3）。

图1　事故现场（地下室顶板位于5号楼东南侧）

图 2　顶部第 6 节标准节

图 3　顶部第 5 节标准节

2. 现场勘察

1）标准节查验

施工升降机最高一道附着装置连接的导轨架标准节与其下一节标准节连接位置左侧 2 根高强度螺栓缺失（图 4～图 7）。

图 4　导轨架顶部第 6 节左前部螺栓孔

图5　导轨架顶部第6节左后部螺栓孔

图6　导轨架顶部第6节右前部螺栓孔

图7　导轨架顶部第6节右后部螺栓孔

2）相关机械部分查验

导轨架顶部第6节标准节左侧2个螺栓孔完好（图4、图5）未变形，右侧2个螺栓孔在施工升降机右笼坠落时被右侧连接高强度螺栓拉拔脱孔，右侧2个螺栓孔塑性变形严重（图6、图7）。

导轨架顶部第5节标准节左侧2个螺栓孔完好，右侧2根螺栓仍连接在螺栓孔上（见图3）。

3）事故现场监控视频查验

事故调查组调取了紧邻事发项目楼体7号楼塔式起重机转运准备顶升加节的6节标准节（整体连接）监控视频，经玉林市公安局玉州分局技术部门查验，视频影像模糊，无法看清6节标准节的高强度螺栓连接状况。

3. 公安刑侦部门现场勘验与技术分析

经广西公安厅刑侦总队技术工作组的现场勘验发现，标准节断裂处西面2个位置是安装过螺栓的；标准节断裂处上下两端4根圆杆上均附有大量湿润的黑色油污，标准节扶手及其配件、脚手架等处均未见攀爬痕迹；标准节上的螺栓安装方式不统一。综上所述，可以判断出西面的2根螺栓是在安装好之后脱落的。另外，根据公安机关对项目总包公司、设备租赁公司、工程监理公司、工程保安部门以及死者亲属等35名相关人员进行的调查，均没有发现有突出的矛盾、纠纷、冲突，结合公安厅技术工作组的现场勘察意见，此事故排除人为破坏因素。

4. 顶升加节过程

5月14日早上，租赁单位安全员姚某，安拆工人陈某、林某入场对事故施工升降机进行顶升加节、附墙架作业（顶升加节6个标准节、加装1道附墙架）。

首先，陈某从7号楼利用塔式起重机吊运已安装在一起的6节标准节到5号楼作为顶升加节所用。8点40分左右，施工单位、租赁单位、监理单位相关人员进行顶升加节技术交底，并检查安拆工人的特种作业证，对六节标准节进行了检查（是否松动、缺失、变形、生锈），然后由陈某、林某进行顶升加节、附墙架安装作业。

安装后，租赁单位未按规定进行自检，施工单位将未验收合格的施工升降机投入使用。

1.5.5　事故发生的原因分析及性质

1. 直接原因

事故施工升降机导轨架顶部往下第5节与第6节标准节连接位置左侧2根高强度螺栓缺失，未安装有效的上限位装置及上极限装置，施工单位将未经验收合格的施工升降机投入使用、施工升降机司机周某违规操作，是造成事故的直接原因。

2. 间接原因

（1）租赁单位施工现场管理缺失，无施工升降机顶升加节施工专项方案；未按规定配备足够安拆人员；没有落实专业技术人员现场监督；未按规定配备满足安拆工艺的力矩扳手确保安全生产条件；违反规定，组织没有获得施工升降机特种作业操作资格证的员工林某进行施工升降机的顶升加节操作；未按规定落实安全生产教育和培训，导致陈某、林某、姚某等3名员工未具备必要的安全生产知识和熟悉有关的安全操作规程、未掌握安拆岗位的安全操作技能参与施工升降机顶升加节操作。

（2）施工单位管理混乱，在原项目经理潘某辞职后，未按规定及时任命项目负责人及向相关监管部门报备；未按规定配备足够的专职安全生产管理员；未督促落实专职设备管理人员张某、专职安全生产管理员吴某按规定对施工升降机顶升加节进行现场监督检查；未按规定组织安拆、监理等有关单位对施工升降机顶升加节操作后进行验收及出具验收记录，就违规投入使用。

（3）监理单位对建设项目安全生产的监理主体责任未落实，施工现场管理不到位。对租赁单位执行施工升降机顶升加节施工未严格监督检查，项目监理部未按规定严格把关施工升降机验收手续，未把施工升降机顶升加节中发现的安全事故隐患按规定及时汇报行业主管部门。

（4）建设单位安全生产主体责任未落实，未对施工单位、监理单位的安全生产工作进行统一协调管理，未定期进行安全检查，对施工单位申请变更项目经理的事项没有及时办理，对监理单位报告的安全事故隐患没有及时处理；未对施工单位、监理单位存在的问题及时进行纠正。

（5）玉林市建设工程质量安全管理站作为全市建设工程安全生产监督管理部门，对辖区内建筑工程和建筑起重机械设备日常安全生产监督不到位，履行建筑工程安全生产职责不认真，监督检查工作存在形式主义，未发现租赁单位对施工现场管理不到位，职工安全生产教育和培训不符合规定等问题，没能发现施工单位未及时配备项目经理。

（6）玉林市住房和城乡建设局作为全市建筑工程安全生产监督管理的行业主管部门，对全市建筑工程安全隐患排查、安全生产检查工作组织领导不力，监督检查不到位；对涉事企业安全生产隐患排查不彻底等问题监督管理缺失。

1.5.6 事故性质

事故调查组认定，玉林市某城五期“5·16”建筑施工事故是一起较大的生产安全责任事故。建议同意事故调查组意见。

1.5.7 对事故有关责任单位及责任人的处理建议

1. 建议免予追责人员（1人）

周某，租赁单位施工升降机司机，违规操作施工升降机，驾驶施工升降机从右吊笼底部越过最高一道附墙（最高层门32层在最高附墙下），违反了《吊笼有垂直导向的人货两用施工升降机》第五章、《施工升降机安全操作规程》第十一章的规定，对事故的发生负直接责任。鉴于其本人在事故中死亡，建议免于追究其责任。

2. 建议追究刑事责任人员（7人）

（1）顾章保，租赁单位法定代表人、总经理，未按规定督促落实安拆人员岗位职责；没有保证其单位安全生产投入的有效实施；没有按规定有效地落实租赁单位的安全生产教育和培训；没有及时督促、检查在事故施工升降机顶升加节中存在的安全事故隐患并及时消除。违反了《中华人民共和国安全生产法》第十八条的规定，对事故的发生负主要领导责任，涉嫌重大责任事故罪，建议由司法机关依法追究其刑事责任。

（2）陈某，租赁单位施工升降机顶升加节操作工人，未按施工升降机安装工艺规定要求进行顶升加节操作，违反了《建筑起重机械安全监督管理规定》第十三条的要求；在安装作业完成后未按规定进行自检、调试、试运转，未按规定出具自检合格证明，违反了《建筑起重机械安全监督管理规定》第十四条的规定；未能及时发现并消除事故施工升降机导轨架顶部的第5节、第6节标准节连接安装存在的安全事故隐患。对事故的发生负直接责任，涉嫌重大责任事故罪，建议由司法机关依法追究其刑事责任。

（3）林某，租赁单位员工，未取得相应的操作资质而参与施工升降机顶升加节操作，违反了《建设工程安全生产管理条例》第二十五条的规定；未按施工升降机安装工艺规定要求进行顶升加节操作，违反了《建筑起重机械安全监督管理规定》第十三条的要求；安装作业完成后未按规定进行自检、调试、试运转，未按规定出具自检合格记录，违反了《建筑起重机械安全监督管理规定》第十四条的规定。未能及时发现并消除事故施工升降机导轨架顶部的第5节、第6节标准节连接安装存在的安全事故隐患。对事故的发生负直接责任，涉嫌重大责任事故罪，建议由司法机关依法追究其刑事责任。

（4）姚某，租赁单位专职安全管理员，对陈某、林某在顶升加节中的违规操作（林某未持证上岗、未按安装工艺操作顶升加节）没有加以制止和组织整改，违反了《建筑起重机械安全监督管理规定》第十三条的规定；安装作业完成后未按规定组织自检、调试、试运转，未按规定出具自检合格记录，违反了《建筑起重机械安全监督管理规定》第十四条的规定；未及时发现并消除事故施工升降机导轨架顶部的第5节、第6节标准节连接安装存在的安全事故隐患。对事故的发生负有直接责任，涉嫌重大责任事故罪，建议由司法机关依法追究其刑事责任。

（5）肖某，施工单位某城五期A1标段1号、2号、5号楼工程项目负责人，未按规定履行职责；未履行督促落实设备管理人员张某、专职安全生产管理员吴某按规定对施工升降机顶升加节进行现场监督检查的职责；施工升降机未验收合格就投入使用，违反了《建设工程安全生产管理条例》第二十一条、《危险性较大的分部分项工程安全管理规定》第十七条、《建筑起重机械安全监督管理规定》第十六条的规定。对事故的发生负主要领导责任，涉嫌重大责任事故罪，建议由司法部门依法追究其刑事责任。

（6）张某，施工单位项目专职设备管理人员，未按《建筑起重机械安全监督管理规定》第十八条的要求对施工升降机顶升加节进行现场严格监督检查，未制止安拆方的违规操作行为；未按《建筑起重机械安全监督管理规定》第十六条的要求出具验收记录并违规投入使用。对事故的发生负有主要责任，涉嫌重大责任事故罪，建议由司法部门依法追究其刑事责任。

（7）吴某，施工单位专职安全生产管理员（5月14日顶升加节安装现场的专职安全生产管理员），未按规定对施工升降机顶升加节进行现场监督检查，未制止安拆方的违规操作行为，违反了《建设工程安全生产管理条例》第二十三条的规定；施工升降机未经组织验收合格即违规投入使用，违反了《建筑起重机械安全监督管理规定》第十六条的要求。对事故的发生负有主要责任，涉嫌重大责任事故罪，建议由司法部门依法追究其刑事责任。

3. 建议给予行政处罚人员（10人）

（1）陈某，租赁单位技术负责人。没有履行危险性较大的分部分项工程现场监督职责，对事故施工升降机顶升加节进行定期巡查，违反了《建筑起重机械安全监督管理规定》第十三条第二款的规定；未能及时发现并消除顶升加节存在的安全事故隐患，未按规定出具自检合格记录，违反了《建筑起重机械安全监督管理规定》第十四条的规定。对事故的发生负有责任，建议由建设行政主管部门依法对其进行处理。

（2）杨某，施工单位项目生产经理。未履行岗位职责（违反其公司规章制度：危险作业安全管理规范；违反《玉林某城五期 A1 标段 1 号、2 号、5 号楼工程施工组织设计方案》第八章：施工安全措施）。未对施工升降机顶升加节进行安全技术交底并督促检查安全工作落实，违反《建筑起重机械安全监督管理规定》第十六条第一款的规定，将未经验收合格的施工升降机投入使用。对事故的发生负有次要责任，建议由建设行政主管部门依法对其进行处理。

（3）黄某，施工单位项目技术负责人。未履行岗位职责（违反公司规章制度：危险作业安全管理规范；违反《玉林某城五期 A1 标段 1 号、2 号、5 号楼工程施工组织设计方案》第八章：施工安全措施），未按规定严格审查顶升加节施工方案；违反《建筑起重机械安全监督管理规定》第十六条第一款的要求，对验收工作把关不严，对现场工作缺乏检查、流于形式，未按规定出具验收记录。对事故的发生负有次要责任，建议由建设行政主管部门依法对其进行处理。

（4）王某，施工单位广西公司总经理。作为施工单位广西公司的负责人，对玉林某城五期 A1 标段 1 号、2 号、5 号楼工程项目部安全生产管理工作存在的安全事故隐患没有及时督促整改予以消除，对该事故的发生负有一定责任，建议由应急管理部门依法对其进行处理。

（5）曾某，监理单位项目监理见证员。未严格履行岗位职责，未按《建设工程安全生产管理条例》第十四条第二款规定的要求对施工升降机顶升加节进行严格监督检查，对安拆工人未持证上岗违规操作没有马上制止；未按《建筑起重机械安全监督管理规定》第十六条第一款的要求出具验收旁站记录。对事故发生负有次要责任，建议由建设行政主管部门依法对其进行处理。

（6）蒋某，监理单位项目安全监理。未严格履行岗位职责，未按《建设工程安全生产管理条例》第十四条第二款规定的要求对施工升降机顶升加节进行严格监督检查，对安拆工人未持证上岗违规操作没有马上制止；未按《建筑起重机械安全监督管理规定》第十六条第一款的要求出具验收旁站记录。对事故发生负有次要责任，建议由建设行政主管部门依法对其进行处理。

（7）杜某，监理单位项目总监理。未严格履行岗位职责，未督促相关监理人员落实各自岗位职责，对施工升降机顶升加节验收把关不严，未按《建筑起重机械安全监督管理规定》第十六条第一款的要求出具验收记录。对事故发生负有次要责任，建议由建设行政主管部门依法对其进行处理。

（8）宁某，监理单位法定代表人、总经理。未能及时督促玉林某城五期 A1 标段 1 号、2 号、5 号楼工程监理项目部就该项目监理过程中发现的安全隐患对施工方严格监督落实整改，对该项目施工中暴露的安全隐患问题虽以文件和会议形式在施工方、业主方、监理方等几方安全例会中进行通报，但未能及时向主管部门汇报，对隐患整改治理的督促不够坚决彻底。对该事故的发生负有一定责任，建议由玉林市应急管理部门依法对其进行处理。

（9）王某，建设单位项目总经理。是该项目安全生产管理的第一责任人，对玉林某城五期A1标段1号、2号、5号楼工程项目安全生产管理工作存在的生产安全事故隐患没有及时督促整改予以消除，对施工单位申请变更项目经理的事项没有及时组织协调办理，对该事故的发生负有一定责任，建议由玉林市应急管理部门依法对其进行处理。

（10）梁某，建设单位项目安全主管。对项目建设未定期进行安全检查；对监理单位在日常监督中提出的安全隐患没能及时去协调整改予以消除；没能对施工单位、监理单位存在的问题及时督促跟踪落实整改。建议由建设行政主管部门依法对其进行处理。

4. 建议给予党纪、政务处分人员

对于在事故调查过程中发现的监管部门和公职人员履职方面的问题以及对相关责任人的责任追究，由玉林市纪委监委机关严格依纪依法予以追究。

5. 建议行政处罚事故责任单位（4家）

（1）租赁单位施工现场管理缺失。没有落实专业技术人员现场监督，未按规定确保安全生产条件，违反了《中华人民共和国安全生产法》第四条的规定；未按规定配备足够的专业技术人员和安全生产管理人员，违反了《广西壮族自治区建筑起重机械安全使用管理规定》第十一条的规定；未按规定落实从业人员的安全生产教育和培训；未按规定组织特种作业人员上岗作业，违反了《中华人民共和国安全生产法》第二十五条、第二十七条、《建设工程安全生产管理条例》第二十五条、《建筑起重机械安全监督管理规定》第十三条的规定；未按规定组织对事故施工升降机进行自检、调试、试运转；未按规定出具自检合格记录，违反了《建筑起重机械安全监督管理规定》第十四条的规定。对事故的发生负主要责任，建议玉林市应急管理部门及建设行政主管部门分别依法对其进行处理，并将该公司纳入安全生产联合惩戒管理。

（2）施工单位安全生产主体责任未落实，安全管理混乱。未按规定及时配备项目负责人，违反了《中华人民共和国安全生产法》第四条的规定；未按规定配备足够的专职安全生产管理员，违反了《建设工程安全生产管理条例》第二十三条、《建筑施工企业安全生产管理机构设置及专职安全生产管理人员配备办法》第十三条的规定；未按规定督促落实专职设备管理人员、专职安全生产管理人员对事故施工升降机顶升加节进行现场监督检查，违反了《建设工程安全生产管理条例》第二十六条、《建筑起重机械安全监督管理规定》第十八条的规定。

未按规定组织安拆、监理等有关单位对施工升降机顶升加节操作后进行验收，未按规定出具验收合格记录，将未经验收合格的施工升降机投入使用，违反了《建筑起重机械安全监督管理规定》第十六条的规定。对事故的发生负主要责任，建议玉林市应急管理部门及建设行政主管部门分别依法对其进行处理，并将该公司纳入安全生产联合惩戒管理。

（3）监理单位对租赁单位执行施工升降机顶升加节施工未严格监督，对施工升降机顶升加节存在的安全事故隐患未按规定及时汇报行业主管部门，违反了《建筑起重机械安全监督管理规定》第二十二条、《建设工程安全生产管理条例》第十四条的规定；项目监理部未按规定严格把关施工升降机验收手续，违反了《建筑起重机械安全监督管理规定》第十六条的规定。对事故的发生负有责任，建议由玉林市应急管理部门和建设行政主管部门分别依法对其进行处理。

（4）建设单位即发包方，安全生产责任未落实，未对施工单位、监理单位的安全生产工作进行统一协调管理，未定期进行安全检查，对施工单位申请变更项目经理的事项没有及时办理，未对施工单位、监理单位存在的问题及时进行纠正，违反了《中华人民共和国安全生产法》第四十六条的规定；对监理单位报告的安全事故隐患没有及时处理，违反了《建筑起重机械安全监督管理规定》第二十三条的规定。对事故的发生负有责任，建议由玉林市应急管理部门和建设行政主管部门分别对其进行处理。

6. 相关建议

（1）YL市建设工程质量安全管理站。

YL市建设工程质量安全管理站（以下简称市质安站）作为全市建设工程安全生产监督管理部门，对辖区内建筑工程和建筑起重机械设备日常安全生产监督不到位，履行建筑工程安全生产职责不认真，监督检查工作存在形式主义，未发现租赁单位对施工现场管理不到位，职工安全生产教育和培训不符合规定等问题，未能发现施工单位未及时配备项目经理。建议责令市质安站向YL市住房和城乡建设局作出深刻书面检查；由YL市住房和城乡建设局主要负责人对市质安站班子进行谈话提醒；取消市质安站2020年度单位的评优评先资格；对市质安站关于履行建筑工程安全生产职责不认真，监督检查工作存在形式主义等问题现象，在全市住建系统进行通报，要求全市建筑工程安全生产监管机构吸取教训、举一反三、引以为戒；建议有关部门将市质安站2020年度的绩效考评结果降一个等次。

（2）YL市住房和城乡建设局。

YL市住房和城乡建设局作为全市建筑工程安全生产监督管理行业主管部门，对全市建筑工程安全隐患排查、安全生产检查工作组织领导不力，监督检查不到位；对涉事企业安全生产隐患排查不彻底等问题监督管理缺失。建议责令YL市住房和城乡建设局向YL市委、市人民政府作出深刻书面检查；由YL市人民政府分管安全生产工作的领导对YL市住房和城乡建设局班子进行谈话提醒。

1.5.8　事故防范和整改措施建议

1. 要严格落实建设单位安全生产主体责任

建设单位要加强对施工单位、监理单位的安全生产管理。严格督促检查施工单位现场负责人、专职安全管理人员和监理单位相关人员资格情况，确保具备资格条件的人员进场施工。要切实加强施工现场安全管理，加强对施工单位、监理单位安全生产工作的协调、管理，定期进行安全检查，发现存在问题和安全隐患要及时督促整改，确保安全施工。不得在安全条件不允许和隐患排查治理不到位的情况下，盲目压缩建设工期。

2. 要严格落实总承包单位施工现场安全生产责任

各施工单位要按规定配备相应的施工现场安全管理人员，将安全生产责任层层落实到具体岗位、具体人员；对安装单位编制的建筑起重机械等专项施工方案的有效性、适用性进行严格审核；专项施工方案实施前，要按要求和安装单位配合完成方案交底和安全技术交底工作；施工升降机首次安装、后续顶升加节附着作业实施中，施工总承包单位项目部要对施工作业人员进行审核登记，项目负责人要在施工现场履职，项目专职安全生产管理人员要对专项施工方案实施情况进行现场监督；建筑起重机械顶升加节、附着作业后，要组织出租、安拆、监理等有关单位进行验收，验收合格后方能投入使用；使用单位要自安装验收合格之日起30d内将建筑起重机械安装管理制度、特种作业人员名单，向建设主管部门办理使用登记；要强化施工升降机使用管理，建筑起重机械司机必须具有特种作业资格操作证，作业前要对司机进行安全技术交底后方可上岗；要严格监督检查产权单位对建筑起重机械进行的检查和维护保养，确保设备安全使用。

3. 要切实落实监理单位安全监理责任

各监理单位要认真履行职责，进一步完善相关监理制度，要强化对监理人员管理考核。一是严格要求对建筑起重机械安装单位编制的专项施工方案的有效性、适用性进行审查。二是要严格审查安装单位资质证书、人员操作证等；专项施工方案实施前，按要求监督施工总承包单位和安装单位进行方案交底和安全技术交底工作；专项施工方案实施中，应当对作业进行有效的专项巡视检查。三是要参加起重机械设备的验收，并签署验收意见。

4. 要切实加强建筑起重机械安全管控

建筑起重机械安装单位安装要标准、规范，按规定编制安拆专项施工方案，并由本单位技术负责人审核，保证专项施工方案内容的完整性、针对性；专项施工方案实施前，按要求组织方案交底和安全技术交底工作；专项施工方案实施中，安拆人员必须取得相应特种作业操作资格证书并持证上岗，专业技术人员、专职安全生产管理人员应当进行现场监督；安装完毕后（包括后续顶升加节、附着作业），严格按规定进行自检、调试和试运转，经检测验收合格后方可投入使用。

5. 要切实抓好安全生产教育培训

要加强员工安全教育培训，科学制订教育培训计划，有效保障安全教育培训资金投入，确保培训效果，不断提高员工的安全意识和防范能力，有效防止“三违”现象，确保建筑施工安全。

6. 要强化政府及部门监管责任落实

各级政府和行业主管部门要认真学习贯彻习近平总书记关于安全生产工作作出的重要指示精神，牢固树立安全生产红线意识和底线思维。深刻吸取事故教训，举一反三，坚决落实安全生产属地监管责任和行业监管职责。要认真落实“党政同责、一岗双责”安全生产责任制，要将安全生产与其他工作同部署、同检查、同考核，构建齐抓共管的工作格局。建设行业主管部门要按照“三个必须”的要求，严格落实行业监管责任，深入开展建筑施工领域专项整治，开展隐患大排查、大整治，进一步加强对建筑起重机械等危大工程的安全监管，完善建筑起重机械安全监督管理制度，切实提高全市建筑起重机械管理水平，有效防范化解重大安全生产风险，坚决防范杜绝类似事故再次发生。

1.6 广东省佛山市“6·27”较大坍塌事故调查报告

2020年6月27日10时17分，位于佛山市SD区高新区西部启动区D-XB-10-03-A-

04-2 地块项目 8 号楼在浇筑屋面构造梁过程中发生一起坍塌事故，造成 3 人死亡、1 人受伤。

1.6.1　事故基本情况

1. 工程项目概况

涉事 8 号楼分南北两座，中间通过二层平台连接，变更前建筑面积 50808.6m^2，变更后建筑面积为 51219.37m^2，总高 41.4m，共 8 层，首层高 6.45m，二层至七层高 4.5m/层，八层高 4.5m。涉事坍塌的屋面构造梁柱总高 3.6m，框架结构类型，施工时设一条后浇带。8 号楼于 2019 年 10 月 31 日开工建设，2020 年 6 月 2 日、3 日和 10 日、12 日分四次完成屋面封顶，原计划 2020 年 12 月 4 日竣工。

2. 事故现场基本情况

涉事 8 号楼东、西面是施工通道，南、北面是在建工地。8 号楼分南楼和北楼，南北楼之间由一条宽 16m 的二层平台连接。

二层平台东侧设有一台塔式起重机。8 号楼北楼四周搭设有外脚手架，涉事坍塌的屋面构造梁梁面距地面 41.1m，该梁在浇筑Ⓢ8-7轴×8-J～8-N轴混凝土施工过程中模板支架失稳（模板支架约 28m）向外侧翻倒，倒塌的模板支架、外脚手架及 4 名操作工人跌落二层平台，造成 3 人死亡、1 人受伤，并导致二层平台钢筋混凝土结构破损约 40m^2、平台多处被击穿（图 1～图 3）。

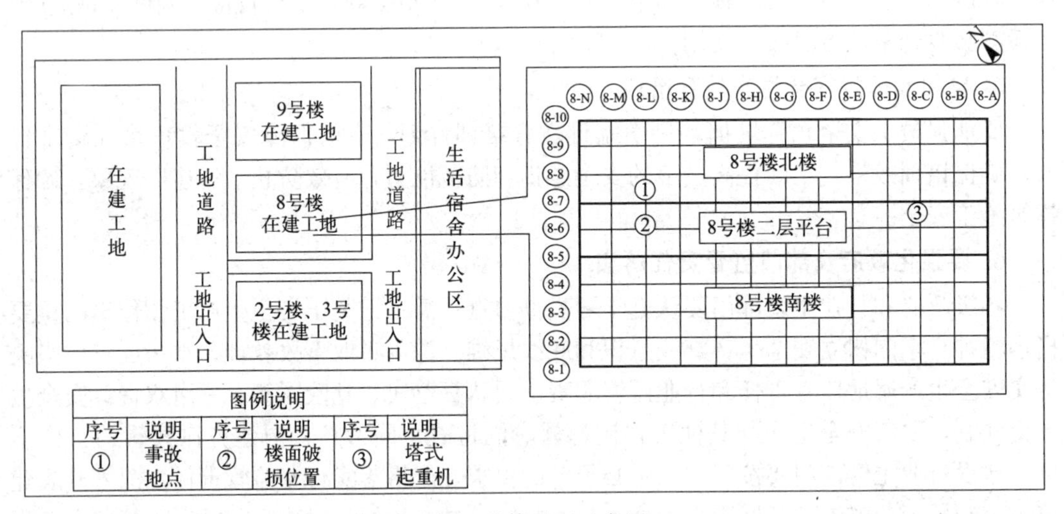

图 1　总体平面示意图

3. 事故伤亡情况

事故共造成 3 人死亡、1 人受伤，均为事故坍塌的屋面构造梁浇筑混凝土的施工工人。

4. 直接经济损失情况

根据《企业职工伤亡事故经济损失统计标准》GB 6721—1986 等标准和规定统计，核

图2 工人坠落的8号楼二层平台

图3 二层平台钢筋混凝土结构破损、多处被击穿

定事故直接经济损失为467.205万元。

1.6.2 事故发生经过及应急处置情况

1. 事故发生经过

2020年6月27日上午8时15分许，某混凝土公司司机驾驶混凝土运输车到达事发8号楼施工工地。9时40分许，施工单位混凝土班班长李某（一）与混凝土施工工人陶某、李某（二）、程某、杜某、管某6人在8号楼顶楼开始为8号楼楼顶屋面构造梁、柱浇筑混凝土。工人首先自西向东浇筑了4根柱子，然后自东向西分层浇筑屋面构造梁。10时15分许，第一车混凝土浇筑完毕，准备开始浇筑第二车混凝土时，李某（一）发现刚浇筑的屋面构造梁开展倾斜，便大声呼喊其他人员赶快撤离。最终，只有站在距离外脚手架西北角较近的李某（一）和陶某撤离到了安全范围。混凝土工人李某（二）、程某、杜某、管某4人随模架及外脚手架一起掉落到8号楼二层平台。

2. 事故应急处置情况

1）事故接报及应急处置情况

2020年6月27日10时15分，施工单位施工员黄某发现事故发生后立即拨打120救助电话，现场安全员拉起警戒线。项目经理助理常某立即致电佛山分公司负责人齐某报告事故情况，并电话通知了区住建部门。齐某随后赶到事故现场协助进行善后工作。10时26分，杏坛镇公安民警到达事故现场维持秩序。10时3分，救护车抵达事故现场，10时45分，消防救援队抵达事故现场开展应急救治和现场处置。现场对4名伤者施行紧急救治后送南方医科大学SD医院附属杏坛医院抢救。17时30分，程某经抢救无效死亡；20时，李某经抢救无效死亡；21时20分，管某经抢救无效死亡。杜某经救治伤情平稳，无生命危险。

2）地方政府和相关部门应急响应情况

SD区委、区政府接到事故信息报告后，立即启动应急响应，迅速组织区、镇公安、应急、安监、住建等部门按照职能职责，开展事故应急处置工作。13时许，市应急部门主要领导、分管领导，市住建部门分管领导率相关科室到达事故现场，传达市党政主要领导、分管领导的指示，并指导事故救援和应急处置工作以及开展事故调查前期工作。当天下午，市安委办、市住房城乡建设局联合组织各区住建系统负责人召开事故现场会，要求该起事故涉及的施工单位、监理单位在佛山市的所有在建工程全部停工检查，要求各区立即在建筑行业领域全面开展隐患大排查。

3）事故善后处置情况

SD区政府成立7个工作组，有序开展伤员救治、家属安抚、工地排查等事故善后处置工作。

4）应急处置评估结论

各级党委、政府和相关部门决策科学合理，应急机制及时有效，现场救援处置得当，信息报送准确及时，善后工作有序有效。

1.6.3　事故原因及性质认定

1. 事故直接原因

事故调查组经过现场勘验、无人机航拍、三维建模及技术分析、对相关人员的谈话问询、查阅设计图纸、对模板支撑系统实测实量以及聘请第三方技术服务机构依据现行国家施工规范要求对事故屋面构造梁模板支撑系统进行技术分析、对屋面构造梁设计图纸进行安全性复核验算等大量调查取证和分析论证工作，认定事故直接原因为：施工单位搭设的8号楼屋面构造梁柱模板支架不合理，屋面构造梁存在偏心现象而未采取有效防范措施，当屋面构造梁柱浇筑混凝土时，随着荷载越来越大，产生的偏心力矩也越来越大，引起斜立杆失稳导致模架向外倾覆倒塌。

具体分析如下：

1）模板支架受力分析

屋面构造梁模板支架构造明显不合理（图4），现有构造梁模板及梁实体结构重心偏离了门架最外侧支撑杆（图5），门式支撑架的实际作用达不到模板支架稳定的预期效果，导致施工过程产生的荷载对门式支撑架产生了较大的偏心力矩，使偏心力矩变为主要由外侧的钢管斜立杆承受。

图4 屋面构造梁模板支架构造图

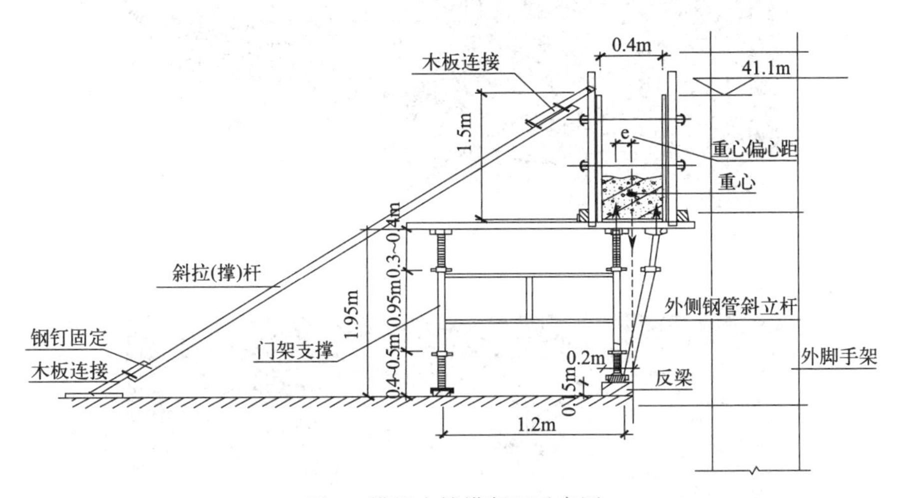

图5 模板支撑横断面示意图

因外侧钢管斜立杆成了关键受力杆件，故对承担主要偏心力矩的外侧钢管斜立杆进行受力分析（图6）。

可见：施工荷载对斜立杆产生的竖向力 N 可分解为对斜立杆的轴心压力 N_1 与水平推力 N_2，水平推力 N_2 对斜立杆底部产生向外转动的力矩，由于斜立杆上下均未设置可靠的杆件进行连接，没有平衡斜立杆转动的有效约束措施，仅靠斜立杆上下支撑点的摩擦力约束作用，极不可靠，当上部浇筑混凝土时产生的荷载越来越大，力矩 M 也越来越大，大到一定程度，支撑点的摩擦约束失效，引起斜立杆失稳。

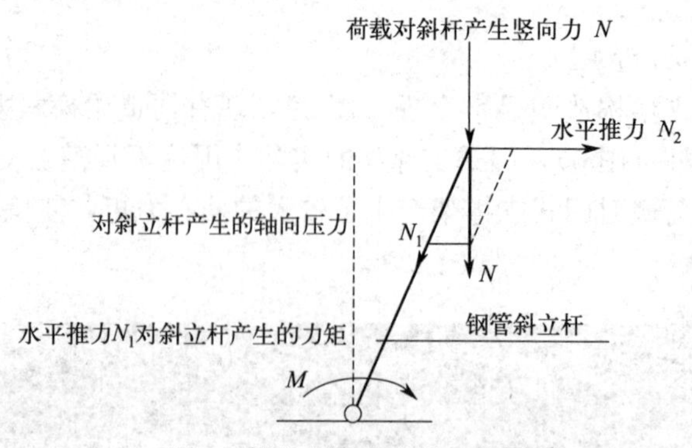

图 6 斜立杆受力分析示意图

当外排斜立杆失稳，偏心力矩由侧向拉（撑）杆承受，并对其产生拉力，对侧向拉（撑）杆进行受力验算，按杆件间距 2m，梁混凝土实际施工完成 0.6m 高进行计算，验算结果，斜杆受到的拉力为 2.87kN（约为 287kgf），现有拉（撑）杆仅使用几根钢钉和木板与钢管连接（图 7、图 8），连接处明显不牢固、不可靠，不可能承受 2.87kN 的拉力，该斜向拉（撑）杆不起作用，不能起到防止梁模板侧倾的作用。

图 7 构造梁拉（撑）杆图

图 8 构造梁拉（撑）杆底部图

2）模板支撑架倒塌原因分析

（1）由于屋面构造梁截面及自重较大，且存在偏心的情况，梁外边线外偏楼面

20mm，现有模板支撑无施工方案，也未根据现场实际条件进行技术交底，现场搭设模板支撑时未对偏心情况采取合理有效解决方法，只简单地在门架支撑外侧增加了一排钢管斜立杆进行处理，由于此方法不合理，使得附加的外排斜立杆承担了主要的偏心力矩。由于外排钢管斜立杆只单排独立设置，斜立杆存在向外倾斜等不利因素，且外排立杆未按施工规范要求设置扫地杆以及纵横向连接杆件等有效连接构造措施，外排钢管斜立杆也未与门式钢管支撑架连成整体，梁模板侧面斜向防倾拉（撑）杆设置不当，连接不牢固、不可靠，基本上不起作用，模板支架没有形成安全有效的侧向支撑系统，整个模板支撑系统未形成安全稳定的受力体系。

（2）当屋面构造梁进行混凝土浇捣时，荷载对梁模板外侧钢管斜立杆产生偏心力矩。受力分析表明，上部荷载对斜立杆产生的水平推力对斜立杆底部产生向外转动的力矩，而由于斜立杆上下均未设置可靠的杆件进行连接，没有平衡斜立杆转动的有效约束措施，仅靠杆件支撑点的摩擦力提供约束，并不可靠，根本限制不了斜立杆的转动。当上部浇筑混凝土时产生的荷载越来越大，产生的力矩也越来越大，到一定程度，支撑点提供的摩擦约束失效，引起斜立杆失稳倒塌，斜立杆失稳后模板及实体梁重心完全偏离模板支撑架。经计算，此时偏心力矩对模板斜拉（撑）杆产生的拉力为2.87kN（约为287kgf），而模板侧面的斜拉（撑）杆因构造连接方式不当，仅使用木板条与几根钢钉连接固定斜杆，此连接方式显然不能承受所产生的拉力，起不到防止模板支架侧倾的作用，导致梁模板及已浇捣的梁混凝土向外倾覆并带动模板支架整体向外倒塌，造成安全事故。

3）排除自然灾害因素造成事故

经调查组现场勘察，结合SD区地震局和SD区杏坛镇高赞村委会自动气象站记录，6月27日上午9时至11时，事发地天气晴、无降水，气温31～34℃，偏西风1～2级，无地震发生。排除因地震、恶劣天气等自然灾害因素引发事故的可能性。

2. 事故间接原因

1）施工单位严重违反安全生产法律法规和有关规定

施工单位项目经理长期不在岗，安全管理机构与实际不符、安全管理混乱，日常管理工作实际由高中未毕业且不具备任何相应执业资格和管理能力的项目经理助理常某负责，安全管理工作实际由小学文化程度且不具备相应安全管理能力的生产主管洪某统筹，专职安全管理人员职责不明，工作随意；没有针对屋面构造梁模板工程编制专项施工方案，且事后弄虚作假伪造专项施工方案应对调查；隐患排查制度未落实，检查流于形式，没有发现8号楼屋面构造梁模板支撑体系存在重大安全隐患并及时消除；8号楼屋面构造梁模板工程验收程序流于形式，项目技术负责人和项目经理未按要求到现场参与验收，验收记录弄虚作假；施工前，未对有关安全施工的技术要求作出详细说明，没有进行方案和安全技术交底；未对从业人员进行安全生产教育和培训，教育培训档案资料造假；施工方案审批表、施工日志等档案资料弄虚作假。

2）监理单位的监理岗位形同虚设

监理单位对施工单位项目经理长期不在岗、安全管理混乱、安全生产档案资料弄虚作假行为放任不管；对工程设计文件不熟悉，对8号楼屋面构造梁施工涉及危大工程不清楚、不掌握；没有发现并督促施工单位在8号楼屋面构造梁施工前编制危大工程专项施工方案；没有认真审查施工组织设计中的安全技术措施是否符合工程建设强制性标准；没有结合8号楼屋面构造梁模板支撑体系危大工程编制监理实施细则，没有对该危大工程施工实施专项巡视检查；日常巡查没有发现8号楼屋面构造梁模板支撑体系存在重大安全隐患并消除；对8号楼屋面构造梁搭建的模板支撑体系验收流于形式，专业监理工程师未按规定到场参与验收，监理员对模板支撑体系存在的重大安全隐患视而不见，监理形同虚设。

3）设计单位工作存在重大疏漏

设计单位未在设计文件中注明8号楼屋面构造梁施工涉及危险性较大工程，没有提出保障工程施工安全的意见；未进行设计交底，未针对8号楼屋面构造梁向建设单位、施工单位、监理单位作出特别说明。调查组聘请有关设计专家对屋面构造梁、柱进行复核计算，判定屋面构架柱配筋设计不满足正常使用及抗震设计受力要求。

4）建设单位未依法履行安全生产职责

建设单位没有组织设计单位在设计文件中列出危大工程清单，也没有要求施工单位完善危大工程清单，并明确相应的安全管理措施；巡查检查工作不细致、不认真，没有发现8号楼屋面构造梁模板支撑体系属于危大工程，没有发现模板支撑体系存在重大安全隐患；对施工、监理单位安全生产工作统一协调、管理不力；对施工单位项目经理长期不在岗、安全管理混乱等问题置若罔闻，对监理单位监理工作流于形式缺乏监督管理。

5）审图单位把关不严

审图单位对设计文件没有认真进行审查，对施工图纸未标明涉及危大工程部位和环节的情况没有提出审查意见，审图过程中也没有发现屋面构造梁施工涉及危大工程，没有发现屋面构架柱配筋设计不满足正常使用及抗震设计受力要求。

6）行业主管部门履职不到位

SD区住房城乡建设和水利局未依法履职。对施工单位日常监督检查流于形式，对施工单位项目经理长期不在岗、安全管理混乱的情况监管不到位，对安全生产档案资料弄虚作假现象失察；河源龙川“5·23”较大事故发生后，虽然根据省、市有关文件要求，迅速制定了《佛山市SD区住房城乡建设和水利局关于脚手架及模板支撑专项检查的紧急通知》，但年中专项检查没有认真结合该通知精神落实重大隐患检查，专项检查流于形式，在没有检查模板支撑等重点内容的情况下在检查表中全部勾记“已检查”，没有发现8号楼屋面构造梁模板支撑体系存在重大安全隐患。

7）属地有关协调机构日常服务管理不到位

SD区高新区管委会为更好地服务企业，主动承担包括涉事工地在内的管委会辖区范围内的项目巡查检查，但检查工作不到位，聘请的专家不具备相应资质、能力，对检查发现的安全隐患没有函告行业主管部门，没有督促企业及时消除安全隐患。

3. 事故性质

经调查认定，SD区“6·27”较大坍塌事故是一起安全生产责任事故。

1.6.4 对事故相关责任人员和责任单位的处理建议

1. 建议追究刑事责任人员（2人）

（1）常某，男，名义上是施工单位涉事工地项目经理助理，但实际上负责涉事工地的日常施工管理工作。常某不具备安全管理能力，无相关执业资格及职称证书，涉事工地安全管理混乱，安全管理机构与实际不符，专职安全管理人员职责不明，工作随意；没有针对屋面构造梁模板工程编制专项施工方案；隐患排查制度未落实，检查流于形式，没有发现 8 号楼屋面构造梁模板支撑体系存在重大安全隐患并消除；屋面构造梁模板工程验收程序流于形式，验收记录弄虚作假；施工前，未对有关安全施工的技术要求作出详细说明，没有进行方案和技术交底；未对从业人员进行安全生产教育和培训，教育培训档案资料造假；施工方案审批表、施工日志等档案资料弄虚作假。常某对事故负有责任，因涉嫌重大责任事故罪，已于 2020 年 7 月 15 日被公安机关立案侦查，建议追究其刑事责任。

（2）刘某，男，监理单位监理部经理，涉事工地总监理工程师。对施工单位项目经理长期不在岗、安全管理混乱、安全生产资料档案弄虚作假等情况放任不管；对工程设计文件不熟悉；没有发现并督促施工单位在 8 号楼屋面构造梁施工前编制危大工程专项施工方案；没有认真审查施工组织设计中的安全技术措施是否符合工程建设强制性标准；没有结合 8 号楼屋面构造梁模板支撑体系危大工程编制监理实施细则，没有对该危大工程施工实施专项巡视检查；日常巡查没有发现 8 号楼屋面构造梁模板支撑体系存在重大安全隐患并消除，监理岗位形同虚设。对事故发生负有重大责任，建议追究其刑事责任。

2. 建议立案侦查人员（2 人）

（1）林某，男，施工单位涉事工地项目经理。长期不在岗，没有依法履行安全生产有关职责，对事故发生负有责任。建议公安机关对其涉嫌刑事犯罪行为立案侦查。待其司法程序终结后，由佛山市住房和城乡建设局依法处理其行政违法责任。

（2）吴某，男，施工单位涉事工地项目技术负责人。未针对 8 号楼屋面构造梁模板支撑体系编制危大工程专项施工方案，事后弄虚作假编造专项施工方案应对调查；未按要求组织模板工程验收；施工前，没有进行方案交底，对事故发生负有责任。建议公安机关对其涉嫌刑事犯罪行为立案侦查。待其司法程序终结后，由佛山市住房和城乡建设局依法处理其行政违法责任。

3. 建议给予党纪处分和责任追究人员（10 人）

1）SD 区住房城乡建设和水利局负有相关责任人员（7 人）

（1）霍某，男，SD 区住房城乡建设和水利局党组书记、局长，负责全面工作；其不正确履行职责，对建筑行业领域管理不到位，对业务科室未认真履职失察。其对此负有重要领导责任，根据《中国共产党纪律检查机关监督执纪工作规则》第三十条第二项之规定建议对其批评教育。

（2）王某，男，SD 区住房城乡建设和水利局党组成员、副局长，分管建筑安全监督科，现任 FS 市住房和城乡建设局建设工程消防监管科科长。其任 SD 区住房城乡建设和水利局党组成员、副局长期间，不正确履行职责，对分管领域的工作管理不到位，对分管的科室未认真落实日常监督管理工作、专项检查工作失察。其对此负有主要领导责任，根据《中国共产党纪律检查机关监督执纪工作规则》第三十条第二项之规定建议予以诫勉。

（3）左某，男，SD 区住房城乡建设和水利局建筑安全监督科科长，主持科室全面日常管理工作，统筹安监一组（安监一组负责杏坛片区，含涉事工程工地）施工安全监督工作。其不正确履行职责，对安监一组人员管理不严格，对他们的日常检查工作流于形式失察；对专项检查工作部署不周全，不细致，对专项小组未认真落实重点检查内容失察。其对此负有直接责任，根据《中国共产党纪律处分条例》第三十七条、第一百二十一条之规定，建议给予党内警告处分。

（4）胡某，男，SD区住房城乡建设和水利局建筑安全监督科四级主任科员、安监一组组长，负责对杏坛片区建筑施工安全进行日常监督检查。其不正确履行职责，带队对涉事工地日常监督检查流于形式，对涉事工地施工图纸不熟悉，对设计文件发生变更后不知情；未对施工单位、监理单位履职情况进行有效监督。其对此负有直接责任，根据《中国共产党纪律处分条例》第三十七条、第一百二十一条、第一百二十二条之规定，建议给予党内严重警告处分。

（5）黎某，男，SD区住房城乡建设和水利局建筑安全监督科四级主任科员、安监一组组员，根据组长胡某安排对杏坛片区建筑施工安全进行日常监督检查。其不正确履行职责，对涉事工地日常监督检查流于形式，对涉事工地施工图纸不熟悉，对设计文件发生变更后不知情；未对施工单位、监理单位履职情况进行有效监督。其对此负有直接责任，根据《中国共产党纪律处分条例》第三十七条、第一百二十一条、第一百二十二条之规定，建议给予党内警告处分。

（6）陈某，男，SD区住房城乡建设和水利局建筑安全监督科二级科员、安监一组组员，根据组长胡某安排对杏坛片区建筑施工安全进行日常监督检查。其不正确履行职责，对涉事工地日常监督检查流于形式，对涉事工地施工图纸不熟悉，对设计文件发生变更后不知情；未对施工单位、监理单位履职情况进行有效监督。其对此负有直接责任，根据《行政机关公务员处分条例》第二十条之规定，建议给予政务记过处分。

（7）陈某，男，SD区住房城乡建设和水利局建筑安全监督科政府雇员，2020年6月17日对涉事工地开展专项检查时担任小组组长。其不正确履行职责，对涉事工地现场施工情况不了解，现场检查随意；没有按照专项检查的重点内容对施工现场的模板支撑进行全面检查，没有发现8号楼屋面构造梁模板支撑体系这一重大安全隐患；对安全生产档案资料检查不细致、不认真，没有发现弄虚作假的现象。其对此负有直接责任，建议对其进行批评教育，2020年年度考核不得评为优秀。

2）SD区高新区管委会相关人员（3人）

（1）张某，男，2016年3月任SD区高新区管委会副主任，分管用地管理局。其不正确履行职责，没有指导用地管理局建立完善有效的协调和监督工作机制，使监督检查工作流于形式。其对此负有重要领导责任，根据《中国共产党纪律检查机关监督执纪工作规则》第三十条第二项之规定，建议对其进行批评教育。

（2）谭某，男，SD区高新区管委会用地管理局局长（事业编制），用地管理局负责对高新区范围内非财政性投资的企业、在建工地进行协调和监督。其不正确履行职责，建立的对工程项目进行协调和监督的工作机制不完善，监督检查工作流于形式：聘请的日常监督检查的专家不具备相应资质能力，未将监督检查发现的在建工地安全隐患问题移交相关职能部门。其对此负有主要领导责任，根据《中国共产党纪律检查机关监督执纪工作规则》第三十条第二项之规定，建议予以诫勉。

（3）周某，男，SD区高新区管委会用地管理局四级调研员，主要负责对高新区范围内的企业、在建工地进行监督检查。其不正确履行职责，监督检查工作流于形式，未将监督检查发现的在建工地安全隐患问题移交相关职能部门；弄虚作假，向事故调查组提交资料之前，授意他人和参与在相关安全检查材料上虚假签名，应对调查。其对此负有直接责任，根据《中国共产党纪律处分条例》第三十七条、第一百二十二条之规定，建议给予党内警告处分。

3）其他责任人员（1人）

何某，男，建筑领域专家，参加2020年6月17日对涉事工地开展专项检查。其现场检查随意，没有按照专项检查的重点内容对施工现场的模板支撑进行全面检查，没有发现8号楼屋面构造梁模板支撑体系这一重大安全隐患。其对此负有直接责任，建议行业主管部门对其进行批评教育。

4. 对有关责任单位及人员的处理建议

（1）施工单位对事故负有责任，建议佛山市应急管理局依据《中华人民共和国安全生产法》《生产安全事故报告和调查处理条例》等有关法律法规规定，对其及其主要负责人黄某实施行政处罚，并按有关规定将该公司及黄某纳入全国安全生产失信联合惩戒管理；对施工单位常务副总经理兼珠三角片区公司总经理、佛山分公司经理齐某实施行政处罚。

（2）监理单位对事故负有责任，建议佛山市应急管理局依据《中华人民共和国安全生产法》《生产安全事故报告和调查处理条例》等法律法规有关规定，对其及其主要负责人黄某实施行政处罚，并按有关规定将该公司及黄某纳入全国安全生产失信联合惩戒管理。

（3）设计单位对事故负有责任，建议佛山市应急管理局依据《中华人民共和国安全生产法》《生产安全事故报告和调查处理条例》等法律法规有关规定，对其及其主要负责人王某实施行政处罚，并按有关规定将该公司及王某纳入全国安全生产失信联合惩戒管理。

（4）建设单位未依法履行安全生产职责，建议佛山市应急管理局依据《中华人民共和国安全生产法》《生产安全事故报告和调查处理条例》等法律法规有关规定，对其及其主要负责人李某实施行政处罚。

5. 其他建议

（1）责令SD区人民政府向FS市人民政府作深刻书面检查，认真总结和吸取事故教训，进一步加强和改进安全生产工作，杜绝同类事故发生。

（2）建议FS市住房和城乡建设局根据《房屋建筑和市政基础设施工程施工图设计文件审查管理办法》对审图单位审图把关不严的情况作出处理。

1.6.5 事故的主要教训

1. 参建各方重生产轻安全，安全管理缺失缺位

设计单位未标注危大工程，未提出技术交代，甚至设计的屋面构造梁、柱不满足正常使用及抗震设计受力要求；审图单位把关不严，没有发现上述严重问题；建设单位未依规定完善危大工程监管，对施工、监理各方违法和失职行为放任不管；监理形同虚设；施工方严重违反安全生产法律法规。在河源“5·23”事故之后，省、市、区多次提出防范遏制事故要求的情况下，参建各方依然置若罔闻，没有引起警醒，没有举一反三吸取事故教训，种种不负责任的行为、职责的层层失守，使工作漏洞酿成重大隐患，重大隐患最终酿成了严重的事故。反映参建各方没有牢固树立安全发展理念，红线意识淡薄，底线思维缺失。

2. 施工团队无知无能，脱离科学蛮做盲干

施工单位严重违反安全生产法律法规规定，安全管理机构与实际不符，安全管理混乱，项目经理长期不在岗，项目实际负责人高中未毕业且不具备任何相应执业资格和管理能力，安全管理工作由小学毕业且不具备相应安全管理能力的人员负责统筹，现场专职安全员职责不明。对危大工程没有编制专项施工方案，隐患排查制度未落实，重大安全隐患未得到消除。施工前没有方案和技术交底，对施工人员没有教育培训。建筑施工本是技术要求极高、施工危险性极强的行业领域，但施工方配置的人员明显没有与工作岗位相匹配的知识和能力，违法违规、罔顾实际、脱离科学、不负责任，最终害己害人。

3. 危大工程失管漏管，隐患排查治理严重不到位

8号楼屋面构造梁施工涉及危大工程，但设计单位没有在设计文件中注明，没有提出保障工程施工安全的意见，未进行设计交底，未向建设单位、施工单位、监理单位作出特别说明。建设单位没有组织设计单位列出危大工程清单，没有要求施工单位完善危大工程清单并明确安全管理措施；日常巡查检查中，没有发现屋面构造梁模板支撑体系属于危大工程并存在重大安全隐患。监理单位对工程设计文件不熟悉，不知道8号楼屋面构造梁施工涉及危大工程；没有发现并督促施工单位在8号楼屋面构造梁施工前编制危大工程专项施工方案。施工单位对危大工程缺乏管理意识，没有辨识8号楼屋面构造梁施工涉及危大工程并编制专项施工方案，在日常检查中，没有发现8号楼屋面构造梁模板支撑体系存在重大安全隐患并及时消除。反映参建各方对危大工程认知不足，危大工程被当作一般工程对待；管理混乱，放任重大安全隐患存在。属于危大工程的8号楼屋面构造梁支撑体系始终处于失管状态，隐患未能得到及时消除，带来严重后果。

4. 监管机制不完善，监管部门职责未有效落实

8号楼屋面构造梁属于变更项目，监管部门在变更许可前未形成有效的实质审查机制，导致设计、审图漏洞未能及时发现；在许可后，未形成有效的通告机制，导致监管人员未能及时掌握工地变更情况，一定程度上形成了后续监管的漏洞。此外，行业主管部门对涉事工地日常监督检查流于形式，负责该片区的监管小组对涉事工地检查了十次，没有一次下达整改指令，对施工单位项目经理长期不在岗、安全管理混乱、档案资料弄虚作假等现象失管失察。专项检查对计划中的检查模板支撑体系等重点内容只是抽查，工作不到位，流于形式。

1.6.6　事故防范措施建议

1. 牢固树立安全发展理念

各级人民政府要坚持以人民为中心的发展理念，贯彻落实习近平总书记关于安全生产的重要指示精神，进一步健全完善“党政同责、一岗双责、齐抓共管、失职追责”的安全生产责任制，夯实安全生产“三个必须”，厘清、明确各级各部门安全生产职责，建立科学合理的考核问责机制，确保安全生产红线不可触碰。SD 区人民政府务必举一反三，深刻吸取事故教训，深入开展事故警示教育，定期研判分析安全生产形势，真正把安全生产纳入经济社会发展总体布局，整体谋划、推进、落实。SD 区住房城乡建设和水利局要结合安全生产专项整治三年行动、七大行业专项整治工作，狠抓建筑施工领域专项整治，对照“一图两清单”把方案和措施落细落实落具体；要全面深入排查工程建设领域存在的安全生产多发、共性问题，通过行业约谈通报、诚信加扣分、联合惩戒、强化执法力度等实招硬招提升企业整治重大隐患的自觉性。

2. 严格落实企业安全生产主体责任

佛山市广大建筑施工企业，特别是事故工程参建各方要深入学习贯彻习近平总书记关于安全生产的重要论述，反思事故教训，进一步提高认识，牢固树立安全第一、生命至上的理念，强化红线意识和底线思维，充分认识建筑行业高风险性，依法依规履行安全生产主体责任，切实增强安全风险意识，严格落实安全生产“一线三排”工作机制。建设单位要进一步规范各项承发包行为，加强风险辨识工作，依法依规履行告知备案职责和交底工作。施工单位要加强施工现场安全管理，严格落实企业负责人、项目负责人现场带班制度，认真遵守施工规程和技术规范，全面实施全员教育制度，加大风险管控和隐患排查治理，将隐患当事故对待，要实现对隐患发现、确认、整改、验收、公示全过程闭环管理。监理单位要严格履行安全监理职责，配备齐全具有相应从业资格的监理人员，编制有针对性、可操作性的监理规划和细则，加强巡视和旁站监理，加强对施工过程重点部位和薄弱环节的管理和监控，对监理过程中发现的严重安全隐患和问题，要立即责令施工单位整改并复查整改情况，对拒不整改的，要及时向行业主管部门报告。设计和审图等有关单位要严格履行职责，加强和完善审核复核机制，堵塞工作漏洞。

3. 切实加强危大工程管理

佛山市广大建筑施工企业，特别是事故工程参建各方，要认真组织学习《危险性较大的分部分项工程安全管理规定》，进一步加强涉及危大工程的安全管控。建设单位应当完善危大工程清单及其安全管理措施，项目发生变更后必须重新组织参建单位会审、辨识危大工程和重大危险源，并要求施工单位严格按照危大工程清单及其相应的安全管理措施进行施工。施工单位在危大工程施工前，要科学编制专项施工方案，并严格审核、论证；要完善危大工程清单审查工作机制、施工现场危大工程公告和警示机制，不折不扣落实方案交底和技术交底工作。监理单位应当将危大工程列入监理规划和监理实施细则，要针对工程特点、周边环境和施工工艺，制订安全监理工作流程、方法和措施，并监督施工单位做到“不安全不施工、不科学不施工”。

4. 优化完善监管工作机制

SD 区住房城乡建设和水利局要吸取河源龙川“5·23”事故及本次事故教训，结合安全生产专项整治三年行动、七大行业专项整治工作，狠抓建筑施工领域专项整治，对照“一图两清单”把方案和措施落细落实落具体；要进一步完善工程项目许可前审查和许可后通告工作机制，实现许可和监管环环相扣，无缝对接，堵塞漏洞。全市各级住建管理部门要正确理解简政放权的含义，正确处理简政放权与安全生产的关系，明确任何流程简化的前提是对安全生产的保障，绝不能因简政放权对安全生产造成影响。要进一步强化日常监管，加强安全技术措施及派驻施工现场管理人员的标后检查，对现场作业人员与报建人员不一致的要严肃查处；要落实各方提交危大工程清单及相关的专项施工方案的制定，把危大工程作为日常监管、安全巡查的重点，加大抽查频次和力度，确保施工现场安全生产管理体系和质量技术安全体系落实到位；要加强行业信用管理，对设计、勘察、建设、施工、监理、审图等单位违反工作守则、违反法律法规的行为坚决予以整治并落实信用惩戒。

1.7　湖北省钟祥市“7·4”较大起重伤害事故调查报告

2020年7月4日14时45分左右，位于钟祥市郢中街办显王路某院B区项目建设工地12号楼，发生一起起重伤害事故，造成3人死亡，1人受伤。直接经济损失318万元。

1.7.1　基本情况

1. 事故项目基本情况

钟祥市郢中街办显王路某院B区建设工程位于钟祥市龙山大道西侧，用地面积63512.69m^2，建筑面积121649.38m^2，由6栋17层、2栋23层、1栋24层住宅，1栋2层商业用房组成，总户数686户，项目总投资25000万元。

2. 事故12号楼基本情况

钟祥市郢中街办显王路某院B区12号楼，2019年5月1日开工建设，2020年6月30日完工（外脚手架工程拆除完成），建筑面积9711.9m^2，建筑高度59m。

3. 事故12号楼塔式起重机基本情况

事故塔式起重机于2019年4月28日首次在某院B区12号楼安装使用，安装完毕后共有3道附着，28个标准节，塔式起重机高度为70m。经调查勘验，从2019年4月28日至事故发生前，设备检验单位于2019年5月29日、8月29日、12月4日对该塔式起重机进行检验3次，检验结论合格；2019年5月15日至2020年6月30日共按期维保23次，塔式起重机基础未见下沉和塌陷，塔式起重机设施设备良好。

4. 事故当日天气情况

2020年7月4日，天气阴转小雨，最高气温27°，最低气温23°，东南风2级。

1.7.2　事故发生经过及应急处置情况

1. 事故发生经过

2020年6月，钟祥市郢中街办显王路某院B区建设项目主体施工基本完成，项目部决定对外立面施工完工的楼栋塔式起重机进行拆除，塔式起重机拆除由租赁单位负责。2020年6月3日，租赁单位向施工单位、监理单位、钟祥市安监站申报拆除9号、13号楼塔式起重机，经各单位审批同意，2020年6月7日和6月15日，租赁单位分别拆除9号、13号楼塔式起重机。发生事故的12号楼塔式起重机拆除施工方案已报施工单位，未经审批。

2020年6月28日，钟祥市住房和城乡建设局（以下简称“钟祥市住建局”）发文《关于加强高考期间施工现场和商混生产管理工作的通知》，要求全市城区从事建筑活动的各施工企业在高考期间停工。7月3日，建设单位组织施工单位、监理单位开会，决定工地从7月4日上午6点至7月9日18点全面停工。

2020年7月4日6时30分左右，租赁单位塔式起重机安拆班长蒋某未向租赁单位报告，带领刘某、郑某、胡某到某院B区项目施工现场拆除12号楼塔式起重机。4人在未正确佩戴安全防护用品（仅穿戴，未悬挂）的情况下，从塔式起重机最高处（高度70m，共28个标准节）开始拆除作业，蒋某负责操作液压顶升油泵，刘某、郑某、胡某负责拆卸标准节高强度螺栓，直到11时30分左右，共拆除塔身标准节8个。

2020年7月4日13时30分左右，4人继续拆除塔机，14时45分左右，在顶升架下降至第17个标准节时（距离地面垂直距离约40m），刘某听到身后顶升架有异响，回头发现顶升架已慢慢倾斜，意识到塔式起重机可能倒塌，马上从爬升架前的空当，钻进标准节中，去抓爬梯未果，顺势坠落，在坠落过程中抓住扶梯，才未继续坠落。此时，塔机已经倾翻，刘某顺着扶梯下到地面，看到蒋某摔落至塔式起重机东侧地面，郑某、胡某卡在顶升架与塔式起重机塔身处，3人当场死亡。

2. 事故报告情况

事故发生后，14时53分，现场施工人员刘某相继拨打“110”“120”“119”报警求救。

15时25分，钟祥市公安局向钟祥市政府报告事故。

15时35分，施工单位项目技术负责人杨某向钟祥市安监站站长高某电话报告事故。

15时50分，钟祥市政府向荆门市政府报告事故。

16时30分，荆门市应急管理局向钟祥市应急管理局核实后，电话向湖北省应急管理厅和荆门市委、市政府报告事故。

16时58分，钟祥市住建局向钟祥市应急管理局报告。

17时48分，荆门市住建局和钟祥市应急管理局分别将事故基本情况传真报告荆门市应急管理局。接到报告后，荆门市应急管理局立即向湖北省应急管理厅和市委、市政府上报事故基本情况。

3. 应急救援情况

15时10分，钟祥市皇庄派出所民警首先赶到事故现场，设置警戒，维护秩序，疏导围观人员。

15时12分，钟祥市人民医院“120”救护车赶赴现场参加救护。

15时15分，钟祥市消防大队出动消防车1辆、消防员5名赶到现场开展救援，经勘察确认，事故塔式起重机倒塌造成1人（刘某）困在塔式起重机基坑内，2人（郑某、胡某）被卡在顶升架与塔式起重机塔身处，1人（蒋某）倒在塔式起重机东侧地面（无生命体征）。

15时25分，救出第一名被困于塔式起重机基坑内人员（刘某，轻伤），并由“120”救护车送往钟祥市人民医院治疗。剩余2名被困人员被卡在塔式起重机高空，由于塔式起重机残骸尚未完全坍塌且不稳定，为确保现场救援安全，遂联系起重机进行固定后再进行救援。

15时30分，钟祥市住建局、钟祥市应急管理局相关人员到达事故现场。

16时30分，襄汉路消防站出动云梯车1辆、消防员5名进行增援。

16时40分，荆门市委、市政府有关领导，率领荆门市住建局、荆门市应急管理局等部门主要负责人及相关责任人赶赴事故现场，要求迅速开展现场救援，严防次生灾害事故，及时稳妥善后，安抚家属情绪。

16时50分，钟祥市市长到达事故现场。同时，起重机到场对倒塌的塔式起重机残骸进行固定，利用云梯车进行救援。

19时20分，救出第二名被困人员（郑某，无生命体征）。

19时50分，救出第三名被困人员（胡某，无生命体征）。

4. 善后处置情况

荆门市、钟祥市两级党委政府领导和有关部门赶赴现场进行处置，并成立由钟祥市市长牵头的善后处置专班，下设善后、维稳、舆情处置3个工作小组，明确牵头领导和工作职责，共同做好善后处置工作。7月10日相关赔付、善后工作全部完成。

5. 应急救援处置评估

经过5个小时的全力救援，至7月4日19时50分，救援工作结束。整个救援过程领导重视、行动迅速、指挥有力、科学专业，社会舆情稳定，未发生群体性事件，未对环境造成损害，未发生次生事故。

1.7.3 事故造成的人员伤亡和直接经济损失情况

1. 伤亡情况

本次事故导致3人死亡，1人受伤。

2. 直接经济损失

318.9873万元。

1.7.4 事故原因与性质认定

1. 直接原因

蒋某、刘某、郑某、胡某无塔式起重机拆除作业资质，未经批准，擅自进入工地违章作业，在拆除塔式起重机过程中未正确佩戴安全防护用品，违规进行高空塔式起重机拆除作业。将第18节标准节推至引进平台，顶升架下降至第17个标准节过程中，提前将第17个标准节西侧节间套管内的四套高强度螺栓拆除，致使塔身重心失稳，起重臂由西往东倾翻，塔式起重机倾覆坍塌，导致事故发生。

2. 管理原因

1）租赁单位

（1）安全生产主体责任未落实。未建立健全安全生产规章制度，未设置安全管理机构及配备专职安全员，单位长期借靠王某的安全员资质，安全员从未在岗履行过安全管理职责；单位项目负责人程某、现场负责人师某未对塔式起重机安拆工进行安全施工技术交底。

（2）安全管理严重缺失。未经相关部门、单位审批，擅自拆除12号楼塔式起重机；单位塔式起重机安拆工蒋某等4人无特种作业资质，现场负责人师某多次违法违规安排无资质人员进行塔式起重机拆除，现场未对塔式起重机安拆工违法作业行为进行制止。

（3）未开展安全教育培训。未对施工人员开展安全教育培训，无安全教育培训档案，未对培训效果进行考核；施工人员未按安全操作规程进行塔式起重机拆除，不熟悉施工现场存在的危险因素，安全意识薄弱，缺乏危险辨识、应急处置、避险避灾的技能和方法。

2）施工单位

（1）未履行总承包安全责任。项目经理胡某超资质范围承接项目（二级建造师资质），项目安全员肖某无安全员资质；未在起重机械施工现场危险部位设置明显的安全警示标志和现场防护；未对租赁单位塔式起重机安拆工进行安全教育培训和安全施工技术交底。

（2）现场管理混乱，职责不清。未督促租赁单位按照塔式起重机拆除安全操作规程进行施工，施工现场无安全员进行监督，未落实巡回检查制度，对租赁单位未经审批擅自进行塔式起重机拆除和安拆工蒋某等4人无特种作业资质违法作业的行为，未及时发现和制止。

（3）对施工人员缺乏管控。未落实施工现场门卫管理制度，高考期间全市建筑工地要求停工，在工地停工期间，让无资质施工人员随意进入工地施工。

3）监理单位

（1）未履行监理安全职责。未组织项目施工人员进行安全生产教育培训；依据项目规模，监理机构人员配备不足；工地停工期间未安排监理员在施工现场巡查；对租赁单位多次安排无特种资质人员拆除塔式起重机违法作业行为，未及时发现和制止。

（2）未严格审查施工方案。未到施工现场对塔式起重机安拆工身份进行核查，未发现租赁单位现场施工人员与申报方案审批的施工人员不符，对租赁单位塔式起重机拆除施工方案审查流于形式，盲目签批。

4）建设单位

（1）未履行建设单位安全生产主体责任。对项目建设施工“一包了之”，未督促检查各参建单位的安全生产工作，未对各参建单位的安全生产工作统一协调、管理。

（2）未及时消除安全生产事故隐患。未定期进行安全检查，未发现租赁单位未经审批擅自施工和安拆工蒋某等4人无特种作业资质违法作业的行为。

5）ZX市建筑安全生产监督管理站

未落实建筑行业安全生产监管职责，对建筑行业安全生产日常监管不到位。领导监督不力，对执法人员管理缺失；对特种设备安拆装资料把关不严，未正确履行职责。

6）ZX市住房和城乡建设局

对本行业、领域内安全生产工作未认真履行监管职责。局股室与局属二级单位职责不清，工作不力；行政审批股未认真审查事故建设项目的施工、监理发包备案资料和施工许可申请资料。

7）ZX市YZ街道办事处

落实属地安全管理责任不到位，未配合相关行业部门对郢中城区建筑行业安全进行管理。

8）ZX市机构编制委员会办公室

未切实履行工作职责，未明确下达ZX市建筑安全生产监督管理站工作职责。

9）ZX市委、市政府

组织领导辖区内的建筑工程安全生产工作存在薄弱环节，对建筑工程安全生产工作指导监督不够。

10）JM市住房和城乡建设局

指导ZX市建筑行业领域安全生产工作不力。

3. 事故性质认定

经调查认定，钟祥市郢中街办显王路某院“7·4”较大起重伤害事故是一起安全生产责任事故。

1.7.5　事故责任的认定以及事故责任者的处理建议

1. 建议免予追究刑事责任的人员

蒋某、郑某、胡某，3人是租赁单位塔式起重机安拆工，未取得建筑施工特种作业操作资格证，未经相关单位、部门审批同意，擅自进行塔式起重机拆除施工。安全意识薄弱，未正确佩戴安全防护用品进行高空作业，违规操作提前将标准节套管内的高强度螺栓卸下，致使塔身重心失稳，塔式起重机起重臂由西往东倾翻，导致事故发生，造成3人死亡、1人受伤。其行为违反了《中华人民共和国安全生产法》《中华人民共和国建筑法》《建设工程安全生产管理条例》《建筑起重机械安全监督管理规定》的相关规定，对事故负有直接责任，鉴于其已在事故中死亡，免予追究刑事责任。

2. 建议追究刑事责任的人员

（1）刘某，租赁单位塔式起重机安拆工，未取得建筑施工特种作业操作资格证，未经相关单位、部门审批同意，擅自进行塔式起重机拆除施工。安全意识薄弱，未正确佩戴安全防护用品进行高空作业，违规操作提前将标准节套管内的高强度螺栓卸下，致使塔身重心失稳，塔式起重机起重臂由西往东倾翻，导致事故发生，造成3人死亡、本人受伤。其行为违反了《中华人民共和国安全生产法》《中华人民共和国建筑法》《建设工程安全生产管理条例》《建筑起重机械安全监督管理规定》的相关规定，对事故负有直接责任，建议移送司法机关处理。

（2）师某，租赁单位现场负责人，负责项目施工人员安排、工程进度、设备管理工作。未履行安全生产责任，未对塔式起重机安拆工进行安全施工技术交底，多次违法违规安排无资质安拆工进行塔式起重机拆除，事故当天未对蒋某等4人违法违规作业行为进行制止，导致事故发生。其行为违反了《中华人民共和国安全生产法》《中华人民共和国建筑法》《建设工程安全生产管理条例》《建筑起重机械安全监督管理规定》的相关规定，对事故发生负有直接领导责任，建议移送司法机关处理。

（3）程某，租赁单位总经理，法定代表人，负责单位全面工作。未履行单位的安全生产工作职责，未建立健全安全生产规章制度，未设置安全管理机构及配备专职安全员；未组织开展安全教育培训，未对塔式起重机安拆工进行安全施工技术交底；塔式起重机拆卸申报资料上施工人员与实际施工人员不符；单位施工人员无证上岗作业，施工现场未安排安全员实施安全管理监护，导致事故发生。其行为违反了《中华人民共和国安全生产法》《中华人民共和国建筑法》《建设工程安全生产管理条例》《建筑起重机械安全监督管理规定》的相关规定，对事故发生负有直接领导责任，建议移送司法机关处理。

3. 建议给予行政处罚的单位及人员

（1）租赁单位。安全生产主体责任未落实，未建立健全安全生产规章制度，未对施工人员开展安全教育培训，未对塔式起重机安拆工进行安全施工技术交底；未设置安全管理机构及配备专职安全员；未经相关部门、单位审批，擅自施工；公司塔式起重机安拆工蒋某等4人无特种作业资质；多次违法违规安排无资质人员进行塔式起重机拆除，现场未对塔式起重机安拆工违法作业行为进行制止。其行为违反了《中华人民共和国安全生产法》《中华人民共和国建筑法》《建设工程安全生产管理条例》《建筑起重机械安全监督管理规定》的相关规定，对事故负有主要责任，根据《中华人民共和国安全生产法》的相关规定，建议由荆门市应急管理局依法依规给予行政处罚。根据《生产安全事故报告和调查处理条例》《住房和城乡建设部应急管理部关于加强建筑施工安全事故责任企业人员处罚意见》（建质规〔2019〕9号）的相关规定，责成JM市住建局依法依规处理，列入建筑施工领域安全生产不良信用记录，责成JM市行政审批局对其资质依法依规进行处理，并报JM市应急管理局备案。

（2）施工单位。未履行总承包安全责任，项目经理超资质范围承接项目，安全员无资质；未在起重机械施工现场危险部位设置明显的安全警示标志和现场防护；未对租赁单位塔式起重机安拆工进行安全教育培训和安全施工技术交底；未督促租赁单位按照塔式起重机拆除安全操作规程进行施工，施工现场无安全员进行监督；未落实巡回检查制度，对租赁单位未经审批擅自进行塔式起重机拆除和安拆工蒋某等4人无特种作业资质违法作业的行为，未及时发现和制止；未落实施工现场门卫管理制度，停工期间，让无资质施工人员随意进入工地施工。其行为违反了《中华人民共和国安全生产法》《中华人民共和国建筑法》《建设工程安全生产管理条例》《建筑起重机械安全监督管理规定》的相关规定，对事故负有主要责任，根据《中华人民共和国安全生产法》的相关规定，建议由JM市应急管理局依法依规给予行政处罚。根据《生产安全事故报告和调查处理条例》的相关规定，责成JM市住建局依法依规处理，并报JM市应急管理局备案。

（3）监理单位。未组织项目施工人员进行安全生产教育培训；监理机构人员配备不足；工地停工期间未安排监理员在施工现场巡查；对租赁单位多次安排无特种资质人员拆除塔式起重机违法作业行为，未及时发现和制止；未到施工现场对塔式起重机安拆工身份进行核查，未发现租赁单位现场施工人员与申报方案审批的施工人员不符。其行为违反了《中华人民共和国安全生产法》《中华人民共和国建筑法》《建设工程安全生产管理条例》《建筑起重机械安全监督管理规定》《项目监理机构人员配置标准（试行）》的相关规定，对事故负有重要责任，根据《中华人民共和国安全生产法》的相关规定，建议由JM市应急管理局依法依规给予行政处罚。根据《生产安全事故报告和调查处理条例》的相关规定，责成JM市住建局依法依规处理，并报JM市应急管理局备案。

（4）建设单位。未履行建设单位安全生产主体责任，对项目建设施工“一包了之”，未督促检查各参建单位的安全生产工作，未对各参建单位的安全生产工作统一协调、管理。未定期进行安全检查，未发现租赁单位未经审批擅自施工和安拆工蒋某等4人无特种作业资质违法作业的行为。其行为违反了《中华人民共和国安全生产法》的相关规定，对事故负有重要责任，根据《中华人民共和国安全生产法》的相关规定，建议由JM市应急管理局依法依规给予行政处罚。根据《生产安全事故报告和调查处理条例》的相关规定，责成JM市行政审批局对其资质依法依规处理，并报JM市应急管理局备案。

（5）肖某，施工单位董事长，法定代表人，负责单位全面工作。安全职责落实不到位，未督促管理人员落实安全职责，未组织实施安全生产教育和培训计划，单位项目经理超资质范围承接项目，安全员无资质。其行为违反了《中华人民共和国安全生产法》《中华人民共和国建筑法》《建设工程安全生产管理条例》的相关规定，对事故负有主要领导责任，根据《中华人民共和国安全生产法》的相关规定，建议由JM市应急管理局依法依规给予行政处罚。

（6）贾某，监理单位总经理，法定代表人，负责单位全面工作。未组织项目施工人员进行安全生产教育培训，未按要求配备规定数量的监理人员。其行为违反了《中华人民共和国安全生产法》《项目监理机构人员配置标准（试行）》的相关规定，对事故发生负有重要领导责任，根据《中华人民共和国安全生产法》的相关规定，建议由JM市应急管理局依法依规给予行政处罚。根据《中国共产党纪律处分条例》的相关规定，建议给予党内严重警告处分。

（7）王某，建设单位总经理，法定代表人，负责单位全面工作。未落实安全管理职责，对项目建设施工“一包了之”，未督促检查各参建单位的安全生产工作，未对各参建单位的安全生产工作统一协调、管理。其行为违反了《中华人民共和国安全生产法》的相关规定，对事故发生负有主要领导责任，根据《中华人民共和国安全生产法》的相关规定，建议由JM市应急管理局依法依规给予行政处罚。

（8）程某，租赁单位总经理，法定代表人，负责单位全面工作。未履行单位的安全生产工作职责，未建立健全安全生产规章制度，未设置安全管理机构及配备专职安全员；未组织开展安全教育培训，未对塔式起重机安拆工进行安全施工技术交底；塔式起重机拆卸申报资料上施工人员与实际施工人员不符；单位施工人员无证上岗作业，施工现场未安排安全员实施安全管理监护，导致事故发生。其行为违反了《中华人民共和国安全生产法》《中华人民共和国建筑法》《建设工程安全生产管理条例》《建筑起重机械安全监督管理规定》的相关规定，对事故发生负有直接领导责任，根据《中华人民共和国安全生产法》的相关规定，建议由JM市应急管理局依法依规给予行政处罚，5年内不得担任任何生产经营单位的主要负责人。

4. 建议给予追责问责的人员

（1）王某，个体起重机司机，将安全管理员资质借挂于租赁单位，实际未履行安全管理员职责。建议由JM市住建局对其资质依法依规处理，并报JM市应急管理局备案。

（2）肖某，施工单位安全员，负责施工现场安全巡查及安全技术交底工作。无安全员资质，未落实安全职责，未对租赁单位塔式起重机安拆工进行安全教育培训。未到施工现场进行安全施工技术交底，未落实巡回检查制度，施工过程监管缺失，未及时发现和制止违章作业行为。对事故发生负有直接管理责任，责成施工单位按照企业管理规定给予处理，并报JM市应急管理局备案。

（3）胡某，施工单位项目经理，负责项目安全、质量、进度方面的管理工作。超资质范围承接项目，未落实安全管理职责，对外包单位的安全生产工作管理不力，未采取有效的措施，防止生产安全事故的发生。督促检查安全工作不到位，未在施工起重机械施工现场危险部位设置明显的安全警示标志和现场防护。对事故发生负有主要领导责任，根据《生产安全事故报告和调查处理条例》的相关规定，责成JM市住建局对其资质依法依规处理，责成施工单位撤销其项目经理职务，按照企业管理规定给予处理，并报JM市应急管理局备案。

（4）代某，监理单位项目专监，负责项目专业监理工作。未履行监理巡视职责，未发现生产安全事故隐患并及时要求施工单位停止施工；未严格审查施工方案，未发现租赁单位现场施工人员与申报资料中的施工人员不符。对事故发生负有重要领导责任，责成监理单位撤销其项目专监职务，按照企业管理规定给予处理，并报JM市应急管理局备案。

（5）石某，监理单位项目总监，负责项目监理机构全面工作。未履行总监职责，未组织制订、实施安全生产教育培训计划；未严格审查施工方案，未对现场塔式起重机拆除人员审核严格把关，疏于现场安全监管；同时担任四个工程项目的项目总监，超过规定担任数量。对事故发生负有重要领导责任，根据《生产安全事故报告和调查处理条例》的相关规定，责成JM市住建局对其资质依法依规处理，责成监理单位撤销其项目总监职务，按照企业管理规定给予处理，并报JM市应急管理局备案。

（6）夏某，建设单位项目总工，负责工程发包、现场管理工作。未落实安全管理职责，未定期进行安全检查，未发现租赁单位未经审批擅自施工和安拆工蒋某四人无特种作业资质违法作业的行为。对事故发生负有重要领导责任，责成建设单位撤销其项目总工职务，按照企业管理规定给予处理，并报JM市应急管理局备案。

5. 建议给予党纪政务处分和行政问责的人员及单位

根据《中国共产党纪律处分条例》《中华人民共和国公职人员政务处分法》《湖北省安全生产党政同责实施办法》等规定，建议给予以下人员及单位党纪政务处分和行政问责：

（1）涂某，ZX市建筑安全生产监督管理站监督二室科长，负责特种设备安拆装资料的审核及日常对工地特种设备的抽查。对租赁单位塔式起重机安拆申请资料把关不严，审批表多项漏填和代签；对建筑起重机械一体化企业监管不力，未按照工作职责到施工现场抽查核实施工人员身份信息。其行为违反了《建筑起重机械安全监督管理规定》《湖北省房屋建筑和市政基础设施建设工程安全监督办法》的相关规定，在监管上对事故负有直接责任，根据《中国共产党纪律处分条例》《中华人民共和国公职人员政务处分法》的相关规定，建议给予党内严重警告、政务记大过处分。

（2）李某，ZX市建筑安全生产监督管理站副站长、监督员，负责城区建筑安全监管工作，监管城区在建工程十四处，包含事故工程。未按照执法人员不得少于两人的规定，违规实施受监工程安全监督计划；未按规定制作执法文书；对事故总承包单位项目负责人超资质范围承接项目，安全员证照过期，监理单位监理员配备不足的隐患未予发现。其行为违反了《湖北省房屋建筑和市政基础设施建设工程安全监督办法》的相关规定，在监管上对事故负有直接责任，根据《中国共产党纪律处分条例》《中华人民共和国公职人员政务处分法》的相关规定，建议给予党内严重警告、政务记大过处分。

（3）孙某，ZX市建筑安全生产监督管理站副站长、监督员，负责建筑安全生产监督管理站机关管理，配合李某开展城区安全监管工作，监管城区在建工程九处。未按照执法人员不得少于两人的规定，违规实施受监工程安全监督计划；未参与现场检查，违规配合李某制作执法文书。对事故总承包单位项目负责人超资质范围承接项目，安全员证照过期，监理单位监理员配备不足的隐患未予发现。其行为违反了《中华人民共和国安全生产法》《湖北省房屋建筑和市政基础设施建设工程安全监督办法》的相关规定，在监管上对事故负有直接责任，根据《中国共产党纪律处分条例》《中华人民共和国公职人员政务处分法》的相关规定，建议给予党内严重警告、政务记大过处分。

（4）高某，ZX市建筑安全生产监督管理站站长，负责ZX市建筑安全生产监督管理站全面工作。对本单位工作人员履职情况缺乏监督，对违规实施受监工程安全监督计划的行为失察；单位内部分工不明确，监督二室长期无分管领导，对本单位管理缺失。在监管上对事故负有主要领导责任，根据《中国共产党纪律处分条例》《中华人民共和国公职人员政务处分法》的相关规定，建议给予党内警告、政务记过处分。

（5）伍某，ZX市建筑安全生产监督管理站工作人员，在ZX市政务服务中心住建窗口工作，负责市政基础设施施工许可，房屋建设及其附属设施施工许可，非国有资金投资建设项目直接发包备案等工作。未认真审查事故建设项目的施工、监理发包备案资料和施工许可申请资料，未发现项目负责人超资质范围承接项目和项目监理机构人员配备不足情况。其行为违反了《建筑工程施工许可管理办法》《关于推进非国有资金投资房屋建筑和市政工程项目监督方式改革的通知》（鄂建文〔2016〕77号）的相关规定，在监管上对事故负有直接责任，根据《中华人民共和国公职人员政务处分法》的相关规定，建议给予政务记过处分。

（6）曾某，ZX市行政审批局项目服务股股长，2018年5月至2019年3月在ZX市住建局任审批科长期间，主持局行政审批科、政府服务中心住建窗口全面工作，负责住建局所有行政审批事项工作。对事故建设项目的施工、监理发包备案资料和施工许可申请资料审查把关不严，未发现项目负责人超资质范围承接项目和项目监理机构人员配备不足情况。其行为违反了《建筑工程施工许可管理办法》《关于推进非国有资金投资房屋建筑和市政工程项目监督方式改革的通知》（鄂建文〔2016〕77号）的相关规定，在监管上对事故负有主要领导责任，根据《中国共产党纪律处分条例》《中华人民共和国公职人员政务处分法》的相关规定，建议给予党内警告、政务记过处分。

（7）陈某，ZX市住房和城乡建设局党组成员、总工程师，负责ZX市住建系统安全生产、建筑工程（含室内装饰装修工程）管理、建筑工程安全管理等工作，分管安办、建筑业管理股、二级单位建筑工程管理处、建筑安全生产监督管理站。对分管的建筑业管理股无人履职，职责不落实的问题“听之任之”，导致安全监管严重缺失；对ZX市建筑安全生产监督管理站工作领导不力；对分管的建筑行业安全生产监管职责督导不到位。在监管上对事故负有重要领导责任，根据《中华人民共和国公职人员政务处分法》的相关规定，建议给予政务警告处分。

（8）王某，ZX市住房和城乡建设局党组书记、局长，负责ZX市住房和城乡建设局全面工作。对建筑行业安全生产监管工作部署、督促不到位；对建筑业管理股职责不落实的问题失察。在监管上对事故负有重要领导责任，根据《中华人民共和国公职人员政务处分法》的相关规定，建议给予政务警告处分。

（9）崔某，YZ街道办事处党工委副书记、主任，负责街道办事处的全面工作。属地安全生产管理职责履行不到位，建议对其进行谈话提醒。

（10）焦某，ZX市机构编制委员会办公室主任，负责ZX市机构编制委员会办公室全面工作。未切实履行工作职责，未明确下达ZX市建筑安全生产监督管理站工作职责，建议对其进行谈话提醒。

（11）陈某，ZX市委常委、市政府党组成员，负责全市住建、城管、国土、文旅、卫健工作。对住建部门安全生产工作督导不力，对有关部门和负责人履职不到位的问题失察。在监管上对事故负有重要领导责任，根据《中华人民共和国公职人员政务处分法》的相关规定，建议对其进行批评教育。

（12）张某，JM市住房和城乡建设局党组成员、副局长，负责全市住建系统安全生产，建筑工程管理工作。指导ZX市建筑行业领域安全生产工作不力。在工作指导上对事故发生负有重要领导责任，根据《中华人民共和国公职人员政务处分法》的相关规定，建议对其进行谈话提醒。

（13）责成ZX市建筑安全生产监督管理站向ZX市住房和城乡建设局作出书面检讨，并报荆门市应急管理局备案。

（14）责成ZX市住房和城乡建设局向ZX市政府和JM市住房和城乡建设局作出书面检讨，并报荆门市应急管理局备案。

（15）责成ZX市YZ街道办事处向ZX市政府作出书面检讨，并报JM市应急管理局备案。

（16）责成ZX市机构编制委员会办公室向ZX市委作出书面检讨，并报JM市应急管理局备案。

（17）责成ZX市委、市政府向JM市委、市政府作出书面检讨，并报JM市纪委监委，荆门市应急管理局备案。

（18）责成JM市住房和城乡建设局向JM市政府作出书面检讨，并报JM市纪委监委，JM市应急管理局备案。

1.7.6　事故防范措施及建议

1. 规范建设工程管理办法，落实企业主体责任

建设单位要按照国家相关安全生产法律法规的要求，对发包的生产经营项目，必须履行外包工程安全管理责任。施工单位要在施工现场及特种设备安装、拆卸等方面，加强施工人员安全教育培训，提高员工安全意识，对照自身职责，切实落实主体责任。监理单位要加大巡视力度，加强设备点检和安全检查，加强作业现场安全生产管理，切实落实监管职责。

2. 完善街道办事处监管体系，落实属地管理责任

街道办事处应按照《中华人民共和国安全生产法》第八条规定，建立健全安全生产监管责任体系、目标考核体系，将安全生产工作纳入街道办事处重要工作范围，依法认真履行安全生产管理职责，迅速理清辖区内建筑工地，制订实施安全生产专项检查计划，严格落实属地监管责任，与行业主管部门齐抓共管，提高安全生产监督管理效能。

3. 完善部门安全监管制度，落实行业监管责任

进一步细化完善监管部门行政审批和管理事项审查工作制度，建立健全监督机制，严肃查处违法违纪审批行为，严格责任追究。加大对基层监督人员培训、教育，提高监管人员整体业务素质，不断提升监督水平。规范建筑行业主管部门对建筑施工安全监管行为，杜绝影响公正执法的单人执法行为。健全行业监管部门内设处室，明确内部职责，清除监管盲区。落实闭环监管模式，监管必须全覆盖，解决失管、漏管问题。

4. 厘清监管单位职责，落实机构编制责任

职能管理、机构管理、人员编制管理是机构编制单位的主要职责。“法无授权不可为，法定职责必须为”，各级机构编制单位要提高政治站位，创新机构编制管理方式，在强化机构、人员管理基础上，更应当探索加强职能管理，界定职能边界，细化监管部门职责要求，明确职责分工，落实监管单位职责，以提升监管部门行政效能。

5. 加强建筑工程专项治理，落实化解风险责任

各地各部门要紧盯重点领域，聚焦突出问题，加大暗访、突击检查，深入开展建筑施工安全专项治理行动，强化建筑起重机械、深基坑（槽）、高大模板、脚手架等重点领域安全管控。健全完善安全风险排查辨识机制，建立安全风险管控清单和安全隐患排查治理台账，构建全员参与、各岗位覆盖和全过程衔接的责任体系，明确管理措施，从源头治理、从细处抓起、筑牢防线，落实化解风险的责任。

1.8 陕西省咸阳市“8·1”较大触电事故调查报告

2020年8月1日上午8时26分许，位于JH新城GZ镇某家居公司管业北区钢结构库房项目施工现场，3名作业人员在移动脚手架过程中，脚手架顶部不慎触碰上方架空高压电线，引发触电事故，致使3人当场死亡。

1.8.1 工程项目概况

1. 项目概况和违法建设情况

（1）项目概况：某家居公司管业北区钢结构库房工程（以下简称：家居公司库房工程），位于JH新城GZ镇沣泾大道龙安居国际建材家具城C馆北侧，由该家居公司投资建设，为单层钢结构工程，造价869.85万元，占地20余亩，建筑面积11500m^2，东西跨度441m，南北跨度54m，高度为5.4～7.2m。项目由西向东依次为A、B、C、D、E五个独立钢结构库房区。事故发生地点位于E区北侧，事发时，地面已完成混凝土硬化，主体工程完成约70%。项目内有一段长约300m的高压架空电力线，由西向东从A、B区穿过，紧沿D、E区北侧穿出。

（2）项目违法建设情况：2020年6月1日，家居公司在未取得项目建设用地手续（该项目于2020年7月14日取得省政府建设用地征收批复，事故发生时，未签订土地出让合同，未取得土地使用证），未办理土地规划、建设工程规划和建筑施工许可，未申请办理质量安全监督手续，未进行建设项目前期勘察、设计的情况下，自行设计施工图纸，擅自决定建设钢结构库房。同时违规将该工程发包给不具备钢结构专业施工资质的施工总承包单位组织实施。6月1日，家居公司组织人员违规在高压线保护区新建了围墙，将部分电杆和高压线路圈入施工范围。6月3日，施工总承包单位组织人员进场施工，并将该工程D、E区劳务作业分包给某钢结构公司（未签订书面合同）。6月4日至6月7日，家居公司组织人员、机械对原地面进行回填改造，增加事发区域地面高度约0.8～1.5m，致使事故发生地点架空高压线路到地面垂直距离从初始的约6.68m降低至5.44m，不符合相关安全标准。5月29日至6月24日，家居公司同某供电公司就该段高压线路迁移事项进行多次协商，双方均未能达成一致意见。随后，家居公司和施工总承包单位在明知作业区域内高压架空线路重大隐患严重威胁施工安全，现场安全生产条件严重不符合有关标准的情况下，仍然违规冒险组织人员在电力设施保护范围内进行库房工程施工作业，直至事故发生。

2. 高压线路情况

发生事故的高压线路为10kV 164聂冯Ⅱ馈路腰庄支线芦家东支线。芦家东支线由聂冯Ⅱ馈路腰庄支线13号杆T接引出，由西向东延伸至芦家村东配变，长约680m，钢芯铝绞裸导线，三角形排列。芦家东支线有2～12号共11根10m长电杆，其中4～9号电杆长约300m高压线穿过事故项目区域，事故发生点在8号杆东侧约8m处。

1.8.2　事故发生经过及应急救援情况

1. 事故发生经过

2020年8月1日上午7时30分许，按照施工进度，钢结构公司负责人郎某组织10名劳务人员进场，进行家居公司管业北区钢结构库房墙体钢檩条（钢结构工程墙体承重构件）焊接和卷帘门制作及安装施工。其中，劳务工人邓某、吴某、张某负责E区北侧钢结构库房钢檩条焊接作业。上午8时26分许，由于作业位置发生改变，上述3人在由东向西推动可移动式脚手架过程中，金属脚手架顶部不慎触碰上方10kV带电高压线，致使人触电倒地。8时33分，家居公司工程总监王某拨打110kV GZ变电所电话请求紧急断电，并指派现场人员拨打110、120报警救援电话。

人员触电后，供电公司监测系统于当日上午8时26分25秒至8时27分7秒先后发出11条高压接地事故报警信息。8时35分，供电公司值班调度接到110kV GZ变电所有关164聂冯Ⅱ馈路腰庄支线人员触电伤亡事故电话报告，立即向其下达紧急切断164聂冯Ⅱ馈路腰庄支线电路的指令。8时38分，腰庄支线高压电路切断（按照电力系统调度规程，6～10kV系统发生单相接地时，允许带电接地运行2h查找故障）。断电后，经到场120急救人员确认，3人已经死亡。

2. 应急处置工作

事故发生后，新区管委会立即启动应急救援预案。新区党工委管委会主要领导高度重视，要求全力做好事故善后处置工作，立即成立事故调查组，迅速查清事故原因，在全区开展建设施工安全排查整治，坚决防范类似事故再次发生。新区管委会主任要求做好协调处置工作，尽快查明事故原因，妥善处置善后工作。管委会副主任第一时间带领新区应急管理、公安等部门和泾河新城管委会有关负责同志赶赴现场，指导应急救援和现场处置工作，并于当日下午召开新区安全生产紧急会议，通报事故情况，安排部署全区安全生产大检查大排查。

截至8月1日13时许，现场处置完毕，当日19时38分，164聂冯Ⅱ馈路腰庄支线全面恢复供电。

3. 经济损失

据统计，该起事故直接经济损失约为281万元。

1.8.3 现场勘察及技术分析情况

1. 现场勘察情况

2020年8月2日，事故调查组组织有关电力、建筑领域专家组成专家组对事故现场进行详细勘察，具体情况如下：

（1）家居公司库房工程位于JH新城沣泾大道龙安居国际建材家居城C馆北侧，场地东侧有一栋已投入使用的钢结构仓储建筑，东南侧有一栋正在建设的钢结构仓库，北侧紧邻供电公司所属10kV高压线路。

（2）该工程由西向东分为A、B、C、D、E五个区，其中：A区尚未施工；B区钢立柱安装已过半，C、D、E区钢立柱和屋面顶板安装均基本完成，正在进行墙体施工。事发位置位于E区北侧，在8号电杆东约8m处，高压线距地面距离为5.44m，8号电杆处高压线距地面距离为5.79m，电杆高度为5.97m。

（3）触碰高压线的移动式脚手架为钢制材质，三层组合，最下端安装有万向轮。经测量，移动式脚手架高度为5.54m，距离脚手架顶端10cm处，有4个触碰高压线后形成的电击弧点，弧点高度与事发处高压线高度吻合。现场使用的电焊机紧靠脚手架放置在地，已被高压电流击穿烧黑，连接电焊机的电源配电箱接线处呈短路电弧烧痕，事故发生点高压线距在建库房工程钢立柱最小距离约1m。

（4）3名死者身体均与移动式脚手架接触，并仰面平躺于地面。其中，死者邓某位于脚手架西侧，死者吴某位于脚手架北侧，死者张某位于脚手架东侧。3名死者均未佩戴安全帽和绝缘手套，吴某和张某身上佩有安全带（未悬挂）。3名死者身上均有明显被高压电流烧伤痕迹。

2. 技术原因分析

通过现场勘察和调查核实，专家组认为，该项目建设、施工单位违规在高压线保护区范围内组织施工，3名作业人员在未接受任何安全教育培训、无现场风险辨识能力的情况下冒险、违章进入10kV高压线危险区域内进行特种作业，且现场无安全管理人员，3人在推动脚手架过程中，脚手架顶部不慎触碰高压线单相线，形成强大的瞬间接地电流，致使3人被电击死亡。

1.8.4　事故原因分析

1. 直接原因

邓某、吴某、张某3人安全意识淡薄，未经任何安全教育培训，没有风险辨识能力，不清楚、不掌握作业场所重大危险因素，在未取得特种作业操作资格的情况下，违规进行高处作业和电焊作业，且未佩戴必要的安全防护用品，盲目冒险在10kV高压线危险距离内移动脚手架，致使脚手架顶部不慎触碰高压线单相线，导致3人触电死亡，是事故发生的直接原因。

2. 间接原因

（1）家居公司库房工程建设项目相关建设、施工单位，安全生产主体责任未落实，严重违反建筑施工和电力行业相关法律法规及安全标准，在未办理相关土地、规划和施工许可的情况下，违规发包、超资质承揽工程，且在未征得电力企业及其主管部门同意的情况下擅自降低高压线距地面垂直安全距离，违规组织人员在电力设施危险区域施工作业，安排无证人员进行特种作业。项目安全管理混乱，未建立安全生产责任制，未按规定制订并实施钢结构工程专项施工方案，未配备专职安全管理人员，未开展隐患排查治理工作，没有对作业人员进行必要的安全教育和风险告知，现场安全管理严重缺失，是造成事故发生的主要原因。

（2）GZ镇政府和JH新城有关部门，监管职责履行不到位，对担负的建筑领域“打非治违”职责认识不清，排查整治违法建设、违规施工行为不细致、不深入，没有将非法违法建设项目纳入日常监管范围，致使家居公司库房工程存在的土地、规划、建设领域违法违规行为，没有得到及时发现和查处，是造成事故发生的重要原因。

1.8.5　事故性质认定

经调查认定，这是一起项目相关建设、施工单位严重违反建筑施工法律法规和行业安全标准，盲目冒险组织施工作业，有关部门监管缺失而导致的较大安全生产责任事故。

1.8.6　责任认定及处理建议

1. 建议移送公安机关追究刑事责任的有关人员

（1）王某，男，家居公司工程总监，工程部负责人。在该项目未取得用地、规划和建设审批手续，未进行项目前期勘察、设计的情况下，违规将该工程发包给不具备钢结构专业施工资质的施工总承包单位进行施工。且作为该项目实际负责人，擅自设计施工图纸，在未报请电力企业和主管部门核准的情况下，违规在电力设施保护范围内组织施工。违规组织进行地面回填改造，致使高压线距地面垂直距离不符合安全标准。

在明知施工区域不符合安全生产条件的情况下，仍违规冒险组织人员进行施工，对事故发生负有主要责任。

王某的相关行为违反了《中华人民共和国安全生产法》第十条、第二十二条第（五）（七）项、第四十三条、第四十六条、第九十三条，《中华人民共和国土地管理法实施条例》（国务院令第256号）第五条，《中华人民共和国城乡规划法》第三十八条、第四十条，《中华人民共和国建筑法》第七条、第二十二条、第六十五条，《中华人民共和国电力法》第五十四条，《电力设施保护条例》（国务院令第239号）第十条、第十五条，《建设工程质量管理条例》（国务院令第279号）第五条、第十一条、第十三条等相关规定，致使项目安全生产条件不符有关规定，且造成3人死亡的严重后果，已涉嫌触犯《中华人民共和国刑法》第一百三十五条的相关规定。建议移交西咸新区公安机关立案侦查，依法追究相应法律责任。

（2）乔某，男，施工总承包单位工程部部长，项目主要负责人。不具备相应执业资格，未认真履行安全管理职责，未按规定制订并实施钢结构工程专项方案，未配备项目专职安全管理人员，未建立项目安全生产责任制和隐患排查治理制度，未按规定开展隐患排查治理，未对作业人员进行必要的安全教育培训、安全技术交底和风险告知，未在危险区域设置安全警示标志，对劳务分包单位现场安全管理不到位，对事故发生负有重要责任。

乔某的相关行为违反了《中华人民共和国安全生产法》第十八条第（一）（三）（五）项、第二十一条、第二十五条、第三十二条、第三十八条、第四十三条、第九十一条，《建设工程安全生产管理条例》（国务院令第393号）第二十一条、第二十四条、第三十二条、第三十七条，《建筑施工企业安全生产管理机构及专职安全管理人员配备办法》（建质〔2008〕91号）第十三条，《危险性较大的分部分项工程安全管理规定》（住建部令第37号）第十项等规定，且造成3人死亡的严重后果，已涉嫌触犯《中华人民共和国刑法》第一百三十四条的相关规定。建议移交西咸新区公安机关立案侦查，依法追究相应法律责任。

（3）郎某，男，钢结构公司法定代表人。安全责任意识淡薄，未取得安全生产考核合格证书，未履行主要负责人安全生产法定职责，未配备专职安全管理人员，致使该公司安全管理混乱，安全生产主体责任未落实。同时，违规组织未经教育培训、未取得特种作业资格证的人员进入电力危险区域从事特种作业，且未对作业人员进行风险告知，对事故发生负有重要责任。

郎某的相关行为违反了《中华人民共和国安全生产法》第十八条、第二十一条、第二十四条、第二十五条、第二十七条、第九十一条，《建设工程安全生产管理条例》（国务院令第393号）第二十一条、第二十七条、第三十七条等相关规定，且造成3人死亡的严重后果，已涉嫌触犯《中华人民共和国刑法》第一百三十四条的相关规定。建议移交西咸新区公安机关立案侦查，依法追究相应法律责任。

2. 建议作出行政处罚或行政处理的人员

（1）李某，男，家居公司总经理，实际负责人，作为公司安全生产第一责任人，履行企业主要负责人安全生产职责不到位，对该公司建设项目安全生产疏于管理，督促工程部等部门履行安全管理职责不力，未能及时发现家居公司库房工程项目存在的违规发包和违法建设行为，对事故发生负有重要责任。

李某的行为违反了《中华人民共和国安全生产法》第十八条、第十九条等规定，建议新区应急管理局依据《中华人民共和国安全生产法》第九十二条的相关规定，给予其上年度收入40%罚款的行政处罚。

（2）贺某，男，施工总承包单位法定代表人，明知该公司不具备钢结构专业施工资质，仍然超资质承揽工程；未能认真履行公司主要负责人的安全生产法定职责，公司和所属项目均未设置安全管理机构；未配置专职安全管理人员，未按规定组织开展隐患排查治理和安全教育培训等工作，对事故发生负有重要责任。

贺某的相关行为违反了《中华人民共和国安全生产法》第十八条、第二十一条，《中华人民共和国建筑法》第十四条、第二十六条等相关规定，建议新区应急管理局依据《中华人民共和国安全生产法》第九十二条的相关规定，给予其上年度收入40%罚款的行政处罚。

3. 建议给予政纪处分的人员

1）GZ镇有关人员的责任认定和处理建议

（1）施某，男，GZ镇政府司法所所长（副科级），分管并负责村镇建设科工作，对辖区非法违法建设项目检查排查不深入、不细致，没有及时发现并上报家居公司在未取得相关规划和建设施工许可的情况下违规组织人员在高压架空电线保护区内盲目冒险作业的行为，对此负有直接责任。

（2）淡某，男，GZ镇人民政府镇长，作为GZ镇人民政府安全生产第一责任人，对镇政府承担的建筑施工领域“打非治违”工作组织领导不力，致使村镇建设科没有及时发现并上报家居公司在未取得相关规划和建设施工许可的情况下，违规组织人员在高压架空电线保护区内盲目冒险作业的行为，对此负有主要领导责任。

（3）彭某，男，GZ镇党委书记，未能认真落实安全生产“党政同责、一岗双责”相关要求，没有严格督促班子成员和相关科室认真履行安全生产和“打非治违”职责，对此负有主要领导责任。

2）JH新城住房和城乡建设局有关人员的责任认定和处理建议

（1）路某，男，JH新城住房和城乡建设局质量安全监督站副站长（主持工作），对承担的建设施工领域“打非治违”职责认识不清，未严格落实有关法律规定和工作要求，未将违法建设项目纳入日常监管范围，没有发现并查处家居公司库房工程存在的建设领域违法行为，对此负有直接责任。

（2）陈某，男，JH新城住房和城乡建设局副局长，分管建设管理和安全生产等工作，对承担的非法建设项目专项整治职责认识不清，未认真督促质量安全监督站严格落实建筑施工领域“打非治违”有关工作要求，致使没有及时发现并查处家居公司库房工程存在的建设领域违法行为，对此负有主要领导责任。

（3）高某，男，JH新城住房和城乡建设局局长，负责全面工作，对辖区规划、建设领域违法行为排查整治工作职责认识不清，组织开展规划、建设领域“打非治违”不到位，对班子成员和有关部门工作开展落实督促不力，致使没有发现并查处家居公司库房工程存在的规划、建设领域违法行为，对此负有主要领导责任。

3）JH新城资源规划局有关人员

（1）王某，女，JH新城资源规划局GZ镇国土资源所临时负责人，组织该所开展日常巡查工作不深入，没有及时发现并查处家居公司库房工程存在的国土领域违法行为，对此负有直接责任。

（2）张某，男，JH新城资源规划局副局长，分管国土执法，包抓GZ镇国土所，对GZ镇国土所日常执法巡查工作督促指导不到位，致使没有及时发现并查处家居公司库房工程存在的国土领域违法行为，对此负有主要领导责任。

（3）尤某，男，JH新城资源规划局局长，组织开展国土执法和规划执法（7月2日以后承担规划职责）工作不到位，对领导班子和有关部门责任落实和工作落实督查不力，致使没有及时发现并查处家居公司库房工程存在的国土和规划领域违法行为，对此负有重要领导责任。

4）JH新城管委会有关人员的责任认定和处理建议

刘某，男，JH新城党委委员、管委会副主任，2019年7月26日至2020年7月19日分管国土、规划、建设等工作。期间，对辖区存在的国土、规划和建设领域违法违规行为重视程度不够，未能督促分管部门认真履职，对此负有一定的领导责任。

5）XX新区住房和城乡建设局有关人员的责任认定和处理建议

陈某，男，XX新区住房和城乡建设局质量安全监督站副站长（主持工作），督促JH新城深入开展非法违法建设行为摸排整治工作不到位，致使相关工作存在盲区和漏洞，对此负有一定领导责任。

建议对上述11人移交相应纪检监察机关作出严肃处理。

4. 对有关单位的责任认定及处理建议

（1）家居公司：安全生产主体责任未落实，在未依法办理土地使用、建设用地规划、建设工程规划、建筑施工许可和安全质量监督手续，未进行建设项目前期勘察、设计的情况下，违规将该工程发包给不具备钢结构专业施工资质的施工总承包单位进行总包施工。且未报请电力主管部门核准，自行设计施工图纸在电力设施保护区范围内组织实施建设工程，擅自对原地面进行回填改造，致使高压线距地面垂直距离不符合安全标准，在高压线危险区域内违规组织施工作业，对事故发生负有主要责任。

该公司的行为，违反了《中华人民共和国安全生产法》《中华人民共和国土地法》《中华人民共和国城乡规划法》《中华人民共和国建筑法》《建筑工程施工许可管理办法》等有关规定，建议新区应急管理部门依据《中华人民共和国安全生产法》第一百零九条的相关规定，对该公司作出相应行政处罚，按照有关规定将其列入安全生产“黑名单”。

（2）施工总承包单位：安全生产主体责任未落实，不具备钢结构专业施工资质，超资质承揽工程；未按照规定制订并落实钢结构工程专项方案，在未上报电力主管部门核准的情况下，违规在高压线保护区内组织作业；公司安全管理混乱，未设置安全管理机构，没有配备专职安全管理人员，未建立安全生产责任制，未组织开展安全生产大检查，未建立隐患排查治理台账，没有对进场人员开展安全教育培训和安全技术交底，没有对特种作业人员资格进行审核并配备必要防护用品，未告知作业人员现场安全风险，对事故发生负有重要责任。

施工总承包单位的行为，违反了《中华人民共和国安全生产法》《中华人民共和国建筑法》《建设工程安全生产管理条例》等相关规定，建议新区应急管理部门依据《中华人民共和国安全生产法》第一百零九条的相关规定，对该公司作出相应行政处罚；建议新区住建部门依据有关规定将该公司清除出新区建筑市场，并报请省住建厅依法暂扣其《安全生产许可证》。

（3）钢结构公司：企业安全生产主体责任未落实，安全管理混乱，企业负责人不具备相关资格，未建立公司安全组织机构，未配备必要的项目安全管理人员，未建立安全生产责任体系。对临时聘用的劳务人员未进行必要的安全培训和安全技术交底，致使作业人员不具备现场安全风险辨识能力，盲目冒险组织无特种作业操作证人员进入架空高压电力线危险区域进行高空和电焊作业，导致 3 名人员不慎触电死亡，对事故发生负有重要责任。

钢结构公司的行为，违反了《中华人民共和国安全生产法》《建设工程安全生产管理条例》（国务院令第 393 号）《特种作业人员安全技术培训考核管理规定》（原安监总局令第 80 号）等有关规定，建议依据《中华人民共和国行政许可法》第六十九条、《生产安全事故报告和调查处理条例》第四十条等相关规定，由新区市场监管部门吊销该公司营业执照，取缔其生产经营活动。

（4）GZ 镇人民政府：履行属地安全监管责任不到位，对辖区非法违法建设项目检查排查不深入、不细致，没有及时发现并上报家居公司在未取得相关规划和建设施工许可的情况下，违规组织人员在高压架空电线保护区内盲目冒险施工作业的行为，对此次事故负有重要属地监管责任。

建议责成 GZ 镇人民政府向 JH 新城管委会作出书面检讨。

（5）JH 新城住房和城乡建设局：对于 2020 年 7 月 2 日以前明确属于本部门的规划职责认识不清，未认真安排开展规划领域执法工作，没有发现并查处家居公司库房工程存在的规划领域违法行为；对建设领域安全监管和“打非治违”职责认识不清，未将非法违法建设项目纳入日常监管范围，存在严重监管盲区和漏洞，且对今年 4 月至 7 月底陕西省和新区住建部门开展的建筑施工违法违规建设专项整治工作贯彻落实不力，没有发现并查处家居公司库房工程存在的建设领域违法行为，对此次事故负有重要行业监管责任。

建议责成 JH 新城住房和城乡建设局向 JH 新城管委会作出书面检讨。

（6）JH 新城资源规划局：未认真履行土地管理职责，排查违法用地行为不细致，未能及时发现并查处家居公司库房工程存在的土地违法行为；2020 年 7 月 2 日承担辖区规划管理职责后，未认真安排开展规划领域执法工作，未能发现并查处家居公司库房工程存在的规划违法行为，对此次事故负有一定的监管责任。

建议责成 JH 新城资源规划局向 JH 新城管委会作出书面检讨。

（7）JH 新城管委会：对辖区内违法违规建设问题重视不够，没有认真督促有关镇街和行业主管部门严格履行监管职责。组织开展建筑施工领域“打非治违”不深入、不细致，未能及时发现并查处家居公司库房工程存在的国土、规划、建设领域诸多违法违规行为，对此次事故负有一定责任。

建议责成 JH 新城管委会向西咸新区管委会作出书面检讨。

（8）新区住房和城乡建设局：作为新区建设领域行业主管部门，未能严格落实“管行业必须管安全”的总体要求，对 JH 新城相关工作督促指导不力，致使非法违法建设项目监管存在盲区，对此次事故负有一定责任。

建议责成新区住房和城乡建设局向西咸新区管委会作出书面检讨。

1.8.7　整改措施

（1）施工总承包单位：要深刻汲取此次事故教训，加强企业安全生产主体责任体系建设，严格执行国家有关法律法规和强制性标准规范，严禁超资质承揽或违法分包工程。要切实加强对所属建设工程项目的安全管理，建立项目安全管理体系，按照规定配备项目安全管理人员。要保证必需的安全生产投入，为从业人员配备必要的劳动保护用品，按规定设置安全防护设施和警示标志。要按规定制订专项施工方案并确保落实，加强现场管理，全面深入开展隐患排查治理，杜绝违章指挥和“三违”作业。要加强对从业人员的安全教育培训和特种作业人员管理，提升各级人员安全责任意识和防范能力，确保生产安全。

（2）家居公司：要认真汲取此次事故教训，组织拆除管业北区钢结构库房违法建筑物，尽快消除现场高压线重大安全隐患。要认真落实企业安全生产主体责任，依法履行相关建设程序，改善现场安全生产条件，严禁违规发包、冒险组织人员进行施工。要完善公司安全管理体系，健全安全生产责任制，杜绝安全生产违法违规行为，确保生产安全。

（3）供电公司：要认真汲取此次事故教训，开展警示教育，进一步健全电力设施安全管理制度和责任体系。加强电力线路日常巡查、维护力度，完善警示提醒标志，及时制止、上报电力违法违规行为，消除事故隐患。加强电力安全宣传教育，向电力沿线企事业单位和人民群众广泛宣传《中华人民共和国电力法》《电力设施保护条例》等法律法规有关内容，切实提升全民电力安全意识。

（4）JH新城管委会及其相关部门：要认真汲取此次事故教训，牢固树立安全发展理念，严格执行党政领导干部安全生产责任制规定，进一步明确镇街和各行业主管部门安全生产和“打非治违”工作职责，加强考核问责力度，着力解决有关单位安全生产工作不担当、不作为、不落实等突出问题。泾河新城住建、资源、规划等部门要正确认识承担的安全生产和“打非治违”法定职责，建立违法用地、违法建设排查治理长效机制，及时查处违法用地和违法建设行为，确保辖区安全形势稳定。

（5）XX新区住房和城乡建设部门：要按照陕西省、咸阳市和新区的统一部署扎实开展建筑施工领域安全生产专项整治三年行动，进一步加强源头管控，强化执法检查，严厉打击建筑施工领域违法违规行为，督促建设项目各参建单位严格落实安全生产主体责任；要建立健全违法建设治理长效机制，夯实违法建设项目排查、认定、查处等各环节工作责任，加强监督指导力度，杜绝类似事故再次发生，确保新区建筑施工领域安全生产形势好转。

1.9　黑龙江省绥化市“8·16”较大坍塌事故调查报告

2020年8月16日9时，位于绥化经济技术开发区内绥化市某污水处理污水管线工程施工现场发生深基坑坍塌事故，造成3人死亡，直接经济损失300万元。

1.9.1 事故基本情况

绥化市某污水处理兴发路（宝山路至黄山路）、安居路污水管线工程，于8月11日开始施工，发生事故时，工程已施工128m。

发生事故的基坑位于绥化市兴发路（新安路至宝山路方向）128m处道东。勘察时基坑上口长20.8m，宽6.6m，深5.1m，底部宽6m。基坑南侧回填土长6m，高1.6m。基坑西侧回填土长20m，高1.3m，距离企业西面栅栏2.2m。现场排污井西侧外沿距基坑东侧内壁1.8m，距基坑南侧内壁18m，处于半回填状态，现场无任何安全防护措施，基坑未按规范进行支护。

1.9.2 事故发生经过及应急处置情况

1. 事故发生经过

8月16日6时10分左右，总承包单位承包的兴发路（宝山路至黄山路）污水管线工程开始施工作业。挖掘机司机李某（一）通过挖掘机（小松300型号）将距离施工现场100m远的10根水泥管（内直径0.8m，外直径0.96m，长2m）运到现场。8时左右挖掘机司机李某（一）在基坑南侧操作挖掘机由北向南挖土作业，作业面长约3.8m，深约5.1m，张某、闻某指挥工人王某（一）和李某（二）安装水泥管道。安装完成后，挖掘机司机李某（一）在基坑南侧准备向基坑内运送水泥管。挖掘机司机王某（二）在基坑北侧通过挖掘机（卡特313型号）进行回填及平整土地。9时左右，工人王某（一）和李某（二）在基坑内施工作业时，基坑东侧突然发生坍塌，将两人掩埋。在场的张某、闻某等人对两人进行施救。在救援过程中基坑发生第二次坍塌，将闻某掩埋。工人张某及挖掘机司机李某（一）、王某（二）等人继续施救，张某拨打了119和120救援电话。

2. 事故报告与应急处置情况

8月16日9时20分，绥化市消防救援支队指挥中心接到报警电话后，立即出动9台消防车、38名指战员前往救援。到达现场后，经过实地勘察和询问知情人，迅速确认被困人员位置并制订初步救援方案，设置警戒区域分组开展救援。9时21分，急救中心接到报警电话，立即组织医生、护士和救护车辆于9时30分到达事故现场，参与事故救援。被困人员闻某、李某（二）、王某（一）分别于10时1分、10时34分、11时40分被救出，闻某被救出时经医务人员确认已死亡，李某（二）、王某（一）送往医院救治，因伤势严重医治无效确认死亡。

接到报告后，绥化经济技术开发区管委会立即启动应急预案，成立抢险救援指挥部，各部门全力协作，积极开展事故应急救援工作。同时向两办、市应急局上报事故情况，并向市政府相关领导进行了汇报。11时44分，现场救援工作结束。

3. 事故造成的人员伤亡情况

事故共造成3人死亡。

1.9.3 事故的原因和性质

1. 直接原因

经调查分析认定，此次事故发生的直接原因是基坑施工未严格按照《给水排水管道工程施工及验收规范》GB 50268—2008 的要求，未对基槽进行放坡，未对基坑进行支护，土方直接堆放在沟槽边沿，增加了地面附加荷载，加上机械作业振动等原因造成沟槽坍塌，将作业人员掩埋，盲目施救导致沟槽二次坍塌，增加了人员伤亡。

2. 间接原因

（1）建设单位：未按规定取得施工许可证，违法开工建设，未对发包工程进行有效监督管理，未与施工单位签订专门的安全管理协议、明确双方的安全管理职责，未对承包单位的安全生产工作统一协调、管理，未定期组织安全检查。

（2）总承包单位：企业主体责任落实不到位，企业负责人安全意识淡薄，对危险性较大的分部分项工程重视不够，未与分包单位签订专门的安全生产管理协议，未对分包单位安全生产工作统一协调、管理，未在施工现场显著位置公告危大工程名称、施工时间和具体负责人员，未在危险区域设置安全警示标志，未建立危大工程安全管理档案，未定期组织安全检查，未组织制订并实施本单位的生产安全事故应急救援预案，未及时发现存在的重大安全隐患。

（3）分包单位：未履行安全生产主体责任，安全管理形同虚设，未与总承包单位签订专门的安全生产管理协议，未建立健全安全生产责任制度，未对施工人员进行安全教育，未向施工人员进行技术交底，现场安全管理人员安全意识淡薄，违章指挥施工作业。

（4）监理单位：未认真履行项目监理职责，工程监理工作失控，在总监理工程师不能履职情况下，未安排其他人员接替，监理日志未涵盖危大工程监理内容，旁站监理不到位，对施工单位的违法违规施工行为未采取有效措施进行制止和向主管部门报告。

（5）SH 经济技术开发区管委会：安全监管工作部署、指导不到位，未组织、督促行业监管部门对辖区内危大工程进行抽查检查。

（6）SH 经济技术开发区建设管理执法局：监管职责不清，雇用临时工负责辖区在建工程的监督管理，未对危大工程进行专门监督检查，日常巡查流于形式，未能及时发现并制止违法施工行为。

3. 事故性质

经事故调查组调查认定，绥化市某污水处理污水管线工程“8·16”较大坍塌事故是一起建设单位违法建设，施工单位安全管理混乱，现场安全管理人员违章指挥作业，严重违法违规行为引发的安全生产责任事故。

1.9.4 事故有关责任人员和责任单位的处理建议

1. 有关责任人员的处理建议

（1）闻某，分包单位法定代表人。未认真履行安全管理职责，未组织制订并实施本单位的安全生产教育培训计划，未督促检查本单位的安全生产工作，及时消除生产安全事故隐患，未组织制订并实施本单位的生产安全事故应急救援预案。对事故发生负直接领导责任，因其在事故中已死亡，建议免于追究责任。

（2）张某，分包单位雇员，现场施工负责人。安全管理严重失职，危大工程专项施工方案未向施工人员进行技术交底，对监理单位下达的监理通知书拒不签字，违章指挥作业，安全措施落实不到位。对事故发生负直接管理责任，涉嫌重大责任事故罪，建议移交司法机关追究刑事责任。

（3）明某，监理单位绥化分公司现场监理员。履行监理职责不到位，未对危险性较大的分部分项工程进行旁站式监理，在监理过程中发现重大安全隐患未按照要求暂停施工。对事故发生负直接监管责任，涉嫌重大责任事故罪，建议移交司法机关追究刑事责任。

（4）黄某，总承包单位法定代表人。未认真履行安全管理职责，对发包工程以包代管，未能及时掌握分包单位的工程进度，未与分包单位签订专门的安全生产管理协议或指定专职安全管理人员对分包单位安全生产工作统一协调、管理，未定期组织安全检查。对事故发生负重要领导责任，建议SH市应急管理局依据《中华人民共和国安全生产法》第九十二条第（二）项给予其处上一年年收入40%罚款的行政处罚。

（5）侯某，监理单位绥化分公司负责人。未针对施工进度调整加强现场安全监理工作，对危大工程现场巡查不力，对现场监理履职情况失察，在施工单位不执行监理通知后没有及时督促施工单位整改到位，也没有及时报告建设单位及相关主管部门。对事故发生负主要领导责任，建议监理单位对其予以解除劳动合同。

（6）生某，监理单位总监理工程师。未认真履行总监理工程师职责，未定期组织对施工现场进行安全检查，对现场监理履职情况失察，对事故发生负重要领导责任。建议由SH市住建局依据程序上报上级主管部门暂停其《注册监理工程师》执业资格，同时建议监理单位对其予以解除劳动合同。

（7）庄某，市供排水服务指导中心工程科科长。未按照《中华人民共和国建筑法》规定对中标施工企业和监理企业进行有效监管，工作严重失职失责，对事故发生负直接领导责任，建议依据《中华人民共和国监察法》之规定，对其严重失职失责问题立案调查，并根据《中华人民共和国公职人员政务处分法》第三十九条第（二）项之规定，给予其记大过处分。

（8）刘某，市供排水服务指导中心副主任。未组织对在建工程安全生产工作进行督查检查，对工程科工作失察，对事故发生负主要领导责任。建议依据《中华人民共和国监察法》之规定，对其严重失职失责问题立案调查，并根据《中华人民共和国公职人员政务处分法》第三十九条第（二）项之规定，给予其记过处分。

（9）张某，建设单位原党委书记、经理。未按照规定办理《施工许可证》，未与总承包单位签订专门安全管理协议和组织开展日常监督检查，对事故发生负重要领导责任，建议与其涉嫌的其他违纪违法行为并案处理。

（10）刘某，SH经济技术开发区建设管理执法局副局长。对巡查工作人员管理指导不到位，致使日常巡查中未及时发现兴发路标段污水管线工程违法施工问题，对事故发生负主要领导责任。鉴于SH经济技术开发区建设管理执法局正处于推进行政管理体制改革和管理职能未有效衔接的实际，建议依据《中共黑龙江省委关于实践监督执纪“四种形态”办法（试行）》之规定，对其进行诫勉谈话。

（11）张某，SH经济技术开发区管委会副主任。对开发区建设管理执法局监管工作失察，对事故发生负重要领导责任。建议依据《中共黑龙江省委关于实践监督执纪“四种形态”办法（试行）》之规定，对其进行批评教育，责令写出书面检查。

（12）姚某，SH经济技术开发区管委会副主任。对开发区建设管理执法局工作指导督促不到位，对事故发生负重要领导责任。建议依据《中共黑龙江省委关于实践监督执纪“四种形态”办法（试行）》之规定，对其进行批评教育。

（13）孙某、王某，SH经济技术开发区建设管理执法局临时工。巡查工作不细致不到位、流于形式，未对兴发路污水管线工程进行现场重点巡查，未及时发现该项目违法施工问题，对事故发生负直接管理责任。建议依据《中华人民共和国劳动法》第二十五条第三款之规定，由SH经济技术开发区管委会对其予以解除劳动合同。

（14）王某，SH经济技术开发区建设管理执法局临时工。巡查工作不细致不到位、流于形式，未对兴发路污水管线工程进行现场重点巡查，未及时发现该项目违法施工问题，对事故发生负直接管理责任。建议依据《中华人民共和国劳动法》第二十五条第三款之规定，由SH经济技术开发区管委会对其予以解除劳动合同。

2. 有关责任单位的处理建议

（1）总承包单位：依据《中华人民共和国安全生产法》《生产安全事故报告和调查处理条例》等相关法律法规规定，建议SH市应急管理局依据《中华人民共和国安全生产法》第一百零九条第（二）项，对其处以80万元罚款。

（2）分包单位：依据《中华人民共和国建筑法》第七十一条的规定，建议由SH市住建局依程序上报黑龙江省住建厅吊销其资质证书。

（3）监理单位：建议由SH市住建局依程序上报上级主管部门对其进行处理。

（4）建设单位：责令向SH市委、市政府作出深刻书面检查。由SH市安委会约谈SH市建设单位主要负责人。

（5）SH经济技术开发区管委会：建议对SH经济技术开发区管委会下发监察建议书，督促完善工程项目监管制度，健全机制，堵塞漏洞，加强监管，确保工程施工安全。责令向SH市委、市政府作出深刻书面检讨，由SH市安委会约谈SH经济技术开发区管委会负责人。

（6）SH经济技术开发区建设管理执法局：责令向SH经济技术开发区管委会作出深刻书面检讨。由SH经济技术开发区管委会安委会约谈SH经济技术开发区建设管理执法局负责人。

1.9.5 事故防范和整改措施建议

（1）增强安全生产红线意识，进一步强化建筑施工安全工作。各县（市、区）、各有关部门和各建筑业企业要进一步牢固树立发展理念，坚守发展决不能以牺牲安全为代价这条不可逾越的红线，充分认识到建筑行业的高风险性，杜绝麻痹意识和侥幸心理，始终将安全生产置于一切工作的首位。各有关部门要督促企业严格按照有关法律法规和标准要求，设置安全生产管理机构，配足专职安全管理人员，按照施工实际需要配备项目部的技术管理力量，建立健全安全生产责任制，完善企业和施工现场作业安全管理规章制度。要督促企业在施工过程中加强过程管理和监督检查，监督作业队伍严格按照法规、标准、图纸和施工方案施工。

（2）完善建筑领域安全监管机制，落实安全监管责任。

各县（市、区）、各有关部门要将建筑领域安全监管工作摆在更加突出的位置加大打非治违力度，严禁未经审批擅自非法违法开工建设行为。严格督促工程建设、勘察设计、总承包、施工、监理等参建单位严格遵守法律法规要求，严格履行项目开工、质量安全监督、工程备案等手续。住房和城乡建设部门要加强现场监督检查，严格执法，对发现的问题和隐患，责令企业及时整改，重大隐患排除前或在排除过程中无法保证安全的，一律责令停工。

（3）规范施工现场监理，切实发挥监理管控作用。各建设单位要加强对监理单位履行安全生产责任情况的监督检查。各监理单位要完善相关监理制度，强化对派驻项目现场的监理人员特别是总监理工程师的考核和管理，确保和提高监理工作质量，切实发挥施工现场监理管控作用。项目监理机构要认真贯彻落实《建设工程监理规范》GB/T 50319—2013等相关标准，编制具有针对性、可操作性的监理规划及细则，按规定程序和内容审查施工组织设计、专项施工方案等文件，对关键工序和关键部位严格实施旁站监理。对监理过程中发现的质量安全隐患和问题，监理单位要及时责令施工单位整改并复查整改情况，拒不整改的按规定向建设单位和行业主管部门报告。

（4）督促企业落实安全生产主体责任，提高安全管理水平。各建筑业企业要高度重视总承包工程安全生产管理的重要性，保障安全生产投入，完善规章规程，健全制度体系，加强全员安全教育培训，扎实做好各项安全生产基础工作。各建筑业企业要配备和完善企业组织机构、专业设置和人员结构，全面推行安全风险分级管控制度，强化施工现场隐患排查治理。要结合工程特点和施工工艺、设备，全方位、全过程辨识施工工艺、设备设施、现场环境、人员行为和管理体系等方面存在的安全风险，科学界定、确定安全风险类别。要根据风险评估的结果，从组织、制度、技术、应急等方面，逐一落实企业、项目部、作业队伍和岗位的管控责任，尤其要强化对危大工程的重点管控，要健全完善施工现场隐患排查治理制度，明确和细化隐患排查的事项、内容和频次，并将责任逐一分解落实，特别是对起重机械、模板脚手架、深基坑等环节和部位应重点定期排查。

1.10 山东省菏泽市“8·30”较大起重伤害事故调查报告

2020年8月30日13时31分，菏泽市MD区某项目5号楼塔式起重机进行顶升作业时发生倒塌事故，造成3人死亡，直接经济损失590万元。

1.10.1 基本情况

菏泽市MD区某项目为房地产开发项目，位于菏泽市中华路以北、牡丹路以东、大堤以西，总开发面积约20万m^2，占地68亩。目前在建建筑为2号、3号、4号、5号、8号商品住宅楼及办公楼，建筑面积约为16万m^2。发生事故的塔式起重机位于5号楼西北侧，5号楼于2019年7月底开工建设，共33层，目前施工至27层，计划2021年12月竣工。

2019 年 7 月 5 日，租赁单位的周某与施工单位的雷某签订塔式起重机租赁合同，将事故塔式起重机租赁给施工单位使用，安装在该项目 5 号楼。2019 年 7 月，施工单位与安装单位签订建筑起重机械安装合同，约定由安装单位负责该塔式起重机的最大独立高度安装及后续顶升作业。2020 年 8 月 30 日，安装单位作业人员在对该塔式起重机进行第 33 个标准节顶升作业时，发生事故。

经事故现场勘察和对租赁单位提供的发生事故塔式起重机的产权备案证明、出厂合格证等塔式起重机技术档案的审查，认定发生事故塔式起重机存在安装非原厂制造的标准节和附着，以及伪造塔式起重机产品合格证问题（图 1～图 3）。

图 1　塔式起重机结构示意图

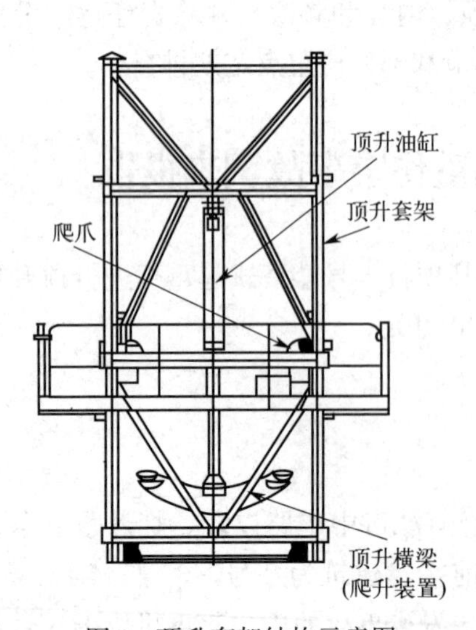

图 2　顶升套架结构示意图

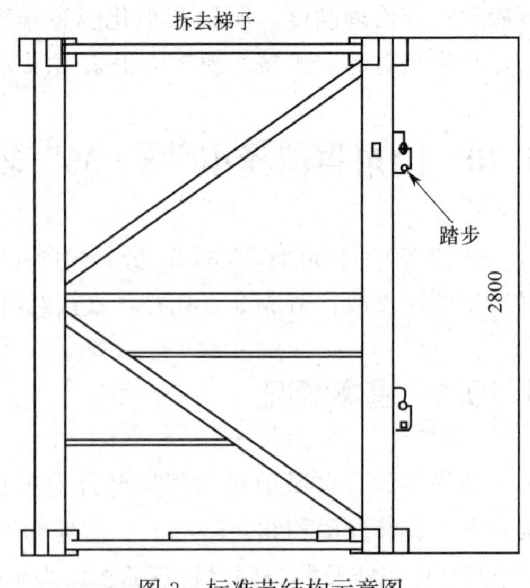

图 3　标准节结构示意图

1.10.2 事故发生经过及救援情况

1. 事故发生经过

8月30日，5号楼塔式起重机的作业内容为安装第4道附着，并顶升4个标准节。作业人员任某、赵某、罗某、刘某于当天7时24分进场，12时6分完成附着安装。12时8分开始顶升作业，任某、赵某、罗某3人在塔式起重机上部负责顶升作业，刘某在塔底负责挂钩。13时24分，在进行第4个标准节顶升时，发生套架卡滞，作业人员在操作顶升油缸进行调整时，未确认顶升横梁是否可靠搁置在标准节踏步上，造成顶升横梁脱离标准节踏步，整个顶升套架连同塔式起重机上半部分处于无支撑状态，在振动等偶然作用力下，卡滞因素消失，顶升套架及塔式起重机上部结构突然下坠，产生巨大的冲击，平衡臂拉杆从塔帽顶拉脱，塔身标准节从第2道附着以上断裂，断裂部分向西侧倾覆坠落，导致5号楼塔式起重机3名作业人员坠落死亡。同时，4号楼塔式起重机起重臂也被挂落（图4、图5）。

图4 事故现场总体图1

2. 应急救援及善后处置情况

事故发生后，施工单位5号楼工作人员黄某立即拨打了120急救中心电话和119报警电话，13时37分，市120指挥中心接报，立即安排市中医院、市立医院、附属南院、创伤医院急救车辆和医务人员赶往现场进行救援。14时3分，菏泽市消防救援支队接到120联动电话，立即出动中华路消防站2车14人赶赴现场，对3名坠落人员进行抢救，17时30分，3名人员全部被救出，经现场医务人员确认，均无生命体征。

事故发生后，市区有关领导和住建、应急等部门负责人第一时间赶往事故现场组织救援，并对事故善后工作进行安排部署。MD区政府立即召开紧急会议，成立了由区长任组长的事故善后处置工作领导小组，积极做好死者家属安抚，妥善处理事故善后工作。9月11日，事故善后工作已处理完毕。

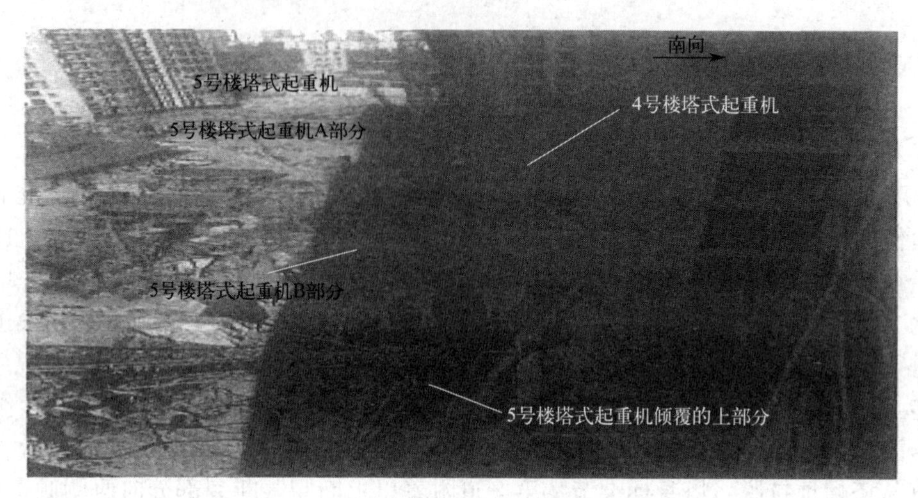

图5 事故现场总体图2

1.10.3 事故原因和性质认定

1. 直接原因

5号楼塔式起重机在顶升加节作业过程中，出现顶升套架意外卡滞时，作业人员违章操作，在未确认顶升横梁是否可靠搁置在标准节踏步上的情况下，升降顶升油缸，顶升横梁脱出标准节踏步，冲击力使平衡臂拉杆连接失效，平衡臂下坠、平衡重脱落，产生向前的不平衡力矩，塔式起重机向前倾覆（图6～图8）。

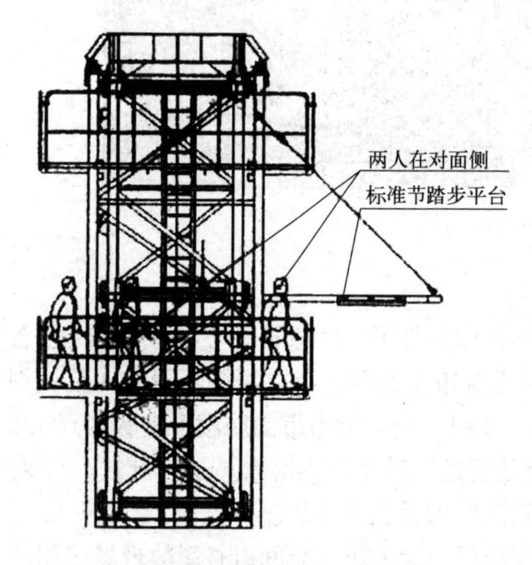

图6 5号楼塔式起重机人员分布图（一）

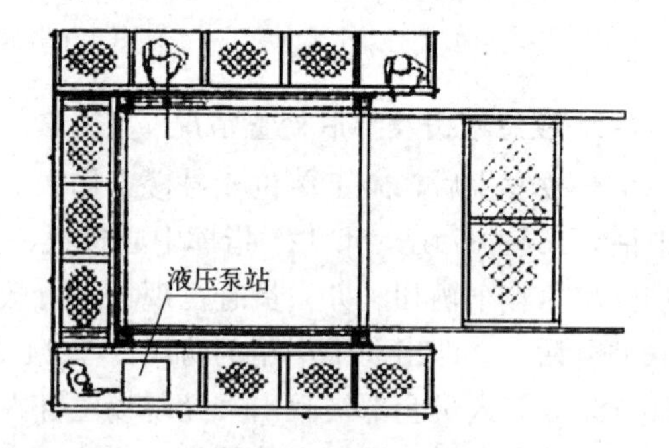

图7 5号楼塔式起重机人员分布图（二）

2. 间接原因

（1）安装单位违规组织特种作业人员作业，未定期对起重机械特种作业人员进行教育培训，未制定安全操作规程；未按照塔式起重机安装专项施工方案要求组织顶升作业；未

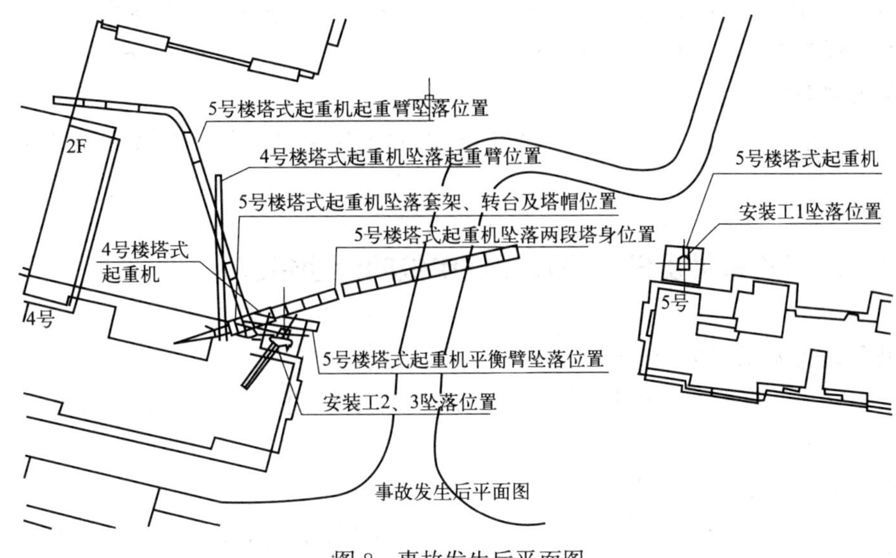

图 8　事故发生后平面图

派驻技术负责人进行现场监督。

（2）租赁单位对事故起重机械办理产权登记备案后，未履行管理职责，未建立起重机械安全技术档案。

（3）塔式起重机产权人周某，提供虚假塔式起重机产品合格证；擅自在塔式起重机上安装非原厂制造的标准节和附着；未履行塔式起重机检查、维修和保养职责。

（4）监理单位未严格履行监理责任。工程监理员发现 5 号楼塔式起重机没有按规定履行监理报备手续擅自进行顶升作业时，未加以制止；事发时未在顶升作业现场旁站监理。未监督安全施工技术交底。

（5）施工单位未认真落实安全生产主体责任，安全管理混乱，将 4 号、5 号楼建设工程违法分包给 5 个人。对 MD 区该项目部管理不到位，项目部安全管理中违法违规问题突出，项目经理赵某未履行安全生产第一责任人职责；项目部未配备专职安全生产管理人员；未认真审核塔式起重机的产品合格证，未指定安全生产管理人员监督检查建筑起重机械安装作业情况；未对塔式起重机安装作业人员进行安全施工技术交底；未按照规定组织塔式起重机初装验收；未办理塔式起重机使用登记。

（6）建设单位未严格履行建设单位监管职责。未取得建设工程施工许可证，擅自开工建设；对施工单位安全生产工作监督不力，未对项目发包情况进行有效监督；未督促工程监理单位认真履行监理职责。

（7）检测单位（一）和检测单位（二）未按照规定方法和程序要求，对事故塔式起重机进行检测检验，出具的塔式起重机检验报告失实。

（8）MD 区东城街道办事处协助上级有关部门履行安全生产监督管理职责不到位，贯彻落实全市安全生产集中整治不力，对辖区内起重机械安全隐患排查整治不到位。

（9）HZ 市 MD 区建筑工程服务中心对施工单位安全生产监督管理不到位。对塔式起重机安装告知手续资料审查不够细致；发现事故塔式起重机未办理安装告知及使用登记，未依法进行查处。发现未批先建违法行为没有进行依法查处。

（10）HZ市MD区住建局对监理单位未认真履行工程监理职责情况监管不力；对牡丹区建筑工程服务中心履行职责指导不力。

3. 事故性质

经调查认定，菏泽市MD区“8·30”较大起重伤害事故是一起较大安全生产责任事故。

1.10.4 对事故有关责任人员及责任单位的处理建议

1. 免于追究责任人员（3人）

任某、赵某、罗某3名塔式起重机安装作业人员违章作业，对事故发生负有直接责任，鉴于已在事故中死亡，免于追究责任。

2. 建议追究刑事责任人员（4人）

（1）周某，男，安装单位股东，5号楼事故起重机顶升作业负责人，租赁单位实际控制人，未按照塔式起重机安装专项施工方案要求组织顶升作业；未派驻技术负责人进行现场监督，对挂靠的事故起重机械未履行管理职责，对事故发生负有直接责任，涉嫌重大责任事故罪，9月3日被公安机关取保候审，建议司法机关依法追究其刑事责任。

（2）周某，男，MD区HG镇村支部书记兼村委会主任，事故塔式起重机实际产权人。提供虚假塔式起重机产品合格证，违规提供非原厂制造的塔式起重机标准节和附着【部分标准节无顶升横梁（爬升装置）防脱功能】，安装非配套设施，对事故发生负有直接责任，涉嫌重大劳动安全事故罪，建议司法机关依法追究其刑事责任。

（3）赵某，男，施工单位该项目经理，长期不在岗，未履行项目经理管理职责，对事故发生负有直接管理责任，涉嫌重大责任事故罪，9月6日被公安机关取保候审，建议司法机关依法追究其刑事责任。

（4）雷某，男，5号楼施工现场负责人。未取得工程承包资质，违法承包4号、5号楼部分工程；未安排安全管理人员对危险性较大的专项施工方案实施情况进行现场监督；未组织塔式起重机安装作业人员进行安全施工技术交底，对事故发生负有直接管理责任，涉嫌重大责任事故罪，9月6日被公安机关取保候审，建议司法机关依法追究其刑事责任。

以上人员属于中共党员的，待司法机关查清其犯罪事实后，由有关部门按照党员管理权限和程序及时给予相应的党纪处分。

3. 对有关人员和单位处理建议

1）建议给予党纪、政务、组织处理人员（11人）

（1）马某，女，MD区建筑工程服务中心安监站副站长。履行职责不到位，对该项目5号楼塔式起重机安装告知书审核不严；发现事故塔式起重机未办理安装告知及使用登记，未依法进行查处。对事故发生负有主要管理责任。建议依据《中华人民共和国公职人员政务处分法》第三十九条的规定，给予政务记大过处分。

（2）赵某，男，MD区建筑工程服务中心安监站站长。履行职责不到位，对该项目5号楼塔式起重机安装告知手续材料审核把关不严。对事故发生负有重要管理责任。建议依据《中华人民共和国公职人员政务处分法》第三十九条的规定，给予政务记过处分。

（3）沈某，男，MD区建筑工程服务中心稽查科科长。发现该项目5号楼存在未批先建违法行为没有依法进行查处。对事故发生负有重要管理责任。建议依据《中华人民共和国公职人员政务处分法》第三十九条的规定，给予政务警告处分。

（4）袁某，男，MD区建筑工程服务中心副主任，分管安监站。对分管工作指导不力，对下属业务科室履行工作职责情况失察。对事故发生负有主要领导责任。建议依据《中华人民共和国公职人员政务处分法》第三十九条的规定，给予政务警告处分。

（5）任某，男，MD区住建局党组成员，分管监理单位。对分管单位疏于监管，工作不到位。对事故发生负有重要领导责任。建议依据《中华人民共和国公职人员政务处分法》第三十九条的规定，给予政务警告处分。

（6）李某，男，MD区住建局党组成员，MD区建筑工程服务中心主任。对单位安全生产工作领导不力。对事故发生负有重要领导责任。依据《地方党政领导干部安全生产责任制规定》第十八条第四项和《中共山东省委实施〈中国共产党问责条例〉办法》第八条的规定，建议给予诫勉。

（7）武某，男，监理单位专业监理员。未对塔式起重机顶升作业进行旁站；发现5号楼塔式起重机没有经过监理报备私自作业未进行有效制止。对事故发生负有直接监理责任。建议依据《中华人民共和国公职人员政务处分法》第三十九条的规定，给予开除处分。

（8）陈某，女，监理单位项目总监。注册监理工程师。对4、5号楼塔式起重机定期维护保养记录监理不到位，对发现的问题没有及时进行督促整改。办理塔式起重机安装告知时，对项目经理前后不一致的签字把关审核不严，告知书中无监理单位签署意见。对事故发生负有主要监理责任。建议依据《中华人民共和国公职人员政务处分法》第三十九条的规定，给予政务记大过处分。

（9）常某，男，监理单位总经理、法人代表。履行单位主要负责人职责不到位，单位安全管理存在明显漏洞，对项目安全监理规划和实施细则存在严重缺陷情况失察。对事故发生负有重要管理责任。建议依据《中华人民共和国公职人员政务处分法》第三十九条的规定，给予政务记过处分。

（10）王某，男，MD区DC街道办事处社区建设办公室工作人员。履行属地安全生产监督检查职责不到位。对事故发生负有主要监管责任。建议依据《中华人民共和国公职人员政务处分法》第三十九条的规定，给予政务记过处分。

（11）李某，男，MD区DC街道办事处党工委委员，副主任，分管社区建设办公室。落实安全生产“一岗双责”不到位，对分管单位未认真履行安全管理职责情况失察。对事故发生负有重要领导责任。依据《地方党政领导干部安全生产责任制规定》第十八条第四项和《中共山东省委实施〈中国共产党问责条例〉办法》第八条的规定，建议给予诫勉。

2）行政处罚建议

（1）施工单位：建议依据《中华人民共和国安全生产法》第一百零九条第二项的规定，由菏泽市应急管理局对其作出行政处罚。按照有关规定将其纳入安全生产领域失信联合惩戒“黑名单”。

（2）监理单位：建议依据《中华人民共和国安全生产法》第一百零九条第二项的规

定，由菏泽市应急管理局对其作出行政处罚。按照有关规定将其纳入安全生产领域失信联合惩戒“黑名单”。

（3）安装单位：建议依据《中华人民共和国安全生产法》第一百零九条第二项的规定，由菏泽市应急管理局对其依法作出行政处罚。依据《建设工程安全生产管理条例》第六十二的规定，由菏泽市住建局吊销其建筑业企业资质证书。按照有关规定将其纳入安全生产领域失信联合惩戒“黑名单”。

（4）租赁单位：建议依据《建筑起重机械安全监督管理规定》第二十八条第三项的规定，由菏泽市住建局对其作出行政处罚。按照有关规定将其纳入安全生产领域失信联合惩戒“黑名单”。

（5）检测单位（一）：建议依据《中华人民共和国特种设备安全法》第九十三条第二项、第三项的规定，由菏泽市市场监管局对其作出行政处罚。

（6）检测单位（二）：建议依据《中华人民共和国特种设备安全法》第九十三条第二项、第三项的规定，由菏泽市市场监管局对其作出行政处罚。

（7）王某，男，建设单位实际控制人，安全生产意识淡薄，对工程项目未批先建负有直接领导责任。作为施工单位实际控制人，未履行主要负责人安全生产管理职责，未组织制定本单位安全生产规章制度和操作规程，未督促、检查本单位的安全生产工作。对事故发生负有重要领导责任。建议依据《建设工程安全生产管理条例》第六十六条的规定，由菏泽市住建局对其作出行政处罚。

（8）马某，男，施工单位菏泽子单位职工，该项目部安全员，未履行安全生产管理职责，未如实记录安全生产教育和培训情况；未及时排查施工现场生产安全事故隐患。对事故发生负有重要管理责任。建议依据《中华人民共和国安全生产法》第九十三条的规定，由菏泽市住建局依法撤销其安全生产管理人员资格。并责令施工单位按照单位制度对其作出严肃处理。

（9）陈某，女，监理单位项目总监，注册监理工程师。对事故发生负有主要监理责任。建议依据《建设工程安全生产管理条例》第五十八条的规定，由菏泽市住建局对其作出行政处罚。

（10）常某，男，监理单位总经理、法人代表。对事故发生负有重要管理责任。建议依据《中华人民共和国安全生产法》第九十二条的规定，由菏泽市应急管理局对其作出行政处罚。

（11）赵某，男，施工单位该项目经理。对事故发生负有直接管理责任。依据《建设工程安全生产管理条例》第五十八条、第六十六条的规定，由菏泽市住建局报请上级机关吊销其一级建造师执业资格证书，五年内不予注册；自刑罚执行完毕之日起，五年内不得担任任何生产经营单位项目负责人。

3）建议企业内部处理人员（4 人）

（1）王某，男，施工单位职工，该项目部技术负责人。未按规定履行项目技术负责人职责，未参与事故塔式起重机基础和基础基槽的隐蔽工程验收；未组织事故塔式起重机安装安全技术交底。对事故发生负有重要管理责任。建议施工单位依法解除与其劳动关系，并按照单位内部规章制度给予严肃处理。

（2）周某，男，施工单位职工，违规与雷某、邵某共同以个人名义承包 4 号、5 号楼部分工程，对事故发生负有管理责任。建议施工单位依法解除与其劳动关系，并按照单位内部规章制度给予严肃处理。

（3）邵某，男，施工单位职工，违规与雷某、周某共同以个人名义承包4号、5号楼部分工程，对事故发生负有管理责任。建议施工单位依法解除与其劳动关系，并按照单位内部规章制度给予严肃处理。

（4）李某，男，建设单位派驻该项目负责人。对工程承包单位安全检查不到位。对事故发生负有管理责任。建议建设单位按照单位内部规章制度给予严肃处理。

4. 其他问责建议

（1）责成MD区DC办事处向MD区委、区政府作出深刻书面检讨。

（2）责成MD区住房和城乡建设局和MD区建筑工程服务中心向MD区委、区政府作出深刻书面检讨。

（3）责成MD区政府向HZ市政府作出深刻书面检讨。

1.10.5 事故防范和整改措施

（1）立即开展建筑起重机械安全生产专项整治行动。要认真吸取此次事故的教训，举一反三，严格按照《建设工程安全生产管理条例》《建筑起重机械安全监督管理规定》有关规定，在全市建筑施工领域开展安全生产隐患大排查活动，重点排查起重机械是否存在质量缺陷，是否满足安全使用条件；起重机械租赁单位、安拆单位是否依法取得有关资质；安拆人员是否持有特种作业操作证；起重机械安装尤其是顶升作业是否制订专项施工方案；安装前是否办理告知手续等问题。住房和城乡建设主管部门要对辖区内建筑施工企业排查情况逐一进行核查验收，对不具备安全施工条件的工地，一律责令停止施工。要通过排查活动，曝光一批重大安全隐患、查处一批典型违法违规行为、淘汰一批不符合安全生产条件的起重机械，有效治理建筑施工领域起重机械安装使用乱象。

（2）持续开展建设领域安全生产专项整治三年行动工作。鉴于菏泽市MD区“8·30”较大起重伤害事故暴露出的建筑施工领域违章作业、标准节混用等诸多问题，在实施安全生产专项整治三年行动中，要把推行起重机械“一体化”管理作为整治的重要内容，加快解决建筑起重机械租赁、安装、拆卸、维修和保养等分段管理带来的安全问题，形成责任明晰、管理到位、衔接顺畅的管理态势。利用住建部建筑施工起重机械安全管理平台，持续加强起重机械安全监管，依托平台视频监控、力矩监控、限位监控等手段强化施工现场起重机械安全监管，加强对起重机械产权备案、安装（拆）告知、使用登记等相关业务的审核，推动建筑施工本质安全生产水平提升。

（3）严格落实企业安全生产主体责任。建设、施工和监理单位要进一步贯彻落实《中华人民共和国安全生产法》《中华人民共和国建筑法》等相关的法律法规，落实企业安全生产责任制，建立健全安全生产规章制度，把安全生产各项工作真正落实到位，打牢安全管理基础。依法认真履行有关安全职责，承担相应的法定责任。建设单位要严格履行安全生产工作统一协调管理的义务，依法加强对安全生产的监督管理，落实全程安全监管。施工总承包单位要对施工现场的安全生产负总责，将各分包单位纳入安全生产统一管理。监理单位要严格按照有关法律法规、工程强制性标准和《监理合同》《监理实施细则》等规定实施监理，认真督促施工单位落实各项安全防范措施，及时发现和消除安全隐患，切实履行好施工监理旁站作用。

（4）强化教育培训和施工现场管理。进一步加强从业人员的安全教育培训，外来施工人员进入施工现场前，必须进行安全教育培训，确保从业人员熟悉施工现场存在的各类安全风险，掌握必备的安全生产知识，着力解决安全生产“不懂不会”问题。要强化作业现场安全管理，按照安全技术标准及安装使用说明书认真检查建筑起重机械及现场施工条件，严格执行作业前技术交底制度，严格审核特种作业人员持证情况，坚决制止“三违现象”，确保安全施工，杜绝类似事故再次发生。

1.11　广西壮族自治区百色市“9·10”较大隧道坍塌事故调查报告

2020年9月10日17时40分许，LY县某大道道路工程一期项目上岗隧道左洞ZK0＋651～K0＋675段发生隧道洞顶岩体塌方事故，造成9人死亡，直接经济损失1414.7201万元。

1.11.1　基本情况

1. 项目情况

（1）项目的总体情况。发生事故的工程项目为LY县某大道道路工程（含隧道工程）一期项目。该大道为新建市政道路，工程设计起点与同乐北路成T形交叉，由东向西，穿越上岗隧道后接至新建的G212。路线全长2.302km，规划红线宽32m，横断面按两块板形式布置，双向四车道，按行车速度40km/h的城市主干路标准设计。建设内容包括道路工程、桥涵工程、隧道工程及附属工程设施、排水工程、给水工程、照明工程、交通工程、绿化工程、通信预埋套管工程、电力套管工程。工程造价：31737.2万元。合同工期：2019年4月1日至2021年4月1日。

（2）事故隧道情况。发生事故的上岗隧道为分离式隧道，设计隧道起讫桩号分别为：右线K0＋438～K1＋160，长度为722m；左线ZK0＋420～ZK1＋194，长度为774m，隧道走向约265°。隧道纵坡均为单向坡，纵坡坡率左右线均为2.3%，隧道洞最大埋深约为244m，建筑限界（宽×高）为14.25m×5m，布置形式为双向四车道，通风方式为机械通风，照明方式为光电照明。隧道进出口洞门均为端墙式，明洞洞身均采用明挖法施工，其余洞身开挖采用新奥法施工，复合式衬砌，即初期支护采用锚网喷混凝土和钢拱架及格栅拱架，在地质条件较差段辅以不同形式的超前支护，二次衬砌为模筑混凝土或钢筋混凝土。

2. 项目立项及实施情况

LY县某大道道路工程（含隧道工程）一期项目功能定位为城市主干路，其中的上岗隧道是联系新旧城区的重要通道。

截至事故发生时，该大道道路工程（含隧道工程）一期项目已完成路基工程99%，桥梁工程100%，隧道工程77%。

经查，该大道道路工程（含隧道工程）一期项目手续完备，建设、施工、监理、勘察设计单位资质证照齐全。

3. 事故现场勘察情况

经现场勘察，上岗隧道左线隧道开挖掌子面里程ZK0+651，塌方段里程：ZK0+651～K0+675，总长度24m，事故现场围岩为石炭系厚层状中风化灰岩。围岩岩溶发育，沿岩层层理发育的岩溶溶蚀裂隙不良地质作用明显。隧道ZK0+651掌子面开挖轮廓线外上方可见2～12m范围发育一条纵向延伸大于30m的贯通性溶蚀裂隙。ZK0+651～K0+675段塌落体从左洞开挖轮廓线外右上方下塌，呈巨石块状中风化灰岩，夹少量黏性土。剥落巨石呈楔形体状，高2.6～8m，长约24m，宽约20m。巨石结构面产状345°∠42°。塌落后左洞右上方形成空腔，空腔自ZK0+652逐渐扩大，在ZK0+668处，空腔达到最大高度6.57m，然后逐渐收敛，至ZK0+675，空腔结束。

事故地点发现ZK0+651掌子面前方右侧轮廓线外有溶洞发育情况，未发现孔隙水或裂隙溶洞水。

4. 项目隧道自然条件

1）地形地貌

在建的乐业大道及其上岗隧道工程（左洞轴向265°，洞身最大埋深243m）穿越云霞山山梁，该山梁南北向展布2～3km，东西宽约800m，山顶标高1200m，东西两侧的同乐及上岗盆地标高分别为960m和940m，整体地势呈中间山梁高耸、两侧盆地低矮平缓。云霞山体呈尖顶状，自然横坡东陡西缓，平均坡度30°～45°，东侧陡崖大于70°。斜坡至山顶基岩多有裸露，溶洞、漏斗、洼地、溶缝、溶槽及石牙等溶蚀现象较严重，本区具较奇特的岩溶地貌，有溶蚀“孤岛”之称（图1、图2）。

图1　上岗隧道卫星图片

2）地层岩性

上岗隧道穿越的主要地层有第四系覆盖层粉质黏土（Q_4^{el+dl}）及上石炭统石灰岩

图 2　上岗隧道出口（右侧为左洞）

（C_3），其特征如下：

（1）第四系残坡积粉质黏土（Q^{el+dl}）可塑，韧性中等，无摇震反应，切面较光滑，局部含较多石灰岩块石，主要分布在隧道山体两端斜坡及坡顶平缓地带，钻孔揭示厚度1.9～24.1m。隧道进、出口附近局部形成以石灰岩块石为主、黏性土充填的块石土层，其块石大小不一，结构松散，均匀性差。

（2）上石炭统强风化石灰岩（C3），灰黑色，块状构造，隐晶质结构，见有方解石条纹，节理裂隙发育，岩芯多呈块状，钻进中孔口均无循环水返出。风化厚度0.3～2.5m不等。

（3）上石炭统中风化石灰岩（C3），灰白～灰黑色，隐晶质结构，方解石脉较发育，岩质基本新鲜，质硬，中厚至巨厚层状。节理裂隙发育，岩芯呈短柱状，节长10～40cm，局部少量块状，敲击声脆反弹强，钻进中孔口均无循环水返出，表明了一定程度上岩体溶蚀较为严重。钻孔揭示厚度4.6～181m。岩芯采取率高（RQD＝80～90），为隧洞穿越的主要岩层。经统计，其岩石饱和单轴抗压强度为55～93.4MPa，平均值为71.6MPa，标准值为61.9MPa。按岩石坚硬程度划分属“坚硬岩”，按岩体完整程度划分属“较完整～完整”，岩体基本质量等级以Ⅲ级为主，少量Ⅱ级。

3）地质构造及地震

（1）LY县在区域地质构造上属广西“山”字形构造前弧西翼的西侧，乐业“S”形构造中段武称背斜北端，其东侧主要有武称～乐业断裂。该组合式断层整体走向北东，破碎带宽2～6m，由硅化角砾岩组成，倾向南东，倾角60°～80°，断距约200m。在主干断层西侧有分叉现象，如LY县城附近有一南西分支断层，大致由城东边穿过，总长达14km。该断层从隧道进口东侧经过，最近处约500m。在武称南西侧又向北东分叉，长达12km，为非活动性断层。受构造影响，隧道区岩层产状变化较大，经实测，隧道左线进口处为20°∠30°，靠出口的洞顶地面40°∠25°；洞内坍塌处母岩分离面345°～358°∠41°～44°（取平均值350°/42°），往洞上方倾角渐陡近60°；左洞南侧140m处地表两处层理326°∠28°及342°∠23°，洞顶少数点有向西扭转的态势，可见其构造特征因位于武称穹窿背斜北端而相呼应，岩层在全洞范围变化扭曲较大。一般说地面岩层产状有些不稳定变化，与山体深部会有些差别，但整体趋势基本为东西走向，倾向北，与国颁1∶20万区域地质图乐业幅本区岩层产状基本相符。据勘察报告，进口附近有3组节理发育：J145°∠55°、J275°∠50°、J3260°∠42°，节理间距0.5～0.9m不等；出口附近4组节理发育：J1265°∠68°、J2210°∠70°、J3270°∠39°、J4144°∠29°，节理间距0.4～0.9m不等。另在左洞南侧140m及K0＋720右120m两处地表调查补测节理产状为198°∠70°及205°∠83°。综上所述，本区地质构造较复杂，区域地壳稳定。

（2）根据《中国地震动参数区划图》GB 18306—2015，本区域为Ⅱ类场地，基本地震动峰值加速度为0.15g，基本地震动加速度反应谱特征周期为0.35s。

4）气象条件

LY县属亚热带季风气候，年平均气温16.8℃，极端最低气温－4.4℃，年平均降水量1327.2mm，最大年降水量2033.2mm。

5）隧道水文地质条件

（1）地表水。

隧道区山梁无明显地表水径流及积存现象，仅见出口山坳附近形成有微小沟槽，有季节性流水，自南向北汇入盆地远处溪流。沟槽水受大气降水补给，但多干涸，无年均流量资料记载。经调查，隧道区附近山体半坡及坡脚有多处溶洞，如进口处坡脚有两处溶洞，一是ZK0＋560左侧，约40m，洞高约2m，深约5m（图3）；二是K0＋500右侧，约50m，洞高2.5m，深约20m。洞口标高大致平于或略低于盆地地面，洞口形态较宽敞，有季节性间歇流水。左洞出口外路基左侧山脚有一溶洞，洞径2～3m，可见深度6m。一般说来，降雨时山体大量表水由洞顶溶蚀裂隙向下渗流，后再经这些洞口迅速排走，而由山坡坡面排走的水量则较少。

图3 左洞出口外路基左侧坡脚溶洞

（2）地下水。

隧道穿越的山体东西向宽度较小，为可溶性碳酸盐岩，以季节性岩溶裂隙水径流排泄为主。大气降水通过石灰岩（C3）的一些溶洞、管道、裂溶隙渗流，由坡脚或半坡溶洞排出，并顺盆地的沟河向更低处排泄。因此，隧道山体储存地下水的条件较差，季节性水体存量十分有限，旱季基本枯竭。

6）隧道不良地质特征

（1）岩溶。

由于本区可溶性岩石的成分、透水性、岩溶水的溶蚀力及受自然因素影响等综合性特征较强，使得岩溶发育具有更充分的条件，也表现得更为强烈。如半坡至山顶裸露的岩层可见溶洞、溶蚀洼地、漏斗、溶缝、溶槽等岩溶形态极为发育，大气降水能充分下渗进入山体，通过各类结构面缝隙不断侵蚀溶解岩体，扩大和延展更多的溶蚀裂隙面和径流通道，并向近坡脚等多处溶洞排流泄水，从而完成了整个山体从上到下的大气垂直循环溶蚀过程（图4、图5）。

图4　洞顶地表溶缝石牙

图5　坡脚附近溶洞及溶蚀现象

本隧道岩溶地质的主要特点如工程地质手册载述，一般岩层愈厚，岩溶就愈发育；岩层倾斜较陡时，地表水多沿层理下渗，地下水运动也较强烈，岩溶发育方向主要受层面控制。因此，隧道洞身基本处于岩溶地下水垂直循环带中，所穿越岩体的基本完整性和开挖稳定性在一些地段被大幅降低，局部可能支离破碎；各向异性的隐伏性溶蚀裂隙面和溶腔等岩溶现象具有随机分布特点，一般很难被先期发现和查明（图6）。

图6　出口路基边坡岩体节理呈网格状溶蚀

（2）顺层偏压。

本隧道不处于高地应力区，但隧道轴线与所穿越的岩层走向总体平行或交角较小，岩层基本倾北。经洞内核查，左洞坍塌段的洞轴线与岩层走向夹角仅为5°，两者基本平行，岩层倾北，倾角42°，受结构面溶蚀弱化及开挖扰动等影响，岩层易产生顺层失稳。

1.11.2 事故发生经过及应急救援处置情况

1. 事故发生经过

2020年9月10日14时，上岗隧道9名施工人员（其中1名为现场值班人员）进入左洞掌子面ZK0＋651～ZK0＋653段进行初期支护配套作业。现场值班人员在开挖台车后方位置指导作业，台车下部右侧1名施工人员及台车上部右侧一架位置1名施工人员、二架位置6名施工人员进行掌子面ZK0＋651～ZK0＋653段钢拱架右侧安装支护作业。

17时40分许，台车上部二架6名作业人员发现掌子面ZK0＋651～ZK0＋653段拱顶出现掉块现象，立即往开挖台车右侧扶梯下撤，同时在现场值班施工管理人员后方左侧拱顶初支混凝土块掉落，现场值班施工管理人员立即通知台车上作业的施工人员撤离，随即往洞口方向奔跑。现场值班施工管理人员撤离至桩号ZK0＋668，台车上部右侧7名施工人员撤离至台车扶梯中部，台车下部右侧1名施工人员撤离至桩号ZK0＋658时，在桩号ZK0＋651～ZK0＋675右侧拱顶及拱腰发生坍塌，塌方尺寸纵向约24m，环向约19m，从初支混凝土掉块到完全坍塌整个过程时间持续3s，造成正在洞内施工的9名施工人员（其中1名为现场值班人员）被压埋。

2. 事故救援情况

事故发生后，施工单位LY县某大道道路工程（含隧道工程）一期项目经理部第一时间启动应急救援预案并逐级上报。主要领导第一时间赶往现场指挥救援，并成立现场应急指挥部，积极配合现场指挥部开展救援和善后工作。

LY县委、县政府接到事故报告后，立即启动应急预案，第一时间对事故处理作出了部署并组织相关力量到现场开展救援工作。

百色市委、市人民政府接报后，迅速调集百色市消防救援支队等救援力量，并组织市消防、公安、民政、应急、卫生健康、住房和城乡建设、交通运输等部门赶赴事故现场；百色市委、市政府主要领导及时召开现场会议研究部署救援处置工作，并成立应急救援现场指挥部（以下简称指挥部），指挥部下设综合协调组、现场抢救救援组、安全保卫组、医疗救护组、善后处置组、宣传报道组、信息报送组、技术专家组8个工作组。

自治区党委、政府接报后，有关领导及时赶到救援现场调度指挥，组织自治区应急厅、住房城乡建设厅等派出领导及专家赴现场指导救援工作。

应急管理部、住房和城乡建设部派出领导及专家赶到现场指导救援，现场使用信息化手段进行分析研判，指导制订应急救援方案和开展救援抢险。

指挥部先后召开多次现场专家会，阶段性研判并动态调整救援方案。最终确定分三步开展救援工作，第一步是对已完成初支的影响段16m进行加固，设置间距为50cm的型钢拱架进行支护；第二步是对坍体及坍腔进行有效回填加固处理，回填材料为水泥砂浆和

C15 混凝土；第三步是按照设计图对加固体采取强支护，采用 CD 法开挖四分之一断面以搜救人员为主，开展救援抢险。

2020 年 10 月 29 日，经过全力救援，在开挖四分之一断面右侧上导坑累计进尺 11.3m，至桩号 ZK0+668.2 时，发现第一名被困人员，并按照善后处置工作方案，安全有序组织进行现场勘察、挖掘，由公安机关法医等刑事技术勘察人员和医院医生现场对遇难者遗体进行尸表检验、固定证据、提取 DNA 样本、装袋编号。2020 年 11 月 9 日，在开挖四分之一断面右侧上导坑累计进尺 21.5m，至桩号 ZK0+658 时，发现第二名被困人员。2020 年 11 月 16 日，在开挖四分之一断面右侧上导坑累计进尺 24.5m，至桩号 ZK0+655 时，陆续发现剩余 7 名被困人员。至此，LY 县某大道（含隧道工程）一期项目上岗隧道塌方 9 名压埋人员全部搜救完毕，经法医鉴定，均已无生命特征。

从本起事故应急救援处置情况看，本起事故的信息报送及时、传递顺畅，各级政府、各有关部门以及社会力量积极响应，救援迅速，未发生次生、衍生事故，没有因处置不力而造成不良社会影响。

3. 善后处理情况

救援人员挖掘出被困人员遗体后，已分别于 2020 年 10 月 29 日、11 月 9 日、11 月 16 日将遗体运往百色市殡仪馆。百色市公安局法医技术专家对遇难者遗体开展 DNA 比对鉴定，确认遇难者身份。截至 2020 年 12 月 3 日，施工单位与 9 名遇难者家属全部已达成赔偿协议，遇难者遗体经火化后已运回家乡安葬。

4. 人员伤亡情况

（1）庞某，男，系 LY 县某大道道路工程（含隧道工程）一期项目上岗隧道施工工人，在事故死亡。

（2）陈某，男，系 LY 县某大道道路工程（含隧道工程）一期项目上岗隧道施工工人，在事故死亡。

（3）张某，男，系 LY 县某大道道路工程（含隧道工程）一期项目上岗隧道施工工人，在事故死亡。

（4）吴某，男，系 LY 县某大道道路工程（含隧道工程）一期项目上岗隧道施工工人，在事故死亡。

（5）吴某，男，系 LY 县某大道道路工程（含隧道工程）一期项目上岗隧道施工工人，在事故死亡。

（6）和某，男，系 LY 县某大道道路工程（含隧道工程）一期项目上岗隧道施工工人，在事故死亡。

（7）杨某，男，系 LY 县某大道道路工程（含隧道工程）一期项目上岗隧道施工工人，在事故死亡。

（8）杨某，男，系 LY 县某大道道路工程（含隧道工程）一期项目上岗隧道施工工人，在事故死亡。

（9）粟某，男，系 LY 县某大道道路工程（含隧道工程）一期项目上岗隧道施工工人，在事故死亡。

5. 事故直接经济损失

根据现行《企业职工伤亡事故经济损失统计标准》GB 6721 及《国家安全监管总局印

发关于生产安全事故调查处理中有关问题规定的通知》（安监总政法〔2013〕115号）等规定，经施工单位统计，经LY县人民政府确认，至2020年12月8日，此次事故共造成直接经济损失1414.7201万元。

1.11.3 事故原因和性质

1. 事故直接原因

某大道道路工程一期上岗隧道左洞ZK0＋651～ZK0＋675段坍塌是隧道围岩局部微地质构造组合突变与裂隙面强烈溶蚀作用叠加产生的不良效应，具有隐伏性和不可预见性，在开挖条件下，被切断岩层受贯通斜层理与节理组合控制且溶蚀裂隙面弱化分离作用强烈，造成临空岩层多方向同时失去束缚，突然脱离母岩产生重力式顺层下滑，造成该段隧道洞身周边围岩、初支遭受严重破坏。该事故是按现行公路勘察、设计、施工技术规范规程和现有地质勘察技术和手段难以完全查明的特殊不良地质致灾引发的暗挖隧道坍塌事故。具体原因分析如下：

（1）坍塌段岩层走向与洞轴线基本平行，岩层倾角42°，一旦切除支撑约束，即具备顺层滑动的基本条件。

（2）岩溶地区垂直循环带的单斜地层经地质历史的溶蚀作用易形成贯通性、延展性好的溶蚀裂隙面，该溶蚀裂隙面由闭合状态经溶蚀作用逐步发展为无层间结合力的溶蚀裂隙面，构成本次坍塌体的顶部界面（图7）。

图7　溶蚀裂隙面

（3）掌子面右侧岩层在25～30m处发育有X节理（如144°∠29°与198°∠70°两组），经溶蚀切割，连接脆弱，易折断拉裂形成本次坍塌体的右侧界面。

（4）呈南北走向倾西的平行节理（如260°∠42°、265°∠68°及270°∠39°等），构成本次坍塌体的前后界面。

（5）洞身右侧发育有一定规模的溶洞，在溶洞形成过程中，加剧了厚层灰岩的层间溶蚀作用，降低了层间抗剪强度，构成本次坍塌的下部界面。

（6）本段洞身开挖后，拱部开挖轮廓线相交于溶蚀裂隙面，溶蚀裂隙面下方的巨厚岩层整体切断，构成左侧临空界面。

届时，坍塌体6个不利界面偶然形成，右侧岩层失去支撑，产生了顺层偏压的态势，随着隧道向前开挖延伸造成洞轴方向悬空面长度不断增加，下滑重力累增，最终造成右侧岩层顺层失稳下滑坍塌。因此，本次坍塌是一个隐蔽性的不利结构面组合在开挖条件下发生的突发性、不可预见性的坍塌事故（图8、图9）。

图8　远距离拍摄的隧道坍塌现场

图9　近距离拍摄的隧道坍塌现场

2. 事故间接原因

（1）勘察单位勘察报告对场地局部岩溶发育规律复杂性分析不够全面，隧道分段地质评价不够详细，对岩流裂隙面形成与隐性不利组合对隧道的影响认识不充分，地质专业人员未能全程驻场参与施工过程。

（2）施工单位及其LY县该大道道路工程（含隧道工程）一期项目经理部对岩溶隧道可能遇到的危害风险认识不全面，对隧道可能遇到的垮塌风险分析预判不足，超前地质预报工作方法单一，应急预案和安全技术交底针对性不强。

（3）监理单位及其LY县该大道道路工程（含隧道工程）一期项目监理部专业地质监理工程师配备不足，监理日志记录较简单，不能充分反映工程现场情况，巡视施工单位安全交底不够严格，审核施工单位安全生产事故应急预案不够严谨。

（4）投资单位未认真监督施工单位严格执行有关安全生产法律、法规和规章制度。

3. 事故性质

经调查认定，该起事故是一起隧道工程建设中因不良地质致灾引发的较大隧道坍塌事故。

1.11.4 事故责任认定及处理建议

1. 责任单位的处理建议

建议由百色市应急管理局按照《中华人民共和国安全生产法》第一百零九条第（二）项规定对勘察设计单位、施工单位、监理单位的违法行为作出行政处罚。

2. 责任人员处理建议

1）勘察单位

颜某，勘察单位项目勘察专业项目负责人，编制的勘察报告对场地局部岩溶发育规律复杂性分析不够全面，隧道分段地质评价不够详细，对岩流裂隙面形成与隐状性不利组合对隧道的影响认识不充分，隧道施工时未能全程驻场参与施工过程。建议由勘察单位依照单位内部管理规定进行处理。

2）施工单位

（1）张某，施工单位项目经理部隧道工程师，未将岩溶隧道可能遇到的坍塌风险进行全面的、有重点性和针对性的交底，建议由施工单位依照单位内部管理规定进行处理。

（2）张某，施工单位项目经理部总工程师，未将岩溶隧道可能遇到的坍塌风险进行全面的、有重点性和针对性的交底，未认真做好事故应急预案的编制工作，未编制隧道坍塌的现场处置方案。建议由施工单位依照单位内部管理规定进行处理。

（3）谢某，施工单位项目经理部经理，未严格执行本单位各项安全管理制度，所委托的第三方开展的超前地质预报工作方法单一，未认真开展安全交底，对岩溶隧道可能遇到的风险认识不够，编制的应急救援预案针对性、可操作性不强。建议由施工单位依照单位内部管理规定进行处理。

3）监理单位

（1）何某，监理单位项目监理部见证员，未认真开展日常监理工作，填写的监理日志记录不全。建议由监理单位依照单位内部管理规定进行处理。

（2）郑某，监理单位项目监理部监理员，未认真巡视施工单位安全交底情况，建议由监理单位依照单位内部管理规定进行处理。

（3）胡某，监理单位项目监理部项目总监代表、专业监理工程师，未认真指导、检查监理员工作职责，未认真巡视施工单位安全交底情况，未认真组织编写监理日志，造成监理日志记录不全，未认真审核安全生产事故应急预案，建议由监理单位依照单位内部管理规定进行处理。

（4）韦某，监理单位项目监理部监理工程项目负责人、总监理工程师，未认真巡视施工单位安全交底情况，未认真组织编写监理日志，造成监理日志记录不全，未认真审核施工单位安全生产事故应急预案。建议由监理单位依照单位内部管理规定进行处理。

4）有关公职人员

对于在事故调查过程中发现的LY县住房和城乡建设局及其有关公职人员未严格按照法规要求审批施工许可证，未对该大道道路工程上岗隧道的安全生产、工程质量、文明施工等进行监督管理等问题，建议移交市纪委监委依法依规调查处理。

3. 其他

（1）建议市安委办对LY县人民政府、LY县住房和城乡建设局、TL镇人民政府、建设单位、施工单位、监理单位、勘察设计单位等单位进行约谈警示（市安委办已落实约谈警示）。

（2）建议投资单位向自治区人民政府作出检讨，抄送自治区国有资产监督管理委员会、自治区应急管理厅、自治区住房和城乡建设厅；施工单位向投资单位作出检讨，抄送自治区国有资产监督管理委员会、百色市人民政府。

1.11.5　事故防范和整改措施

（1）各级人民政府在抓发展的过程中，要牢记安全发展理念，强化底线思维和红线意识，真正把安全发展理念落到实处。要深刻吸取此次事故的惨痛教训，举一反三，采取有针对性的防范措施，加强辖区范围内建设工程项目的施工管理，有效防范事故发生。LY县人民政府要严格落实"党政同责、一岗双责"要求及属地管理责任，对该大道道路工程的安全生产工作进行再分析、再研究、再部署、再落实，坚决堵塞安全监管漏洞。进一步明确各部门对该大道道路工程安全监管责任，加大监督检查和监管执法力度，全面排查治理建筑施工领域风险隐患，牢牢守住安全底线。TL镇人民政府要提高认识，要调整充实安全监管人员，切实解决国土规建环保安监站（综合行政执法队）负责人长期缺位问题。要督促国土规建环保安监站（综合行政执法队）落实监管职责，并加大辖区村镇规划建设检查监督力度，履行属地管理责任。

（2）各级建设工程管理部门要吸取事故教训，强化工作措施，开展建筑施工领域安全生产专项整治活动。要进一步厘清市政建设项目安全监管责任，堵塞监管盲区和漏洞。要以案为鉴，督促建筑企业切实履行安全生产主体责任，确保各项目施工安全。要结合建筑施工安全专项整治三年行动，举一反三，对辖区内的市政基础设施建设项目开展全面安全生产大排查大整治，对发现的隐患，要实行台账管理，边查边改、立整立改，确保不留盲区、不留死角，整改到位，从源头杜绝事故发生。LY县住房和城乡建设局要强化安全监管执法，严格按照"强监管严执法年"的工作要求，对存在重大安全隐患而拒不整改的企业，一律按上限处罚，并将该企业纳入安全生产诚信"黑名单"管理。对建设单位未履行基本建设程序，施工单位无方案野蛮施工，监理单位不按法律法规实施监理的违法违规行为，绝不能姑息迁就，坚决制止施工项目"带病"建设。LY县交通运输局要按照安全生产专项整治三年行动计划和"强监管严执法年"的工作要求，结合部门职责，开展交通建设工程安全检查。要发挥交通建设部门技术优势，指导市政道路（隧道）建设安全管理。要认真履行《某大道道路工程（含隧道工程）一期项目PPP项目合同》约定的义务，对该大道道路工程安全生产情况进行监督，并向LY县政府提交年度监督检查报告。配合住建部门开展市政道路（隧道）安全检查，对于发现的隐患和问题，要及时通报住建部门进行处理。

（3）全市辖区内项目建设各方要认真落实安全生产主体责任，加强安全生产管理，排查整治存在的隐患和问题，确保施工安全。要按照规定配齐专业技术人员和安全管理人员，严格现场安全施工，尤其要加强对危险性较大的分部分项工程的安全管理，将安全生产责任落实到岗位，落实到人头，做到安全投入到位、安全培训到位、基础管理到位、应急救援到位，严守法律底线，确保安全生产。该大道道路工程（含隧道工程）一期项目施工各方要提高溶蚀裂隙发育对工程危害的认识。在隧道地质勘察过程中，当存在可溶性岩层走向与开挖轴线夹角较小即顺层问题时，要分析岩溶特征及其裂隙溶蚀对层理面粘结力产生弱化可能形成的贯通性分离面。特别是当隧道开挖整体切断单岩层（或数层）形成临空面并有持续向前延伸的趋势时，要高度注意调查、观察被切断岩层的上下层间现状的溶蚀状况，分析层理与节理等诸结构面的组合关系，可能会诱发或产生岩体顺层滑动的危险。要加强隧道工程地质工作，针对岩溶隧道工程地质的复杂性，在隧道建设过程中，各方需足配专业地质人员并须全程参与，加强超前地质预报工作。同时，应加强对隧道周边隐伏岩溶的探测，提高分析和预防能力。地质人员应做到随时开挖、随时观察地质情况变化、随时进行探测和综合研判，及时进行设计调整，以保证工程安全顺利完成。要强化安全风险评估和动态管理工作，切实加强复杂地质条件下隧道施工安全风险防范意识，在施工过程，应结合地勘、超前预报及揭示的地质情况，综合分析出现的不良地质现象可能给施工带来的危害，实时开展施工风险预测，采取相应的工程措施，加大风险管控力度。

1.12　广东省深圳市“9·12”突发微下击暴流引发门式起重机倾覆事件调查报告

2020年9月12日18时9分，位于深圳市宝安区福海街道的深圳市城市轨道交通×号线一期轨道工程两台门式起重机倾覆，压塌轨道终端附近的部分集装箱组合房，造成3人死亡、5人受伤。

经调查认定，深圳市城市轨道交通×号线一期轨道工程“9·12”门式起重机倾覆事件，是一起因突发强对流天气微下击暴流引发的自然灾害事件。

1.12.1　事件基本情况

1. 涉事工程情况

1）工程概况

事发工程为深圳市城市轨道交通×号线一期轨道工程（以下简称“涉事工程”），该工程位于深圳市宝安区，北起会议中心站，南至机场北站，全线总长8.43km，分为五站四区间（由南向北：机场北站、重庆路站、会展南站、会展北站、会议中心站），其中，机场北站至重庆路站区间间距最大，长4.29km。全线铺轨长度36.667km，其中正线16.708km、辅助线2.061km、出入线5.02km、车场线12.878km，共设三个铺轨基地，即中间风井铺轨基地、机场北车辆段铺轨基地、会议中心铺轨基地。

本次事件发生地点位于机场北站至重庆路站区间的中间风井铺轨基地，西临珠江出海口，见图1。该基地轨道线路铺设约11.25km，主要承担机场北站—中间风井区间左右线、中间风井—重庆路站区间左右线铺轨施工、长轨焊接等施工任务。

图1 事件发生地示意图

2）工程区域平面布置情况

涉事中间风井铺轨基地划分为施工区、生活区，具体布局见图2。施工区按照铺轨实际需求规划门式起重机行走轨道位置、场内道路、材料存放、轨排组装等区域；生活区布置在施工区的西北侧，与施工区用A型钢板围挡进行硬隔离，设置门禁规范人员进出。

经查，该基地功能分区清晰明确，施工区和生活区设置了隔离和门禁装置，符合行业技术规范要求。

3）生活区集装箱板房情况

生活区按居住100人标准设置有4栋集装箱板房，单层、双层各2栋，共包含38间房。该集装箱板房防火等级为A级，抗震等级为7级，符合技术规范。该板房于2020年6月4日安装，并进行了防风加固，安装单位、使用单位、监理单位于6月6日对集装箱板房进行联合验收，验收项目包括板房选址合理性、生活区是否在机械作业半径和建筑物坠物半径范围内等内容，验收结果为合格。

4）起重机与板房距离情况

靠近板房的起重机为1号机，另一台为2号机。涉事起重机整机高度均为9.9m，倾覆距离为9.9m。两台起重机的停机线位于轨道的两端，距轨道两端端头距离为14.5m，靠近板房侧轨道终端混凝土止挡位置与被压板房间距为13.56m。1号、2号起重机停机线分别距离被压板房28.06m、103.06m，以上距离均大于倾覆距离9.9m，均符合深圳市行业技术规程的要求。详见图3。

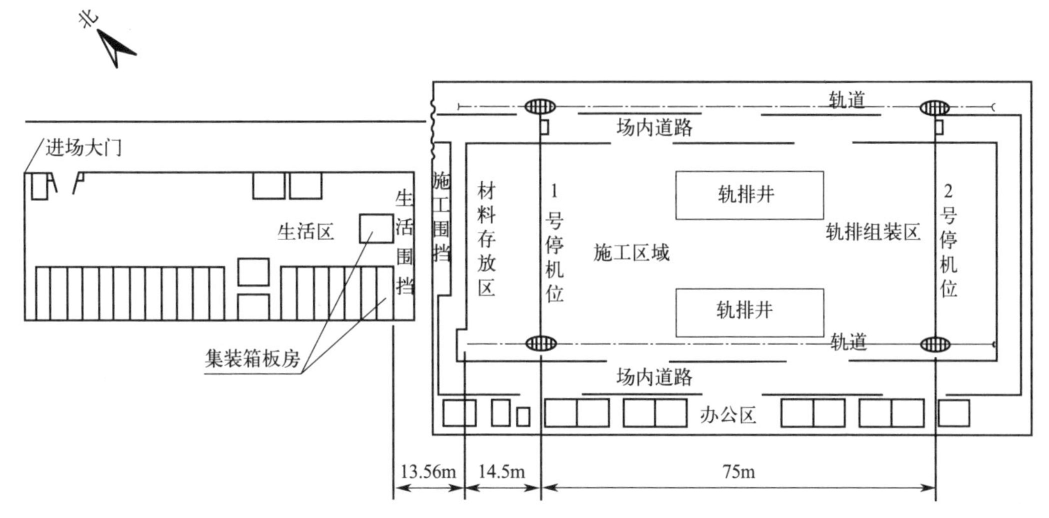

图2　中间风井铺轨基地区域布置图

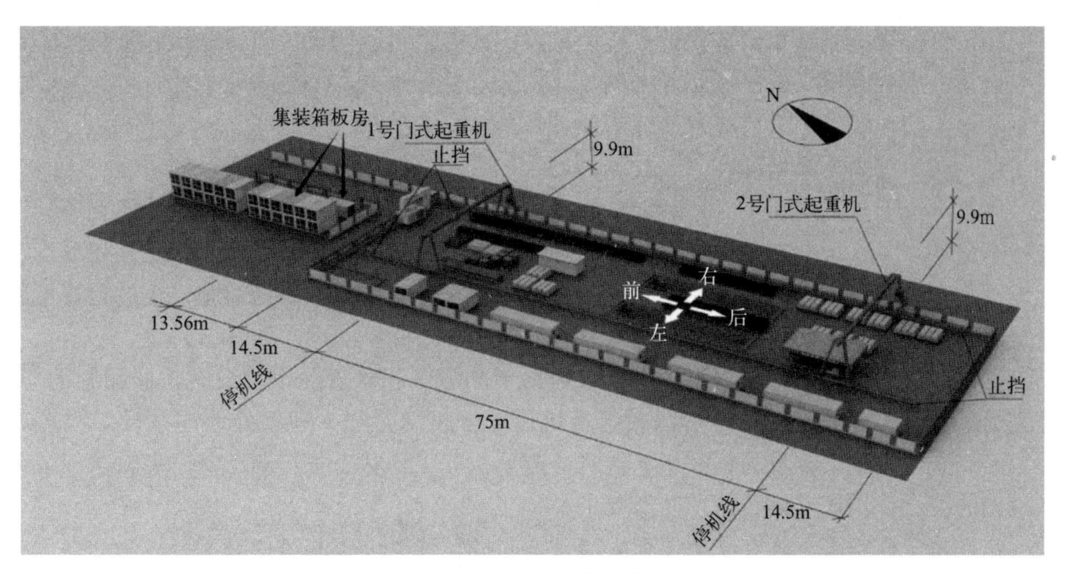

图3　起重机与板房距离情况图

2. 涉事起重机情况

1）起重机基本情况

两台涉事起重机型号均为MHB10-27.6A3，为单主梁捯链门式起重机，主梁、支腿为箱形结构。整机自身质量为17909kg，整机高度为9.9m，主梁尺寸为29.4m×0.65m×1.5m（长×宽×高），支腿尺寸为8.3m×1.8m×0.5m（长×宽×高）。设有司机室，位于主梁右端，司机室底面距离地面高度为5m，设有钢爬梯用于司机上下。该起重机正向迎风总面积63.8m²。起重机结构详见图4。

2）起重机管理情况

两台起重机同步采购、安装和办理相关手续，相应的管理程序符合相关规定。

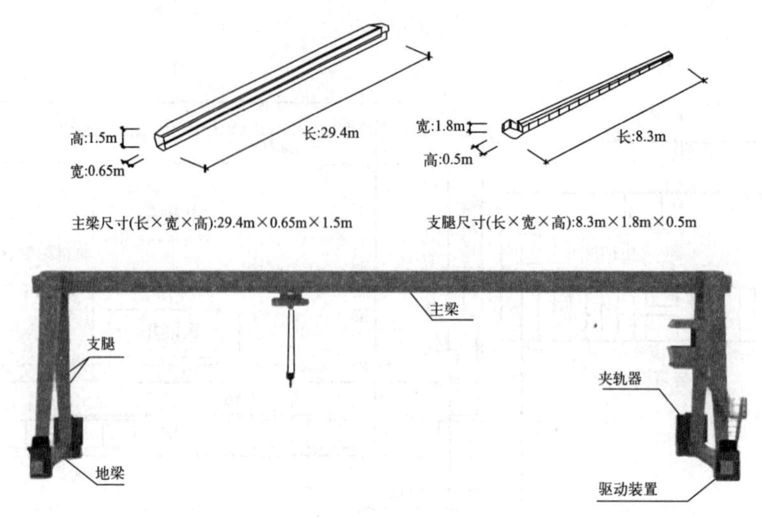

图4 起重机结构图

3）起重机防风方案及配置落实情况

施工单位根据制造单位提供的《电动单梁门式起重机说明书》及《建筑起重机械防台风安全技术规程》SJG 55—2019，编制了《门式起重机防风加固措施》，按加固措施要求配置和落实防风装置，开展应急演练工作。

（1）防风加固方案情况

施工单位于2020年6月10日编制的《门式起重机防风加固措施》明确起重机在不同工作状态及风力情形下的防风措施，能够满足不同工作状态下的抗风防滑要求，具体如下：

一是工作状态下，风力不超过六级的情形，根据厂家提供的防风措施，经过验算可满足抗风防滑要求。

二是非工作状态下，风力不大于九级的情形。涉事起重机除了装设夹轨器和制动器，还需另外装设牵缆式地锚。每台门式起重机设置4根缆风绳，即每处地锚拉设1根缆风绳。经调查组复核，在风力不大于9级时，起重机非工作状态下，制动器、夹轨器和牵缆式地锚的综合作用能够满足抗风防滑要求。

三是非工作状态下，有十级以上大风预警时的情形。涉事起重机除了装设制动器、夹轨器和牵缆式地锚，还应提前停机并采取单个锚固点使用2道缆风绳加固，缆风绳索具螺旋扣更换为5t捯链等加强措施增加稳定性。经调查组复核，起重机可满足抗风防滑要求。

（2）防风装置配置情况

涉事起重机均配置了制动器、夹轨器、牵缆式地锚作为防风装置，符合《建筑起重机械防台风安全技术规程》SJG 55—2019的有关规定：

①制动器。每台起重机大车运行机构共有四轮，两个驱动轮，两个从动轮，驱动轮都位于倾覆方向后侧，采用LH型驱动装置，每个驱动装置采用一个3kW制动减速电机，制动器为常闭式，属于具有三合一机构的制动器，制动器的主要功能为实现减速制动，并使停止下来的起重机在不作业时运行机构能保持不动。

②夹轨器。每台门式起重机配备2个手动夹轨器，分别安装在起重机两侧下横梁的前端，其主要功能为防止室外起重机在强风作用下沿轨道滑行。夹轨器由起重机制造单位设

计选型确定并装配。

③牵缆式地锚。由地锚、缆风绳、缆风绳张紧装置（索具螺旋扣或捯链）等部件组成，其主要功能为增加起重机抗风能力，防止在强风作用下滑行或倾覆。

每台门式起重机设置 4 处地锚，同侧地锚间距分别为 10.26m、10.65m 和 14m、13.3m（图 5），现场地锚设置情况符合《门式起重机防风加固措施》中的要求。

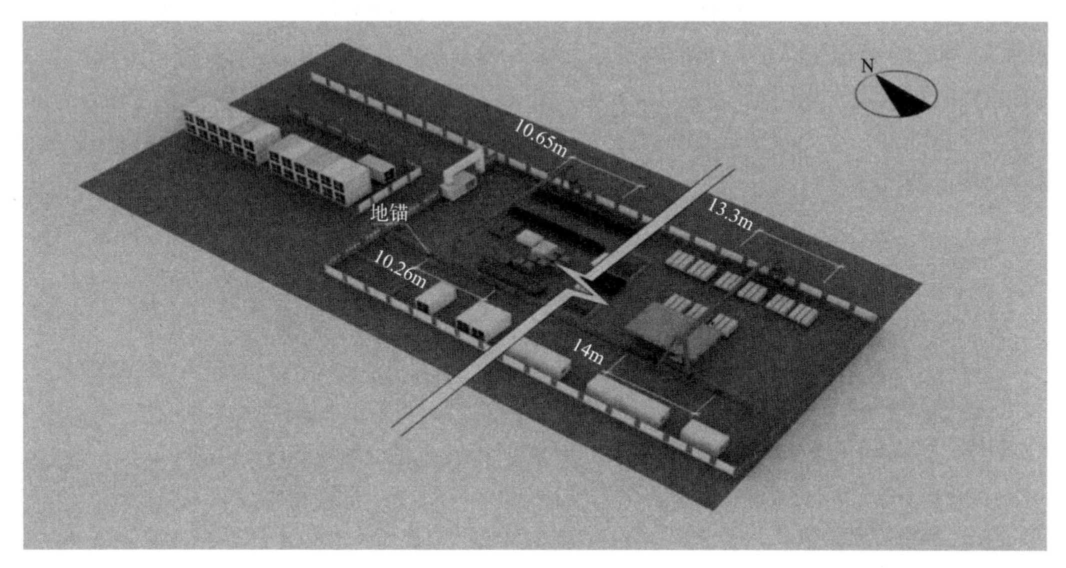

图 5 地锚设置示意图

现场缆风绳采用直径 16mm 钢丝绳。事发前，每台起重机配置 4 条缆风绳，缆风绳上端拉结在支腿与主梁的连接处外侧。该缆风绳选用及配置满足《门式起重机防风加固措施》中的风力不大于 9 级情况下的防风要求。

缆风绳下端通过索具螺旋扣挂设在地锚上，现场索具螺旋扣规格为 M24，大于《门式起重机防风加固措施》中要求的 M20。

此外，在离事发现场 6m 的临时仓库中备有 5t 捯链共 16 个，直径 16mm 钢丝绳 8 根，与《门式起重机防风加固措施》中有十级大风预警下采取特殊措施的描述相符。

（3）防风加固措施日常管理情况

施工单位编制了《起重机司机安全操作规程》，明确规定由起重机司机在完成吊运作业停机后拧紧夹轨器，挂设缆风绳。通过调取 9 月 6 日至 11 日的视频监控资料查看发现，司机吊运作业完成后均按规定采取了拧紧夹轨器、挂设缆风绳的加固措施。

（4）应急演练情况

施工单位编制了《气象灾害应急预案》，预案对台风、大风、暴雨等气象灾害进行了风险评估，规定了不同预警级别下企业应急处置与救援的措施。施工单位于 2020 年 6 月 26 日组织开展了防风、防汛、防雷应急演练，演练内容中包括了对大风天气及时掌握气象情况、门式起重机防风加固、缆风绳挂设、钢筋加工棚及集装箱房缆风绳加固等内容，应急演练后进行了总结和评估。

3. 涉事现场气象情况

由深圳市气象局牵头，邀请国家气象中心（中央气象台）研究员郑某、中国气象局广州热带海洋气象研究所正研级高工胡某、粤港澳大湾区气象预警预报中心研究员万某等气象专家组成事件调查气象分析团队，气象分析团队在专家组指导下，在综合分析气象卫星、天气雷达、地面自动气象观测、现场灾情调查、视频资料及目击者口述的基础上，还原了事发前后事发点附近的天气情况。

1）事发区域天气概况

据雷达资料分析，17时前后珠江口西侧（中山附近）强对流云团正在发展并向偏东移动，17时30分位于珠江口北部的降雨云团发展东移，影响宝安北部区域，18时6分发展的强回波影响事发点附近，18时30分后宝安区降雨减弱并持续至19时30分前后。17时至18时30分共有5架航班为避开宝安国际机场北侧的强对流云团，均在机场南侧降落跑道降落（图6）。

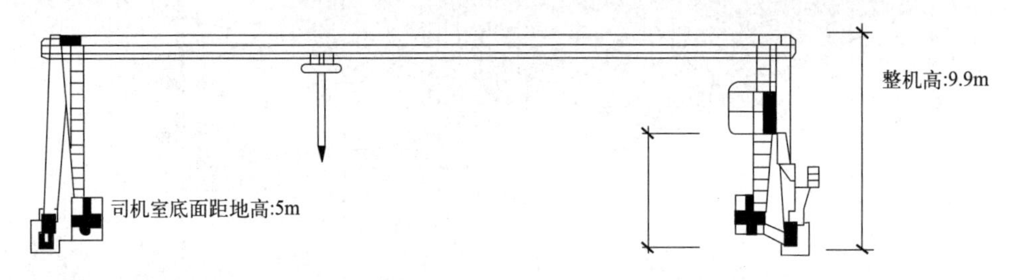

起重机型号规格MHB10-27.6A3，
为单主梁葫链门式起重机；
主梁、支腿为箱形结构，无悬臂；
设有司机室，位于主梁右端；
司机室设有爬梯，司机通过爬梯进出司机室；
整机自身质量:17909kg;
该起重机正向迎风总面积:63.8m²。

事发前后天气预警情况。16时40分市气象局发布宝安、南山、光明、龙华（大浪、福城、观澜）暴雨黄色预警；17时30分市气象局发布光明、龙华（大浪、福城、观澜、观湖、龙华）、宝安（燕罗、松岗、沙井、新桥）暴雨黄色预警信号维持，其余区域暴雨预警信号取消；18时20分市气象局发布深圳市西部海区、宝安、光明、龙华（大浪、福城、观澜、观湖、龙华）暴雨黄色预警。

2）事发点周边风速风向情况

事发当日，全市共有2个站记录到8级以上极大风（阵风），其中距事发点东南方2.32km处的深圳机场北自动气象站记录到极大风速17.5m/s（风力8级），距事发点偏南方2.31km处的民航深圳空管站气象台机场西跑道北侧R16监测站记录到阵风25m/s（风力10级）。气象自动站分布位置见图7。

18时至18时5分，上述两个气象自动站极大风速为7.5～8.8m/s（风力4～5级），风力总体不强，风向由偏西转为西北偏西；18时5分后风力开始加大，风向为偏西风；18时8分风力显著增强，阵风风速达23m/s（风力9级），风向转为西北偏西；18时9分至18时10分，阵风风速增大至25m/s（风力10级），风向为西北转为西北偏北风；18

图6 事发区域降落航班降落轨迹图

图7 事发点附近自动站分布图

时至18时5分，上述两个气象自动站极大风速为7.5～8.8m/s（风力4～5级），风力总体不强，风向由偏西转为西北偏西；18时5分后风力开始加大，风向为偏西风；18时8分风力显著增强，阵风风速达23m/s（风力9级），风向转为西北偏西；18时9分至18时10分，阵风风速增大至25m/s（风力10级），风向为西北转为西北偏北风，影响时间2～3min，18时11分后风速减弱，风向渐转为偏北风。

3）事发现场遭遇微下击暴流袭击的主要证据

（1）低仰角X波段雷达径向速度等符合微下击暴流特征。国内外研究表明，微下击暴流雷达径向速度等特征主要表现为以下三点：①低仰角径向速度图上辐散中心对应的速度极大值（通常为正速度）和极小值（通常为负速度）之间的差值不小于10m/s；②辐散中心对应的速度极大值和极小值之间的初始距离不大于4km；③只在距离雷达30km范围内识别微下击暴流。位于求雨坛观测基地的X波段雷达0.9°仰角径向（最低仰角）速度显示，事发前400m左右高度辐散中心对应的速度极大值和极小值差为12m/s左右，对应的初始距离约200m，雷达距事发点约7.2km，符合微下击暴流特征。详见图8。

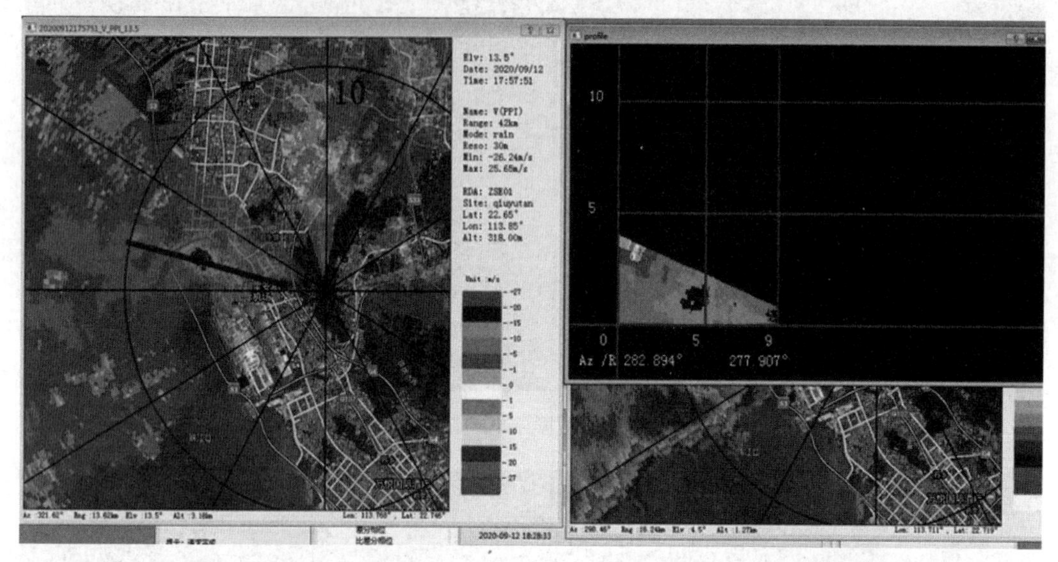

图8 求雨坛X波段雷达17时57分径向速度和径向速度垂直剖面图

（2）事发现场建筑物损毁及树木倒伏方向和由微下击暴流引起的直线型大风造成的影响吻合。事发现场附近右侧的临时建筑物向右前方倾斜（图9a），钢筋加工棚向右前方脱轨（图9b），事发现场附近左侧房屋屋顶全被掀翻（图9c），离房屋约20m附近树木一致向左前方折断或倾倒（图9d）。损毁建筑物倾斜方向、树木倒伏方向均符合微下击暴流直线型大风造成的影响特征。

（3）目击者讲述。据现场目击者吕某讲述，大风出现前，海面上出现30～40m高度的“水柱”，快速移动。目击者所称“水柱”在气象上为“雨幡”，是微下击暴流中由降水粒子的向下拖曳作用而形成的。

（4）监控视频记录。根据事发点监控视频资料，事故现场附近区域出现微下击暴流，18时9分门式起重机受短时大风袭击后发生倾覆。

综合上述判断，事发现场附近出现了由微下击暴流触发的短时突发大风，门式起重机受到瞬时强风袭击。

4）事发点遭受微下击暴流袭击情况

微下击暴流18时8分前后在机场北侧珠江口东岸触地，沿东偏北方向移动，从机场软基处理三标工程中间穿过，在门式起重机略偏西侧北上，后很快减弱消失（图10）。根据现场影响的估测范围，微下击暴流陆上路径长度800～1000m，水平尺度60～80m。18时8分前后微下击暴流触地，18时9分袭击门式起重机，在陆地上时间持续2～3min。

国气象局广州热带海洋气象研究所采用先进的基于计算流体力学（CFD）的方法，对本次微下击暴流导致涉事起重机倾覆的大风场景进行了风速、风压及湍流模拟，根据模型计算出事发点大部分区域风速量级在20m/s以上，9.5m高度处风速最大，其中2号起重机横梁9.5m高度处最大风速为32.5m/s（风力近12级），1号起重机横梁两侧立柱最大

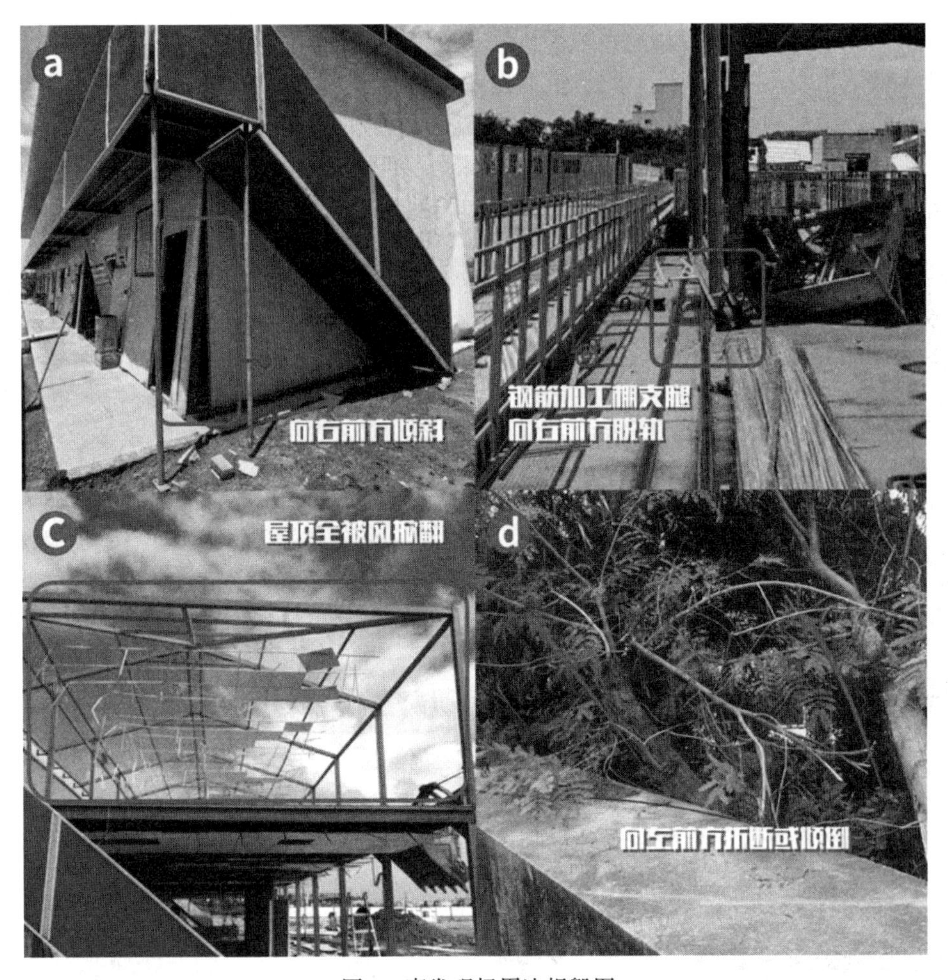

图9 事发现场周边损毁图

图10 微下击暴流路径图

风速为29m/s（风力11级）。风向由东南偏南风，转为偏南风，再转为西南到偏西风，其中影响涉事起重机风速最大时大致为偏南风。在涉事起重机沿轨道从南到北，宽度为

40m左右的狭长区域，呈带状的强风带。

此次微下击暴流移动路径上的建筑物损毁也极其严重，具体如下：

（1）距离事故现场约202m的机场软基处理三标段的板房受强风吹袭，仅剩下了钢结构构件，其屋顶、围壁等附属设施均被吹散损毁，迎风面多根型钢立柱已明显倾斜，场内宣传牌倾倒，方钢管立柱全部严重弯曲折断。详见图11、图12。

图11 板房围壁被损毁

图12 板房屋顶被损毁

（2）机场软基处理三标段用于现场临边防护的钢质防护栏以及临时板房屋顶材料被强风吹至中间风井铺轨基地。详见图13、图14。

图13 钢质护栏被吹至风井基地

图14 被吹飞钢质护栏的位移距离

（3）事件现场内的可移动式钢筋加工棚滚轮已整体脱轨，前端工字钢底梁已明显折曲变形，缆风绳索具螺旋扣钩头明显塑性变形。详见图15、图16。

图 15　工字钢底梁变形

图 16　索具螺旋扣钩头变形

5）“9・12”微下击暴流特征

（1）天气过程极剧烈。微下击暴流导致出现剧烈大风天气，事发点附近自动站记录到最大瞬时风速达 25m/s（风力 10 级）；风场模拟结果表明，在微下击暴流作用下，2 号门式起重机横梁的爬越流和扰流加剧了涉事起重机的局地风速，最大风速达到 32.5m/s（风力近 12 级），为自动站监测风速的 1.3 倍，1 号门式起重机横梁两侧立柱最大风速 29m/s（风力 11 级），影响涉事起重机风速最大时大致为偏南风；在涉事起重机沿轨道从南到北，宽度为 40m 左右的狭长区域，呈现带状的强风带。

（2）突发性极强，持续时间极短。从监控视频可知，18 时 6 分前涉事现场小雨，18 时 9 分涉事起重机突受强风袭击倾覆，微下击暴流导致的强风从触地到减弱至消失，持续时间为 2～3min，剧烈大风在极短时间内发生。

（3）局地性明显，水平尺度极小，属小概率事件。9 月 12 日深圳市只在事发点附近的气象自动站监测到 8 级及以上阵风，综合分析判断微下击暴流在陆地上路径长度 800～1000m、水平尺度 60～80m。2018 年 1 月 1 日—2020 年 10 月 23 日，深圳市记录到 8 级及以上的突发大风天数为 173d，10 级及以上的突发大风天数为 20d，仅本次“9・12”事件是由微下击暴流引起的突发大风。目前的气象科技水平无法对这类强对流天气提前预报预警。

1.12.2　事件发生经过、应急处置及善后处理情况

1. 事件发生经过

根据现场勘察、试验模拟、视频监控以及对相关人员询问，调查组查清了事发经过。

1）事发前情况

17 时，根据当天上午中间风井铺轨基地副经理李某的工作安排，信号司索工高某指挥 1 号起重机司机张某、2 号起重机司机李某开始共同吊运轨排到轨排井下。

17 时 42 分 23 秒，起重机开始吊运第一块轨排。

17 时 51 分 32 秒，起重机开始吊运第二块轨排，此时天气情况良好，多云间晴天。

2）天气变化开展应急处置

17 时 54 分许，物资设备部部长孙某看到天气有变后在“物资部微信工作群”里发信

息询问设备管理员何某和物资管理员任某吊运工作是否完成，并要求对起重机进行加固。何某回复正在吊轨排。

17时57分37秒，起重机将轨排吊入轨排井。

18时0分24秒，施工技术员兼生产安全员冯某前往吊运井指挥台查看吊运情况，告知高某将起重机收工，高某通知两位司机在这次轨排吊运完成后收工。

18时3分58秒，两台起重机完成吊运后收起吊钩停止作业，并向停机位移动，此时风势雨势逐渐加大。

18时5分，两台起重机陆续到达停机位。此时，因风势大，难以停稳，张某和李某留在司机室，按逆风行驶方向操作起重机，以保持起重机位置稳定。

3）采取应急防风加固措施

（1）设备管理员何某采取防风加固措施

18时5分24秒，何某进入围栏内侧，到达2号起重机位置。

18时5分45秒，何某挂设了2号起重机西南侧南边（C2位置）缆风绳。

18时6分29秒，何某操作完2号起重机西南侧（C1位置）夹轨器手轮，并开始挂设（C3位置）北边缆风绳。

18时7分8秒，何某挂设2号起重机西南侧北边缆风绳后，绕出围栏走向1号起重机（A位置）准备继续加固操作，此时风速较大，何某受风干扰，行走路线呈曲线。

（2）安全员冯某采取防风加固措施

18时5分46秒，冯某到达1号起重机停机位，开始操作中间风井铺轨基地东北侧（B位置）夹轨器。与何某所在的西南侧轨行区不同，东北侧轨行区内设置有380V供电轨，在轨行区仍然带电的情况下，冯某难以进入轨行区，只能站在内侧防护栏俯身操作夹轨器。

18时6分24秒，冯某操作完1号起重机东北侧夹轨器手轮后，向2号起重机位置行进。

18时8分20秒，冯某操作完2号起重机东北侧（D位置）夹轨器手轮后，返回向1号起重机位置行进。

加固位置详见图17～图19。

4）起重机开始滑行，加固人员没有足够时间完成全部加固措施

18时9分，设备管理员何某在1号起重机左侧地梁前端位置（A位置），转动夹轨器手轮，此时风势雨势骤然加剧，突然发现1号起重机开始慢慢滑行，夹轨器与轨道间发出刺耳的摩擦声，此时已没有足够时间挂上缆风绳，完成防风加固全部规定措施，何某发现处境危险立即避险跑出轨行区。

18时9分，安全员冯某离开2号起重机，从两排轨道中间的区域走向1号起重机，因狂风暴雨无法行走停留抱头蹲下避险。

5）起重机倾覆过程

18时9分8秒，1号起重机防风措施被破坏后开始滑行，先后撞击混凝土止挡和工地围挡基础后倾覆，倒在生活区南面第一排集装箱板房东南侧的围壁位置，将板房围壁压垮。同时，2号起重机开始滑移，经过近90m长距离滑行，高速滑行出轨（整个滑行时间7～9s）碰撞1号起重机后倾覆，压在第二排集装箱板房之上，推动1号起重机主梁整体往前滑移约1.15m。

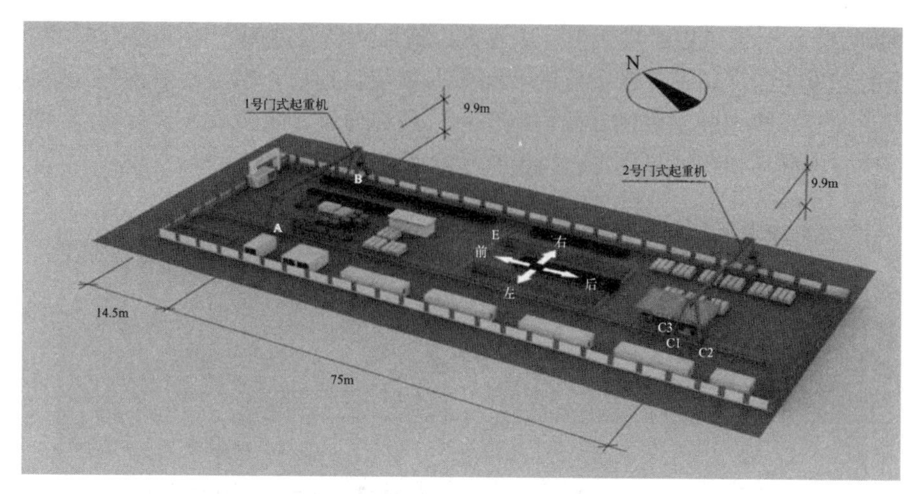

图 17 涉事起重机防风加固位置示意图

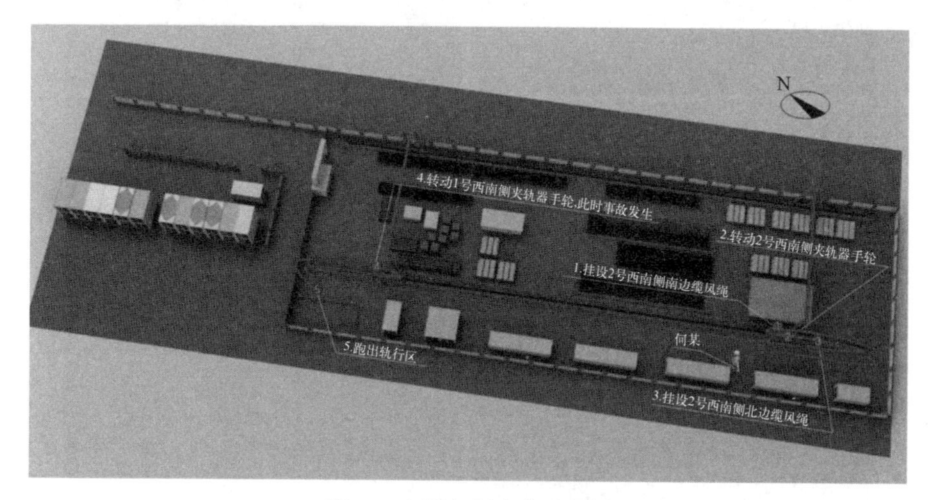

图 18 何某加固走位示意图

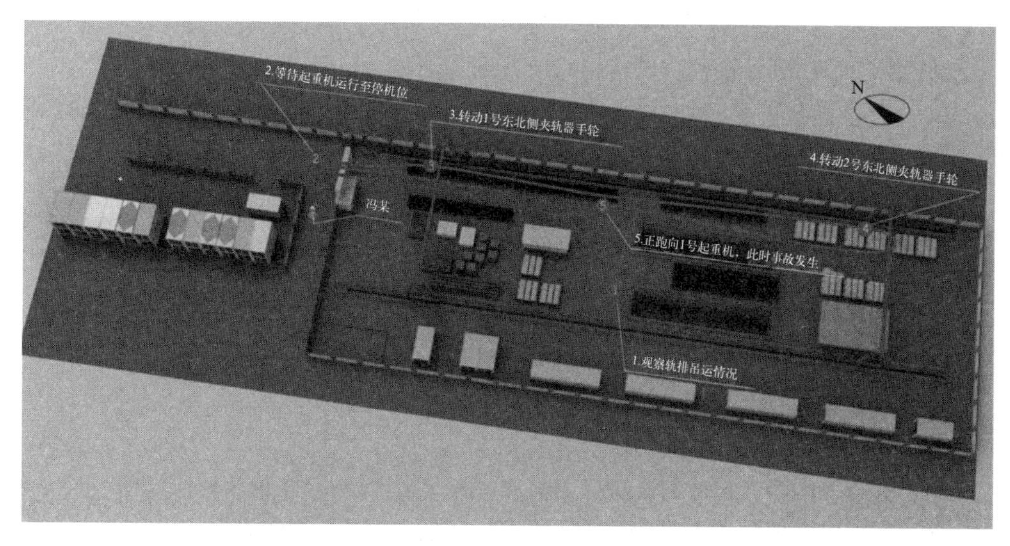

图 19 冯某加固走位示意图

18时10分，现场风势雨势变小，从起重机被风吹动至此时，历时约86s。

倾覆的起重机压塌轨道终端附近的3间住人集装箱板房，造成在板房宿舍内避雨的6名工人以及在起重机驾驶室内的2位司机伤亡，最终导致3人死亡、5人受伤。事发后起重机及板房受损破坏情况详见图20。

图20　事发后现场建筑及设施受损破坏图

经现场勘察，涉事起重机防风措施完成情况如下：

1号、2号起重机制动器均发挥了抗风防滑作用，但是驱动轮与导轨之间的摩擦阻力无法抵抗风载荷产生的推力。

2号起重机左侧夹轨器完全拧紧到位并夹紧，其他3个夹轨器来不及拧紧到位。

2号起重机左侧2道缆风绳钩挂、张紧工作已到位，其他6道缆风绳来不及进行系挂和张紧。

混凝土止挡因遭受起重机撞击断裂脱落，但止挡不属于抗风防滑装置，其设计及制作符合规定，满足正常使用要求。

2. 应急处置情况

1）市委、市政府应急处置情况

事件发生后，市委、市政府高度重视，要求全力组织救援处置、救治受伤人员，妥处善后，及时发布信息；要求市应急管理局、宝安区、建设单位全力组织开展现场救援处置，市卫健委协调做好伤员救治，宝安区组织专班做好善后处理工作，安抚家属。当日

22时，市政府及各部门领导先后到达现场，指挥应急救援工作。根据现场情况和有关预案，市、区消防救援部门快速研判，制订具体救援方案。

2）宝安区委、区政府应急处置情况

事件发生后，宝安区政府立即启动应急响应。区委领导立即到达区管控中心坐镇指挥救援处置工作；区应急管理局、区住房和建设局、福海街道办等部门接报后立即赶赴现场，开展先期处置和事件信息上报；机场公安分局到场后立即进行现场警戒和管控，并协调交警大队加强现场周边交通疏导；福海街道办连夜成立专班做好事件善后处理工作。

3）被困人员应急救援情况

19时许，市消防支队调派宝安大队全勤指挥组、福永和沙井消防救援站共8辆消防车37名指战员到达现场，立即采取警戒疏散、安全监测、架设照明、破拆清理等措施；根据应急救援需要，现场紧急协调调集80t和300t汽车式起重机各一台到场参与救援；19时30分救出被困人员曾某（男），经抢救无效于14日14时9分死亡；21时43分，300t汽车式起重机及两台配重车到达现场；13日0时10分，起吊准备工作一切就绪，现场指挥部下达起吊命令；13日0时58分，消防部门救出被困人员吴某（男）和崔某（男），经120现场检查确认均已死亡。

4）应急处置评估结论

综上，该起事件信息报送渠道通畅，信息流转及时，应急响应迅速，响应程序正确，未发现救援指挥及工作人员存在失职、渎职现象。

3. 人员伤亡、经济损失及善后处理情况

1）伤亡人员情况

死亡5人，受伤3人。

2）直接经济损失情况

调查组依据《企业职工伤亡事故经济损失统计标准》GB 6721—1986核定事件造成直接经济损失为人民币6813395.97元。

3）善后处理情况

事件发生后，深圳市政府、宝安区政府、福海街道办全力以赴做好医疗救治、伤亡人员家属安抚、遇难者身份确认和赔偿等工作。成立8个善后处置小组“一对一”开展伤者救治、死者家属安抚及善后赔偿工作，死者家属情绪平稳，未出现影响社会稳定的情形。5名伤者中李某、张某和左某3人已康复出院；周某和宋某伤情均有好转，预计11月上旬出院，伤者及家属情绪稳定。

1.12.3 事件原因和性质

1. 事件原因

为查明事件原因，调查组组织现场踏勘，对相关人员进行了调查询问，调取相关书证和视听资料，并聘请国内权威专家对导致事件发生时的气象条件、起重机管理情况进行调查分析，对防风加固措施进行力学核算，并模拟还原事发过程。综合相关情况，调查组认定，深圳市城市轨道交通“9・12”突发微下击暴流引发门式起重机倾覆事件中，项目施工单位等涉事单位采取的安全防范措施和应急处置措施均符合相关规定：

一是门式起重机管理符合国家有关标准规定。生产环节由具备国家特种设备制造许可资质的企业生产并出厂合格，办理了产权备案；安装环节由相关单位组织了起重机进场验收，办理了安装告知，按《方案》进行安装，安装后进行了检验和验收；使用环节办理了使用登记手续，按要求进行了日常维保等，管理程序符合国家和行业有关规定。

二是在正常预知的气象条件下，门式起重机的防风加固措施符合防风抗滑要求。施工单位制订了《龙门吊防风加固措施》，并按此要求配置了牵缆式地锚等防风加固用具，针对可能遇到的十级以上大风预警情况，明确了应采取的防风措施，并预备了备用钢丝绳、捯链等加固器具；经专家组计算复核，施工单位不同工况下要求采取的防风加固措施能够满足起重机防风抗滑要求。

三是事发前的吊运作业符合起重机操作规程有关规定。门式起重机起吊第二块轨排时，视频显示当时天气良好，周边自动气象站测得风速均不超过六级，符合操作规程的有关规定；收到停工加固起重机指令时，第二块轨排正吊运到竖井上方，采取将轨排吊运完毕再停工加固符合对天气情况的正常认知，没有违反操作规程等有关规定。

四是施工单位已采取应急措施应对天气变化。强风暴雨来临前，管理人员孙某观察到天气转阴，在没有天气预警的情况下，已下达了停工进行防风加固的指令；起重机锁紧夹轨器、拉设缆风绳等防风措施日常由起重机司机负责，事发前设备管理员何某、安全员冯某已参与应急处置，分别负责起重机两侧的防风加固工作。

调查组认定事件发生主要因突遇小概率极端强对流天气微下击暴流引发的突发性极强、水平尺度小、强度极高的强阵风灾害所致。原因如下：

（1）现场微下击暴流发生概率低，引发的罕见强阵风突发性强，水平尺度小，在目前的气象科技条件下无法预报预警。微下击暴流引发的强阵风天气非常罕见，2018年以来深圳市记录到极大风天气8级及以上的共173d、10级及以上的共20d，仅此次由微下击暴流引发；由视频分析，现场风速在很短时间内迅速增强，事发地2.32km外的深圳机场北站，风力由9m/s（5级）迅速增大到17.5m/s（8级），2min内风力连增3级，突发性极强；综合气象模拟数据和周边环境破坏情况分析，强阵风水平影响尺度60～80m，深入陆地不超过800～1000m，水平尺度极小，且移动路径与门式起重机轨道非常接近。在目前的气象科技条件下气象部门尚无法对此类强对流天气进行实时监测和预警，相关单位无法预见、预判和预防。

（2）此次微下击暴流引发的罕见强风强度极高，超出现场防风加固措施的防风能力。事发前深圳市未发布台风或十级以上大风预警，施工单位按照《龙门吊防风加固措施》要求，没有按照防御十级以上大风配置起重机防风措施，而是按照正常情况以防御九级风为标准配置，符合正常认知和预判范围。九级风的防风措施为每台门式起重机除装设夹轨器和制动器外，还需另外装设4道缆风绳。本次微下击暴流引发的罕见强风强度极高，经气象模拟2号门式起重机横梁处风速为32.5m/s（风力近12级），已超过“山竹”台风登陆期间当地记录的最大阵风，超出了事发时现场防风措施的防风能力。经专家组计算校核，即便施工单位在事发前已完成了以上所有防风措施，依然无法抵御本次微下击暴流引发的罕见强风。

（3）突发强风暴雨现场人员无足够的时间完成防风加固措施。一是事发时，现场两台门式起重机正处在从作业状态转入停止状态，设置防风加固措施过程中。二是起重机被强风袭击发生滑移时，在极端恶劣天气下，现场有关人员仍正在进行防风加固，工作人员最后时刻因处境危险而采取的避险措施并无不当。三是调查组委托第三方单位组织情景模拟，组织操作熟练的人员，模拟完成与事件现场相同型号门式起重机的防风措施，由1名模拟人员完成2台门式起重机一侧缆风绳和夹轨器（挂设4道缆风绳，锁紧2台手动夹轨器）的操作，经过6次模拟，平均操作时间为5min 52s，远超过事件发生时门式起重机到达停机位至因风滑移的时长3min 57s，考虑到事发时强风暴雨恶劣天气导致操作难度加大，事发时完成操作时间要比模拟操作时间更长，现场人员无足够的时间完成全部防风措施。

（4）事发单位突发事件处置能力不强，应急预案仅针对事先设定的风险情形，未充分考虑和预判海边突发极端天气等影响因素。项目应急预案仅针对事先设定的风险情形，未充分考虑和预判海边突发极端天气等影响因素，针对性和指导性不强，项目相关人员缺乏对突发极端天气的处置经验；施工单位没有充分考虑沿海地区气候多变的特点，采用能迅速并方便投入使用的电动夹轨器等临时辅助稳定装置，增加起重机的整体抗倾覆稳定性。

2. 事件性质

经调查认定，深圳市城市轨道交通某轨道工程“9·12”门式起重机倾覆事件，是一起因突发强对流天气微下击暴流引发的自然灾害事件。

1.12.4 调查中发现的日常安全管理和其他问题

调查组在对事件从严延伸调查中，发现事件所涉单位在日常安全生产管理中存在一些问题。具体如下：

1. 事件所涉企业单位

一是施工单位编制的应急预案未充分考虑突发极端天气等影响因素，预案针对性和指导性不全面，导致突发极端天气下应急人员安排和应对措施不足。施工单位虽然按规定编制了《气象灾害应急预案》，预案中对台风、大风等气象灾害进行风险灾害评估，规定了在不同级别的台风、大风天气下的应急响应处置措施，但未充分考虑和警惕突发极强阵风等极端恶劣天气的危害因素，未制订有针对性的应急预案。突发极端天气情况下，起重机司机无法根据原有工作安排离开驾驶室自行到地面采取起重机加固措施时，缺乏相关协助人员调配机制，仅有在场的两名管理人员前来协助防风加固，且一侧轨行区内设置有供电轨，难以进入轨行区进行锁紧夹轨器以及挂设缆风绳操作，不能最大限度地发挥应急协同作用；应急人员在应急时紧张程度还不够。

二是施工单位对重点岗位作业人员安全培训教育不到位，技术交底不及时。涉事信号司索工高某于2020年9月4日进场，施工单位对高某的安全培训教育主要采取口头教育及现场跟班的形式，没有按照规定对其进行专门的三级安全教育，培训内容和培训时间均不符合要求。高某9月10日下午开始正式上班，但项目部提供的技术交底记录显示9月11日才对其进行技术交底。

三是施工单位对重点岗位作业人员特种作业资格审查不严。事发时涉事的两名门式起重机司机持有洛阳市市场监督管理局颁发的特种作业操作资格证，但其在进行特种作业人员报审时提供的《建筑施工特种作业操作资格证》经查询不是住建主管部门颁发，不符合住建部门关于特种作业人员管理的规定。

2. 政府相关行业主管部门

市市政站对门式起重机械在极端天气下的风险认识不足，未严格督促施工企业制订有针对性的防风应急预案，未督促指导施工企业提高应急处置能力。

1.12.5 对有关单位及其人员的处理建议

1. 建议给予行政处罚的企业（1个）

施工单位，未对项目从业人员进行专门的三级安全教育，未如实记录安全生产教育和培训情况，其行为违反了《中华人民共和国安全生产法》第二十五条第四款之规定，建议由深圳市住房和建设局根据《中华人民共和国安全生产法》第九十四条第（三）项、第（四）项之规定，对其予以行政处罚。

2. 建议给予行政处罚的个人（5人）

（1）刘某，涉事工程项目经理，作为项目主要负责人，对项目从业人员未按规定进行安全教育培训问题失察，其行为违反《中华人民共和国安全生产法》第十八条第（三）项之规定，建议由深圳市住房和建设局依法对其进行处理。

（2）郭某，涉事工程项目常务副经理兼党支部书记，作为项目直接负责的主管人员，对项目从业人员未按规定进行安全教育培训问题失察，其行为违反《中华人民共和国安全生产法》第十八条第（三）项之规定，建议由深圳市住房和建设局依法对其进行处理。

（3）任某，涉事工程项目安全总监，作为项目安全管理工作主要责任人，未严格履行安全管理职责，对未按照规定对作业人员进行安全教育培训问题失察，其行为违反《中华人民共和国安全生产法》第二十二条第（二）项之规定，建议由深圳市住房和建设局依法对其进行处理。

（4）熊某，涉事工程项目质安部部长，作为项目安全管理工作直接责任人，未严格履行安全管理职责，未严格审核门式起重机司机的《特种作业操作资格证》，未按照规定组织作业人员进行安全教育培训，其行为违反《中华人民共和国安全生产法》第二十二条第（二）项之规定，建议由深圳市住房和建设局依法对其进行处理。

（5）闫某，涉事工程项目质安部安全员，作为中间风井铺轨基地现场安全管理直接责任人，未严格履行安全管理职责，未严格审核门式起重机司机的《特种作业操作资格证》，未如实记录安全生产教育和培训情况，其行为违反《中华人民共和国安全生产法》第二十二条第（二）项之规定，建议由深圳市住房和建设局依法对其进行处理。

3. 建议企业内部处理的个人（8人）

（1）刘某，一期工程项目经理，对轨道工程未按规定对作业人员进行安全培训教育问题失察，建议施工单位对其进行处理。

（2）赵某，一期工程项目副经理兼总工程师，对轨道工程项目编制的《气象灾害应急预案》不全不细问题失察，建议施工单位对其进行处理。

（3）宋某，一期工程项目安全总监，对轨道工程未按照规定对作业人员进行安全教育培训问题失察，建议施工单位对其进行处理。

（4）李某，涉事工程项目副经理、中间风井铺轨基地负责人，对未按规定对中间风井铺轨基地作业人员进行安全教育培训问题失察，建议施工单位对其进行处理。

（5）张某，涉事工程项目工程部部长，负责审核专项施工方案和技术指导，编制的《气象灾害应急预案》不全不细，对重点岗位人员的安全技术交底情况把关不严，建议施工单位对其进行处理。

（6）王某，监理单位涉事工程项目总监代表，对施工单位未按规定对作业人员进行安全教育培训问题失察，建议监理单位对其进行处理。

（7）彭某，监理单位涉事工程项目安全总监，在审核门式起重机司机的《建筑施工特种作业操作资格证》时未发现证件非住建主管部门颁发，履行监理职责不到位，建议监理单位对其进行处理。

（8）李某，建设单位涉事工程项目业主代表，对项目安全生产工作督促、检查不力，对施工单位未按规定对作业人员进行安全教育培训问题失察，建议建设单位对其进行处理。

4. 其他建议

（1）责成施工单位向上级单位作出深刻检讨，认真总结和吸取事件教训，严格落实安全生产主体责任。

（2）责成上级单位向深圳市国资委作出深刻检讨，认真总结和吸取事件教训，严格履行安全生产法定责任，进一步加强和改进安全生产工作。

（3）责成深圳市市政工程质量安全监督总站向深圳市住房和建设局作出深刻检讨，按照“三管三必须”工作要求，加强安全生产监管工作，提高安全生产监管工作成效。

1.12.6 整改和防范措施建议

为深入贯彻落实习近平总书记关于防范化解重大风险、提高自然灾害防御治理能力的重要讲话精神，贯彻落实党中央、国务院关于防灾减灾的一系列决策部署，深刻吸取事件教训，牢固树立安全发展理念，进一步加强全市在建工程尤其是建筑起重机械的安全生产和灾害防御水平，提出防范和整改措施建议如下。

1. 进一步强化极端气象条件预警预报研究，完善预警预报发布机制

深圳市属于亚热带海洋性气候，天气复杂多变，每年4—10月容易受到强对流、强飑线等极端天气影响，近年来自然灾害的风险逐渐趋强趋多，防灾减灾的形势仍然严峻。建议市气象部门根据深圳市的气象特点，有针对性地开展强对流、强飑线、短时强风暴雨等极端气象灾害预警预报研究，进一步提高气象预报的精准度和准确率，同时继续完善气象灾害预警发布机制，加强研究对易受灾害影响的单位、工程定点精准发布、实时高效发布的规则和途径，为全面提升全市气象灾害防御水平提供有力的支撑。

2. 进一步强化气象灾害防御措施，提高在建工程灾害性天气防御标准

各部门、各单位要充分认识灾害性天气的极端情况和不利因素，及时关注气象部门有关预警预报信息，严格按照气象部门天气预警信息，落实防御措施。同时，建议市住房和建设部门针对施工现场的实际情况，结合我市的强对流天气多发、突发的气象条件，研究明确并细化深基坑、高边坡、建筑起重机械等易受强风暴雨影响风险源的防汛防风措施，进一步提高在建工程防御标准和防御能力。

3. 采取安全可靠技术措施，切实提高起重机械防风抗风能力

各部门、各单位要严格按照现行《建筑机械使用安全技术规程》JGJ 33 和《建筑起重机械防台风安全技术规程》SJG 55 等规范标准，进一步强化建筑起重机械管理。针对灾害性天气情况下建筑起重机械安全管理问题，建议市住房和建设部门在原有规范标准的基础上，应用先进技术措施提高深圳市建筑起重机械抗风能力。通过安装电动夹轨器等措施提高防风固定效率，在原有架设缆风绳的基础上，落实插销式、牵缆式地锚，加粗、加宽端部止挡装置，切实提高建筑起重机械防风抗风能力。

4. 完善灾害天气应急预案，切实提升突发事件应急处置能力

各部门、各单位要认真贯彻防风防汛各项工作，压实防风防汛安全主体责任。要充分考虑深圳市地处沿海，极端天气易发的气象特点，进一步完善应对极端天气的应急预案和操作规程，使其更加具有针对性、科学性、全面性及操作性；规范和细化各类突发事件、恶劣天气条件下的应急处置措施和程序，储备充足的物资、器材、设备，常态化开展有针对性的应急演练；严格落实汛期主要管理人员在岗及 24h 值班制度，切实提升突发事件应急处置能力。

5. 构建多层次安全培训体系，全面提升施工作业人员安全意识

各部门、各单位要严格落实安全生产教育培训及安全技术交底制度，尤其是针对实施危大工程等重大风险源作业人员，要进一步强化安全教育培训和技术交底工作。各工程建设主管部门要进一步推动产业工人队伍建设，研究制订建筑行业产业工人队伍建设工作实施计划，通过组织上门宣传、集中宣讲等方式，重点加强对机械工程师、挖掘机司机、盾构/TBM 司机、起重机械司机、信号司索工、电焊工、桩机操作工等关键操作岗位人员安全教育，全面提升施工作业人员安全防范意识。

1.13　山东省淄博市“9·13”较大坍塌事故调查报告

2020 年 9 月 13 日 18 时 4 分，位于淄博市 YY 经济开发区的某施工单位承建的某公司管制系列瓶建设项目施工工地发生一起坍塌事故，造成 4 人死亡、2 人受伤，直接经济损失 579 万元。

1.13.1　基本情况

1. 连廊概况

整个管制系列瓶项目共规划设计 5 个物料连廊，截至事故发生时已建成 3 个，杜某施工队负责第 4 和第 5 连廊的施工建设，第 4 连廊在施工过程中坍塌，第 5 连廊尚未开工。事故连廊用于连接南侧的拉管车间和北侧的成品库二，结构形式为框架结构，东西宽 6.9m，南北长 20m，连廊底板模板支撑高度为 10.7m，共有 4 根水平截面尺寸为 700mm×900mm 的框柱，东西方向框柱间距为 5.1m，南北方向框柱间距为 13.3m。

2. 事故连廊建设情况

2020 年 4 月，为加快项目进度，建设单位王某催促设计单位尽快交付连廊施工图。

2020 年 5 月 9 日，设计单位通过微信向王某提供了“连廊一、连廊二”的电子版结构施工图，其中连廊一为单跨连廊，连廊二为双跨连廊，当天王某又通过微信将图纸转发给了监理单位的刘某和施工单位的刘某。5 月 10 日，刘某通过微信将连廊电子版结构施工图发给了施工单位的施工管理人员王某。之后，王某、刘某和设计单位的相关人员针对连廊图纸进行了沟通，几方达成默契，认为在正式施工图纸交付之前，5 个物料连廊可以套用上述电子版结构施工图进行施工。

2020 年 6 月底，前 4 个连廊陆续开始施工。7 月 3 日，王某将连廊电子版结构施工图发到杜某施工队微信群中，要求该施工队按照电子版图纸中的“连廊一”进行施工。9 月初，连廊框柱浇筑完成，连廊底部梁板开始施工作业。搭设连廊模板支撑架体时，考虑到东西向通车需要，架体中间留有宽 3.3m、高 5.1m 左右的门洞。

因套用结构施工图进行施工，结构施工图与事故连廊现场实际不完全相符，在事故连廊施工过程中，施工单位和杜某施工队将事故连廊的高度、宽度、面板厚度、连廊荷载、配筋等参数和设计内容根据现场实际作了相应的调整。

依据《危险性较大的分部分项工程安全管理规定》(住房和城乡建设部令第 37 号）和《山东省房屋市政施工危险性较大分部分项工程安全管理实施细则》(鲁建质安字〔2018〕15 号)，连廊属于超过一定规模的危险性较大的分部分项工程（以下简称：危大工程)。

3. 检验检测情况

事故调查组委托检测单位对事故连廊现场的脚手架钢管和扣件进行了取样检测，2020 年 9 月 18 日，检测单位出具了钢管和扣件的检测报告。

钢管存在的问题：4 条钢管样品均有内外表面锈蚀的情况，2 条钢管“抗拉强度”检测项目不达标，1 条钢管“断后伸长率”检测项目不达标。

脚手架扣件的问题：型号 GKZ48A 扣件中，1 个样品“直角扣件扭转刚度性能”检测项目不合格，1 个样品“直角扣件抗滑性能”检测项目不合格，1 个样品“直角扣件抗破坏性能”检测项目不合格；型号 GKU48A 扣件中，1 个样品“旋转扣件抗破坏性能”检测项目不合格。

1.13.2　事故发生经过和救援情况

1. 事故发生经过

9 月 13 日 6 时左右，陈某等 5 名架子工开始对事故连廊模板支撑架体中间的门洞进行封堵搭设作业。

7 时 56 分，赵某电话告知王某连廊钢筋绑扎完成，要求王某和监理人员到现场进行验收。8 时 30 分左右，王某、刘某、徐某到达事故连廊现场对连廊模板和钢筋进行验收，王某同时要求赵某和陈某将支撑架体中间的门洞封堵搭设完整。

9 时 30 分左右，3 人验收完，王某将验收内容和结论填写在《工序流动卡》上，“验收内容”一栏王某填写了模板和钢筋的验收情况；“验收结论”一栏，王某写下“符合要求”4个字。王某和徐某分别在《工序流动卡》上“公司”和“监理”签字栏签字。杜某不在验收现场，王某从连廊上下来后，到厂区北大门处找到杜某，杜某在《工序流动卡》上“项目部”签字栏签字。

10时19分，王某在管制系列瓶项目“质量安全工作群”中用微信发了一张事故连廊模板支撑架体尚未封堵完成的照片；10时20分，王某在“质量安全工作群”中通知各施工队：“拉管车间东北角连廊架体搭设，准备浇筑混凝土，车辆无法通行”。

11时20分左右，事故连廊模板支撑架体封堵搭设完成。

中午时分，杜某电话联系混凝土泵车司机白某，准备下午浇筑混凝土。14时左右，混凝土施工人员宋某、杜某（一）、刘某、杜某（二）、王某（一）、王某（二）、于某7人到达现场，做浇筑前的准备工作。15时左右，事故连廊开始浇筑第一车混凝土，混凝土浇筑顺序是从连廊北侧端部开始向南陆续浇筑。18时，浇筑了5车混凝土后，连廊南端中间位置还缺少$3m^3$混凝土，其间杜某因故离开了施工现场。在等待第6车混凝土的时候，刘某（一）、杜某、王某（一）、王某（二）在对连廊上浇筑完的混凝土进行压光，宋某和于某在连廊的边缘向地面搬运插入式振动棒。18时4分，连廊突然发生坍塌，连廊上6名工人随之跌落，其中刘某（一）、杜某、王某（一）、王某（二）被埋在坍塌的混凝土中。

2. 事故发生后《工序流动卡》改动情况

事故发生后当晚至9月14日凌晨，刘某（二）、王某（三）和监理员张某共同参与，对填写有事故连廊9月13日验收内容的《工序流动卡》进行了改动：王某（三）找到一张杜某预先签好字的空白《工序流动卡》重新填写相关内容，将事故连廊验收结论一栏的“符合要求”改写为“以上符合要求，但模板支撑未按规范及方案施工，整改合格后报验”；王某仍在“公司”签字栏签字，张某替代徐某在“监理”签字栏签下自己的名字。

3. 事故应急处置及善后处理情况

9月13日18时5分，白某电话告知杜某现场发生了坍塌事故。杜某立刻赶到事故现场，向刘某和施工单位领导报告事故情况后，于18时9分拨打了YY县人民医院急救电话，18时24分，2辆救护车到达现场。宋某和于某跌落在坍塌连廊的边缘，宋某被救援人员抬出，于某自己从现场爬了出来，二人被120救护车送往医院治疗。刘某（二）赶到事故现场后，于18时28分拨打了YY县消防大队和新城路消防站的报警电话，消防救援人员于18时44分到达现场展开救援。

接到事故报告后，市政府和YY县政府主要领导第一时间带领有关部门负责人和专家赶赴事故现场，督导指挥事故应急救援和伤员救治工作。19时55分，刘某（一）、杜某、王某（一）、王某（二）全部被救出，立即送往县人民医院进行抢救。当晚，4人因伤势过重，经抢救无效先后死亡。事故造成宋某和于某2人受伤：宋某头部受外伤，身体多处软组织损伤；于某左足第3、4跖骨骨折，身体多处软组织损伤，2人经治疗后出院。在YY县政府及有关部门、单位积极协调下，事故相关单位与死者亲属就善后处理事宜进行协商，9月14日、15日，事故相关单位与死者亲属签订了赔偿协议，事故善后处理工作基本结束。

1.13.3 事故发生的原因和性质

1. 直接原因

事故调查组通过现场勘察、检验检测和模拟事故连廊施工现场架体搭设推算，经过综合分析，认定事故的直接原因为：施工员在无施工方案的情况下，使用不合格的脚手架钢管和扣件，违反标准规范搭设连廊模板支撑脚手架，脚手架在连廊浇筑混凝土的过程中失稳破坏，导致整个连廊坍塌。

经测算，梁底立杆轴向力设计值为19.28kN。工人在对支撑架体原预留门洞处三排立杆进行封堵搭设作业中，按标准规范上下立杆的连接应采用对接方式，实际采用了上段立杆与下段立杆错开，用直角扣件分别固定在水平杆上的搭设方式，导致直角扣件直接承担立柱轴向力，超出直角扣件极限承载力（经现场取样试验检测：直角扣件承担10kN竖向荷载时出现裂纹破坏），导致立杆失稳破坏，造成正在进行浇筑混凝土的连廊架体坍塌。

2. 间接原因

（1）施工单位安全生产主体责任未落实。施工单位在无正式施工图纸的情况下组织事故连廊施工；项目负责人仅仅挂名，不参与工程现场实际管理，现场实际项目负责人无证上岗履职；对于“危大工程”，没有按规定制订专项施工方案、组织专家论证、进行有针对性的现场施工管理；施工人员没有经过安全教育培训上岗作业，施工前没有接受技术交底，脚手架搭设违反施工标准规范；施工现场脚手架钢管、扣件等施工机具、配件管理混乱，部分钢管、扣件质量不合格，存在较大事故隐患。

（2）监理单位履职不到位。监理单位委派无证人员到施工现场实施监理；监理人员对施工现场的安全隐患和施工队伍的违法违规行为熟视无睹，不制止、不报告。

（3）YY县住房和城乡建设局对建设单位管制系列瓶项目监管不到位。作为建设行政主管部门，对项目中“危大工程”监管不力，对施工单位无施工方案、无专家论证进行危大工程施工建设的违规行为失察，对管理人员无证上岗、未经安全培训上岗等违法违规行为失察，对施工现场存在的安全隐患失察。

（4）YY县自然资源局对该管制系列瓶重点建设项目跟进服务不到位，未按容缺受理、一次办好的要求，及时指导办理管制系列瓶项目部分单体工程规划许可证。

（5）YY经济开发区履行属地安全生产监管职责不力。日常安全生产巡查、检查不到位，未能及时发现建设单位管制系列瓶项目部分单体工程无《建设工程规划许可证》《建筑工程施工许可证》进行工程施工建设的违法违规行为，对项目施工现场存在的安全隐患和施工队伍的违法违规行为失察。

3. 事故性质

经调查认定，施工单位该管制系列瓶建设施工项目工地“9·13”较大坍塌事故是一起较大生产安全责任事故。

1.13.4 事故责任认定及处理建议

1. 建议追究刑事责任人员

1）已被司法机关采取措施人员（2人）

（1）刘某，管制系列瓶项目施工单位实际项目负责人。2020 年 9 月 15 日，YY 县公安局依法刑事拘留；9 月 29 日，经 YY 县人民检察院批准逮捕。

（2）刘某，管制系列瓶项目监理单位项目总监。2020 年 9 月 15 日，YY 县公安局依法刑事拘留；9 月 29 日，经 YY 县人民检察院批准逮捕。

2）建议移送司法机关追究刑事责任的人员（2 人）

（1）杜某，施工单位下属施工队队长。在无施工方案、专家论证的情况下违法违规组织事故连廊施工，对事故的发生负有直接责任，涉嫌构成重大责任事故罪，建议移交司法机关依法调查处理。

（2）王某，施工单位现场施工管理员。组织事故连廊违法违规施工，对连廊模板支撑架体施工质量管理不到位，事故发生后伪造相关施工文件，对事故的发生负有直接责任，涉嫌构成重大责任事故罪，建议移交司法机关依法调查处理。

2. 建议党纪政务处分和组织处理的人员（12 人）

1）施工单位有关人员

贾某，施工单位主要负责人。安排无资格人员负责项目管理；未督促项目部对“危大工程”制订专项施工方案、组织专家论证；未督促项目部落实安全教育培训和安全技术交底；未督促相关部门加强现场检查指导，及时消除使用不合格管件等事故隐患。对事故发生负有管理责任，建议给予其党内警告处分。

2）YY 县住房和城乡建设局有关人员

（1）江某，YY 县住房和城乡建设局党组成员、县建筑工程服务中心主任，分管工程施工许可、项目招标投标管理等工作，履行工作职责不力，对建设单位管制系列瓶项目部分单体工程无《建筑工程施工许可证》擅自施工的违法行为失察，对事故发生负有监管责任。建议对其政务警告。

（2）宋某，YY 县住房和城乡建设局质量安全促进中心主任，履行工作职责不力，对建设单位管制系列瓶项目部分危大工程的违法违规建设行为失察，对项目经理长期不在岗、监理人员无证实施监理等问题失察，对事故发生负有监管责任。建议对其政务警告。

（3）秦某，YY 县住房和城乡建设局党组成员、县房地产综合开发服务中心主任、高级工程师，分管质量安全服务中心工作，履行工作职责不力，对建设单位管制系列瓶项目中存在的违法违规行为失察，对事故发生负有主要领导责任。建议对其进行批评教育，责其作出书面检讨。

（4）孙某，YY 县住房和城乡建设局党组书记、局长、四级调研员，主持县住建局全面工作，履行工作职责不力，对建设单位管制系列瓶项目中存在的违法违规行为失察，对事故发生负有重要领导责任。建议对其进行批评教育，责其作出书面检讨。

3）YY 县自然资源局有关人员

（1）陈某，YY 县自然资源局国土空间规划和用途管制科科长，履行工作职责不力，对重点建设项目服务不到位，未及时指导办理管制系列瓶项目部分单体工程规划许可证，对事故发生负有监管责任。建议对其政务警告。

（2）王某，YY 县自然资源局党组成员、副局长，分管国土空间规划和用途管制、耕地保护、开发区国土分局等工作。履行工作职责不力，未督促指导业务人员对重点项目跟进服务，及时办理规划手续，对事故发生负有主要领导责任。建议对其批评教育，责其作出书面检讨。

（3）刘某，YY县自然资源局党组书记、局长，主持县自然资源局全面工作。履行工作职责不力，未督促指导下级部门对重点项目跟进服务，及时办理规划手续，对事故发生负有重要领导责任。建议对其进行批评教育，责其作出书面检讨。

4）YY经济开发区有关人员

（1）郑某，YY经济开发区建设局局长，主持YY经济开发区建设局全面工作。履行属地安全监管职责不力，安全生产监督检查不到位，对辖区内建设项目施工现场存在的安全隐患和施工队伍的违法违规行为失察，对事故发生负有监管责任。建议对其政务警告。

（2）王某，YY经济开发区副主任，分管YY经济开发区建设局、安全、环保、信访等工作。履行属地安全监管职责不力，对辖区内建设项目施工现场存在的安全隐患和施工队伍的违法违规行为失察，对事故发生负有主要领导责任。建议对其进行批评教育，责其作出书面检讨。

（3）王某，YY县政府党组成员、YY经济开发区副书记、主任。履行属地安全监管职责不力，对辖区内建设项目施工现场存在的安全隐患和施工队伍的违法违规行为失察，对事故发生负有重要领导责任。建议对其进行批评教育，责其作出书面检讨。

5）YY县政府有关人员

郑某，YY县政府党组成员、副县长，分管住房和城乡建设等方面工作，负责分管行业（领域）的安全生产工作。对“管行业必须管安全”的要求认识不到位，疏于管理，对下级单位、部门存在的履职不到位问题失察，对事故发生负有领导责任。建议对其批评教育。

3. 建议行政处罚的单位和人员

建议由市应急局依据《中华人民共和国安全生产法》有关规定，对下列单位和人员进行行政处罚：

（1）施工单位，现场项目负责人无证上岗，无施工方案、专家论证组织危大工程施工建设，施工人员未经过安全教育培训上岗作业，对事故的发生负有主要责任，依据《中华人民共和国安全生产法》第一百零九条之规定处以70万元罚款。

贾某，施工单位主要负责人，依据《中华人民共和国安全生产法》第九十二条之规定处以个人2019年度年收入40%的罚款。

（2）监理单位，无证人员施工现场实施监理，监理人员对施工现场的安全隐患和施工队伍的违法违规行为熟视无睹，不制止、不报告，对事故的发生负有主要责任，依据《中华人民共和国安全生产法》第一百零九条之规定处以70万元罚款。

（3）李某，监理单位主要负责人，依据《中华人民共和国安全生产法》第九十二条之规定处以个人2019年度年收入40%的罚款。

4. 其他问责建议

（1）责成YY县住建局、YY县自然资源局、YY经济开发区党工委和管委会向YY县委、县政府作出深刻检讨。

（2）责成YY县委、县政府向ZB市委、市政府作出深刻检讨。

1.13.5 事故防范和整改措施

为深刻吸取事故教训，落实“四不放过”原则，切实做好今后的安全生产工作，防止类似事故发生，提出如下整改措施和建议。

1. 严格落实企业安全生产主体责任，坚决杜绝违法违规生产经营行为

各行业领域企业在工程建设活动中，要严格遵守国家法律法规相关规定，坚决杜绝无规划手续开工、无施工许可手续开工和无图纸施工的违法违规行为。建设单位、施工单位、监理单位要认真反思事故教训，充分认识建筑行业的高风险性，根据各自职责依法依规严格落实建设过程中各项安全生产规章制度和操作规程，加强施工现场管理和作业人员的安全教育培训工作，针对各类危险性较大的分部分项工程制订并落实切实可靠的安全技术措施和管理措施，严把施工质量关和安全关。

2. 切实加强危大工程管理，消除各类事故隐患

住房和城乡建设部门要组织各建筑施工、监理单位认真学习《危险性较大的分部分项工程安全管理规定》(住建部令第37号）和《关于进一步加强房屋建筑和市政工程施工安全生产工作的若干意见》(鲁建发〔2020〕3号)，进一步加强涉及危大工程建设项目的安全管控。要在全市范围内深入开展危大工程安全专项整治，严查危大工程施工现场的风险隐患，严查无专项方案施工、不按规定开展专家论证等违规行为，严厉打击施工现场各类违章指挥、违章操作、违反劳动纪律的行为，切实消除各类事故隐患。

3. 强化安全生产执法监管，提高依法行政管理水平

各级自然资源（规划）部门要加大对无规划手续违法建设项目的打击力度，与综合行政执法部门协调完善案件移送工作机制，及时发现、查处土地规划领域违法违规行为。各级住房和城乡建设部门要完善各项监管制度与措施，加大执法巡查、检查力度，及时依法依规查处未取得施工许可手续或未经批准擅自施工的违法行为；建立健全监理单位针对施工现场问题向建筑行政主管部门报告的相关制度，充分发挥监理单位在建筑施工活动中的监督作用；严查施工单位、监理单位相关人员在施工现场的持证和履职情况，严格规范各类危大工程施工方案、专家论证和安全措施的落实情况，严格落实风险分级管控和隐患排查治理工作，从根本上消除事故隐患，全力保持安全生产形势稳定。

4. 牢固树立安全发展理念，全面落实安全生产责任制

要始终坚持以人民为中心的发展理念，认真贯彻落实习近平总书记关于安全生产的重要指示批示精神，强化底线思维和红线意识，进一步健全完善“党政同责、一岗双责、齐抓共管、失职追责”的安全生产责任制体系，夯实“管行业必须管安全、管业务必须管安全、管生产经营必须管安全”的要求，深入开展风险分级管控和隐患排查治理工作，全面排查建筑工程领域各类事故隐患，切实堵漏洞、补短板、强弱项，针对性地采取防范措施，严防事故发生，确保人民群众生命财产安全。

1.14　贵州省黔南布依族苗族自治州“9·28”较大建筑施工事故调查报告

2020年9月28日15时30分许，黔南州LD县某建设项目建筑工地，发生一起3人死亡的外脚手架挑棚垮塌较大建筑施工事故。

1.14.1　基本情况

1. 工程项目概况

某建设项目，位于LD县龙坪镇大关路与玉都大道交界处，于2019年4月开工建设，总建筑面积98998m^2，合同价格23845万元，项目共分为1号、2号、3号、4号、5号5栋住宅楼（住宅部分均为地下1层地上32层，裙楼部分为2层），结构形式为框剪结构，建筑高度均为96.6m，施工期为三年。该项目先期开工建设1号、2号楼，3号、4号、5号楼未开工，其中1号楼已完成27层施工，事发时正在浇筑28层混凝土，完成约80%浇筑量（事故发生后，暂停所有施工，人员撤离现场）；2号楼施工至26层，事故发生位置位于1号楼24层。

该建设项目于2019年8月26日取得项目立项批复，2019年9月27日取得《建设用地规划许可证》，2020年3月10日取得《建设工程规划许可证》，2020年4月24日取得《建筑工程施工许可证》，存在未批先建的违法行为。

2. 事故人员伤亡情况和直接经济损失

（1）LD县“9·28”较大建筑施工事故造成3人死亡。

（2）依据现行《企业职工伤亡事故经济损失统计标准》GB 6721规定，该起事故造成的直接经济损失为400余万元。

1.14.2　事故发生经过及救援情况

1. 事故发生经过

2020年9月28日15时30分许，施工单位承建的LD县某建设项目部安排外架挑棚施工作业，搭设1号楼24层12轴～16轴交A轴悬挑防护棚（属于建筑施工特种作业），作业中3名工人：吴某、冯某、梁某（3名工人均未持有特种作业操作证）采用4.5m长钢管进行悬挑搭设，在已经搭设的悬挑脚手架立杆及大横杆上进行1m固定，外挑3.5m。在作业过程中，3名工人在铺设竹跳板至悬挑杠杆中部，搭设横向连接杆（当时悬挑棚的斜拉钢丝绳未与悬挑钢管捆绑，且3名操作工人未挂安全带），由于钢管和扣件的连接件出现变形，不能顺利对接，工人在跳板上采用跳踩钢管的方式进行对接，过程中由于悬挑钢管抗弯刚度不够，导致悬挑钢管发生向下弯曲，悬挑棚上的竹跳板与人员一并由24层往下坠落，1人掉在3层露台边缘后掉落地面，2人掉在施工通道的防护棚上，现场人员立即拨打了报警电话，随即120急救车赶到现场进行抢救，3名伤者经送至医院抢救无效确认死亡（图1～图4）。

图1 事发部位

图2 事发现场（一）

图3 事发现场（二）

图4 事发现场（三）

2. 事故应急处置情况

事故发生后，省、州领导立即作出批示指示，要求LD县全力救助伤者，安抚死者家属，尽快查明原因；要求州公安局、州住房城乡建设局、州应急局、州委网信办立即按照职责各自开展相关工作。LD县委、县政府接到事故信息报告后，迅速组织斛兴街道办事处、县公安、县应急、县住建等部门赶赴现场开展事故应急处置救援工作。县政府主要领导、分管领导第一时间到达事故现场指挥善后处置工作。

1.14.3 事故发生的原因和性质

1. 事故直接原因

（1）作业人员在进行特种作业时无证上岗，未正确使用安全防护用品，操作不规范，在搭设挑棚过程中，斜拉钢丝绳未与悬挑钢管捆绑，在搭设的挑棚跳板上采用跳踩钢管等非常规方式进行对接，属于典型的违章作业，是造成事故的直接原因之一。

（2）发生事故部位所使用的钢管、扣件质量不符合规范要求，事故发生后，经调查组现场两次抽检送样至检测机构复检，报告结果事故部位所使用的钢管、扣件，检测出钢管壁厚最低只达到2.38mm（《建筑施工扣件式钢管脚手架安全技术规范》JGJ 130—2011规定钢管壁厚为3.6mm，允许偏差±0.36mm），导致在施工过程中钢管弯曲破坏，是造成事故的又一直接原因。

2. 事故间接原因

（1）施工单位未依法落实安全生产主体责任：①经调查发现，施工单位任命的项目经理、项目技术负责人、施工员、安全员等项目管理人员均未在施工单位缴纳社保，未在施工单位领取工资报酬，非本单位员工，也未到项目履职，对任命情况不知情；②违法转包，施工单位在承接项目后，未在施工现场设立项目管理机构，未派驻项目负责人、技术负责人、质量管理负责人、安全管理负责人等主要管理人员，不履行管理义务，直接将承接的该建设项目违法转包给个人（万某）；③施工单位法定代表人、董事长等负有安全管理职责的负责人，未按照单位章程履行岗位责任；④悬挑防护棚专项施工方案编制无针对性，审批程序混乱；⑤使用不合格的钢管、扣件搭设外架挑棚，未按规定严格执行材料进场复检制度，未对影响安全的构配件如钢管、扣件、安全网、安全带等进行送检；⑥现场安全管理极为混乱，搭设悬挑外架挑棚过程中，未及时发现并制止作业人员违章作业行为；⑦对进场特种作业人员持证上岗以及安全教育培训、技术交底工作未落实；⑧对建设主管部门、监理单位下发的相关整改通知未及时完成整改，并回复闭合；⑨涉嫌在施工资料、会议纪要、培训学习、隐患排查、整改签收单等材料中伪造项目经理等相关管理人员签字。

（2）监理单位工作制度未落实，违反安全生产法律法规和有关规定：①未结合危大工程专项施工方案编制监理实施细则，危大工程施工未实施专项巡视检查、监督旁站；②危大工程专项施工方案审批工作流于形式，对发现未按照专项施工方案施工的情况，未督促施工单位进行整改；③对施工单位项目安全管理机构配置人员，如项目经理、技术负责人、专职安全员等一直未到岗履职情况，未采取有效措施；④在发现施工单位作业人员违章操作搭设挑棚时，未采取强制措施责令停工。

(3) 建设单位未按要求履行建设单位首要责任制；对项目施工单位、监理单位不履职尽责行为督促不到位；对施工单位存在的隐患和监理单位报告的安全隐患，未采取有效措施；未批先建，未执行住建部门下达的整改通知。

(4) 行业主管部门LD县住建局履行安全监管职责不力，监管执法不严，虽对该建设项目存在的违法违规行为多次下发了整改通知书及停工通知书，但跟踪落实不到位，督促整改没有闭环管理。

3. 事故性质

经调查认定，LD县“9·28”较大建筑施工事故是一起安全生产责任事故。

1.14.4 对事故责任人和责任单位的处理建议

1. 对责任人员的处理建议

1) 建议移送司法机关依法处理人员

(1) 万某，男，该建设项目实际负责人，违法承包该建设项目，未取得相应施工资质，无安全管理机构、专职安全员的情况下，违法组织施工作业，使用不合格的钢管、扣件材料搭设外架挑棚，对事故发生负有直接责任，涉嫌重大责任事故罪，依照《中华人民共和国刑法》第一百三十四条规定，建议移送司法机关进行处理。

(2) 张某，男，由万某聘请的该建设项目生产经理，无相应的执业资格及技术职称，实际负责项目现场日常的施工生产作业、安全管理等全面工作，弄虚作假，涉嫌在施工资料上伪造项目经理等相关人员签字，对事故发生负有直接责任，涉嫌重大责任事故罪，依照《中华人民共和国刑法》第一百三十四条规定，建议移送司法机关进行处理。

(3) 欧某，男，由万某聘请的该建设项目安全员，无安全员证、安全考核合格证，实际负责项目现场安全管理以及安全资料工作，对事故发生负有直接责任，涉嫌重大责任事故罪，依照《中华人民共和国刑法》第一百三十四条规定，建议移送司法机关进行处理。

(4) 龙某，男，监理单位该建设项目总监理工程师，全面负责项目的监理工作，对施工单位任命的项目安全管理机构相关人员均从未到场履职情况，未采取有效措施；对施工工程中发现的隐患，未能督促施工单位及时整改，未对安全隐患实行闭环管理；对施工单位编制的危大工程专项施工方案审批不严，对事故发生负有直接责任，涉嫌重大责任事故罪，依照《中华人民共和国刑法》第一百三十四条规定，建议移送司法机关进行处理。

2) 建议给予行政处罚人员

(1) 建设单位

①谢某，男，建设单位法人，未履行安全生产管理职责，督促安全隐患排查整治不到位，对事故负有管理责任，依据《中华人民共和国安全生产法》第九十二条第二项规定，由州应急管理局对其处上一年年收入百分之四十的罚款。

②钟某，男，建设单位该建设项目负责人，对该工程项目安全生产工作负有组织管理

职责，履行安全管理职责不到位，隐患排查、督促隐患整改落实不到位，对施工单位任命的项目安全管理机构人员均未到场履职情况置之不管，对事故负有管理责任。依据《生产安全事故报告和调查处理条例》第三十八条规定，由州应急管理局对其处上一年年收入百分之四十的罚款。

（2）监理单位

①李某，男，监理单位法人，未履行安全生产管理职责，督促企业落实安全生产责任制不到位，对事故负有责任。依据《中华人民共和国安全生产法》第九十二条第二项规定，由州应急管理局对其处上一年年收入百分之四十的罚款。

②赵某，男，监理单位该工程项目监理部工程师，对施工过程中发现的隐患，未能督促施工单位及时整改，未对安全隐患实行闭环管理；未对施工单位的相关人员资质进行审核，对项目施工单位没有实际派驻项目经理及安全管理机构缺失情况，没有提出监理意见；对施工单位编制的危大工程专项施工方案审核不严；未对项目危大工程实施进行旁站监督，对事故负有责任。依据《生产安全事故报告和调查处理条例》第四十条规定，建议由州应急局对其进行处理。

③郭某，男，监理单位该工程项目监理部实习监理员，未取得监理员相关资质，对施工工程中发现的隐患，未能督促施工单位提供整改复查或验收的相关材料，未对安全隐患实行闭环管理，对事故负有责任。依据《生产安全事故报告和调查处理条例》第四十条规定，建议由州应急局对其进行处理。

（3）施工单位

①刘某，男，施工单位法人，对本单位的安全生产工作全面负责，未履行本单位安全生产职责，未建立、健全本单位安全生产责任制，督促、检查本单位安全生产工作不到位，对事故发生负有责任。依据《中华人民共和国安全生产法》第九十二条规定，由州应急管理局对其处上一年年收入百分之四十的罚款。

②戚某，男，施工单位副总经理，负责工程安全工作，履行安全管理工作不到位，对事故发生负有责任。依据《生产安全事故报告和调查处理条例》第四十条规定，建议由州应急管理局对其进行处理。

③陈某，男，施工单位该建设项目项目经理，挂名担任工程项目经理，实际未到岗履职，致使项目施工安全脱离专业管理，对事故发生负有责任。建议颁证管理机关撤销其执业资格证书，终身不予注册。

④周某，男，由万某聘请的该建设项目执行经理，除具有中级技术职称外，无其他执业资格证，实际负责现场施工管理、施工技术问题处理，对事故发生负有责任。依据《生产安全事故报告和调查处理条例》第四十条规定，建议由州应急管理局对其进行处理。

3）建议给予党纪政纪处分人员

（1）柳某，男，LD县住建局党组成员、副局长，分管工会、工程质量、安全、建筑建材、施工管理等工作。作为分管安全生产工作领导，履行安全监管职责不力，对施工单位报批资料审核把关不严，对建筑行业领域的日常监管和安全隐患排查治理不到位，对事故的发生负有直接领导责任，建议将其履职问题线索移交州纪委州监委进行调查。

（2）汪某，男，LD县住建局质安中心负责人，指导质安中心履行建筑行业安全监管工作不到位，隐患排查工作不到位，对排查出的安全隐患不重视，督促整改落实不到位，对事故的发生负有领导责任，建议将其履职问题线索移交州纪委州监委进行调查。

（3）伍某，男，施工单位董事长，履行岗位安全生产职责不到位，未组织建立、健全安全生产责任制，对事故的发生负有领导责任，建议将其履职问题线索移交州纪委州监委进行调查。

4）对其他有关人员的处理建议

（1）赵某，男，LD县人民政府副县长（任职时间：2020年5月至今），分管城乡建设、国土资源、综合行政执法工作；LD县住建局局长（任职时间：2019年1月至2020年5月），主持住建局全面工作，分管党建、党风廉政建设、意识形态、项目资金管理。在履行LD县住建局局长及副县长职务期间，对行政区建设工程安全工作综合监管不到位，情况掌握不全面，责成其向LD县人民政府作出深刻书面检讨。

（2）谢某，男，HX街道办事处主任，贯彻落实上级安全生产文件精神不具体，督促辖区内生产经营单位开展安全隐患排查整治不到位，责成其向LD县人民政府作出深刻书面检讨。

2. 对责任单位的处理建议

（1）施工单位：落实安全生产主体责任不到位，未建立健全安全生产组织架构，隐患排查治理不到位，在相关施工资料中伪造项目经理签字，违规违章进行施工操作，对事故负有责任。依据《中华人民共和国安全生产法》第一百零九条第二项、《生产安全事故报告和调查处理条例》第四十条规定，由州应急管理局对其处70万元罚款。对施工单位违法转包行为，建议由州住建局按照行业相关法律法规进行处理。对施工单位涉嫌冒名顶替签字的违法行为，建议将线索移交州公安局进行调查处理。

（2）监理单位：对项目的危大工程管理粗放，对特种作业人员持证情况审核不严，对隐患排查整治不到位，对事故负有责任。依据《中华人民共和国安全生产法》第一百零九条第二项规定，由州应急管理局对其处60万元罚款，建议住建部门对单位负有事故责任的有关人员资质、执业证照进行处理。

（3）建设单位：督促施工、监理单位开展安全隐患排查整改不到位，对事故负有责任。依据《中华人民共和国安全生产法》第一百零九条第二项规定，建议由州应急管理局对其处50万元罚款。

（4）LD县住建局：对本行政区域内建设工程安全工作监督管理不到位，对事故发生负有监管责任。建议按管理权限，责成LD县住建局向LD县人民政府作出深刻书面检讨。

（5）LD县HX街道办事处：对本行政区域内的建筑行业监督检查不到位，建议按管理权限，责成LD县HX街道办事处向LD县人民政府作出深刻书面检讨。

（6）LD县人民政府：贯彻落实安全生产工作部署和要求不到位，对本行政区域内的安全生产状况掌握不全面，责成LD县人民政府向黔南州人民政府作出深刻书面检讨，认真总结和吸取事故教训，杜绝类似事故再次发生。

1.14.5　事故主要教训

参建各方责任悬空，安全工作缺失缺位。施工单位严重违反《中华人民共和国安全生产法》《中华人民共和国建筑法》等法律法规规定，项目经理长期不在岗，无专业技术人员，导致施工管理混乱，盲目蛮干，对危大工程认知不足，危大工程被当作一般工程对待，以致重大安全隐患长期存在而得不到整改。监理工作形同虚设，发现问题不及时按规定进行处理，不履职、不尽责，工作制度不落实，对发现施工单位存在的问题不监督整改，违反安全生产法律法规和有关规定。建筑施工本是技术要求极高、施工危险性极强的行业领域，但施工、监理单位违法违规、罔顾实际、脱离科学、违反规程、不负责任，最终害己害人。

1.14.6　事故防范和整改措施建议

（1）施工单位要切实按照《中华人民共和国安全生产法》《中华人民共和国建筑法》等法律法规之规定，结合安全生产专项整治“三年行动计划”履行安全生产主体责任，建立健全各相关安全生产制度，完善“两个清单”，及时发现自身的违法违规行为，主动接受监理单位、建设单位和行业主管部门的监督管理，按要求进行闭合整改。

（2）监理单位要针对此次事故暴露出来的问题，举一反三，依据相关法律法规，进一步加强和规范房屋建筑和市政基础设施工程中，企业安全生产管理机构设置及专职安全生产管理人员的配备，危大工程及超过一定规模的危大工程的安全管理，及时发现和纠正各类违规违章行为，真正有效落实监管责任到每个生产环节。

（3）建设单位要切实按照《中华人民共和国安全生产法》《中华人民共和国建筑法》等法律法规之规定，切实履行建设单位首要责任制，加强对项目施工单位、监理单位的监督检查，对施工单位存在的隐患和监理单位报告的安全隐患，采取有效措施进行闭合管理，确保整个项目文明施工，安全生产。

（4）LD县住建部门要深刻吸取事故教训，举一反三，针对事故中存在的问题，一是在全县范围内开展建筑工地的“打非治违”专项整治工作，全面整治建筑工地违法施工乱象，加强建筑工地的安全教育宣传；二是以安全生产专项整治“三年行动”计划为抓手，建立健全安全生产隐患排查治理的“两个清单”，建立并用好安全生产违法行为信息库，如实记录行政区内生产经营单位的安全生产违法行为，情节严重的，及时向社会公布；三是严格落实安全生产行业管理责任，为保一方安全、促一方发展，做到守土有责，守土尽责。

1.15　山东省日照市“10·5”较大起重伤害事故调查报告

2020年10月5日8时23分，J县某项目12号楼塔式起重机进行顶升作业时发生倒塌事故，造成4人死亡，直接经济损失697.7万元。

1.15.1　基本情况

1. 项目基本情况

J县某项目为房地产开发项目，位于J县沭河西路以西、日照路以南、彩虹路以北，包括1～3号、5～9号、10号、12号、13号、15号住宅楼及地下车库等13个单体和相关配套工程。

2. 12号楼塔式起重机安装情况

2020年3月8日，12号楼塔式起重机进行首次安装，安装高度为42m。7月17日，进行第一道附着安装、顶升2.8m×6节，塔高58.8m。9月1日，进行第二道附着安装、顶升2.8m×7节，塔高78.4m。10月4日，塔式起重机委托人孔某安排3名安拆工（康某、邢某、杜某）与施工总承包单位安排的塔式起重机司机任某共4人，对该项目12号楼塔式起重机进行第三道附着安装和顶升加节作业。第三道附着安装完成后，由于当日风力较大，未进行顶升作业，塔高78.4m。

1.15.2　事故发生经过及应急处置情况

1. 事故发生经过

2020年10月5日上午，3名安拆工（康某、邢某、杜某）与塔式起重机司机任某共4人再次进入施工现场，对该项目12号楼塔式起重机进行顶升加节作业，6时55分左右开始顶升，计划本次顶升5节标准节。作业至8时3分左右第5节标准节离地，8时18分左右吊钩落下进行第5节顶升标准节的配平后，安拆工操作液压顶升系统，进行顶升作业。当顶升爬爪越过上数第1节标准节（下数第32节标准节）下端踏步位置后，安拆工在顶升加节换步操作过程中，违章操作，在未确认顶升套架两个顶升爬爪均可靠搭在标准节顶升踏步上（北侧顶升爬爪未搭在踏步上，南侧顶升爬爪侧面挤在踏步边楞）的情况下（图1），即收缩顶升油缸进行换步操作。在顶升油缸收缩过程中，由于南侧非正常接触的顶升爬爪与踏步无法承受顶升套架连同上部部件的质量（约33t），顶升爬爪将标准节踏步挤压变形，从踏步外侧面滑脱（图2～图5），塔式起重机顶升套架连同上部部件失去有效支撑，瞬间下坠，造成墩塔，产生冲击，塔身自第三道附着装置上侧标准节连接处断裂，起重臂、顶升套架、塔帽、平衡臂、断裂塔身等零部件相继坠落在塔式起重机东侧（图6），安拆工杜某在塔式起重机墩塔产生的冲击力作用下，随同液压泵站一同坠落于塔式起重机西侧，安拆工邢某、康某及塔式起重机司机任某随同塔式起重机套架以上部位一同坠落。

2. 事故应急救援及善后处置情况

事故发生后，施工总承包单位项目现场管理人员赵某、谷某等人，迅速赶到事故现场开展施救，谷某随即拨打120急救电话，将伤者送至医院救治，任某、邢某、康某、杜某4人因伤势过重，经抢救无效先后死亡。日照市委、市政府，J县县委、县政府有关领导第一时间带领有关部门负责人和专家赶赴事故现场指导善后处置和事故调查等工作。

在J县人民政府及有关部门、单位积极协调下，事故相关单位主动与死者家属协商，

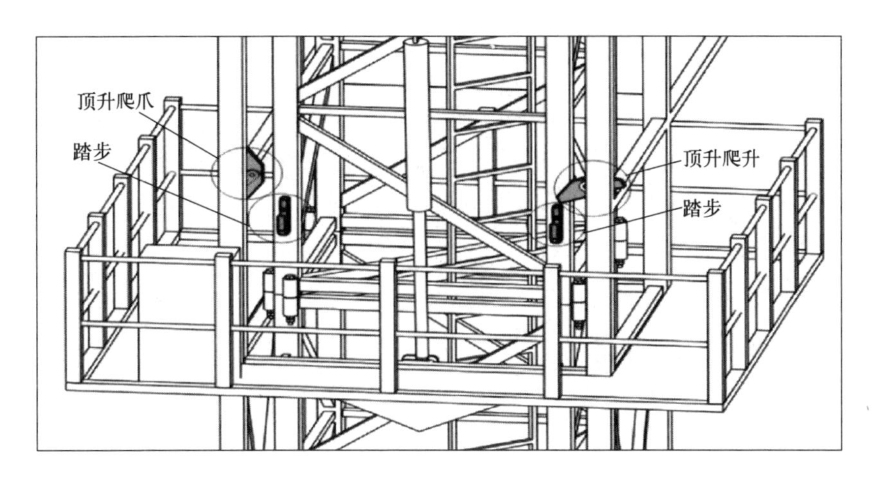

图1 事发时爬爪与踏步搭接示意图

图2 南侧顶升爬爪

图3 北侧顶升爬爪

图4　南侧顶升踏步挤压变形

图5　北侧顶升踏步未变形

图6　事故现场总体图

10月6日，按照有关规定进行了赔偿并签订赔偿协议，死者家属情绪稳定，事故善后处理工作完毕。

1.15.3　事故原因和性质认定

1. 直接原因

事故调查组通过现场勘察、检验检测、调取视频监控等方式，经过综合分析，事故的直接原因为：安拆工（康某、邢某、杜某）在顶升加节换步操作过程中，违章操作，在未确认顶升套架两个顶升爬爪均可靠搭在标准节顶升踏步上（北侧顶升爬爪未搭在踏步上，南侧顶升爬爪侧面挤在踏步边楞）的情况下，进行收缩顶升油缸操作，造成南侧爬爪压溃踏步顶面，从其侧面滑脱，导致顶升套架及以上部件失去有效支撑而快速下坠，下支座撞击标准节顶部，造成墩塔，产生冲击，致使顶升套架及以上部件失去平衡，第三道附着以上塔式起重机部分倾覆，导致3名安拆工和1名塔式起重机司机共4人坠落。

2. 间接原因

（1）塔式起重机安装单位落实安全生产主体责任不到位。对该项目塔式起重机安拆项目部管理不力，对塔式起重机安装专项施工方案审批把关不严，未发现方案中无顶升作业具体内容、风速要求与规定不符、缺少司索信号工等问题；对未按照塔式起重机安装施工方案施工的行为未予以制止（方案要求配备4名安拆工，实际只有3名安拆工作业）；对未配备司索信号工进行塔式起重机安装作业的行为未予以制止；允许没有资质的个人（孔某）使用其起重设备安装工程专业承包资质承揽工程；未按规定健全公司安全生产规章制度，安全生产教育和培训档案不健全。

孔某，塔式起重机安装实际负责人。编制的施工方案存在明显缺陷（无顶升作业具体内容、风速要求与规定不符、缺少司索信号工），未对安拆工进行书面安全技术交底，未按塔式起重机安装施工方案组织人员施工（方案要求配备4名安拆工，实际只有3名安拆工作业），未监督安拆工严格遵守操作规程。

（2）监理单位落实安全生产主体责任不到位。组织编制的监理规划与监理合同要求不符（监理合同要求分阶段配备6名专业监理工程师，实际编制的监理规划中为2名专业监理工程师）；未按照监理规划要求配备专职安全监理工程师；对塔式起重机安装专项施工方案审批把关不严，未发现方案中无顶升作业具体内容、风速要求与规定不符、缺少司索信号工等问题；未按照该公司编制的《危险性较大的分部分项监理细则》要求进行旁站监理；对未按照塔式起重机安装施工方案施工的行为未予以制止（方案要求配备4名安拆工，实际只有3名安拆工作业）；对未配备司索信号工进行塔式起重机安装作业的行为未予以制止；监理人员未按照合同约定经建设单位同意，擅离岗位。

（3）施工总承包单位落实安全生产主体责任不到位。对塔式起重机安装专项施工方案审批把关不严，未发现方案中无顶升作业具体内容、风速要求与规定不符、缺少司索信号工等问题；事故发生时，项目部安全员未在作业现场监督管理；对未按照塔式起重机安装施工方案施工的行为未予以制止（方案要求配备4名安拆工，实际只有3名安拆工作业）；对未配备司索信号工进行塔式起重机安装作业的行为未予以制止；安全生产责任制不健全；未如实记录安全生产教育培训情况。

（4）建设单位落实安全生产主体责任不到位。对该项目安全生产工作统一协调管理不到位，未按照合同约定与承包单位签订专门的安全生产管理协议，未定期组织对该项目进行安全检查。

（5）J县建筑工程安全质量检验站，落实建设工程安全监管责任不到位。安全生产监管职责不健全，对塔式起重机安装告知资料审查不严不细，程序不规范；未制订年度监督检查计划，对施工现场监督检查不到位，对施工企业教育培训开展情况检查不到位；对监理单位未认真履行工程监理职责情况监管不到位。

（6）J县住房和城乡建设局，落实建设工程安全监管责任不到位。督促指导J县建筑工程安全质量检验站履行职责不到位，指导住房城乡建设执法检查工作不到位，督促企业落实主体责任不到位。

（7）J县城阳街道办事处，履行属地监管责任不到位。对本行政区域内建筑企业及在建工程项目安全生产状况监督检查不到位，不掌握建筑企业及在建工程项目的安全生产状况，协助有关部门履行安全生产监督管理职责不到位，调度督导企业落实上级有关部门文件要求不到位。

3. 事故性质

经调查认定，J县某项目“10·5”较大起重伤害事故是一起生产安全责任事故。

1.15.4 对事故有关责任人员及责任单位的处理建议

1. 免于追究责任人员（3人）

康某、杜某、邢某3名安拆工违章作业，对事故发生负有直接责任，鉴于已在事故中死亡，免于追究责任。

2. 已被公安机关立案人员（3人）

（1）孔某，塔式起重机安装实际负责人。无起重设备安装工程专业承包资质，使用塔式起重机安装单位起重设备安装工程专业承包资质承揽工程（订立合同，办理有关施工手续，从事塔式起重机安装施工活动），编制的施工方案存在明显缺陷（无顶升作业具体内容、风速要求与规定不符、缺少司索信号工），未对安拆工进行书面安全技术交底，未按塔式起重机安装施工方案组织人员施工（方案要求配备4名安拆工，实际只有3名安拆工作业），未监督安拆工严格遵守操作规程，对事故发生负有主要责任。涉嫌重大责任事故罪，已被公安机关立案侦查，建议依法追究其刑事责任。

（2）王某，塔式起重机安装单位总经理，主持单位的生产经营管理工作。同意孔某使用本单位的资质承揽工程（订立合同，办理有关施工手续，从事塔式起重机安装施工活动），履行总经理安全生产职责不到位，对该项目塔式起重机安拆项目部安全生产管理不力，督促、检查该项目塔式起重机安拆项目部的安全生产工作、及时消除生产安全事故隐患不到位，对塔式起重机附着安装方案审批把关不严，未按照规定要求健全单位安全生产责任制和规章制度，未按照规定组织制订并实施本单位年度安全生产教育和培训计划，对事故发生负有主要领导责任。涉嫌重大责任事故罪，已被公安机关立案侦查，建议依法追究其刑事责任。

（3）来某，总监理工程师，对工程项目的安全监理负总责。对塔式起重机安装专项施工方案审批把关不严，未发现方案中无顶升作业具体内容、风速要求与规定不符、缺少司索信号工等问题，组织编制的监理规划与监理合同要求不符（合同要求分阶段配备6名专业监理工程师，编制的监理规划中为2名专业监理工程师），未根据工程进展及监理工作情况合理调配监理人员（10月4日附着安装、5日顶升安装事发时总监、负责塔机安装的专业监理工程师均未在岗），检查监理人员旁站监理工作不到位，事故发生时未在岗履职且未经委托人批准，对事故发生负有主要监理责任。涉嫌重大责任事故罪，已被公安机关立案侦查，建议依法追究其刑事责任。

以上人员，待司法机关作出处理后，建议由纪检监察机关或负有管辖权的单位，按照党员管理权限和程序给予相应的党纪处分。

3. 对事故有关企业处理建议及给予党纪政纪处理人员

（1）塔式起重机安装单位，建议由日照市应急管理局依据《中华人民共和国安全生产法》第一百零九条以及《生产安全事故罚款处罚规定（试行）》（原国家安监总局令第13号）第十五条规定，对其处以70万元罚款的行政处罚；建议由RZ市住房和城乡建设局依据《中华人民共和国建筑法》第六十六条规定，吊销其起重机械安装专业资质；建议由RZ市住房和城乡建设局依据有关规定，停止其投标资格6个月。

（2）监理单位，建议由RZ市应急管理局依据《中华人民共和国安全生产法》第一百零九条以及《生产安全事故罚款处罚规定（试行）》（原国家安监总局令第13号）第十五条规定，对其处以70万元罚款的行政处罚；建议由RZ市住房和城乡建设局依据有关规定，停止其投标资格3个月。

（3）施工总承包单位，建议由RZ市应急管理局依据《中华人民共和国安全生产法》第一百零九条以及《生产安全事故罚款处罚规定（试行）》第十五条（原国家安监总局令第13号）有关规定，对其处以60万元罚款的行政处罚；建议由RZ市住房和城乡建设局依据有关规定，停止其投标资格3个月。

（4）建设单位，建议由RZ市应急管理局依据《中华人民共和国安全生产法》第一百零九条以及《生产安全事故罚款处罚规定（试行）》（原国家安监总局令第13号）第十五条有关规定，对其处以50万元罚款的行政处罚。

（5）陈某，塔式起重机安装单位实际控制人。对孔某使用塔式起重机安装单位资质的行为未予以制止，督促单位各级履行安全生产职责不到位，对事故的发生负有重要领导责任。建议由RZ市应急管理局依据《中华人民共和国安全生产法》第九十二条规定，对其处上一年年收入百分之四十的罚款；建议给予其党内严重警告处分。

（6）王某，塔式起重机安装单位董事长。履行主要负责人安全生产职责不到位，对事故的发生负有重要领导责任。建议由RZ市应急管理局依据《中华人民共和国安全生产法》第九十二条规定，对其处上一年年收入百分之四十的罚款；建议给予其党内警告处分。

（7）朱某，塔式起重机安装单位副总经理兼该项目安装负责人（项目经理），一线支部委员会书记，负责J县及周边区域项目施工管理（质量、安全、工期及设备现场管理工作）。未按规定履行项目安装负责人（项目经理）职责，监督安拆工严格遵守操作规程不到位，督促专职安全员履行监督管理职责不到位，平时到现场主要参与拍照上传J县建筑工程安全质量检验站审核，对事故的发生负有主要领导责任。建议由RZ市应急管理局依据《山东省安全生产条例》第四十五条第三款规定，对其处以2.5万元的罚款；建议由RZ市住房和城乡建设局报请上级有关部门，依据《建设工程安全生产管理条例》第五十八条规定，吊销其二级建造师执业资格证书，5年内不予注册；建议由塔式起重机安装单位与其解除劳动合同；建议给予其撤销党内职务处分。

（8）王某，塔式起重机安装单位该项目专职安全员。未按规定履行专职安全员职责，现场监督检查不到位，对未按照塔式起重机安装施工方案施工的行为未制止（方案要求配备4名安拆工，实际只有3名安拆工作业），事故发生时未在现场监督塔式起重机安装作业，对事故的发生负有管理责任。建议由RZ市住房和城乡建设局报请上级有关部门，依据《建筑施工企业主要负责人、项目负责人和专职安全生产管理人员安全生产管理规定》第三十三条规定，吊销其安全生产考核合格证书；建议由塔式起重机安装单位与其解除劳动合同。

（9）柴某，监理单位董事长，全面负责单位的安全生产管理工作。落实主要负责人安全生产职责不到位，对该项目监理部安全生产工作管理不力，督促、检查该项目监理部安全生产工作、及时消除生产安全事故隐患不到位，对事故的发生负有重要领导责任。建议由日照市应急管理局依据《中华人民共和国安全生产法》第九十二条规定，对其处上一年年收入百分之四十的罚款；建议给予其党内警告处分。

（10）孙某，监理单位业务负责人，负责审定单位安全监理工作制度，并督促各项目监理部及相关人员贯彻执行，检查考核落实情况。督促检查该项目监理部落实职责不到位，未发现该项目监理部对塔式起重机安装专项施工方案审核把关不严、组织编制的监理规划与监理合同要求不符等问题，对事故的发生负有重要领导责任。建议由RZ市应急管理局依据《山东省安全生产条例》第四十五条第三款规定，对其处以2万元的罚款；建议由监理单位按照内部管理规定对其作出处理。

（11）曾某，监理单位该项目监理部专业监理工程师，对所承担的安全监理工作负责。对塔式起重机安装专项施工方案审核把关不严，未发现方案中无顶升作业具体内容、风速要求与规定不符、缺少司索信号工等问题，事故发生时未在岗履职，指导、检查监理员工作不到位，未按要求监督施工单位做好安全技术交底，对事故的发生负有重要监理责任。建议由RZ市住房和城乡建设局报请上级有关部门，依据《建设工程安全生产管理条例》第五十八条规定，吊销其监理工程师执业资格证书，5年内不予注册；建议由监理单位与其解除劳动合同。

（12）李某，监理单位该项目监理部监理员，在驻地监理工程师的领导下，负责其职责范围内的安全监理业务工作。伪造10月4日塔式起重机附着安装旁站记录（10月4日不在岗、未旁站），协助曾某履行监理工作不到位，对事故的发生负有监理责任。建议由RZ市住房和城乡建设局协调山东省建设监理与咨询协会，依据《生产安全事故报告和调查处理条例》第四十条规定，撤销其监理员岗位证书；建议由监理单位与其解除劳动合同。

（13）刘星，监理单位柳岸香苑项目监理部工作人员。无监理员资格从事监理活动，建议由监理单位与其解除劳动合同。

（14）王某，施工总承包单位总经理。未及时组织修订单位安全生产责任制度，督促单位各级落实安全生产责任制不到位，督促、检查该项目部安全生产工作、及时消除生产安全事故隐患不到位，对事故的发生负有重要领导责任。建议由RZ市应急管理局依据《中华人民共和国安全生产法》第九十二条第（二）项规定，对其处上一年年收入百分之四十的罚款。

（15）于某，施工总承包单位分管安全生产工作副总经理。检查本单位安全生产状况不到位，督促安全生产管理人员履行职责不到位，对事故的发生负有重要领导责任。建议由施工总承包单位按照内部管理规定对其作出处理；建议对其诫勉谈话。

（16）赵某，施工总承包单位该项目经理。对塔式起重机安装专项施工方案审核把关不严，未发现方案中无顶升作业具体内容、风速要求与规定不符、缺少司索信号工等问题，督促项目部人员落实安全生产责任不到位，对事故的发生负有主要领导责任。建议由RZ市应急管理局依据《山东省安全生产条例》第四十五条第三款规定，对其处以行政处罚2万元；建议由RZ市住房和城乡建设局依据《建设工程安全生产管理条例》第五十八条规定，吊销其二级建造师执业资格证书，5年内不予注册；建议由施工总承包单位与其解除劳动合同。

（17）王宏，施工总承包单位安全科长。对该项目安全生产监督检查不到位，对项目专职安全员管理不到位，对事故的发生负有管理责任。建议由RZ市住房和城乡建设局依据《建筑施工企业主要负责人、项目负责人和专职安全生产管理人员安全生产管理规定》第三十三条规定，吊销其安全生产考核合格证书；建议由施工总承包单位按照内部管理规定对其作出处理。

（18）任某，施工总承包单位该项目部专职安全员。履行安全员职责不到位，事发时未在现场监督管理，对塔式起重机安装作业现场存在的隐患排查不到位，对事故的发生负有管理责任。建议由RZ市住房和城乡建设局依据《建筑施工企业主要负责人、项目负责人和专职安全生产管理人员安全生产管理规定》第三十三条规定，吊销其安全生产考核合格证书；建议由施工总承包单位与其解除劳动合同。

（19）刘某，建设单位该项目负责人兼工程部经理。未认真履行安全生产管理职责，未定期对该项目进行安全检查，对事故的发生负有责任。建议由建设单位按照内部管理规定对其作出处理。

4. 对有关部门建议处理人员（11人）

（1）王某，J县建筑工程安全质量检验站综合科工作人员，负责受理建筑起重机械安装告知材料。未按照规定履行职责，未严格审查告知资料，程序不规范，对事故发生负有监管责任。建议对其诫勉谈话。

（2）于某，J县建筑工程安全质量检验站监督三科组长，负责该建设项目安全生产监督检查工作。监督检查不力，对施工现场隐患排查不细，未及时发现塔式起重机安装存在的安全隐患，未按规定对企业教育培训开展情况进行检查，对事故发生负有监管责任。建议依据《中华人民共和国公职人员政务处分法》第三十九条的规定，给予其政务记过处分。

（3）李某，J县建筑工程安全质量检验站副站长，分管监督科室，协助站长做好县建筑工程安全质量检验站工作。履行工作职责不力，未按照规定督促企业落实主体责任，对本站人员未按规定履行安全生产职责问题失察，对事故发生负有监管责任。建议依据《中华人民共和国公职人员政务处分法》第三十九条的规定，给予其政务警告处分。

（4）王某，J县建筑工程安全质量检验站站长，主持县建筑工程安全质量检验站工作。履行本职工作不力，未按规定督促企业落实主体责任，未组织制定本部门安全生产工作职责、年度监督检查计划，对本站人员未按规定履行安全生产职责问题失察，对事故发生负有监管责任。建议依据《中华人民共和国公职人员政务处分法》第三十九条的规定，给予其政务警告处分。

（5）徐某，J县住房和城乡建设局副局长，负责建筑工程管理、工程监理、安全质量监督等工作。履行行业监管责任不力，对分管的县建筑工程安全质量检验站管理不力，对分管的业务工作存在的问题失察，对事故发生负有重要领导责任。建议依据《中华人民共和国公职人员政务处分法》第三十九条的规定，给予其政务警告处分。

（6）陈某，J县住房和城乡建设局局长，主持县住房和城乡建设局全面工作。履行行业监管责任不力，对县建筑工程安全质量检验站工作不力问题失察，对事故发生负有重要领导责任。建议对其诫勉谈话。

（7）唐某，CY街道办事处乡村规划建设监督管理办公室主任。监督检查本行政区域内建筑企业及在建工程项目安全生产状况不到位，协助有关部门履行安全生产监管职责不力，未按规定调度督导企业落实上级有关部门文件要求，对事故发生负有重要领导责任。建议对其诫勉谈话。

（8）王某，CY街道办事处财政经管服务中心主任，分管乡村规划建设监督管理办公室。未按规定督促CY街道办事处乡村规划建设监督管理办公室对本行政区域内建筑企业安全生产状况进行监督检查，未按规定协助有关部门履行安全生产监管职责，未掌握本行政区域内建筑企业的安全生产状况，对事故发生负有重要领导责任。建议对其诫勉谈话。

（9）徐某，CY街道办事处主任，主持办事处全面工作。未按规定履行属地管理责任，对乡村规划建设监督管理办公室履行职责不力问题失察，未全面掌握本行政区域内建筑企业的安全生产状况，对事故发生负有重要领导责任。建议对其批评教育。

（10）张某，CY街道办事处党工委书记，主持党工委全面工作。未按规定落实“党政同责、一岗双责、齐抓共管”安全生产责任，对党工委、办事处有关人员履行安全生产工作职责不力问题失察，对事故发生负有重要领导责任。建议对其批评教育。

（11）兰某，J县人民政府副县长，分管住房、城乡建设工作。对分管部门单位履职不到位问题失察，对事故发生负有重要领导责任。建议对其谈话提醒。

5. 其他问责建议

（1）责成J县县委、县政府分别向RZ市委、市政府作出深刻书面检讨。

（2）责成CY街道办事处党工委、办事处分别向J县县委、县政府作出深刻书面检讨。

（3）责成J县住房和城乡建设局向J县县委、县政府作出深刻书面检讨。

1.15.5 事故防范和整改措施建议

各级各有关部门、各企业要深刻吸取事故教训，举一反三，严格落实属地管理、行业监管和企业主体责任，结合正在开展的安全生产专项整治三年行动和安全生产百日攻坚行动，严格按照《关于进一步加强房屋建筑和市政工程施工安全生产工作的若干意见》（鲁建发〔2020〕3号）文件要求，扎实开展安全生产“拉网式”“地毯式”大排查、大整治，及时消除事故隐患，坚决杜绝各类事故发生。

1. 深入开展双重预防体系建设，落实落细企业主体责任

建设、施工和监理等有关单位，要严格落实企业安全生产主体责任，建立健全安全生产规章制度和操作规程，切实加强施工现场安全管理，深入开展风险隐患双重预防体系建设，强化应急预案编制和演练，真正将事故隐患消除在萌芽状态，坚决遏制事故发生。建设单位要严格履行安全生产工作统一协调管理的责任，严格按规定足额计取并及时拨付安全文明措施费。施工总承包单位要牵头负责现场隐患排查治理，要加强对从业人员特别是首次入场人员的教育培训，严格落实危大工程作业前安全技术交底制度，要将各分包单位纳入安全生产统一管理。监理单位要严格按照有关法律法规、工程强制性标准实施监理，切实履行安全监理职责，发挥安全监理作用。

2. 扎实开展专项整治，落实落细行业监管责任

各行业主管部门要针对事故暴露出的问题，立足行业特点，进一步加大监管力度，补齐工作短板，织密织牢安全防护网。住建部门要按照有关规定，立即开展建筑起重机械安全专项检查，重点排查起重机械安全使用条件、安拆单位有关资质、特种作业人员持证情况；要进一步规范监管审批程序，加强对起重机械安装告知资料的把关审核，强化对作业现场的抽查核查，及时发现并消除事故隐患；要积极推行起重机械“一体化”管理，加快解决建筑起重机械租赁、安装、拆卸、维修和保养等分段管理带来的安全问题，形成责任明晰、管理到位、衔接顺畅的管理态势；要严格“打非治违”，严厉打击违法发包、转包、分包及挂靠等非法违法行为。

3. 依法开展监督检查，落实落细属地监管责任

各区县（管委）、各乡镇（街道）要进一步树牢安全发展理念，把安全生产摆到重要位置，切实承担起“促一方发展，保一方平安”的政治责任；要进一步健全落实安全生产责任制，配齐建强安全生产监管队伍，厘清各级各有关部门安全生产职责边界，消除责任落实悬空和监管盲区，形成齐抓共管良好局面。要严格执法检查和日常监督管理，督促本辖区生产经营单位，尤其是建筑施工等高危行业领域企业，严格落实法律法规规定和上级重点工作要求。

1.16 广东省汕尾市“10·8”较大建筑施工事故调查报告

2020年10月8日10时50分，LH县某迁建工程业务楼的天面构架模板发生坍塌事故，造成8人死亡，1人受伤，事故直接经济损失共约1163万元。

1.16.1 事故基本情况

1. 工程项目概况

（1）基本情况。LH县某迁建工程位于LH县SC镇牛皮坜，总建筑面积14761.81m^2，合同价格8137万元，其中监房2层，业务楼4层，岗楼1层，武警营房4层，擒敌训练场1层，门卫室1层，配电房、泵房地下1层。施工工期为两年（2019年12月至2021年12月）。2019年12月23日，该项目完成招标工作，中标施工单位又将工程项目转包给“包工头”杨某施工队。2019年12月28日启动开工，实质性施工时间为2020年3月26日。

涉事建筑为业务楼，建筑面积3675.26m^2，事故发生前情况如图1所示。

图1 事故发生前

事故发生时，业务楼主体结构、武警营房主体结构已封顶。监房13/A-H轴一层柱二层梁板已浇筑，二层柱三层梁模板已安装，1-13/A-H轴地梁、底板混凝土已浇筑，1-13/J-Q轴地梁砖模已砌筑完成、垫层已浇筑，外围墙完成1/3。累计完成2850万元，占土建造价的54%，占合同价格的36%。

2. 事故现场情况

LH县某迁建工程业务楼位于在建监区东侧，坐西向东，南北西三侧为内部道路，东面为前广场。该楼西面设置一台物料提升机，四周采用双排钢管脚手架防护，涉事坍塌的天面构架位于业务楼东侧，长25.3m，宽1.6m，构架顶最高点距地面高度19.6m。

该天面构架浇筑混凝土时模板支撑发生坍塌，天面构架作业人员9名（混凝土工8名、泵车控制员1名），其中8名混凝土工跌落至地面，1名泵车控制员跳至屋面层，导致7人抢救无效死亡，2人受伤（其中1人次日抢救无效死亡）。事故现场部分情况见图2～图5。

图2 东侧脚手架局部坍塌

图 3　混凝土、钢管、模板等材料散落至地面

图 4　外脚手架钢管严重变形

图 5　屋面新浇混凝土框架柱倾覆

3. 事故伤亡情况

事故造成 8 人死亡，1 人受伤，均为现场施工工人。

4. 直接经济损失情况

根据《企业职工伤亡事故经济损失统计标准》GB 6721—1986 及《国家安全监管总局

印发〈关于生产安全事故调查处理中有关问题规定〉的通知》（安监总政法〔2013〕115号）等规定，核定事故直接经济损失共约1163万元。

1.16.2　事故发生经过及应急处置情况

1. 事故发生经过

2020年10月8日8时10分左右，9名混凝土工人（班组领班：潘某）在业务楼天面顶开始浇筑混凝土，泵车控制员朱某在屋面上操作泵车，混凝土工人先浇筑天面飘板混凝土，由于泵车泵臂长度不够，9名混凝土工人和泵车控制员转为浇筑天面构架四根框架柱混凝土，再浇筑天面构架梁和挂板。

浇筑完两车混凝土后，因混凝土供料中断，领班潘某下楼找项目部调料，约1h后，第三车混凝土到场，开始浇筑构架梁和挂板，在第三车混凝土接近浇筑完时（10时50分许），支撑体系失稳导致坍塌，泵车控制员朱某跳至屋面层（受伤人员），潘某正在上楼，其他8名工人随同坍塌架体跌落至地面。

2. 事故应急处置情况

1）事故接报及应急处置情况

2020年10月8日上午10时50分，施工员叶某在办公室听到响声，走出办公室后，看到业务楼天面构架及悬挑挂板和部分外脚手架、防护架坍塌，叶某首先打电话给工地实际管理人杨某，然后打120、119电话（没拨打110）。办公室、生活区和其他作业区工人听到响声后，也赶至现场，现场20多人参与救援。10时51分，SC镇卫生院接报，10时56分到达现场并开展救援；10时55分，LH消防大队值班室接到警情；11时9分，县消防救援两个抢险救援编队（两部消防车，共15人）到达现场；11时2分，LH镇干部及消防专职队抵达事故现场并立即参与救援工作；11时7分，县人民医院接报后立即组织急救队员赶往现场；县公安局主要领导11时12分接SC镇委书记电话报告，11时20分，SC派出所出警到达现场；11时30分，县公安局出警到达现场。

2）地方政府和相关部门应急响应情况

LH县委、县政府接到事故信息报告后，立即启动应急响应，迅速组织SC镇政府、县公安、应急、住建等部门按照职能职责开展事故应急处置工作。县政府分管领导、主要领导、县委主要领导分别于11时17分、11时30分、12时10分到达事故现场指挥善后处置工作，现场召开事故处置工作紧急会议。县应急管理局主要领导于11时10分接到县领导电话通知，值班领导带领业务人员迅速到达现场，开展事故现场调查取证、固定封存证据、配合省市专家开展现场调查等工作。12时50分，汕尾市委常委、常务副市长率市应急、住建部门主要领导和相关工作人员到达事故现场，随后市主要领导赶往事故现场，指导事故救援、应急处置及开展事故调查工作。

3. 事故善后处置情况

LH县迅速成立善后处置组，分成8个善后小组，抽调经验丰富的正科级干部任组长，并落实一名县领导协调对接，全面加强工作指导，确保稳妥完成各项善后工作。截至10月12日17时，事故中8名死者善后工作均已处置完毕，死亡人员的赔偿协议、家属谅解书及赔偿款拨付等工作均已完成，死亡人员尸体已全部火化，死者家属已全部返回居住地。10月26日，事故中1名受伤人员治愈出院。

4. 应急评估结论

各级党委、政府和相关部门决策科学合理，应急机制及时有效，现场救援处置得当，信息报送准确及时，善后工作有序有效。

1.16.3 事故原因

2020年10月8日10时至11时，LH县SC镇自动站监测，气温24℃左右，无降水；排除因地震、恶劣天气等自然灾害因素引发事故的可能性。

1. 直接原因

经调查，此次事故的直接原因有：

（1）违规直接利用外脚手架作为模板支撑体系，且该支撑体系未增设加固立杆，也没有与已经完成施工的建筑结构形成有效的拉结。

（2）天面构架混凝土施工工序不当，未按要求先浇筑结构柱，待其强度达到75%及以上后再浇筑屋面构架及挂板混凝土，且未设置防止天面构架模板支撑侧翻的可靠拉撑。

技术分析原因如下：

（1）违规直接使用外脚手架（立杆横距800mm、跨距1500mm，水平杆步距1800mm）作为模板支撑体系，普通钢管立杆稳定性应力设计标准值为205N/mm^2，经验算该支撑体系立杆稳定性应力为444.438N/mm^2，立杆受力远超设计标准值，线荷载为18.33kN/m，且屋面构架支模高度达到16.3m，未增设加固立杆且未与已完成施工的建筑结构形成有效的拉结，属于超过一定规模的危大工程。

（2）屋面构架混凝土施工工序不当，未按要求先浇结构柱，待其强度达到75%及以上后再浇筑屋面构架及挂板混凝土，且未设置防止屋面构架模板支撑侧翻的可靠拉撑，下部模板支撑体系坍塌时带动结构柱与屋面架构模板支撑体系整体倾覆。

（3）斜向挂板混凝土虽然提前浇筑，但根据图纸设计参数（仅配置双层双向Φ10mm@200mm钢筋，混凝土板厚度120mm）及现场实际施工情况，在没有采取有效加固措施时，斜向挂板无法承受上部荷载。当屋面构架及挂板进行混凝土浇筑时，上部荷载逐渐加大至立杆允许受力临界值时，立杆开始弯曲变形，导致支撑体系整体失稳，并引发斜向挂板端部断裂造成整个构架及挂板整体坍塌。

2. 间接原因

涉事施工企业安全生产主体责任严重缺失，违法违规建设经营，施工管理混乱；监理单位严重违反《中华人民共和国安全生产法》《中华人民共和国建筑法》和有关规定，工作形同虚设、制度不落实，弄虚作假，聘请无证人员实施监理工作；工程设计存在缺陷，审图不到位；行业监管部门监管缺失；建设单位对施工单位、监理单位的督促管理缺失。

（1）施工单位。作为中标施工单位，严重违反安全生产法律法规和有关规定，不落实安全生产主体责任。无成立项目部有关文件，未建立安全生产管理机构，公司主要负责人和有关安全管理人员没有到施工现场履行管理职责，只派出实习生到施工现场收集资料，安全管理工作形同虚设。公司三级安全教育培训记录造假，未组织员工进行考核；公司安挂靠人员已经由公安机关另案处理，层层违法转包、分包给没有相关证照和资质的个人，以致施工管理混乱。未如实记录技术交底内容，无具体时间，无照片记录；动火作业审批表（GDAQ21203005号）只有监护人签名，无申请人和审批人签名，动火作业审批表（GDAQ21203004号）无申请人签名；无劳动防护用品发放记录；应急预案编制无危险因素评估，未明确每年需组织多少次应急演练，应急演练记录不完善，无人员签名。未建立生产安全事故隐患排查治理制度。隐患排查工作流于形式，没有发现业务楼天面构架及悬挑挂板模板支撑体系存在重大安全隐患并及时消除；业务楼天面构架及悬挑挂板模板工程验收程序流于形式，没有进行安全技术交底；按图纸计算屋面构架及悬挑挂板模板支撑高度距离地面超过16.3m，属于超过一定规模的危大工程，未按要求编制安全专项施工方案并组织专家论证。未组织图纸会审。未取得《建筑工程施工许可证》先行开工。

（2）监理单位。作为监理单位，该项目实际由该公司LH分公司负责，工作形同虚设，弄虚作假，不履职、不尽责，工作制度不落实，严重违反安全生产法律法规和有关规定。在该项目不具备开工条件的情况下签发工程开工令，2019年12月28日向施工单位下发《工程开工令》（编号：001），该工程于2020年6月23日和2020年9月29日才分别取得《建设工程规划许可证》《建筑工程施工许可证》。对施工单位项目经理一直未到岗履职的情况，未采取有效措施。专业监理工程师、监理员2人均为挂靠人员，未驻场履职。现场监理人员2人，未具备相关资质，且均没与监理单位或其LH分公司签订劳动合同。

《监理日志》监理工程师签名栏冒签，存在弄虚作假行为。对施工工程中发现的隐患，未能督促施工单位提供整改复查或验收的相关材料未对安全隐患实行闭环管理。工程施工监理旁站记录相关单位人员未签名确认、部分缺失。未按《LH县某迁建工程模板支撑工程监理细则》要求对混凝土模板进行验收。

（3）设计单位。作为设计单位，未在设计文件中注明业务楼天面构架施工涉及危大工程，没有提出保障工程施工安全的意见，未进行图纸会审和设计技术交底。在设计中将LH县该迁建工程业务楼首层已经列入危大工程清单，但却不将业务楼天面构架列入危大工程。该项目开工后，公司领导和有关人员先后多次到施工现场，明知项目已经开工，也明知未召开图纸会审会，却依然未对重点部位进行设计技术交底，也不提出进行图纸会审的要求。

（4）审图单位。其与建设单位签订审图合同，对施工图审查工作不够认真负责，没有对设计文件中未注明业务楼天面构架涉及危大工程的情况提出审查意见。

（5）建设单位。作为建设单位，安全生产责任落实不到位，意识缺失，没有认真贯彻落实安全生产管理的有关规定和上级有关安全生产工作的部署要求，没有专门明确分管安全生产的领导，也没落实“一岗双责”“管业务也必须管安全”的工作要求。特别是没有按省、市、县的工作部署认真吸取河源龙川“5·23”事故教训，没有按照《LH县建筑施工安全隐患排查整治工作方案》（陆建联〔2020〕3号）的部署落实好建设单位的隐患排查责任，没有组织对本单位该在建工程项目开展安全隐患排查，也没有组织督促施工单位、监理单位开展排查；派出1名不熟悉情况的工作人员到施工现场，也没有明确其工作职责，导致失管、挂空挡。没有要求施工单位完善危大工程清单，并明确相应的安全管理措施。没组织图纸会审。未取得《建设工程规划许可证》《建筑工程施工许可证》，先行建设。

（6）行业主管部门。作为行业主管部门，履行安全监管职责不力，对建筑行业的日常监管和安全隐患排查存在形式主义。LH该工程项目作为市、县重点项目，县政府多次召开协调和推进会，在明知该项目开工的情况下，没有跟进监督管理和指导；对该工程存在未办理《建筑工程施工许可证》就先动工的行为，未采取有效措施。该项目开工建设后，施工单位记录体现行业主管部门及下属质安站人员均有到施工现场，但均没发现施工现场管理混乱，也未发现事故工程项目存在的事故隐患。经查阅该局相关资料发现，该局对恒泰嘉园等19个建设项目发出整改通知书，施工单位项目部将安全隐患整改通知回复主管部门，但现场均未见复查相关台账资料，对发现的隐患没有实行闭环管理。在2020年6月，该局按上级的要求，为深刻吸取河源龙川“5·23”事故教训，与县自然资源局联合印发了《LH县建筑施工安全隐患排查整治工作方案》（陆建联〔2020〕3号）文件，明确了建设单位、施工单位、监理单位的自查责任，明确分工各镇人民政府负责本辖区的自建房、农房的施工安全隐患排查，县住房城乡建设局、质安站负责组织开展建筑施工安全隐患排查。调查组到该局调查了解有关工作开展情况，但该局无法提供对事故工地的相关检查台账和资料。该局对质安站队伍建设不重视，没有安排相应数量的有从业资质人员履职。

（7）LH县委县政府。县委未认真贯彻落实党的安全生产方针政策和安全生产“党政同责、一岗双责、齐抓共管、失职追责”的要求，未有效督促LH县政府及有关部门履行安全生产职责。LH县政府没有牢固树立安全发展理念，对安全生产工作不够重视，对安全风险认识不足，未按规定进行监督管理，未有效督促指导建设单位、监管职能部门落实对建筑施工的安全监管职责。对开展建筑施工安全隐患排查整治工作责任压不到底、抓不实，在全省接连多次出现建筑施工较大生产安全责任事故的情况下，未能深刻吸取教训，未有效领导LH县该项目参建各方和监管部门严格执行国家、省、市有关安全生产法律法规和文件精神，造成严重后果。

SW市住建局。市住建局承担建筑工程质量安全监管的责任，负责全市工程质量和安全生产工作的指导和监督检查的职能，对各县（市、区）建筑行业安全生产工作指导、督促不力，工作只注重发文、开会和检查，对存在问题整改情况没复核材料，没形成闭环管理。制止和纠正建筑行业中安全生产存在的问题的力度不够大、措施不够严，未能采取有效措施遏制建筑行业生产安全事故多发局面。在河源“5·23”、佛山市“6·27”事故发生后，以及“五一、国庆、中秋”等时间节点均有制定专门工作方案，开展专项检查，但对检查中发现的问题只是反馈给被检查对象，没有结合实际对一些典型问题在建筑行业系统内进行通报，提醒各地各单位引以为戒。对LH县住建局在监管工作中存在的问题失察，国庆假期期间发生LH县“10·8”较大建筑施工事故，造成重大损失，影响恶劣。

3. 事故性质

调查组认定，LH县“10·8”较大建筑施工事故是一起生产安全责任事故。

1.16.4　建议实施处罚的事故相关责任人员

1. 对施工单位有关人员的处理建议

（1）李某，男，施工单位法人兼总经理。违法将工程转包给没有施工资质人员，未履行安全生产管理职责，对事故负有责任。建议由司法机关依法追究其法律责任（2020年11月17日被汕尾市检察院批准逮捕）。自刑罚执行完毕之日起，5年内不得担任任何生产经营单位的主要负责人。

（2）余某，男，施工单位副总经理，负责工程安全工作。履行安全管理工作不到位，对事故负有责任。建议由司法机关依法追究其法律责任（2020年11月17日被汕尾市检察院批准逮捕）。

（3）杨某，男，涉事建筑的“包工头”，项目实际负责人，事发现场作业的主要负责人，违法承包LH县该迁建工程，在没有建筑施工资质、安全管理机构、专兼职的安全员和安全教育培训的情况下，违法组织施工作业，对事故负有责任。建议由司法机关依法追究其法律责任（2020年11月17日被SW市检察院批准逮捕）。

（4）丘某，男，杨某聘请的LH县该项目施工安全员，没有持证上岗，履职不到位，对事故负有责任。建议由司法机关依法追究其法律责任（2020年11月17日被SW市检察院批准逮捕）。

（5）黄某，男，施工单位聘用的一级建造师，其明知其建造师资质及本人姓名被任命为LH县该项目负责人，虽然有要求变更，但仍于聘用期届满时于2020年9月17日，再与施工单位续签聘用合同，但一直未到岗履职，对事故负有责任。建议由司法机关依法追究其法律责任（2020年11月17日被SW市检察院批准逮捕）。

（6）叶某，男，杨某雇请的测绘员兼施工员，没有持证上岗，履职不到位，对事故负有责任。建议由司法机关依法追究其法律责任（2020年11月17日被SW市检察院批准逮捕）。

（7）吴某，男，承包LH县该工地搭设外脚手架的“小工头”，没有持证上岗，安排无证人员作业，对进场材料没有按规定进行检测而直接使用，没有按规范搭设业务楼外脚手架，对事故负有责任。建议由司法机关依法追究其法律责任（2020年12月3日被SW市公安局拘留）。

2. 对工程监理单位有关人员的处理建议

（1）林某，男，监理单位法定代表人、总经理。未履行安全生产管理职责，对事故负有责任。建议由司法机关依法追究其法律责任（2020年11月17日被SW市检察院批准逮捕）。自刑罚执行完毕之日起，5年内不得担任任何生产经营单位的主要负责人。

（2）田某，男，涉事工地总监理工程师。对施工单位项目经理长期不在岗的情况，未采取有效措施确保其到岗履职；对专业监理工程师、监理员未驻场履职，以及签名弄虚作假等情况放任不管；对施工工程中发现的隐患，未能督促施工单位提供整改复查或验收的相关材料，未对安全隐患实行闭环管理；未按要求对混凝土模板进行验收，对事故负有责任。建议由司法机关依法追究其法律责任（2020年11月17日被SW市检察院批准逮捕)。

(3) 彭某，男，监理单位 LH 分公司负责人。未组织对派驻 LH 县该迁建工程项目监理人员进行安全培训教育；聘请不具备相关资格人员从事监理活动，且未签订劳动合同，对事故负有责任。建议由司法机关依法追究其法律责任(2020 年 11 月 17 日被 SW 市检察院批准逮捕)。

(4) 刘某，男，LH 县该迁建工程项目监理部实际驻场监理员。对施工工程中发现的隐患，未能督促施工单位提供整改复查或验收的相关材料，未对安全隐患实行闭环管理；未对施工单位的相关人员资质进行审核，对事故负有责任。建议由司法机关依法追究其法律责任(2020 年 10 月 10 日被 SW 市公安局拘留，11 月 18 日取保候审)。

(5) 谢某，男，LH 县该迁建工程监理部现场实习监理员。未取得监理员相关资质，未按规范填写工程施工监理旁站记录；假冒监理工程师签名。建议由司法机关依法追究其法律责任(2020 年 10 月 10 日被 SW 市公安局拘留，11 月 18 日取保候审)。

3. 对设计单位有关人员的处理建议

设计单位在设计中没将 LH 该项目业务楼天面构架超过一定规模的危大工程列入危大工程清单，且未对重点部位进行设计技术交底，未进行图纸会审等，对事故负有责任。建议由安全生产监督管理部门和其他负有安全生产监督管理职责的部门按照职责分工，依据《中华人民共和国安全生产法》《生产安全事故报告和调查处理条例》等法律法规的有关规定，对其相关责任人依法实施处罚。具体名单如下：

(1) 陈某，男，设计单位院长。

(2) 彭某，男，设计单位 LH 分公司负责人。

(3) 孙某，男，设计单位建筑总工，项目技术负责人。

(4) 彭某，男，设计单位 LH 分公司结构设计助理工程师。

4. 对审图单位有关人员的处理建议

审图单位汕尾分公司审图中没有对设计单位未将该项目业务楼天面超过一定规模的危大工程列入危大工程清单的情况提出修改意见，对事故负有责任。建议由安全生产监督管理部门和其他负有安全生产监督管理职责的部门按照职责分工，依据《中华人民共和国安全生产法》《生产安全事故报告和调查处理条例》等法律法规有关规定，对其相关责任人依法实施处罚。具体名单如下：

(1) 庄某，女，审图单位汕尾分公司负责人。

(2) 雷某，男，审图单位技术负责人兼结构审图师。

5. 对建设单位有关人员的处理建议。

(1) 朱某，男，建设单位副局长。LH 县该迁建工程领导小组副组长、施工项目负责人，对该工程项目安全生产工作负有组织管理职责。贯彻落实《地方党政领导干部安全生产责任制规定》《广东省党政领导干部安全生产责任制实施细则》不到位，履行安全管理职责不到位，对指派到工地负责疫情防控和复工复产工作的人员工作职责没有交底，也没有督促其对施工、监理单位加强安全生产工作；未取得《建设工程规划许可证》《建筑工程施工许可证》，先行建设，对事故发生负有责任。建议纪委监委对其履职情况进行调查处理。

（2）彭某，建设单位网安大队副大队长。被指派到该工地负责疫情防控和复工复产工作期间，多次参加现场施工会议，未能认真履行“一岗双责”，督促施工、监理单位加强安全生产工作不到位，对事故发生负有责任。建议纪委监委对其履职情况进行调查处理。

（3）刘某，男，建设单位禁毒大队副大队长。作为迁建工程领导小组的成员、办公室副主任，负责具体联系和办理项目的有关手续业务，不认真学习有关规定，没有及时办理《建筑工程施工许可证》，没有及时向县住建局质安站报请监督管理。建议纪委监委对其履职情况进行调查处理。

（4）刘某，男，建设单位党委副书记、政委，LH 县该迁建工程领导小组副组长。对项目工作中存在的不合规问题失察，建议按干部管理权限进行通报批评。

（5）丘某，男，建设单位指挥中心教导员，LH 县该迁建工程领导小组成员、办公室副主任，对项目工作中存在的不合规问题失察。建议按干部管理权限进行通报批评。

（6）朱某，男，建设单位该项目所长，LH 县该迁建工程领导小组成员、办公室副主任，对项目工作中存在的不合规问题失察。建议按干部管理权限进行通报批评。

（7）陈某，男，建设单位 SC 派出所所长，LH 县该迁建工程领导小组成员、办公室副主任，对项目工作中存在的不合规问题失察。建议按干部管理权限进行通报批评。

6. 对监管部门有关人员的处理建议

LH 县住建局履行安全监管职责不力，对事故负有责任。

（1）罗某，男，LH 县住建局局长，作为主要负责人履行安全监管职责不力，对建筑行业的日常监管和安全隐患排查形式主义严重，明知 LH 县该项目开工，未能落实相关人员进行有效监管，对事故发生负有责任。建议纪委监委对其履职情况进行调查处理。

（2）黄某，男，LH 县住建局副局长，作为分管领导，履行安全监管职责不力，对建筑行业的日常监管和安全隐患排查形式主义严重，明知 LH 县该项目开工，未能落实相关人员进行有效监管，对事故发生负有责任。建议纪委监委对其履职情况进行调查处理。

（3）彭某，男，LH 县住建局质安站负责人，明知 LH 县该项目开工，未能进行有效监管，对事故发生负有责任。建议纪委监委对其履职情况进行调查处理。

（4）彭某，男，LH 县住建局建设工程质量和安全管理股负责人，指导质安站和检测站的工作不到位。建议纪委监委对其履职情况进行调查处理。

（5）彭某，男，LH 县住建局建筑市场和建设工程管理股负责人，负责对 LH 县该工程施工许可的办理。建议纪委监委对其履职情况进行调查处理。

7. 对 LH 县委县政府有关人员的处理建议

LH 县委、县政府未严格贯彻落实《地方党政领导干部安全生产责任制规定》《广东省党政领导干部安全生产责任制实施细则》，未有效领导 LH 县该项目参建各方和监管部门严格执行国家、省、市有关安全生产法律法规和文件精神，造成严重后果。建议按干部管理权限责令县委、县政府主要领导陈某、罗某，常务副县长叶某作出深刻检讨。

（1）彭某，男，LH 县人民政府副县长。未严格贯彻落实《地方党政领导干部安全生产责任制规定》《广东省党政领导干部安全生产责任制实施细则》，安全责任意识薄弱，领导开展建筑施工安全隐患排查整治工作责任压不到底、抓不实，在全省多次出现建筑施工较大生产安全责任事故的情况下，未能深刻吸取教训，分管的行业主管部门未严格履行安全监管职责。建议由纪委监委对其履职情况进行调查处理。

（2）林某，男，LH县副县长、公安局局长。贯彻落实《地方党政领导干部安全生产责任制规定》《广东省党政领导干部安全生产责任制实施细则》不到位，没有贯彻落实安全生产管理的有关规定和上级有关安全生产工作的部署要求；没有明确分管安全生产的领导，也没有落实“一岗双责”“管业务必须管安全”的工作要求，没有组织督促施工单位、监理单位落实好安全生产制度；未取得《建设工程规划许可证》《建筑工程施工许可证》先行建设。建议纪委监委对其履职情况进行调查处理。

8. 对SW市住建局有关人员的处理建议

（1）吴某，男，SW市住建局党组书记、局长。未能采取有效措施遏制建筑行业生产安全事故多发局面，对LH县住建局监管工作中存在的问题失察，在国庆假期期间发生LH县“10·8”较大建筑施工事故，造成重大损失，影响恶劣。建议按干部管理权限责令其作出深刻检讨，并予以调整工作岗位。

（2）刘某，男，SW市住建局党组成员、副局长，分管工程质量安全监管工作。对建筑行业安全生产工作指导、督促不力，未能采取有效措施遏制建筑行业生产安全事故多发局面。在国庆假期期间发生LH县“10·8”较大建筑施工事故，造成重大损失，影响恶劣。建议按干部管理权限责令其作出深刻检讨，并予以调整工作岗位。

（3）余某，男，SW市住建局工程质量安全监管科负责人。对各县（市、区）建筑行业安全生产工作指导、督促不力，建筑行业生产安全事故多发。国庆假期期间发生LH县“10·8”较大建筑施工事故，造成重大损失，影响恶劣。建议按干部管理权限责令其作出深刻检讨，并予以调整工作岗位。

9. 其他人员的处理意见

在LH县该项目中涉嫌非法围标、非法挂靠的苏某、叶某等人，由司法机关依法追究法律责任。

10. 对有关单位的处理建议

（1）施工单位，对事故负有责任。建议由安全生产监督管理部门和其他负有安全生产监督管理职责的部门按照职责分工，依据《中华人民共和国安全生产法》《生产安全事故报告和调查处理条例》等法律法规有关规定，依法实施处罚，并列入信用联惩戒（黑名单）对象。

（2）监理单位，对事故负有责任。建议由安全生产监督管理部门和其他负有安全生产监督管理职责的部门按照职责分工，依据《中华人民共和国安全生产法》《生产安全事故报告和调查处理条例》等法律法规有关规定，依法实施处罚，并列入信用联合惩戒（黑名单）对象。

（3）设计单位，对事故负有责任。建议由安全生产监督管理部门和其他负有安全生产监督管理职责的部门按照职责分工，依据《中华人民共和国安全生产法》《生产安全事故报告和调查处理条例》等法律法规有关规定，依法实施处罚，并列入信用联合惩戒对象。

（4）审图单位，对事故负有责任。建议由安全生产监督管理部门和其他负有安全生产监督管理职责的部门按照职责分工，依据《中华人民共和国安全生产法》《生产安全事故报告和调查处理条例》等法律法规有关规定，依法实施处罚，并列入信用联合惩戒对象。

（5）建议按管理权限责令LH县住建局作深刻检讨，认真总结和吸取事故教训，进一步加强和改进安全生产工作，杜绝同类事故发生。

（6）建议按管理权限责令LH县公安局作深刻检讨，认真总结和吸取事故教训，进一步加强和改进安全生产工作，杜绝同类事故发生。

（7）建议按管理权限责令LH县委、县政府作深刻检讨，认真总结和吸取事故教训，进一步加强和改进安全生产工作，杜绝同类事故发生。

（8）建议按管理权限责令SW市住建局作出深刻检讨，认真总结和吸取事故教训，进一步加强和改进安全生产工作，杜绝同类事故发生。

1.16.5 事故暴露的主要问题和教训

1. 参建各方责任悬空，安全工作缺失缺位

施工单位严重违反《中华人民共和国安全生产法》《中华人民共和国建筑法》等法律法规规定，允许没有资质的、不具备安全管理能力的“包工头”非法挂靠，没有安排有资质和专业能力的人员跟进管理，导致施工管理混乱，盲目蛮干，在未取得施工许可的情况下违规开工。公司三级安全教育培训记录造假，未组织员工进行考核；公司安全生产检查台账记录造假；已制定公司安全生产支出、提取计划，但未能提供安全生产支出、提取有关凭证。监理单位极度不负责，监理工作形同虚设，安排无资质人员负责监理，发现问题也不及时按规定报告处理。设计单位对属于危大工程的项目没有列入清单，也未技术交底；审图单位把关不严，没有发现上述严重问题。建设单位作为机关单位，不落实党政领导干部安全生产管理责任，不明确各级工作人员安全职责，未取得《建设工程规划许可证》《建筑工程施工许可证》就先行建设，盲目追求进度，对施工、监理各方违法和失职行为失察。在河源“5·23”事故之后，省、市、县多次提出防范遏制事故要求的情况下，建设单位、施工单位、监理单位置若罔闻，隐患排查制度不落实，重大安全隐患未得到消除。种种不负责任的行为、职责的层层失守，使各种漏洞、隐患叠加，酿成重大隐患，最终酿成了严重的事故。

2. 参建各方无知无能，蛮做盲干

参建各方对危大工程认知不足，危大工程被当作一般工程对待，以致重大安全隐患一直存在而得不到整改。施工单位严重违反安全生产法律法规规定，缺乏对法律敬畏，违法违规允许没有资质的“包工头”挂靠，导致层层违法转包、分包等问题，该工程项目开始网上招标时，挂靠人员通过非法的方式，邀请5家建筑公司参加投标，约定谁中标就挂靠谁。挂靠人员再将该工程转包给“包工头”杨某，由杨某（该工程项目施工的实际控制人）组织施工队实施，杨某将外架项目分包给“小包工头”吴某，由吴某聘请施工队实施。杨某和吴某的名下均未注册登记公司，没有相关施工资质、安全管理机构、专职安全员，未开展安全教育培训，所聘请的人员部分没有相关作业资质。“包工头”杨某中专毕业，吴某只有初中文化程度，均不具备任何相应执业资格和管理能力，以致施工现场安全管理机构形同虚设，安全管理混乱，施工前没有方案交底、没有技术交底，对施工人员没有教育培训。施工中为“节约成本”，对进场脚手架材料没有按规定进行检测而直接使用，违规直接使用外脚手架作为模板支撑体系，未增设加固立杆且未与已完成施工的建筑结构形成有效的拉结。野蛮施工，未按要求先浇结构柱，待其强度达到75%及以上后再浇筑天面构架及挂板混凝土，且未设置防止天面构架模板支撑侧翻的可靠拉撑。监理单位工作形同虚设，弄虚作假，不履职、不尽责，工作制度不落实，没安排专业监理工程师、监理员驻场履职，聘请未具备相关资质人员从事监理活动。对发现施工单位存在的问题不监督整改，不向建设单位报告。严重违反安全生产法律法规和有关规定，在该项目不具备开工条件的情况下签发工程开工令，未按要求对混凝土模板工程进行验收，不组织图纸会审。设计单位业务能力差，对应该列入危大工程设计清单的部位没按要求列入，审图单位也没有审查到位，在事故发生后还认为事故发生部位不属于危大工程范围。

建筑施工本是技术要求极高、施工危险性极强的行业领域，但施工、监理、设计、审图等配置的人员明显没有与工作岗位相匹配的知识和能力，违法违规、罔顾实际、脱离科学、违反规程、不负责任，最终害己害人。

3. 党委政府落实安全生产责任制不严不实

LH县委未认真贯彻落实党的安全生产方针政策和安全生产“党政同责、一岗双责、齐抓共管、失职追责”的要求，未能严格坚守发展决不能以牺牲人的生命为代价这条不可逾越的红线，重发展轻安全不同程度地存在，未能认真落实党委政府领导责任，未有效督促LH县政府及有关部门严格履行安全生产职责。LH县政府和相关部门的领导没有牢固树立安全发展理念，没有严格落实“管行业必须管安全、管业务必须管安全、管生产经营必须管安全”的要求，对安全生产工作不够重视，对安全风险认识不足，未按规定进行监督管理，未有效督促指导有关职能部门严格落实对建筑施工的安全监管职责。在LH县该项目建设中只注重是否按上级要求及时开工建设，而对安全工作重视不够，以致该项目监管缺失，埋下了安全隐患。

4. 监管机制不完善，监管职责未有效落实

LH县该项目作为重点建设工程，采取边建边办理手续的方式，县政府多次召开会议研究，也提出住建部门要加强安全管理方面的要求，相关监管部门会议上没有提出异议，但实际工作中却以没办好正式手续为由，不纳入监管。县公安局作为建设单位，没有办好手续就先行建设，本应更加严格安全管理，但却对安全生产工作放任不管，对施工、监理工作没任何监督，对监管部门要求开展隐患排查工作置之不理，对涉事工地施工单位项目经理长期不在岗、安全管理混乱、档案资料弄虚作假等现象失管失察。县政府有关领导存在重视推动进度，对工程建设风险认识不足现象，没有严格要求住建部门和建设单位抓好安全监管，以致监管职责悬空。

1.16.6 事故防范和整改措施的建议

事故发生后，汕尾市委、市政府为深刻吸取教训，痛定思痛，坚持以问题为导向，全面开展安全隐患排查整治。10月9日，市委、市政府召开安全生产工作会议，深入学习贯彻习近平总书记关于安全生产的重要论述和重要指示批示精神，坚决贯彻落实省级领导的批示精神，认真贯彻落实全国、全省安全生产工作会议精神，深入剖析LH“10·8”较大建筑施工事故的原因和血的教训，对全市安全生产各项工作进行再强调、再部署、再检查、再落实，以全面推行安全生产“一线三排”为抓手，全领域、全覆盖、全方位开展安全隐患排查整治，地毯式、拉网式排查建筑施工、道路交通、旅游安全、消防安全、渔业船舶、危险化学品、大型群众性活动等重点行业领域，坚决扭转安全生产被动局面，防范遏制重特大事故和安全风险较大社会影响事故的发生。市四套班子领导成员带队，抽调相关单位分管领导、业务科室负责人和行业领域专家下沉基层一线，以随机抽查、实地督查、台账资料核查等方式，对重点行业、重点领域、重点部位进行督导检查。据统计，10月9日至11月9日，全市共检查企业单位场所等61228家次，发现隐患18871处，已落实整改隐患15266处，责令停工停产4043家次，有力消除了一大批安全隐患。LH县“10·8”较大建筑施工事故血的教训警醒我们，安全生产形势严峻复杂，要始终坚持以人民为中心，始终坚守发展决不能以牺牲人的生命为代价这条不可逾越的红线，始终保持如履薄冰的谨慎，始终保持一叶知秋的敏锐，紧盯重点领域，狠抓各项安全防范措施落地落实。各级党委政府必须以习近平新时代中国特色社会主义思想为指导，切实增强“四个意识”，牢固树立安全发展、依法治理理念，综合运用巡查督查、考核考察、激励惩戒等措施，加强组织领导，强化属地管理、行业管理和企业主体责任，完善体制机制，有效防范安全生产风险，坚决遏制重特大生产安全事故。

（1）深入贯彻落实习近平总书记关于安全生产的重要指示精神，牢固树立安全发展理念

各级党委政府要坚持以人民为中心的发展理念，贯彻落实习近平总书记关于安全生产的重要指示精神，务必举一反三，深刻吸取事故教训，促使各级党政领导干部切实承担起“促一方发展、保一方平安”的政治责任。应当坚持“党政同责、一岗双责、齐抓共管、失职追责”，各级党委政府主要负责人是本地区安全生产第一责任人，班子其他成员对分管范围内的安全生产工作负领导责任。深入开展安全生产“一线三排”工作，深入开展事故警示教育，定期分析研判安全生产形势，真正把安全生产纳入经济社会发展总体布局，整体谋划、推进、落实。建立科学合理的考核问责机制，确保安全生产红线不可触碰。

（2）全面推行“一线三排”工作机制，落实事故企业“三个必须”措施

各地、各部门要持续深入推行“一线三排”工作机制，指导督促生产经营单位坚守发展决不能以牺牲人的生命为代价这条不可逾越的红线，全面排查、科学排序、有效排除各类风险隐患，牢牢守住安全生产底线，以“一线三排”的实际行动，压实企业安全生产主体责任，深化安全隐患排查治理，坚决遏制重特大事故发生，对在“一线三排”上搞形式主义、导致事故发生的，依法从严追责问责。各地、各部门、各企业要全面、深入、彻底地组织排查，解决看不到风险、查不到隐患、不把隐患当回事的问题。要借助科技信息化手段，探索建立数据互联、物联感知的风险监测预警和隐患排查治理信息系统，实现风险隐患“一张图”和数据库。各地、各部门、各企业要深入开展风险隐患排查治理的分析研判工作，要建立常态化的风险隐患研判机制，从运行监控、监管执法、事故统计等数据中研判风险，从人的不安全行为、物的不安全状态、作业环境的不安全因素以及管理的缺陷

中研判隐患，对照风险隐患分级标准，科学判定重大风险、重大隐患，分区分类加强安全风险管控和监管执法。各地、各部门要对排查出来的重大风险、重大隐患严格执行挂牌警示、挂牌督办规定，做到风险管控“四早”措施（早发现、早研判、早预警、早控制）和隐患整治“五到位”（责任到位、措施到位、时限到位、资金到位、预案到位），切实把风险隐患消灭在萌芽之时。各地、各部门要督促事故企业落实好“三个必须”工作措施：必须进行一次大反思大讨论的警示教育；必须开展一次全面的风险隐患大排查；必须主动向监管部门报告事故整改情况。同时，市安委办致函湛江市、佛山市安委办，分别督促行业主管部门对施工单位、监理单位在事故中暴露出的问题落实全面的整改。

（3）狠抓建筑施工领域专项整治，切实消除各类事故隐患

住建部门要结合安全生产专项整治三年行动、安全生产质量提升行动，针对此次事故暴露出来的问题，狠抓建筑施工领域专项整治，要全面深入排查工程建设领域存在的安全生产多发、共性问题，通过行业约谈通报、诚信加扣分、联合惩戒、强化执法力度等实招硬招提升企业整治重大隐患的自觉性。

①严肃查处施工安全事故，强化事故责任追究

严格执行《住房和城乡建设部应急管理部关于加强建筑施工安全事故责任企业人员处罚的意见》，以及《广东省住房和城乡建设厅关于严厉惩处建筑施工安全生产违法违规行为的若干意见》，严肃追究事故责任企业和人员的相关责任，严格依法依规暂扣事故责任企业安全生产许可证和责任人员安全生产考核合格证，同时实施限制市场准入和信用管理等联合惩戒措施。积极参与事故调查，从技术层面准确分析事故原因，总结事故教训，举一反三提出防范和整改措施意见。严格落实事故查处督办和约谈提醒制度，对安全生产严峻地区及相关企业下发督办函、约谈告诫和通报批评。

②狠抓施工现场重大风险防控

严格执行《危险性较大的分部分项工程安全管理规定》和省实施细则，强化房屋建筑和市政基础设施工程危险性较大的分部分项工程安全管控，开展以起重机械、高支模、深基坑工程等关键环节为重点的施工安全专项整治。严厉打击违法非法建设行为，健全建筑施工现场和市场“两场联动”机制。

③稳步提升建筑施工安全生产治理能力

严格参建各方安全生产主体责任落实，贯彻落实建筑施工企业安全生产许可制度改革，研究完善建筑起重机械安全管理制度，探索建立建筑起重机械安全信用管理责任体系，制定工程质量安全手册实施细则。着力推进建筑施工安全监管信息化工作，促进建筑施工安全监管实现信息共享和业务协同，建立健全建筑施工企业和项目安全诚信体系，提升安全监管效能。

④严厉打击建筑市场违法违规行为

完善建筑用工实名制管理，实现实名制信息实时更新联动，推动实名制管理全覆盖。严查建筑市场违法违规行为，严厉打击建设工程项目未办理规划许可、工程施工许可等法定建设手续，擅自开工的；建筑施工、监理企业无相关资质或超资质范围承揽工程，违法分包和转包工程的；建筑施工企业无安全生产许可证擅自从事建筑施工活动的；建筑施工企业主要负责人、项目负责人、专职安全生产管理人员无安全生产考核合格证书的；建筑施工特种作业人员无操作资格证书，从事建筑施工活动的；工程建设项目施工相关责任主

体，对住建主管部门及其施工安全监督机构发出的安全隐患整改通知，不履行相关职责，不落实整改的。对可能引发安全事故的违法违规行为，要责令立即停工整改，对拒不停工的，会同有关部门采取停电查封等执法措施，坚决执法到底，切实消除各类事故隐患。同时，住建部门要加强对基层监管队伍的建设和监督指导，做到能管、敢管、会管，切实落实基层项目部安全责任。

⑤落实参建各方主体责任

强化建设单位首要责任落实，建设单位对房屋市政工程全生命周期的质量安全管理工作负总责，加强对参建各方的履约管理，科学合理确定并及时足额支付质量安全风险评估、勘察、设计、施工、监理、检测、监测等保障房屋市政工程质量安全所需的费用；严格履行法定建设程序，保证合理工期和造价，不得违法违规发包工程，不得以优化设计名义降低工程质量标准。施工单位应完善质量安全管理体系，建立岗位责任制度，配齐安全生产和质量管理人员；落实工程质量安全手册制度，完善隐患排查治理体系；加大安全生产和消防安全投入，强化从业人员安全意识教育和技术能力培训；持续推进企业和项目安全生产标准化建设，不断提高安全生产和消防安全管理水平。勘察、设计、监理等单位要切实履行法定职责，依法依规办事。

（4）引以为戒，切实抓好安全生产重点领域专项整治

各级有关部门深刻吸取此次事故教训，举一反三，引以为戒，反衬抓好本行业的重点整治。住建部门要组织以识别大风险、消除大隐患为抓手，以防范和遏制建筑施工生产安全事故为目标，集中精力、人力、物力开展地毯式、拉网式安全生产大排查大整治，实现横向到边、纵向到底，覆盖所有在建房屋市政工程工地，对安全事故隐患“零容忍”，对存在事故隐患不整改的行为“零容忍”，压实属地责任和部门监管责任以及企业的主体责任，加强监管执法力度，确保房屋市政工程施工安全生产形势稳定好转，全力维护人民群众生命财产安全。公安、交通运输等部门要加强“两客一危一重货”重点车辆和驾驶人源头安全管控，深化货运行业乱象整治，保持对酒驾醉驾及“三超一疲劳”等严重违法行为高压严管态势，严防出现货车、拖拉机违法载人等问题。消防等部门要从严查处火灾风险隐患，巩固居住类场所电气火灾专项治理成效，聚焦薄弱环节，要持续深入开展“打通生命通道”、城中村、电动车、重点场所达标创建等四个专项整治行动。农业农村等部门要深入开展“一打一拆三整治”行动，铁腕整治涉渔涉海历史遗留问题，深入开展渔船安全生产专项检查，逐条落实渔船安全“六个100%”，确保“七个不出海”。应急管理、交通运输等部门要督促辖区内危险化学品企业按照《危险化学品企业安全风险隐患排查治理导则》全面开展安全风险隐患自查和整改。对危险化学品生产贮存企业和构成重大危险源、有毒有害、易燃易爆化工企业，按照“一企一策”原则，全面开展安全风险排查和隐患治理，按照“红橙黄蓝”确定风险等级，实施分级分类动态监管。其他各行业领域都要结合实际，针对行业的特点，深入开展安全生产专项整治行动，牢牢守住安全生产底线。

（5）严格执行联合惩戒“黑名单”制度，依法从严从重查处

各级政府和有关行业监管部门要本着“有法必依、违法必究”的原则，严厉查处违反城乡规划、土地管理、农业农村、交通运输、水利、生态环境、安全生产和消防安全、林业等领域违法建设行为。一经查实，依法从重从快查处，顶格处罚，严肃追责。严格执行

《对安全生产领域失信行为开展联合惩戒的实施办法》，对符合国家发展改革委等18部委《关于印发〈关于对安全生产领域失信生产经营单位及其有关人员开展联合惩戒的合作备忘录〉的通知》规定的企业及其主要负责人按规定纳入全国安全生产领域联合惩戒“黑名单”，依法对“黑名单”企业实施惩戒措施，做到惩戒一个，震慑一片。

1.17　山西省晋城市“11·4”施工升降机高处坠落较大事故调查报告

2020年11月4日12时44分许，晋城市某小区2号楼新建住宅楼项目工地，发生了一起施工升降机高处坠落事故，造成3人死亡，直接经济损失428.08万元。

1.17.1　基本情况

1. 建设项目基本情况

该小区2号住宅楼为剪力墙结构，地上24层地下1层，建筑高度71.3m，建筑面积18721.24m^2。

事故发生时，2号住宅楼工程进度为主体24层已封顶，正在进行屋顶防水和室内抹灰等作业。

2. 事故升降机情况

2020年6月25日，事故施工升降机设备进场，设备产权单位安装（拆卸）工牛某（一）、牛某（二）2人开始安装。

2020年6月30日，首次安装完成。状态为27个标准节，3道附着，总高度为40.5m。劳务分包单位开始使用。

2020年7月2日，ZZ县住建局受理《山西省建筑起重机械安装（拆卸）告知表》。

2020年7月16日，设备检测单位进行现场检验，2020年7月17日出具结论为“合格”的检验报告。

2020年8月7日，建设单位、总承包单位、监理单位三方给ZZ县住建局出具了资料真实性承诺书，办理使用登记手续。

2020年9月3日，ZZ县住建局出具《山西省建筑起重机械使用登记表》。

2020年9月22日，安装（拆卸）工牛某（一）、牛某（二）2人完成最后一道附着及加节工作，总高度82.5m，共55个标准节，7道附着。

2020年10月12日，项目部临时聘用维修工杨某到施工现场对事故施工升降机进行了一次标准节螺杆螺母的紧固工作，并补充了部分脱落的螺母，未对第7道附着以上部分进行紧固，项目部未留存维修保养记录。

经查实：①安装（拆卸）工牛某（一）、牛某（二）无建筑起重机械安装（拆卸）作业资格违规从事安装作业。②检验检测人员孙某无特种设备检测资格且依然违规进行检测工作，现场检测时未全项检测，缺项、漏项严重，违规出具全项检测“合格报告”。③西侧吊笼司机张某无起重机械司机作业资格，违规操作升降机。④3名防水作业人员欧某

(一)、欧某（二）和张某（事故中3人均死亡）无建筑起重机械操作资格违规操作升降机。⑤租赁单位伪造设备制造资料、《山西省建筑起重机械备案登记表》，假冒别家单位安装资质，协助使用单位办理《山西省建筑起重机械使用登记表》。

3. 天气情况

2020年11月4日，晋城市气象局提供当天气象资料：温度12℃，风速1.7m/s，风向东南。

1.17.2 事故经过及应急救援情况

1. 事故发生经过

2020年11月4日上午11点30分许，2号楼西侧吊笼施工升降机司机张某将施工升降机停靠在地面后下班休息，升降机处于待机状态。中午12点39分，专业分包单位欧某(一)、欧某（二）和张某3人进入施工现场。12点41分许，3人进入施工升降机西侧吊笼，自行操作施工升降机前往楼顶进行防水作业。12点44分许，施工升降机运行至24层以上，越过最高一道附着约1m时，第7、8节（从上往下数）标准节连接螺栓失效，西侧吊笼连同上端7节标准节一起向西倾覆，从距地面约70m高处坠落至地面炉渣堆上，造成3人死亡。

2. 应急救援及报告情况

11月4日12时44分许，专业分包单位工人李某买水回到现场后，发现升降机坠落，马上拨打了120救援电话，同时现场保安魏某也发现升降机坠落，立即向项目部安全负责人申某报告，申某接到事故报告后，立刻赶到现场指挥救援，并安排现场人员做好疏散人员、保护现场、排查隐患工作，防止次生灾害发生，随后又向项目经理屈某、建筑安装分公司经理李某进行了汇报，屈某、李某等人先后到达现场组织救援。12时52分，晋城大医院2辆120救护车到达事故现场，13时1分运送2名伤者。13时7分，晋城大医院第3辆120救护车到达事故现场，运走第3名伤者。李某、屈某负责医院伤者抢救工作，同时联络并安抚伤者家属。19时50分，3名伤者经抢救无效死亡。

21时许，建设单位该项目负责人梁某向ZZ县住建局安监站电话上报。22时许，该小区项目经理屈某分别向该项目调度室、业主单位和建设单位报告，并于23时许向ZZ县应急局和市住建局进行汇报，事故迟报近8h。

1.17.3 事故现场勘察及原因分析

1. 现场勘察

1）受损部件情况

（1）坠落损坏的升降机西侧吊笼和顶端7节标准节（图1）。

（2）第8节标准节上的齿条变形（图2）。

（3）第8节标准节上端面西侧连接螺栓孔外侧母材撕裂（俯视）（图3、图4）。

图1 坠落损坏的吊笼和7节标准节

图2 受力变形齿条

图3 母材撕裂

图4 撕裂破口

（4）第8节标准节东侧上端面连接螺栓孔边缘整齐完好（仰视）（图5）。

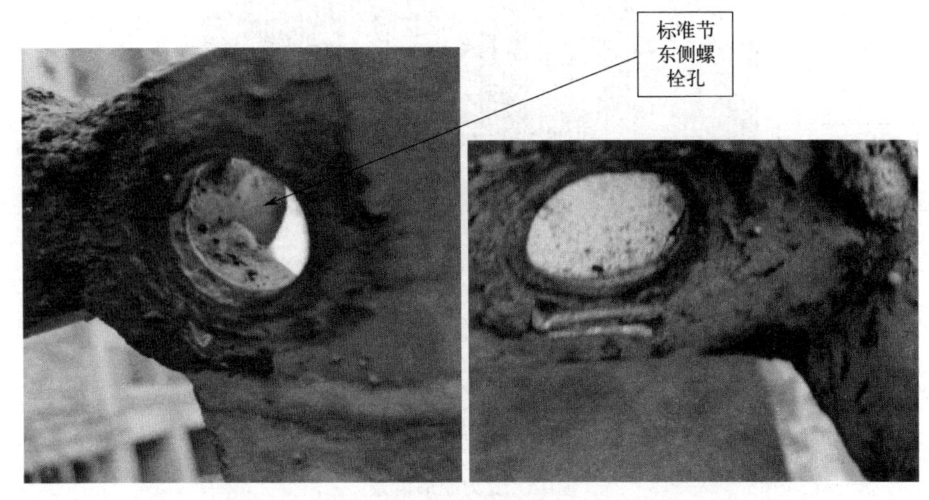

图5 东侧螺栓孔

（5）第7节标准节东侧下端面连接螺栓孔外侧变形（仰视）（图6）。

图6 变形母材

2）关键部件失效情况

（1）第7、8节标准节东侧连接螺栓，无螺母（图7、图8）。

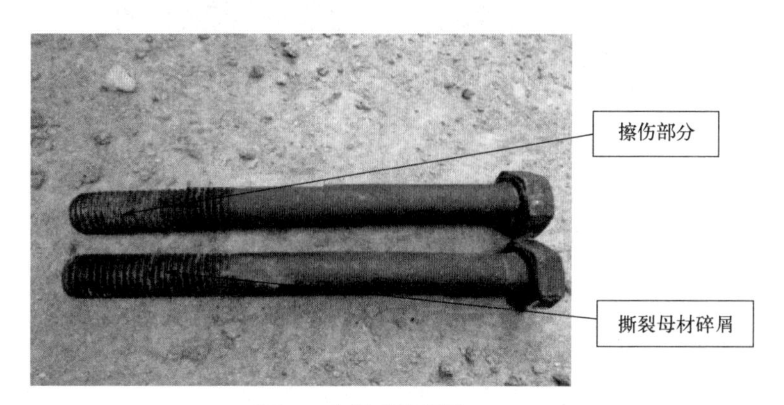

图7 东侧连接螺栓（一）

图8 东侧连接螺栓（二）

（2）第7、8节标准节西侧连接用螺栓，带螺母（图9～图11）。

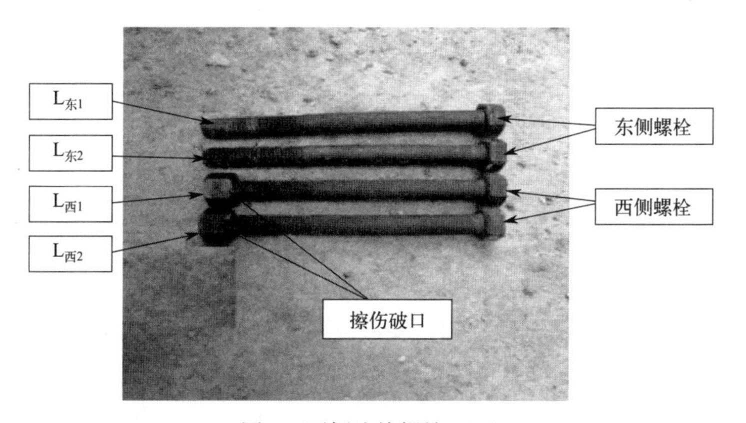

图9 西侧连接螺栓（一）

2. 原因分析

1）计算分析（表1、图12）

图10　西侧连接螺栓（二）

图11　西侧连接螺栓（三）

各部件参数数据计算　　**表1**

名称	质量(kg)	至吊笼侧主肢中心距离(m)	力矩(N·m)
吊笼	1200	0.875	10500
驱动系统	640	0.29	1856
人/3个	240	0.875	2100
标准节/7节	1295	−0.465	−6021.75
总计	3375	2.499	8434.25

注:以向吊笼侧倾翻时力矩为正,相反方向为负。

由表1可知，在远离吊笼侧主肢均未拧螺栓情况下，危险截面以上总的倾覆力矩为正，危险截面以上部件将朝吊笼侧倾翻，要保证不发生倾翻，需要远离吊笼侧螺栓至少提供−8434.25N·m的力矩，此时远离吊笼侧单个螺栓承受拉力为：

$$F=M/2A=8434.25/(2\times0.93)=4534\text{N}$$

在吊笼升至危险截面以上后，需要远离吊笼一侧的螺栓至少提供4534N拉力，如果螺栓螺母缺失，螺栓无法提供标准节连接所需拉力，将导致危险截面以上塔身沿受压一侧倾翻，随着倾翻角度的增大，倾覆力矩越来越大，直至达到极限，撕裂标准节螺栓孔附近母材发生坠落。

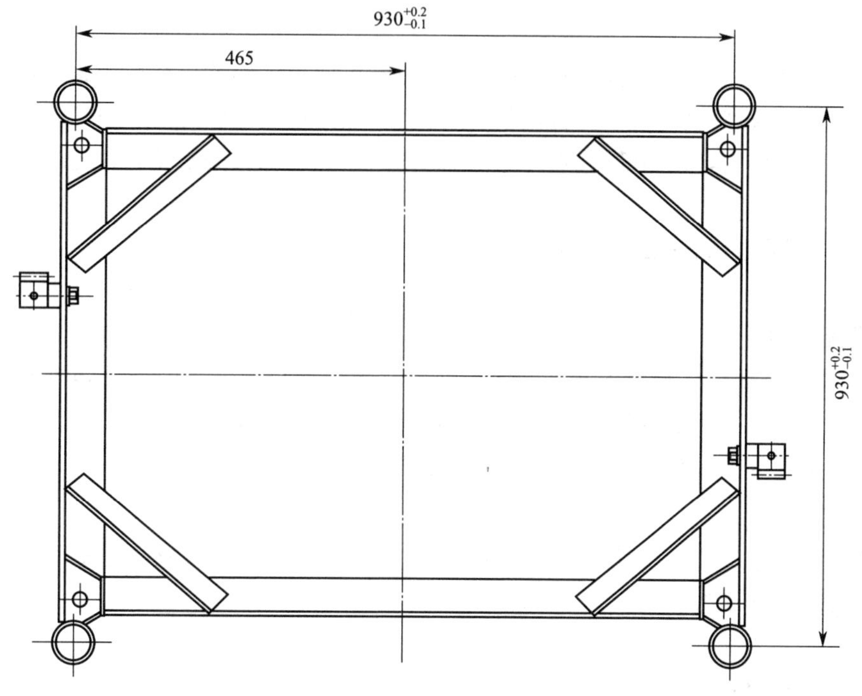

图 12　计算分析图

2）原因分析

（1）螺栓预紧力缺失勘察分析

从现场勘察发现，$L_{东1}$、$L_{东2}$ 两条螺栓都有明显的红色防锈漆痕迹和受力弯曲的压痕（图 8）。$L_{东1}$、$L_{东2}$ 两条螺栓螺纹部分没有带螺母受力脱落痕迹，只有侧向受力的擦伤痕迹。其中，$L_{东1}$ 可见螺纹表面近一半长度有明显擦伤痕迹（图 7），$L_{东2}$ 有咬边损伤标准节母材的碎屑（图 7）。第 7 节标准节东侧下端两个连接孔以及第 8 节标准节东侧上端两个连接孔孔洞边缘整齐完好，未见受力拉伤痕迹（图 5、图 6），说明 $L_{东1}$、$L_{东2}$ 两条螺栓离开标准节孔洞前只对孔洞边缘有侧向的挤压、摩擦，没有对标准节连接孔洞轴向施加太大的作用力，因此可判定 $L_{东1}$、$L_{东2}$ 两条螺栓在事故发生前螺母已经脱落，丧失预紧力。

$L_{西1}$、$L_{西2}$ 两条螺栓均戴有螺母，且螺母上均有轴向受力拉伤的痕迹（见图 9）。第 8 标准节西侧上端两个螺栓连接孔边缘均已经被拉伤、撕裂（见图 3），第 7 节标准节西侧下端两个连接孔内留有 $L_{西1}$、$L_{西2}$ 两条戴有螺母的螺栓（见图 11），说明 $L_{西1}$、$L_{西2}$ 两条螺栓戴螺母拉伤、撕裂第 8 标准节西侧上端两个螺栓连接孔边缘母材，因此可判定事故发生时西侧两条螺栓戴螺母撕裂标准节母材。

勘察 $L_{东1}$、$L_{东2}$、$L_{西1}$、$L_{西2}$ 螺栓上有清晰的编号，虽然有弯曲变形，$L_{西1}$、$L_{西2}$ 螺母有擦伤痕迹，但均无折断情况，说明该施工升降机用螺栓强度不是导致事故的原因。

（2）两条螺栓螺母缺失原因分析

①按照施工升降机标配螺栓的要求，每条螺栓本身带有一个平垫片、一个弹簧垫片和一个螺母，该施工升降机安装使用的螺栓大部分没有安装平垫片和弹簧垫片，螺栓预紧力降低无法通过弹簧垫片来补足，无弹簧垫片的螺栓螺母容易发生松动。

②施工升降机在使用过程中，由于振动的原因，在没有弹簧垫片的情况下螺母能够逐步松动直至脱落。

③施工升降机两个吊笼分别分布在标准节两侧，如果一侧的一个螺栓螺母松动失去预紧力，同侧另一条螺栓将受力，升降机倾覆力矩必然作用在同侧的另一条螺栓螺母上，这种作用力不是持续的，是间断性的，所以，同侧两条螺栓螺母的松动具有连续性。

1.17.4 事故直接原因及性质

1. 直接原因

第7、8标准节间东侧两条螺栓的螺母缺失，螺栓连接失效，施工升降机西侧吊笼从地面上升越过最高一道附着约1m时，第8节以上自由端部分无法克服来自西侧吊笼的倾覆力矩，发生断裂性倾覆，是造成事故的直接原因。

2. 事故性质

经调查组认定：晋城市某小区新建2号楼“11·4”施工升降机高处坠落事故是一起较大生产安全责任事故。

1.17.5 存在的问题及处理建议

1. 有关企业

（1）施工升降机租赁和安装单位：违规将超过设计使用年限未评估、没有安全技术档案的施工升降机租赁给劳务分包单位；伪造《建筑起重机安装告知资料》中的《建筑起重机械备案情况》、别家单位副总工签字、公章等签订《安装合同》《安全协议》办理安装告知表和使用登记表；冒用别家单位起重设备安装资质证书，派遣无建筑施工特种作业操作资格证人员进行违规安装、维护和保养。建议由JC市应急管理局依据《中华人民共和国安全生产法》第一百零九条的规定给予70万元罚款的行政处罚。

（2）总承包单位：将使用大中型施工机械设备的业务违规分包给劳务分包单位；未认真审核事故升降机相关资料造假的问题；未组织相关单位对施工升降机进行验收；未按规定履行事故升降机租赁、安装、验收、使用、维护保养的职责；备案项目负责人与实际项目负责人不符，且配备不具备资格人员担任项目负责人；未督促专业分包单位、劳务分包单位签订专门的安全生产管理协议，约定各自的安全生产管理职责；拒不执行监理部门下达的事故施工升降机停止使用指令；发生事故后未及时上报事故情况。建议由JC市应急管理局依据《中华人民共和国安全生产法》第一百零九条的规定给予100万元罚款的行政处罚。

（3）劳务分包公司（2号楼施工升降机使用单位）：违法出借资质；违法分包；租赁、使用不符合规定（限制使用）的施工升降机；未按规定履行设备维护保养和安全管理职责；安排未取得施工升降机特种设备操作资格证人员上岗作业。建议由JC市应急管理局依据《中华人民共和国安全生产法》第一百零九条的规定给予100万元罚款的行政处罚。

（4）专业分包单位：未建立安全生产责任制，未配备项目专职安全生产管理人员；未按照规定对欧某（一）、欧某（二）、张某（事故中3人均死亡）进行安全生产教育培训考核和日常用工管理；未与中富公司签订交叉作业专门的安全生产管理协议；防水施工人员违规操作施工升降机。建议由JC市应急管理局依据《中华人民共和国安全生产法》第一百零九条的规定给予70万元罚款的行政处罚。

（5）监理单位：未认真审核事故升降机相关资料造假的问题；未按规定严格履行事故升降机租赁、安装、验收、使用、维护保养的监理职责；针对施工单位违规使用事故施工升降机的问题未能有效制止，未按规定向建设主管部门报告。建议依据《建设工程安全生产管理条例》第五十七条第三项的规定，由山西省住建厅报请住建部给予降低资质等级的行政处罚；依据《中华人民共和国安全生产法》第一百零九条的规定，建议由JC市应急管理局给予100万元罚款的行政处罚。

（6）建设单位：未认真履行建设单位安全管理职责，对施工总承包单位和监理单位管理不严格；对事故升降机使用登记资料审核流于形式、隐患整改不彻底。建议由JC市应急管理局依据《中华人民共和国安全生产法》第一百零九条的规定，给予70万元罚款的行政处罚。

（7）设备检测单位：作为事故升降机检测检验单位，违法安排无检测检验资质人员孙某对事故施工升降机进行检测检验；违法编制、出具虚假施工升降机检测检验报告。建议依据《中华人民共和国特种设备安全法》第九十三条第一项、第三项的规定，由山东省市场监督管理局吊销起重机械检测机构资质；建议由JC市应急管理局依据《中华人民共和国安全生产法》第一百零九条的规定给予100万元罚款的行政处罚。

2. 有关部门

1）JC市住房和城乡建设管理局

对本行政区域内建筑行业安全生产工作重视不够，贯彻落实省委省政府建筑行业领域安全生产工作不力，在全省开展住建领域安全生产专项排查整治工作中不深入、不扎实，未能做到全覆盖；未切实履行对全市建筑行业的督查指导职责，特别是针对城区制定的《城中村改造回迁安置楼及重点工程先期介入申请表》，未实施有效监督指导，致使该项目在没有办理相关手续的情况下违法开工建设。建议JC市住房和城乡建设管理局向JC市政府作出深刻检讨。

2）JC市城区住房和城乡建设管理局

2020年1月1日托管前，在该项目未取得《建设用地批复》《建设用地规划许可证》《建设工程规划许可证》《建筑工程施工许可证》等相关手续，未进行招标投标、未签订《建设工程施工合同》且已私自开工的情况下，制定与国家法律、法规相抵触的《城中村改造回迁安置楼及重点工程先期介入申请表》，致使该项目开工建设。

3）JC市ZZ县住房和城乡建设管理局

对本行政区域内建筑行业安全生产工作不够重视，贯彻落实省委省政府建筑行业领域安全生产工作不力，特别是未深刻吸取临汾市“8·29”重大坍塌事故、太原市“10·1”重大火灾事故教训，在全省开展住建领域安全生产专项排查整治等活动中工作不深入、不扎实，未做到“全覆盖、全领域、全方位”；对所管辖的建筑工程安全监督站未认真履行建筑安全生产监管职责、未认真贯彻落实上级安全生产工作要求等问题失察失管，对涉事项目安全生产管理混乱等问题监督管理不到位。

4）ZZ县住房和城乡建设管理局建筑工程安全监督站

对事故项目安全生产隐患排查落实不到位，监管不力，对该小区新建2号楼项目施工升降机“未告知先安装”违法违规行为未依法处置，尤其是对发生事故的升降机只进行资料备案，未落实现场核查；对屡次发现的施工升降机司机未持证、持假证上岗，非司机人员无证违规操作施工升降机等问题，仅下达整改通知书，未提出明确整改意见并督促整改或移交有关部门依法处理，致使施工升降机违规使用、司机无证操作情况持续存在。

3. 地方党委政府

1）JC市城区人民政府

2020年1月1日托管前，对JC市城区住房和城乡建设管理局制定与国家法律法规相抵触的《城中村改造回迁安置楼及重点工程先期介入申请表》未及时发现并指正，致使该项目在未取得相关手续的情况下开工建设；未按照JC市《关于整建制托管城区、ZZ县部分乡镇的实施方案》（晋市发〔2019〕17号）要求，组织协调行业监管部门对行政区域托管后的建筑施工项目进行生产安全状况交接。建议JC市城区政府向JC市政府作出深刻检讨。

2）JC市ZZ县人民政府

对建筑行业安全生产工作重视不够，吸取临汾市“8·29”重大坍塌事故和太原市“10·1”重大火灾事故教训不深刻，对全县建筑行业领域隐患排查工作虽然进行了安排部署，但在实际工作中未严格督促县住房和城乡建设管理局依法履行建筑行业安全生产监管职责，特别是对托管后BSD镇辖区内的建设项目监管不到位。建议ZZ县政府向JC市政府作出深刻检讨。

3）JC市ZZ县BSD镇

事故发生地所在乡镇，负责对本行政区域内生产经营性企业实施属地监管。对安全生产“属地监管”规定认识上存在偏差，未对本行政区域内该小区棚户区新建项目安全生产状况进行监督检查。

4. 有关人员

1）免于追责人员（1人）

欧某，男，专业分包单位防水施工人员，安全意识淡薄，违反施工现场安全管理纪律，擅自违规操作事故施工升降机。鉴于在该起事故中遇难，免于追究其法律责任。

2）建议移送司法机关人员（5人）

（1）郑某，男，设备产权单位法人，伪造、出具虚假合格证明文件、特种设备备案证明，提供超期服役的设备用于生产，未取得安装资质违规安装设备，涉嫌重大责任事故罪，建议移送司法机关处理。

（2）孙某，男，设备检测单位业务员，无检验资格开展检测工作，伪造事故升降机《施工升降机监督检验报告》中检验员、审核员、批准人签字，出具虚假检测报告，涉嫌重大责任事故罪，建议移送司法机关处理。

（3）赵某，男，劳务分包单位该小区负责人，未取得建筑劳务资质，违法承揽工程；违法承包该项目大中型施工机械设备，租赁、使用不符合规定的施工升降机，安排未取得施工升降机特种设备操作资格证人员上岗作业，未履行设备维护保养安全职责。涉嫌重大责任事故罪，建议移送司法机关处理。

（4）屈某，男，该小区项目部实际负责人，未审核安装单位资质证书、安全生产许可证和安装人员的特种作业操作资格证书；未指定专职设备管理人员、专职安全生产管理人员监督检查事故施工升降机安装、使用情况；事故施工升降机安装完成后未组织有关单位进行验收；未及时发现和整改事故施工升降机安装、使用过程中存在的隐患；对施工人员私自操作施工升降机的行为管控不力。涉嫌重大责任事故罪，建议移送司法机关处理。

（5）申某，男，该小区项目部安全负责人，日常安全检查流于形式，未审核施工升降机安装单位和安装人员资质、专项施工方案；未发现和整改事故施工升降机安装、使用过程中存在的隐患。涉嫌重大责任事故罪，建议移送司法机关处理。

3）行政处罚人员（6人）

（1）针某，女，设备检测单位法定代表人。安排无资质人员孙某对事故施工升降机进行检测检验，出具虚假检测检验报告，对事故发生负有主要责任。依据《中华人民共和国安全生产法》第九十二条第二项的规定，建议由JC市应急管理局对其处上一年年收入百分之四十罚款的行政处罚。

（2）王某，男，专业分包单位法定代表人。未履行主要负责人安全生产工作职责，未建立安全生产责任制，未建立安全管理制度和操作规程，未对欧某、欧某阳、张某进行安全生产教育培训考核和日常用工管理。对事故发生负有领导责任。依据《中华人民共和国安全生产法》第九十二条，建议由JC市应急管理局对其处上一年年收入百分之四十罚款的行政处罚。

（3）王某，女，该小区备案项目负责人。在该小区项目“挂证”，实际未履行项目经理职责，对事故负有一定责任。依据《建设工程安全生产管理条例》第五十八条的规定，建议由省住建厅给予其吊销执业资格证书，5年内不予注册的行政处罚。

（4）李某，男，监理单位法定代表人。未认真履行安全生产工作职责，未严格履行建筑工程监理职责，对事故施工升降机资料造假、租赁、安装、验收、使用、维护保养存在的问题，使用单位不执行监理指令问题，失察失管。对事故发生负有重要领导责任。依据《中华人民共和国安全生产法》第九十二条第二项的规定，建议由JC市应急管理局对其处上一年年收入百分之四十罚款的行政处罚。

（5）程某，女，该小区项目总监理工程师。未认真履行项目总监的监理职责，未督促该项目施工单位落实安全生产责任制度和安全教育培训制度；未审核出事故升降机相关资料造假的问题；未按规定履行事故升降机租赁、安装、验收、使用、维护保养的监理职责；对事故施工升降机使用单位拒不整改监理指令的情况，未向建设行政主管部门报告。对事故发生负有直接管理责任。依据《建设工程安全生产管理条例》第五十八条的规定，建议由省住建厅给予其吊销执业资格证书，5年内不予注册的行政处罚。

（6）苏某，男，该小区项目专业监理工程师。未认真履行安全生产监理职责，未审核施工升降机特种设备制造许可证、产品合格证、起重机械制造监督检验证书、备案证明等文件；未审核施工升降机安装单位的资质证书、安全生产许可证和特种作业人员的特种作业操作资格证书；未审核施工升降机安装拆卸工程专项施工方案；未监督安装单位执行施工升降机安装专项施工方案；对发现存在施工升降机未进行检验、附着超过规范要求等问题时，未采取有效措施要求相关单位整改；对使用单位拒不整改的情况，未向建设行政主管部门报告。对事故发生负有重要责任。建议由山西省住建厅吊销安全生产考核合格证。

4）省纪委监委追责问责人员（20 人）

（1）邱某，总承包单位党委委员、董事长。2021 年 3 月 4 日，其上级单位纪委给予其撤销党内职务处分；其上级单位党委给予其撤职处分。

（2）原某，总承包单位党委委员、总经理。2021 年 3 月 4 日，其上级单位纪委给予其撤销党内职务处分；其上级单位党委给予其撤职处分。

（3）李某，总承包单位建安分公司经理。2021 年 3 月 10 日，总承包单位党委给予其撤职处分，并取消其预备党员资格。

（4）郭某，总承包单位建安分公司安全科科长，2020 年 11 月被免职。2021 年 3 月 5 日，总承包单位纪委给予其党内严重警告（影响期两年）处分，总承包单位党委给予其撤职处分。

（5）冯某，总承包单位建安分公司安全科科长，2021 年 1 月被免职。2021 年 3 月 5 日，总承包单位党委给予其撤职处分。

（6）王某，总承包单位副总经理兼房建事业部经理，分管建安分公司。2021 年 3 月 5 日，总承包单位纪委给予其党内严重警告（影响期两年）处分，总承包单位党委给予其撤职处分。

（7）赵某，总承包单位安全管理部部长兼房建事业部副经理。2021 年 3 月 5 日，总承包单位党委给予其撤职处分。

（8）梁某，建设单位该小区项目负责人。2021 年 2 月 8 日，建设单位撤销其项目负责人职务，降为单位普通员工，按其 2020 年度总收入的 60%处以罚款 64653.6 元，取消其 2020 年度年终奖及考核激励。2021 年 4 月 7 日，建设合股单位纪委给予其党内严重警告处分。

（9）张某，建设单位该小区项目总经理。建设单位撤销其项目总经理职务，降为普通员工，按其 2020 年度总收入的 40%处以罚款 64066 元，取消其 2020 年度年终奖及考核激励。

（10）庞某，JC 市城区住房和城乡建设局党组书记、局长。JC 市城区纪委监委于 2021 年 4 月 14 日对其进行谈话提醒。

（11）军某，JC 市城区住房和城乡建设局副局长。2021 年 4 月 9 日，向 JC 市城区纪委监委作出书面检讨。

（12）翟某，ZZ 县住建局建筑工程安全监督站副站长。2021 年 6 月 8 日，ZZ 县监委给予其政务记大过处分。

（13）张某，ZZ 县住建局建筑工程安全监督站科员。2021 年 6 月 8 日，ZZ 县监委给予其政务记大过处分。

（14）郑某，ZZ 县住建局建筑工程安全监督站站长。2021 年 6 月 8 日，ZZ 县纪委给予其党内严重警告处分。

（15）崔某，ZZ 县住建局党组成员、副局长。2021 年 6 月 8 日，ZZ 县纪委给予其党内警告处分。

（16）车某，ZZ 县住建局原党组书记、局长。现任 ZZ 县财政局党组书记、局长，ZZ 县纪委监委于 2021 年 4 月 21 日对其进行诫勉谈话。

（17）李某，BSD镇人民政府城建办主任。2021年4月21日，李某向ZZ县纪委监委作出书面检讨。

（18）卫某，BSD镇人民政府副镇长。ZZ县纪委监委于2021年4月16日对其进行批评教育。

（19）杨某，JC市住建局二级调研员，分管质量安全管理工作。JC市纪委监委于2021年4月16日对其进行谈话提醒。

（20）周某，JC市住建局质量安全管理科副科长（主持工作）。JC市纪委监委驻市住建局纪检监察组于2021年4月13日对其进行批评教育。

1.17.6 事故防范和整改措施

1. 增强安全生产红线意识，坚守安全发展理念

各级党委政府要认真学习、贯彻执行习近平总书记关于安全生产等重要讲话、重要指示批示精神，牢固树立安全生产红线意识和底线思维。按照《山西省管行业必须管安全、管业务必须管安全、管生产经营必须管安全实施细则》的要求，严格落实企业安全生产主体责任，行业部门监管责任，党委政府领导责任。深刻汲取晋城市“11·4”事故教训，举一反三，有效防范化解各类安全生产风险，防止同类事故的发生，切实维护人民群众生命财产安全。

2. 强化部门安全监管职责，落实安全监管责任

按照山西省“安全生产专项整治三年行动计划”和“零事故”创建活动要求：一是住建部门要切实履行行业监管职责，督促各建筑企业认真落实安全生产主体责任，确保安全生产。二是要督促建设单位依法申请相关行政审批及施工许可证，办理安全监督和质量监督等备案手续，落实危险性较大工程安全措施。三是督促施工、工程监理等单位落实安全责任，加强对施工工程机械安装使用和拆除、特种作业人员持证上岗、“三违”等安全管理。四是强化执法监察，保持建筑行业领域打非治违高压态势，对未批先建等非法违法行为严厉打击。

3. 夯实企业安全生产基础，推动主体责任落实

一是建设单位要加强对施工单位、监理单位的安全生产管理，监督履行各自的安全生产管理职责。二是严格落实总承包单位施工现场安全生产总责，与相关分包单位签订的合同中要明确双方的安全生产责任，按要求配备相应的施工现场安全管理人员，将安全生产责任层层落实到具体岗位、具体人员。三是强化监理单位安全监理责任，完善相关监理制度，强化人员管理考核。严格对施工单位编制的专项施工方案、有关单位资质证书、人员操作证等进行审核和现场作业巡视检查，发现有违规行为应当给予制止，并向建设单位报告，施工单位拒不整改的应当向建设行政主管部门报告。

4. 开展建筑领域专项整治，规范特种设备管理

针对目前建筑起重机械安全管理存在的薄弱环节，一是要依法重点查处违法违规使用老旧设备、带病设备相关各方主体责任，规范安全使用行为；二是要规范管理建筑用特种设备租赁市场，整合管理水平差、不成规模租赁企业，提高准入门槛，对存在严重违法违规行为的租赁企业坚决予以取缔；三是要加强检验检测单位监管，对存在出具虚假报告和严重失职的检验检测单位和人员依法严肃查处。

5. 注重安全教育培训效果，筑牢全员安全意识

一是要强化企业从业人员职业教育培训，针对主要负责人、安全管理人员和一线作业人员制订科学的培训计划，突出重点培训内容，增强应急演练的针对性，使从业人员能够熟悉安全生产知识和安全管理规章制度，熟练掌握岗位操作规程，熟知岗位存在的危险危害因素及防范措施，切实保证培训效果。二是结合事故案例，开展警示教育，讲职责、讲责任、讲技能，提高安全意识。三是严格遵守劳动纪律，杜绝“三违”现象，确保建筑施工安全生产。

1.18 广东省广州市“11·23”较大坍塌事故调查报告

2020年11月23日14时34分许，位于ZC区PT镇GT村的广州某酒店二期项目中，发生一起施工边坡坍塌事故，造成4人死亡，直接经济损失约844.79万元。

调查认定，广州市ZC区某酒店二期项目“11·23”较大坍塌事故是一起生产安全责任事故。

1.18.1 事故基本情况

1. 工程项目概况

事发工程项目名称为某酒店二期三标（原为某酒店二期一标），位于广州市ZC区PT镇GT村热水角，白水寨大道（温南公路）北侧，规划定位为酒店项目，总规划用地面积252245m^2，总建筑面积126527m^2，分为中部地块、西翼地块和东翼地块。中部地块已建成某酒店；西翼地块在建，拟建设6排28栋2层酒店别墅、十里花街；东翼地块未建设，拟建设别墅、酒店、会议厅、园林等。事发区域位于西翼地块货量区第四排挡土墙西侧边坡位置（图1～图3）。

该项目现场进度为第一排建筑已完成封顶，第二排及第二排建筑主体已完成约20%，挡墙完成3排，并已通过专家验收，其中第四排完成70%，北部支护桩完成100%，格构梁完成85%，其他部分未开始施工。

2. 事发区域地质灾害评估评审及咨询情况

根据地质灾害防治有关法律法规和规划部门要求，2018年1月，工程勘察院对项目进行地质灾害危险性评估工作，于2018年5月完成第一版《项目地质灾害危险性评估报告》，并于2018年5月30日，由广州市地质协会聘请5位专家对相关报告进行评审并通过，形成专家第一版《项目地质灾害危险性评估报告-评审意见书》。

原ZC区国土资源和规划局于2018年7月25日组织5位专家通过项目地质灾害评估及防护咨询论证，形成第一版《专家咨询论证意见》。

2018年8月22日，ZC区国土资源和规划局向该酒店发出《关于防范建设施工安全隐患的函》，要求该项目必须完成地质灾害危险性评估，经评估认为可能引发地质灾害或

图 1　事发项目所处区域

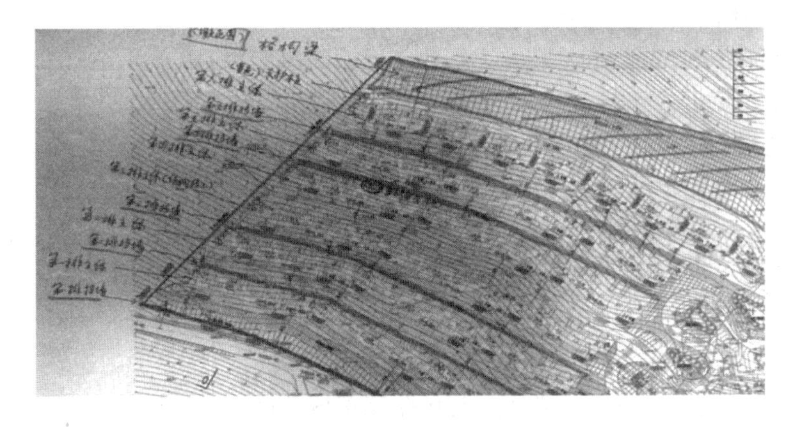

图 2　事故发生点所处位置

图 3　事故发生点俯瞰图

者遭受地质灾害危害的建设工程，应当配套建设地质灾害治理工程。

2018年11月，建设单位再次委托广东省工程勘察院对项目进行地质灾害危险性评估工作，经评审通过的项目地质灾害危险性评估结论为：场地西翼地块北侧挖方边坡在强降雨条件下处于不稳定状态，边坡失稳的可能性大，天然状态下边坡处于较不稳定状态，其潜在危害性和危险性均为大。针对上述结论，评估报告的地质灾害治理措施建议：北侧边坡采用分级放坡，平台种植树木绿化，采用锚索格构梁＋桩锚支护，在挖方边坡坡顶设置横向截水沟，在边坡坡面设置排水系统，并与周边自然排水系统相连。填方边坡采用扶壁式挡土墙结合放坡方式进行防护。

3. 事发西翼地块工程性质

因该地块被认定为存在地质灾害危险性，建设单位委托勘察单位实施地质灾害危险性评估并进行了地质灾害治理工程及相关配套工程的设计。经过设计，勘察单位院将场地西侧的地质灾害防治工程和挡土墙加固工程分为了5个子项目，即1个地质灾害治理子项和4个挡土墙设计子项。建设单位将地质灾害治理工程和挡土墙工程发包给不同单位。其中，西侧北边坡的地质灾害治理工程发包给了江西某公司，西侧货量区挡土墙工程连同酒店房建工程发包给了浙江某公司。

依据地质灾害评估报告和治理方案，西侧货量区挡土墙工程属于主体工程配套建设的地质灾害治理工程。

4. 事发工程设计及施工方案评审情况

2018年4月完成了一期（东侧）详细勘察工程（岩土工程勘察报告），主要内容包括勘察工程概况、场地环境与工程地质条件、岩土参数的统计和选用、岩土工程分析与评价，评审通过。

2019年4月28日，西侧货量区边坡支护工程施工方案评审通过。

2019年10月13日，总承包单位编制的本施工区域《边坡支护施工及开挖施工安全专项施工方案》报请监理单位总监理工程师张某审核通过。

2020年4月28日，总承包单位编制的《危险性较大分部分项工程安全专项施工方案（边坡施工）》通过专家评审，报请监理单位审核、建设单位核验，审查表各方意见为“已按专家意见完成修改”，开始实施。

5. 事发区域设计施工要求和专项方案施工要求（土方开挖方面）

勘察单位出具的《西侧货量区边坡支护工程施工图》要求：土方的开挖应从上至下、分层分段进行；边坡采用缓于1∶0.51∶1.2的坡率分级削坡平整，分级高度为8m，平台宽度2m；总承包单位编制的专项施工方案要求：土方开挖应遵循“先支护后开挖、分层开挖、严禁超挖”的原则，挖土应分块、分层、对称进行，根据边坡基坑监测情况适时调整挖土进度、流向和方法；临时性挖方边坡坡度，根据本工程地质、地下水位、挖方深度和地面荷载情况，其坡度值一般不大于1∶2。因部分边坡高于8m，总承包单位把该边坡施工作为危险性较大分部分项工程，编制了专项方案，并通过了专家评审和监理、建设单位的审核。

挡土墙施工方面：建设单位委托工程勘察院所做出的设计施工图要求施工流程为场地平整→测量定位→开挖基槽或地基处理→地基基础检测→挡土墙施工→排水垫板施工→分

层回填、反滤层及泄水孔安装→顶部黏土回填→施工完成。

6. 事发区域施工内容及实际采用施工工序

经调查，事发区域在事发前所涉及的施工内容为边坡土方开挖施工、挡土墙基槽开挖施工，属于房屋建设主体工程配套的地质灾害治理工程项目内容。按照《中华人民共和国地质灾害防治条例》第二十四条的要求，应与主体工程的设计、施工、验收同时进行。根据《中华人民共和国地质灾害防治条例》第三十六条第二款的要求，本配套建设的工程项目，没有相关地质灾害治理工程特殊资质的要求。

施工中，边坡土方开挖实际采取从坡底直接削坡的方式进行施工，未实施分层分段，削坡后坡度约90°，坡率约1∶0.1。边坡土方开挖方未办理作业面书面移交手续，未对存在高风险的作业面进行围蔽、设置警示标志，未安排专人驻场管理，未做好风险管控。

边坡土方开挖尚未正式验收交接场地，项目部即组织人员在坡底开挖基槽，没有采取足够的风险隐患管控措施，并对相关方提出的警示整改要求忽视不理，继续组织违规作业，直至事故发生。

7. 事发后现场环境勘察情况和坍塌情况

经勘察鉴定：坍塌边坡从挡土墙底面到边坡顶部最高点竖直距离约22.05m；坍塌部位岩体脱落边界东西方向约17m，高度约14m；边坡坍塌后暴露出坍塌体顶部为含块石的崩坡积层，层厚约8m；坍塌边坡底部为坡积层，平均层厚在3m左右，厚度不均匀；坍塌边坡底部以下为凝灰岩层，色泽不一，但具一定承载能力，其标高与挡土墙设计底面标高相当；坍塌部位最东边界距挡土墙端部距离约14m（图4）。

图4　坍塌区域东侧边坡坡度对比情况

坍塌部位挡土墙顶部存长度约25m，高度1.6m，底边宽度3m左右的堆载（图5），堆载边缘与坍塌部位顶部边缘几乎重合。该堆载系顶部平台开挖、西部边坡处理等产出的弃土，最高荷载达30kPa，对边坡稳定性存在一定影响。

8. 气象情况

天气历史资料显示，2020年11月20—23日，ZC区气温17～30℃，11月23日出现降温，天气晴至阴，无降雨过程。气象因素对本次边坡坍塌无明显影响。

图5　坍塌区域上方人工填土状况

1.18.2　事故发生经过和应急救援情况

1. 事故发生经过

2020年11月16日，施工总承包单位在完成第四排挡土墙前序施工后，需继续往前（事发区域）施工，建设单位现场负责人曾某通知土石方开挖单位负责人开始开挖事发区域山体土石方（图6）。

图6　挖掘机在开挖山体

开挖期间，挖机司机陈某要求放坡后开挖，遭到建设单位项目工程部经理曾某的反对，最终未按要求放坡或支护（图7）。

图7　挖掘机在夜间开挖山体

截至11月18日凌晨3时左右，土石方开挖单位基本完成大面积土方开挖运输，该单位人员及机械转移至其他区域施工（图8）。

图8 监控截图显示在开挖山体并将土方外运

11月18日，建设单位钟某、曾某，施工单位任某、赵某、陈某，监理单位刘某等人来到事发区域现场移交场地，施工单位测量员经测量后，得出结论是现场不符合挡土墙施工条件，还需要往山体里面开挖约1.5m，才能够满足挡土墙的位置要求。

11月19日开始，施工总承包单位开始将挡土墙外面余留部分土石转移到挡土墙后方填埋（图9、图10）。

图9 挖掘机在向挡土墙后方转运土石（一）

图10 挖掘机在向挡土墙后方转运土石（二）

11 月 21 日开始，由施工总承包单位组织人员进行挡土墙基槽开挖。监控显示，截至事发前，施工总承包单位仍在事发区域开展基槽修整作业（图 11～图 14）。基槽修整期间，施工总承包单位口头向该酒店项目现场负责人曾某提出对山体放坡的建议，遭到曾某的拒绝。

图 11　挖掘机在开挖基槽（一）

图 12　挖掘机在开挖基槽（二）

图 13　挖掘机在开挖基槽（三）

11 月 23 日上午，ZC 区住建局下属质安站工作人员连同建设单位、监理单位、施工单位等相关人员巡查时指出事发区域边坡存在安全隐患，向施工总承包单位下发整改通知单，要求整改隐患。

图 14　挖掘机在开挖基槽（四）

11 月 23 日 14 时许，基槽修整完成，两台挖掘机先后开出基槽。14 时 30 分许，施工总承包单位施工人员杨某下到基槽内检查基槽开挖情况。约 14 时 34 分突发山体坍塌，导致杨某下半身被埋，施工总承包单位施工人员陈某立即大声呼叫并组织附近人员蒋某、彭某、张某、郭某、范某、李某等人进行救援。约 14 时 38 分，山体发生二次坍塌，导致正在救援的陈某、蒋某、彭某被埋，共造成 4 名人员被坍塌掩埋（图 15～图 17）。经全力抢险救援，至 11 月 23 日 19 时许，该 4 名人员已全部找到，其中 2 人送医抢救无效宣布死亡，另外 2 人当场证实死亡。事故共造成 4 人死亡（图 18、图 19）。

图 15　第一次坍塌

图 16　第二次坍塌

图 17　事故坍塌全貌

图 18　企业开展救援情况

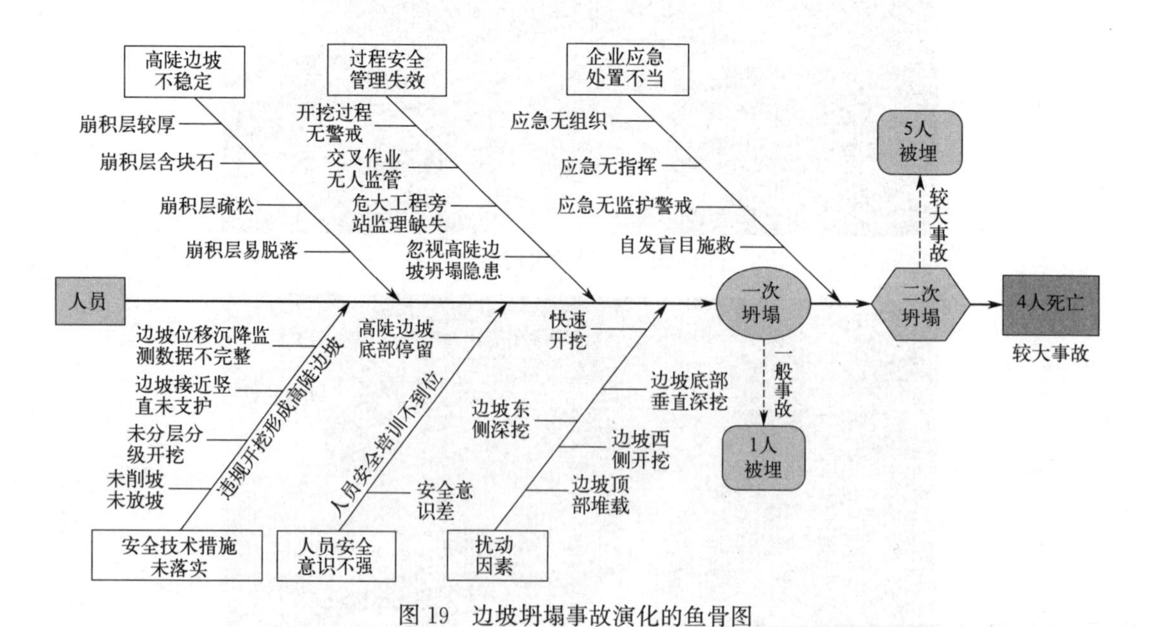

图 19　边坡坍塌事故演化的鱼骨图

2. 应急救援情况

（1）事故信息接报及响应情况

15时6分，消防救援支队接报后立即响应。

15时7分110接报后，处置民警15时18分到达现场响应。先后出动警力55人，携带警戒装备、防爆装备等到达现场，立即设置警戒区域，维持现场搜救秩序，保障救援车辆、人员能及时赶到现场开展救援。

15时30分第一批救援力量到达现场。经市消防救援支队指挥中心调派支援力量，派出ZC区消防救援大队应急救援指挥车2辆，消防车10辆，通信车2辆，约80多名救援人员到达现场后，立即开展救援行动。同时对坍塌土石进行全面侦察，设立观察哨，防止再次坍塌造成人员受伤，并采取“全面排查人员信息、快速确定掩埋位置、合理运用救援装备”的行动原则，迅速展开搜救。

15时16分120急救中心接报，15时32分到达现场响应。派出相关救援人员约5人，赶赴事故现场途中，指挥、组织小楼、正果医院派出2支医疗救援队伍约14人到达现场配合救治受伤、被困人员，并指定区人民医院为后方定点救治医院，要求该院迅速组织精干专家，随时做好抢救伤员准备。

15时42分，发现第一名被掩埋工人，随后采取手抛、锹挖的方法将其合力救出。15时50分，在第一名被掩埋工人的右后方1m左右距离，深2m处发现了第二个被掩埋工人，救援人员分组采用车轮战术轮番进行手抛、锹挖的战术，于15时58分把工人救出。最后，经现场工作人员指引和利用生命探测仪划定，第三、四名被掩埋工人大致位置被锁定，分别于18时20分和20时41分将被埋人员救出。

（2）政府应急处置评估情况

事故发生后，各级住建、规自、公安、应急管理、消防救援、卫生和属地镇街等部门，根据自身职能，立即组织专业技术力量，携带相应应急救援抢险设备赶赴现场，开展救援处置。

3. 事故损失及善后处理情况

（1）事件共造成4人遇难。

（2）事故损失情况。根据《企业职工伤亡事故经济损失统计标准》GB 6721—1986及《国家安全监管总局印发〈关于生产安全事故调查处理中有关问题规定〉的通知》（安监总政法〔2013〕115号）等规定，经项目部统计、ZC区政府确认，调查组核定事故直接经济损失约844.79万元。

（3）善后处理情况。事故发生后，属地政府迅速组织开展了慰问、安置、赔偿等工作。事件善后工作分四个小组，每个小组3～5人，一对一开展专人陪护、家属安抚工作等。

1.18.3　事故直接原因

（1）违规开挖，形成高陡边坡。首先是土石方开挖单位在山体开挖过程中未按照施工图要求和专项方案采取从上至下分层分段的开挖顺序进行，未采取削坡、放坡、支护等安全技术措施，违规作业，形成重大安全隐患；然后是项目部未根据安全专项施工方案要求做好施工前准备，未对边坡进行支护并经检测合格后，冒险作业，继续掏挖山体并开挖基槽，最终导致坍塌。

（2）违章冒险作业，安全管理混乱。在监管部门责令整改后，仍没有对危险区域进行围蔽、撤离人员、设置安全警示标识，致使人员无安全监护、安全警戒情况下进入高陡边坡根部作业，导致人员坍塌被埋。

（3）现场盲目救援，加剧伤亡。坍塌发生后，现场人员无组织盲目救援，造成次生事故，加剧了人员伤亡。

1.18.4 事故发生单位及有关企业主要问题

（1）马某施工队（项目部）：房建和挡土墙等主体工程项目实际控制人，未依法取得工程建设相关资质证书，违规承揽工程；安全管理跟不上，施工现场组织、协调、管理不到位；挡土墙基槽开挖前未排除高边坡风险，在明知边坡未按照方案开挖、存在风险的前提下冒险继续开挖，致使风险积聚，是事故发生的重要原因。

一是边坡开挖专项施工方案执行不力。土石方单位未按照方案开挖临时边坡在前，马某施工队未办理场地移交手续、未按照临时边坡要求放坡或支护、未进行边坡开挖方面的安全技术交底在后，叠加边坡地质结构疏松，含较厚的崩坡积层，且含块石，边坡顶部堆载等环境不利因素，贸然进行山体掏挖和挡土墙基槽开挖，造成施工方案与施工现场“两张皮”现象，致使边坡风险隐患积聚。

二是现场安全管理不到位。项目部未落实专职安全管理人员对边坡开挖进行监护、警戒；未在施工现场明显位置设置安全警示标识，明确告知施工过程中的边坡坍塌、物体打击、高处坠落等危害；在监管单位指出事发区域存在安全隐患，要求整改时，没有对危险区域进行清场、围蔽和设置警示标志，仍长时间逗留在高陡边坡下作业；区域周边各种工程机械持续施工，对不稳定高陡边坡形成扰动作用；特种作业岗位人员没有持证上岗，“一线三排”形同虚设，管理人员对施工进度、施工安全未掌握。

三是培训教育和应急演练未落实。未告知施工人员边坡开挖施工存在的安全风险，未开展关于坍塌防控、边坡开挖安全技术措施、个人安全防护等方面的专题安全培训；应急预案不具针对性，没有开展边坡坍塌演练，员工安全意识薄弱，在高陡边坡下作业，一次坍塌后没有评估边坡的安全状态而盲目施救。

（2）建设单位：越位干预施工，直接发包土石方工程，对土石方开挖工程施工监督管理不到位，对项目隐患排查治理不到位，是事故发生的原因之一。

一是作为建设单位，不正确履行职责，干预施工，现场负责人曾某直接参与指挥土方开挖，置多方安全提醒于不顾，违章指挥。

二是土石方工程发包中，未明确施工图和临时边坡技术要求，对土石方开挖工程施工监督管理不到位，为事故的发生埋下隐患。

三是对高陡边坡风险辨识不到位，安全隐患整改不及时；事故发生后，相关人员为逃避责任，组织人员统一口供，对抗调查，对查清事故原因造成不利影响。

（3）项目总承包单位：通过内部承包的形式，违法将项目转包给马某个人管理，未履行安全生产主体责任，未落实安全生产责任制；未落实项目经理责任制，安排备案项目经理沈某和技术负责人杜某等项目重要人员不在岗负责工作，对项目现场疏于管理，对现场作业人员未按施工方案开挖基槽，未组织现场技术交底等负有管理责任，对事故发生负有重要责任，事故发生后不配合事故调查，不如实向事故调查组反映情况，对查清事故原因造成不利影响。

（4）土石方开挖单位：在土石方开挖过程中，未按照设计和合同约定开挖山坡，未配备技术和安全人员对高陡山坡开挖进行现场指导，未办理作业面书面移交，未对存在高风险的作业面进行围蔽、设置警示标志，对于建设单位提出的违规开挖方案没有拒绝并坚持，为施工现场埋下重大安全隐患。

（5）监理单位：在山体开挖和挡土墙基槽开挖施工过程中，监理单位督促相关单位整改放坡不足且未支护的安全隐患不力，虽然能对现场安全隐患提出整改意见和要求，但督促、跟进整改的落实不及时、不到位，未能坚决、果断地采取暂停施工的有力措施，放任了相关安全隐患的长期存在。对于建设单位的越位干预、直接指挥未向相关部门报告，未依法维护自身的监理权益。

1.18.5 有关部门主要问题

1. 国土规划和自然资源部门

ZC区国土规划和自然资源局于2018年对该项目作出责令建设单位进行自然灾害评估和治理的要求，后续也组织相关专家对评估结果和治理方案进行论证，但在配套灾害治理工程施工过程中，监督管理不到位，挡土墙施工存在多处隐患督促整改不及时、不到位，存在部门间职责不清的情况。

2. 住房和城乡建设部门

ZC区住建局未认真履行建筑活动五方责任主体的监管职责，下属质安站在事发当天上午的巡查中指出事发区域存在安全隐患，发出整改指令，但未指导企业立即清场、整改；对施工总承包单位非法转包、临时边坡未按方案施工、红线范围内挖机作业人员无证作业等违法违规行为，均未有效制止和查处。

1.18.6 地方党委政府主要问题

ZC区委区政府未理顺主体建设项目配套地质灾害治理工程的监管责任体系，致使监管部门间职责不清。

1.18.7 对事故有关责任人员及责任单位的处理建议

1. 建议公安机关追究刑事责任人员

（1）马某，男，总承包单位合同员工，事发项目承包人，项目实际负责人，项目安全生产第一责任人，与总承包单位签订项目自负盈亏的承包合同，未履行安全生产管理责任，没有及时消除生产安全事故隐患，对事故的发生负有直接责任，因涉嫌刑事犯罪，建议由公安机关依法追究其刑事责任。

（2）曾某，男，建设单位驻项目工程部经理，事发区域现场负责人，直接干预土方开挖，直接指挥土石方工程承包单位土方开挖人员未按照高边坡设计文件和专项施工方案组织施工，对施工、监理人员提出的安全隐患，未落实整改，对山体坍塌并造成人员伤亡负直接责任，因涉嫌刑事犯罪，建议由公安机关依法追究其刑事责任。

（3）任某，男，马某施工队项目执行经理，负责现场人员安全、工程项目质量和进度。施工现场安全管理不到位，未及时消除施工现场隐患，在监管单位指出事发区域存在安全隐患，要求整改时，没有对危险区域进行清场、围蔽和设置警示标志，对挡土墙基槽开挖及修整未按施工方案放坡或支护等问题负有重要领导责任，因涉嫌刑事犯罪，建议由公安机关依法追究其刑事责任。

（4）赵某，男，马某施工队项目生产经理，2020年9月份从广西梧州项目来该项目工作。作为施工总承包单位现场技术负责人，对建设单位移交的场地不符合设计和施工方案要求未提出整改意见，默认接受后未对边坡进行处理，继续在危险区域开挖基槽，施工现场管理不到位，技术交底有缺失，对事故发生负有重要责任，因涉嫌刑事犯罪，建议由公安机关依法追究其刑事责任。

（5）沈某，男，总承包单位该项目备案项目经理，项目法定安全生产第一责任人。弄虚作假，出借建造师资格证书，未能依法履行岗位安全生产管理职责，未认真落实项目安全生产责任制，导致严重后果，对事故发生负有重要责任，因涉嫌刑事犯罪，建议由公安机关依法追究其刑事责任。并建议由总承包单位按规定给予撤职处分，由市住建部门依法报请上级注销其执业资质。

2. 建议给予行政处罚的单位和个人

（1）建设单位，未正确履行项目业主单位职责，直接干预土方开挖等施工，未严格按照高边坡设计文件和专项施工方案组织施工，未协调场地内的隐患排查和安全管理工作，未检查督促土石方承包单位雇佣具备相关资质人员驾驶挖掘机开展作业，事故发生后，组织相关人员，统一口供，对抗调查，违反了《中华人民共和国安全生产法》第四条、《建设工程安全生产管理条例》第七条、《中华人民共和国建筑法》第五十四条第一款的规定，对事故发生负有主要责任，建议由市应急管理部门依据《中华人民共和国安全生产法》第一百零九条第（二）项的规定给予行政处罚，并依规定报请上级将其纳入安全生产领域联合惩戒名单管理。

（2）丁某，男，建设单位法定代表人，公司主要负责人，作为建设单位的安全生产第一责任人，对单位的安全生产工作督促、检查不力，未履行安全管理责任，其违反了《中华人民共和国安全生产法》第十八条第（五）项的规定，对事故发生负有领导责任，依照《中华人民共和国安全生产法》第九十二条第（二）项的规定，建议由市应急管理局依法对其进行行政处罚，由集团公司依照管理规定给予撤职处分。

（3）事发项目施工总承包单位，将项目转包给马某个人管理，未履行安全生产主体责任，未落实安全生产责任制，施工现场安全管理不规范，基槽开挖前未组织相关人员进行安全技术交底，落实隐患整改不迅速、不彻底，公司所属人员无证驾驶挖掘机作业，违反了《中华人民共和国建筑法》第二十八条和第四十四条第一款及《中华人民共和国安全生产法》第四条的规定，对事故发生负有责任，建议由市应急管理局依据《中华人民共和国安全生产法》第一百零九条第（二）项的规定给予行政处罚，并依规定报请上级将其纳入安全生产领域联合惩戒名单管理；由市住建部门依据《中华人民共和国建筑法》第六十七条第一款报请上级降低其资质等级或吊销资质证书。

（4）朱拂晓，男，施工总承包单位法定代表人，总经理，单位主要负责人，单位安全生产第一责任人。对单位的安全生产工作督促、检查不力，其违反了《中华人民共和国安全生产法》第十八条第（五）项和《建设工程安全生产管理条例》第二十一条第一款的规定，对事故的发生负有领导责任。依照《中华人民共和国安全生产法》第九十二条第（二）项，建议由市应急管理局依法对其进行行政处罚。

（5）项目土石方开挖及回填工程施工单位，未按照设计方案和合同要求进行边坡开挖，未办理作业面书面移交，未对存在高风险的作业面进行围蔽、设置警示标志，形成重大事故隐患，对事故发生负有责任。建议由市应急管理局依据《中华人民共和国安全生产法》第一百零九条第（二）项的规定给予行政处罚，并依规定报请上级将其纳入安全生产领域联合惩戒名单管理。

（6）秦某，男，土石方承包单位主要负责人，安全生产主要负责人。对公司的安全生产工作督促、检查不力，未及时消除生产安全事故隐患，其违反了《中华人民共和国安全生产法》第十八条第（五）项和《建设工程安全生产管理条例》第二十一条第一款的规定，对事故的发生负有领导责任。依照《中华人民共和国安全生产法》第九十二条第（二）项，建议由市应急管理局依法对其进行行政处罚。

（7）监理单位，在山体开挖和挡土墙基槽开挖施工过程中，督促相关单位整改安全隐患不力，未能坚决、果断地采取暂停施工的有力措施保障各项整改措施及时落实到位，违反了《建设工程安全生产管理条例》第十四条第二款有关规定，对事故发生负有责任。建议由市应急管理局依据《中华人民共和国安全生产法》第一百零九条第（二）项的规定给予行政处罚，并依规定报请上级将其纳入安全生产领域联合惩戒名单管理。

（8）颜某，男，监理单位总经理，负责公司全面工作，安全生产主要负责人。对公司的安全生产工作督促、检查不力，未及时消除生产安全事故隐患，其违反了《中华人民共和国安全生产法》第十八条第（五）项的规定，对事故的发生负有领导责任。依照《中华人民共和国安全生产法》第九十二条第（二）项的规定，建议由市应急管理局依法对其进行行政处罚。

3. 建议给予其他问责处理人员

（1）马某，男，马某施工队项目安全主管，项目现场安全管理直接责任人。项目安全管理不到位，隐患排查治理不到位，对挡土墙基槽开挖及修整未按施工方案放坡或支护，负有管理责任，建议单位依照内部管理规定与其解除劳动合同。

（2）杜某，男，施工总承包单位广西分公司总经理助理挂名事发项目技术负责人。长期不在岗位工作，事发前1个月仅在项目1d，允许他人以自己的名义从事执业活动，自己对项目技术情况不了解，导致严重后果，建议由施工总承包单位按规定给予撤职处分，由市住建部门依法报请上级注销其执业资质。

（3）钟某，男，建设单位该酒店项目经理，建设项目安全管理第一责任人。对建设单位直接干预、查收项目工程负有直接领导责任，建议由该酒店依照内部管理规定给予撤职处分。

（4）陈彪，男，建设单位某兄弟单位项目总经理。事故发生后，接丁某电话后来事发项目帮忙处理善后及救援，其在11月24日的多方会议中起到了负面作用，误导相关单位人员在接受事故调查时统一口径，不如实反映事故情况，干扰事故调查，性质恶劣，建议由其上级控股集团公司督促依照内部管理规定给予撤职处分。

（5）张某，男，监理单位驻该项目总监。对事发项目监理部管理不到位，未能督促项目监理部按法律法规规定和合同约定落实监理工作，对事故发生负有一定管理责任，建议由监理单位依照单位管理规定给予撤职处分。

（6）刘某，男，监理单位驻该项目总监代表。对施工项目场地内存在的安全隐患及相关单位未按照施工方案开挖土方的问题，虽有口头警告，但未向监管部门书面反馈情况，对事故的发生负有一定的领导责任，建议由监理单位依照单位管理规定与其解除劳动合同。

4. 市监委对公职人员和单位责任追究建议

根据《GZ市纪委监委机关生产安全责任事故追责问责工作办法（试行）》要求，市纪委监委针对此次事故成立了追责问责调查组，独立开展调查。

1）GZ市规划和自然资源局ZC分局（4人）

（1）邱某，男，GZ市规划和自然资源局ZC区分局党组成员、副局长，分管办公室、人事科、财务室、建筑管理科、执法科、机关党委、安全生产。牵头组织、协调、指导和监督本行政区域地质灾害防治工作及配套建设地质灾害防治工程不扎实、不到位，未能有效促使建设项目的安全生产监督形成“闭环”管理，对事故发生负监管方面的主要领导责任，建议依照《中国共产党纪律检查机关监督执纪工作规则》第三十条第二款规定，责令作出书面检讨。

（2）尹某，男，GZ市规划和自然资源局ZC区分局执法科原科长。鉴于其因其他违法违纪问题已被ZC区纪委监委采取留置措施，本案未对其进行谈话调查，建议另案处理。

（3）丁某，男，GZ市规划和自然资源局ZC区分局执法科科员。负责指导在册隐患点的工程治理、预报预警、巡查检查工作，未严格履行工作职责，重点监督检查不突出，行政执法不严格，督促参建单位防治地质灾害工作不力，负监管方面的直接责任，建议依照《中国共产党纪律检查机关监督执纪工作规则》第三十条第二款、《GZ市纪委监委机关诫勉工作制度（试行）》第三条规定，给予诫勉处理。

（4）陈某，男，GZ市规划和自然资源局ZC区分局四级主任科员。负责地质灾害异常巡查、执法工作，现场检查不仔细、行政执法不严格、督促参建单位防治地质灾害工作不力，负监管方面的直接责任，建议依照《中国共产党纪律检查机关监督执纪工作规则》第三十条第二款、《GZ市纪委监委机关诫勉工作制度（试行）》第三条规定，给予诫勉处理。

2）ZC区住房和城乡建设局（1人）

高某，男，ZC区住房和城乡建设局党组成员、副局长（正科级）。负责联系区建设工程质量安全监督站。在履职中，未能积极协同相关单位对建设项目的安全生产监督形成“闭环”管理，未能有效督促消除现场安全隐患，负监管方面的主要领导责任，建议依照

各建筑施工监管部门要迅速对辖区内在建项目工程的风险点进行全面排查、分类管控。重点加强对类似削坡建房情况、起重设备安装拆卸、模板支撑体系、地下工程、深基坑、盾构施工、施工吊篮、建筑外立面支护等危大工程检查，实行风险隐患信息化管理，分类分级精细化管控，第一时间落实安全隐患整改。对检查中发现的问题严肃处理，充分曝光，铁腕治理，决不手软。市住建部门拟定专项检查计划，对在穗项目逐一进行排查，举一反三，消除隐患。各级监管部门对安全生产违法违规行为一律依法从严从重从快顶格处罚，严厉打击事故瞒报、漏报的行为，重点严查转包、违法分包以及以包代管行为，依法依规严肃处理。

2. 严肃事故责任追究和警示教育工作

建议由各相关单位负责，按照市人民政府批准的事故调查报告，对事故相关责任单位和人员进行严肃处理，依法追究相应责任。由市应急管理局负责及时将事故调查结果向社会公布。由市规划和自然资源局、市住房和城乡建设局负责组织开展我市相关在建项目的安全生产警示教育，按规定程序对事故责任单位进行处理。建议由市住房和城乡建设局负责，组织编制施工作业的安全培训教材和事故案例汇编，组织施工单位，加强对施工作业人员的安全教育，重点是学习和熟练掌握施工作业的危险因素辨识、防范措施以及事故应急救援措施，克服麻痹大意思想，进一步提高施工作业人员的安全意识和防范技能。

3. 加强和改进我市各类灾害治理工程高边坡施工过程的风险评估和应对防范工作

建议由市规划和自然资源局牵头负责，指导和督促全市各类灾害治理工程及其配套治理工程的相关参建单位，尤其是施工单位，认真开展高边坡施工过程的风险评估和应对防范工作；采取积极主动的措施，进一步增大地质风险勘察预防工作力度，完善施工过程的地质监测和预报工作，尽可能地及早发现坡体局部不良地质，及时变更、优化或调整施工方案；加强施工过程中出现的降雨、台风、地震等情况的风险评估，以谨慎认真的态度进行应对防范，杜绝凭借以往经验盲目施工的问题出现。

4. 加强和改进广州市在建项目的监理工作

建议由市住房和城乡建设局负责，督促建设单位选用资质好、业务强的第三方监理单位进行工程监理，为监理单位营造能独立自主地实施监理的良好工作环境；督促全市在建项目监理单位严格落实监理责任，执行监理规范，健全监理制度，保障施工过程中现场安全管理、设备设施安全管理、施工人员安全技术教育培训等相关措施落实到位。现场监理人员应当加强施工现场巡视、检查，及时发现和纠正现场施工人员的不安全行为、设备设施的缺陷等安全隐患，对于发现的威胁到施工人员人身安全的重大隐患，应当坚决、果断地责令施工单位立即停止施工，并抓紧做好相关整改工作，待全部整改完毕才能继续施工。

5. 立查立改，压紧压实企业主体责任

市规自、住建、交通、水务等部门要督促各建筑施工单位认真吸取事故教训，举一反三，剖析检视问题原因，对症下药补齐短板，狠抓整改落实。对底数不清、标准不高、监管不严、手段不硬、力度不够、技能不强、沟通不畅等紧迫问题立查立改；各参建单位要严格按照安全生产规范要求施工，落实责任制清单和企业一把手负责制，大力开展事故警示教育和应急教育培训，组织应急演练，提高应对突发事件综合处置能力。同时，加强安全培训，建立每日开工班前安全教育制度，提高安全生产意识和能力。

6. 加强全市在建项目工程事故应急救援管理

建议由各行业监管部门负责，以推进安全生产三年专项整治为契机，以吊篮工程、高边坡安全隐患排查整治以及消防安全等为重点，指导和督促全市在建工程的施工单位，针对各类高边坡施工作业过程中可能出现的突发情况，制订相应的应急抢险救援预案，配备充足的应急设备和物资，定期组织开展相关人员应急救援培训教育和应急演练，确保事故发生后迅速启动相关预案，实施有效的抢险救援和善后处置，减少人身伤亡和财产损失。

1.19 北京市顺义区“11·28”较大生产安全事故调查报告

2020年11月28日13时23分许，位于顺义区ZQY镇的某三期项目1号商务办公楼等12项（不含地下车库三段、四段、五段，以下简称1号商务办公楼等12项）工程施工现场，3号商务办公楼10层北侧卸料平台发生侧翻，造成3人死亡，直接经济损失482.76万元。

1.19.1 基本情况

1. 事发工程情况

2015年12月，顺义区ZQY镇某三期项目1号商务办公楼等12项及1号商务办公楼等6项工程取得《建筑工程施工许可证》，总建筑面积151344.36m^2，其中1号商务办公楼等12项工程包括6栋商务办公楼、高压分界室和2号地下车库一段、二段，建筑面积103933.13m^2。

经查，施工总承包单位组建某一期、三期项目部负责承建该三期项目1号商务办公楼等6项、1号商务办公楼等12项及其北侧的该一期项目9号商务办公楼等8项工程，其中仅5人（含1名专职安全生产管理人员）专门负责1号商务办公楼等12项工程管理，技术负责人闫某未到岗履职，施工现场安全生产教育培训流于形式。劳务施工单位在施工高峰期作业人员超过200人，仅配备1名专职安全生产管理人员，且未按要求对施工现场管理人员和作业人员开展安全生产教育培训。监理单位事发工程监理人员实际在岗共10人，其中总监理工程师寇某未到岗履职，马某（安全监理）等8人同时负责该三期项目1号商务办公楼等6项、1号商务办公楼等12项及其北侧的该一期项目9号商务办公楼等8项工程监理工作。

1号商务办公楼等12项工程于2017年11月至2018年3月、2018年6月至2020年7月中止施工；2020年8月复工，项目经理变更为吕某。复工后，施工总承包单位未进行全面安全检查，公司安全监管部、技术质量部未开展专项监督检查；顺义区住房城乡建设行政主管部门进行复工核验时未指出项目经理变更问题，2020年9月开展实地检查时未检查卸料平台施工情况。

事发建筑为1号商务办公楼等12项工程、3号商务办公楼，设计层数17层（地下3

层，地上14层)，建筑面积9445.63m^2，事发时施工至主体结构12层。

2. 卸料平台情况

2020年9月，事发工程技术主管胡某编制《卸料平台（悬挑式）专项施工方案》（以下简称《专项施工方案》），经施工总承包单位总工程师李某审批和监理单位事发工程安全监理马某审查、总监理工程师代表付某代签审批意见后实施，未重新加工制作卸料平台。施工现场所用卸料平台系劳务施工单位加工制作，先后在1号商务办公楼等6项、9号商务办公楼等8项、1号商务办公楼等12项工程主体结构施工时周转使用。

事发卸料平台位于1号商务办公楼等12项工程、3号商务办公楼10层北侧，为悬挑式钢平台，两侧主梁各设2道钢丝绳，钢丝绳上端用锚入建筑结构边梁的4根吊环螺杆拉结。卸料平台临边设置防护栏板（高1.5m），栏板内侧悬挂限载吨位、堆放物料明细及平台操作规程等标识牌。

经查，事发工程卸料平台在使用过程中曾被发现钢丝绳主绳与水平钢梁夹角不足45°、堆放物料超载、作业人员超限、吊环内侧未紧贴建筑结构边梁等安全隐患，劳务施工单位未进行彻底整改，施工总承包单位、监理单位均未采取有效措施督促整改。此外，卸料平台交底方案和验收表存在代签字现象。

1.19.2 事故经过及应急救援情况

1. 事故发生经过

2020年11月26日14时许，劳务施工单位架子工班长王某在未进行方案交底和安全技术交底、无专职安全生产管理人员现场监督的情况下，组织人员将事发卸料平台由1号商务办公楼等12项工程、3号商务办公楼9层提升至10层。卸料平台安装完成后，未按《专项施工方案》要求进行验收。

11月28日，事发工程施工现场的塔式起重机由于顶升作业，暂停对3号商务办公楼卸料平台堆放物料的转移吊运。12时许，劳务施工单位木工组长向某在塔式起重机暂停使用的情况下组织人员在3号商务办公楼10层进行脚手管拆卸作业，将拆下的脚手管码放在卸料平台上。13时23分许，卸料平台发生侧翻，平台上3名作业人员和脚手管坠落至地面。

2. 应急救援情况

13时27分许，现场人员拨打急救电话。13时31分许，顺义区120急救中心派出救护车前往事故现场。13时45分许，救护人员到达现场，确认从卸料平台坠落的3名作业人员已无生命体征。

接报事故后，顺义区立即启动应急响应，成立专项处置领导小组，统筹组织公安、卫生健康、应急管理、住房城乡建设等职能部门和属地镇政府分工开展现场应急处置、死者家属安抚和善后理赔等工作。经评估，应急救援过程中，相关职能部门行动迅速、协调配合，有序组织开展应急救援和善后处置等工作。

1.19.3　事故原因及性质

事故调查组经过现场勘察，依法调取相关物证、书证和视频资料，对相关人员进行调查询问，查明了事故原因，认定了事故性质。

1. 直接原因

公安机关结合现场勘察情况、尸检情况和调查讯问等分析，排除人为故意刑事犯罪嫌疑。

（1）事故现场情况。经勘察，事发卸料平台东侧2根吊环螺杆和西外侧1根吊环螺杆断裂，西内侧吊环螺杆未断裂但吊环未紧贴建筑结构边梁；卸料平台悬挑长度为5.55m，呈向东侧翻状态，防护栏板坠落至地面；钢丝绳吊环螺杆锚固点距平台主梁高2.7m，钢丝绳主绳与水平钢梁夹角约为30°。经公安机关核查，从事发卸料平台坠落至地面的脚手管约1100根，总质量约3t，坠落高度约30m。

（2）卸料平台使用。根据《专项施工方案》，卸料平台堆料限重为1t，90cm脚手管不超过283根；《施工现场悬挑式钢平台安全操作技术导则》第一条第（五）项规定“悬挑式钢平台上的操作人员不应超过2人”。事发时卸料平台堆放的脚手管质量约3t，作业人员为3人且作业时未按要求系挂安全带。经检测，事发卸料平台断裂的3根吊环螺杆为一次性过载脆性断裂，裂纹源位于焊趾应力集中处；过大的载荷作用是导致吊环螺杆脆性断裂的主要因素。

（3）卸料平台设计。根据《专项施工方案》“3.3.2钢平台侧立面图”标示，钢丝绳主绳与水平钢梁夹角约为31°，与《建筑施工高处作业安全技术规范》JGJ 80—2016中“钢丝绳与水平钢梁夹角不得小于45°”的规定不符；卸料平台设计长度为5.55m，与《建筑施工高处作业安全技术规范》JGJ 80—2016中“悬挑式操作平台的悬挑长度不宜大于5m”的要求不符，导致吊环螺杆所受拉力增大约37%，增加了吊环螺杆过载脆性断裂的可能。

（4）卸料平台安装。卸料平台吊环存在未紧贴建筑结构边梁的情况，不符合《施工现场悬挑式钢平台安全操作技术导则》附件1中“吊环内侧紧贴墙面”的要求；在实际安装时钢丝绳主绳与水平钢梁夹角约为30°，小于设计要求且小于《建筑施工高处作业安全技术规范》JGJ 80—2016的规定，进一步降低了卸料平台使用载荷。此外，未按《专项施工方案》要求设置用于系挂安全带的保险绳。

（5）卸料平台吊环。经检测，事发卸料平台吊环材质、焊缝长度不满足设计要求，吊环存在焊趾凹坑、制作吊环时材质性能受损、低温导致材料冲击韧性降低等因素均可能进一步降低吊环螺杆的承载能力。

结合有关技术鉴定、现场勘察、询问笔录和视频资料等综合分析，本次事故的直接原因为：卸料平台严重超载是导致吊环螺杆过载脆性断裂的主要因素；卸料平台钢丝绳主绳与水平钢梁夹角过小、吊环未紧贴建筑结构边梁、悬挑长度略大于设计要求、安装不符合有关规定的情况导致卸料平台实际承载能力降低，是吊环螺杆断裂的次要因素；吊环材质、焊缝长度不满足设计要求，吊环存在焊趾凹坑、制作吊环时材质性能受损，吊环材料在低温下脆性增加等因素均进一步增加了吊环螺杆脆性断裂的可能，在严重超载情况下吊环螺杆发生过载脆性断裂，引发卸料平台侧翻，作业人员未系挂安全带，从高处坠落，导致事故发生。

2. 间接原因

（1）危险性较大的分部分项工程安全管理混乱。《专项施工方案》编制、审核和监理审查未严格执行有关规范标准；事发卸料平台施工前方案交底和安全技术交底不到位，未严格按照《专项施工方案》施工；安装过程中现场监督、施工监测和安全巡视、专项巡视检查未有效落实，卸料平台安装、使用过程中的违规作业行为未得到及时纠正，事故隐患长期存在；卸料平台未经验收即投入使用。

（2）项目管理缺失。事发工程项目部管理人员与其他项目管理人员混用，且技术负责人未到岗履职。施工单位专职安全生产管理人员数量不足，安全生产教育培训不到位。事发工程监理人员数量不足，总监理工程师未到岗履职，未有效监督整改卸料平台安装、使用过程中存在的事故隐患。

（3）有关行政部门监管不到位。SY 区住房城乡建设行政主管部门相关工作人员存在不正确履职的问题，在执法检查过程中对事发工程危险性较大的分部分项工程安全检查力度不够，对项目管理人员变更和技术负责人、总监理工程师未到岗履职等情况失察。

3. 事故性质

根据国家有关法律法规规定，事故调查组认定，该起事故是一起因违规施工、违规设计，项目管理缺失，现场安全管理不力导致的较大生产安全责任事故。

1.19.4　对事故有关责任人员及责任单位的处理建议

1. 建议追究刑事责任的人员

（1）吕某，施工总承包单位事发工程项目经理。督促排查整改施工现场卸料平台超载使用问题不到位；未及时发现并督促整改卸料平台设计、安装、验收存在的问题；未监督检查事发工程安全生产教育培训、安全技术交底落实情况；未按照规定数量配备专职安全生产管理人员，未督促技术负责人到岗履职，对事故发生负有直接责任，涉嫌重大责任事故罪。2020 年 12 月 11 日，由 SY 区人民检察院批准逮捕。

（2）温某，施工总承包单位事发工程生产经理。督促排查整改施工现场卸料平台超载使用问题不到位，未及时发现并督促整改事发卸料平台安装、验收存在的问题，未严格督促落实事发工程安全生产教育培训、安全技术交底要求，对事故发生负有直接责任，涉嫌重大责任事故罪。2020 年 12 月 11 日，由 SY 区人民检察院批准逮捕。

（3）刘某，施工总承包单位事发工程安全主管。组织开展施工现场卸料平台超载使用问题排查整改不到位，未严格执行卸料平台安装、验收规定，未严格落实施工现场安全生产教育培训和安全技术交底要求，对事故发生负有直接责任，涉嫌重大责任事故罪。2020 年 12 月 11 日，由 SY 区人民检察院批准逮捕。

（4）王某，施工总承包单位事发工程专职安全生产管理人员。未对卸料平台超载使用问题进行督促整改；对危险性较大的分部分项工程施工现场监督和安全巡视不到位；组织开展施工现场安全生产教育培训和安全技术交底不到位，对事故发生负有直接责任，涉嫌重大责任事故罪。2020 年 12 月 11 日，由 SY 区人民检察院批准逮捕。

（5）胡某，施工总承包单位借调人员，事发工程技术主管。未按相关规范标准要求设计卸料平台，设计存在钢丝绳主绳与水平钢梁夹角过小、卸料平台悬挑长度不符合有关规定等问题；未按照《专项施工方案》要求参与卸料平台提升、安装和验收工作；在《专项施工方案》审核和卸料平台安装验收文书中存在代替技术负责人签字的情况，对事故发生负有直接责任，涉嫌重大责任事故罪。公安机关已立案侦查，依法追究刑事责任。

（6）陈某，劳务施工单位事发工程生产经理。督促排查整改施工现场卸料平台超载使用问题不到位；未按照《专项施工方案》要求督促检查卸料平台安装、使用前的检查验收；未按照相关要求监督检查安全生产教育培训、安全技术交底等制度落实，对事故发生负有直接责任，涉嫌重大责任事故罪。2020 年 12 月 11 日，由 SY 区人民检察院批准逮捕。

（7）孙某，劳务施工单位事发工程专职安全生产管理人员。未及时消除施工现场卸料平台超载使用的安全隐患；未按要求组织开展安全生产培训教育和安全技术交底工作；未及时反映施工现场专职安全生产管理人员配备不足问题，对事故发生负有直接责任，涉嫌重大责任事故罪。2020 年 12 月 11 日，由 SY 区人民检察院批准逮捕。

（8）向某，劳务施工单位事发工程木工组长。未及时制止作业人员超过限制人数在卸料平台作业和超载使用卸料平台行为，未按照相关要求对作业人员进行安全教育和安全技术交底工作，对事故发生负有直接责任，涉嫌重大责任事故罪。2020 年 12 月 11 日，由 SY 区人民检察院批准逮捕。

（9）王某，劳务施工单位事发工程架子工班长。未按照《专项施工方案》要求安装卸料平台；未进行安全技术交底即组织人员开展卸料平台安装施工，对事故发生负有直接责任，涉嫌重大责任事故罪。2020 年 11 月 29 日被 SY 公安分局刑事拘留，2020 年 12 月 11 日取保候审。公安机关正在进一步侦查，依法追究刑事责任。

（10）马某，监理单位事发工程安全监理。未严格履行监理职责，未有效制止卸料平台超载使用的问题；对危险性较大的分部分项工程施工现场监督和安全巡视不到位，未及时发现和监督整改卸料平台安装、验收存在的问题；未有效监督施工单位落实安全生产教育培训要求，对事故发生负有直接责任，涉嫌重大责任事故罪。2020 年 12 月 11 日，由 SY 区人民检察院批准逮捕。

2. 建议追责问责的人员

（1）高某，施工总承包单位党委副书记、总经理。建议给予书面诫勉。

（2）闫某，施工总承包单位借调人员、事发工程技术负责人。建议给予书面诫勉。

（3）李某，施工总承包单位总工程师，主管技术质量工作。建议给予警告处分。

（4）张某，施工总承包单位安全总监、安全监管部部长。建议给予记过处分。

（5）杜某，施工总承包单位技术总监、技术质量部部长。建议给予记过处分。

（6）谢某，施工总承包单位事发工程项目部党支部书记。建议给予党内严重警告、政务降级处分。

（7）乔某，监理单位副经理，主管公司安全工作。建议给予警告处分。

（8）茹某，监理单位安全部部长。建议给予记过处分。

（9）寇某，监理单位事发工程总监理工程师。建议给予记大过处分。

（10）付某，监理单位事发工程总监理工程师代表。建议给予降级处分。

（11）刘某，SY区建设工程安全监督站西片组组长。建议给予警告处分。

（12）刘某，SY区建设工程安全监督站执法检查人员。建议给予警告处分。

3. 建议给予行政处罚（处理）的人员和单位

（1）曾某，施工总承包单位法定代表人。未认真组织实施安全生产教育培训计划；对承建工程安全生产工作督促检查不到位，未及时发现并消除施工现场安全管理及卸料平台设计、安装、使用过程中存在的事故隐患，其行为违反了《中华人民共和国安全生产法》第十八条第（三）项、第（五）项的规定，对事故发生负有领导责任。依据《中华人民共和国安全生产法》第九十二条的规定，建议由应急管理部门给予其上一年年收入百分之四十罚款的行政处罚。

（2）叶某，劳务施工单位法定代表人。未认真组织制订并实施安全生产教育培训计划；对分包工程安全生产工作督促检查不到位，未及时发现并消除卸料平台存在的事故隐患，其行为违反了《中华人民共和国安全生产法》第十八条第（三）项、第（五）项的规定，对事故发生负有领导责任。依据《中华人民共和国安全生产法》第九十二条的规定，建议由应急管理部门给予其上一年年收入百分之四十罚款的行政处罚。

（3）王某，监理单位法定代表人。督促、检查本单位的安全生产工作不到位，未及时督促项目监理人员监督施工单位消除生产安全事故隐患；未按规定配备项目监理人员，其行为违反了《中华人民共和国安全生产法》第十八条第（五）项、《北京市房屋建筑和市政基础设施工程监理人员配备管理规定》第二十一条的规定，对事故发生负有领导责任。依据《中华人民共和国安全生产法》第九十二条的规定，建议由应急管理部门给予其上一年年收入百分之四十罚款的行政处罚。

（4）施工总承包单位：未按要求开展安全生产教育培训；未及时消除卸料平台存在的事故隐患；对所承担的建设工程定期和专项安全检查不到位；未严格按照规定审核《专项施工方案》；未按要求开展方案交底和安全技术交底；对事发卸料平台施工监测和安全巡视不到位，未按要求组织相关人员对事发卸料平台进行验收；未按要求配备专职安全生产管理人员。其行为违反了《中华人民共和国安全生产法》第二十五条第一款、第三十八条第一款，《建设工程安全生产管理条例》第二十一条第一款，《危险性较大的分部分项工程安全管理规定》第十一条第一款、第十五条、第十七条第三款、第二十一条第一款，《建筑施工企业安全生产管理机构设置及专职安全生产管理人员配备办法》第八条第（一）项、第十三条第（一）项的规定，对事故发生负有主要责任，依据《中华人民共和国安全生产法》第一百零九条的规定，建议由应急管理部门给予其52万元罚款的行政处罚。依据《对安全生产领域失信行为开展联合惩戒的实施办法》有关规定，建议由应急管理部门将其纳入联合惩戒对象管理。同时，依据《建筑施工企业安全生产许可证管理规定》第二十三条和《建筑业企业资质管理规定》第二十三条的规定，建议由住房城乡建设行政主管部门暂扣其安全生产许可证90d，一年内对其资质升级申请和增项申请不予批准。

（5）劳务施工单位：未及时消除卸料平台安装、使用过程中存在的事故隐患，对分包范围内的工程安全检查不到位，未严格按照《专项施工方案》组织施工，开展安全生产培训不到位，使用未经验收的卸料平台，未按要求配备专职安全生产管理人员。其行为违反了《中华人民共和国安全生产法》第三十八条第一款，《建设工程安全生产管理条例》第二十一条第一款，《危险性较大的分部分项工程安全管理规定》第十六条第一款，《北京市建设工程施工现场管理办法》第十二条、第十三条第一款、第十七条第二款，《建筑施工企业安全生产管理机构设置及专职安全生产管理人员配备办法》第十四条第（二）项的规定，对事故发生负有主要责任，依据《中华人民共和国安全生产法》第一百零九条的规定，建议由应急管理部门给予其52万元罚款的行政处罚。依据《对安全生产领域失信行为开展联合惩戒的实施办法》有关规定，建议由应急管理部门将其纳入联合惩戒对象管理。同时，依据《建筑施工企业安全生产许可证管理规定》第二十三条的规定，建议由住房城乡建设行政主管部门暂停其在北京建筑市场投标资格90d，并将事故情况通报重庆市住房城乡建设行政主管部门按照有关规定进行查处。

（6）监理单位：未严格审查卸料平台专项施工方案，未采取有效措施监督整改施工现场存在的安全事故隐患；未对事发卸料平台安装施工开展专项巡视检查，未按要求组织相关人员对事发卸料平台进行验收；未按规定配备项目监理人员，对现场监理人员管理不到位。其行为违反了《建设工程安全生产管理条例》第十四条第一款、第二款，《危险性较大的分部分项工程安全管理规定》第十八条、第二十一条第一款，《北京市建设工程施工现场管理办法》第十一条，《北京市房屋建筑和市政基础设施工程监理人员配备管理规定》第二十一条、第二十四条的规定，对事故发生负有重要责任，依据《中华人民共和国安全生产法》第一百零九条的规定，建议由应急管理部门给予其50万元罚款的行政处罚。依据《对安全生产领域失信行为开展联合惩戒的实施办法》有关规定，建议由应急管理部门将其纳入联合惩戒对象管理。同时，依据《北京市建设工程施工现场生产安全事故及重大隐患处理规定》第十七条的规定，建议由住房城乡建设行政主管部门暂停其在北京建筑市场投标资格60d。

此外，建议由住房城乡建设行政主管部门吊销事发工程项目经理吕某注册建造师执业资格证书，5年内不予注册；撤销事发工程安全主管刘明月安全生产考核合格证书；吊销事发工程总监理工程师寇某和总监理工程师代表付某注册监理工程师执业资格证书，5年内不予注册。

4. 建议由相关部门处理的情形

调查发现，建设单位未设立专门的安全管理机构；涉嫌将一个单位工程发包给两个以上的施工单位，其行为违反了《北京市建设工程质量条例》第二十四条的规定，建议由住房城乡建设行政主管部门依据《北京市建设工程质量条例》第八十二条、第一百零二条的规定，给予该单位737万元罚款的行政处罚，并对该单位相关人员依法给予相应行政处罚。

1.19.5 事故防范和整改措施建议

为深刻汲取事故教训，切实践行生命至上、安全发展理念，有效防范和坚决遏制类似事故，提出以下建议措施：

（1）施工总承包单位要完善制度措施，加强危险性较大的分部分项工程专项施工方案设计审核、安全交底、施工监测和安全巡视；对承担的建设工程加强定期和专项安全检查，督促落实隐患排查整改；按照国家和本市对施工项目部配置管理的相关规定组建施工项目部，规范配备项目管理人员并出具任命文件，强化专职安全生产管理人员配备和项目管理人员履职情况实地检查核查；规范开展安全生产教育培训和事故案例警示教育；切实加强事发工程后续施工安全管理。其上级单位要加强下属子单位的安全生产工作监督检查，严格规范借调人员管理，严查不到岗履职行为。

（2）劳务施工单位要严格落实危险性较大的分部分项工程施工安全技术交底和现场监督；建立完善隐患排查整改制度，规范配备专职安全生产管理人员，加强施工现场管理和安全检查，严格安全隐患排查整改，严惩违规作业行为；健全安全生产教育培训制度，强化安全生产教育培训和事故案例警示宣传教育。

（3）监理单位要规范配备建设工程监理人员，加强监理人员管理和履职情况实地核查；加强危险性较大的分部分项工程监理，严格审查专项施工方案，加大专项巡视检查力度，按标准开展验收；加强施工现场安全监督检查，对监理过程中发现的事故隐患要书面督促施工单位整改；强化事故案例警示宣传教育。

（4）市住房城乡建设行政主管部门要进一步加强对各区住房城乡建设行政主管部门危险性较大的分部分项工程的业务指导；在全市组织开展施工现场安全执法检查工作，坚决查处有关违法违规行为；在全市通报本起事故暴露出的问题，开展警示宣传，督促相关单位以案为鉴、举一反三，强化安全意识，压实各环节责任；组织开展卸料平台安全技术论证，推进完善技术标准，严格设计、安装和使用要求。

（5）SY区政府要切实加强施工安全监督管理工作，督促有关部门全面加强事发工程后续施工安全监督检查，严查项目管理和监理人员配备及到岗履职、危险性较大的分部分项工程安全施工、施工现场安全检查、隐患排查整改、安全生产教育培训等情况；在全区组织开展建筑领域安全生产大排查大整治，全面检查本区域建设施工项目，对问题突出的项目进行通报并约谈企业主要负责人；对发现的违法违规行为，依法依规从严处罚。

1.20　辽宁省沈阳市“10·22”较大起重伤害事故调查报告

2020年10月22日，位于沈阳市SJT区金桔路的某项目施工现场，平头塔式起重机安装施工过程中，发生一起较大起重伤害事故，造成3名工人死亡，直接经济损失约480万元。

1.20.1　项目基本情况

某项目施工工地，为居住、商业建设项目，项目地点位于沈阳市SJT区金桔路北，建设规模约9.6万m^2，合同工期1154d。

1.20.2　发生事故的平头塔式起重机安装工程基本情况

2020年8月4日，总承包单位与平头塔式起重机生产单位签订《产品购销合同》，购买 3 台型号为 QTP160-10(6518-10) 的塔式起重机。随后，总承包单位招标部崔某与有过合作经历的塔式起重机设备安装人员张某联系，要求其协助委托有资质安装公司承接安装工程。张某找到其熟识的塔式起重机设备安装人员郑某，让郑某推荐介绍具备起重设备安装工程专业承包贰级资质的企业承接安装工程。郑某联系塔式起重机安装单位业务人员姜某（一）；在征得聚某公司负责人姜某（二）、法定代表人郭某同意后，姜某（一）代表该公司办理承接总承包单位安装工程的手续。

9 月 2 日，DL 市建筑安全监督管理站在平头塔式起重机生产单位未出具包括出厂编号为 2020-T108 的 3 台塔式起重机《产品合格证》的情况下，为上述 3 台塔式起重机办理了备案登记手续。

9 月 6 日，塔式起重机安装单位办理塔式起重机安装工程施工前相关手续。编制出厂编号为 2020-T108 的塔式起重机安装工程专项施工方案，同时填报《建筑起重机械安装工程专用施工方案审批表》，经公司法定代表人郭某盖章后，报送总承包单位、监理单位审批。

9 月 7 日，塔式起重机安装单位编制《安全事故应急救援预案》，同时填报《建筑起重机械安装工程生产安全事故应急救援预案审批表》，经公司法定代表人郭某盖章后，报送总承包单位和监理单位审批。

9 月 8 日，总承包单位、监理单位对上述方案审核并盖章同意。同日，总承包单位与塔式起重机安装单位签订《建筑机械安装拆卸合同》，明确了安装设备的型号、费用、施工地点、双方权利义务等内容。同时，双方签订《建筑起重机械安全生产协议书》，对双方在施工过程中的权利、义务进行了明确。

9 月 10 日，根据总承包单位办理备案手续的需要，平头塔式起重机生产单位出具了包括出厂编号为 2020-T108 的 3 台塔式起重机《产品合格证》。

10 月 12 日，塔式起重机安装单位申请办理塔式起重机安装告知手续，向 SJT 区建设工程安全监督站（以下简称 SJT 区安全站）提供相关材料，SJT 区安全站予以受理，并于当日审核通过塔式起重机安装单位报审材料，下发《沈阳市建筑起重机械安装告知书》。

10 月 19 日，出厂编号为 2020-T108 的塔式起重机，经平头塔式起重机生产单位检验合格出厂，运往位于沈阳市 SJT 区的该项目施工现场。

经调查，上述三台塔式起重机设备的前两台分别安装在 3 号楼和 8 号楼位置，安装时间为 9 月 14 日和 10 月 13 日。

1.20.3 该项目行业监管情况

该项目行业监管部门为 SJT 区建设工程安全监督站。2020 年 8 月 21 日，建设单位向 SJT 区安全站提交《工程施工安全监督申请书》。同日，SJT 区安全站向建设单位下达《施工安全监督告知书》，要求该工程必须取得施工许可证后方可开工，同时对危险性较大的分部分项工程进行了确认。

2020 年 8 月 31 日，SJT 区城市建设局对居住、商业（SJT 区 SJT2019-07 号金桔路北 1 号地块房地产项目）二期（该项目）工程下发《建筑工程施工许可证》。9 月 1 日，SJT 区建设局下达《沈阳市建设工程安全监督交底告知书》，同时编制《沈阳市建设工程安全监督计划》，确定监督抽查频率原则为1次/月，具体可根据现场情况确定。

2020年9月11日，SJT区安全站执法人员张某、吴某按照行政执法检查计划，对施工现场安全生产和文明施工活动实施检查，并针对发现的问题下达《整改通知书》。9月15日，张某、吴某对现场进行复查，制作《施工现场安全生产监督管理复查记录》，确认初检问题整改完毕，监理单位和总承包单位配合检查。

1.20.4 事故的发生经过及救援情况

1. 塔式起重机安装工程前期准备工作

2020年10月19日，监理单位组织召开静安府项目第五次监理例会，总承包单位技术负责人李某汇报了塔式起重机的安装计划，安装位置位于5号楼施工现场，塔式起重机20日进场，21日开始安装。监理例会结束后，总承包单位安全负责人郭某通知张某，安装公司人员于21日到现场安装塔式起重机；张某随后通知郑某指派工人按时到场。

10月20日上午，出厂编号为2020-T108的塔式起重机设备进场。监理单位安全工程师张某（不具备监理执业资格），安排实习生佟某代表监理方参与验收工作。10月21日，受建设方指派，张某参加验房师培训，其向监理单位总监代表马某请假，并提出让其于当日帮助照看现场。

2. 塔式起重机首日安装情况

10月21日8时许，郑某带领起重机械安拆工段某、杨某、李某到场，与张某指派的起重机械安拆工张某共同进行塔式起重机设备安装施工。郭某和马某对上述人员的身份和证件进行了查验。随后，郑某等人开始施工，安装完成塔式起重机基础节，拼装塔式起重机起重臂、平衡臂、标准节等部位。当日12时50分许，安装现场降雨，塔式起重机安装施工暂时停工，安装工人撤场。

当日下午，总承包单位项目部经理孙某，组织召开管理人员会议，布置次日工作，指派项目部工长刘某负责管理现场，随后与郭某和李某返回大连公司总部参加会议。

3. 事故发生经过

10月22日早，因郑某等人按照约定到沈北新区另一施工现场施工，张某指派张某与安拆工杨某、电工王某到场安装，王某找力工武某协助整理电缆；当日下午，总承包单位派出塔式起重机司机李某、冯某到场接收设备。监理单位张某上午没有到场旁站监理。

7时许，作业工人开始安装，首先将拼装的4个标准节安装到位，随后安装套架、回转平台、平衡臂、两块配重、起重臂（远近端分两次安装）、剩余配重。

14时10分许，监理单位安全工程师张某在距现场西北方向约20m处查看，发现安装现场缺少旁站看护人员等问题，没有当场制止施工活动，返回办公室编制监理通知单，准备向总承包单位下达。因未找到相关人员，直至事故发生时监理通知单都没有向总承包单位送达。14时29分30秒，第三块配重安装完毕后，地面汽车起重机将起升钢丝绳提起至平衡臂高度，由平衡臂上的人员在起升卷筒上进行缠绕钢丝绳作业。

14时40分40秒，编号为C2的配重在向下运动待就位过程中，起重臂第一节突然断裂，平衡臂旋转下坠，反扣于地面，安装人员杨某、电工王某和塔式起重机司机冯某坠落地面，坠地高度约19.5m。

4. 事故的救援情况

事故发生后，位于塔式起重机司机室的李某和起重臂根部整理电缆的武某，自行通过塔式起重机扶梯下到地面离开。现场工人先后拨打120、110急救报警电话。

随后，总承包单位现场负责人刘某组织人员、车辆将3名工人送往医院抢救。至当日18时45分许，冯某、杨某、王某三人经医院确认死亡。

1.20.5 事故的报送及善后处理情况

接到报警和事故报告后，市应急、公安部门立即赶赴现场，会同SJT区政府及公安、建设、工会、属地街道办事处开展事故调查和善后处置工作。

事故发生后，总承包单位组织开展善后工作。10月24、28日分别与家属签订赔偿协议，死者遗体火化完毕，善后工作结束。

1.20.6 事故发生的原因

1. 直接原因

（1）出厂编号2020-T108的塔式起重机起重臂第一节上弦杆所用材料力学性能指标（抗拉强度、冲击韧性吸收能量、断后伸长率三项指标）不符合《输送流体用无缝钢管》GB/T 8163—2018的要求（图1）。

图1 起重臂第一节上弦杆断裂部位及编号

事故发生后，调查组委托中国科学院金属研究所对塔式起重机起重臂第一节上弦杆进行了检测鉴定和材质分析，有关力学性能指标数据如表1所示。

（2）塔式起重机安装单位未按照塔式起重机安装说明书编制施工方案，并且没有按照已审定的方案组织施工，不满足最佳安全高度，增加了作业难度，使事故后果扩大；同时进行配重安装作业和钢丝起升绳安装作业，并且钢丝起升绳安装作业未按照安装说明书要求，而是违章从起重臂后端穿入（图2）。

起重臂第一节断裂部位力学性能检测数据 表1

部位描述	力学性能参考数值			
	屈服强度(MPa)	抗拉强度(MPa)	断后伸长率 A(%)	冲击韧性吸收能量(KV2/J)
	≥355	470～630	≥22	≥34
鑫鹏源出厂数据	384	586	30.3	60.3
1-3-A首断件	637	660	18.8	13
1-2-A	613	637	18	29.3
左起重臂	675	690	15.7	10.3

图2 未按照施工方案组织施工，在基础节上安装4个标准节

2. 管理问题

(1) 平头塔式起重机生产单位没有严格落实企业质量管理体系要求，对原材料供应商产品质量审查失管，对供应商提供无缝方矩管《产品质量证明书》把关不严，接收与《产品质量证明书》所载明内容不相符无缝方矩管，将力学性能不符合国家标准的原材料用于塔式起重机生产，造成所生产塔式起重机产品质量不合格。

(2) 平头塔式起重机原材料供应单位委托金属制品单位采取冷拔改拔方式，对事故塔式起重机起重臂第一节上弦杆原材料进行加工，没有采取必要的热处理措施，在原材料力学性能发生变化的情况下，提供与实际供货产品不符的《产品质量证明书》(图3)。

(3) 塔式起重机安装单位没有严格落实《建设工程安全生产管理条例》《建筑起重机械安全监督管理规定》有关要求，施工项目管理失管失控，项目负责人闵某在事发当天没有到场对施工活动进行组织管理，作业期间更换安装工人后，未对安装工人进行安全技术交底。

(4) 监理单位没有严格落实《建设工程安全生产管理条例》有关要求，指派没有执业资格的人员参加监理工作。在事故塔式起重机安装作业当天，项目监理人员没有对安装人员的身份情况进行审核登记并指定人员旁站监督，没有及时制止已发现的施工违章行为。

此外，事故调查组发现，检验单位型式试验检验小组，没有对塔式起重机设备原材料《产品质量证明书》与实际使用原材料不相符的问题严格把关，致使后续批量生产的产品存在质量隐患。DL市建筑安全监督管理站，在塔式起重机尚未出厂的情况下，提前办理

图3 金属制品单位的冷拔改拔生产线，无热处理工序

了相关备案登记手续。SJT区建设工程安全监督站，对属于危险性较大的分部分项工程的塔式起重机安装作业监管不及时。

1.20.7 事故的性质

经调查认定，“10·22”较大起重伤害事故，是一起因产品质量不合格和违章作业引发的较大责任事故。

1.20.8 对有关责任单位和责任人的处理建议

1. 对事故发生负有责任的单位处理建议

（1）平头塔式起重机生产单位：没有严格落实企业质量管理体系要求，对原材料供应商产品质量审查失管，对供应商提供的无缝方矩管《产品质量证明书》把关不严，将力学性能不符合设计要求的原材料用于塔式起重机生产，造成所生产的塔式起重机产品质量不合格，违反了《中华人民共和国产品质量法》第二十六条的规定，对事故发生负有直接责任。依据《中华人民共和国安全生产法》第一百零九条第二项、《沈阳市应急管理局行政处罚自由裁量指导标准》第36条的规定，建议由市应急管理局给予该公司罚款55万元的处罚。对该公司存在的产品质量问题，移交省市场监管部门依法作出处理。

（2）平头塔式起重机原材料供应单位：在原材料经过改拔后产品性能发生变化的情况下，没有采取措施保证加工后的原材料符合国家标准，向采购方提供与加工后原材料无对应关系的《产品质量证明书》，违反了《中华人民共和国产品质量法》第三十四条的规定，对事故发生负有直接责任。依据《中华人民共和国安全生产法》第一百零九条第二项、《沈阳市应急管理局行政处罚自由裁量指导标准》第36条的规定，建议由市应急管理局给予该公司罚款55万元的处罚，并移交市场管理部门依法吊销营业执照。

（3）塔式起重机安装单位：没有严格落实《建设工程安全生产管理条例》《建筑起重机械安全监督管理规定》有关要求，施工项目管理失管失控，项目负责人闵某在事发当天没有到场对施工活动进行组织管理；作业期间更换安装工人，未进行安全技术交底；未按照设备说明书编制施工方案；未按照已审定的施工方案要求安装标准节、安装配重时违规安装钢丝起升绳并且未按照安装说明书要求违章从起重臂后端穿入等行为，违反了《建筑起重机械安全监督管理规定》第十二条、第十三条的规定，对事故发生负有责任。依据《中华人民共和国安全生产法》第一百零九条第二项、《沈阳市应急管理局行政处罚自由裁量指导标准》第 36 条的规定，建议由市应急管理局给予该公司罚款 52 万元的处罚。对该单位安装资质问题，移交市城乡建设部门依法处理。

（4）塔式起重机安装工程监理单位：指派没有执业资格的人员参加监理工作，在塔式起重机安装作业当天，没有对安装人员的身份情况进行审核登记并指定人员旁站监督，没有及时制止已发现的施工违章行为，违反了《建设工程安全生产管理条例》第十四条的规定，依据《建设工程安全生产管理条例》第五十七条的规定，建议移交 BJ 市城乡建设部门依法处理。

（5）建议将 DL 市建筑安全监督管理站办理事故塔式起重机备案登记手续过程的涉嫌违规线索，移交 DL 市纪委监委依法处理。

（6）SJT 区建设工程安全监督站，未及时监督检查事发施工现场危险性较大的分部分项工程施工情况，建议由 SJT 区人民政府对该区城市建设局进行警示约谈。

2. 建议由司法机关依法处理的有关责任人

（1）刘某，平头塔式起重机生产单位技术部长，质量体系工程师，产品质量检验负责人，未严格落实公司质量管理体系规定，对供应商提供的原材料材质组织审查把关不严，导致将力学性能不符合国家标准的原材料用于塔式起重机生产，造成所生产的塔式起重机产品质量不合格。违反了《中华人民共和国产品质量法》第二十六条的规定，对事故的发生负有管理责任。建议由司法机关依法处理。

（2）支某，平头塔式起重机原材料供应单位实际负责人，在原材料经过改拔后产品性能会发生变化的情况下，没有采取措施保证加工后的原材料符合国家标准，向采购方提供与加工后原材料无对应关系的《产品质量证明书》，违反《中华人民共和国产品质量法》第三十四条的规定，对事故的发生负有责任。建议由司法机关依法处理。

（3）张某，该项目塔式起重机安装工程实际负责人，没有按照塔式起重机安装工程专项施工方案、程序组织安装作业，私自调整安装人员，致使作业难度和事故风险增大，违反《建筑起重机械安全监督管理规定》第十三条的规定，对事故发生负有责任。建议由司法机关依法处理。

（4）闫某，监理单位该项目部总监理工程师，该项目部存在总承包单位已经上报塔式起重机安装施工的情况下，施工当天没有安排具有资质的人员旁站监督，监理人员对安装人员的身份审核登记落实不严格，违反了《建设工程安全生产管理条例》第十四条的规定，对事故的发生负有管理责任。建议由司法机关依法处理。

（5）张某，监理单位该项目部安全员，没有认真履行工作职责，指派非本公司正式员工（实习人员）参与设备验收工作；在事故当天塔式起重机安装作业时，没有按规定进行旁站监督，对安装人员临时调换的情况失管失察，对作业人员未正确佩戴和使用防护用品的违章行为没有及时制止，违反《建设工程安全生产管理条例》第十四条的规定，对事故的发生负有管理责任。建议由司法机关依法处理。

3. 建议依法给予行政处罚的责任人

（1）郭某，塔式起重机安装单位总经理，法定代表人。没有督促检查安装施工活动，及时消除施工活动中的生产安全事故隐患，违反了《中华人民共和国安全生产法》第十八条第五项之规定，依据《中华人民共和国安全生产法》第九十二条第二项、《沈阳市应急管理局行政处罚自由裁量指导标准》序号2的规定，建议由市应急管理局给予其2019年年收入40%罚款的处罚。

（2）马某，监理单位该项目部总监工程师代表。在总承包单位已经上报塔式起重机安装施工的情况下，施工当天没有指定人员旁站监督，安装人员的身份审核登记落实不严格，违反了《建设工程安全生产管理条例》第十四条的规定，依据《建设工程安全生产管理条例》第五十八条的规定，建议由BJ市城乡建设部门依法处理。

（3）郑某，该项目塔式起重机安装工程施工负责人。没有按照安装告知备案要求完成施工任务，对安装人员调整、违反塔式起重机安装工程专项施工方案、程序组织安装作业负有责任，违反了《建筑起重机械安全监督管理规定》第十三条的规定，建议由塔式起重机安装单位依据企业内部规定给予处理。

4. 对其他人员的处理建议

张某，检验单位起重一部部长，平头塔式起重机生产单位QTP160（PXP6518-10）型号塔式起重机型式试验检验小组负责人。该小组在检验过程中，对原材料《产品质量证明书》与实际使用原材料不相符的问题存在审查把关不严情况，建议由省检验检测认证中心按照干部管理权限依法依规处理。

1.20.9 事故防范和整改措施建议

（1）平头塔式起重机生产单位要深刻吸取事故教训，全面彻底整改产品安全隐患，召回可能存在安全风险的相关产品，及时消除设备潜在隐患。要健全完善企业质量管理体系并严格落实质量管控措施和责任，压实各组织各岗位产品质量和安全生产管控措施和责任，从源头上消除事故隐患。要加强原材料供应商资质和产品质量的审查把关，完善落实内控制度，防止类似事故再次发生。

（2）塔式起重机安装单位要深刻吸取事故教训，全面加强施工现场管理。加强项目施工管理，科学严谨依法依规编制施工方案并组织施工，严格落实施工前安全技术交底和员工“三级”安全教育，加强现场监督管理，严禁违章指挥、违章作业和违反劳动纪律。要规范工程承揽行为，坚决杜绝转让、出借资质证书或者以其他方式允许他人以本企业的名义承揽工程的现象发生。

（3）监理单位要深刻吸取事故教训，加强对所属监理项目部的管理和日常检查，及时督促项目部负责人履职尽责。要严格履行监管职责，对发现存在事故隐患的施工活动，要依法坚决采取措施，防止隐患长期存在演变升级为事故。要依法安排有执业资格人员从事监理工作，加强监理人员岗位培训教育，增强监理人员安全意识和责任意识。

（4）SJT区城市建设局暨SJT区建设工程安全监督站，要增强监管力量，加强危险性较大的分部分项工程的安全监管，全面排查整治隐患问题，要精准开展执法检查，对高危作业现场要适当增加执法检查频次，督促企业严格执行安全制度和岗位操作规程。

（5）市场监管及特种设备检验检测部门，要深刻吸取教训，对塔式起重机制造企业的质量管理体系、检验检测各环节严格把关，制订和完善措施，依法监督企业严格落实质量控制体系各环节标准要求，确保产品质量安全，坚决杜绝类似事故重复发生。

1.21　内蒙古自治区包头市“5·19”起重伤害较大生产安全事故调查报告

2020年5月19日17时30分许，包头市某项目北区二标段2号楼在进行施工升降机安装顶升过程中，发生一起起重伤害事故，导致3人死亡。

1.21.1　工程项目及事故施工升降机基本情况

1. 工程项目情况

该项目位于包头市JY区青山路与经十二路交汇处，建设用地面积166124.32m^2，总建筑面积453329.39m^2。该项目北区二标段建筑规模为109423.43m^2。

2. 施工升降机更换作业情况

JY项目北区二标段2号楼原施工升降机于2020年4月13日开始安装，4月20日完成安装并经过检验合格后投入使用，在投入使用一段时间后，出现一些异响等问题，总承包单位要求建设单位进行更换。于是，建设单位要求租赁单位按照原合同约定内容进行更换，通过总承包单位、监理单位、建设单位、租赁单位四方考察后，一致认为生产单位的施工升降机能够满足工程需要，四方决定将1、2、7号楼的施工升降机更换为生产单位的施工升降机。截至事故发生时租赁单位已经完成了1、7号楼的电梯更换工作。

施工升降机型号为SC200/200，有左右对称2个轿厢（吊笼），额定载重量2×2000kg，额定乘员数2×20人，额定提升速度34m/min，轿厢（吊笼）尺寸1.5m×3m×2.45m（自重1500kg），主导轨架标准节尺寸0.65m×0.65m×1.508m(每节自重150kg)。租赁单位实际控制人路某以口头协议的方式发包给包某进行拆除和安装工作。4月29、30日，先后完成了7、1号楼施工升降机的拆除工作。5月3日，先后开始安装1、7号楼施工升降机。5月17日开始对2号楼施工升降机进行更换，当天完成拆除，5月18日开始安装。为了加快施工升降机安装速度，包某和路某商议后决定，仅更换2个轿厢（吊笼），仍使用拆除下来的原有标准节进行安装，5月19日17时30分事故发生。

1.21.2　事故经过及应急救援情况

1. 事故经过

2020年5月17日，包某临时雇用陈某、杜某、孙某对承揽的该项目北区二标段2号楼施工升降机进行安装顶升作业，其中，包某负责校正垂直度，陈某、杜某、孙某负责安装顶升作业。

5月19日15时许，陈某、杜某、孙某进行施工升降机安装顶升作业，3人与塔式起重机司机配合，先从1号楼与2号楼之间空地处吊运过来已经拼装好的4节标准节，4节标准节之中，第二节与第三节连接位置三道螺栓未安装，仅安装了一道螺栓（对应安装顶升后为第31、32标准节连接处），之后又将两节标准节与吊运过来的已经拼装好的4节标准节进行了拼装，在地面完成了6节标准节拼装后，陈某、杜某、孙某3人未对标准节连接固定情况进行自检，便与塔式起重机配合对在地面拼装好的6节标准节进行吊运、顶升和安装附墙作业。17时30分许，陈某、杜某、孙某3人集中站立在东侧轿厢（吊笼）上继续上升，施工升降机东侧轿厢（吊笼）在上升过程中，施工升降机导轨架第31、32标准节连接处撕裂，东侧轿厢（吊笼）连同第32至第35节标准节坠落在施工升降机地面围栏东北侧，造成3人死亡。

2. 事故报告和应急处置情况

事故发生后，相关单位立即组织相关人员进行救援，同时拨打120急救电话，将陈某、杜某、孙某3人救出后送往JY区扶贫医院抢救。

JY区公安分局接到报警后，立即赶赴现场。18时30分许，JY区应急管理局接到区公安分局通报，JY区应急管理局相关工作人员立即赶赴现场进行先期处置及前期调查，并立即向JY区委、区人民政府、区纪委监委和包头市应急管理局报告。包头市应急管理局接到报告后，立即向包头市委、市政府和纪委监委进行了报告。

JY区人民政府成立了该项目施工升降机坠落事故处置领导小组。领导小组下设综合协调、调查评估、舆情管控、维稳管控、善后处置、隐患排查六个工作组，全力做好事故调查处理，做好善后处置工作。事故应急处置过程中，社会反应平稳。

市、区两级政府及有关部门和单位及时组织应急救援和善后处置工作，处置过程实施准确，报警及时，行动迅速，指挥得力，配合默契，程序规范，应急响应及时。

1.21.3　事故造成的人员伤亡和直接经济损失

事故造成孙某、杜某、陈某死亡，造成直接经济损失约600万元，其他损失尚需最终核定。

1.21.4　事故原因分析和性质认定

1. 直接原因

陈某、杜某、孙某3人在地面完成标准节拼装后，违反操作规程，未进行自检，没有发现第31、32标准节连接部位仅有一道螺栓固定，在操作施工升降机上升过程中，受重力影响，第31、32标准节连接部位撕裂，导致3人连同东侧轿厢（吊笼）一起坠落，是造成事故的直接原因。

2. 间接原因

1）租赁单位

一是安全生产管理混乱，不具备施工升降机安拆资质承揽业务，又以口头协议方式发包给不具备施工升降机安拆资格人员进行施工升降机安装顶升作业。安全生产教育培训不到位，对临时雇用人员未经培训即安排上岗作业。

二是未设立安全生产工作管理机构，未配备专职安全生产管理人员。

三是在未履行完施工升降机安拆告知手续的情况下，进行施工升降机拆除和安装顶升作业。

四是事故施工升降机安装专项施工方案未完成审批，不能指导安装作业。

五是档案管理不规范，不能提供事故施工升降机安装、拆除工程档案资料。

2）建设单位

一是对安全生产工作重视不够，落实企业安全生产主体责任不到位，对其所属的子单位和包头市该项目部安全检查不到位。

二是该项目部对租赁单位履行合同的情况审核把关不严，未及时发现租赁单位违法承揽，并雇用不具备作业资质的个人进行施工升降机安装顶升作业。

三是该项目部安全技术交底不到位，对事故施工升降机安装专项施工方案审核把关不严，未采取有效措施制止租赁单位的盲目施工行为。

四是5月10日前，该项目部安全管理人员配备不符合《建筑施工企业安全生产管理机构设置及专职安全生产管理人员配备办法》（建质〔2008〕91号）要求。

3）监理单位

一是对事故施工升降机安装专项施工方案的审查流于形式，未认真审查施工方案相关内容。

二是现场安全生产监理责任落实不到位，对作业人员资格审核把关不严，未进行人证比对。

三是针对施工单位违规安装顶升施工升降机的问题，虽然下发了停止使用监理通知，但未能及时制止施工单位的违规行为。

4）总承包单位

一是对监理单位、建设单位的安全生产工作统一协调管理不到位，未对两个单位存在的问题进行及时纠正。

二是安全检查不到位，未及时发现且采取有效措施制止租赁单位、建设单位施工升降机的违规安装顶升行为。

5）BT市住建局和建设工程安全监督站

BT市住建局安全生产监管力量不能满足安全管理监管任务需要。BT市建设工程安全监督站对该项目建设单位、监理单位、施工单位安全生产监督不到位，未发现建设单位、监理单位、施工单位安全管理方面存在的问题。

3. 事故性质认定

经调查认定，包头市某项目“5・19”起重伤害事故是一起较大生产安全责任事故。

1.21.5　对事故责任单位和责任人员的处理建议

1. 免于追责人员（共3人）

孙某、杜某、陈某3人均为施工升降机安装工人。未取得施工升降机安拆资格证书进行施工升降机安装作业；在地面拼装完标准节后，未严格对标准节之间的紧固情况进行自检，未发现第 31 节和第 32 节标准节之间连接的三道螺栓未安装。鉴于孙某、杜某、陈某在事故中死亡，建议不予追究责任。

2. 建议公安部门立案侦查人员（共 2 人）

（1）路某，租赁单位实际控制人。不具备施工升降机安拆资质承揽业务，在未履行完施工升降机安拆告知手续的情况下，以口头协议方式发包给不具备施工升降机安拆资格人员进行施工升降机安装顶升作业。违反了《中华人民共和国建筑法》第二十六条、第四十六条和《建设工程安全生产管理条例》第十七条、第二十五条和《建筑起重机械安全监督管理规定》第六条、第十条等相关规定。建议公安机关立案侦查。

（2）包某，个体经营者。不具备施工升降机安拆资质承揽业务，雇用不具备施工升降机安拆资质的人员进行施工升降机安拆作业。违反了《中华人民共和国建筑法》第二十六条，《建设工程安全生产管理条例》第十七条、第二十五条等相关规定。建议公安机关立案侦查。

3. 建议给予行政处罚人员（共 14 人）

（1）胡某，建设单位该项目安全员。安全交底不到位，未及时发现施工人员不具备施工升降机安拆作业资格进行作业。违反了《中华人民共和国安全生产法》第四十三条第一款，《建设工程安全生产管理条例》第二十三条、第二十五条，《危险性较大的分部分项工程安全管理规定》第十五条等相关规定，建议市住建局依据建筑工程安全生产相关法律法规对其进行行政处罚。

（2）赵某，建设单位该项目安全员。事故当天对施工升降机安装过程进行旁站，对自身旁站职责不清，未发现施工升降机安拆人员不具备作业资格，未采取有效措施制止违章作业行为。违反了《中华人民共和国安全生产法》第四十三条第一款，《建设工程安全生产管理条例》第二十三条、第二十五条等相关规定，建议市住建局依据建筑工程安全生产相关法律法规对其进行行政处罚。

（3）周某，建设单位该项目安全主管。对施工升降机更换过程的安全管理不到位，未及时发现租赁单位在未履行完施工升降机备案告知手续且不具备安装资质的情况下进行施工，未及时发现作业人员不具备施工升降机安拆作业资格进行作业。违反了《中华人民共和国安全生产法》第四十三条第一款，《建设工程安全生产管理条例》第二十五条，《建筑起重机械安全监督管理规定》第十二条等相关规定，建议市住建局依据建筑工程安全生产相关法律法规对其进行行政处罚。

（4）韦某，建设单位该项目生产经理。施工现场组织、协调、管理不到位，对租赁单位的安全管理不到位，对施工升降机安装专项施工方案审核把关不严，未及时发现安装单位和安装人员不具备安装资质进行安装作业。违反了《中华人民共和国建筑法》第四十五条，《建设工程安全生产管理条例》第二十五条等相关规定，建议市住建局依据建筑工程安全生产法律法规对韦某处以行政处罚。

（5）窦某，建设单位该项目经理。施工现场安全管理不到位，对分包单位安全管理不到位，未发现租赁单位不具备施工升降机安拆资质进行安拆作业，未发现施工升降机安拆人员无作业资格进行作业。违反了《中华人民共和国安全生产法》第四十三条第一款，《中华人民共和国建筑法》第四十五条，《建设工程安全生产管理条例》第二十一条、第二十五条等相关规定。建议市住建局依据建筑工程安全生产法律法规对其进行行政处罚。

（6）胡某，建设单位子单位副总经理。对建设单位该项目部的安全管理和检查不到位，未及时发现项目部安全管理方面存在的问题。违反了《中华人民共和国安全生产法》第十八条等相关规定，建议市住建局依据建筑工程安全生产法律法规对其进行行政处罚。

（7）万某，建设单位子单位副总经理。对建设单位该项目部的安全管理和检查不到位，未及时发现项目部安全管理方面存在的问题。违反了《中华人民共和国安全生产法》第十八条等相关规定，建议市住建局依据建筑工程安全生产法律法规对其进行行政处罚。

（8）庄某，建设单位董事长。对建设单位子单位和该项目部的安全管理和检查不到位。违反了《中华人民共和国安全生产法》第十八条等相关规定。建议根据《中华人民共和国安全生产法》第九十二条规定，由市应急管理局对庄某处以上一年年收入40%的罚款。

（9）徐某，监理单位该项目部安全监理工程师。对专项施工方案审核把关不严，对租赁单位和施工升降机安拆作业人员资质审核把关不严，未发现作业人员无作业资格进行作业。违反了《建设工程安全生产管理条例》第十四条，《建筑起重机械安全监督管理规定》第十条等相关规定，建议市住建局依据建筑工程安全生产法律法规对其进行行政处罚。

（10）肖某，监理单位该项目总监理工程师。对安全生产检查不到位，对租赁单位资质和施工升降机安拆人员资格审核把关不严。对施工单位的安全监理不到位，未及时有效采取措施制止施工单位的违章作业行为。未依据《某北区二标段项目安全监理规划》及时向施工单位下达工程暂停令。违反了《中华人民共和国安全生产法》第四十三条第一款，《建设工程安全生产管理条例》第十四条、第十七条等相关规定，建议市住建局依据建筑工程安全生产法律法规对其进行行政处罚。

（11）侯某，监理单位总经理。对项目部的安全生产工作监督检查不到位。违反了《中华人民共和国安全生产法》第五条、第十八条、第四十三条等相关规定，建议根据《中华人民共和国安全生产法》第九十二条规定，由市应急管理局对侯某处以上一年年收入40%的罚款。

（12）宫某，总承包单位该项目部北区现场生产经理。对负责区域的安全生产管理不到位，未及时发现监理单位、施工单位和分包单位在安全生产方面存在的突出问题。违反了《中华人民共和国安全生产法》第四十三条等相关规定，建议市住建局依据建筑工程安全生产法律法规对其进行行政处罚。

（13）蔡某，总承包单位副总经理兼该项目负责人。对项目部安全管理不到位，未及时发现监理单位、施工单位和分包单位在安全生产方面存在的问题。违反了《中华人民共和国安全生产法》第十八条、第四十三条等相关规定，建议市住建局依据建筑工程安全生产法律法规对其进行行政处罚。

（14）曲某，总承包单位总经理。对项目部安全生产管理不到位，未有效履行主要负责人责任。违反了《中华人民共和国安全生产法》第五条、第十八条等相关规定，建议根据《中华人民共和国安全生产法》第九十二条规定，由市应急管理局对曲某处以上一年年收入40%的罚款。

4. 建议给予行政处罚的事故责任单位

（1）租赁单位：不具备施工升降机安拆资质承揽业务，以口头协议方式发包给不具备施工升降机安拆资格的人员进行安装顶升作业；未设立安全生产组织机构，未配备专职安全生产管理人员；在未履行完施工升降机安拆告知手续的情况下，进行施工升降机拆除和安装顶升作业；事故施工升降机安装专项施工方案未经过审批，不能指导安装作业，方案审批程序不符合审批规定；未建立事故施工升降机安装工程档案。违反了《中华人民共和国建筑法》第二十六条，《中华人民共和国安全生产法》第二十一条、第二十五条、第二十七条，《建筑起重机械安全监督管理规定》第六条、第十条、第十二条，《建设工程安全生产管理条例》第十七条、第二十三条等相关规定。建议根据《中华人民共和国安全生产法》第一百零九条规定，由市应急管理局对租赁单位处以行政罚款70万元，并将租赁单位纳入“安全生产信用信息管理系统”进行惩戒。

（2）建设单位：安全生产主体责任落实不到位，对子单位和该项目部安全检查不到位。未及时发现子单位所属的该项目部专职安全管理人员配备不符合要求，对租赁单位及其临时雇用的作业人员资格审查不严，安全技术交底不到位，对事故施工升降机安装专项施工方案审核把关不严等。违反了《中华人民共和国安全生产法》第四条，《建筑起重机械安全监督管理规定》第十条、第十二条，《建筑施工企业安全生产管理机构设置及专职安全生产管理人员配备办法》第十三条等相关规定。建议根据《中华人民共和国安全生产法》第一百零九条规定，由市应急管理局对建设单位处以行政罚款70万元。

（3）监理单位：对该项目部的安全管理不到位，未及时发现项目部在执行监理工作当中存在的问题。违反了《中华人民共和国安全生产法》第四十一条，《建设工程安全生产管理条例》第十四条等相关规定。建议根据《中华人民共和国安全生产法》第一百零九条规定，由市应急管理局对监理单位处以行政罚款50万元。

（4）总承包单位：对项目部的安全管理不到位，对监理单位、施工单位安全生产统一协调管理不到位，安全检查不到位。违反了《中华人民共和国安全生产法》第四十一条、第四十六条等相关规定。建议根据《中华人民共和国安全生产法》第一百零九条规定，由市应急管理局对总承包单位处以行政罚款50万元。

5. 建议由纪委监委依据相关规定进行追责问责的有关公职人员

（1）水某，BT市住建局副局长。

（2）樊某，BT市住建局工程管理科科长。

（3）王某，BT市住建局安监站站长。

（4）王某，BT市住建局安监站党支部书记。

1.21.6 防范措施建议

1. 提高政治站位，进一步筑牢安全发展理念

党中央、国务院始终高度重视安全生产工作，习近平总书记多次就安全生产工作作出重要指示批示。各地区各部门要深刻吸取事故教训，举一反三，坚决落实安全生产属地和行业监管责任，督促企业严格落实安全生产主体责任，深入开展隐患排查治理，坚决遏制各类生产安全事故的发生，维护人民群众生命财产安全和社会稳定。

2. 深入开展建筑领域专项整治

BT市住建局要立即开展一次建筑行业领域专项整治工作，突出起重吊装及安装拆卸工程安全管理、资质和安全许可证管理及安装拆卸人员、司机、信号司索工等特种作业人员持证上岗情况。要严格过程监管，督促施工单按照有关技术规范认真执行相关要求和规定。要强化执法监察，保持建筑行业领域打非治违高压态势，对非法违法行为严厉处罚，推动企业主体责任落实。

3. 严格落实建设单位和监理单位、总承包单位安全责任

建设单位要加强对施工单位、监理单位的安全生产管理。与施工单位、监理单位签订专门的安全生产管理协议，或者在合同中约定各自的安全生产管理职责。切实加强施工现场安全管理，对施工单位、监理单位的安全生产工作要统一协调、管理，定期进行安全检查，发现存在安全问题的要及时督促整改，确保安全施工。施工单位要按要求配备相应的施工现场安全管理人员，将安全生产责任层层落实到具体岗位、具体人员；专项施工方案实施前，按要求进行安全技术交底工作；要对起重机械施工作业人员进行审核登记，确保安拆作业单位有资质、人员有资格。

4. 切实加强建筑起重机械安全管控

建筑起重机械安装单位要按照标准规范，编制专项施工方案，实施前要做好安全技术交底，严格依法在资质范围内承揽业务，拆装人员必须取得相应特种作业操作资格证书并持证上岗，专业技术人员、专职安全生产管理人员应当进行现场监督。

5. 进一步推进落实属地及部门监管责任

要严格落实“党政同责、一岗双责”安全生产责任制。进一步明确属地监管责任，相关行业部门要认真落实安全生产职责，要将安全生产工作与其他工作同部署、同检查、同考核，构建齐抓共管的工作格局。建设行业主管部门要按照“三个必须”的要求，严格落实行业监管责任。进一步加强对建筑起重机械等危险性较大工程的安全监管，坚决防范类似事故再次发生。

2 2021年较大及以上事故调查报告

2.1 贵州省遵义市“1·14”较大坍塌事故调查报告

2021年1月14日11时10分许，XS县某建筑工地发生边坡坍塌事故，先后造成3人死亡、1人受伤，直接经济损失380.5966万元。

2.1.1 事故基本情况

1. 项目建设情况

某项目，位于XS县华润大道A段（XS县第八中学对面），占地面积148857m^2，总建筑面积46.25万m^2，分A、B、C三区，规划方案2018年1月一次性通过规划评审，实行分期分批推进建设。项目于2017年9月20日开工建设，A区已基本交付使用，交付面积10860m^2，B区部分动工，C区已全面动工，项目在建面积22万m^2。

2. 事故气象情况

2021年1月7日至2021年1月11日，XS县主要为雨夹雪天气，最低气温为－4℃，最高气温为3℃，该项目工地出现积雪覆盖；2021年1月12日至13日均为晴天，最低气温为－4℃，最高气温则为11℃，工地积雪在缓慢融化；2021年1月14日为晴天，最低气温为2℃，最高气温则为14℃，气温为近8d最高，且当日气温的最低温度高于0℃（2℃），工地积雪加速融化。

3. 事故边坡基本情况

事故边坡位于该项目B区规划的B4号、B5号楼栋后侧，在建的B7号楼栋前侧，系该项目二期临时边坡工程。

工程建设方在委托土石方开挖单位对B4、B5（该地块土地未摘牌，施工图未审查，未办理施工许可证）地块平场过程中，按照1∶1左右坡比放坡，形成了长约70m，高约8m的边坡（以下简称“事故边坡”）。垮塌处工程边坡坡向5°，坡度28°。经现场测量：垮塌区后缘长15m，平均垮塌宽度约为17m，垮塌方向为5°，垮塌纵长7m，垮塌平均厚度约4m，总垮塌方量约为476m^3（图1～图3）。

4. 事故边坡勘察、设计、施工情况

2020年12月初，工程建设方委托土石方开挖单位对B4、B5地块平场过程中按照1∶1左右坡比放坡，形成了长约70m，高约8m的事故边坡后，未组织具备资质的单位对事故边坡进行勘察，无施工图和施工方案。边坡监理方曾于2020年11月28日、12月

图 1　2020 年 12 月 15 日现场原始地貌照片

图 2　2021 年 1 月 9 日照片

图 3　2021 年 1 月 14 日事发后照片

5 日召开监理例会提出对事故边坡进行治理。

2020 年 12 月 5 日，工程建设方口头通知边坡施工方项目部组织对事故边坡进行临时封闭处理，接通知后于2020年12月11日边坡施工方进场开始施工，至2020年12月15日完成了约50m范围的边坡封闭工作。

2020年12月15日，XS县住建局现场监管组人员王某等人到该项目巡查，发现边坡施工无施工图纸及专项施工方案，口头要求停止施工，待完善施工图纸设计和制订专项施工方案后方可施工。同日，边坡监理方下发《监理通知单》，要求边坡施工方暂停边坡施工作业，待施工图纸及专项施工方案审查通过后方可进行施工作业，边坡施工方于同日下午停止施工。

5. 工程安全技术交底情况

2020年8月17日，边坡施工方现场负责人陈某组织边坡劳务承包方施工员袁某、喷浆工王某等6人进行了该项目二期边坡支护工程安全技术交底。

6. 行业主管部门履职情况

2020年XS县住房和城乡建设局对该项目开展了9次现场检查，发现隐患并下发了整改指令。2020年12月15日，XS县住建局项目监管组人员王某等人对该项目进行检查时发现事故边坡存在安全隐患，仅口头告知工程建设方通知参建各方按要求聘请有资质的设计、地勘单位对边坡进行现场勘察，提出具有针对性的专项治理方案后，对边坡进行治理，未对项目参建各方下发监管指令。且在监理方微信报告边坡安全隐患后，未下发整改指令，其间通过电话或口头告知督促参建单位及时进行治理、消除隐患。2021年1月7日，由于低温雨雪凝冻天气，XS县住建局印发了《关于应对低温雨雪凝冻天气确保建筑施工安全的紧急通知》，要求全县在建项目全部停工开展大排查大整治。

2.1.2 事故经过及应急救援评估情况

1. 事故简要经过

2021年1月13日天气回暖后，边坡施工方现场负责人陈某电话通知施工员袁某巡查事故边坡安全隐患，1月14日袁某一行6人在未经边坡施工方项目部许可的情况下对边坡进行临时封闭前的钢筋网片绑扎工作时，边坡局部瞬间发生垮塌，导致3人被掩埋，1人受伤。

2. 事故救援情况

2021年1月14日11时10分许，事故发生后，现场施工人员袁某第一时间报案，并拨打了119和120救援电话，随后项目参建各方赶到事故现场开展施救，同时XS县住建局现场监管组人员正在项目部办公室检查工作，听到发生事故后，立即赶到事故现场开展事故先期救援工作，并第一时间向局领导上报事故情况。XS县委、县政府接到事故报告后，有关领导第一时间率县应急、住建、公安、民政、卫生、工会和当地政府等部门相关人员赶往事故现场，到达事故现场后，同先期到达事故现场的人员，立即组织开展事故救援，并对现场实施警戒，要求无关人员迅速撤离现场，防范发生次生事故。2021年1月14日12时33分，被掩埋的3名伤者全部被救出，并陆续送往XS县人民医院救治，经医院抢救无效先后死亡。被掩埋人员全部救出后，按照应急抢险专家组对B7号楼前塔式起重机进行抢险加固要求，工程建设方委托了具备相关资质单位按程序对边坡进行了加固治理。

市人民政府在接到事故报告后，高度重视，立即指派应急、住建、公安等部门相关人员赶赴事故现场指挥调度事故救援、伤者救治和善后处置工作，并要求深刻吸取事故教训，举一反三，立即启动事故调查工作。

3. 事故应急救援评估情况

事故发生后，相关部门反应迅速，第一时间组织人员开展事故救援，XS县委、县政府主要领导亲自组织人员赶赴事故现场开展事故救援和现场警戒，并成立了县委书记、县长为组长，县应急局、县公安局、县住建局、县消防救援大队、县人民医院、街道办事处等单位部门负责人为成员的抢险救援及善后处置工作专班，迅速组织力量开展救援工作，第一时间将救援出的被困人员送县人民医院进行救治。本次事故应急反应迅速，处置得当，未造成社会负面影响，相关善后工作处置及时，死者家属情绪稳定。

2.1.3 事故伤亡情况及直接经济损失

经事故调查组调查：本次事故先后造成3人死亡、1人受伤。依据《企业职工伤亡事故经济损失统计标准》GB 6721—1986和有关规定统计，事故直接经济损失380.5966万元。

2.1.4 事故直接原因和间接原因

1. 事故直接原因

建设单位对事故边坡存在不利的边坡坡率、地质环境条件脆弱、极端气候条件下的积雪融化等组合特征因素影响预判不足，未引起重视。违反工程建设基本程序，在未组织具备资质的单位对事故边坡进行现场勘察、设计的情况下，冒险组织边坡施工方进场施工。作为应急抢险工程，也没有制订相应的应急抢险方案，且施工现场安全管控严重不到位，施工员袁某在未经边坡施工方项目部允许的情况下，擅自指挥工人对事故边坡开展钢筋网片绑扎工作，违章指挥，冒险作业，导致事故发生。

2. 事故间接原因

（1）建设单位安全生产主体责任落实不到位。

①建设单位执行监管、监理指令不到位。2020年12月15日，XS县住建局现场监管组人员王某等人到该项目巡查，发现事故边坡施工无施工图纸及专项施工方案，口头要求停止施工，待完善施工图纸设计和制订专项施工方案后方可施工。同日，监理方下发监理通知单，要求暂停事故边坡施工作业。但是单位未引起重视，仍未委托具有资质的单位进行事故边坡现场勘察、设计。

②建设单位督促边坡施工方现场安全管理不到位，对施工方安全、技术人员长期不在施工现场等问题失管失察。

③建设单位执行安全生产专项整治三年行动不到位，未树牢“人民至上、生命至上”的安全发展理念，未按照“从根本上消除事故隐患”的要求对存在的安全隐患进行有效管

控，及时治理，消除隐患。

（2）施工单位安全生产主体责任落实不到位。

①施工单位执行监管、监理停止施工意见不到位，在停工期间通知不具备资质和专业人员排查安全隐患，且现场疏于管控，导致施工人员擅自施工，发生事故。

②施工单位不按规定配备项目施工人员。2018 年施工单位通过竞争性谈判承接了该项目边坡工程，但自 2020 年 8 月 30 日后，施工单位项目部安全、技术人员均不在岗。

③施工单位开展安全教育培训不到位。未按照有关要求开展员工三级安全教育培训，安全教育培训仅停留在口头上、形式上、填表上，培训时间、内容、考核等均达不到相关要求。

④施工单位落实安全生产专项整治三年行动工作不力。施工单位未按规定提取和使用安全生产费用。

（3）监理单位督促边坡施工方对边坡安全隐患管控力度不够。虽然 2020 年 11 月 28 日、12 月 5 日、12 月 15 日三次召开监理例会提出需尽快对 B6 号、B7 号楼前边坡将治理方案报审通过后进行治理。2020 年 12 月 15 日下发了监理停工指令，并将相关情况通过微信工作群报告 XS 县住建局，但是无进一步措施督促边坡施工方对存在的安全隐患进行有效管控并及时治理、消除隐患，事故发生当天对施工现场安全监理不到位。

（4）劳务承包单位未严格执行安全生产法律法规和安全管理规章制度，违反劳务合同要求，未派遣有安全管理资质的人员到现场带班，仅安排施工员袁某一人在该项目负责施工，其余工人均为由袁某在当地联系的民工，对劳务派遣人员疏于管理，安全教育培训落实不到位。

（5）XS 县住房和城乡建设局落实行业安全监管不到位。2020 年 12 月 15 日，项目监管组人员对该项目进行检查时发现事故边坡存在安全隐患，采取措施不具体，督促整改不到位。2020 年对该项目开展了 9 次现场检查，发现隐患并下发了整改指令，但是针对边坡施工方安全、技术人员长期不在场，履行企业主体责任严重不落实等行为查处不力。

（6）XS 县自然资源局未对已规划并完成拆迁征收程序、尚未拍卖摘牌的地块明确“三通一平”施工安全监管主体，针对该项目 B 区规划的 B4 号、B5 号地块未摘牌，建设方对该地块进行平场施工等违法违规行为监管不力，未联合住建、综合执法、建设项目属地相关部门研究制订相应措施加强国有建设用地在审批过程中的监管工作。

（7）XS 县人民政府督促指导有关部门履行建筑施工安全管理工作职责力度不足。

2.1.5　事故性质

经事故调查组调查认定：XS 县某建筑工地“1・14”较大坍塌事故是一起生产安全责任事故。

2.1.6　对有关责任人和责任单位的处理建议

1. 建议刑事责任追究人员（3 人）

（1）陈某，男，施工单位该项目边坡支护工程项目负责人，持二级建造师证、安全 B 证，负责该项目施工安全等工作。边坡施工违反基本建设程序，指挥工人冒险作业。发现安全隐患后，未按规定及时对存在的安全隐患采取有效措施进行消除，安全意识淡薄，思想麻痹大意，且事故当天未在采取措施保证安全的前提下，离开施工现场，仅电话通知不具备隐患排查资格和能力的工人对项目安全隐患进行排查，对施工员袁某在未经项目部许可的情况下对边坡进行临时封闭前的钢筋网片绑扎工作管理严重不到位，对该起事故的发生负有直接管理责任，涉嫌重大责任事故罪。建议移交司法机关依法追究其刑事责任。

（2）陈某，男，建设单位该项目总监，负责该项目开发和工程管理。针对项目 B 区规划的 B4 号、B5 号地块未摘牌，违反相关法律法规组织对该地块进行平场施工，形成事故边坡后，未组织具备资质的单位对事故边坡进行现场勘察、设计，违反工程建设基本程序组织边坡施工方进场施工。发现安全隐患后，仅在微信工作群要求边坡施工方对边坡进行治理，仍未组织具备资质的单位对事故边坡进行勘察、制订施工图纸，对该起事故的发生负有重要管理责任，涉嫌重大责任事故罪。建议移交司法机关依法追究其刑事责任。

（3）袁某，男，劳务承包单位施工员，负责该项目二期边坡支护工程现场施工。施工员袁某安全意识淡薄，违章指挥，冒险作业，未经边坡施工方项目部允许，擅自指挥工人对边坡隐患进行治理，导致发生事故。且事故调查期间未积极配合事故调查组查明事故原因，有意隐瞒事故事实，对抗事故调查工作，涉嫌重大责任事故罪。建议移交司法机关依法追究其刑事责任。

2. 建议行政处罚人员（5 人）

（1）孙某，男，施工单位法人、总经理，全面负责单位工作。未正确履行企业安全生产主要负责人工作职责，对单位管理不到位，对该起事故的发生负有管理责任。建议由市综合行政执法局依据《中华人民共和国安全生产法》第九十二条之规定对其实施行政处罚。

（2）张某，男，施工单位副总经理，分管单位安全生产工作，取得安全生产管理 A 证。协助单位主要负责人开展单位安全生产管理工作不到位，未督促单位按照规定提取和使用安全生产经费；该工地施工期间未对该项目开展过安全检查，对该项目人员配置不到位、安全管理混乱督促管理不到位，对该起事故的发生负有管理责任。建议由市综合行政执法局依据《中华人民共和国安全生产法》第九十三条之规定吊销其安全生产管理证书。

（3）刘某，男，施工单位基础公司经理，取得安全生产管理 A 证。对该项目边坡支护工程全面负责，项目建设期间履行安全生产职责不到位，未及时督促、检查项目安全生产工作，消除安全隐患。项目部安全管理混乱，项目安全管理人员、项目技术负责人员、项目经理等人员长期不在工作岗位，项目安全管理工作严重不到位。未按照属地要求开展“双控”体系建设，贯彻落实安全生产专项整治三年行动严重不到位，对该起事故的发生负有重要管理责任。建议由市综合行政执法局依据《中华人民共和国安全生产法》第九十三条之规定吊销其安全生产管理证书。

（4）何某，女，建设单位总经理，负责单位全面工作。未正确履行企业安全生产主要负责人工作职责，对单位管理不到位，对该起事故的发生负有主要管理责任。建议责成市综合行政执法局依据《中华人民共和国安全生产法》第九十二条之规定对其实施行政处罚。

（5）贺某，男，监理单位该项目现场监理员，负责施工现场监理工作。虽然2020年12月15日巡查发现事故边坡存在滑坡现象，并将相关情况上报，但是针对存在的安全隐患未及时督促边坡施工方采取措施消除隐患，确保安全，边坡施工现场监理不到位，对该起事故的发生负有现场监理责任。建议由发证机关吊销其监理员资格。

3. 建议公司处理人员（2人）

（1）万某，男，建设单位该项目现场负责人，负责工程项目的质量、进度、安全等工作。边坡施工方进场施工期间，对项目现场管理不到位，开展隐患排查不到位，未督促边坡施工方及时对存在的安全隐患进行有效管控，及时治理、消除隐患，对该起事故的发生负有直接管理责任。建议单位对其作开除处理。

（2）李某，男，监理单位该项目总监，对项目进度、安全等工作负责，虽然2020年11月28日、12月5日、12月15日三次召开监理例会提出需尽快制订事故边坡治理方案报审通过后进行治理，2020年12月15日监理方下发了监理停工指令，并将相关情况通过微信工作群报XS县住建局，但重大事项未书面报XS县住建局，且无进一步措施督促边坡施工方对存在的安全隐患进行有效管控，及时治理、消除隐患，对该起事故的发生负有监理责任。建议单位对其作开除处理。

4. 建议移交纪委监委处置人员（4人）

（1）王某，男，XS县住房和城乡建设局建筑业服务中心副主任（事业编制），负责该项目日常监管工作。2020年对该项目进行了9次现场检查，在检查过程中对边坡施工方项目部安全管理混乱、相关人员长期不在岗等问题查处不力。2020年12月15日，项目监管组人员对该项目进行检查时发现该边坡存在安全隐患，未下发指令书，收到监理方在微信工作群上报隐患后，采取措施不具体，跟踪督促参建单位对隐患进行及时治理、消除隐患工作不到位，对该起事故的发生负有直接监管责任。建议将其存在的问题线索移交市纪委市监委进行处理。

（2）慧某，男，XS县住房和城乡建设局建筑业服务中心负责人（工勤编制），负责XS县建筑工程安全质量监管工作。对建筑业服务中心管理不力，督促有关人员履行行业监管职责不到位，执行安全生产专项整治三年行动工作不到位，对事故发生负有重要监管责任。建议将其存在的问题线索移交市纪委市监委进行处理。

（3）袁某，男，XS县住房和城乡建设局党委成员、副局长，分管建筑施工安全等工作，分管建筑业服务中心。对建筑业服务中心人员履行安全生产工作职责督促调度不力，安排部署安全生产专项整治三年行动工作力度不够，对该起事故的发生负有重要领导责任。建议将其存在的问题线索移交市纪委市监委进行处理。

（4）袁某，男，XS县住房和城乡建设局党委书记、局长，对全县建筑行业领域安全生产全面负责。对辖区建筑施工领域安全存在的风险和问题认识不清，研究解决不透彻，未按照“三必管”的要求开展行业安全生产监管工作，对建筑业服务中心人员履行建筑施工安全监管职责不到位等问题失察，对该起事故的发生负有主要领导责任。建议将其存在的问题线索移交市纪委市监委进行处理。

5. 对有关责任单位的处理建议

（1）建设单位：安全生产主体责任落实不到位，对该起事故的发生负有重要管理责任。建议由市综合行政执法局依据《中华人民共和国安全生产法》第一百零九条之规定对其实施50万元的行政处罚。

（2）施工单位：安全生产主体责任落实不到位，对该起事故的发生负有重要管理责任。建议由市综合行政执法局依据《中华人民共和国安全生产法》第一百零九条之规定对其实施50万元的行政处罚。同时，将其存在的问题函告颁证单位，建议按照有关规定暂扣安全生产许可证。

（3）监理单位：督促边坡施工方对边坡安全隐患治理力度不够。建议由XS县住房和城乡建设局对其进行警示约谈。

（4）劳务承包单位：未严格执行安全生产法律法规和安全管理规章制度，违反劳务合同要求，未派遣有安全管理资质的人员到现场带班，仅安排施工员袁某一人在该项目负责施工，其余工人均为由袁某在当地联系的民工，对劳务派遣人员疏于管理，安全教育培训落实不到位。建议由XS县住房和城乡建设局对其进行警示约谈。

（5）XS县住房和城乡建设局，落实行业安全监管不到位，对该起事故的发生负有直接监管责任。建议责成其向XS县人民政府作出书面检讨。

（6）XS县自然资源局，针对该项目B区规划的B4号、B5号地块未摘牌，建设单位对该地块进行平场施工等违法违规行为监管不力，未联合住建、综合执法、建设项目属地相关部门研究制订相应措施加强国有建设用地在审批过程中的监管工作。建议责成其向XS县人民政府作出书面检讨。

（7）XS县人民政府，督促XS县住房和城乡建设局、XS县自然资源局等部门履行行业监管工作力度不足，对该起事故的发生负有属地管理责任。建议责成其向ZY市人民政府作出书面检讨。

2.1.7 事故防范整改措施

针对此次事故暴露出来的问题，为进一步强化全市建筑施工安全隐患排查治理和管控措施，切实落实企业安全生产主体责任，强化地方政府及部门监管责任，有效防范类似事故，提出以下防范措施。

（1）提高政治站位，全面压实企业主体责任

XS县人民政府及其有关部门、本次事故参建各方：

一是要深入贯彻落实习近平总书记关于安全生产和自然灾害防范工作的重要指示精神，认真汲取此次安全事故教训，充分认识做好安全生产工作的极端重要性，充分研判，

找准原因，精准施策，全面排查整治风险隐患，持续关注气象信息，全力防范化解安全生产重大风险。

二是要围绕从根本上消除事故隐患，强化组织领导，把解决问题、推动企业主体责任落实作为整治的重中之重，强化安全监管执法，提升基础保障能力，扎实推进安全生产治理体系和治理能力现代化取得实效。结合我市安全生产专项整治三年行动阶段任务，加大企业安全生产主体责任落实。

三是要立即组织辖区各类生产经营企业开展事故警示教育学习，督促各生产经营企业对各生产环节开展隐患排查治理，安排专人负责，建立隐患排查治理台账，及时消除隐患。

四是要严格落实企业全员安全责任和“双控”体系建设工作，全面提升企业安全标准化建设，进一步健全安全管理机构，配足安全管理人员，全力防范各类事故，强化企业安全生产主体责任落实。

五是相关部门要严格落实建设用地的地质灾害危险性评估工作，并按地质灾害评估报告的要求做好工程建设的地质灾害防治工作。

(2) 加强对工程项目各方的安全监管力度

XS县住房和城乡建设局要认真贯彻国家安全生产方针、政策和法律、法规，加强辖区在建项目各方安全监管力度。

一是严格执行基本建设程序。项目参建各方必须严格执行基本建设程序，依法申请建设项目相关行政审批及施工许可，坚持先勘察、后设计、再施工的原则，督促勘察、设计、施工、监理等单位落实安全责任，加强施工现场管理。

二是严格执行参建各方人员配置规定。按需配备足够的、具有相应从业资格的管理人员，确保施工现场安全在人、财、物、技等方面的保障。

三是严格风险隐患排查治理规定。强化对重点时节、重点部位安全风险隐患的排查治理力度，安排具备相应资质和能力的人员开展安全风险隐患排查，建立安全隐患台账，认真落实整治措施，确保风险隐患逐一整改销号，确保安全。

(3) 强化行业领域安全监管责任落实

XS县人民政府及其有关部门要认真贯彻落实“党政同责、一岗双责、齐抓共管、失职追责”和“三管三必须”的要求，强化红线意识和责任担当，牢固树立“人民至上、生命至上”安全发展理念，全面加强辖区建筑施工行业领域安全监管工作。

一是要配齐配强安全监管人员，加大对辖区所有在建工程的安全监管力度，督促企业加强安全生产过程风险管控和隐患排查治理。

二是加大对建筑行业领域非法违法行为的查处打击力度，进一步规范净化建筑施工行业领域行为。

三是要加强部门联动，形成工作合力，特别是在建设用地审批过程中各环节安全管理的无缝对接，避免监管失位、错位和盲区，有效解决建筑施工领域存在的部门单打独斗和“老大难”等问题，全力防范化解安全生产重大风险。

四是严格安全生产监管检查要求，坚持履行安全生产监督检查人员监管执法的行为准则，坚持立党为公，执政为民，忠于法律，严格按照监管检查程序履行职责，规范执法，在监管检查过程中发现违法违规建设行为，坚决落实“五个一批”及有关规定，严格落实安全生产监管检查要求，确保对存在的问题及时督促整改，及时消除隐患。

（4）加强应急战备执勤，确保及时处置

一是XS县人民政府及其有关部门要加强应急值守，严格落实节假日领导带班和24h值班制度，坚持每日监测会商，对重要敏感信息进行分析研判，及时报送信息和科学预警应对。

二是加强各类应急救援队伍管理和应急物资储备，确保救援队伍始终保持战备状态，一旦发生险情，要第一时间响应、第一时间出动、第一时间开展救援，最大限度降低灾害事故造成的影响和损失。

2.2 贵州省仁怀市“3·15”较大坍塌事故调查报告

2021年3月15日19时23分许，仁怀市某公租房建设项目（一标段）发生一起建筑施工事故，造成4人死亡，直接经济损失490.47万元。

2.2.1 项目基本情况

该项目工程为仁怀市某公租房建设项目（一标段），由4栋住宅楼和5栋裙楼组成，其中1号住宅楼地下2层，地上23层，建筑高度73.8m；2～4号住宅楼均为地下2层，地上26层，建筑高度82.8m。

裙楼为地下2层，建筑用地面积11300m^2，总建筑面积70733m^2，基础形式为桩基础和独立基础，结构形式为框架-剪力墙结构。发生事故的工程为1号住宅楼A区裙楼（以下简称“裙楼”）女儿墙，裙楼为二层框架结构，女儿墙高2.55m，其中钢筋混凝土女儿墙厚300mm，压顶厚300mm，宽750mm，外挑450mm，浇筑女儿墙的混凝土强度等级为C30。

2.2.2 事故经过及应急救援评估情况

1. 事故发生经过

经事故调查专家组调查认定，在事故发生前，施工单位按照要求编制了模板工程安全专项施工方案、落地式钢管脚手架安全专项施工方案、混凝土浇筑方案，并送监理单位审核同意，且施工单位组织人员对裙楼女儿墙施工的木工、混凝土工、架子工和钢筋工进行了安全技术交底，但施工单位和监理单位均未对裙楼外侧的双排钢管脚手架上层进行验收。2021年3月14日21时33分，施工单位负责管理裙楼施工的技术员冯某将裙楼女儿墙混凝土浇筑计划发在混凝土公司的微信施工群，计划3月15日14时进行裙楼女儿墙混凝土浇筑。3月15日16时许，混凝土公司接施工单位代班技术员杨某电话通知进行发料，17时5分许，劳务单位组织混凝土工人何某等3人在裙楼女儿墙的模板及支撑体系未进行自检和报施工单位、监理单位验收的情况下开始混凝土浇筑，17时15分许，因天泵泵管发生故障停止混凝土浇筑，18时10分许，天泵泵管维修好重新进行混凝土浇筑，

18时40分许，冯某来到裙楼女儿墙现场监工，19时23分许，因混凝土工人何某等3人在女儿墙终点端一次浇筑到压顶高度，又因压顶外挑450mm，导致模板及支撑体系偏心受力而外倾失稳，向外侧倾覆坍塌，推倒外双排钢管脚手架，致使4名工人从12.9m高处坠落地面死亡。

2. 事故应急救援及评估情况

经事故调查组调查评估：本次事故应急反应迅速，救援及时，未造成社会负面影响，相关善后工作处置得当，死者家属情绪稳定。

2.2.3　事故伤亡情况及直接经济损失

经事故调查组调查：本次事故先后造成4人死亡。依据现行《企业职工伤亡事故经济损失统计标准》GB 6721和有关规定统计，事故直接经济损失490.47万元。

2.2.4　事故直接原因和间接原因

1. 事故直接原因

劳务承包单位组织混凝土工人何某等3人在裙楼女儿墙模板及支撑体系无有效加固的情况下，一次性浇筑混凝土高度过高（方案为300mm，实际为1600mm）、顺序错误（正确顺序为每层从起点一端向终点一端依次分层浇筑后，再从起点一端向终点一端浇筑；工人实际浇筑为从终点一端向起点一端超高浇筑），在终点端一次浇筑到压顶高度，由于压顶外挑450mm，导致模板及支撑体系偏心受力而外倾失稳，向外侧倾覆坍塌，推倒外双排钢管脚手架，致使4名工人从12.9m高处坠落地面死亡。

2. 事故间接原因

1）施工单位西南分公司履行企业安全生产主体责任不到位

（1）督促指导不到位，安全检查流于形式。西南分公司联合稽查组在2021年2月28日对事发项目进行复工检查时，检查不深入、不仔细，未对裙楼女儿墙屋面、外脚手架搭设情况进行检查，未督促项目部对裙楼外脚手架屋面连墙件缺少、抱柱连接部分缺失的事故隐患进行整改。

（2）违规组织施工，整改落实不到位。项目部在未取得施工许可证的情况下组织人员进场施工；2020年12月14日、2021年3月12日，RH市住房和城乡建设局、综合行政执法局相继下发了对该项目的责令停止施工通知书后，项目部未按照要求进行停工整改，仍继续违规组织施工。

（3）现场监管不力，安全隐患未消除。项目部在发现劳务单位未按照施工方案搭设裙楼女儿墙模板及支撑体系（缺失屋面钢丝绳拉结、脚手架支撑、屋面模板支撑架），存在严重安全隐患的情况下，未及时督促劳务单位进行整改消除，导致事故发生。

（4）未制订女儿墙的模板加固补充方案，施工管理缺失。项目部在发现裙楼女儿墙屋面未按照施工方案预埋卡环的情况后，未根据施工要求制订裙楼女儿墙的模板加固补充方案；对裙楼女儿墙模板、支撑体系、上层屋面外脚手架未按要求组织验收；对劳务单位女儿墙混凝土浇筑顺序错误，一次性浇筑高度过高的行为未能及时制止。

2）监理单位履行企业安全生产主体责任不到位

（1）监理单位安全管理不到位。未按监理合同配备齐现场监理人员；根据《建设工程质量管理条例》第三十四条“禁止工程监理单位允许其他单位或者个人以本单位的名义承担工程监理业务”的规定，现场专监、总监代表应为公司符合资质要求人员，但该项目现场专监、总监代表刘某未在该公司缴纳社保，相关监理资质未转入该公司。

（2）项目监理履职不到位。未对该事发项目下达开工令，就准许施工单位进场施工；项目总监长期未在现场；未向建设单位报送监理规划；发现该项目未办理施工许可证，未按照相关法律法规采取相应措施进行处理；签收2020年12月14日RH市住房和城乡建设局下发的停工通知书后，未督促施工单位停工；监理日志、旁站记录内容不完善；未对裙楼女儿墙模板、支撑体系、上层屋面外脚手架进行验收；裙楼女儿墙混凝土浇筑时未进行旁站。

（3）安全隐患督促整改不到位。在对施工单位下发了裙楼女儿墙外脚手架不符合方案和规范要求的监理通知单后，未采取有效措施督促施工单位对脚手架进行加固处理；未制止施工单位对裙楼女儿墙模板及支撑体系未经验收就浇筑混凝土的违章作业。

3）劳务单位履行企业安全生产主体责任不到位

（1）安全管理混乱。安全管理机构不完善，规章制度不健全；现场管理人员与投标及合同人员不一致。

（2）安全意识淡薄。项目负责人长期不在现场，未对项目开展经常性的检查；事故发生时现场无管理人员。

（3）违规违章作业。裙楼女儿墙模板及支撑体系未按施工方案进行搭设；未在模板及支撑体系安装完成后进行自检，并报施工单位验收；裙楼女儿墙外脚手架未按施工方案要求在屋面层设置连墙件，抱柱连接部分缺失；裙楼女儿墙混凝土浇筑方法错误，未按施工方案执行。

4）建设单位履行企业安全生产主体责任不到位

（1）安全管理不到位。安全生产体系不完善，未成立安全管理机构，未建立健全安全生产责任制。

（2）安全生产专项整治三年行动工作安排部署不到位。单位董事会、总经理会未组织学习过习近平总书记关于安全生产重要论述；未召开会议对安全生产专项整治三年行动工作进行安排部署。

（3）违规进行项目建设。在事发项目未取得施工许可证的情况下开工建设，在2020年12月14日RH市住房和城乡建设局下达停工通知后，未按照要求停工整改。

（4）对监理监督管理不到位。未对项目总监的到场履职情况进行检查；未督促监理单位按照监理合同配齐监理人员。

5）RH市CL街道办事处执法检查不规范、隐患排查整改不到位

（1）执法检查不规范。CL街道城建办未制订2021年度执法检查计划，且存在安全生产执法不实的行为，如：2021年1月27日、3月9日城建办对事发项目开展的安全检查，负责人陈某从未参加检查，但执法文书上有陈某签名。

（2）对联合下达的停工指令未有效跟踪督促。2021年3月12日，CL街道城建办与

市综合行政执法局二大队对事发项目下达停工通知（未办理施工许可）后，未有效督促项目停工整改。

6）RH市住房和城乡建设局履行安全生产行业监管责任不到位

（1）2021年未与项目部签订安全生产责任书，督促行业企业落实安全生产主体责任不到位；对安全生产专项整治三年行动建筑工程安全专项各阶段工作安排部署不到位。

（2）监管人员在收到施工方电话通知项目进场后，明知该项目将进行施工的情况下，未对事发项目提前介入监管。

（3）对发现的隐患未及时督促整改，2020年12月RH市住房和城乡建设局对本地区在建项目手续不完善情况进行集中清理，发现事发项目未办理施工许可证，于2020年12月14日对该项目下达了责令停止施工通知书（仁住建停字〔2020〕55号）和催办通知（2020-B-24号）后，未将该项目未批先建的行为进行立案查处，未督促该项目严格按照停工通知书要求进行停工整改。

7）RH市人民政府对辖区建筑行业安全生产管理不到位

未统筹好安全与发展的关系，辖区在建的民生项目存在手续不完善的现象；对建设单位在建项目无施工许可督促指导不力；督促指导有关部门履行建筑施工安全管理职责不到位；未组织召开专题会议安排部署建筑行业安全生产专项整治三年行动工作。

2.2.5 事故性质

经事故调查组调查认定RH市2019年CL街道公租房建设项目（一标段）“3·15”较大坍塌事故是一起较大生产安全责任事故。

2.2.6 对有关责任人和责任单位的处理建议

1）建议移交司法机关追究刑事责任人员（共8人）

（1）何某、黄某、朱某、罗某，以上4人均为劳务承包公司工人，在对裙楼女儿墙模板及支撑体系安装、混凝土浇筑时，安全意识淡薄，违章作业，冒险蛮干，未按照施工方案和技术交底要求进行施工，对本次事故负有直接责任，应该移交司法机关处理，鉴于已在本次事故中死亡，建议对何某等4人免于责任追究。

（2）冯某，男，施工单位RH市2019年该公租房建设项目（一标段）技术员。裙楼女儿墙浇筑时的现场负责技术员，在现场监工时，发现劳务方违章浇筑裙楼女儿墙混凝土的情况后（浇筑顺序错误、浇筑高度超高），未采取有效措施制止。其行为违反了《中华人民共和国安全生产法》（2014版，以下同）第二十二条第六款、第四十三条之规定，涉嫌重大责任事故罪。建议移交司法机关依据《中华人民共和国安全生产法》第九十三条之规定追究其刑事责任。

（3）刘某，男，监理单位RH市2019年该公租房建设项目（一标段）总监代表、专业监理、旁站监理。在对该项目的监理过程中，监管不到位，旁站资料、安全日志内容不完善；在收到停工通知书后，未督促施工方停工整改；未制止施工方在裙楼女儿墙模板及支撑体系未通过验收的情况下浇筑混凝土；女儿墙浇筑混凝土时未进行旁站。其行为违反了《建设工程安全生产管理条例》第十四条之规定，涉嫌重大责任事故罪。建议移交司法机关依据《建设工程安全生产管理条例》第五十八条之规定追究其刑事责任。

（4）毛某，男，劳务承包单位RH市2019年该公租房建设项目（一标段）生产经理。未按照施工方案组织工人对裙楼女儿墙模板及支撑体系进行施工；未组织进行裙楼女儿墙模板及支撑体系工序自检并报施工方验收；在组织裙楼女儿墙外脚手架施工时未按施工方案要求在屋面层设置连墙件，且抱柱连接部分缺失。其行为违反了《中华人民共和国建筑法》第四十七条之规定，涉嫌重大责任事故罪。建议移交司法机关依据《中华人民共和国建筑法》第七十一条之规定追究其刑事责任。

（5）张某，男，中共党员，劳务承包单位RH市2019年该公租房建设项目（一标段）负责人。长期未在施工现场，未建立健全本项目安全生产责任制，未组织制定并实施本项目安全生产教育和培训计划，未督促、检查本项目的安全生产工作。其行为违反了《中华人民共和国安全生产法》第十八条第一款、第二款、第三款、第五款之规定，涉嫌重大责任事故罪。建议移交司法机关依据《中华人民共和国安全生产法》第九十三条之规定追究其刑事责任。

2）施工方有关责任人员（共9人）

（1）杨某，男，施工单位公司RH市2019年该公租房建设项目（一标段）技术员。3月15日裙楼代班技术员，在自己联系好混凝土发料、组织了混凝土工人到场，明知要进行女儿墙混凝土浇筑的情况下擅自离岗外出，未将现场模板及支撑体系未验收的情况向上级汇报。其行为违反了《中华人民共和国建筑法》第四十七条之规定，对该起事故的发生负有直接管理责任。建议责成施工单位依据《安全生产领域违法违纪行为政纪处分暂行规定》第十二条之规定对其进行开除处理。

（2）侯某，男，施工单位RH市2019年该公租房建设项目（一标段）安质环保部部长（安全员）。持有安全员C证，对该项目的安全负责。对裙楼女儿墙施工的木工、混凝土工进行了安全交底，但在3月15日的日常巡检中，发现劳务方未按施工方案进行模板安装时，只采取口头警告措施，未有效制止劳务的违章作业，同时未跟进该隐患的整改落实情况，混凝土浇筑时未在现场。其行为违反了《中华人民共和国安全生产法》第二十二条第六款、第七款、第四十三条之规定，对该起事故的发生负有监管责任。建议责成施工单位依据《安全生产领域违法违纪行为政纪处分暂行规定》第十二条之规定对其进行行政撤职处分。

（3）丁某，男，施工单位RH市2019年该公租房建设项目（一标段）工程部副部长，负责项目部现场施工生产。对裙楼女儿墙施工的木工、混凝土工进行了技术交底，但在下发给劳务方裙楼屋面未预埋卡环的通知单后，未跟进其整改落实情况；发现劳务未按施工方案进行模板安装时，只采取口头督促，未有效制止违章作业；未组织项目部对裙楼女儿墙模板及支撑体系进行验收。其行为违反了《中华人民共和国安全生产法》第二十二条第六款、第七款、第四十三条之规定，对该起事故的发生负有直接管理责任。建议责成施工单位依据《安全生产领域违法违纪行为政纪处分暂行规定》第十二条之规定对其进行行政撤职处分。

（4）郑某，男，施工单位RH市2019年该公租房建设项目（一标段）副总工。在项目技术负责人王某交代裙楼女儿墙屋面未按照方案预埋卡环的问题后，只是口头交代现场管理人员，未编制相应方案进行整改，未组织项目部对模板及支撑体系进行验收。其行为违反了《中华人民共和国安全生产法》第二十二条第六款、第七款、第四十三条之规定，对该起事故负有重要管理责任。建议责成施工单位依据《安全生产领域违法违纪行为政纪处分暂行规定》第十二条之规定对其进行行政降级处分。

（5）王某，女，施工单位RH市2019年该公租房建设项目（一标段）技术负责人。女儿墙模板施工之前发现未按照施工方案预埋卡环后，交代副总工进行督促整改，但未对该问题进行追踪落实，同时未组织项目对裙楼女儿墙上层外脚手架进行验收。其行为违反了《中华人民共和国安全生产法》第二十二条第六款、第七款，对该起事故负有重要管理责任。建议责成施工单位依据《安全生产领域违法违纪行为政纪处分暂行规定》第十二条之规定对其进行行政降级处分。

（6）刘某，男，施工单位RH市2019年该公租房建设项目（一标段）项目副经理，协助项目经理工作。3月15日，在项目经理不在项目部时，未组织项目部对裙楼女儿墙模板及支撑体系进行验收，未制止劳务方对裙楼女儿墙混凝土错误浇筑的违章作业。其行为违反了《中华人民共和国安全生产法》第二十二条第六款、第七款，对该起事故的发生负有重要管理责任。建议责成施工单位依据《安全生产领域违法违纪行为政纪处分暂行规定》第十二条之规定对其进行行政留用察看处分。

（7）漆某，男，施工单位RH市2019年该公租房建设项目（一标段）项目经理，对该项目全面负责。3月15日按照西南分公司安排前往贵阳开会，未在项目部。在项目建设方还未取得项目施工许可证的情况下违规组织人员进场施工；收到项目停工整改通知后，未及时停工整改；未督促劳务方按照脚手架搭设方案、模板工程施工方案、混凝土浇筑方案对裙楼进行施工；未督促劳务方对裙楼外脚手架屋面连墙件缺少、抱柱连接部分缺失的安全隐患进行整改。其行为违反了《中华人民共和国安全生产法》第二十二条第七款之规定，对该起事故的发生负有重要管理责任。建议责成施工单位依据《安全生产领域违法违纪行为政纪处分暂行规定》第十二条之规定对其进行行政降级处分。

（8）唐某，男，施工单位西南分公司安全环保部部长，负责公司的安全工作。对事发项目督促指导不到位，安全检查流于形式，不深入不仔细。其行为违反了《中华人民共和国安全生产法》第二十二条第五款之规定，对该起事故的发生负有管理责任。建议责成施工单位依据《安全生产领域违法违纪行为政纪处分暂行规定》第十二条之规定给予其行政记大过处分。

（9）马某，男，施工单位西南分公司工程技术部部长，负责公司的技术、施工生产工作。对事发项目督促指导不到位，安全检查流于形式，不深入不仔细，其行为违反了《中华人民共和国安全生产法》第二十二条第五款之规定，对该起事故的发生负有管理责任。建议责成施工单位依据《安全生产领域违法违纪行为政纪处分暂行规定》第十二条之规定给予其行政记大过处分。

3）监理方有关责任人员（共3人）

（1）陈某，男，监理单位RH市2019年该公租房建设项目（一标段）总监理工程师。长期不在现场，未切实履行总监职责，明知该项目未有施工许可证，未采取相应措施；未下开工令就准许施工方进场施工；对该项目开展检查巡查力度不够。其行为违反了《建设工程安全生产管理条例》第十四条之规定，对该起事故的发生负有监理责任。建议责成遵义市综合行政执法局函告其颁证单位依据《建设工程安全生产管理条例》第五十八条之规定吊销其注册监理工程师证书。

（2）吴某，男，监理单位总经理，公司安全第一负责人。未切实履行企业安全生产主要负责人工作职责，对公司管理不到位。其行为违反了《中华人民共和国安全生产法》第十八条第五款之规定，对该起事故的发生负有管理责任。建议责成遵义市综合行政执法局依据《中华人民共和国安全生产法》第九十二条之规定对其处上一年年收入百分之四十的罚款。

（3）曹某，男，监理单位法人代表。未切实履行企业安全生产主要负责人工作职责，对公司管理不到位。其行为违反了《中华人民共和国安全生产法》第十八条第五款之规定，对该起事故的发生负有管理责任。建议责成遵义市综合行政执法局依据《中华人民共和国安全生产法》第九十二条之规定对其处上一年年收入百分之四十的罚款。

4）劳务方有关责任人员（共2人）

（1）王某，男，劳务承包单位总经理。未切实履行企业安全生产主要负责人工作职责，对公司管理不到位。其行为违反了《中华人民共和国安全生产法》第十八条第五款之规定，对该起事故的发生负有管理责任。建议责成遵义市综合行政执法局依据《中华人民共和国安全生产法》第九十二条之规定对其处上一年年收入百分之四十的罚款。

（2）李某，男，劳务承包单位法人代表。未切实履行企业安全生产主要负责人工作职责，对公司管理不到位。其行为违反了《中华人民共和国安全生产法》第十八条第五款之规定，对该起事故的发生负有管理责任。建议责成遵义市综合行政执法局依据《中华人民共和国安全生产法》第九十二条之规定对其处上一年年收入百分之四十的罚款。

5）建议移交遵义市纪委市监委进行党纪政纪处分人员（共13人）

对于在事故调查过程中发现的地方党委政府、有关部门及相关地方国企人员履职方面存在的问题线索，已移交遵义市纪委市监委，对有关人员的党纪政纪处分，由遵义市纪委市监委提出。

6）对有关责任单位的处理建议

（1）施工单位安全生产主体责任落实不到位，对该起事故的发生负有直接责任。建议责成遵义市综合行政执法局依据《中华人民共和国安全生产法》第一百零九条第二款之规定，对其实施壹佰万元人民币（￥1000000.00元）的行政处罚。

（2）监理单位安全生产主体责任落实不到位，对该起事故的发生负有监理责任。建议责成遵义市综合行政执法局依据《建设工程安全生产管理条例》第五十七条之规定，对其罚款三十万元人民币（￥300000.00元）；函告其颁证单位降低其工程监理房屋建筑工程专业资质等级；将其纳入安全生产领域失信联合惩戒对象名单。

（3）劳务承包单位安全生产主体责任落实不到位，对该起事故的发生负有直接责任。建议责成遵义市综合行政执法局依据《中华人民共和国安全生产法》第一百零九条第二款之规定，对其实施壹佰万元人民币（￥1000000.00元）的行政处罚。

（4）RH市城市开发建设投资经营有限责任公司安全生产主体责任落实不到位，对该起事故的发生负有管理责任。建议责成遵义市综合行政执法局依据《中华人民共和国安全生产法》第一百零九条第二款之规定，对其实施伍拾万元人民币（￥500000.00元）的行政处罚。

（5）RH市CL街道办事处执法检查不规范、隐患排查整改不到位，对该起事故的发生负有属地管理责任。建议责成其向RH市人民政府作出深刻书面检查。

（6）RH市住房和城乡建设局履行安全生产行业监管责任不到位，对该起事故的发生负有行业监管责任。建议责成其向RH市人民政府作出深刻书面检查，由RH市人民政府对其进行警示约谈。

（7）RH市人民政府对辖区建筑行业安全生产管理不到位。建议责成其向遵义市人民政府作出深刻书面检查，由遵义市人民政府对其进行警示约谈。

2.2.7 事故防范整改措施

针对此次事故暴露出的问题，为进一步强化全市建筑行业安全生产管理，全面推进安全生产专项整治三年行动工作，强化地方政府及部门监管责任，落实企业安全生产主体责任，有效防范类似事故发生，提出以下防范措施。

1. 全面加强企业安全生产主体责任落实。

一是施工单位要以案为鉴，对在建的所有项目立即开展大排查大整治，构建风险分级管控和隐患排查治理双重预防机制，加大事故隐患排查治理力度，对发现的隐患按照“五落实”要求进行整改，同时要严格按照经审批的施工组织设计和专项施工方案，进行工序自检和工序验收，加强对劳务公司的管理，做好工人的进场三级教育和安全技术交底，真正筑牢安全生产防线；二是监理单位要切实履行监理责任，依法依规对工程项目的各个过程实施监理，严格按照《中华人民共和国建筑法》《建设工程监理规范》等相关法律法规、行业标准要求进行监理作业，进一步完善安全管理，足额配齐项目监理人员，严格执行旁站制度，按时完善和报送相关监理资料；三是劳务承包单位要进一步加强安全管理、增强安全意识，公司在建项目要深刻吸取此次事故教训，在项目建设过程中严格按照相关行业标准和技术规范，不准违章作业、冒险指挥，要健全安全规章制度，完善风险分级管控和隐患排查治理的双重预防机制，强化从业人员的安全教育，切实落实企业安全生产主体责任；四是建设单位要反躬自省，对公司在建项目进行认真梳理，建立项目台账，对其中手续不完善项目一律停工处理，待手续完善后方可复工，要进一步深入开展安全生产专项整治三年行动，全面查找本单位安全管理方面存在的漏洞、缺陷，加强自身安全管理，完善自身安全水平；对施工单位、监理单位要进一步强化管理，尤其是要建立对项目监理履职尽职的考核机制，督促项目监理履职尽职，保证常态化监管到位，切实提升项目的本质安全。

2. 全面加强建设工程行业领域安全监管责任落实。

RH市住建局要针对本次事故暴露出的问题，全面进行自查自改，认真贯彻国家安全生产方针、政策和法律法规，对辖区在建工程全面开展大排查、大整治，严厉打击安全生产违法违规行为，加强辖区在建项目各方安全监管力度。一是加大对建筑行业领域非法违法行为的查处打击力度，进一步规范净化建筑施工行业领域行为，尤其是对辖区内相关手续未完善仍在施工的建设项目，一律进行停工，并建立台账，待手续完善后方可复工，同时要完善执法的闭环管理，对下达的执法文书要及时跟踪督促，确保执法成效；二是要配齐配全安全监管人员，加大对辖区所有在建工程的安全监管力度，确保在建项目的监管达到全覆盖，不留监管盲区，不留监管死角，不遗漏一处监管对象；三是严格安全生产监管检查要求。严格按照监管检查程序履行职责，规范执法，在监管检查过程中发现违法违规建设行为，坚决落实“五个一批”及有关规定进行处理，确保对存在的问题及时督促整改，及时消除隐患。

3. 全面加强属地政府安全生产责任落实。

RH市人民政府要深刻吸取此次教训，举一反三，全面贯彻落实安全生产“党政同责、一岗双责”以及“管行业必须管安全、管生产必须管安全、管业务必须管安全”的监管要求，强化红线意识和责任担当，牢固树立“人民至上、生命至上”安全发展理念，统筹好安全与发展的关系，全面履行《地方党政领导干部安全生产责任制规定》《贵州省党政领导干部安全生产责任制实施细则》相关要求，加强辖区建筑施工行业领域安全监管工作，按照三定方案对各部门工作职责分工进行再细化、再明确，并加强有关部门履行建筑施工安全管理职责进行督促指导，对生产建设项目要严格把控把关，杜绝未批先建、边批边建等不按建设程序违法建设行为，将安全监管责任落实到岗位，落实到人头，不留监管盲区。

4. 进一步提高政治站位，深入推进安全生产专项整治三年行动。

全市各级各部门各企业要进一步提高政治站位，坚持以习近平新时代中国特色社会主义思想为指导，深入学习贯彻习近平总书记关于加强应急管理和安全生产工作的重要论述，树牢安全发展理念，强化风险意识和底线思维，紧紧围绕“从根本上消除事故隐患”的根本目标，深入推进安全生产专项整治三年行动的集中攻坚。一是加强“清单”管理，按照省安委会关于完善“三个清单”、建强“三张清单”的要求，各地各行业部门对本地区各类企业进行摸底排查，及时更新台账清单，加强对基层的督促指导，完善排查标准，真正做到底数清、情况明；二是强化“双控”体系建设，各级各部门要把企业“双控”体系建设作为压实企业主体责任，提升事故防控水平的重要抓手进行统筹推进，要结合安全生产专项整治三年行动第三阶段的目标任务，进一步细化2021年“双控”体系建设实施方案，明确工作目标、主要任务和保障措施，抓好组织实施和督促落实，用现代科学信息技术实现对风险隐患的全方位管控；三是夯实安全生产基层基础，各级各部门要严格按照相关要求，推动“六级六覆盖”网格化体系建设，积极推进应急管理网格化系统App推广运用，要进一步强化村级和组级安全生产责任体系建设，建立健全村组级安全员的奖惩考核机制和工作责任机制，加强对村组级安全员的培训教育，着力夯实安全生产和应急管理工作的基层基础；四是突出重点攻坚。按照全市安全生产专项整治三年行动集中攻坚重点任务和五大重点县十一大突出问题集中整治行动方案要求，始终聚焦煤矿和非煤矿山、危化烟花爆竹、道路交通、建筑工程、消防、森林防火、旅游、地质灾害等重点行业领域集中攻坚，防范化解重大安全风险。

2.3 山东省潍坊市“5·8”塔机顶升套架滑落较大事故调查报告

2021年5月8日10时55分左右，位于潍坊市BH经济开发区某校区（二期）项目一塔机在进行安装过程中突遇大风，发生塔机顶升套架滑落较大事故，造成3人死亡、2人受伤，直接经济损失339万元。

2.3.1 事故涉及建设项目基本情况

发生事故的建设项目为某校区（二期）项目，项目地址在潍坊市BH经济技术开发区汉江东一街以北、海源路以西，共有4个单体工程。发生事故的4号楼为该项目的创新创业园，位于项目西南角，建筑面积32396.96m^2，事故发生时正处在基础施工阶段。创新创业园工程于2020年12月21日取得施工许可证和施工安全监督手续，由潍坊BH经济技术开发区建设交通局实施施工安全监督。

2.3.2 事故发生经过、应急处置及警示教育情况

1. 事故发生经过

2021年5月6日9时左右，施工单位机械化施工公司项目部开始安装位于某校区（二期）项目4号楼西南角塔机，当日塔机安装高度至25.2m，除塔机顶升套架外其他塔机设备均已安装完毕。

5月8日10时左右，进行塔机顶升套架安装作业。现场风力、温度、可见度符合开展作业要求，现场扬尘监测仪显示风速为5.1m/s（相当于风力4级），作业人员根据安全技术交底，在佩戴好安全帽、安全带、防滑鞋后登上塔机进行作业李某在顶升套架下平台操作顶升油泵，王某、王某、杜某、王某在顶升套架上平台四个角上等待安装下转台和套架连接销轴。10点55分左右，当顶升套架与下支座即将连接时，突遇瞬时强风极端天气，载有上述5名作业人员的塔机顶升套架从18m高空顺着塔身快速滑落至塔底，顶升套架、油缸、油泵损坏，护栏、工作平台变形损坏。

2. 事故报告和应急处置情况

事故发生后，现场人员立即拨打120报警电话并组织实施前期救援，同时将事故情况逐级上报至公司主要领导和BH区经济开发区管委会。11时许，BH区经济开发区管委会立即组织应急、消防、卫健、建设交通及施工单位进行现场救援，将王某、李某、杜某、王某4人由120送往医院进行紧急救治。王某被滑落套架挤压受困，后由BH区消防救援大队于13时10分救出后送医院紧急救治。9日凌晨，王某、李某、王某经抢救无效死亡。本次事故共造成3人死亡，2人受伤，受伤人员目前伤情稳定无生命危险，相关善后工作已处理完毕。

3. 警示教育情况

为深刻汲取事故教训，5月14日上午，潍坊市安委会在BH经济开发区召开全市住

建领域安全生产现场警示教育会，全面落实省、市关于安全生产工作决策部署和有关领导批示精神。省住房城乡建设厅有关负责同志到会指导；市直有关部门负责人，各县市区、市属各开发区住建部门主要负责人、分管负责人，质量安全、建筑业监管机构主要负责人及部分开发企业、施工企业、监理企业、塔机安装企业、商品混凝土生产企业、检测机构负责人共计120余人参会，接受警示教育。

2.3.3 事故发生原因和事故性质

1. 事故原因

事故调查组对事故现场和设备相关资料进行了全面深入排查和专家论证，经核查，塔机作业人员均持有《建筑施工特种作业操作资格证》，依据作业操作规程和安全技术交底进行作业，排除因违章操作和指挥、设备缺陷、管理失职等导致事故发生因素。

经综合分析认定，该起事故原因是：在进行塔机套架顶升作业，顶升套架与塔机下支座即将完成对接时，突发瞬时强风（风力8级，作业部位风力达9级，超过塔机安装作业允许的6级风力气象条件），顶升套架与塔身产生剧烈晃动，发生位移和相互撞击，造成唯一支撑顶升套架的顶升油缸顶部铰接处变形，位于第八节标准节的顶升油缸下部支撑横梁的右侧安全销变形并退出，支撑横梁脱出爬爪，导致顶升套架失去支撑由顶部快速滑落到塔身底部。

事故原因分析：

（1）当塔机顶升套架升至顶部与塔机下支座连接耳板处，单耳板准备插入双耳板，此时突遇极端天气瞬时强风，导致塔机机身及套架突然剧烈晃动，单耳板无法正常插入双耳板，单耳板和双耳板发生碰撞，此时3.3t重套架只有顶升油缸一个支撑点，套架与塔身活动间隙较大，套架受不平衡撞击致油缸侧向力增大，油缸顶部铰接处瞬间承受侧向应力变形。

（2）由于撞击，顶升横梁受巨大反弹力、侧向力等多种综合力使右侧横梁脱出爬爪（跳缸），安全销弯曲变形，同时因侧向力、反弹力作用使安全销向内侧退出，横梁右侧端部轴头和安全销脱出爬爪，另一端随之脱落，外部冲击力及自身重力导致套架从顶部滑落至塔身底部，强大的冲击力造成顶升油缸上部耳板撕裂、护栏和平台变形。

（3）作业当日风力3～4级，10时55分左右作业面突发瞬时强风，风力达到9级左右，操作人员对突然出现的瞬时强风天气无力采取相应的应对措施。工地附近区域部分项目因本次强风提供的受损情况（玻璃幕墙因风破损、工地围挡被风吹斜、施工现场钢筋被强风吹倒等）也说明10时55分左右在该区域突发过强风。

2. 事故性质

经调查认定，该起事故是一起因突发瞬时强风造成支撑和安全装置损坏失效引发的塔机顶升套架滑落意外事故。

2.3.4 管理上存在的问题

事故调查组对事故相关单位及对项目负有监管职责的属地政府和部门履行安全生产职责情况进行了深入调查，发现以下问题。

1. 建设单位

（1）2020年12月21日，该校区（二期）项目取得《建筑工程施工许可证》，但从11月份就开始组织施工单位进场实施施工准备活动，履行基本建设程序不严格；

（2）组织对施工单位现场安全生产检查不到位，督促指导监理单位履行工程安全生产管理职责不力。

2. 施工单位

（1）未严格落实《关于在建设工地和预拌混凝土厂安装远程视频监控和扬尘在线监测实施的通知》（潍建建字〔2019〕66号）的要求，没有在已安装好的塔式起重机上安装远程视频监控设备；

（2）资料管理不规范，2021年5月5日申请的《建筑起重机械安装（拆卸）告知书》没有按照《潍坊市建筑起重机械安全监督管理办法》第13条的要求，缺安装单位资质证书、安全生产许可证副本等附件资料，就向BH区建设交通局提交了申请；

（3）2021年5月1日、2021年5月5日申请的《建筑起重机械安装（拆卸）告知书》没有受理编号和受理时间就直接归档。

3. 监理单位

未认真督促塔机安装单位落实《建筑施工塔式起重机安装拆卸安全作业管理“十必须”规定（试行）》，未严格执行全程录像记录的规定，履行塔机安装监理职责不到位。

4. BH区建设交通局

（1）未按照《关于在建设工地和预拌混凝土厂安装远程视频监控和扬尘在线监测实施的通知》（潍建建字〔2019〕66号）的要求，及时督促项目施工单位在已安装好的塔式起重机上安装远程视频监控设备；

（2）对施工单位2021年5月1日申请的《建筑起重机械安装（拆卸）告知书》填写不规范，存在没有受理编号和受理时间的问题；

（3）没有按照《潍坊市建筑起重机械安全监督管理办法》第13条的要求，对2021年5月5日申请的《建筑起重机械安装（拆卸）告知书》附件进行审查，缺安装单位资质证书、安全生产许可证副本等附件资料，同时，也存在填写不规范、没有受理编号和受理时间的问题。

2.3.5 处理建议

（1）责成施工单位、监理单位深刻汲取事故教训，严格落实企业安全生产主体责任，严格执行建筑行业各项规范标准，并向市住房和城乡建设局作出深刻检查。

（2）责成BH区建设交通局向BH经济开发区党工委、管委会作出深刻检查；责成建设单位向市委、市政府作出深刻检查。

2.3.6　事故防范措施建议

针对事故暴露出的问题，为深刻吸取事故教训，切实增强做好安全生产工作的责任感和紧迫感，提出以下防范措施和整改建议：

（1）提高风险防范意识。潍坊市各级各部门要坚决贯彻落实习近平总书记关于安全生产工作重要指示精神，进一步提高政治站位，牢固树立“隐患就是事故”思想，抓住“想不到、管不到、治不到”的薄弱环节，举一反三进行大排查大整治，推动隐患排查、专项治理、执法检查、宣传教育和应急救援体系建设五项工作常态化，及时消除安全隐患。

（2）提升安全生产风险辨识能力。各建设施工单位要进一步推进建筑施工风险分级管控和隐患排查治理体系建设，针对天气进行风险辨识，注意天气变化，及时进行风险告知。要依据国家相关要求确定风险评价方法，根据气象灾害预警等级进行极端天气（强降雨、强降雪、大风、大雾、雷电、冰冻等）风险分析评估。对风险评价确定的危险因素和事故风险，制定风险控制措施和实施方案。要建立不稳定天气下施工质量安全风险清单，做好不稳定天气下施工作业的安全防范应对，对不能保证安全的，要坚决停工撤人。

（3）积极防控极端天气等异常情况。各建设施工单位对可能出现极端天气情况的地区，应时刻关注天气预警，与气象部门形成联动机制，实时发布建筑施工极端天气警报，提前做好应急准备。施工现场塔机上要至少安装1个球形摄像头，实现施工现场监控全覆盖、无盲区；要在塔机上安装起重机械风速仪及风速报警器，时刻监控起重机械安装顶部作业面风速，一旦超出规范允许风速，应能发出报警信号并立即停止作业。要推进“智慧工地”建设，借助互联网优势，打造智慧化工地，对作业人员的作业活动实现全面监控，提高施工现场安全管理水平。

（4）加强塔机安拆作业管控。各相关重点行业领域在进行起重机械作业前，要及时了解当地的天气状况。对于可能出现极端天气，在制定专项施工方案和应急措施时，要高于国家规范标准，确保万无一失。要进一步加强起重机械安装、拆卸过程中的安全管理，压实建设、施工、监理、安装拆卸、租赁等单位主体责任，强化进场、资质、作业、检测等重点环节安全管控。

（5）探索有针对性的安全防护措施。各建设施工单位要针对此次意外事故，研究探索在塔机顶升套架安装过程中，将顶升套架与已安装就位的标准节，采取其他临时辅助弹性固定等保护措施；在塔机下转台处增设多套安全绳挂钩装置，套架顶升作业时作业人员将加长安全绳挂于此处，挂设点独立于顶升套架之外的等安全防护措施，避免发生作业人员高处坠落事故。

2.4　安徽省六安市“2021·5·22”较大坍塌事故调查报告

2021年5月22日，HQ县某污水处理厂进水管网工程Ⅰ标段施工现场发生一起坍塌事故，造成3人死亡。

2.4.1 基本情况

HQ县某污水处理厂进水管网工程（图1）Ⅰ标段位于合肥高新区HQ现代产业园（HQ县新店镇境内），工程范围包括生活污水压力管道和工业污水重力管道（钢筋混凝土排水管和检查井等）施工，计划工期90d，工程合同价为2044.846611万元。

事发地点位于蓼北路与创新二路交叉口（图1），事发时，工人正在从3号工作井向1号接收井进行工业污水重力管道顶管（泥水平衡式机械顶管1）作业。

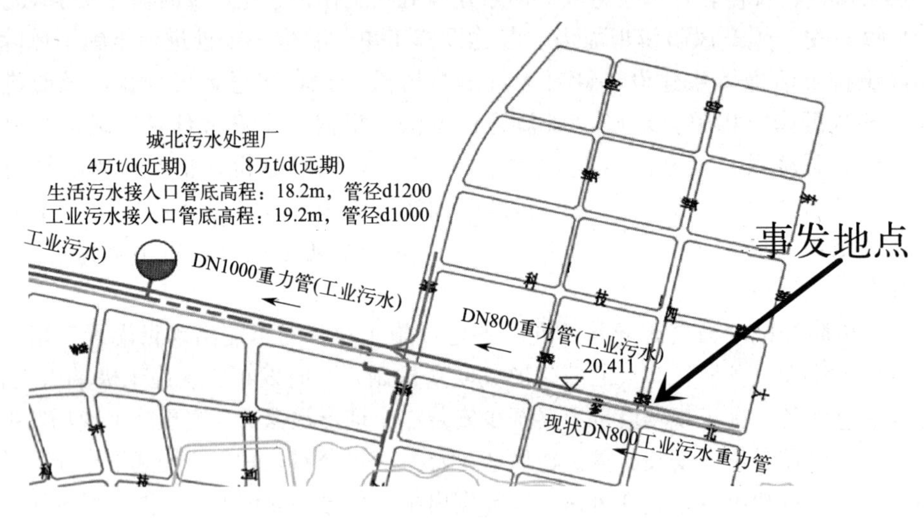

图1 事发地点（蓼北路与创新二路交叉口）

2.4.2 事故发生经过和应急救援等情况

1. 事故发生经过

5月21日15时许，唐某带领工人在3号工作井进行机械顶管作业，在顶进第30节涵管一半时，发现掘进机遇到障碍物，无法继续顶进。唐某向胡某报告了顶管遇阻的情况，胡某向在外的施工单位现场负责人圣某和监理员陈某报告，圣某安排项目部临时资料员余某赶到现场查看情况，并安排胡某找到创新二路污水管网的原施工方，通过在掘进机上方位置附近开挖，发现遇到的障碍物是原创新二路污水管网废弃的检查井。因该检查井旁埋有一处高压线路，无法将掘进机直接取出，陈某在场口头要求停止施工，并向孙某和建设单位王某报告了有关情况，王某要求等圣某回到现场后研究制定整改方案报审后，方可继续施工。

5月21日晚，胡某、唐某商议准备将已顶进的涵管和掘进机从3号工作井拔出。随后，胡某安排王某在舒城县购买了钢丝绳、滑轮、吊钩等派送至施工现场。

5月22日中午，唐某带领韦某等3人开始拔管。韦某三人爬进涵管内，使用撬棍撬开每2节涵管连接处，再用钢管卡在撬开的管口处并绑上钢丝绳，唐某在3号工作井内指挥吊车牵引钢丝绳往外回拔涵管。在回拔出前两节涵管后，其三人继续在每两节涵管处回拔一定空隙，到第 16 节至第 17 节涵管时，其间约有 1.8m 空档距离，此时韦某等三人依次在第 17 节涵管之后。14 时许，唐某等人发现涵管内部发生了塌方，呼喊无人答应。

2. 应急救援及善后处置情况

1）应急救援情况

发现涵管内部塌方后，唐某组织其他工人进入涵管内进行救援。15 时 30 分左右，胡某和宋某等人回到现场了解情况后，拨打了 120 急救电话。15 时 49 分，HQ 县中医院 120 急救车到达现场，此时工人们已自行救出唐某，经医生现场抢救于 16 时 4 分宣布无生命体征。急救医生在现场拨打了 119 报警，急救车驾驶员拨打了 110 报警，并安排其他工人拨打 120 急救电话增援派车。随后，HQ 县公安局、县消防大队先后赶赴现场。16 时 19 分，HQ 县第一人民医院 120 急救车到达，第二名被困人员唐某已被救出，经医生现场抢救于 16 时 23 分宣布无生命体征。

16 时 25 分，HQ 县消防大队通报事故信息至 HQ 县应急局，县应急局电话向县政府和市应急局报告事故情况。

16 时 30 分左右，HQ 县政府主要负责人、分管负责人到达现场，组织事故现场救援。18 时后，市政府分管负责人，市消防救援、应急、住建等部门主要负责人等先后赶赴事故现场，指导事故现场救援。

至事故发生后第二天 5 月 23 日 1 时许，因涵管内水流量较大等因素，决定加快路面开挖速度，从涵管上方救援被困人员。9 时 25 分，最后一名被困人员韦某被救出，经医生现场抢救宣布无生命体征。

2）善后处置情况

事故发生后，HQ 县委、县政府专门成立了由县委常委、政法委书记牵头，县委政法委、公安局、司法局、应急局、人社局、住建局、新店镇等有关部门和乡镇负责人组成的 3 个善后工作组。

5 月 23 日上午，HQ 县委、县政府主要负责人召开“5.22”事故处置工作领导组会议，就事故善后、事故调查、维护稳定、舆情管控等工作进行部署，要求各工作组和各有关部门立即成立工作专班，全力以赴做好死者家属的接待、安抚工作。同时，县公安机关对施工现场有关负责人采取强制措施，死者遗体被送至县殡仪馆安置。

5 月 24 日，3 个善后工作组分别与事故遇难者家属商谈赔偿事宜，签订了工亡补偿协议。5 月 25 日，3 名事故遇难者遗体在霍邱殡仪馆火化。5 月 26 日，事故遇难者家属离开霍邱返回广西壮族自治区。

3）评估结论

施工单位项目部制定了《HQ 县某污水处理厂进水管网工程 I 标段项目总体应急救援预案》和《HQ 县某污水处理厂进水管网工程 I 标段顶管安全应急预案》，但对现场工人安全教育培训不足，在事故发生时，现场工人没有按照预案要求及时向施工单位负责人报告事故情况或者及时拨打 120、110 呼救，而是自行组织救援，存在较大风险。后续中，施工单位能够积极配合 HQ 县政府做好救援和善后处置工作。

事故发生后，HQ 县委、县政府及时启动了《HQ 县安全生产事故灾难应急预案》，认真落实省、市领导批示要求，及时组织开展应急救援，现场秩序维护及救援工作有序，对遇难者的善后工作能够妥善处理。

3. 人员伤亡和直接经济损失

1）人员伤亡情况

该事故造成3名工人死亡。

2）直接经济损失

按照《企业职工伤亡事故经济损失统计标准》GB 6721—1986计算（事故罚款等暂未纳入计算），综合伤亡赔偿、丧葬、救援和现场勘测等费用进行计算，事故造成直接经济损失310余万元。

2.4.3 现场勘查和施工安全管理等情况

1. 现场勘查情况

根据需要，事故调查组邀请了上海勘测设计研究院有限公司，使用水下机器人等勘测了事发现场附近管道工程的高程、水平度（坡度）、经纬度、现场图片等技术参数，确定了坍塌体位置、管道内部有关情况，并出具了报告（编号GJ2021-SZ-GW0324）。

1）3号工作井和涵管位置

经勘测，3号工作井位置和该段已施工涵管的平面位置、管底高程等均与设计不符（图2），且未取得设计单位的设计变更，3号工作井位置原设计位于创新二路东侧，现场施工实际位置位于创新二路西侧（胡某组织的顶管队伍在施工时擅自改变3号工作井原设计位置）。

该段d800mm涵管管底设计高程约20.3m（1985国家高程基准，下同），实际管底高程约19.9m，比设计高程低0.4m，平面位置向北移动了3.76～2.25m，轴线与原设计顶管轴线有倾角。

2）原创新二路污水管网的检查井位置

原创新二路污水管网2021年3月通过竣工验收。

经勘测，事发时掘进机碰到的检查井，施工平面位置与设计不符，向北移动了约5.8m（图3）。

另外，蓼北路穿创新二路设计的d800mm涵管管底高程约为20.1m，实际管底高程为19.595～19.995m，比设计高程低，平面位置向北移动了4.2～5.8m，与设计轴线略成倾角。创新二路d500mm涵管设计的管底高程为22.294m，实际管底高程为21.565m，比设计高程低0.729m。

3）坍塌点周边环境分析

经勘测，创新二路直径500mm的涵管存在错口、脱节、破裂、渗漏等缺陷（图4），创新二路直径800mm的涵管存在错口、沉积、破裂等缺陷。

该涵管竣工验收后未正式投入使用，平时有雨水渗入，无排泄出口，导致水位较高，原检查井内水位高于管顶约2m。由于涵管存在错口、脱节、渗漏、破裂等问题，水向管外渗漏，导致该段涵管的砂石基础（根据国家标准设计图集《市政排水管道工程及附属设

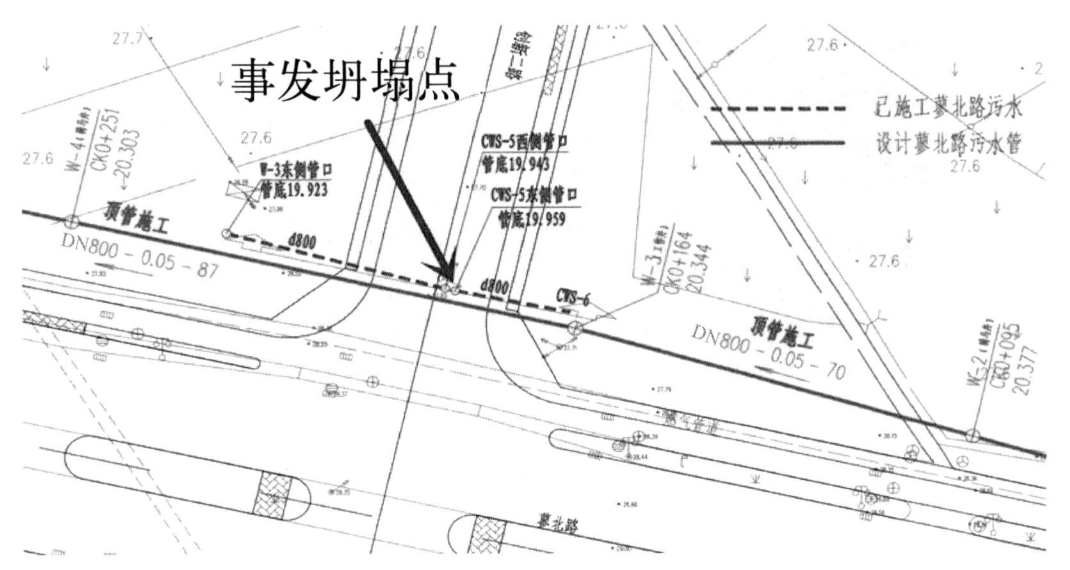

图 2　3 号工作井和涵管设计与施工差异对比图

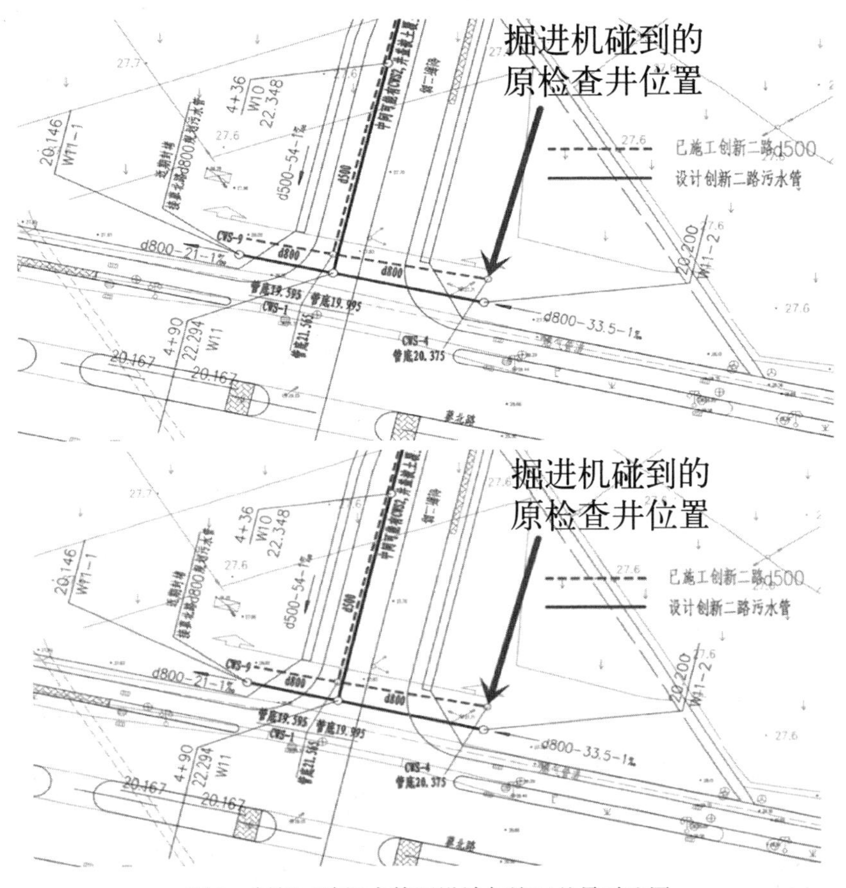

图 3　创新二路污水管网设计与施工差异对比图

施》O6MS201，宽度约 1.4m，图 5）及基础下粉质黏土持力层长期处于饱和状态，管道内高水位形成的水压力直接作用在粉质黏土持力层。

图 4　创新二路直径 500mm 的涵管脱节

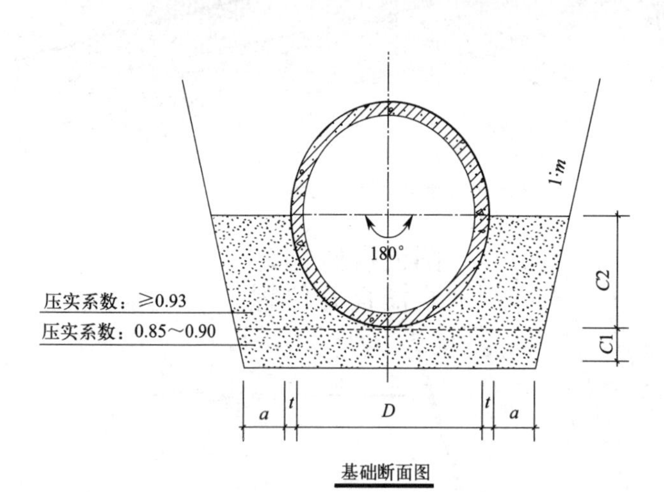

管内径	管壁厚	管基尺寸		
D	t	a	C1	C2
200	30	400	100	130
300	30	400	100	180
400	40	400	100	240
500	50	400	100	300
600	60	500	100	360
700	70	500	150	420
800	80	500	150	480
900	90	500	200	540
1000	100	500	200	600
1100	110	600	200	660
1200	120	600	250	720

图 5　创新二路直径 500mm 管道砂石基础断面图

经测算，该工程施工的直径 800mm 的涵管段与原创新二路直径 500mm 的涵管段两者净间距仅为 0.592m（图 6）。

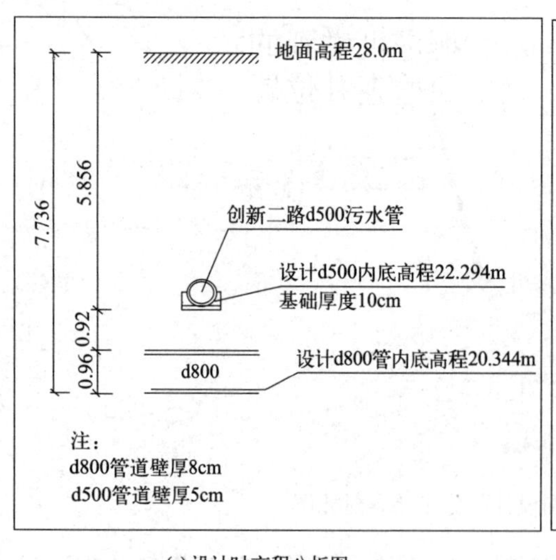

(a) 设计时高程分析图

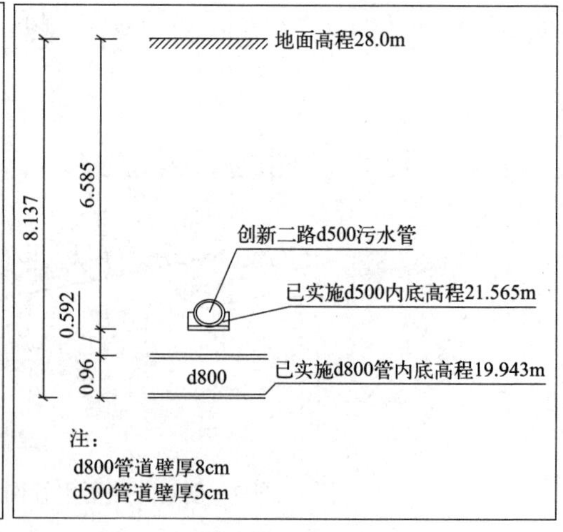

(b) 施工阶段高程分析图

图 6　高程分析图

当回拔涵管到第16节至第17节时，由于此处临空土体较薄（0.592m）且临空长度较长（约1.8m），大量土体发生坍塌堵在第16节至第17节涵管之间，同时大量积水流入，造成唐某（一）、唐某（二）、韦某三人被困（图7）。

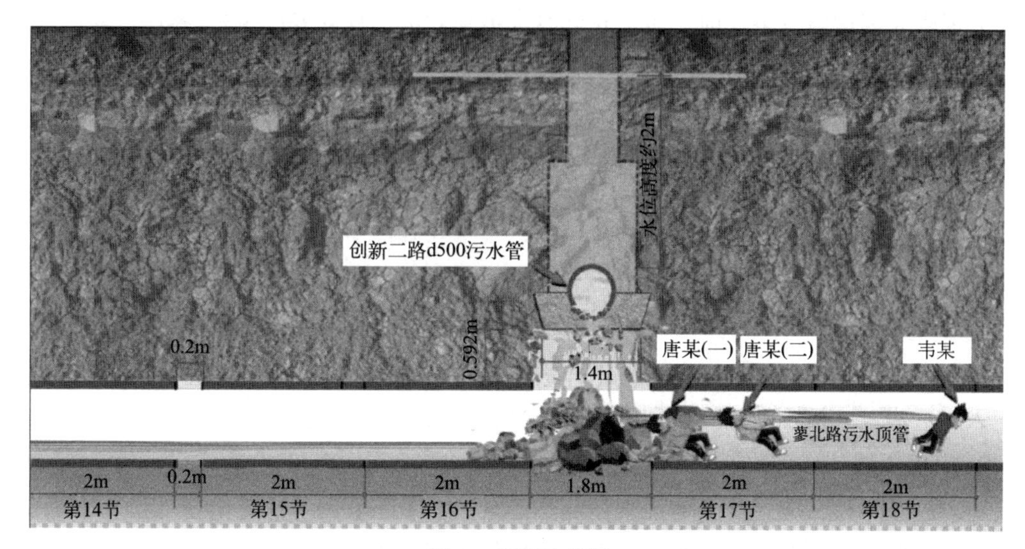

图7　事发示意图

2. 管线对接情况

2021年3月，建设单位召集施工单位、某城建集团有限公司等单位进行了工程管线对接，并赴有关现场进行了查看。但霍邱县住建局未全面收集汇总有关工程地质、水文、周边环境和管线的书面资料并交底至施工单位。

3. 施工管理情况

（1）施工单位：公司安全生产责任制不健全，对总工程师、总会计师、总经济师等关键岗位人员未明确安全生产责任，公司安全生产管理机构分工与安全生产管理机构图不一致。工程项目部安排该工程项目经理为叶某，技术负责人为徐某，安全员为李某，施工员为王某等，但叶某、徐某、李某、王某等人实际并不在岗负责施工现场工作，而是根据公司安排在其他项目任职，现场实际负责人为圣某，施工时现场管理人员不足。顶管队伍：胡某负责现场施工，未与唐某等工人签订合同或协议等，未组织开展安全生产教育培训，未为工人购买相关意外保险。日常工作以口头交代为主，未开展安全和技术交底等，未对施工过程进行记录。施工时未取得设计单位同意擅自改变3号工作井原设计位置，未向建设单位等报告。

（2）监理单位：公司安全生产责任制不健全，对董事长以及经营部、项目管理部负责人等关键岗位人员未明确安全生产责任。同时，该工程自开工建设以来，公司层级未组织开展过现场安全巡查检查。工程监理部安排该工程项目总监理工程师为孙某，专业监理工程师为魏某（2021年5月后因新冠疫情等原因不在该项目），监理员、见证员为郭某（实际未到该项目担任监理），临时聘用了陈某担任监理员，2021年5月后实际在岗2人，现场监理人员不足。

（3）建设单位：城市建设股，事发前共5人，代表建设单位负责该工程立项、招标、施工等工作，股长为司某（2021 年 5 月底前下村扶贫），副股长等对于该工程施工具体情况不了解；质量安全股，事发前仅 1 人，股长为丁某。2021 年 5 月初，城市建设股牵头办理该工程施工许可证时，质量安全股了解到该工程基本情况。5 月 11 日～5 月 21 日，丁某因家庭原因请假。事发前，质量安全股未组织对该工程开展过执法检查等。

4. 天气情况

根据 HQ 县气象局提供资料，2020 年 5 月 20 日 8 时～5 月 22 日 20 时 HQ 城区未出现降水，期间城区最大风速 3.8m/s，气温为 17.5～30℃。

2.4.4　事故发生的原因和性质

1. 直接原因

韦某等三人在回拔涵管时，大量土体坍塌堵在第 16 节至第 17 节涵管之间，且大量积水流入，造成三人被困受到挤压和淹溺而死亡。

2. 间接原因

（1）施工单位：公司安全生产责任制不健全，对总工程师等关键岗位人员未明确安全生产责任；施工前未认真组织对建设单位提供的工程沿线周围环境和地下管线等情况进行调查核实；将承包工程通过中间人违法分包给个人，默许顶管队伍改变 3 号工作井原设计位置，未向设计单位申请变更设计；对工人开展安全教育培训和安全技术交底不足，项目经理、技术负责人、安全员、施工员等关键岗位人员在其他项目，现场负责人未及时发现并制止顶管队伍危险作业行为。顶管队伍：施工前未组织对工人开展安全教育培训和安全技术交底；施工时擅自改变 3 号工作井原设计位置，在掘进机遇到障碍物后，组织工人进行回拔涵管等危险作业。

（2）监理单位：公司安全生产责任制不健全，对董事长以及经营部、项目管理部负责人等关键岗位人员未明确安全生产责任；在施工许可证未办理的情况下，默许施工单位进场施工；公司对该监理工程重视不足，从开工至事发前未组织对该工程现场进行巡查检查；专业监理工程师离岗后，未及时安排其他人员到岗，现场监理人员不足，未对施工单位项目部班子成员落实考勤制管理，对施工单位违法分包问题失察，未及时发现并制止顶管队伍危险作业行为。

（3）建设单位：作为建设单位，在施工许可证未办理的情况下，组织施工单位进场施工，未全面收集汇总有关工程地质、水文、周边环境和管线的书面资料并交底至施工单位，未认真组织设计单位、施工单位等对工程沿线周围环境和地下管线等情况进行调查核实；作为监管单位，从开工至事发前未组织对该工程进行执法检查，未及时发现工程违法分包和施工现场管理失控等问题，未及时发现并制止顶管队伍危险作业行为。

（4）HQ 县人民政府：在推动市政工程建设过程中，对安全生产工作抓得不严不实，对建设单位等部门履行安全监管职责指导、监督不力。

3. 其他方面存在的问题

（1）设计单位进行工程设计前，未认真组织对建设单位提供的工程沿线周围环境和地下管线等情况进行调查核实，3 号工作井原设计位置旁有已建成的工作井，且东南侧有高压线路杆，不具备再设立工作井的条件，设计方案不符合实际。

（2）原创新二路污水管网在事发处附近的工作井和涵管施工平面位置、高程等与设计不符，但竣工图与设计图一致。同时，部分涵管已出现错口、脱节、渗漏、破裂等问题。

4. 事故性质

经调查认定，HQ县某污水处理厂进水管网工程Ⅰ标段“2021·5·22”坍塌事故是一起较大生产安全责任事故。

2.4.5 事故主要教训

1. 安全红线树立不牢，防范安全风险意识不强

HQ县人民政府、县住建局贯彻以人民为中心的发展思想自觉性不足，对市委、市政府有关安全生产工作的部署要求落实不到位，安全红线树立不牢。对于市政工程特别是涉及地下施工的项目存在的安全风险认识不足，防范安全风险意识不强。市政工程是重大民生项目。

HQ县人民政府在推进市政工程建设中，落实属地安全生产责任不到位，对有关部门履职尽责督促指导不力。

HQ县住建局对业务工作和安全生产工作统筹不力，作为建设、监管部门的责任落实不到位，安全措施跟进不及时。在组织建设污水管网工程中，对工程进度等方面看得比较重，忽视了安全生产这一基本要求。对地下管线等关键资料未认真组织进行书面交底和现场核查，主要依靠施工单位开展具体工作。

2. 工程施工现场管理缺位，冒险作业引发事故

施工单位项目部项目经理、技术负责人、安全员、施工员等多名关键岗位人员缺位，将工程违法分包给个人，施工现场管理失控。默许顶管队伍施工时改变设计方案，现场施工主要依靠顶管队伍。顶管队伍施工中改变工作井原设计位置，遇到突发情况冒险组织工人作业引发事故，教训极其深刻。

监理单位未认真履行职责，配备人员不足，对施工单位工程违法分包和管理缺位等问题失察，未及时发现并制止工人冒险作业行为。

2.4.6 事故责任认定及处理建议

1. 建议由公安机关组织调查人员

（1）胡某，顶管队伍负责人，施工前未组织对工人开展安全教育培训和安全技术交底；在掘进机遇到障碍物后，与唐某等人组织工人进行回拔涵管等危险作业，导致三名工人被困受到挤压和淹溺而死亡，对事故的发生负有主要责任，涉嫌重大责任事故罪，建议由公安部门组织调查。

（2）唐某，顶管队伍组织人，施工前未组织对工人开展安全教育培训和安全技术交底；在掘进机遇到障碍物（原工作井）后，与胡某等人组织工人进行回拔涵管等危险作业，导致三名工人被困受到挤压和淹溺而死亡，对事故的发生负有主要责任，涉嫌重大责任事故罪，建议由公安部门组织调查。

（3）圣某，施工单位现场负责人，施工前未认真组织对建设单位提供的工程沿线周围环境和地下管线等进行调查核实，默许顶管队伍施工时改变工作井原设计位置，未向设计单位申请变更设计；对工人开展安全教育培训和安全技术交底不足，施工现场管理失控，未及时发现并制止顶管队伍危险作业行为，对事故的发生负有重要责任，涉嫌重大责任事故罪，建议由公安部门组织调查。

（4）朱某，施工单位副总经理，分管安全生产（代管质量安全部），将承包工程通过中间人违法分包给个人，对项目经理、安全员、施工员等关键岗位人员不在岗管理失职，对项目部在组织施工过程中安全管理失控等问题失察，对该起事故的发生负有主要领导责任，涉嫌重大责任事故罪，建议由公安部门组织调查。

2. 建议给予行政处罚人员和企业

（1）叶某，施工单位项目经理，未认真落实项目经理职责，长期不在岗（被公司安排在其他项目工作），对于施工现场管理失控失察，对该起事故的发生负有重要责任。依据《建设工程安全生产管理条例》第六十六条第三款规定，建议由六安市城市管理行政执法局、六安市住房和城乡建设局按照职责分工共同组织处罚。同时，依据《建设工程安全生产管理条例》第五十八条规定，建议由六安市住房和城乡建设局按程序停止其建造师执业资格1年。

（2）许某，施工单位法定代表人、总经理，实际控制人，是公司安全生产第一责任人，未认真组织健全公司安全生产责任制，对项目经理、安全员、施工员等关键岗位人员不在岗管理失职，对项目部在组织施工过程中安全管理失控等问题失察，对该起事故的发生负有领导责任。依据《建设工程安全生产管理条例》第六十六条第三款规定，建议由六安市城市管理行政执法局、六安市住房和城乡建设局按照职责分工共同组织处罚。

（3）施工单位，公司安全生产责任制不健全，对总工程师等关键岗位人员未明确安全生产责任；施工前未认真组织对建设单位提供的工程沿线周围环境和地下管线等进行调查核实；将承包工程通过中间人违法分包给个人，默许顶管队伍施工时改变3号工作井原设计位置，未向设计单位申请变更设计；对工人开展安全教育培训和安全技术交底不足，项目经理、技术负责人、安全员、施工员等关键岗位人员在其他项目，现场负责人未及时发现并制止顶管队伍危险作业行为，对该起事故的发生负有责任。依据《安全生产法》第一百零九条16规定，建议由六安市应急管理局对其给予人民币58万元罚款。同时，依据《六安市安全生产约谈实施办法》有关规定精神，建议由六安市住房和城乡建设局对其进行约谈。

（4）陈某，监理单位监理员，对项目经理、安全员、施工员等关键岗位人员不在岗管理失职，未及时发现并制止顶管队伍危险作业行为，对该起事故的发生负有监理责任。依据《建设工程安全生产管理条例》第五十八条规定，建议由六安市住房和城乡建设局按程序停止其监理工程师执业资格1年。

（5）孙某，监理单位总监理工程师，对负责的监理工程管控不力，对项目经理、技术负责人、安全员、施工员等关键岗位人员不在岗管理失职，对施工单位违法分包问题失察，未及时发现并制止顶管队伍危险作业行为，对该起事故的发生负有监理责任。依据《建设工程安全生产管理条例》第五十八条规定，建议由六安市住房和城乡建设局按程序停止其监理工程师执业资格1年。

（6）洪某，监理单位法定代表人、总经理，是公司安全生产第一责任人，未认真组织健全公司安全生产责任制，对项目经理、技术负责人、安全员、施工员等关键岗位人员不在岗管理失职，未及时发现并制止顶管队伍危险作业行为，对该起事故的发生负有领导责任。依据《安全生产法》第九十二条规定，建议由六安市应急管理局对其给予2020年年收入百分之四十的罚款。

（7）监理单位，作为监理单位，公司安全生产责任制不健全，对董事长以及经营部、项目管理部负责人等关键岗位人员未明确安全生产责任；在施工许可证未办理的情况下，默许施工单位进场施工；公司对该监理工程重视不足，从开工至事发前未组织对该工程现场进行巡查检查；专业监理工程师离岗后，未及时安排其他人员到岗；现场监理人员不足，对施工单位违法分包问题失察，未及时发现并制止顶管队伍危险作业行为，对该起事故的发生负有监理责任。依据《安全生产法》第一百零九条规定，建议由六安市应急管理局对其给予人民币55万元罚款。同时，依据《六安市安全生产约谈实施办法》有关规定精神，建议由六安市住房和城乡建设局对其进行约谈。

3. 建议给予政务处理人员和单位

（1）王某，建设单位党组成员、人防（民防）局局长，分管城市建设股，负责事发工程立项、招标、施工等工作，未认真组织设计单位、施工单位等对工程沿线周围环境和地下管线等进行调查核实，未及时发现施工现场管理失控等问题，对事故的发生负有主要领导责任。依据《安全生产领域违法违纪行为政纪处分暂行规定》第八条规定，建议由相关管理权限单位给予其政务记过处分。

（2）余勇，建设单位党组成员、副局长，分管质量安全股，事发前负责建筑工程质量和安全监管工作，从开工至事发前未组织对该工程进行执法检查，未及时发现工程违法分包和施工现场管理失控等问题，对事故的发生负有重要领导责任。依据《安全生产领域违法违纪行为政纪处分暂行规定》第八条规定，建议由相关管理权限单位给予其政务记过处分。

（3）赵以明，建设单位党组书记、局长，在施工许可证未办理的情况下，默许施工单位进场施工，对于监管执法缺位和施工现场管理失控等问题失察，对事故的发生负有领导责任。依据《安全生产领域违法违纪行为政纪处分暂行规定》第八条规定，建议由相关管理权限单位给予其政务警告处分。

（4）建设单位，作为建设单位，在施工许可证未办理的情况下，组织施工单位进场施工，未全面收集汇总有关工程地质、水文、周边环境和管线的书面资料并交底至施工单位，未认真组织设计单位、施工单位等对工程沿线周围环境和地下管线等进行调查核实；作为监管单位，从开工至事发前未组织对该工程进行执法检查，未及时发现工程违法分包和施工现场管理失控等问题，未及时发现并制止顶管队伍危险作业行为，对事故的发生负有责任。建议其向HQ县人民政府作出深刻书面检查。HQ县人民政府。在推动市政工程建设过程中，对安全生产工作抓得不严不实，对HQ县住建局等部门履行安全监管职责指导、监督不力，对事故的发生负有责任。建议其向六安市人民政府作出深刻书面检查。

4. 其他问题的处理建议

对于设计单位进行工程设计前，未认真组织对建设单位提供的工程沿线周围环境和地下管线等情况进行调查核实，3 号工作井原设计位置旁有已建成的工作井，且东南侧有高压线路杆，不具备再设立工作井的条件，设计方案不符合实际；原创新二路污水管网在事发处附近的工作井和涵管施工平面位置、高程等与设计不符，但竣工图与设计图一致，部分涵管已出现错口、脱节、渗漏、破裂等问题。建议由 HQ 县人民政府进一步组织调查处理，并报市应急局备案。

2.4.7 事故防范措施和建议

1. 树牢安全发展理念，强化红线意识

HQ 县人民政府、县住建局及相关企业要组织深入学习宣传贯彻习近平总书记关于安全生产的重要论述和指示批示精神，切实解决思想认知不足、安全发展理念不牢和抓落实存在很大差距等突出问题。要强化红线意识，实施安全发展战略，持续健全安全生产责任体系，完善和落实安全生产责任和管理制度。

2. 强化建筑施工全过程监督管理

建设单位及监管部门，作为建设单位，一要依法依规组织施工。应在组织施工前，依法依规办理施工许可证、履行报监等手续。遇到有安全风险的情况时，应立即要求停工，组织相关单位探明情况，要求制定专项施工方案，方可继续施工。二要加强对现场的统一协调和管理。应在管网工程地下暗挖作业前收集汇总暗挖区域地质、水文、周边环境和管线等相关资料，组织施工单位、管线产权单位等进行书面交底，并在施工前组织开展现场实地摸排。作为监管部门，一要切实开展"打非治违"。以安全生产专项整治三年行动为主线，采取"四不两直"等方式开展执法检查。对各类未批先建、违法转包分包等行为，施工、监理等单位安全管理缺位、施工现场混乱等情况从严从重处罚，压实企业主体责任。二要组织开展专项治理。立即组织开展相关专项整治，对全县各地下管网工程质量、安全等方面开展检查，对发现的风险隐患要督促整改治理，从根源上杜绝此类事故再次发生。三要加强日常抽查。要制定专项检查计划，重点检查施工单位日常管理人员配备是否与投标文件一致、是否合法合规，检查施工单位安全生产规章制度和操作规程是否建立健全，严格督促整改有关问题。同时，要根据内设机构职能，合理配备安排工作人员，严格履职尽责。

施工单位，一要严格落实施工规定。健全公司安全生产责任制，严禁违法转包分包，施工前未认真组织对建设单位提供的工程沿线周围环境和地下管线等进行调查核实。依照投标文件要求，保证现场关键岗位人员配备齐全、日常在岗履行职责。严格按照设计方案施工，确需变更设计方案，要及时向建设单位和设计单位等进行汇报，经设计单位重新设计并审核通过后方可继续施工。二要履行现场管理责任。落实对顶管队伍的安全生产教育培训，持续开展现场隐患排查治理，制止纠正顶管队伍违规作业、危险作业等行为，切不可"以包代管"，严防野蛮施工、盲目施工。三要进一步加强应急处置工作。加强应急管理基础工作，完善公司应急预案体系，加强对从业人员的安全教育和应急处置培训，积极开展应急演练，切实增强从业人员应急处置和自救互救能力。

监理单位，一要确保监理力量。保障现场监理人员依规配备齐全，人员缺少要及时补充，确保日常监理人员充足。二要加强现场监理。结合施工方案编制专项监理实施细则，实施专项巡视检查和平行监理。严查违法转包分包行为，督促顶管队伍按工作交底施工。遇有重大安全风险的情况时要立即书面要求停工，并及时告知建设单位和监管部门。

2.5 安徽省淮北市“2021·5·25”较大中毒和窒息事故调查报告

2021年5月25日上午9时许，淮北市XS区某工程施工工地发生一起中毒和窒息事故，造成4人死亡，直接经济损失313.9万元。

2.5.1 基本情况

1. 项目概况

淮北市某工程位于淮北市XS区，东起202省道，西至西外环，道路全长4.735km，规划道路红线宽60m，沥青混凝土路面，配套建设市政基础设施。该项目初步设计批复总投资36267.24万元，资金来源为政府投资。该项目2020年3月1日开工建设，目前约完成总工程量的75%。XS经济开发区污水管网项目于2013年3月建成并投入运营，全长22.8km，主要输送园区190家企业生产生活污水及万家花城、广泽园等沿线居民生活污水。

本次事故发生于该项目工程顶管工作井W84（以下简称事故井）内，该井位于人民西路以南（图1），事故井内污水为人民西路北侧XS经济开发区污水管网泄漏流入。

图1 事故项目平面位置图

2. 现场调查情况

1）该工程情况

（1）总体情况

该工程东起202省道，西至西外环，道路全长4.735km，规划道路红线宽60m，沥青混凝土路面，配套建设市政基础设施。施工内容包括道路、排水、交通、路灯工程，目前已完成总工程量约为75%，其中雨水管道总长度9340m，已完成8560m，污水管道总长度 4470m，已完成 4230m，机动车道下面层沥青双向铺设完成约 4300m。

截至事故发生前，事故井基本施工完成，W84 至 W83 顶管已贯通，W83 至 W83-1 过路污水管（以下简称过路污水管）已贯通，W83-1 检查方井（以下简称砖砌方井）已砌筑完成（图 2、图 3）。

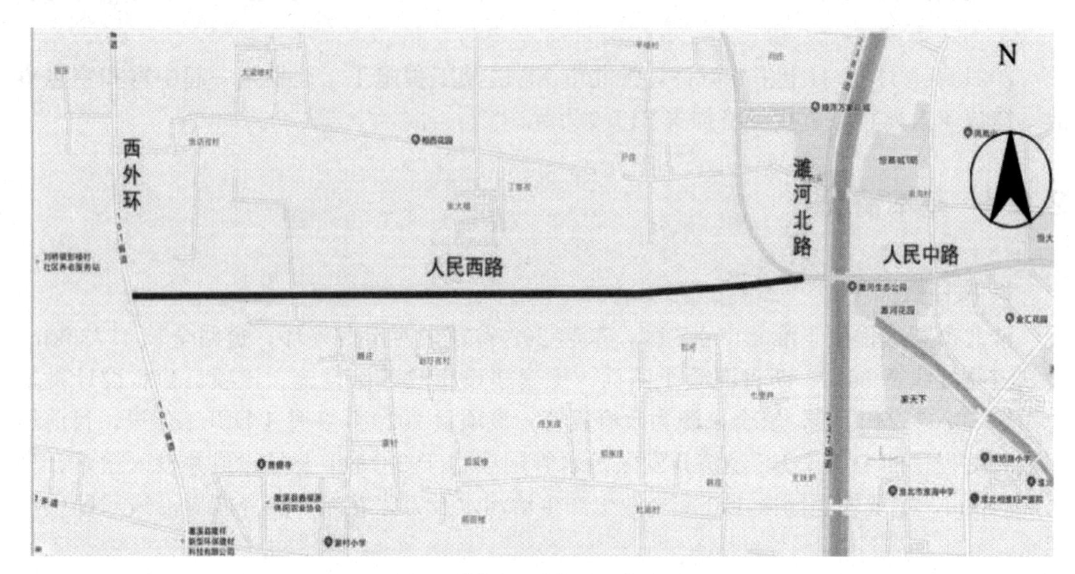

图 2 该工程项目地理位置图

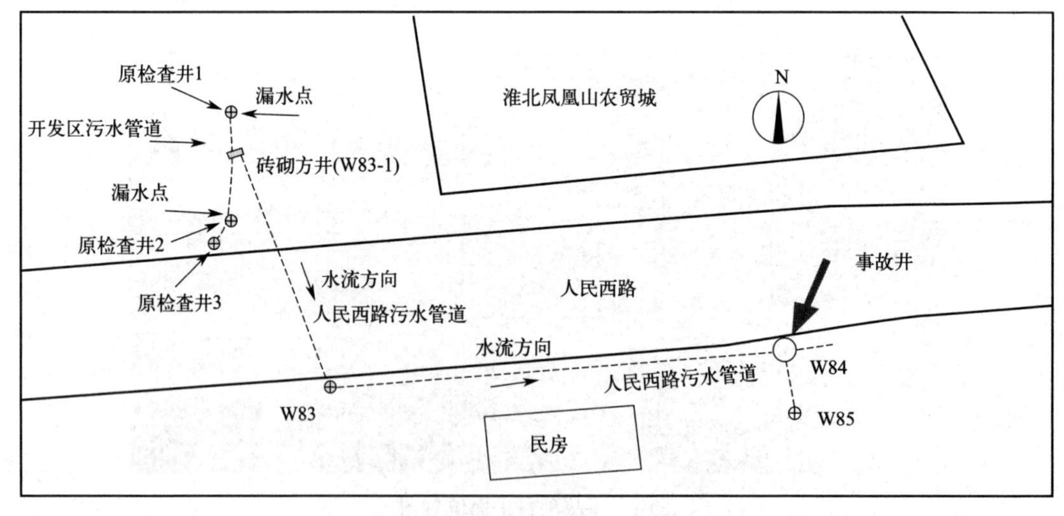

图 3 事故工段平面布置图

（2）安全管理情况

①项目代建单位

该单位安全管理制度及安全生产责任制不健全，安全管理不到位，对施工和监理单位的安全管理缺少有效监督。

②施工单位

该公司任命张某为项目经理，曹某为质安部负责人，项目技术负责人，崔某、胡某、刘某、储某为安全员，刘某为项目安全负责人。项目经理和安全员均持证上岗。项目部安全管理制度不健全，安全教育培训和安全技术交底流于形式，安全管理人员巡查流于形式，施工安全日志存在造假现象。“有限空间作业方案”未履行审核、审查手续，其中的“检测项目”中，无硫化氢项目，未配备呼吸防护用品、气体检测报警仪等装备。

③监理单位

该公司任命仲某为项目总监理工程师，配备4名监理工程师，5名监理员，相关人员均持证上岗。该公司编制了项目《监理规划》《安全监理实施细则》等，但《监理规划》中部分内容与实际不符，且缺少有限空间方面相关内容。工程未下达开工令，但审批了开工报审表，并于2020年3月19日召开了由建设、监理、施工相关人员参加的首次监理例会（每周一次）。部分顶管作业旁站记录、危大工程巡视检查记录、安全巡查记录存在造假现象。

④劳务单位

该公司任命周某为项目劳务负责人，王某为项目专职安全生产负责人。该公司项目部未制定安全生产管理制度、操作规程和安全生产责任制，安全教育培训不到位，王某未取得安全生产考核合格证书，施工人员缺乏有限空间作业等安全知识。

（3）事故工段施工情况

W84～W83管道原设计为开挖施工，为减少对周边民房的影响，根据淮北市重点局办公会议纪要（2021年第31号）该段变更为顶管施工。2021年3月下旬，施工单位在未拿到顶管工作井W84设计图的情况下，劳务单位施工人员根据技术人员经验开始施工。4月30日，顶管工作井设计图由设计单位设计完毕并发至施工单位。5月15日，劳务单位施工人员从W84开始顶管施工作业，5月21日，顶管施工完成。2020年底前，W83～W83-1过路支管施工至距离终点6m左右暂停，2021年5月11日，劳务单位施工人员继续施工余下管道及W83-1检查井。5月12日，施工人员发现西侧XS经济开发区正在运行的污水管道渗水，于是暂停施工，并将渗水情况告知XS经济开发区有关负责人，XS经济开发区有关负责人组织人员于5月23日下午完成污水管道应急抢修。

5月24日，劳务单位施工人员继续施工W83-1检查井，当晚23时许，砖砌检查井砌至超过XS经济开发区维修后的污水管管顶约20cm左右，整体包住了污水管。

2）人民西路损坏污水管网应急抢修工程施工情况

（1）总体情况

淮北XS经济开发区污水管网于2013年3月建成投入运营，全长22.8km，主要输送园区190家企业生产、生活污水及万家花城、光泽家园等沿线居民生活污水，设计日输送能力为1万t，目前日输送至丁楼污水处理厂污水约5000t，输送方式为重力流。

2021年5月12日，淮北XS经济开发区得知污水管道渗水，5月17日，淮北XS经济开发区党工委研究决定启动应急抢修。5月18日，XS经济开发区资源规划建设部以工程联系单的形式，委托施工单位负责抢险施工。

（2）应急抢修施工情况

5月18日，施工单位技术负责人陈某制定《人民路污水管道维修施工方案》，与淮北XS经济开发区资源规划建设部张某沟通后确定施工方案，方案明确清除原受损的De1200污水管道，更换为De800污水管道，管材采用PE排水管。施工单位将该工程分包给劳务单位负责实施，5月22日，施工单位业务人员吴某向劳务单位技术负责人刘某进行技术交底，同日施工单位封堵维修管道两端并进行抽水。5月23日，劳务单位实施管道维修，施工人员先用黏土砖填塞管道与检查井接口缝隙后，再用普通砂浆抹平，之后在洞口外侧砌筑砖墙；管道基础采用粒径10cm左右的建筑垃圾压实后铺设管道；管道沟槽采用原状土回填，管道靠近两端检查井位各处回填至地面标高，靠近W83-1处附近回填至管顶1m左右，未经任何压实。5月23日下午完成管道修复，在未实施闭水试验的情况下完成验收。

3）现场勘查情况

（1）事故井勘查情况

事故现场为施工单位承建的淮北市该工程顶管作业工作井W84，该井为圆形，井沿比周边地面低约2m，采用自然放坡与地面衔接。井口外围为黄土地面，井口上方有吊装设备。井口内径约5.16m，井深约5.80m，底部西、南两面均有排污管道，井壁上部为砖砌结构，工作井内有一简易爬梯，用铁丝固定于东侧井壁，井内有黑色污水，水深约1.25m（图4、图5）。

图4　事故井现场图

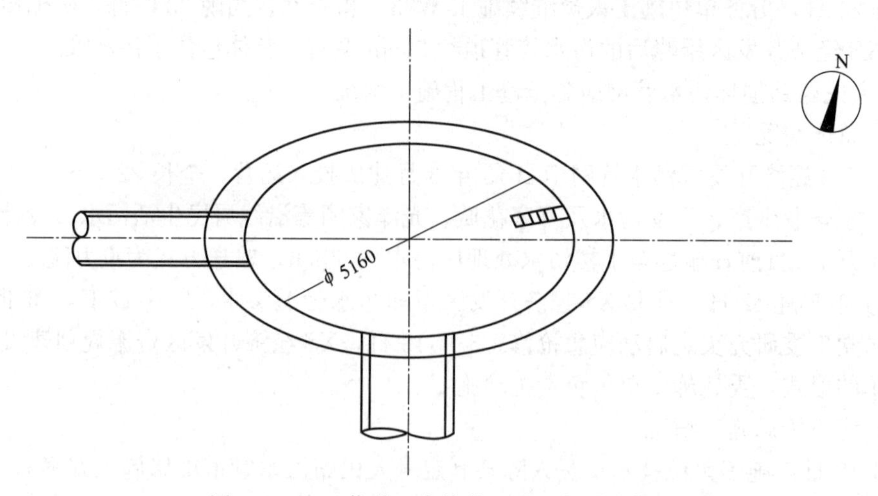

图5　W84工作井（事故井）平面布置示意图

(2) 污水泄漏区域勘查情况

砖砌方井（W83-1）位于开发区污水管道原检查井1和原检查井2之间，与开发区污水管道相交，并将更换后的开发区污水管道包砌其中，井底标高比开发区污水管道标高低约2.0m。砖砌方井（W83-1）通过过路支管及人民西路南侧的管道与事故井相通。污水泄漏后流入砖砌方井（W83-1），经由连通的管道流至事故井（W84）（图6）。

图6 污水泄漏区域现场图

经现场勘察，更换后的开发区污水管道段焊接接口完好，管道下方未见砂垫层，管道水平向东弯曲，管道两端与检查井接口内侧黏土砖未填塞到位且未粉刷（图7），外侧有明显裂隙，漏水严重（图8、图9）。

图7 更换后的污水管道与原检查井2接口内部图

3. 检验鉴定情况

1）空气中有害物质检测报告

(1) 由于事故井井口较大，经现场救援和空气对流扩散，事故井不具备现场采样条件。事故发生后第2d，安徽省应急管理科学研究院选择与事故井污水成分相同，且事故发生后相对封闭的人民西路北侧末端1号井（即原检查井3），模拟施工作业工况进行空气中有毒物质采样。依据《检测报告》（报告编号：YJ2021001），人民西路北侧末端1号

图8　原检查井2与更换后的污水管道连接处漏水点

图9　原检查井1与更换后的污水管道连接处漏水点

井（即原检查井3）硫化氢浓度为48～56mg/m^3，氨浓度为4.94～6.28mg/m^3。

（2）依据安徽塞尔福职业安全健康有限公司《检测报告》（报告编号：SJ2021-WTJ039H），事故井西侧井（即原检查井3）硫化氢浓度为2.67～5.33mg/m^3，磷化氢浓度为0.10～0.58mg/m^3，氨浓度为2.70～2.74mg/m^3。

2）尸检报告

依据淮北市公安局刑事科学技术研究所出具的《法医学尸体检验鉴定书》（（淮）公（死因）鉴字〔2021〕103号至106号）张某、胡某、周某、赵某四人符合硫化氢中毒后，坠入污水中溺水死亡。

4. 天气情况

根据淮北市公共气象服务中心提供资料显示，2021年5月25日9时许，XS区降水为0mm，温度为24.4℃，相对湿度为36%，风速为1.8m/s。

2.5.2　事故发生经过和应急救援情况

1. 事故发生经过

5月25日上午7时许，劳务单位项目负责人周某到达该项目施工现场。7时30分许，XS经济开发区资源规划建设部刘某电话通知施工单位工人龙某撤掉维修段污水管道两侧的封堵气囊。8时许，龙某先后打开了两侧的封堵气囊，8时10分许，位于现场的刘某、龙某、周某、丁某等人先后发现W83-1检查井渗水，刘某电话报告刘某W83-1检查井渗水情况，随后渗水量越来越大，并流入 W84 工作井。8 时 40 分许，刘某和刘某步行至人民西路南侧 W84 工作井时，发现井中只有铁锹、手推车和木板，井中施工人员都已撤离，此时井中水位越来越高。8 时 50 分许，胡某在撤离 W84 工作井后，又返回准备下井取铁锹，随后，胡某沿爬梯下井，在即将抓住铁锹时昏倒跌落水中。井上的周某和张某先后下井施救，相继昏倒跌落水中。之后，劳务单位赵某和王某也准备下井救人。王某在井口脱鞋时，赵某沿爬梯下井救人，昏倒跌落水中。王某正在沿爬梯下井时被井上人员制止，随后返回井上。

2. 人员伤亡和直接经济损失

1）人员伤亡情况

本次事故造成胡某、赵某、张某、周某 4 人死亡，无人员受伤（图 10）。

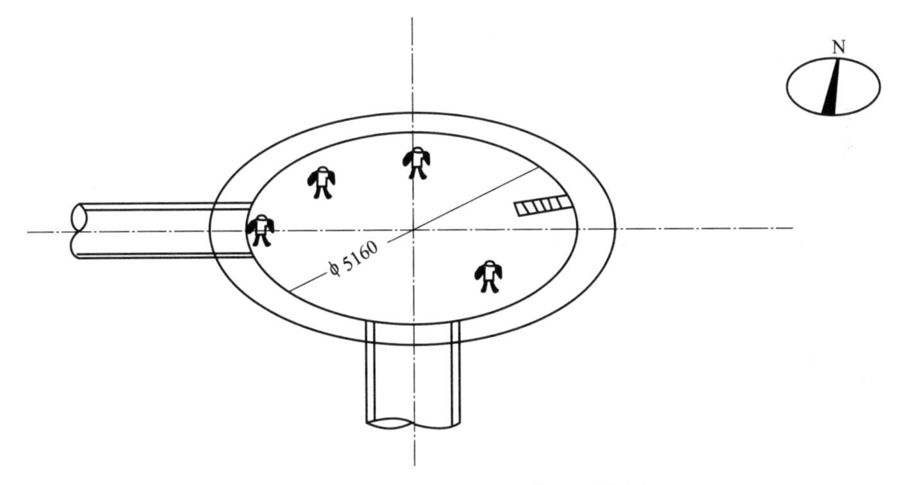

图 10　事故井内死亡人员位置示意图

2）事故直接经济损失

按照《企业职工伤亡事故经济损失统计标准》GB 6721—1986 计算，截至 2021 年 6 月 20 日，此次事故造成直接经济损失 313.9 万元。

3. 应急救援及善后处置情况

事故发生后，消防、公安部门第一时间接到报警信息，能够及时调度消防和救援力量，开展应急处置工作，及时对被困人员展开救援；救援人员能够在做好安全防护的前提下开展救援，确保了救援人员生命安全；各部门之间信息沟通、共享较为畅通，较好地做到事故信息通报、事故现场及周边社会秩序的管理，妥善处理事故遇难者善后事宜，安抚遇难者家属，较好地履行了各部门职责。

2.5.3　事故发生的原因和性质

1. 事故的直接原因

通过现场勘察、调查询问和检测鉴定，调查组经综合分析认定，事故的直接原因是：施工人员违反《安徽省有限空间作业安全管理与监督暂行规定》有关规定，在未履行审批手续且未通风、未检测、未做好个人防护的情况下，擅自进入事故井内，由于井内存在较高浓度的硫化氢等有毒气体，导致施工人员在下井取工具时发生中毒后坠落污水中溺水身亡，其他人员在未做好安全防护情况下，盲目救人，导致事故伤亡扩大。

2. 事故的间接原因

（1）施工单位在进行 W83-1 污水检查井施工时，未按照设计图进行施工，未按有关规定对位于西侧的淮北市 XS 经济开发区原有污水管道采取专项防护措施，在施工过程中对 XS 经济开发区污水管道产生一定的扰动，不排除造成 XS 经开区污水管道发生渗漏的可能。

（2）人民西路损坏污水管网应急抢修工程施工和验收不规范。施工单位违反有关规定，未按照有关国家标准进行施工；维修段管道验收时未进行闭水试验，不排除因应急抢修工程质量问题造成 XS 经开区污水管道渗漏的可能。

（3）地方政府及其有关部门对项目监管不到位。

3. 事故性质

经调查认定，该起事故是一起较大生产安全责任事故。

2.5.4　有关责任单位存在的主要问题

1. 有关参建单位存在问题

1）该工程施工单位

该公司在该项目未取得施工许可证的情况下开工建设；该公司项目部安全管理制度不健全，人员安全培训教育不到位；安全隐患排查治理流于形式，对分包单位以包代管；部分危险性较大分部分项工程未按照相关规定进行施工管理，施工安全日志存在造假现象；在无设计图纸的情况下开始施工 W84 工作井，在未告知设计单位情况下，擅自变更 W83-1 检查井位路及结构形式；在 W83-1 检查井及过路支管施工过程中，未对西侧的淮北 XS 经济开发区原有污水管道采取专项防护措施。

2）该工程监理单位

该单位对项目监理部管理不到位，项目监理人员履职不到位，对施工现场的监理工作流于形式，对现场违章作业情况失察失管；未按照有限空间作业相关要求制定监理细则并实施；

部分危险性较大分部分项工程未按照相关要求实施专项巡视检查、旁站监理，部分顶管作业旁站记录、危大工程巡视检查记录、安全巡查记录存在造假现象。

3）该工程劳务单位

该公司安全管理混乱，未建立安全生产管理制度、安全操作规程、安全生产责任制；施工人员安全教育培训不到位，缺乏有限空间作业等安全知识，违反有限空间作业相关规定进行施工。

4）人民西路损坏污水管网应急抢修工程施工单位

该公司承包的人民西路损坏污水管网应急抢修工程施工方案不符合有关法律法规要求，对劳务单位施工管理不到位；工程验收未按要求进行闭水试验。

5）人民西路损坏污水管网应急抢修工程劳务单位

该公司在人民西路损坏污水管网应急抢修工程施工过程中违反有关规定，未按照国家有关标准进行施工。

2. 有关部门职责及存在问题

1）XS经济开发区管委会

主要职责：负责协调新建和改扩建市政供电、供暖、供水、供气和排污等市政管网建设；负责建筑管理和建筑安全管理工作；负责区内建设工程质量安全监督工作。此次人民西路损坏污水管网应急抢修工程由其负责管理。

存在问题：该单位资源规划建设部对人民西路损坏污水管网应急抢修工程施工方案编制、施工过程管理不到位，在施工单位未进行闭水试验的情况下，通过了维修段管道的验收。

2）XS区城市管理局

主要职责：负责对全区城市管理执法工作的指导、监督、考核，以及重大、复杂违法违规案件的查处工作。负责对辖区内建设项目实施动态监管，依法查处未取得规划许可进行建设的项目。

存在问题：对辖区重点建设项目动态监管和巡查不到位，未能发现并制止该工程无规划许可等违法建设行为。

3）HB市建筑工程管理处

主要职责：实施建筑市场各方主体行为、施工许可、建设监理、合同管理的规章制度；负责建筑工程安全监督管理和文明施工管理，推进建筑施工安全标准化管理；履行建设项目标后的日常监督管理工作。负责建筑工程（市政道路）安全生产、施工企业安全生产许可证和文明施工的监督管理。

存在问题：对市重点建设工程监管项目未取得施工许可开工建设等违法违规建设行为失管，对未取得施工许可开工建设的项目同意安全报监并进行安全监督。落实对市重点建设工程监管项目安全监管责任不到位，日常监督检查流于形式，对参建单位存在的施工现场管理混乱、监理不到位。

4）HB市重点工程建设管理局

主要职责：负责市本级政府投资的城建基础设施项目，公益性社会事业项目和市政府指定的其他重点工程项目建设过程的组织、实施、协调工作。负责项目建设过程中的现场管理协调、工程工期及质量、安全生产、技术档案管理等工作。本项目的代建单位。

存在问题：该单位在项目未取得施工许可证的情况下，未批先建、违法建设；安全管理制度及安全生产责任制不健全，安全管理不到位，对施工和监理单位的安全管理缺少有效监督。

5）HB市住房和城乡建设局

主要职责：负责指导监督城市市政设施（城市道路桥梁、排水排污和照明设施）、园林绿化（含雕塑）建设。负责建设工程质量、安全和施工图设计文件审查的监督管理工作。负责对城市规划区快速路、主干路、跨区次干道等市政道路项目，国家、省、市政府投资建设的建筑领域重点项目进行监督管理。负责该项目工程质量、安全监管。

存在问题：落实“三管三必须”的行业安全监管责任不到位，督促指导HB市建筑工程管理处履行市重点建设工程安全监管责任不力。

3. 地方党委、政府存在问题

1）XS经济开发区管理委员会

存在问题：对XS经济开发区资源规划建设部履行监管职责指导、监督不力。该单位资源规划建设部对人民西路损坏污水管网应急抢修工程施工方案编制、施工过程管理不到位，在施工单位未进行闭水试验的情况下，通过了维修段管道的验收。

2）XS区人民政府

存在问题：对辖区城市管理行政执法部门和开发区管委会履行监管职责领导不力。

2.5.5 责任认定和处理建议

1. 建议由公安机关立案调查人员

（1）张某，该工程施工单位淮北市该工程项目经理，在该项目未取得施工许可证的情况下开工建设；对项目部管理流于形式，项目部安全管理制度不健全，未建立有限空间作业相关安全管理制度及操作规程，人员安全培训教育不到位；安全隐患排查治理流于形式，对分包单位以包代管；部分危险性较大分部分项工程未按照相关规定进行施工管理，施工安全日志存在造假现象；在无设计图纸的情况下开始施工W84工作井，在未告知设计单位情况下，擅自变更W83-1检查井位置及结构形式；在W83-1检查井及过路支管施工过程中，未对西侧的淮北XS经济开发区原有污水管道采取专项防护措施。对事故的发生负有直接管理责任。建议由公安机关立案调查。依据《建设工程安全生产管理条例》第五十八条、第六十六条规定，建议由住建部门依法进行处理。

（2）仲某，该工程监理单位淮北市该工程监理部工程总监理工程师，未认真履行项目总监职责，对项目监理部管理不力，项目监理人员履职不到位，对施工现场的监理工作流于形式，对现场违章作业情况失察失管；未按照有限空间作业相关要求制定监理细则并实施；部分危险性较大分部分项工程未按照相关要求实施专项巡视检查、旁站监理，部分顶管作业旁站记录、危大工程巡视检查记录、安全巡查记录存在造假现象。对事故的发生负有直接管理责任。建议由公安机关立案调查。依据《建设工程安全生产管理条例》第五十八条之规定，建议由住建部门依法进行处理。

2. 有关参建单位责任人员

1）该工程施工单位

（1）吴某，该工程施工单位法定代表人，公司安全生产第一责任人，未认真贯彻落实国家安全生产法律法规和政策规定，履行安全生产领导责任不力，对公司淮北市该工程项目项目部的安全生产管理不力，对事故的发生负有重要领导责任。依据《中华人民共和国安全生产法》第九十二条之规定，建议由淮北市应急管理局对其处上一年年收入百分之四十的罚款。

（2）曹某，该工程施工单位质安部负责人，淮北市该工程项目部技术负责人。对公司淮北市该工程项目部的安全生产管理不力，对公司项目部安全管理制度不健全，人员安全培训教育不到位，安全隐患排查治理流于形式，对分包单位以包代管等失管，对事故的发生负有主要管理责任。依据《安全生产违法行为行政处罚办法》第四十五条23之规定，建议由淮北市应急管理局给予罚款。

（3）刘某，该工程施工单位淮北市该工程项目部安全负责人，对项目部安全管理流于形式，项目部安全管理制度不健全，人员安全培训教育不到位，安全隐患排查治理流于形式，对分包单位以包代管，对事故的发生负有直接管理责任。依据《安全生产违法行为行政处罚办法》第四十五条之规定，建议由淮北市应急管理局给予罚款。

2）该工程监理单位

陈某，该工程监理单位法定代表人。未认真贯彻落实国家有关安全生产法律法规政策，对公司监理工作领导不力，对公司淮北市该工程项目监理部监理工作流于形式、现场监理管控不到位等问题失察失管，对事故的发生负有重要领导责任，依据《中华人民共和国安全生产法》第九十二条之规定，建议由淮北市应急管理局对其处上一年年收入百分之四十的罚款。

3）该工程劳务单位

周某，该工程劳务单位淮北市该工程项目部负责人，对项目部安全管理不力，项目部安全管理混乱，未建立安全生产管理制度、安全操作规程、安全生产责任制；施工人员安全教育培训不到位，缺乏有限空间作业等安全知识，违反有限空间作业相关规定进行施工。对事故的发生负有直接管理责任。依据《安全生产违法行为行政处罚办法》第四十五条之规定，建议由淮北市应急管理局给予罚款。

4）人民西路损坏污水管网应急抢修工程施工单位

（1）黄某，人民西路损坏污水管网应急抢修工程施工单位法定代表人，未认真落实国家有关建设工程质量和安全方面法律法规，对淮北市人民西路损坏污水管网应急抢修工程施工项目管理不力，对事故的发生负有重要领导责任。依据《中华人民共和国安全生产法》第九十二条之规定，建议由淮北市应急管理局对其处上一年年收入百分之四十的罚款。

（2）吴某，人民西路损坏污水管网应急抢修工程施工单位淮北洪碱河水环境综合治理（提质增效部分）工程现场联系人，负责淮北市人民西路损坏污水管网应急抢修工程施工项目。该公司负责的人民西路损坏污水管网应急抢修工程施工方案不符合有关法律法规要求，对劳务单位施工管理不到位；工程验收未按要求进行闭水试验。对事故的发生负有主要管理责任。依据《安全生产违法行为行政处罚办法》第四十五条之规定，建议由淮北市应急管理局给予罚款。

（3）陈某，人民西路损坏污水管网应急抢修工程施工单位淮北市人民西路损坏污水管网应急抢修工程施工方案编制人，编制的人民西路损坏污水管网应急抢修工程施工方案不符合有关法律法规要求，对事故的发生负有主要责任。依据《安全生产违法行为行政处罚办法》第四十五条之规定，建议由淮北市应急管理局给予罚款。

5）劳务单位

刘某，人民西路损坏污水管网应急抢修工程劳务单位淮北市人民西路损坏污水管网应急抢修工程施工负责人，在人民西路损坏污水管网应急抢修工程施工过程中违反有关规定，未按照国家有关标准进行施工。对事故的发生负有主要责任。依据《安全生产违法行为行政处罚办法》第四十五条之规定，建议由淮北市应急管理局给予罚款。

3. 有关参建单位

（1）该工程施工单位、对事故的发生负有责任。依据《中华人民共和国安全生产法》第一百零九条第二款之规定，建议由淮北市应急管理局对其进行处罚。

（2）该工程监理单位、对事故的发生负有责任。依据《中华人民共和国安全生产法》第一百零九条第二款之规定，建议由淮北市应急管理局对其进行处罚。

（3）该工程劳务单位、对事故的发生负有责任。依据《中华人民共和国安全生产法》第一百零九条第二款之规定，建议由淮北市应急管理局对其进行处罚。

（4）人民西路损坏污水管网应急抢修工程施工单位、对事故的发生负有责任。依据《中华人民共和国安全生产法》第一百零九条第二款之规定，建议由淮北市应急管理局对其进行处罚。

（5）人民西路损坏污水管网应急抢修工程劳务单位，均对事故的发生负有责任。依据《中华人民共和国安全生产法》第一百零九条第二款之规定，建议由淮北市应急管理局对其进行处罚。

4. 有关公职人员和单位

对于在事故调查过程中发现的地方政府及有关部门的公职人员履职方面的问题线索及相关材料，已移交纪检监察机关，对相关单位和人员依纪依规依法进行问责处理。

2.5.6 事故防范措施和建议

1. 提高政治站位，强化安全责任落实

淮北市和XS区要认真贯彻落实习近平总书记重要指示批示精神，切实提高政治站位，强化底线思维，真正把安全生产摆在突出位置。要坚持“两个至上”，牢固树立以人民为中心的安全发展理念，深刻认识抓好当前安全生产工作的极端重要性。要进一步落实“党政同责、一岗双责、齐抓共管、失职追责”和“三个必须”要求，认真履行安全监管职责，层层压紧压实责任链条，确保牢牢守住安全底线。强化源头预防控制，系统提升本行业本领域本质安全水平。

2. 严守法律底线，落实企业安全主体责任

有关参建单位要认真贯彻《中华人民共和国安全生产法》《建设工程安全生产管理条例》《危险性较大的分部分项工程安全管理规定》《安徽省有限空间作业安全管理与监督暂行规定》等法律法规规定，落实企业主体责任，建立健全安全生产责任制和安全管理制度，加强对从业人员安全培训教育，提高安全意识。建设单位要强化对建设项目的安全管理，督促施工和监理单位加强安全管理；施工单位要加强项目现场安全生产管理，严禁以包代管，认真组织开展安全风险辨识和隐患排查治理工作，落实安全生产风险管控“六项机制”，及时消除安全隐患，确保施工安全；监理单位要切实发挥监理的监督职能，认真履行监理职责，落实相关安全管理制度，严格执行安全相关流程及审查制度。

3. 深刻吸取教训，全面排查治理各类隐患

淮北市和XS区要深刻吸取事故教训，要立即开展建设施工领域安全专项整治，采取切实有效措施，坚决防止同类事故发生。要针对进入盛夏高温季节，汛期雨水增多，有毒有害气体易挥发，各类污水管网检维修增多等情况，全面开展有限空间作业场所风险辨识，摸清底数，建立台账，做到不留死角、不留盲区。结合全省正在开展的安全生产专项整治三年行动集中攻坚，督促建筑施工企业开展安全隐患排查整治，特别是涉及市政工程建设，尤其是黑臭水体治理、污水处理厂、污水管网新建、改造等重点单位、重点区域、重点场所，要开展全方位的风险隐患排查，并采取有效措施督促企业及时整改到位。

4. 加强宣传教育，增强安全意识和能力

淮北市和XS区要加大有限空间宣传培训工作力度，要督促企业认真开展安全教育，落实岗前培训，针对《安徽省有限空间作业安全管理与监督暂行规定》及住建领域有限空间生产安全事故案例进行专项培训，使从业人员掌握有限空间作业安全及防护知识。

2.6　广东省珠海市“7·15”重大透水事故调查报告

2021年7月15日3时30分，位于珠海市XZ区的兴业快线（南段）一标段工程某隧道右线在施工过程中，掌子面拱顶坍塌，诱发透水事故，造成14人死亡，直接经济损失3678.677万元。

事故调查组认定，珠海市兴业快线（南段）一标段工程某隧道“7·15”透水事故是一起重大生产安全责任事故。

2.6.1　事故基本情况

1. 事故发生经过

2021年7月15日3时30分，珠海市兴业快线（南段）一标段工程某隧道右线施工至RK2+017.6时，右线隧道内发生坍塌透水，右线进水通过LK1+860处1号车行横通道倒灌至左线隧道，导致往里162m处左线隧道LK2+022掌子面14名作业人员被困。

事故发生前，某隧道内共有26名作业人员（具体人员分布见图1），包括右线隧道掌子面2人、左线隧道掌子面16人、左线隧道1号车行横通道附近3人、左线隧道1号排风机房处5人。

事故发生的具体经过如下：

7月14日18时29分，爆破公司作业人员在右线隧道掌子面RK2+015.8处进行爆破施工，作业完成后离开隧道。18时55分开始清渣出土，后因21时10分～22时35分停电而停止，7月15日凌晨1时52分恢复，2时35分清渣完毕。至事故发生时，长达9个小时未进行喷锚支护。

7月15日凌晨2时35分，右线隧道掌子面清渣完毕后，作业人员离开，仅剩1名劳务杂工袁某在洞内抽水。期间，袁某发现掌子面拱顶位置出现少量掉渣滴水现象。

3时23分，劳务带班人员欧某进入右线隧道。欧某、袁某2人发现掌子面拱顶位置持续掉渣滴水，同时水量变大。

3时28分，右线隧道掌子面拱顶位置突然一次性掉落大量砂石土（约0.5m^3），欧

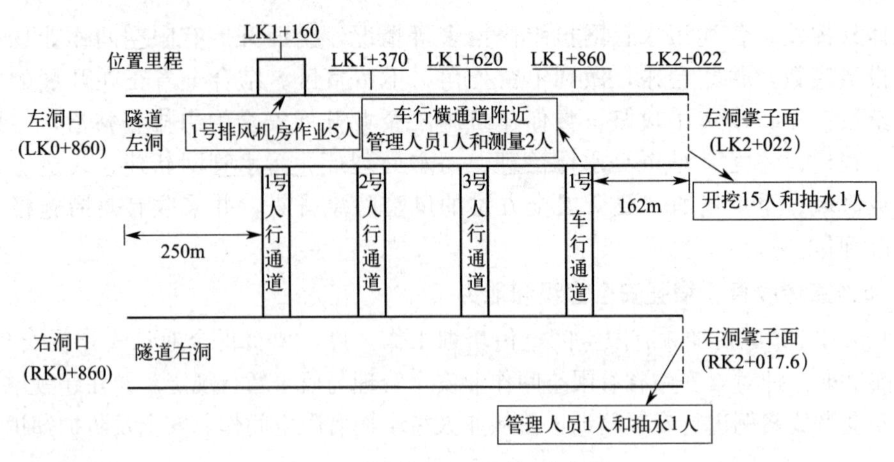

图1　隧道作业人员平面分布图

某、袁某 2 人紧急撤离。

3 时 30 分，右线隧道拱顶发生坍塌冒顶，水库水开始大量涌入右线隧道，并通过 1 号车行横通道涌入左线隧道。

3 时 34 分，现场管理人员陈某驾驶电动车进入右线隧道。

3 时 35 分，在左线隧道掌子面作业的宋某、熊某等人发现有大量水涌入，立即呼喊大家紧急撤离。当时，左线凿岩班组共有 16 人在左线隧道掌子面作业。

3 时 37 分，袁某驾驶电动车驶出右线隧道洞口。

3 时 38 分，在 1 号车行通道处作业的左线带班人员林某和 2 名测量人员驾驶电动车驶出洞口。

3 时 40 分，陈某、欧某 2 人分别驾驶电动车驶出右线隧道洞口。欧某随即又进入左线隧道，试图通知左线隧道人员撤离，但因水位上涨无法继续进入而退出。

3 时 42 分，为防止洞内发生触电，项目人员切断洞内电源。

3 时 47 分，在 1 号排风机房作业的 5 名作业人员步行或驾驶电动车相继撤出左线隧道洞口。

3 时 49 分，项目部救援人员驾驶装载机进入左线隧道救援。

4 时 12 分，左线隧道的宋某、熊某 2 人抓着通风管游到距隧道洞口约 300m 处脱离水面，被项目部救援人员发现，由装载机接应运送到隧道洞口附近，自行走出洞口，装载机返回继续救援。

至此，右线隧道作业人员 2 人安全撤离，左线隧道作业人员 24 人中 8 人安全撤离，2 人逃生，14 人被困。

事故发生后 1.5h 内，隧道上方的吉大水库水位下降 1.93m，库容减少 22.059 万 m^3，减少水量主要通过坍塌处涌入隧道内，给救援工作造成了极大困难。

经过持续不间断搜救，7 月 19 日救援人员发现 2 名遇难人员。

7 月 20 日发现 1 名遇难人员；7 月 21 日晚，发现 10 名遇难人员。

7 月 22 日，发现最后 1 名遇难人员。至此，14 名被困人员已全部找到并确认遇难。

2. 事故应急处置情况

调查认为，本次事故应急救援处置总体有力、有序、有效，应急响应程序合法，符合应急处置措施程序及要求。

3. 事故直接损失情况

根据现行《企业职工伤亡事故经济损失统计标准》GB 6721 等规定，经事故发生企业统计、珠海市政府确认，调查组核定事故直接经济损失为 3678.677 万元。

2.6.2 涉事工程有关情况

1. 工程项目概况

兴业快线是珠海市“六横十纵”高快速骨干路网中的“一纵”，是打通主城区南北快速化出行、对接深中通道和港珠澳大桥的重要通道。兴业快线按照北段、南段、迎宾路支线三个部分施工。兴业快线（南段）南起珠海市九洲大道与建业一路交叉口，向北以桥梁形式上跨白莲路，以隧道形式穿越石景山，沿兴业路地下向北延伸，在梅华路南侧与兴业快线（北段）顺接，线路总长约 4770m，概算总投资约 39.37 亿元，建设标准为城市快速路。兴业快线（南段）分为两个施工标段，事故发生段为一标段。

兴业快线（南段）一标段的施工范围南起九洲大道～建业一路交叉口，北至板樟山北侧工作井，左线全长 2445.9m，右线全长 2434.4m。一标段工程施工中标单位是中铁二局，合同金额 6.67 亿元。主要施工内容包括：九洲大道～石景山南段洞口，长度约 660m；某隧道（板樟山南侧洞口～板樟山北侧工作井），长度约 1780m。事故发生在该隧道段。

该隧道段为双洞六车道，隧道采用三心圆断面，断面外轮廓高 10.997m，宽 15.107m。该隧道采用矿山法沿 3%纵坡向下施工，事故发生时，隧道左线施工长度 1162m，右线施工长度 1157.6m。透水事故发生在右线隧道掌子面处，位于吉大水库下方，该段隧道埋深约 19m。吉大水库总库容 267.11 万 m^3，事故发生时，该水库水位 30.67m，库容量 68.77 万 m^3。

该隧道和事故的具体平面位置如图 2 所示，剖面位置如图 3 所示，横断面位置如图 4 所示。

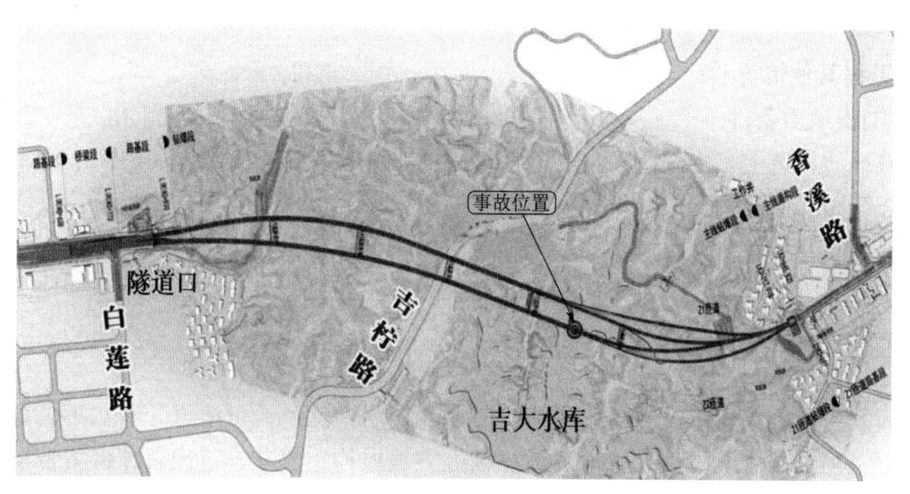

图 2 该隧道及事故位置平面图

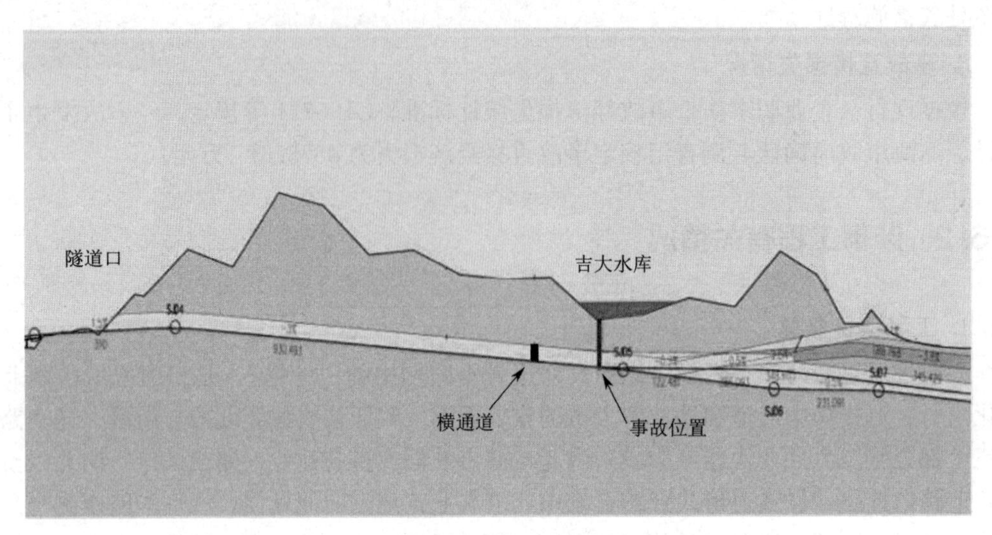

图3　该隧道及事故位置剖面图

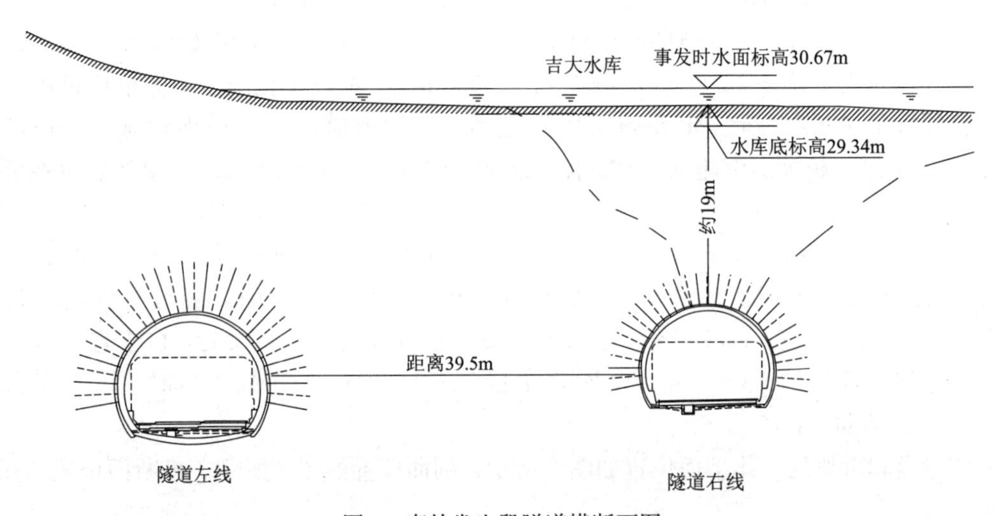

图4　事故发生段隧道横断面图

2. 工程其他情况

1）工程地质条件

区域地质构造上，本工程项目场地内近东西向断裂有吉大断裂、胡湾断裂等。吉大断裂构造与线路斜交，受吉大断裂影响，部分施工段形成节理裂隙发育密集带，可能形成良好的导水通道，导致洞室出水量增加，加速岩体风化，影响岩体结构的完整性，对隧道施工造成不利影响。除此之外，未见到地面开裂、古井、地下洞穴以及影响工程稳定性的地陷、岩溶、滑坡、泥石流等其他不良地质作用。

2）工程水文条件

事故发生段隧道透水区域主要为燕山三期花岗岩地区，无可溶岩分布，不具备形成溶洞、地下暗河的条件。事故发生段隧道拱顶上方地质构造复杂，节理裂隙密集带发育，具有导水性，地下水类型主要为块状花岗岩裂隙水，局部发育有构造裂隙含水带，裂隙带与水库有水力联系，基岩裂隙水接受吉大水库水的补给。事故发生后，隧道内的水主要为水库水体通过塌腔涌入，持续对隧道补给，地下水补给占比较小。

3）工程设计及施工情况

石景山隧道洞身结构根据隧道所处的工程地质条件，按新奥法原理进行设计，采用复合式衬砌。隧道初期支护以喷射混凝土、锚杆、钢筋网、钢拱架为主要支护手段，二次衬砌采用 C35 钢筋混凝土。该隧道的总体施工工艺为：超前小导管注浆 3→打炮孔→装药→爆破→检查爆破情况→开挖清渣→打设系统锚杆→挂网安装钢架→复喷混凝土→下一循环打炮孔（每 5 榀拱架进行一次超前小导管施打及注浆）。工程于 2019 年 4 月 30 日开始施工，隧道洞口里程为 K0＋860，事故发生时，右线隧道开挖至 RK2＋017.6，其中初期支护完成至 RK2＋015.8，长度约 102.8m；二次衬砌完成至 RK1＋913，长度约 1053m。

2.6.3　事故直接原因

事故调查组通过深入调查和专家论证，认定事故的直接原因是：隧道下穿吉大水库时遭遇富水花岗岩风化深槽，在未探明事发区域地质情况、未超前地质钻探、未超前注浆加固的情况下，不当采用矿山法台阶方式掘进开挖（包括爆破、出渣、支护等）、小导管超前支护措施加固和过大的开挖进尺，导致右线隧道掌子面拱顶坍塌透水。泥水通过车行横通道涌入左线隧道，导致左线隧道作业人员溺亡。

掌子面拱顶坍塌透水示意图见图 5。

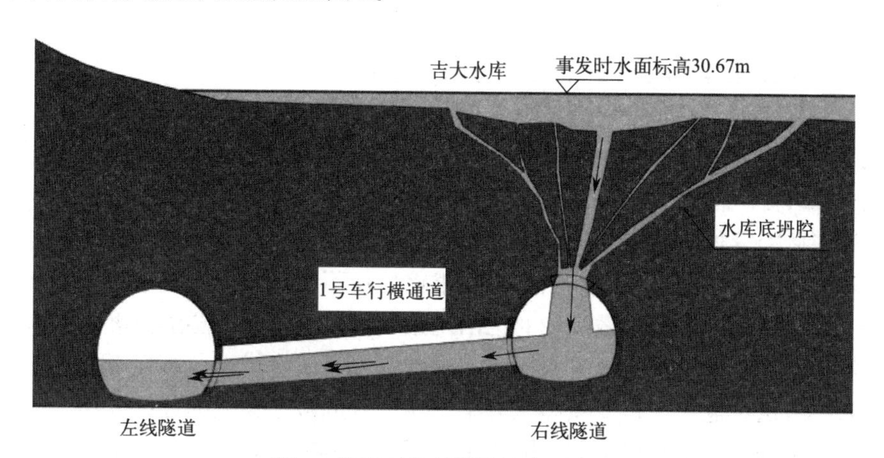

图 5　掌子面拱顶坍塌透水示意图

（1）事故发生段隧道地处水库下方的富水花岗岩风化深槽，采取矿山法掘进施工风险大，易诱发松软土体坍塌透水。

事故发生段隧道拱顶地层以强风化花岗岩为主，该地层节理裂隙极发育、破碎、富水、遇水易软化崩解，自稳能力差，一旦隧道施工形成临空面，风化深槽土体在水土荷载作用下容易坍塌。当事故发生段隧道下穿吉大水库时，由于初期支护实施前，隧道拱顶上方土体经过地下水长时间渗流，土中黏粒流失，黏聚力下降，土体软化，且爆破施工加剧了隧道拱顶上方土体松动，导致水土荷载超过超前支护承载力后，拱顶上方出现土体坍塌，形成透水通道，水库水体夹带砂土急速涌入隧道。

（2）勘察报告没有真实反映实际地质条件，加之超前地质钻探未进行，导致未能及时调整施工工法和支护加固措施，坍塌透水事故由此发生。地质勘察未在水库深槽区域内布置钻孔，无法准确揭示事发区域的地质情况。基于事发区域附近部分钻孔数据，项目勘察报告判定事故发生段拱顶地层为中风化花岗岩和Ⅳ级围岩。事故发生段隧道为水底隧道，根据有关技术规范和任务要求，应进行超前地质钻探工作，但实际只采用了物探方式进行超前地质预报，未进行超前地质钻探，因此事故发生段隧道地质条件未能准确查明。按勘察报告确定的Ⅳ级围岩等级，事故发生段隧道施工采取了矿山法台阶方式爆破开挖，超前支护为未注浆的 $\phi42\times4$mm 小导管，开挖进尺为 1.8m，其开挖方式、超前支护措施和开挖进尺均不符合相关规范及设计要求。

根据验证勘察报告，事发区域位于风化深槽范围内，隧道拱顶地层为强风化花岗岩，围岩等级判定为Ⅴ级。据此，在水库下方隧道施工应采用CD法等开挖方式，加强超前支护和超前注浆措施，严格控制开挖进尺。正是由于未及时调整实际的施工工法、注浆加固和控制开挖进尺等措施，且事发时初期支护不及时，导致自稳性差的拱顶土体坍塌透水。

（3）横通道安全门及报警系统缺失，右线隧道突水进入左线隧道，导致人员无法及时撤离。

横通道未按隧道暗挖工程专项施工方案的应急预案要求设置安全门，在右线隧道突水后无法阻止水体进入左线长距离反坡隧道，导致左线隧道被淹。同时，由于隧道中未设置报警系统，右线隧道突水时无法及时通知左线隧道作业人员，导致作业人员未能及时撤离，造成了人员溺亡的严重后果。

2.6.4 事故发生单位及有关企业存在的问题

1. 施工和监理单位

1）施工单位

（1）施工风险管控措施落实不力。违反《公路工程施工安全技术规范》JTG F90—2015，对隧道施工实施动态风险控制不力、跟踪处理不及时，未深刻吸取6月19日至23日右线隧道发生拱顶坍塌险情教训，对已出现强风化岩土变化、隧道内渗水从水滴状增大至线状、隧道下穿水库施工时上方水库未排干水的现实风险辨识及管控不力，冒险作业。

（2）未严格执行危大工程专项施工方案。违反《危险性较大的分部分项工程安全管理规定》第十六条规定，未严格按照《隧道暗挖工程专项施工方案》要求施工，在隧道暗挖施工过程中未开展涌水量动态监测、未配地质工程师、在富水段开挖前未掌握超前地质钻探探测情况。

（3）未严格按照设计和安全规范要求施工。违反《建设工程质量管理条例》第二十八条规定，在2021年6月21日和7月12日的超前地质预报显示前方围岩以强风化为主的情况下，未及时按照设计图纸要求变更施工方法，不当采用台阶方式爆破掘进施工；未按设计方案组织施工、验收，未及时消除超前支护、循环开挖进尺、二次衬砌距掌子面距离等不符合安全规范的事故隐患。

（4）专项应急救援演练缺失，应急救援设施配备不足。违反《建设工程安全生产管理条例》第四十八、四十九条规定，未组织透水事故专项应急救援演练；未按规范要求配备联动报警系统，导致右线透水后无法及时通知相关人员撤离。

（5）违法组织爆破施工。违反《广东省水利工程管理条例》第二十一、二十二条规定，在水利工程管理范围内从事爆破活动。

（6）对分包单位安全管理不到位。违反《安全生产法》第四十六条第二款规定，对爆破单位和劳务分包单位的统一协调、管理不到位，未及时排查消除爆破单位违规制定爆破设计方案、违规实施爆破作业及劳务分包单位未按照施工技术标准施工的事故隐患。

2）中标单位

（1）存在转包行为。违反《建设工程质量管理条例》第二十五条第三款规定，中标单位违法将承接的兴业快线（南段）一标段项目工程整体转包给全资子公司施工单位。

（2）对全资子公司的监督、指导、检查不力。对事故项目6月19日至23日右线隧道发生拱顶坍塌险情不掌握，未及时督促子公司落实坍塌透水事故风险防控措施，对事故项目隐患排查治理工作督促、指导不到位。

3）监理单位

未依法履行监理单位安全生产职责。违反《建设工程安全生产管理条例》第十四条规定，监理人员未按施工控制点及工序要求严格旁站监理，不按规定在岗履职；对施工单位未按设计要求调整施工方法、扩大开挖进尺等安全隐患未及时下达《监理工程师通知单》督促整改；6月22日右线隧道发生拱顶坍塌后无监理人员到场查勘，未按规定及时下达《工程暂停令》；未按规定如实填写《旁站监理记录表》《安全监理日志》等工作记录；未按工程进度配套数量满足需求的监理人员，派驻施工现场的监理工程师不具备与该工程施工阶段技术要求相适应的专业知识和管理能力。

2. 建设和代建单位

1）建设单位

（1）对代建单位管理、监督不力。违反《珠海经济特区政府投资项目管理条例》第三十三和三十四条规定，对代建项目全过程跟踪协调不力，未妥善解决代建单位在未取得下穿吉大水库建设方案水行政许可的情况下擅自施工的问题；未及时发现代建单位施工现场坍塌险情排除不彻底、事故防范措施不落实等问题；督促代建单位落实专家专项评审、做好应急预案、确保施工安全有序等整改措施不及时。

（2）未与代建单位签订代建协议，未明确各方对项目的权利义务，安全生产职责约定不明。

2）代建单位

（1）对下属单位代建工作监督不力。违反《城建集团工程管理暂行办法》第四条、《城建集团安全生产与消防管理制度》第五条规定，将本项目的组织实施、安全生产工作交给下属城建市政公司后，对其项目风险管控和隐患排查治理督促不力；未有效督促城建市政公司落实建设方安全生产工作职责。

（2）未依法明确代建项目安全生产管理职责。违反《安全生产法》第四十六条规定，未依法与城建市政公司约定本项目的安全生产管理职责，造成各方权责不清。

（3）未按要求组织实施超前地质钻探，未向施工单位提供事发区域准确、完整的地质情况。违反《建设工程安全生产管理条例》第六条规定，未根据事故项目建设需要进行超前地质钻探招标，施工期间未根据《兴业快线（南段）工程施工全过程监测任务书》的规定72增加超前地质钻探项目作为必要监测手段；在监测单位《兴业快线（南段）某隧道右幅小里程超前地质预报（地质雷达法）》（第五十六期、第五十七期）73两次提出建议后，仍未组织实施超前地质钻探，导致向施工单位提供的地质情况与实际情况严重不符。

（4）对项目建设安全工作统一协调、管理不到位。违反《安全生产法》第四十六条和《广东省水利工程管理条例》第二十二条规定，对未取得水行政许可擅自在水利工程管理范围和保护范围内施工负主要的直接责任；未按规定组建满足工程管理实际需要的项目管理团队；未就水库放水事宜与有管辖权的水行政主管部门进行有效沟通协调；对施工、监理等单位落实安全生产职责协调监督不力，6月19日至23日右线隧道发生拱顶坍塌后，未统一协调施工、监理等单位研究调整施工方法和安全防范措施。落实项目主管部门要求的专家专项评审、做好应急预案、确保施工安全有序等整改措施不及时。

（5）工程管理制度不健全。违反《安全生产法》第四条规定，未建立健全项目施工过程管理制度和工程项目部管理制度；未建立健全华昕公司参与事故项目现场检查工作协同制度，未明确各方工作权责，造成项目多头管理。

（6）安全教育培训缺乏针对性。违反《安全生产法》第二十五条规定，未根据隧道下穿水库施工安全风险开展针对性安全生产、应急处置教育培训，保证项目从业人员具备必要的安全生产知识。

（7）对代建项目现场安全检查组织不力。违反《安全生产法》第三十八条第一款规定，对事故项目安全检查和隐患排查治理不到位，且未对水库底隧道施工主要风险和依法施工情况开展针对性检查。

（8）对代建项目现场安全检查组织不力。违反《安全生产法》第三十八条第一款规定，对事故项目安全检查和隐患排查治理不到位，且未对水库底隧道施工主要风险和依法施工情况开展针对性检查；督促在建项目片区安全员履行隐患排查工作职责不力；未按规定对片区安全员、项目检查人员组织针对本项目主要风险的安全教育培训。

3. 勘察和设计单位

1）勘察单位

（1）勘察报告未真实、准确反映地质情况。违反《建设工程安全生产管理条例》第十二条第一款81规定，勘察报告未真实、准确反映兴业快线（南段）一标段坍塌透水段的地质条件，与实际复勘、补勘结果不符，造成设计单位出具的施工图设计文件与实际地质情况不匹配，是导致施工单位未能及时调整施工工法和支护加固措施的因素之一。

（2）勘察布孔、钻探及岩芯采取率不符合规范。违反《建设工程安全生产管理条例》第十二条第一款、《建设工程勘察质量管理办法》第三条第一款规定，未按照工程各勘察阶段任务要求编制钻孔平面布置图实施勘察，勘察孔SZK31、SZK32与隧道外侧距离不满足间距要求、较破碎和破碎段的岩芯采取率不符合规范要求。

（3）勘察项目管理不严。违反《建设工程勘察质量管理办法》第十三条第一款、第十七条规定，勘察钻探技术人员、审核人员未在钻探地质编录表原始记录上签字，未填写日期；工程勘察勘探原始记录归档保存不善，部分丢失。

2）设计单位

（1）未督促驻现场代表人严格执行本单位的规章制度。驻现场代表人明知地质条件变差且施工单位未采用符合《施工图设计》文件要求的开挖方法，却未及时向监理单位和有关部门反映，未提供书面意见。

（2）未履行联合体主办人牵头责任。作为勘察设计联合体的主办单位，审查把关工作不严。未按工程建设相关标准和本单位制定的《兴业快线（南段）勘察任务书》要求对勘察单位提供的钻孔布置图进行审查，未发现涉事隧道段勘察孔 SZK31、SZK32 布孔位置不符合规范。

3）审图单位

审图工作不严。违反《房屋建筑和市政基础设施工程施工图设计文件审查管理办法》第十一条第一项 98 规定，未审查出勘察单位钻孔平面布置图不符合工程建设相关标准，不符合设计单位制定的《兴业快线（南段）勘察任务书》要求。

4. 爆破和劳务单位

1）爆破单位

（1）不再具备安全生产许可条件。违反《建筑施工企业安全生产许可证管理规定》第四条第四项规定，《营业执照》登记的法定代表人已于 2020 年 9 月 10 日被解聘，长期未履行法定代表人工作职责，现任主要负责人未取得安全生产考核合格证书，不具备建筑施工企业安全生产许可证规定的资格和条件。

（2）违规实施爆破作业。违反《公路工程施工安全技术规范》JTG F90—2015 规定，实际爆破进尺超出安全规范要求的 1.2m；2021 年 6 月 10 日后未按爆破方案要求，爆破作业前未编制爆破说明书；违反《爆破安全规程》GB 6722—2014 规定，爆破作业项目技术负责人未规范实施爆后检查。

（3）违法实施爆破作业。违反《广东省水利工程管理条例》第二十一条、第二十二条规定，未经水利行政部门审批同意在水利工程管理范围内从事爆破活动。

（4）民用爆炸物品流向登记制度不落实。违反公安部《从严管控民用爆炸物品十条规定》第四条规定，未严格落实民用爆炸物品流向登记“日清点、周核对、月检查”制度。

（5）未落实爆破监理职责。违反《爆破安全规程》GB 6722—2014 第 5.4.2 条规定，对爆破单位在爆破作业前未编制爆破说明书、爆破作业项目技术负责人缺岗情况以及爆破作业，未及时提出监理意见予以纠正并向委托单位和公安机关报告；爆破监理日志未按要求如实记录爆破公司的爆破情况。

2）劳务单位

（1）未按照施工技术标准施工。违反《建设工程质量管理条例》第二十八条规定，RK1＋996 至事故发生段的系统锚杆和超前小导管均未按设计要求注浆，上台阶每榀拱架间仅施工 4 根系统锚杆，比设计要求少 18 根；盲目执行项目部的违规施工计划，冒险违规开挖进尺。

（2）未落实劳务分包单位安全生产工作职责。违反《安全生产法》第十九条和第二十五条第一款、《建筑施工企业安全生产管理机构设置及专职安全生产管理人员配备办法》第十四条规定，未建立健全安全生产责任制，未与员工签订安全生产责任书；未对在事故项目施工的从业人员进行上岗前安全生产教育培训和考核，导致从业人员安全技能不强，安全意识薄弱；未配备项目专职安全生产管理人员。

2.6.5　地方党委政府和部门存在的问题

1. 住建部门

（1）ZH市住房和城乡建设局。安全生产责任制不健全，未厘清局机关和市建设工程安全事务中心及XZ区住房和城乡建设局关于事故工程施工检查和监督管理的职责；未加强市建设工程安全事务中心监督力量配置；未有效指导、督促XZ区住房和城乡建设局对涉事工程项目依法履行安全监管职责。

（2）ZH市建设工程安全事务中心。未按标准配备专业人员，对涉事隧道工程监督能力不足；对事故工程的日常监督检查流于形式；未受市住建局委托的情况下，仍延续XZ区住房和城乡建设局的委托，却以市住建局名义开展事故工程监督工作。

（3）ZH市XZ区住房和城乡建设局。未对本单位许可的事故工程开展实质性安全生产监督管理；将事故工程的监督工作委托给原市安监站（现市安全事务中心）后未监督其工作落实情况。

2. 水务部门

（1）ZH市水务局。在得知事故工程为在建市重点项目，且规划下穿吉大水库的情况下，未将吉大水库纳入检查重点，组织开展执法检查。

（2）ZH市XZ区农业农村和水务局。明知事故工程施工单位未经行政许可进入水库管理和保护范围内施工的违法行为但未阻止；未按法定时限送达不予许可的行政决定。

3. 公安部门

（1）ZH市公安局。未严格督促爆破作业项目技术负责人按照《爆破安全规程》GB 6722—2014规定规范实施爆破后检查。

（2）ZH市公安局拱北口岸分局。未严格督促爆破单位落实民用爆炸物品流向登记“日清点、周核对、月检查”制度，未督促爆破作业项目技术负责人按照《爆破安全规程》GB 6722—2014规定规范实施爆后检查。

（3）JD派出所。未严格督促爆破单位落实民用爆炸物品流向登记“日清点、周核对、月检查”制度，未督促爆破作业项目技术负责人按照《爆破安全规程》GB 6722—2014规定规范实施爆后检查，行政检查不符合法定程序。

4. 地方党委政府

（1）ZH市XZ区党委、政府。压实党政领导责任、部门监管责任及企业主体责任不力，落实属地监管责任不到位。未有效督促住建、水务等部门按照“三个必须”和“谁主管谁负责，谁审批谁监管”要求履行安全生产工作职责。未能有效管控辖区内重大安全风险。

（2）ZH市党委、政府。安全发展理念不牢，红线意识不强，落实党政领导干部安全生产责任制不到位。未能有效防范化解建设领域重大安全风险，未能协调解决建设领域安全生产突出问题。

2.6.6　对事故有关单位及责任人的处理建议

1. 移送司法机关处理的人员

公安机关已采取强制措施共6人，另建议移送司法机关依法追究刑事责任6人。具体如下：

1）施工单位5人

（1）梁某，施工单位党委委员、副总经理、工会主席，分管广东、福建片区内项目，对分管片区内的安全生产负直接管理领导责任，对事故发生负有责任。因涉嫌重大责任事故罪，于2021年7月24日被公安机关立案侦查。建议由司法机关依法追究刑事责任。

（2）刘某，施工单位项目部经理，对事故发生负有责任。因涉嫌重大责任事故罪，于2021年7月24日被公安机关立案侦查。建议由司法机关依法追究刑事责任。

（3）杨某，施工单位项目部副经理，分管生产，对事故发生负有责任。建议由司法机关依法追究刑事责任。

（4）钟某，施工单位项目部总工程师，项目施工技术管理负责人，对事故发生负有责任。因涉嫌重大责任事故罪，于2021年7月24日被公安机关立案侦查。建议由司法机关依法追究刑事责任。

（5）陈某，中铁二局三公司项目部安全总监，对事故发生负有责任。因涉嫌重大责任事故罪，于2021年7月24日被公安机关立案侦查。建议由司法机关依法追究刑事责任。

2）监理单位3人

（1）卢某，监理单位法定代表人、董事长，作为公司主要负责人和实际控制人，对事故的发生负有主要责任。建议由司法机关依法追究刑事责任。

（2）胡某，监理单位项目总监理工程师，作为项目监理总负责人，对事故的发生负直接责任。因涉嫌重大责任事故罪，于2021年7月24日被公安机关立案侦查。建议由司法机关依法追究刑事责任。

（3）聂某，监理单位一标段总监代表，作为项目总监代表，对事故的发生负有重要责任。因涉嫌重大责任事故罪，于2021年7月24日被公安机关立案侦查。建议由司法机关依法追究刑事责任。

3）劳务单位2人

（1）卢某，劳务单位法定代表人，对事故发生负有责任。建议由司法机关依法追究刑事责任。

（2）王某，现场负责人。建议由司法机关依法追究刑事责任。

4）爆破单位1人

常某，兴业快线南段一标段爆破作业项目技术负责人，对事故发生负有责任。建议由司法机关依法追究刑事责任。

5）代建单位1人

王某，代建单位项目总监，2020年12月借调到城建市政公司工作，对事故发生负有责任。建议移送司法机关依法追究责任。

上述12人建议待司法机关依法作出处理后，由涉事企业或其上级主管部门按照管理权限及时给予相应的党纪政务处分。

2. 建议给予党纪政务处分人员

对于在事故调查过程中发现的地方党委政府、有关部门和国企公职人员履职方面的问题及相关材料，已移交省纪委监委。对有关人员的党纪政务处分等处理意见，由省纪委监委提出。

3. 建议给予行政处罚的单位

（1）代建单位、勘察单位、施工单位、监理单位、劳务单位、吉祥爆破公司，对事故发生负有责任，建议省应急管理厅根据《安全生产法》第一百零九条第三项规定进行行政处罚，纳入联合惩戒对象，纳入安全生产不良记录“黑名单”管理，并由住房城乡建设主管部门根据《建筑市场信用管理暂行办法》第十四条第三项规定将其列入建筑市场主体“黑名单”。

（2）施工单位，建议由住房城乡建设主管部门依法暂扣其安全生产许可证并限期整改，并由市住建局将其违法事实、处理建议及时告知该公司建筑业企业资质的许可机关。

（3）中标单位，存在转包行为，建议由住房城乡建设主管部门依职责根据《建设工程质量管理条例》第六十二条第一款规定依法予以处理，并根据《建筑市场信用管理暂行办法》第十四条第二项规定将其列入建筑市场主体“黑名单”。

（4）勘察单位，建议由住房城乡建设主管部门依职责根据《建设工程安全生产管理条例》第五十八条和《建设工程勘察质量管理办法》第二十五条第二项规定，依法查处。

（5）审图单位，建议由住房城乡建设主管部门依职责根据《房屋建筑和市政基础设施工程施工图设计文件审查管理办法》第二十四条第七项规定依法予以行政处罚。

（6）爆破单位，建议住房城乡建设主管部门依职责根据《建筑施工企业安全生产许可证管理规定》第十五条规定，暂扣或者吊销其安全生产许可证。建议公安部门根据《民用爆炸物品安全管理条例》第四十八条规定，依法吊销爆破单位《爆破作业单位许可证》。

（7）爆破单位，建议公安部门根据《民用爆炸物品安全管理条例》第四十八条规定依法予以处理。

4. 建议给予行政处罚的个人

1）施工单位3人

（1）邹某，施工单位法定代表人、董事长、党委书记，对事故发生负有责任。建议应急管理部门依照《安全生产法》第九十二条规定，对其进行行政处罚。建议国有资产监督管理部门和住房城乡建设主管部门督促中铁二局根据《安全生产法》第九十一条规定，给予撤职处分，并给予其终身不得担任本行业生产经营单位主要负责人的处理。

（2）李某，施工单位副总经理（主持行政工作），对事故发生负有责任。建议应急管理部门依照《安全生产法》第九十二条规定，对其进行行政处罚。建议国有资产监督管理部门和住房城乡建设主管部门督促中铁二局根据《安全生产法》第九十一条规定，给予撤职处分，并给予其终身不得担任本行业生产经营单位主要负责人的处理。

（3）范某，施工单位党委委员、总工程师，对事故发生负有责任。建议国有资产监督管理部门、住房城乡建设主管部门依职责根据《生产安全事故报告和调查处理条例》第四十条、《安全生产法》第九十一条规定，依法暂停或者撤销其与安全生产有关的执业资格、岗位证书，并督促中铁二局给予其撤职处分。

2）监理单位2人

（1）刘某，兴业快线（南段）一标段现场专业监理工程师。建议住房城乡建设主管部门根据《广东省建设工程监理条例》第三十七条第二款规定，依法查处。

（2）庄某，兴业快线（南段）一标段现场专业监理工程师。建议住房城乡建设主管部门根据《广东省建设工程监理条例》第三十七条第二款等规定，依法查处。

3）勘察单位及勘察相关人员3人

（1）甘某，勘察单位院长、法定代表人（广东省地质局第一地质大队大队长）。建议住房城乡建设主管部门依职责根据《建设工程勘察质量管理办法》第二十七条予以查处。

（2）马某，本勘察项目负责人（广东省地质局第一地质大队副大队长），对事故发生负有责任。建议住房城乡建设主管部门依职责根据《建设工程安全生产管理条例》第五十八条和《建设工程勘察质量管理办法》第二十七等规定，依法查处。

（3）张某，本勘察项目技术负责人（珠海工程勘察院工程三部副经理）。建议住房城乡建设主管部门依职责根据《建设工程安全生产管理条例》第五十八条等规定，依法查处。

4）审图单位3人

（1）叶伟，审图单位法定代表人、总经理。建议住房城乡建设主管部门根据《房屋建筑和市政基础设施工程施工图设计文件审查管理办法》第二十七条规定给予行政处罚。

（2）王某，审图单位审图师。建议住房城乡建设主管部门根据《房屋建筑和市政基础设施工程施工图设计文件审查管理办法》第二十七条规定给予行政处罚。

（3）陈某，协助审图单位审查兴业快线（南段）项目详勘报告。建议住房城乡建设主管部门根据《房屋建筑和市政基础设施工程施工图设计文件审查管理办法》第二十七条规定给予行政处罚。

5）爆破单位2人

（1）王某，爆破单位主要负责人，对事故发生负有责任158。建议省应急管理厅根据《安全生产法》第九十二条规定，对其进行行政处罚。建议公安部门根据《安全生产法》第九十一条规定，给予其终身不得担任本行业生产经营单位主要负责人的处理。

（2）冯某，爆破单位兴业快线（南段）一标段爆破作业现场负责人、技术员。建议公安部门根据《民用爆炸物品安全管理条例》第四十八条第二款规定吊销其《爆破作业人员许可证》。

6）爆破单位2人

（1）敖某，爆破单位总监理工程师。建议公安部门根据《民用爆炸物品安全管理条例》第四十八条第二款规定吊销其《爆破作业人员许可证》。

（2）谢某，爆破单位现场监理工程师。建议公安部门根据《民用爆炸物品安全管理条例》第四十八条第二款规定吊销其《爆破作业人员许可证》。

7）城建市政公司1人

邓某，城建市政公司总经理，对事故发生负有责任。建议省应急管理厅根据《安全生产法》第九十二条规定，对其进行行政处罚；建议国有资产监督管理部门督促华发集团根据《安全生产法》第九十一条规定，给予撤职处分、终身不得担任本行业生产经营单位主要负责人的处理。

5. 其他处理建议

（1）建议责成ZH市委、市政府向省委、省政府作出深刻检查。

（2）建议责成XZ区委、区政府向ZH市委、市政府作出深刻检查。

（3）建议责成ZH市公路事务中心、ZH住房和城乡建设局向ZH人民政府作出深刻检查。

（4）建议责成XZ区住房和城乡建设局、XZ区农业农村和水务局向XZ区人民政府作出深刻检查。

（5）企业内部处理意见：

①陈某，劳务分包单位现场生产主管。建议由劳务分包单位根据企业内部相关规定作出处理。

②周某，监理单位副总经理；建议监理单位依据有关规定进行内部处理。

③刘某，监理单位安全部部长；建议监理单位依据有关规定进行内部处理。

④聂某，监理单位监理部部长。建议监理单位依据有关规定进行内部处理。

2.6.7 事故的主要教训

1. "人民至上，生命至上"理念没有牢固树立，对重大安全风险辨识不到位

工程参建各方对于下穿水库开挖隧道存在的重大安全风险认识严重不足，没有树牢底线思维和红线意识。勘察报告未真实、准确反映地质情况，勘察布孔、钻探及岩芯采芯率不符合规范，致下穿水库开挖隧道的土质数据失真。参建方管理人员不重视岩土工程勘察报告、设计图纸等专业结论，对隧道暗挖工程专项施工方案中明确提出的下穿吉大水库施工安全风险视而不见。爆破每循环进尺超出规范要求，在Ⅳ级围岩主线三车道段仍采用二台阶爆破，实际爆破进尺超出安全规范要求的1.2m。2021年6月19日至23日右线隧道曾发生拱顶坍塌，但未引起大部分参建方的重视，仅仅会商议定对拱顶坍塌采取治理措施，未对后续下穿水库的施工进行风险研判并采取应对措施，仍采用矿山法台阶方式进行爆破施工。参建各方只顾工期不顾安全、只顾效益不顾安全，在发生风险征兆时仍心存侥幸，没有守住安全底线，最终酿成惨烈事故。

2. 项目建设管理混乱，安全机制不健全，履职尽责不到位

项目建设单位管理机制不健全，未能有效履行项目管理职责。多家代建单位之间人员岗位设置混乱、责权不清，导致多头领导、管理不畅，未能及时作出决策，未就水库放水事宜与水行政主管部门进行协调，且在下穿水库建设方案没有获得水行政许可的情况下，未对施工单位施工行为予以制止。

项目施工单位存在转包行为，安全生产管理职责悬空。施工总承包单位，直接将全部施工任务交由具备独立法人的下属子公司承担，工程项目部全部由其下属子公司派员管理，存在转包行为。转包后，施工总承包单位未派人直接参与项目现场管理，对项目安全管理和风险防控完全缺位。

3. 对复杂地质条件下的隧道施工风险意识较差，参建各方防范化解事故风险工作亟待提升

事故发生段隧道的工程施工，按照勘察报告确定的Ⅳ级围岩等级对应的施工工法实施。但在6月21日第五十六期超前地质预报报告就已经显示，“掌子面前方探测范围内围岩以强风化花岗岩为主，RK1＋996-RK2＋016该段节理裂隙发育，岩体局部破碎，以块-块碎结构为主，岩体稳定性较差”。因此，RK1＋996后实际围岩等级可判定为Ⅴ级。但参建各方没有按照超前地质预报所提示的地质勘察情况变化对施工工法进行及时调整。正是由于实际的施工方式和支护加固措施与隧道围岩等级和实际地质条件不匹配，导致吉大水库下方自稳性差的拱顶土体坍塌透水。

4. 应急设备设施严重缺失，企业应急措施落实不到位

事故发生段的施工现场未设置报警设备，也未按施工方案要求为工人配备救生衣等应急物资。在隧道深处通信信号不佳的情况下，右线隧道发生坍塌透水时，作业工人无法第一时间通知左线隧道工人，只能采取骑行电动车当面告知的方式通知。同时，由于未按施工方案要求在横通道设置安全门，大量泥水由右线隧道通过横通道急速涌入左线隧道，造成左线隧道作业面工人未能及时撤离，导致了多人溺亡的重大事故。此外，隧道内视频监控设备损坏，项目部管理人员无法第一时间发现险情和发出应急处置指令，应急管理措施不健全、不到位。

5. 职能部门监管缺位，安全生产存在薄弱环节

“7・15”重大透水事故，是该省近3年来第一次发生重大事故，教训十分深刻，影响十分恶劣，暴露出该市和相关职能部门在落实安全生产责任制和监管制度上存在不足。相关行业监管部门对重点项目、危大工程、重点环节安全监管不够细致，对下穿水库隧道施工的特殊性认识不足，缺乏有针对性的监管措施，特别是忽视了对复杂地质条件下施工安全措施的监督检查，致使下穿吉大水库隧道施工存在的重大安全隐患问题未能被及时整改，并且对转包等问题失察，安全监管严重缺位。

2.6.8　事故防范措施建议

1. 深入贯彻习近平总书记重要指示精神，牢固树立安全发展理念

各地市党委政府要深入贯彻习近平总书记关于安全生产重要论述和重要指示精神，进一步提高做好安全生产工作的思想自觉、政治自觉、行动自觉，坚持“人民至上、生命至上”，强化底线思维、红线意识，切实承担起“促一方发展、保一方平安”的政治责任。各地党委政府特别是珠海市要深刻吸取事故惨痛教训，进一步严格落实“党政同责、一岗双责、齐抓共管、失职追责”的安全生产责任体系，层层压紧压实党政领导责任、部门监管责任和企业主体责任，及时分析研判安全风险，紧盯薄弱环节采取有力有效防控措施，牢牢守住安全底线。

2. 切实做好涉水地下工程建设安全管理工作，坚决防范遏制重特大事故发生

当前全省排查出涉水地下工程共有358个，此外还有一些处于前期规划和立项阶段。各地要进一步提高地下涉水工程建设管理的科学性、针对性和实操性，强化安全管理。一是做好前期规划设计。隧道选线应尽量避免或远离地质复杂区域，如确需穿越地质条件复杂区域（大的江河水体、房屋群），工程设计要充分考虑复杂地层特有风险，优先考虑采用盾构法等安全等级较高的施工方法。建设单位要督促勘察、设计、施工、监理单位全面核查涉水地下工程穿越地层的水文地质状况和风险隐患，完善施工图设计文件和强化相关处理措施，确保施工安全。二是强化专项施工方案管理。施工单位要将涉水在建地下工程纳入危大工程进行管理，组织编制专项施工方案，履行相关审批程序，按照规定组织论证。涉水施工段应尽量避免长距离下坡掘进，采用矿山法施工的，围岩开挖应采用震动小的方式，如机械开挖、化学静爆，不宜采用明爆开挖。要特别重视爆破方案制定和审核，爆破方案不合格的，一律停工检查。三是加强隧道施工超前预报和监控量测。要将施工超前地质预报和监控量测作为必要工序纳入施工组织管理，对于不良地质隧道，施工单位应加强超前地质预报、动态评价预测、施工监控量测，科学指导施工作业。施工单位要加强关键指标的监测，监控量测数据达到预警值时应进行认真核查、评估，出现危险征兆时必须立即停工处置，严禁冒险施工作业。

3. 建立复杂地质条件下隧道施工的安全动态管控机制，切实防范化解重大安全风险

管理暗挖隧道建设项目是一个复杂的系统工程，要建立由建设、勘察、设计、施工、监理、监测等单位项目负责人参加的风险控制小组，开展全过程安全动态管控。当地质条件、周边施工环境发生重大变化时，建设单位应当履行项目建设全过程安全管理的首要责任，依法依规组织相关参建单位加强对工程技术安全

风险的控制，及时作出科学决策。施工单位应开展施工全过程的质量安全风险跟踪，如遇实际地质条件变差或与勘察报告不符，须及时通报相关参建单位研判分析，未确定具体处理措施时应暂停施工，严禁冒险作业；项目部应高度重视，及时向企业负责人进行专题汇报，寻求技术、安全等方面的支持。勘察设计单位要密切关注施工期间的围岩变化、超前地质预报等情况，其中勘察单位要及时复核并调整围岩等级，设计单位应根据围岩变化提出相应设计的技术处理方案，及时通知施工单位落实。

4. 明确建设项目参建各方的安全生产责任，建立完善的企业安全生产管理体系

建设项目尤其是市政、交通领域重点建设项目的参建各方，应建立职责明晰、协调一致的安全生产管理体系。对于建设单位，应明确与代建单位的关系，建立健全工程管理制度，牵头实施项目全过程监管，履行建设单位的质量安全首要责任。对于勘察设计单位，要落实设计安全风险评估制度，对存在重大风险的环节进行专项设计，要加强设计交底和驻场服务，及时根据施工进展和安全风险提出要求和建议。对于监理单位，要严格专项施工方案审查和实施情况监理，要加强对驻地监理的管理考核，逐级落实监理责任。对于施工单位，要重点完善危大工程的安全管理体系，做到七个要：一要落实企业负责人带班检查制度，每月至少开展一次危险性较大的分部分项工程检查；二要加强施工前辨识，研判重大风险，编制危大工程专项施工方案；三要明确前期保障，投标时要制订危大工程清单并明确安全管理措施，在签订施工合同时要明确危大工程施工技术措施费和安全防护文明施工措施费；四要严格方案编制审批，专项施工方案必须经企业技术负责人和项目总监理工程师审批后组织施工，超过一定规模的必须组织专家论证；五要主动报告风险，危大工程施工前5个工作日内，施工单位必须向属地主管部门书面报告专项施工方案和应急预案等；六要严把方案交底关，项目管理技术人员必须向作业人员进行安全技术交底，并由双方和项目专职安全生产管理人员共同签字确认；七要强化现场监督管控，施工单位项目负责人是安全管控第一责任人，危大工程施工期间必须在施工现场履职。

5. 切实提升安全设施水平和应急处置能力，有效避免人员伤亡降低事故损失

对于工程项目尤其是施工安全风险大的项目，要有效提升应急救援处置能力。对于施工企业，要提高安全设施水平，建立健全完善应急预案，确保事故发生后能及时响应、高效处置。特别是对隧道工程，施工单位要建立完善隧道内坍塌突水预警报警自动触发系统，设置应急广播设备和应急信号灯，及时提示风险，疏散人员；要建立监控指挥中心，增设隧道内视频监控设备，确保隧道内外顺畅沟通；要建立完善人员定位系统，随时掌握隧道内人员数量、分布等情况。要认真开展特殊作业、高危作业人员安全培训教育，增强安全意识，提高安全操作技能和避险逃生能力。对于政府部门，要针对不同类型的事故特点，组织开展有针对性的应急演练。要进一步强化应急联动，确保事故发生后能迅速响应、高效处置、有力救援。要进一步加强应急救援装备建设，结合本地区实际情况，有针对性地做好应急物料、应急器材、应急装备的准备，做到有备无患。

6. 全面落实中央驻粤建筑企业安全生产主体责任，自觉接受属地政府部门安全监管

各地要切实加强对中央驻粤建筑企业、省属建筑企业的监督管理，要督促本地区有在建项目的央企国企各级公司、项目部严格落实省安委办制定的《央企、国企建筑施工安全生产硬六条》，认真开展全覆盖安全检查、严格落实施工前“六不施工”、严控施工现场作业人数、严肃追究事故前严重违法行为刑事责任、依法暂扣事故企业安全生产许可证、依法从严限制事故企业招标投标资格。各中央驻粤企业、省属企业要全面落实企业安全生产主体责任，采取措施切实强化企业管理人员安全管理责任，强化对承包项目的直接管理责任。各中央驻粤企业、省属企业要自觉接受当地政府及相关部门的安全监管，不得逃避或干涉地方有关部门的安全执法检查，支持地方政府做好本地区安全生产工作。

7. 严格履行安全监管责任，加大对违法违规行为执法力度

各地、各有关部门要严格按照隐患排查整治“一线三排”工作机制的有关要求，组织开展建筑施工安全风险隐患排查整治和专项执法检查。要重点排查施工方案落实情况，督促施工单位严格按照审定专项施工方案组织施工，对于因压缩工期需要加快施工进度的，应重新编制、报审专项施工方案，不得擅自修改、变更施工方案。要严厉打击违法分包、转包、挂靠等行为。要综合运用“双随机、一公开”“四不两直”、媒体曝光等手段，加大执法检查力度，特别是要认真贯彻《刑法修正案（十一）》和新修订的《安全生产法》，对明知存在重大事故隐患仍冒险组织施工的，被责令停工整改而拒不执行的，要依法从重从快打击，进一步提高执法检查的震慑力。

2.7 重庆市合川区“7·21”较大坍塌事故调查报告

2021年7月21日，重庆市合川区某玻璃制品有限公司新建4号库房发生坍塌事故，造成5名作业人员死亡，直接经济损失1049.9万元。

2.7.1 基本情况

1. 工程概况

工程名称：年产 6 万 t 日用玻璃制品节能玻璃窑炉及其配套生产线项目。工程地点：重庆市合川区土场镇天顶工业园区。工程规模：年产 6 万 t 日用玻璃制品节能玻璃窑炉及其配套生产线项目，一期工程总建筑面积 33141.18m^2，由 3 号厂房、4 号库房、5 号库房、6 号厂房组成。其中 3 号厂房建筑面积 19368.5m^2，层数 3F，建筑高度 20.9m；4 号库房建筑面积 6228.71m^2，层数 1F，建筑高度 25m；5 号库房建筑面积 1111.91m^2，层数 1F，建筑高度 16m；6 号厂房建筑面积 6432.06m^2，层数 1F，建筑高度 14.3m。

工程内容：地基基础、土建工程、钢结构工程，装修工程等。事故库房设计情况：本次坍塌事故所涉建筑物系 4 号库房，结构形式为轻型门式刚架结构，属于在建房屋建筑工程。4 号库房设计由 64 根钢柱、6 根抗风柱、16 根钢梁组成，钢柱与抗风柱截面形式均为 H750×300×10×16，钢梁截面形式为 H(400～700)×180×10×12，设计风荷载为 0.4kN/m^2，抗震设防烈度为 6 度。4 号库房设计长 120m，宽 48m，长边布置 16 根间距 8m 钢柱，编号 1～16 轴。短边除两端 1 轴和 16 轴布置 4 根钢柱和 3 根抗风柱外，2～15 轴均布置 4 根钢柱。短边编号为 A～G 轴，其中 ACEG 轴为钢柱轴，BDF 轴为抗风柱轴。1～16 轴布置 16 根变截面型钢梁，钢梁分别与钢柱和抗风柱栓接连接。钢柱、型钢、钢板材质均为 Q335B。柱与柱之间设三道系杆，柱顶梁与梁之间设一道系杆，系杆材料为 ϕ114×3mm。柱间支撑共设四道，布置于 1—2 轴、5—6 轴、10—11 轴、15—16 轴，材料为 2∟125×8，相应位置屋顶水平支撑 2∟90×6。系杆、支撑材质均为 Q235。柱脚下方采用 4 根 ϕ24 螺杆连接，螺杆预埋于地面混凝土内，螺杆在柱脚钢板位置，上面设两个螺母和垫板，下面设一个螺母，未设垫板。柱脚钢板与地面间隙为 5cm，采用混凝土二次浇筑。螺栓材质为 Q235，柱脚混凝土强度等级为 C30。檩条材料为槽钢 250，材质为 Q335B（图 1～图 4）。

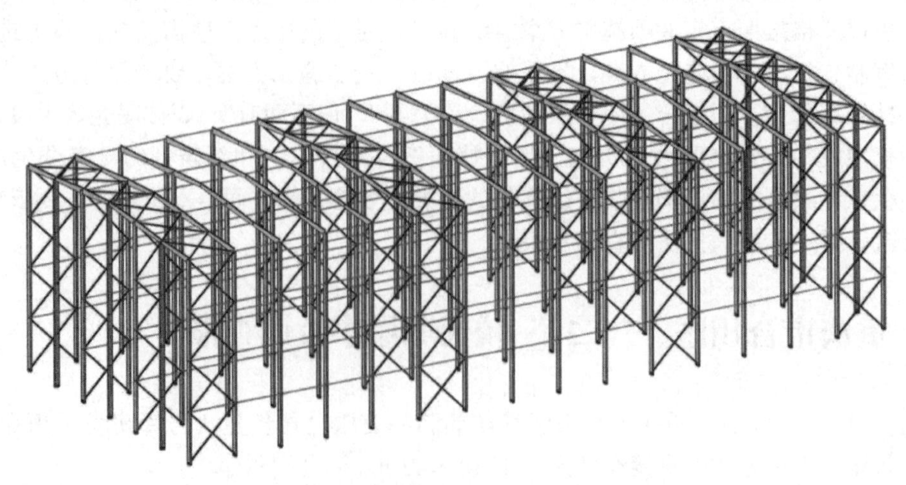

图 1　4 号库房空间设计结构图（不含檩条）

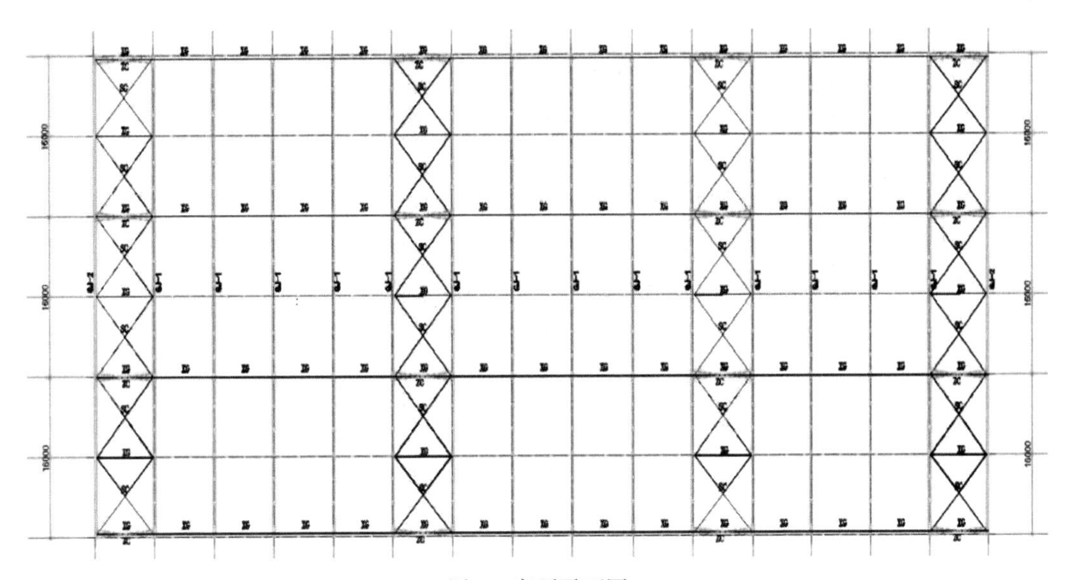

图2　房顶平面图

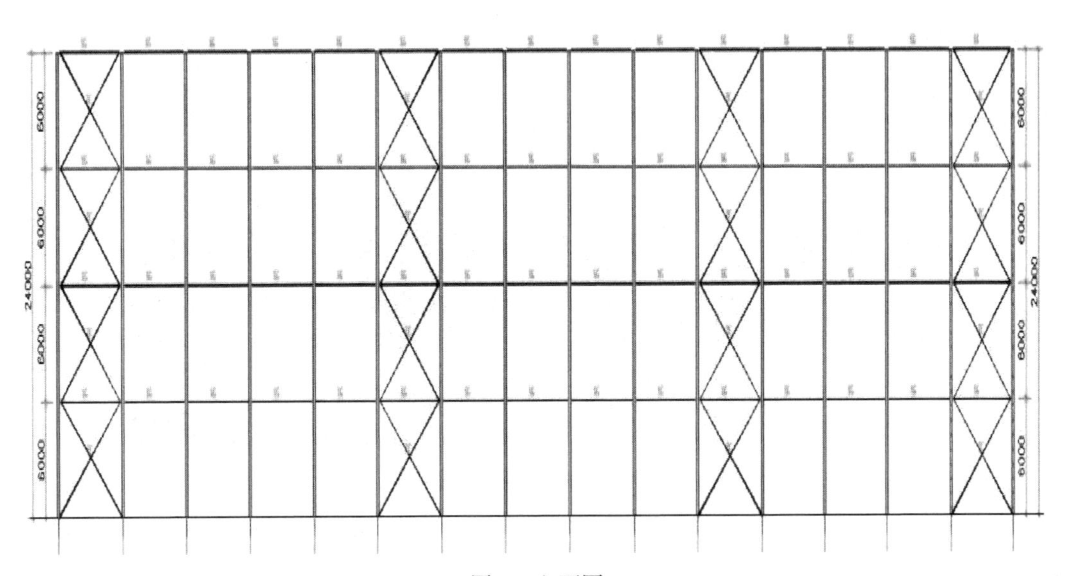

图3　立面图

事故库房实际施工情况：事故发生时，4号库房已完成全部70根H750型钢柱、16根型钢横梁安装和部分系杆安装，未安装支撑和檩条，柱脚未浇筑二次混凝土。经调取事故现场录像视频证实，4号库房钢结构工程于2021年6月28日开始安装第一根钢柱，7月9日完成全部钢柱安装，7月10日开始安装钢梁，并安装系杆、女儿墙柱，7月21日安装部分女儿墙柱（图5、图6）。

2. 工程审批概况

2019年12月4日，建设单位就事故项目取得合川区发展和改革委员会颁发的《重庆市企业投资项目备案证》（N00104560）。

2020年9月18日，事故工程用地因未取得国土手续，无法办理正常施工许可，建设

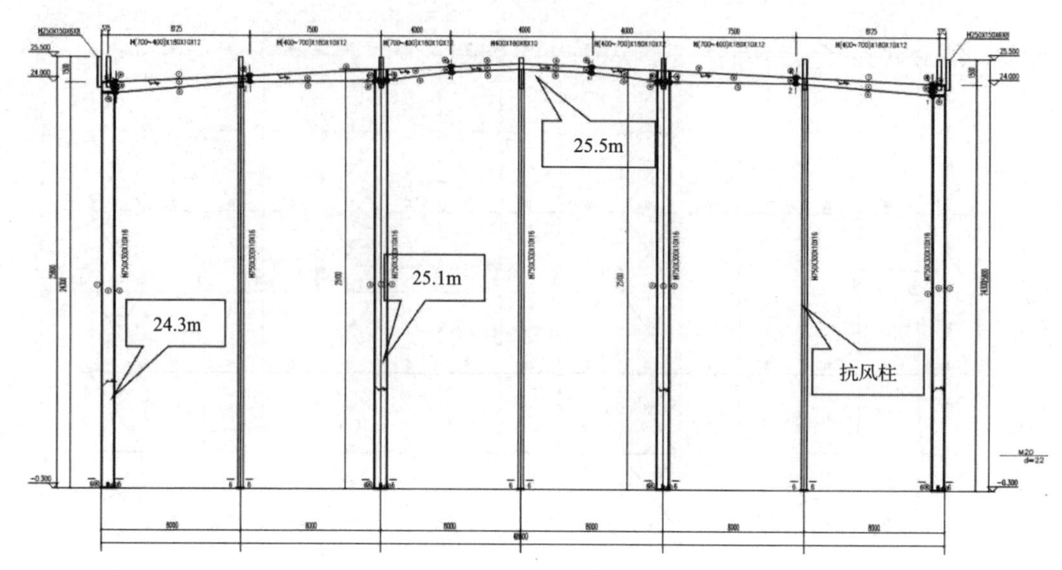

图4　1轴、16轴侧面设计图

图5　钢柱安装过程图

单位向合川区住房城乡建委申请建设项目质量安全监管提前介入。同日，施工单位对3号库房进行首桩施工。

2020年9月22日，合川区人民政府领导蒋某、叶某同意事故项目质量安全技术服务提前介入。

2020年11月3日，建设单位就事故项目取得合川区规划和自然资源局颁发的《不动产权证》(编号N050006357162)。

2020年12月21日，建设单位就事故项目取得合川区规划和自然资源局批准的《建设用地规划许可证》(地字第500117202000062号)。

2020年12月25日，合川区规划和自然资源局同意事故项目方案设计。

2021年3月11日，建设单位取得合川区规划和自然资源局颁发的《建设工程规划许可证》(建字第500117202100011号)。

图 6　坍塌事故现场图

2021 年 6 月 28 日，4 号库房钢结构开始首榀钢柱安装。

2021 年 7 月 21 日，截至事故发生时，建设单位仍未取得《建筑工程施工许可证》。

3. 事故发生时段的气象概况

根据重庆市气象台气象预警和气象记录，7 月 21 日 16 时至 18 时，合川区出现雷雨天气，部分站点出现 7 到 8 级瞬时阵性大风。事故现场距离土场自动气象观测站约 2.7km，距离清平自动气象站约 6.2km。根据相关数据分析，事故现场瞬时阵性大风风力 7 到 8 级，瞬时风速 14.4～17.7m/s，最大风速的风向为东偏南 8 度，现场地形对风速无明显增大趋势。气象记录见表 1。

气象记录　　　　**表 1**

站名	极大风速(m/s)	极大风速的风向	极大风速出现时间	小时降水量(mm)
香龙	16.6	东南风	16:43	—
土场	14.4	东风	16:45	1.0
清平	17.7	东风	17:00	7.5
双凤	17.5	东南风	17:12	2.3
狮滩	14.9	南风	17:15	20.3

事故时间约为 16 时 35 分左右，根据距离事故现场最近的土场自动气象站 7 月 21 日气象观测风速记录（风杆离地面约 6m 高度），16 时 30 分至 16 时 45 分时段内，瞬时风速 14.4～17.7m/s（最大风速的风向为 98°，东偏南 8°）。

按照《建筑结构荷载规范》GB 50009—2012 风荷载中基本风压基本参数条件（基本风压是标准地貌条件下、10m 高度处、50 年一遇的 10min 平均风速对应的风压值），上述风速观测结果经过参数换算后：10m 高度处，16 时 30 分至 16 时 45 分之间风压值为 0.04～0.05kN/m^2 之间（风向为 98°，东偏南 8°），小于 4 号库房设计风荷载 0.4kN/m^2。

事发当时，风向为东偏南 8°，4 号库房钢架长度方向约为东偏南 30°，即风向与钢架长度方向偏差 22°，与钢架倒塌基本方向一致（图 7）。

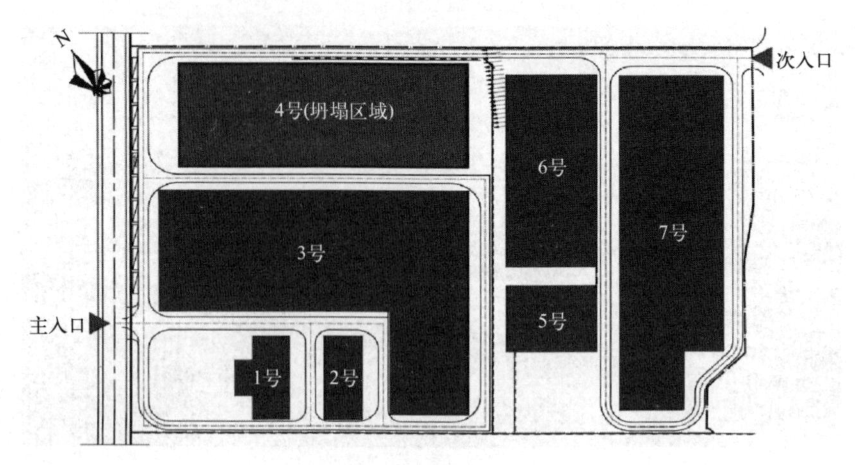

图7 现场风力作用方向图

2.7.2 事故发生经过及应急处置概况

1. 事故发生经过

2021年7月21日，施工单位钢结构班组长周某根据施工进度计划，安排10名钢结构班组作业人员在4号库房安装女儿墙柱，两台吊车配合安装作业。一台吊车在A轴与14—15轴相交区域配合吊装女儿墙柱作业，另一台吊车在G轴与15—16轴相交区域配合吊装女儿墙柱作业。

当日6时30分，钢结构班组作业人员开始女儿墙安装作业直至11时30分收工；15时30分，钢结构班组继续女儿墙安装作业；16时34分，事故现场开始起风；16时35分8、9秒，3号厂房屋顶盖板部分掀飞，10秒4号库房钢架在风作用下开始变形，11、12秒钢架变形加大，13、14秒钢架整体倾斜，15秒钢架整体倾斜坍塌。钢架全部坍塌于地面，钢柱柱脚螺栓全部断裂（图8、图9）。

图8 钢架全部坍塌图

事发时，A轴交14—15轴区域钢架顶部施工人员为刘某和陈某，此区域地面辅助施工杂工为唐某；G轴交15—16轴钢架顶部施工人员为何某和蒲某，此区域地面辅助施工杂工为邓某和唐某；2名机动作业人员为肖某和龙某，在A—G轴钢架下方打杂配合安装工作；班组长周某负责现场调度。

本次坍塌事故造成安装作业人员陈某、刘某、何某、蒲某和地面辅助杂工唐某死亡，共5人死亡。

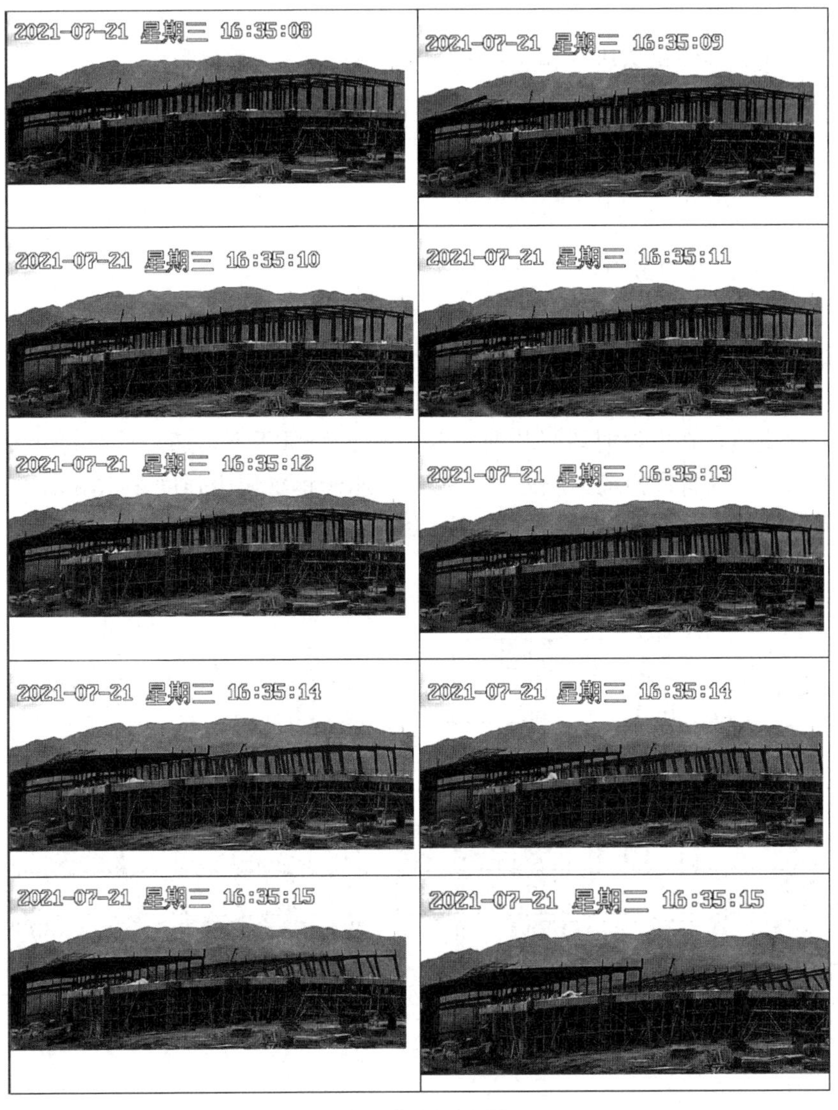

图9　坍塌过程图

2. 事故应急救援情况

事故发生后，合川区人民政府立即启动应急救援预案，合川区政府、区应急局、区公安局、区住房城乡建委、区经济信息委等单位立即赶赴事故现场开展应急救援和现场处置工作，市应急局及时赶赴现场指导救援处置工作。事故得到有效控制，无次生事故发生。

目前，死者已全部安葬，无重大舆情发生，无不稳定因素。

2.7.3 事故造成的人员伤亡和直接经济损失

1. 死者基本情况（5人）

5人均为施工单位从业人员。

2. 直接经济损失

（1）丧葬及善后赔偿费用：723.4万元。

（2）财产损失：326.5万元。以上合计：1049.9万元。

2.7.4 事故发生的原因和事故性质

1. 4号库房抗风能力分析

调查组委托质量检测单位依据施工设计图、现场查勘记录及国家相关标准规范，对事故所涉钢结构进行抗风能力分析。

（1）原设计4号库房结构按照设计及施工规范要求组织施工，具有全部支撑且完成柱脚混凝土二次浇筑，在事发时段平均时距为10min的风压下，通过计算可知整体结构最大变形为14mm，柱脚螺栓最大应力为16MPa，小于钢材屈服强度235MPa，结构处于安全状态，安装阶段现场风荷载作用下结构不会出现坍塌（图10）。

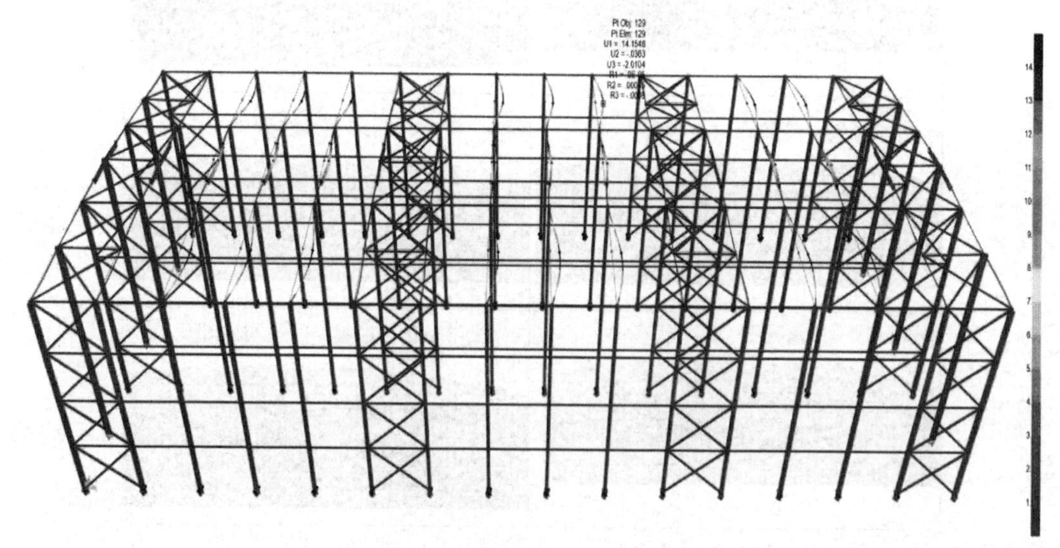

图10 原设计结构（有支撑且浇筑柱脚混凝土）在风荷载作用下结构变形图

（2）对未设支撑体系、未浇筑柱脚混凝土的实际结构进行计算分析，在相同风荷载作用下，整体结构最大变形为1174mm，柱脚螺栓最大拉应力为390MPa、最大压应力为528MPa，均大于钢材屈服强度235MPa，结构处于不安全状态（图11）。

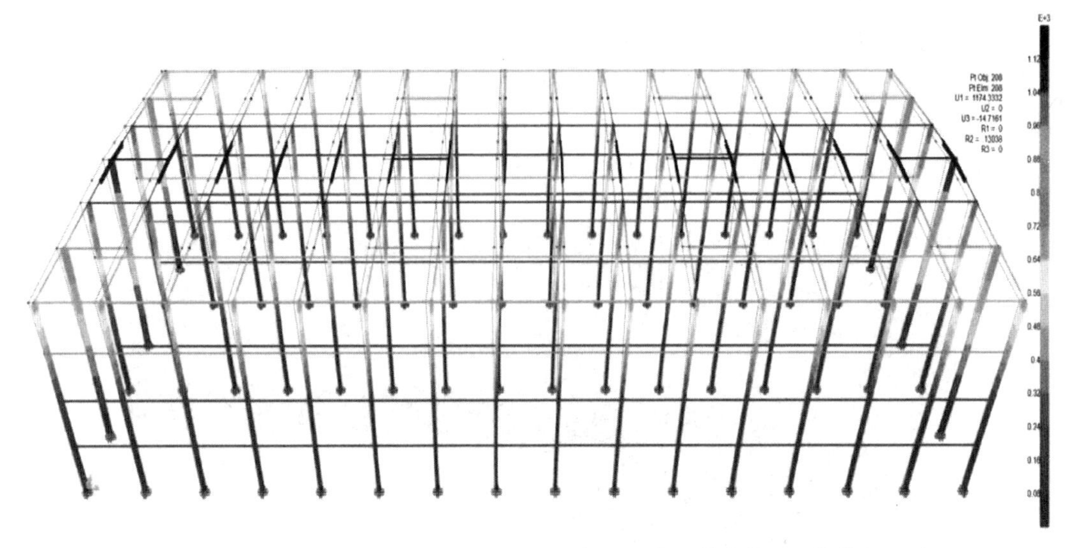

图 11　实际结构（无支撑且未浇筑柱脚混凝土）在风荷载作用下结构变形图

2. 直接原因

经调查组调查，结合质量检测单位出具的《4 号库房计算分析报告》、重庆市气象台出具的《气象情况调查报告》和技术组出具的《事故直接原因分析专家意见》等技术鉴定资料，综合认定：钢结构自身稳定性不足，受突发大风诱发，是本次坍塌事故的直接原因。

1）钢结构自身稳定性不足

根据技术组《事故直接原因分析专家意见》：4 号库房在安装过程中，未安装檩条、支撑、隅撑，仅安装部分纵向系杆，未形成首跨刚架稳定体系（图 12），未浇筑柱脚二次混凝土。现场钢结构存在一定的稳定性风险，处于不安全状态。

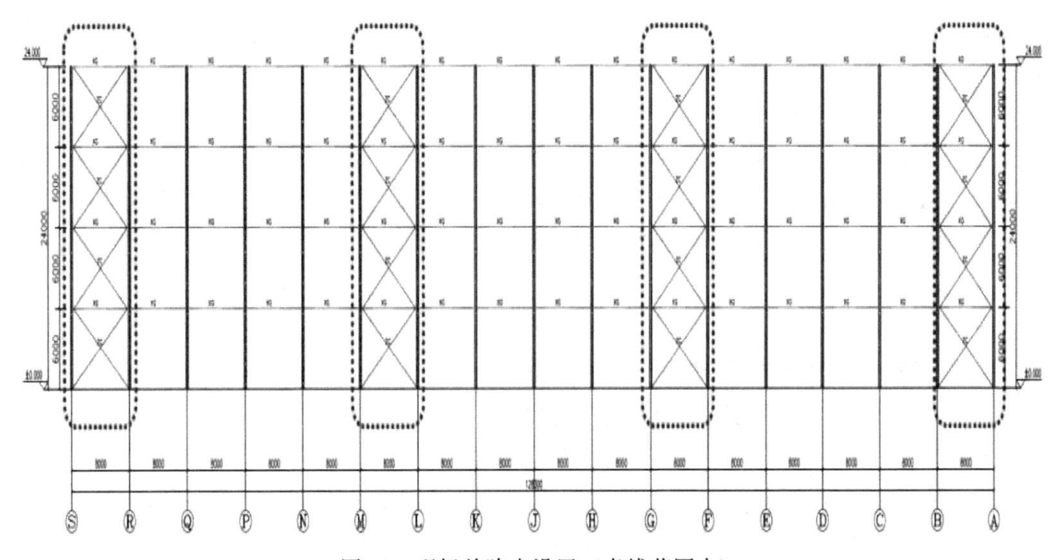

图 12　现场首跨未设置（虚线范围内）

2）突发大风诱发

根据重庆市气象台《气象情况调查报告》和重庆重大建设工程质量检测单位《4号库房计算分析报告》：由于4号库房实际结构缺乏支撑体系，在风荷载和自重作用下稳定性较差。在事发时段0.04～0.05kN/m^{2}的风压下，结构发生过大变形，柱脚螺栓拉压均超应力导致柱脚螺栓失稳断裂，最终致使钢结构整体坍塌（图13）。

图13 钢架4颗脚柱螺栓断裂

3. 间接原因

1）施工单位未严格落实安全生产主体责任

（1）未按技术规范组织施工。经查，在钢结构主体钢柱、钢梁安装完毕的情况下，施工单位未安装檩条、支撑、隅撑（尤其是未设置竖向支撑和水平支撑）。特别是前两榀刚架未设置支撑、隅撑等支撑杆件，导致钢结构未形成整体受力体系，稳定性不足。施工单位也未浇筑柱脚二次混凝土。上述行为违反现行《门式刚架轻型房屋钢结构技术规范》GB 51022第14.2.6条之规定。

（2）违反中华人民共和国住房和城乡建设部办公厅发布的《危险性较大的分部分项工程安全管理规定》（住房和城乡建设部令37号，以下简称"《危大工程安全管理规定》"）。事故所涉钢结构安装工程属于危险性较大的分部分项工程（以下简称"危大工程"）。经查，在危大工程施工作业前，施工单位未组织工程技术人员编制《钢结构安装危大工程专项施工方案》，未安排专职安全生产管理人员对施工情况进行现场监督，仅依托钢结构班组劳务作业人员凭经验施工，违反《危大工程安全管理规定》第十条第一款、第十一条第一款和第十七条的规定。

（3）针对事故项目长期违规施工、结构不稳等事故隐患，施工单位以技术负责人为代表的技术管理团队未采取措施进行整治和消除。

2）监理单位未严格落实安全生产主体责任

（1）未督促施工单位编制《钢结构安装危大工程专项施工方案》，未编制《钢结构安装危大工程监理实施细则》，违反《危大工程安全管理规定》第十一条第一款的规定。

（2）未对钢结构安装危大工程施工实施专项巡视，针对施工单位未按技术规范组织施工的事故隐患没有提出监理整改意见或下达停工指令，违反《建设工程安全生产管理条例》（国务院令第393号）第十四条第二款、第三款，《危大工程安全管理规定》第十八条和《重庆市建设工程安全生产管理办法》（重庆市人民政府令第289号）第二十五条第三款、第二十八条的规定。

3）建设单位未严格落实安全生产首要责任

对施工单位和监理单位安全生产工作未进行统一协调管理，针对事故项目未严格落实“日周月”隐患排查整治工作，未发现并消除施工单位长期违规施工的事故隐患，违反《中华人民共和国安全生产法》第四十六条第二款的规定。

4. 事故性质

通过对直接原因、间接原因进行综合分析，经调查组认定，本次事故是一起较大生产安全责任事故。

2.7.5 事故暴露的主要问题

1. 施工单位

一是未按要求配齐主要管理人员。按照《重庆市房屋建筑与市政基础设施工程现场施工从业人员配备标准》DBJ50-157—2013要求，施工项目应当配备2名施工员、3名安全员和3名质量员。事发时，项目实际管理人员只配备1名施工员和1名安全员。

二是项目经理未按规定履行日常安全管理职责。经查，项目经理每月带班生产时间只有7～8d，严重少于每月施工时间的80%，也未落实“日周月”隐患排查治理工作。

三是钢结构安装作业人员不具备高空作业证和焊工操作证等特种作业资质。

四是吊装作业现场未安排指挥人员。

2. 监理单位

一是未按要求配齐项目监理人员。按照《重庆市建设工程项目监理机构人员配备暂行标准》要求，施工项目应当配备1名总监理工程师，1名主导专业监理工程师，1名辅助专业监理工程师，2名监理员。事发时，项目实际监理人员只配备1名总监理工程师，1名专业监理工程师，1名监理员。

二是对施工单位项目经理未按规定履行日常安全管理职责缺乏监管。

三是未严格审查钢结构安装作业人员是否具备高空作业证和焊工操作证等特种作业资质，且未督促落实整改。

四是未发现并制止吊装作业现场无指挥人员的安全隐患。

3. 建设单位

一是针对事故项目虽办理提前介入手续，但在2021年3月11日已取得《建设工程规划许可证》的情况下，仍未办理《建筑工程施工许可证》；二是未督促施工单位和监理单位严格按规定足额配备主要管理人员。

4. 设计单位

一是设计文件未注明危大工程的重点部位和环节；二是针对柱脚螺栓，未按照《门式刚架轻型房屋钢结构技术规范》GB 51022—2015要求设计底部螺母垫板。

5. 租赁单位

未按规定与施工单位签订吊车租赁协议并明确各自的安全管理职责。

2.7.6 区级相关职能部门安全履职调查概况

1. HC区住房城乡建委安全履职概况

HC区住房城乡建委系HC区人民政府管理的正处级工作部门。主要职责含负责建筑行业的监督管理，负责房屋建筑和市政基础设施工程质量、安全的监督管理；负责规范建筑市场秩序；统筹推进城市基础设施建设工作，统筹协调房屋建筑、市政基础设施和区级重点项目建设；负责勘察设计行业的监督管理；负责住房城乡建设领域法治建设和综合行政执法，具体交由执法队伍承担，并以部门名义统一执法。HC区住房城乡建委下设建设管理事务中心（原区建设工程质量监督站）和综合行政执法支队（原区建设工程施工安全管理站）。

（1）HC区建设管理事务中心。该单位为区住房城乡建委所属正科级全额拨款事业单位（公益一类）。主要职责含负责建设工程施工过程中的实体质量监督管理事务性工作，参建单位质量行为监督管理事务性工作，工程竣工验收的组织形式和程序监督管理事务性工作。

2021年1月7日，经该中心负责人柳某审批同意，由陈某担任事故项目质量监督主监、蒋某担任事故项目质量监督辅监，2名监督员共同对事故项目进行质量监督技术服务。

事发前，陈某、蒋某对事故项目共开展5次质量监督技术服务。2021年1月8日开展第一次质量监督检查，主要对参建单位进行质量技术交底。后续四次质量监督检查分别是3月18日、4月26日、7月14日、7月19日。存在的问题：一是陈某、蒋某在5次质量监督检查中，均未督促施工单位及监理单位按规定足额配备主要管理人员；二是在事发前的两次质量监督检查（7月14日、7月19日）中，4号库房钢结构工程的大部分钢柱、钢梁均已安装完毕，但陈某、蒋某在对4号库房进行质量监督检查时，均未督促施工单位严格按照技术规范和施工设计图及时安装支撑系统。

（2）HC区住房和城乡建设综合行政执法支队。该单位为区住房城乡建委所属正科级全额拨款事业单位（公益一类）。主要职责含负责建设工程质量管理相关法律、法规、规章规定的行政检查权、行政处罚权和行政强制权；负责建设施工安全管理相关法律、法规、规章规定的行政检查权、行政处罚权和行政强制权。对受监工程建设各方责任主体及有关机构履行安全生产责任情况及工程施工安全进行监督。

2020年12月30日，经综合行政执法支队长王某审批同意，由杨某担任事故项目施工安全监督主监、胡某担任事故项目施工安全监督辅监，2名监督员共同对事故项目进行安全监督技术服务。

事发前，杨某、胡某对事故项目共计开展6次安全监督技术服务。2021年1月14日开展第一次安全监督检查，主要对参建单位进行安全技术交底。后续五次安全监督检查分别是3月2日、3月12日、4月20日、6月24日、7月13日。存在的问题：一是杨某、胡某在5次安全监督检查中，未依法查处项目经理曹某长期缺岗的违规行为，也未依法查处施工单位未编制《钢结构安装危大工程专项施工方案》的违规行为；二是事发前的两次安全监督检查（6月24日、7月13日），正值HC区住房城乡建委开展“建设安全集中执法3号行动”期间，该行动主要是重点整治危大工程、坍塌等方面的违法行为，但杨某、胡某针对4号库房钢结构危大工程施工安全未进行重点执法检查，未依法查处事故项目支撑系统缺失的违规施工行为。

（3）“百日行动”落实情况。一是“一文一会”抓安排部署，启动住建系统百日行动工作；二是落实458幅标语、一系列活动、一场演练，宣传造势；三是落实145个安全责任公示牌；四是5月以来查出安全隐患711条，下发隐患通知书28份，局部停工5个，对21家企业作出简易处罚2.15万元；五是对71个企业的119个项目进行评分，开展诚信评价217次；六是书记、主任和分管副主任共召开例会8次，率队检查17次、发现隐患67条，实施简易处罚4次，罚款0.4万元。但仍然存在一定问题：一是在7月22日至23日，调查组核查10个在建项目发现，HC区住房城乡建委放松对“三个责任人”公示牌落实情况的督促指导，有2个项目已拆除，2个项目公示牌未设置在醒目位置，随意公示在项目内部，4个项目公示牌设置不规范；二是针对事故项目，“三个责任人”公示牌的“建设单位主要负责人”栏目填写为项目现场负责人，未真正落实责任到人；三是事故后，HC区住房城乡建委下达在建项目停工开展安全隐患大排查要求，但未严格斗硬，部分项目对工作要求毫不在意。经调查组7月22日核查发现，距离事故项目直线距离仅1km的多个项目仍在施工作业，其中智能制造产业园标准库房项目二期工程项目经理、专职安全员均不在岗位，但大量作业人员仍在施工作业。

2. HC区汽车产业发展中心安全履职概况

（1）HC区汽车产业发展中心（原重庆HC工业园区天顶组团管理委员会）系HC区经济信息委管理的正处级全额拨款事业单位（公益一类）。主要职责含制定组团产业布局规划，牵头实施工组织团内项目策划、包装及招商引资工作；制定组团发展规划、阶段性建设计划，土地利用计划；拟定重大基础设施项目计划，并组织实施；牵头实施组团企业项目的综合服务及经济运行调度管理工作；做好组团内安全生产综合监督管理工作，协助相关部门做好信访、稳定等工作。HC区汽车产业发展中心对管辖区内的招商引资企业具有安全监管职责。

自2020年9月18日事故项目开始施工，该中心规划建设科对事故项目共开展7次检查，第一次检查是2020年12月16日，后续六次分别是2021年1月27日、3月5日、5月7日、5月19日、5月20日、6月16日。7次检查中，3次未检查出问题，2次检查涉及“扬尘大、车辆带泥上路”问题，仅有2次“未佩戴安全帽、临边防护不到位”的建设施工安全问题。存在的问题：一是事故项目从2020年9月18日开始施工至2020年12月16日期间，规划建设科工作人员未进行过安全检查，事故项目存在将近3个月的管理空白；二是对事故项目管理人员配置不到位、项目经理曹某未正常履职的情况失察；三是对辖区在建项目未制定针对性的安全检查计划，对在建项目缺乏科学性管理与服务。

（2）“百日行动”落实情况。

该中心于5月14日召开百日行动专题动员部署会，印发《重庆市HC区汽车产业发展中心关于深入开展大排查大整治大执法百日行动工作方案的通知》，以“一文一会”抓部署，落实93幅标语，63个“三个责任人”公示牌，共组织检查34家次，发现隐患73个，整改到位73个，同时在百日行动期间，邀请专家对帮助诊断检查30家，排查隐患78个。

但仍然存在一定问题：一是针对事故项目，“三个责任人”公示牌的“建设单位主要负责人”栏目填写为项目现场负责人，未真正落实责任到人；二是中心宣传落实“十条措施”不到位，少数干部不知晓百日行动工作内容。

2.7.7　市级相关职能部门安全履职调查概况

对市级相关部门安全履职情况调查过程中，调查组发现工业园区在建房屋工程存在监管职责不落实和监管空白的问题。

市住房城乡建委来函表示，事故项目属于工业园区建设工程，应由市经济信息委负责业务指导和管理，不属于市住房城乡建委业务指导和管理范畴。为严格落实“三管三必须”工作要求，厘清相关部门的安全监管职责，调查组分别向市经济信息委、市司法局去函。市司法局依据释法职责，对于《重庆市建设工程安全生产管理办法》涉及工业园区工业厂房建设安全监管职责复函，有关行业主管部门按照“谁审批、谁负责”的原则，根据各自职责负责本行业建设工程安全监督管理。

经查，事故项目向HC区住房城乡建委申请办理质量安全监督管理提前介入手续，区住房城乡建委下设建设管理事务中心和综合行政执法支队分别落实事故项目质量安全监督管理人员。事故发生后，市安委办对全市工业园区工业厂房建设项目的安全监管职责进行了调查，均由住建部门实施审批和许可并承担施工安全监管职责。按照市司法局的解释并结合安全监管工作实际，调查组认为住建部门作为在建房屋建筑工程的安全监管部门，应该按照“谁审批、谁负责”的原则，对工业园区工业厂房建筑工程履行安全监管职责。

经信部门也应按照“谁审批、谁负责”的原则，针对行业审批的建设工程履行安全监管职责。

2.7.8　责任分析及处理建议

1. 建议追究刑事责任的人员

（1）刘某，施工单位工作人员，事故项目技术负责人。未组织编制《钢结构安装危大工程专项施工方案》，未安排专职安全生产管理人员对危大工程施工情况进行现场监督，对事故发生负有责任。其行为涉嫌重大责任事故罪，建议由司法机关依法追究刑事责任。

（2）曹某，施工单位工作人员，事故项目项目经理。未按规定履行施工现场带班安全管理职责，针对事故现场支撑、隅撑缺失的事故隐患未进行整治消除，对事故发生负有责任。其行为涉嫌重大责任事故罪，建议由司法机关依法追究刑事责任。

（3）张某，施工单位工作人员，事故项目施工员。未严格督促钢结构班组按照技术规范施工，未对危大工程施工情况进行技术监督，对事故发生负有责任。其行为涉嫌重大责任事故罪，建议由司法机关依法追究刑事责任。

（4）邓某，施工单位工作人员，事故项目安全员。未对危大工程施工情况进行现场安全监督，未消除施工现场违规施工的事故隐患，对事故发生负有责任。其行为涉嫌重大责任事故罪，建议由司法机关依法追究刑事责任。

（5）邓某，施工单位总经理，施工单位主要负责人。未严格督促检查事故项目的安全生产工作，未消除违规施工的事故隐患，对事故发生负有责任。其行为涉嫌重大责任事故罪，建议由司法机关依法追究刑事责任。

（6）周某，监理单位工作人员，事故项目现场监理员。未对危大工程施工情况实施专项巡视，未消除施工单位违规施工的事故隐患，对事故发生负有责任。其行为涉嫌重大责任事故罪，建议由司法机关依法追究刑事责任。

（7）王某，监理单位工作人员，事故项目专业监理工程师。未消除施工单位违规施工的事故隐患，对事故发生负有责任。其行为涉嫌重大责任事故罪，建议由司法机关依法追究刑事责任。

（8）李某，监理单位工作人员，事故项目总监理工程师。未督促施工单位编制事故《钢结构安装危大工程专项施工方案》，未编制《钢结构安装危大工程监理实施细则》，未消除施工单位违规施工的事故隐患，对事故发生负有责任。其行为涉嫌重大责任事故罪，建议由司法机关依法追究刑事责任。

2. 建议给予行政处罚的单位

（1）施工单位。未严格按照《门式刚架轻型房屋钢结构技术规范》GB 51022—2015要求组织施工；未组织编制《钢结构安装危大工程专项施工方案》，也未安排专职安全生产管理人员对施工情况进行现场监督；针对事故项目违规施工、结构不稳等重大事故隐患，施工单位以技术负责人为代表的技术管理团队未采取措施进行整治和消除。其行为违反现行《门式刚架轻型房屋钢结构技术规范》GB 51022 第 14.2.6 条，《危险性较大的分部分项工程安全管理规定》第十条第一款、第十一条第一款、第十七条和《中华人民共和国安全生产法》第三十八条第一款的规定，施工单位对本次事故发生负有责任。依据《中华人民共和国安全生产法》第一百零九条第二项之规定，建议由市应急局给予其罚款 65 万元的行政处罚，并纳入安全生产联合惩戒。

（2）监理单位。未督促施工单位编制《钢结构安装危大工程专项施工方案》，未编制《钢结构安装危大工程监理实施细则》；未对钢结构安装危大工程施工实施专项巡视，针对施工单位违规施工的事故隐患未提出监理整改意见或下达停工指令。其行为违反《危险性较大的分部分项工程安全管理规定》第十一条第一款、第十八条，《建设工程安全生产管理条例》第十四条第二款、第三款，《重庆市建设工程安全生产管理办法》第二十五条第三款、第二十八条和《中华人民共和国安全生产法》第三十八条第一款的规定，金山监理公司对本次事故发生负有责任。依据《中华人民共和国安全生产法》第一百零九条第二项之规定，建议由市应急局给予其罚款 63 万元的行政处罚，并纳入安全生产联合惩戒。

（3）建设单位。对施工承包单位和监理单位的安全生产工作未进行统一协调管理，针对事故项目未严格落实“日周月”隐患排查整治工作，未发现并消除施工单位长期违规施工的事故隐患。其行为违反《中华人民共和国安全生产法》第四十六条第二款的规定，该玻璃公司对本次事故发生负有责任。依据《中华人民共和国安全生产法》第一百零九条第二项之规定，建议由市应急局给予其罚款 60 万元的行政处罚，并纳入安全生产联合惩戒。

3. 建议给予行政处罚的人员

（1）张某，监理单位总经理，该公司安全生产第一责任人。未有效履行安全管理职责，对事故项目质量安全监理工作督促检查不力，未及时消除事故项目违规施工、结构不稳等事故隐患。其行为违反《中华人民共和国安全生产法》第十八条第五项的规定，张某对本次事故负有责任。根据《中华人民共和国安全生产法》第九十二条第二项之规定，建议由市应急局对其处以罚款4万元（10万元×40%）的行政处罚。

（2）唐某，建设单位工作人员，事故项目现场管理人员。未严格落实“日周月”隐患排查整治工作，未根据事故项目生产经营特点对安全生产状况进行经常性检查，未发现并消除施工单位长期违规施工的事故隐患。其行为违反《中华人民共和国安全生产法》第二十二条第六项和《重庆市安全生产条例》第十七条第七项的规定，唐某对本次事故发生负有责任，依据《重庆市安全生产条例》第五十八条第二项之规定，建议由市应急局给予唐某罚款3万元的行政处罚。

（3）庞某，建设单位副总经理，事故项目甲方代表。对施工单位和监理单位的安全生产工作未进行统一协调管理，未根据事故项目生产经营特点对钢结构安装危大工程施工情况定期进行安全检查，未发现并消除施工单位长期违规施工的事故隐患。其行为违反《中华人民共和国安全生产法》第二十二条第六项和《重庆市安全生产条例》第十七条第七项的规定，庞某对本次事故发生负有责任。依据《重庆市安全生产条例》第五十八条第二项之规定，建议由市应急局给予庞某罚款3万元的行政处罚。

（4）庞某，建设单位总经理，该公司安全生产第一责任人。未有效履行安全管理职责，对施工单位和监理单位的安全生产工作未进行统一协调管理，未发现并消除施工单位长期违规施工的事故隐患。其行为违反《中华人民共和国安全生产法》第十八条第五项的规定，庞某对本次事故负有责任。根据《中华人民共和国安全生产法》第九十二条第二项之规定，建议由市应急局对其处以罚款4.8万元（12万元×40%）的行政处罚。

4. 建议由纪委监委调查处理的人员

（1）陈某，HC区建设管理事务中心监督员，事故项目质量监督主监。未发现并整治施工单位违规施工行为，针对事故项目未严格进行质量监督管理，对事故发生负有监管责任。建议由HC区纪委监委对其进行政务记大过处分。

（2）杨某，HC区住房和城乡建设综合行政执法支队副支队长，事故项目施工安全监督主监。未发现并整治施工单位违规施工行为，针对事故项目未严格进行安全监督管理，对事故发生负有监管责任。建议由HC区纪委监委对其进行政务记大过处分。

（3）胡某，HC区住房和城乡建设综合行政执法支队执法人员，事故项目施工安全监督辅监；未发现并整治施工单位违规施工行为，针对事故项目未严格进行安全监督管理，对事故发生负有监管责任。建议由HC区纪委监委对其进行政务记大过处分。

（4）柳某，HC区建设管理事务中心副主任（主持工作），未严格督促事故项目的质量监督管理；柳某对此负有管理责任，建议由HC区纪委监委对其进行政务记过处分。

（5）王某，HC区住房和城乡建设综合行政执法支队支队长，未严格督促事故项目的安全监督管理。王某对此负有管理责任，建议由HC区纪委监委对其进行政务记过处分。

（6）刘某，HC区住房城乡建委副主任，分管建设管理事务中心。针对建设管理事务中心质量监督管理事故项目督促指导不力。刘某对此负有领导责任，建议由 HC 区纪委监委对其进行警告处分。

（7）彭某，HC 区住房城乡建委党委委员，分管综合行政执法支队、安全管理科、法制科、信访科等科室；针对综合行政执法支队安全监督管理事故项目督促指导不力。彭某对此负有领导责任，建议由 HC 区纪委监委对其进行警告处分。

（8）李某，HC 区住房城乡建委主任，负责该部门全面工作；针对提前介入建设项目，未严格督促建设管理事务中心和综合行政执法支队开展质量安全监督管理工作。李某对此负有领导责任，建议由 HC 区纪委监委对其进行批评教育。

（9）张某，HC 区汽车产业发展中心规划建设科科长，负责规划建设科工作；对事故项目存在将近 3 个月的属地管理空白，在事故项目日常监督检查中未严格检查项目安全生产状况，未有效履行"一岗双责"安全管理职责。张某对此负有责任，建议由 HC 区纪委监委对其进行警告处分。

（10）韦某，HC 区汽车产业发展中心副主任，分管规划建设科、企业服务科。针对事故项目未严格履行属地安全管理职责，未严格指导规划建设科开展事故项目建设安全检查。韦某对此负有领导责任，建议由 HC 区纪委监委对其进行批评教育。

（11）柳某，HC 区汽车产业发展中心主任，主持中心行政工作。针对事故项目未督促相关科室严格履行属地安全管理职责，未有效落实《HC 区党政领导干部安全生产责任制实施细则》。柳某对此负有领导责任，建议由 HC 区纪委监委对其进行提醒谈话。

5. 建议作出检查的单位

（1）建议责成 HC 区住房城乡建委向 HC 区人民政府作出深刻检查。

（2）建议责成 HC 区汽车产业发展中心向 HC 区人民政府作出深刻检查。

（3）建议责成 HC 区人民政府向 CQ 市人民政府作出深刻检查。

6. 其他处理建议

（1）针对施工单位未按规定配齐项目管理人员、钢结构安装作业人员不具备相应特种作业资质、吊装作业未安排指挥人员等问题，建议由 HC 区住房城乡建委进行调查处理。

（2）针对监理单位未按规定配备项目监理人员、未严格审查督促特种作业人员持证作业等问题，建议由 HC 区住房城乡建委进行调查处理。

（3）针对建设单位未及时办理《建筑工程施工许可证》、对施工单位及监理单位未按规定足额配备主要管理人员失察失管等问题，建议由 HC 区住房城乡建委进行调查处理。

（4）针对设计单位在事故项目设计文件中未注明危大工程的重点部位和环节、未按《门式刚架轻型房屋钢结构技术规程》GB 51022—2015 要求设计底部螺母垫板等问题，建议由 HC 区住房城乡建委进行调查处理。

（5）针对租赁单位未按规定与施工单位签订吊车租赁协议并明确各自的安全管理职责等问题，建议由 HC 区住房城乡建委进行调查处理。

2.7.9　事故防范和整改措施建议

为深刻吸取本次事故教训，预防和避免类似事故再次发生，针对本次事故的特点，特提出以下防范措施建议：

1. 各级党委政府要严守安全发展红线

深入贯彻习近平总书记关于安全生产重要论述和重要指示精神，增强“四个意识”、做到“两个维护”，切实树牢安全发展理念，正确处理安全与发展的关系。充分认识抓好建筑领域安全工作的重要性，要把安全摆在重要的位置，进一步强化建设工程领域安全管理红线意识和责任意识。严格落实“管行业必须管安全、管业务必须管安全、管生产经营必须管安全”和“谁主管、谁负责”的要求，真正做到“党政同责、一岗双责、齐抓共管、失职追责”，强化责任落实、守土有责、履职尽责，认真开展有效的监管监察活动，切实消除事故隐患，严防事故发生。

2. 各级监管部门要厘清职能职责，落实安全监管责任

住建部门、经信部门要认真吸取事故教训、举一反三，厘清住建部门和经信部门安全监管职责边界，特别厘清工业园区内的建设工程安全监督管理职责，强化部门执法衔接，齐抓共管形成共治合力，深入分析相关建设工程领域安全生产存在的薄弱环节，采取有针对性的措施，对安全防范工作进行再动员、再部署、再落实。相关工业园区管委会针对辖区建设工程，也应加强统筹管理，进一步强化落实属地安全监管职责。各级法制部门要进一步厘清辖区相关与安全生产基本政策、原则不符的司法解释及政策文件，及时提出立法、修法建议。各级行业监管部门要按照法定职责履行安全监管职责，严防在安全监管上面职责不清、是非不分、推诿扯皮，严格落实“管行业必须管安全、管业务必须管安全、管生产经营必须管安全”和“谁主管、谁负责”的要求。

3. 住建行业监管部门要严格落实监管责任

突出问题导向，对建筑领域“两违”行为实行“零容忍”，深化“两违”源头治理。对未履行基本建设程序、不按设计施工方案组织施工等违法行为予以坚决打击，坚决整治建筑施工怪相乱象，及时将违规信息记入信用档案，纳入联合惩戒管理。针对辖区工业园区、重点工程项目进行全面排查，特别是取得提前介入手续的项目，务必制定针对性强的质量安全监管措施，严格落实质量安全监管，杜绝提前介入项目成为法外之地、监管真空，相关行业监管和属地政府应加大提前介入项目的安全监管力度和频率，严格督促建设单位及时办理施工许可相关证照。对涉及危大工程的建设项目，必须全面清查、严格监管，对各类违法违规行为严管重罚，杜绝群死群伤事故发生。

4. 建筑项目各参建单位要严格落实主体责任

建设单位应全面落实工程质量安全首要责任，依法开工建设，全面履行安全管理职责。施工单位要全面履行安全主体责任，严格按照国家法律法规及工程建设强制性标准组织施工作业，严格落实“日周月”隐患排查整治工作。监理单位要严格履行监理职责，全面督促施工单位落实安全管理职责。设计单位要严格落实项目设计规范。各参建单位要认真贯彻落实“十条措施”行动，企业负责人要严格履行法定安全生产义务。各类从业人员要规范从业行为，严格执行法律、法规和工程建设强制性标准。

5. 各地、各行业主管部门应立即开展各类钢结构工程专项整治工作

分类施策、综合治理，对已建成投入使用的钢结构工程，要全面组织复查复核，对不符合国家强制性工程质量标准的、未按设计图纸施工的，要立即采取措施予以整治；对在建钢结构工程，要重点核查是否按设计及规范组织施工，檩条、支撑、隅撑是否及时安装到位，钢柱底板和基础顶面是否及时二次浇筑，柱底预埋螺栓是否符合设计要求。对违反施工顺序、不符合设计要求的，要立即责令其停工整改，坚决防范同类事故再次发生。

2.8 安徽省广德市“7·23”脚手架坍塌较大建筑施工事故调查报告

2021年7月23日6时30分，广德市经济开发区某设备有限公司在建厂房（车间三）发生脚手架坍塌较大建筑施工事故，造成3人死亡。

2.8.1 基本情况

1. 项目概况

某设备有限公司车间三、车间四、职工活动中心项目位于广德市经济开发区，建设规模14051.58m^2。事故发生于车间三，建筑面积3294.95m^2，建筑高度17.8m，一层，框架结构。

事故发生前，该项目车间四主体结构已验收完成，车间三（事故发生地点）屋面混凝土未浇注，正在进行外墙砌筑。

2. 现场调查、检验鉴定情况

1）项目施工情况

（1）项目开工情况

2020年9月初，建设单位在监理单位未下达开工令的情况下安排项目开工建设。事故发生前，该项目车间四主体结构已验收完成，车间三（事故发生地点）屋面混凝土未浇注，正在进行外墙砌筑。

（2）脚手架安装情况

脚手架单位未编制脚手架安装方案，公司股东涂某雇佣谢某，并由其联系许某等其他四名架子工进行脚手架搭建，搭建完成后未经施工单位、监理单位开展三方验收。

（3）瓦工班组施工情况

瓦工班组长汪某组织人员对建设单位扩建厂区车间三、车间四、职工活动中心工程墙体砌筑、内外墙粉刷、二次结构浇筑（商品混凝土）和地坪施工。事故发生前已基本完成了车间四、职工活动中心的分包内容。7月22日，在汪某安排下，汽车起重机司机将砖块吊运至脚手架上，并由瓦工班组工人进行码放。

（4）安全管理情况

①建设单位

该公司未设置安全管理机构及专、兼职安全生产管理人员，未制定安全生产管理制度和安全生产责任制，未落实安全管理职责，项目实际负责人吕某非公司员工。

②施工单位

2020年9月29日，施工单位下发《关于成立建设单位扩建厂区人员配备情况的通知》，成立项目部，任命李某为项目部经理，杨某为技术负责人，张某为施工员，陈某为质检员，傅某、宁某为安全员。该项目任命书仅用于满足相关审批手续，杨某未告知上述人员任命情况并私自印发。事故发生前项目部人员对在该项目任职情况不知情，自项目建设起从未到过项目现场，未履行职责。

③监理单位

2020 年 9 月 8 日，由《建设工程监理合同》确定黄某为项目总监，黄某从未到过项目现场，未履行职责。监理单位股东雷某口头安排一名临时聘用人员祁某代看项目现场，安全监理形同虚设。

④脚手架单位

李某、涂某、胡某三人为公司股东，公司内部按照谁接业务谁获利谁负责的原则，决定该项目由涂某、胡某承接并负责，涂某负责项目现场，胡某负责项目材料采购，该项目未安排安全管理人员，未制定安全生产管理制度和安全生产责任制。

2）现场勘查情况

（1）脚手架及堆放物基本情况

①部分脚手架钢管锈蚀严重，钢管有开裂、孔洞现象。

②连墙件未按方案设置。施工方案中连墙件为预埋短钢管利用水平拉杆扣件连接，未按三步两跨设置。现场实际连墙件形式为短钢管与钢板或角钢焊接，利用膨胀螺栓（一个螺栓）混凝土梁侧向固定，连墙件设置间距为随层 3—6 跨。从现场连墙件损坏情况看，连墙件焊接质量（钢管与钢板焊缝脱焊）、膨胀螺栓拉拔（部分螺栓拔出）、连接扣件扭力矩（钢管上扣件滑脱）等均存在不足。

③剪刀撑未由底至顶连续设置，且剪刀撑与立杆缺少扣件连接；扫地杆设置高度大于200mm（实际高度 650mm），违反《建筑施工扣件式钢管脚手架安全技术规范》JGJ 130—2011 规范第 6.6.3 条、6.6.2 条。

④三号车间 4—7 轴交 L 轴，架体第四步架以上集中堆载超标。经现场查看、询问瓦工班组长汪某并计算，架体同一跨距内各操作层黏土空心砖（煤矸石）及钢管等堆载约 $10.41kN/m^2$（$8\times2\times5\times5\times2.53+50=1062kg/m^2=10.41kN/m^2$）。违反《建筑施工扣件式钢管脚手架安全技术规范》JGJ 130—2011 第 4.2.3 条。

⑤架体扣件螺栓拧紧扭力矩严重不足，现场抽查 9 组，平均扭力矩 16.66N·m。不符合《建筑施工扣件式钢管脚手架安全技术规范》JGJ 130—2011 第 3.2.2 条。

⑥现场查看，L 轴外脚手架 4—7 轴处坍塌（因脚手架不符合要求，受严重超荷堆载和施工荷载作用失稳坍塌），连带两端架体向中间整体坍塌。

（2）事故现场勘验情况（图 1～图 3）

①现场脚手架剪刀撑未由底层至顶层连续设置，不符合《建筑施工扣件式钢管脚手架安全技术规范》JGJ 130—2011 第 6.6.3 条的规定。

②现场脚手架连墙件未按照《建筑施工扣件式钢管脚手架安全技术规范》JGJ 130—2011 第 6.4.2 条规定设置。

③现场脚手架共八步架，根据现场情况其中 2～7 步架堆放有砖块，码放层数 4 层，超出脚手架荷载，不符合《建筑施工扣件式钢管脚手架安全技术规范》JGJ 130—2011 第 4.2.2 条、4.2.3 条。

图1 现场照片（一）

图2 现场照片（二）

图3 现场照片（三）

（3）检验鉴定情况

技术专家组、广德市住建局、建设单位人员在现场对脚手架使用的钢管、扣件及墙体使用的砖块进行了抽取，委托安徽元正工程检测科技有限公司进行检测。检测结果为：钢管壁厚3mm，直角扣件、对接扣件、旋转扣件均不合格。

3. 天气情况（图4）

2021年广德7月份天气预报历史

日期	最高气温℃	最低气温℃	天气	风向	风力
2021-07-01	28	23	雷阵雨转中雨	东风	微风
2021-07-02	27	23	大雨转中雨	南风	微风
2021-07-03	30	23	中雨转雷阵雨	东风	微风
2021-07-04	29	25	雷阵雨	东风	微风
2021-07-05	31	25	雷阵雨转阴	南风	微风
2021-07-06	35	26	阴	南风	微风
2021-07-07	34	26	阴	西南风	微风
2021-07-08	35	25	小雨转暴雨	南风	微风
2021-07-09	33	25	中雨转雷阵雨	南风	微风
2021-07-10	33	26	多云	南风	微风
2021-07-11	37	26	阴	南风	微风
2021-07-12	37	26	阴转多云	南风	微风
2021-07-13	37	27	阴转多云	南风	微风
2021-07-14	38	27	多云	东南风	微风
2021-07-15	38	25	多云	南风	微风
2021-07-16	38	26	多云	东南风	微风
2021-07-17	33	25	阴转多云	东南风	微风
2021-07-18	31	24	多云	东南风	微风
2021-07-19	32	24	多云转晴	东南风	微风
2021-07-20	31	24	多云	东风	微风
2021-07-21	31	23	多云转阴	东北风	微风
2021-07-22	29	24	雷阵雨	东北风	微风
2021-07-23	31	24	中雨	东北风	东北风3-4级

图4 天气预报

根据广德市气象局提供资料，2021年7月23日6时许，广德市风向为东北风，风速3级，降水0mm，温度为27℃。

2.8.2 事故发生经过和应急救援情况

1. 事故发生经过

2021年1月，脚手架单位开始在该设备有限公司建设厂房搭建脚手架，搭建完成后未经施工单位、监理单位开展三方验收即投入使用。

2021年7月21日晚，因车间三墙体砌筑需要，吕某联系汽车起重机司机黄某，并由他联系增加一名汽车起重机司机高某，同时帮忙吊砖。7月22日早上5时30分左右，高某到车间三施工现场，在瓦工班组的配合下，将砖吊运到北侧脚手架上，并码放在外脚手架第2步至第6步中间部位及第三层顶层，至当日18时左右吊运工作结束，共计吊运砖块约5000块。

7月23日6时10分左右，瓦工班组长汪某安排6个大工和4个小工在车间三北侧进行墙体砌筑。事发时陈某、吉某、邓某在第二步外脚手架进行墙体砌筑。施某法、吉某此作在第二步内脚手架上接灰，姜某、郝某在地面砌墙，吴某、邵某、邵某在地面上灰、运灰。6时30分左右，车间三北侧外脚手架突然发生坍塌，外脚手架上作业的陈某、吉某、邓某从脚手架上坠落，并被坍塌的架体及砖块掩埋。

2. 人员伤亡和直接经济损失

1）人员伤亡情况

事故造成3名现场施工人员死亡。

2）直接经济损失

按照《企业职工伤亡事故经济损失统计标准》GB 6721—1986计算（事故罚款不计），

此次事故共造成直接经济损失575.5万元。

3. 应急救援及善后处置情况

事故发生后，宣城市委市政府，广德市委市政府能够及时启动应急预案组织开展应急救援和善后处置工作，公安、应急、住建、消防和医疗卫生等部门救援救治工作开展及时有序，各部门之间信息渠道畅通，事故信息上报及时准确，能够及时回应社会关切，发布事故相关信息，事故现场及周边社会秩序的管理以及舆情管控工作有力，应急救援和善后工作有序稳妥。

2.8.3 事故发生的原因和性质

1. 事故的直接原因

经调查，本起事故的直接原因是：脚手架单位未按《建筑施工扣件式钢管脚手架安全技术规范》JGJ 130—2011搭建脚手架，架体连墙件设置不足，连墙件抗拉强度不足，扣件螺栓拧紧扭力矩严重不符要求，扣件抗滑力不足。

瓦工班组长汪某违章指挥工人冒险作业，将黏土空心砖（煤矸石）集中堆放到脚手架架体上，经现场查验并计算得出，架体同一跨距内各操作层黏土空心砖（煤矸石）及钢管等堆载约10.41kN/m^2（《建筑施工扣件式钢管脚手架安全技术规范》JGJ 130—2011第4.2.3条规定，堆载不得超过5kN/m^2）。导致脚手架严重超载，造成架体失稳坍塌。

2. 事故的间接原因

1）项目各参建单位未落实安全生产主体责任

（1）建设单位借用施工单位资质，对施工项目全面负责，未能对事故项目进行有效安全管理，未及时消除事故隐患。

（2）施工单位违法出借资质，未实际履行项目安全管理职责，任命的项目部人员均未实际到岗，对广德市住建局两次下发的《建设工程施工安全隐患整改通知书》未整改。

（3）监理单位未实际履行监理职责，按监理合同配备的监理人员均未实际到岗。仅安排一名非公司员工祁某代看项目且到岗次数较少，也未尽职履责，对主管部门下发的《建设工程施工安全隐患整改通知书》未督促整改。

（4）脚手架单位未制定《脚手架专项施工方案》，擅自组织人员搭建脚手架，搭建完成后未经施工单位、监理单位开展三方验收即投入使用。施工过程中，未安排安全管理人员对脚手架开展安全检查。对脚手架存在的弯曲、孔洞等问题未及时整改。

2）GD市有关部门安全监管不到位

（1）GD市住房和城乡建设局对该设备有限公司厂区扩建项目监管不力。分别于5月20日和6月30日两次对事故单位下发《建设工程施工安全隐患整改通知书》，未严格督促企业完成整改，未对整改情况开展现场复核，导致隐患消除不彻底，未形成闭环管理。

（2）GD市经济开发区管委会未严格落实属地监管责任，内设机构职责分工不明确，对辖区内在建项目巡查检查力度不够，未能及时发现安全隐患。

3. 事故性质

经调查认定，本起事故是一起较大生产安全责任事故。

2.8.4 有关责任单位存在的主要问题

1. 有关参建单位存在问题

（1）建设单位违法借用施工单位资质，自行组织施工，未落实安全生产管理责任，多次发现脚手架上超量堆放砖块、钢管等材料，但未督促相关人员整改隐患。未对广德市住建局下发的《建设工程施工安全隐患整改通知书》整改，未及时消除事故安全隐患。

（2）施工单位未履行施工单位安全生产职责，违法出借资质，公司安全生产规章制度不健全，未取得《建筑工程施工许可证》，在未通知相关人员的情况下自行成立项目部，项目部人员均未到岗履职。对广德市住建局下发的《建设工程施工安全隐患整改通知书》未整改，在未核实安全隐患是否整改到位，且明知陈某代替项目经理李某签字的情况下，仍然在安全隐患整改回复单上加盖公章，掩盖隐患未整改的事实。

（3）监理单位未履行监理单位安全生产职责，未安排监理人员到岗到位。未对项目开展安全隐患排查，未督促相关单位开展隐患整改。股东雷某在未核实隐患是否整改到位，且明知陈某代替项目总监黄某签字的情况下，仍在安全隐患整改回复单上加盖了监理单位用章。

（4）脚手架单位，经检测，该公司提供的脚手架钢管壁厚3mm，直角扣件、对接扣件、旋转扣件均不合格，架体扣件螺栓拧紧扭力矩严重不足。未编制脚手架专项施工方案，擅自组织人员搭建脚手架，搭建完成后未经施工单位、监理单位开展三方验收，对脚手架存在的弯曲、孔洞等问题未及时整改。

2. 有关部门职责及存在问题

（1）GD市住房和城乡建设局

部门职责（部分）：负责全市工程建设和城乡建设勘察设计、建筑施工、建设监理、造价咨询、施工图审查、工程检测等行业管理工作和技术政策执行的监督工作；组织并监督对建筑工程质量、建筑安全生产和竣工备案的政策、规章制度的执行；组织或参与工程重大质量、安全事故的调查处理。监督管理建筑市场、规范市场各方主体行为。指导全市建筑活动；拟订工程建设、建筑业、勘察设计的行业发展战略、中长期规划、改革方案、产业政策、规章制度并监督执行；负责全市建筑施工、中介机构的资质审查及队伍管理；组织协调建筑企业参与国际工程承包、建筑劳务合作。

存在问题：相关科室间协同联动不够，建筑业管理科和建筑工程质量与安全监督站分别负责市场行为管理和现场管理，科室之间信息不互通，检查不协同，致使对事故项目中存在的出借资质、人员不在岗、管理混乱等现象失察。执法不规范，不能保证两人执法，对施工现场存在的安全隐患督促整改不到位。

（2）GD市经济开发区管委会

部门职责（部分）：负责对辖区规划、建设工程施工安全监管；负责对建筑物拆除工程实施安全监管；负责辖区供水以及辖区管道安全监管；负责园区企业临时用电以及未移交的电能设施设备安全管护保养工作等。

存在问题：安全生产属地监管责任未履行到位，开展安全生产检查不细致、不全面、不深入。2021年2月至事故发生，未对该设备有限公司厂区扩建项目开展安全生产巡查检查，安全生产监管不力。

3. 地方政府存在的问题

GD市人民政府对广德市住房和城乡建设局、经济开发区管委会等部门履行监管职责指导、监督不够。

2.8.5　事故责任认定和处理建议

1. 免于追究责任人员（3人）

邓某、吉某、陈某，瓦工班组工人，负责砌筑车间三墙体，安全意识淡薄，在施工过程中未佩戴安全帽、未系安全绳，在未进行安全教育培训和安全技术交底的情况下，进行了高处作业。鉴于其在事故中死亡，建议免于追究责任。

2. 已移送公安机关刑事立案侦查人员（8人）

黄某，建设单位法定代表人；吕某，事故项目实际负责人；杨平，施工单位法定代表人；雷某，监理单位股东；祁某，监理单位临时雇佣人员，替监理公司代看现场；黄某，监理单位项目总监；汪某，瓦工班组长；涂某，脚手架单位股东。以上8人因涉嫌重大责任事故罪，已于2021年8月10日移送给市公安局刑事立案侦查。若上述人员经司法部门认定不构成刑事犯罪的，建议由市政府另行处理。

3. 建议给予行政处罚人员（6人）

（1）黄某，建设单位法定代表人。公司安全生产第一责任人，未履行安全生产主要负责人职责，违法借用施工单位资质，未建立、健全安全生产责任制，未督促、检查安全生产工作，及时消除生产安全事故隐患，对事故的发生负有主要责任。涉嫌违反《中华人民共和国安全生产法》第十八条的规定，建议由市应急管理局予以行政处罚。

（2）杨某，施工单位法定代表人。公司安全生产第一责任人，未履行安全生产主要负责人职责，违法出借公司资质，未安排项目部工作人员到岗到位，未建立、健全安全生产责任制，未督促、检查安全生产工作，及时消除生产安全事故隐患，对事故的发生负有主要责任。涉嫌违反《中华人民共和国安全生产法》第十八条的规定，建议由市应急管理局予以行政处罚。

（3）谢某，监理单位法定代表人（任职时间：2020年12月7日至今）。未严格履行安全生产主要负责人职责，未建立、健全安全生产责任制，未督促、检查安全生产工作，及时消除生产安全事故隐患。6月30日，市住建局在项目现场下发了《建设工程施工安全隐患整改通知书》，谢某在知情的情况下未督促相关单位整改落实。对事故的发生负有主要责任。涉嫌违反《中华人民共和国安全生产法》第十八条的规定，建议由市应急管理局予以行政处罚。

（4）万某，监理单位股东，原法定代表人（任职时间：2017年10月至2020年12月）。在任公司法定代表人期间，知晓雷某以公司名义与建设单位签订了《建设工程监理合同》，未履行安全生产主要负责人职责，未建立、健全安全生产责任制，未督促、检查安全生产工作，及时消除生产安全事故隐患，对事故的发生负有主要责任。涉嫌违反《中华人民共和国安全生产法》第十八条的规定，建议由市应急管理局予以行政处罚。

（5）李某，脚手架单位法定代表人。未履行安全生产主要负责人职责，未对脚手架搭建情况开展安全检查，未建立、健全安全生产责任制，督促、检查的安全生产工作，及时消除生产安全事故隐患，对事故的发生负有主要责任。涉嫌违反《中华人民共和国安全生产法》第十八条的规定，建议由市应急管理局予以行政处罚。

（6）胡某，脚手架单位安全员。未履行安全生产管理职责，未开展安全生产检查，及时排查生产安全事故隐患，未开展安全培训与安全技术交底，对事故的发生负有管理责任。涉嫌违反《中华人民共和国安全生产法》第二十二条的规定，建议由市应急管理局予以行政处罚。

4. 建议给予行政处罚单位（4家）

（1）建设单位。作为项目建设单位，在不具备建筑施工资质的情形下，借用施工单位资质，自行开工建设，未对项目建设的安全生产进行统一协调管理，安全管理人员、规章制度、操作规程缺失，安全隐患排查治理不力，施工过程中安全隐患长期得不到整改，导致事故发生。涉嫌违反《中华人民共和国安全生产法》第一百零九条第二项的规定，建议由市应急管理局予以行政处罚；建议由市住房和城乡建设局对公司违法行为依法处理。

（2）施工单位。作为项目施工单位，在明知建设单位不具备建筑施工资质的情况下，违法出借公司资质，安排的项目安全管理人员均不知情，也未到岗履职。公司未组织开展安全隐患排查治理，收到市住建局下发的《建设工程施工安全隐患整改通知书》，但未整改落实，导致事故发生，涉嫌违反《中华人民共和国安全生产法》第一百零九条第二项的规定，建议由市应急管理局予以行政处罚；建议由市住房和城乡建设局对公司违法行为依法处理。

（3）监理单位。作为项目监理单位，仅安排一名临时雇佣人员祁某代看项目，公司安排的项目监理人员对该项目均不知情，未实际到岗履职。项目施工过程中未督促相关单位落实整改事故隐患，未开展安全隐患巡查检查，导致事故发生，涉嫌违反《中华人民共和国安全生产法》第一百零九条第二项的规定，建议由市应急管理局予以行政处罚；建议由市住房和城乡建设局对公司违法行为依法处理。

（4）脚手架专业承包单位。作为脚手架承包单位，使用不符合规范的脚手架，未编制脚手架专项施工方案，未对脚手架开展安全隐患排查，搭建完成后未经施工单位、监理单位开展三方验收，导致事故发生，涉嫌违反《中华人民共和国安全生产法》第一百零九条第二项的规定，建议由市应急管理局予以行政处罚；建议由市住房和城乡建设局对公司违法行为依法处理。

5. 建议由行业主管部门依法处理人员（2人）

李某、黄某，在项目建设过程中存在未实际到岗履职、未履行安全管理职责等问题，建议由市住房和城乡建设局依法处理。

6. 建议给予党纪政务处理人员（12人）

（1）张某，GD市委常委、市人民政府党组副书记、常务副市长、GD市经济开发区党工委书记、管委会主任。落实安全生产属地责任不到位，安全生产工作推进不深入。建议给予批评教育、责令其向GD市委、市政府作出书面检查。

（2）马某，GD市委常委、党组副书记、市人民政府副市长，分管住建，代管安全生产。对住建行业领域安全监管检查不深入。建议给予批评教育、责令其向GD市委、市政府作出书面检查。

（3）朱某，GD市经济开发区管委会党工委副书记、管委会副主任，分管规划建设管理局，履行属地安全监管职责不力，对建筑工地监管部署工作不到位。建议给予批评教育、责令其向GD市委、市政府做出书面检查。

（4）杨某，GD市住房和城乡建设局党委书记、局长，主持GD市住建局全面工作，履行工作职责不力。对该设备有限公司厂区扩建项目中存在的违法违规行为失察，对事故发生负有领导责任。依据《关于对党员领导干部进行诫勉谈话和函询的暂行办法》第三条第三项4之规定，建议给予诫勉。

（5）徐某，GD市住房和城乡建设局党委委员，分管建筑工程质量和安全监督站、建筑业管理科、城建档案室，履行工作职责不力，对该设备有限公司厂区扩建项目中存在的违法违规行为失察，对事故发生负有领导责任。依据《关于对党员领导干部进行诫勉谈话和函询的暂行办法》第三条第三项之规定，建议给予诫勉。

（6）陈某，GD市住房和城乡建设局建筑工程质量与安全监督站站长，负责全面工作。工作计划执行不到位、工作安排不合理、隐患消除不彻底，问题整改的力度不够，对事故发生负有领导责任。依据《安全生产领域违法违纪行为政纪处分暂行规定》第八条第五项5之规定，建议给予政务警告处分。

（7）黄某，GD市住房和城乡建设局建筑业管理科科长，负责全面工作。对企业市场行为监管主要停留在系统审核，没能有效结合现场核查，对该设备有限公司厂区扩建项目中存在的违法违规行为失察，对事故发生负有领导责任。依据《安全生产领域违法违纪行为政纪处分暂行规定》第八条第五项之规定，建议给予政务警告处分。

（8）张某，GD市住房和城乡建设局建筑工程质量与安全监督站副站长、安全站长。对严辉等人下发的执法文书没有认真审核，没有严格督促问题整改到位。在得到本局同事提醒该项目存在隐患后，仍未到现场进行检查，存在履职不力的情况，对事故发生负有监管责任。依据《安全生产领域违法违纪行为政纪处分暂行规定》第八条第五项之规定，建议给予政务警告处分。

（9）严某，GD市住房和城乡建设局建筑工程质量与安全监督站副站长，具体负责该设备有限公司厂区扩建项目。两次对事故项目进行检查，均下发了《建设工程施工安全隐患整改通知书》，但未认真督促企业整改隐患，对事故企业整改不到位等现象失察，对事故发生负有监管责任。依据《安全生产领域违法违纪行为政纪处分暂行规定》第八条第五项之规定，建议给予政务记过处分。

（10）冯某，GD市经济开发区管委会规划建设管理局局长，工作部署安排不到位，对辖区建筑工程安全监管不到位。依据《安全生产领域违法违纪行为政纪处分暂行规定》第八条第五项之规定，建议给予政务警告处分。

（11）杨某，GD市经济开发区管委会资产管理中心主任，其编制和职务在资产管理中心，工作在规划建设管理局，对建筑工程安全监管不到位。依据《安全生产领域违法违纪行为政纪处分暂行规定》第八条第五项之规定，建议给予政务警告处分。

（12）黄某，GD市经济开发区管委会规划建设管理局办事员，对其所负责区域的建设工程巡查不力，今年 2 月至事故发生时未对事故发生项目开展过巡查。依据《安全生产领域违法违纪行为政纪处分暂行规定》第八条第五项之规定，建议给予政务警告处分。

7. 建议给予问责处理单位（3 家）

（1）建议由 XC 市安全生产委员会约谈 GD 市，督促 GD 市认真反思，吸取教训，引以为戒。

（2）责成 GD 市住房和城乡建设局、GD 市经济开发区管委会向 GD 市人民政府作出深刻书面检查，强化安全监管，举一反三，消除隐患，坚决遏制事故发生。

2.8.6 主要教训

该起事故造成了较大人员伤亡和财产损失，教训十分深刻。事故暴露出从业人员安全意识淡薄，相关企业安全生产主体责任不落实，政府有关部门对辖区内安全监管工作存在盲区和漏洞，落实行业和属地安全监管责任不力等。主要教训有：

1. 参建单位落实安全生产主体责任不到位

（1）建设单位借用其他企业的资质证书实际承建工程，安全生产责任制不健全，安全管理制度不健全，安全生产分工及岗位职责不明确，安全隐患排查整治不到位，放任其分包单位及人员违章指挥、冒险作业，导致事故发生。

（2）施工单位出借资质证书，允许他人以本公司的名义承揽工程，未向项目派驻安全管理人员，安全制度不健全，未对现场开展安全隐患排查整治，未对主管部门下发的《建设工程施工安全隐患整改通知书》组织人员进行整改。

（3）监理单位履行监理职责不力，监理工作流于形式，未按照监理合同要求派驻项目监理人员，未督促项目施工单位及人员落实安全生产责任制，对现场长期存在的安全隐患督促整改不到位，未及时消除事故隐患。

（4）脚手架专业承包单位安全生产责任制落实不到位，未组织编制脚手架专项施工方案，搭建完成后未经施工单位、监理单位开展三方验收，对脚手架存在的安全隐患整改不到位。

2. 地方政府及其有关部门安全监管不到位

（1）GD 市人民政府未严格落实属地安全管理责任，对有关部门履行安全监管职责指导、监督不够。

（2）GD 市住房和城乡建设局行业监管不到位，虽然下发了《建设工程施工安全隐患整改通知书》，但未采取有效措施制止违法行为或移交查处，对项目违法借用资质证书的现象失察。

（3）GD 市经济开发区管委会落实属地管理责任不到位，内设机构责任划分不明确，未对事故项目开展巡查检查，未能及时发现并督促隐患整改。

2.8.7 事故防范措施和建议

1. 严格落实主体责任

各相关企业要深刻汲取事故教训，举一反三，切实提高安全生产意识、健全安全管理机构，完善安全生产管理制度，规范安全生产管理行为，加强对施工现场的安全管理，配足配齐安全生产管理人员，全面落实安全生产主体责任，严禁出借资质证书。要强化从业人员的安全培训教育和安全技术交底，切实提高工人安全意识，施工作业前要编制施工方案并按照作业安全规程进行施工作业，严禁违章作业。

2. 压紧行业监管职责

GD市住房和城乡建设局要深刻汲取本次事故暴露出的监管方面存在的问题，加大对本辖区建筑市场监管力度，特别是开发区、工业园区的监管力度，深入开展风险管控和隐患排查治理工作，督促各方责任主体严格落实企业主体责任，尽快明确本部门内设科室和下属机构的安全生产工作的职能分工，避免存在监管漏洞，严防此类事故再次发生。

3. 强化属地责任落实

GD市经济开发区管委会要进一步明确属地安全管理职责，明确内设机构职能分工，进一步压实安全生产责任。提高对辖区内在建项目的巡查、检查频率，加大对违法违规企业的查处力度，要在做好服务企业的同时，严格把好安全生产关，切实消除安全隐患，防范事故发生。

4. 切实提高思想认识

GD市各级党委和政府、各级领导干部要严格落实“党政同责、一岗双责、齐抓共管、失职追责”和“管行业必须管安全，管业务必须管安全，管生产经营必须管安全”的要求，要牢固树立科学发展、安全发展理念，正确处理好安全生产与经济发展的关系，强化“红线意识”。要健全建筑施工领域安全生产责任制，采取有力有效措施，及时发现、协调、解决安全生产工作中的问题，认真督办重大安全隐患，严把安全生产关，严格依法规范建筑市场秩序，优化投资和发展环境，坚持人民至上，生命至上，切实维护人民群众生命财产安全。

2.9 四川省成都市“2021·9·10”较大坍塌事故调查报告

2021年9月10日14时1分，成都轨道交通×号线二期工程土建五工区建设北路站（以下简称地铁×号线二期建设北路站）防尘降噪施工棚工程施工过程中发生坍塌，造成4人死亡、14人受伤，直接经济损失650余万元。

2.9.1 事故发生经过和救援情况

（1）事故发生经过。地铁×号线二期建设北路站防尘降噪施工棚工程由门式刚架和网架两部分组成，整体结构呈喇叭口状，跨度由36m逐渐增加至52.3m，门式刚架部分已完成施工，网架部分于2021年8月30日开始地面拼装，9月3日开始网架段立柱安装，9月6日开始上部网架安装，9月7日地面拼装的13～16轴网架段整体完成吊装。9月7日下午开始进行高空散装拼接，至9月10日上午完成了16～18轴两榀半左右的散装拼接施工工作。

9月10日13时30分许，网架安装班、墙壁板安装班、吊装配合人及带班人员开始上班，网架安装班10名工人分成两组，其中，空中拼装组4人由高空作业车送至网架顶部作业点系好安全带，并由汽车起重机辅助进行拼装作业。在南侧（靠近太阳公元小区）负责墙壁板安装的4名工人乘坐高空作业车到达钢立柱作业点，其余12名工人在地面做配合工作，北侧（靠近电子科大校区）负责墙壁板安装的10名工人在地面等候高空作业车。14时01分，正在拼装的顶部网架支座突然发生脱落，网架瞬间从北侧向南侧整体坍塌，正在网架顶部作业的4人随网架坠落受伤，南侧墙壁板1名安装工人坠落受伤，地面网架作业区域内12人被坍塌的网架砸伤，坍塌飞出物将场外1名行人的手臂击伤（图1、图2）。

（2）应急处置情况。在市、区两级相关部门分工协作密切配合下，事故应急处置快速响应，高效协同。应急处置中未发生次生衍生事故，社会舆情及时得到平复。

图1　坍塌现场实景图

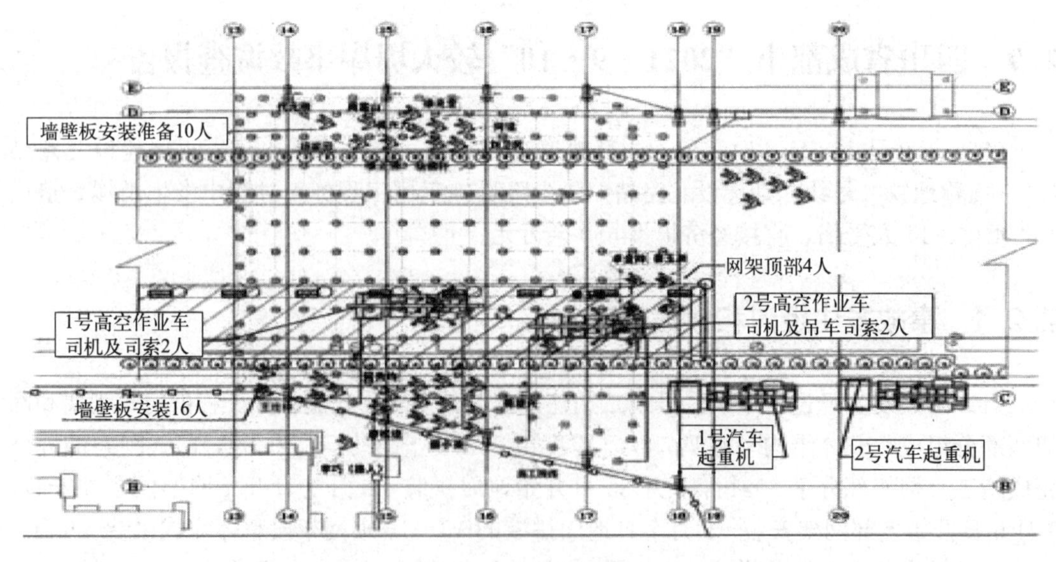

图2　人员站位平面图

2.9.2 事故基本情况

1. 防尘降噪施工棚工程基本情况

为减少因地铁施工给周边居民生活带来的影响，2019 年 9 月以来，市大气污染防治工作领导小组与市住建局经过多次研究，决定选取位于人员密集区的地铁×号线二期建设北路站作为全封闭施工棚的试点建设站。2021 年 3 月 18 日，市轨道办（设在市住建局，由市住建局轨道处牵头）召开第 162 次工作例会，明确建设北路站施工棚为地铁工程施工的保障措施，由地铁×号线二期施工总承包单位组织实施，费用从×号线二期工程预备费中列支。由于防尘降噪棚为额外增加的临时性保障措施，不在地铁工程承包合同施工范围内，建设单位与施工总承包单位未签订相应的合同协议。地铁×号线二期建设项目行业主管部门为市住建局，日常安全生产监督管理工作由市建设工程质量监督站负责（以下简称市住建局质监站）。

2. 防尘降噪施工棚工程施工方案审查情况

防尘降噪全封闭施工棚全长 198m，包含钢架段和网架段。其中 1—13 轴为钢架段，长度 108m，宽度 36m，最大安装高度 23m，13—24 轴为网架段，长度 90m，宽度 36～52.3m，最大安装高度 23.9m。网架段承重结构立柱均采用上宽下窄变截面实腹式焊接 H 型钢（H600—1200×500×18×25）。屋面采用螺栓球网架结构，屋面板采用 5cm 厚岩棉瓦楞夹芯板，墙壁板采用 5cm 厚玻璃棉夹芯吸声板（图 3、图 4）。

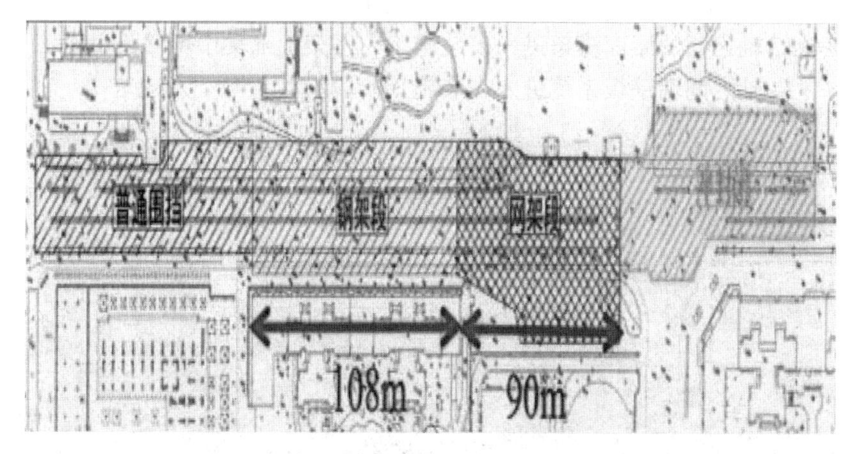

图 3 防尘降噪施工棚平面图

施工棚工程钢结构单跨跨度 36m，网架结构短边边跨跨度 52.3m，根据住房城乡建设部办公厅《关于实施〈危险性较大的分部分项工程安全管理规定〉有关问题的通知》（建办质〔2018〕31 号）规定，该项目属危险性较大的分部分项工程，依据住房城乡建设部《关于印发〈建筑业企业资质标准〉的通知》（建市〔2014〕159 号）规定，该项目施工单位需具备钢结构贰级资质。《建设北路站施工棚钢结构及网架工程安全专项施工方案》（以下简称专项施工方案）由防尘降噪施工棚施工承包单位编制，2021 年 6 月 22 日，先后经施工总承包单位项目部工程师常某、总工程师万某审核。7 月 26 日，在施工图纸未

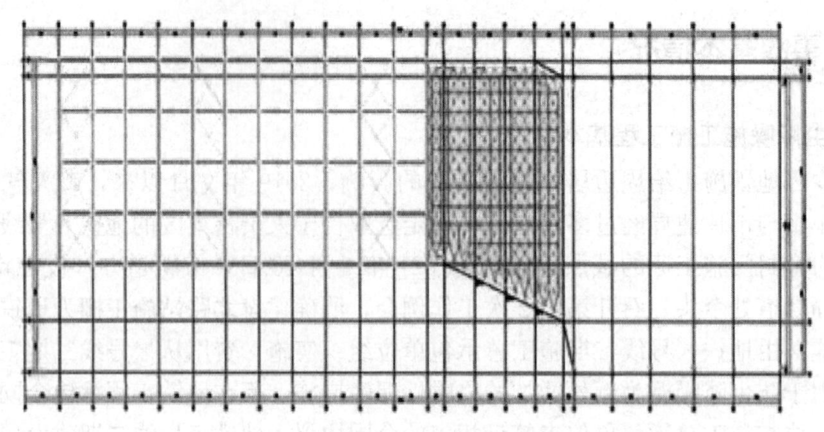

图4 全封闭式工棚安装分区图

出、无设计单位技术负责人参加的情况下，施工总承包单位项目部在市住建局专家库内抽选西南交大王某、朱某，安美钢构任某、中建成投董某、成都巨象陈某5名专家，组织专项施工方案评审，防尘降噪施工棚施工承包单位按照专家评审意见修改完成后于8月10日将方案报监理单位总监周某审核通过，8月11日报建设单位现场工程师宋某审核通过。

3. 网架部分坍塌时的施工现状（图5～图8）

（1）网架部分14—18轴散拼基本完成（其中18轴已完成一半网架拼装），网架上弦支座与钢立柱之间未完成连接，网架下弦与钢立柱牛腿基本完成临时连接。

（2）网架钢立柱柱脚二次灌缝作业未完成封闭。

（3）14—17轴之间的屋面檩条进入安装施工，网架上部集中堆载重量约2.5t。

（4）13—17轴之间墙壁板系统进入安装施工阶段。

图5 支座扭曲变形

4. 技术检测验证及专家论证情况

（1）经四川省联胜工程质量检测有限公司检测，螺栓实物拉力荷载平均值为281.99kN（标准要求255～304kN），断裂发生在螺纹与螺杆交接处，机械性能符合标准要求。网架用高强度螺栓（M20）尺寸：螺母厚度、螺杆长度、螺纹长度、螺杆直径、螺

图6　上弦圆球与支座未焊接

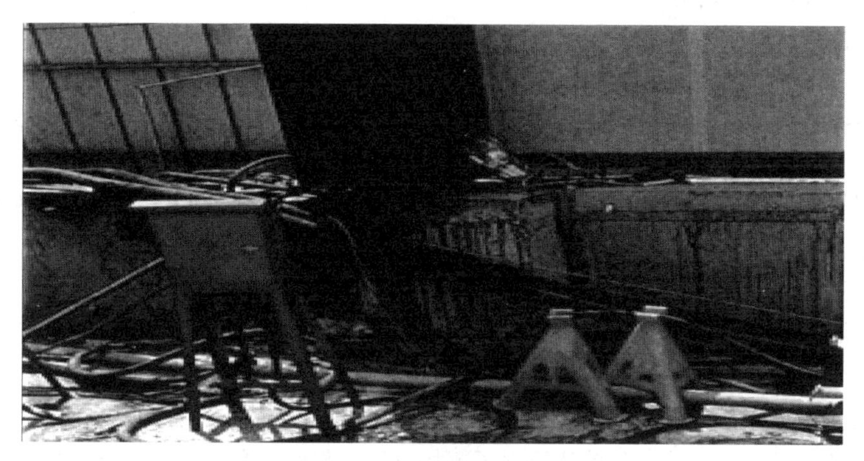

图7　柱脚未灌缝封闭

图8　上部堆载（9月10日上午）

母直径平均值分别为12.82mm、72.67mm、29.78mm、20.30mm、29.75mm（标准值

分别为：11.6～13.4mm、72.05～73.95mm、25～30mm、19.58～20.42mm、29.48～30mm），符合标准要求。钢管尺寸：外径平均值76.58mm［标准值：（76±0.76）mm］、壁厚平均值：3.71mm［标准值：（3.75±0.38）mm］，符合标准要求。

（2）经四川省建筑科学研究院有限公司（以下简称省建科院）对网架结构设计进行验算和施工过程仿真推演，网架结构复核验算结论：设计荷载工况条件下，网架结构的部分杆件承载力不满足规范标准要求；网架结构C轴×14轴附近上弦层存在一处球节点无腹杆连接，D轴×18轴附近下弦层存在一处无腹杆连接。网架施工过程分析结论：现场已安装的网架结构，其支座位置上弦球节点未与柱顶支座连接；网架安装过程中部分支座位置竖腹杆所受压力超过其承载力标准值。

（3）事故调查组专家组依据第三方机构材料检测检验结果、网架结构设计复核及施工过程仿真验算结果，结合质询工程建设相关单位知情人情况以及事故调查询问笔录，综合分析得出如下结论：

①网架设计模型存在缺陷。

②根据省建科院对铭智公司出具的施工图设计复核结果，网架中部分杆件设计承载力不足。

③根据省建科院对网架部分的施工过程仿真验算结果，部分与支座相连的竖腹杆承载力标准值不足。

④网架部分的施工与设计单位出具的施工图中的“设计总说明（二）”的网架安装要求不一致，施工方实际采用的施工方案未见施工过程模拟计算文件。

⑤施工过程中14—17轴网架上弦支座未与支承柱有效连接。

事故调查组结合技术检测验证及专家论证情况，逐一排除了人为破坏、地震、气象、地基沉降等可能导致坍塌的因素，查明了事故发生的直接原因。

5. 善后处置及经济损失情况

事故发生后，施工总承包单位成立了事故善后工作组，负责伤亡人员家属接待、善后等相关事宜。至2021年9月11日，用人单位与4名死者的家属签署谅解赔偿协议，9月12日下午，4名死者遗体全部完成火化。事故发生30d后（至10月12日）14名伤者中已有7人出院，另外7人分别在四川大学华西医院和四川省建筑医院接受治疗，目前均病情稳定，救治过程中无新增人员死亡。

初步统计此次事故直接经济损失约650万元，其中：死亡人员赔偿440万元，受伤人员医疗费用120万元，材料及设备损失费用90万元。

2.9.3 事故性质及原因认定

（1）事故性质。事故调查组认定，地铁×号线二期建设北路站防尘降噪施工棚工程“2021·9·10”事故是一起生产安全责任事故，事故类型为坍塌事故，事故等级为较大事故。

（2）直接原因。网架中部分杆件设计承载力不足，部分与支座相连的竖腹杆承载力标准值不足，施工过程中网架上弦支座未与支承柱有效连接，使网架结构处于不稳定工作状态，网架顶部堆载和多工序交叉施工作业产生的外力扰动加速不稳定结构体系失稳坍塌。

（3）事故间接原因

①违法组织生产。违法发包、转包，无资质和超资质承揽工程。

②施工现场管理不到位。未严格按设计要求工序组织施工，在结构未形成稳定空间体系前进行墙壁板安装、网架顶部堆载；网架安装顺序不符合设计要求，未从靠近山墙的有柱间支撑的两榀钢架开始散拼安装；施工安全措施不到位，网架安装时未搭设临时支撑，未设置缆风绳临时固定；未进行设计技术交底；多工序交叉作业管理不到位，未明确交叉作业时应当采取的安全措施。

③项目审查把关不严。施工总承包、监理、建设管理单位多方审查把关不严，在施工图纸未出、无设计单位技术负责人参加的情况下组织进行专项施工方案专家论证；施工单位实际采用的施工方案与设计单位要求的网架安装方案不一致时未进行施工过程模拟计算。

④设计存在缺陷。网架设计模型存在缺陷，下部结构未与网架屋盖整体建模计算。

2.9.4　调查发现的主要问题

1. 事故单位及相关单位

1）防尘降噪施工棚施工单位

（1）违法组织生产。超资质承揽钢结构工程。

（2）施工现场管理不到位。未严格按设计要求工序组织施工，在结构未形成稳定空间体系前进行网架顶部堆载；施工过程中网架上弦支座未与支承柱进行有效连接；实际采用的施工方案与设计单位要求的网架安装方案不一致时未对施工过程进行模拟计算；未按网架安装设计要求从靠近有山墙的柱间支撑的两榀网架开始散拼安装；施工安全措施不到位，网架安装时未搭设临时支撑，未设置缆风绳临时固定。

2）防尘降噪施工棚施工承包单位

（1）违法组织生产。无资质承揽钢结构工程；违法将钢结构（含网架部分）主体工程转包给防尘降噪施工棚施工单位。

（2）施工现场管理不到位。未严格按设计要求工序组织施工，在结构未形成稳定空间体系前进行墙壁板安装，未纠正施工单位在网架顶部堆载的行为；未督促施工单位对网架上弦支座与支承柱进行有效连接；未督促施工单位按设计要求从靠近山墙的有柱间支撑的两榀网架开始散拼安装；未督促施工单位在实际采用的施工方案与设计单位要求的网架安装方案不一致时对施工过程进行模拟计算；未督促施工单位落实施工安全措施，网架安装时未搭设临时支撑，未设置缆风绳临时固定；多工序交叉作业管理不到位，未明确交叉作业时应当采取的安全措施。

3）施工总承包单位

（1）违法组织生产。违法发包，将跨度超过36m的钢结构工程发包给无钢结构资质施工单位；在无施工图纸、无设计单位技术负责人参加的情况下组织进行专项施工方案专家论证；未按规定派遣备案项目经理到岗履职。

（2）施工现场管理不到位。未督促施工单位对网架上弦支座与支承柱进行有效连接；未督促施工单位在实际采用的施工方案与设计单位要求的网架安装方案不一致时对施工过程进行模拟计算；未督促施工单位严格按设计要求工序组织施工，在结构未形成稳定空间体系前进行墙壁板安装、网架顶部堆载；未督促施工单位严格按设计要求从靠近山墙的有柱间支撑的两榀网架开始散拼安装；未督促施工单位落实施工安全措施，网架安装时未搭设临时支撑，未设置缆风绳临时固定；多工序交叉作业管理不到位，未明确交叉作业时应当采取的安全措施。

4）监理单位。

对分包单位资质审查把关不严，对危险性较大工程专项施工方案专家论证把关不严，施工现场监督管理不到位，对备案项目经理长期不到岗履职问题失察。

5）防尘降噪施工棚设计单位。

涉嫌允许其他人以本单位的名义承揽业务；设计存在缺陷，网架中部分杆件设计承载力不足，部分与支座相连的竖腹杆承载力标准值不足，下部结构未与网架屋盖整体建模计算；未进行设计技术交底。

6）防尘降噪施工棚施工图外部审查单位。

对施工图审查把关不严，未发现网架设计模型存在缺陷、下部结构未与网架屋盖整体建模计算、网架中部分杆件设计承载力不足等问题。

7）施工总承包单位该工程牵头负责单位。

对下级单位监督检查不到位，对危险性较大工程专项施工方案专家论证监督把关不严，对施工现场隐患排查整治监督不到位，对备案项目经理长期不到岗履职问题失察。

8）施工总承包单位。对下级单位安全生产管理工作监督不到位。

9）建设单位建设管理公司。

对危险性较大工程专项施工方案专家论证监督把关不严，对施工现场隐患排查整治监督不到位，对备案项目经理长期不到岗履职问题失察。

10）建设单位。

对建设单位建设管理公司现场安全生产管理工作监督不到位。

2. 行业主管部门

市住建局对全封闭施工棚建设试点工作重视不够，组织不严密，对该工程大跨度钢结构施工存在的重大安全风险认识不足，未将其纳入危险性较大的分部分项工程进行管理，重进度轻安全，安全监管缺位。

2.9.5 对事故有关单位及责任人的处理建议

1. 建议移送司法机关人员（5人）

（1）侯某，防尘降噪施工棚施工单位项目现场负责人，XJ区人大代表。未履行施工现场管理职责，在网架结构未形成稳定空间体系前进行网架顶部堆载；施工过程中网架上弦支座未与支承柱进行有效连接；在实际采用的施工方案与设计单位要求的网架安装方案不一致时未对施工过程进行模拟计算；未严格按网架安装设计要求从靠近山墙的有柱间支撑的两榀网架开始散拼安装；施工安全措施不落实，网架安装时未搭设临时支撑，未设置缆风绳临时固定，其行为违反了《安全生产法》第二十五条第一款第（五）项、第（六）

项的规定，负事故直接管理责任，涉嫌重大责任事故罪，建议移送司法机关立案调查。

（2）谢某，防尘降噪施工棚施工单位法定代表人，安全生产第一责任人，对公司的安全生产工作全面负责。超资质承揽钢结构工程；施工现场管理不到位，施工过程中网架上弦支座未与支承柱进行有效连接；实际采用的施工方案与设计单位要求的网架安装方案不一致时未对施工过程进行模拟计算；未严格按设计要求工序组织施工，在结构未形成稳定空间体系前在网架顶部堆载；未严格按网架安装设计要求从靠近山墙的有柱间支撑的两榀网架开始散拼安装；施工安全措施不落实，网架安装时未搭设临时支撑，未设置缆风绳临时固定，其行为违反了《安全生产法》第二十条、第二十一条第一款第（五）项、《建设工程安全生产管理条例》第二十条、第二十一条第一款的规定，负事故直接管理责任，涉嫌重大责任事故罪，建议移送司法机关立案调查。

（3）刘某，防尘降噪施工棚施工承包单位法定代表人，安全生产第一责任人，对公司的安全生产工作全面负责。无资质承揽钢结构工程；非法将钢结构（含网架部分）主体工程转包给防尘降噪施工棚施工单位；未严格按设计要求工序组织施工，在结构未形成稳定空间体系前进行墙壁板安装，未纠正施工单位在网架顶部堆载的行为；未督促施工单位对网架上弦支座与支承柱进行有效连接；未督促施工单位按设计要求从靠近山墙的有柱间支撑的两榀网架开始散拼安装；未督促施工单位在实际采用的施工方案与设计单位要求的网架安装不一致时对施工过程进行模拟计算；未督促施工单位落实施工安全措施，网架安装时未搭设临时支撑，未设置缆风绳临时固定；多工序交叉作业管理不到位，未明确交叉作业时应当采取的安全措施，其行为违反了《安全生产法》第二十条1、第二十一条第一款第（五）项、《建设工程安全生产管理条例》第二十条。

（4）杨某，中共党员，施工总承包单位项目部执行经理，项目实际负责人，项目安全生产第一责任人，对项目安全生产工作全面负责。违法发包；未督促施工单位对网架上弦支座与支承柱进行有效连接；未督促施工单位在实际采用的施工方案与设计单位要求的网架安装方案不一致时对施工过程进行模拟计算；未督促施工单位严格按设计要求工序组织施工，在结构未形成稳定空间体系前进行墙壁板安装、网架顶部堆载；未督促施工单位严格按设计要求从靠近山墙的有柱间支撑的两榀网架开始散拼安装；未督促施工单位落实施工安全措施，网架安装时未搭设临时支撑，未设置缆风绳临时固定；多工序交叉作业管理不到位，未明确交叉作业时应当采取的安全措施，其行为违反了《安全生产法》第二十一条第一款第（一）项、第（五）项、第四十九条。

（5）何某，监理单位专业监理工程师，负责项目隐蔽工程、施工工序、施工质量等监督管理工作。未履行施工现场监督管理职责，未发现并纠正施工过程中网架上弦支座未与支承柱进行有效连接的问题；未督促施工单位在实际采用的施工方案与设计单位要求的网架安装方案不一致时对施工过程进行模拟计算；未督促施工单位严格按设计要求工序组织施工，在结构未形成稳定空间体系前进行墙壁板安装、网架顶部堆载；未督促施工单位严格按设计要求从靠近山墙的有柱间支撑的两榀网架开始散拼安装；未督促施工单位在进行网架安装时搭设临时支撑和设置缆风绳临时固定；对备案项目经理长期不到岗履职问题失察，其行为违反了《安全生产法》第四十六条、四川省安全双重预防工作机制，督促、检查本单位的安全生产工作，及时消除生产安全事故隐患。

2. 建议给予行政处罚和党纪政纪处分人员

有关企业人员。（22人）

（1）李某，防尘降噪施工棚施工承包单位项目现场负责人。施工现场管理不到位，不严格按设计要求工序组织施工，施工安全措施不落实，其行为违反了《安全生产法》第二十五条第一款第（五）项、第（六）项、第二十六条、第四十六条的规定，对事故发生负有主要管理责任，建议依据《安全生产法》第九十六条的规定，移送住建部门暂停或吊销其与安全生产有关的资质，并由市应急局予以罚款。

（2）李某，施工总承包单位项目部建设北路站主任。施工现场管理不到位，隐患排查治理不力，其行为违反了《安全生产法》第二十五条第一款第（五）项、第（六）项、第四十六条的规定，对事故发生负有重要管理责任，建议依据《安全生产法》第九十六条的规定，移送住建部门暂停或吊销其与安全生产有关的资质，并由市应急局予以罚款，责成其单位按干部管理权限依法给予其党纪政务处分。

（3）常某，施工总承包单位项目部工程师。对项目专项施工方案专家论证审查不到位，施工现场管理不到位，其行为违反了《安全生产法》第二十五条第一款第（五）项、第（六）项、第四十六条的规定，对事故发生负有主要管理责任，建议依据《安全生产法》第九十六条的规定，移送住建部门暂停或吊销其与安全生产有关的资质，并由市应急局予以罚款，责成其单位按干部管理权限依法给予其党纪政务处分。

（4）宋某，施工总承包单位项目部副经理。施工现场组织、协调、管理不到位，对分包单位管理不严格，其行为违反了《安全生产法》第二十五条第一款第（五）项、第（六）项、第四十六条的规定，对事故发生负有主要管理责任，建议依据《安全生产法》第九十六条的规定，移送住建部门暂停或吊销其与安全生产有关的资质，并由市应急局予以罚款，责成其单位按干部管理权限依法给予其党纪政务处分。

（5）万某，施工总承包单位副总经理兼总工程师。对项目专项施工方案专家论证审查把关不严，其行为违反了《安全生产法》第四十六条的规定，对事故发生负有重要管理责任，建议依据《安全生产法》第九十六条的规定，移送住建部门暂停或吊销其与安全生产有关的资质，并由市应急局予以罚款，责成其单位按干部管理权限依法给予其党纪政务处分。

（6）周某，施工总承包单位董事长兼总经理，安全生产第一责任人，对公司的安全生产工作全面负责。督促、检查本单位安全生产工作不力，违法发包，不按合同约定派遣备案项目经理到岗履职，其行为违反了《安全生产法》第二十一条第一款第（五）项规定，对事故发生负有重要管理责任，建议依据《安全生产法》第九十五条第一款第二项的规定，由市应急局予以罚款，责成其单位按干部管理权限依法给予其党纪政务处分。

（7）杨某，监理单位项目监理部总监代表。对分包单位资质审查把关不严，施工现场监督管理不到位，对备案项目经长期不到岗履职问题失察，其行为违反了《安全生产法》第二十五条第一款第（五）项、第（六）项、第四十六条、《四川省安全生产条例》第十九条第二款的规定，对事故发生负有重要管理责任，建议依据《安全生产法》第九十六条规定，移送住建部门暂停或吊销其与安全生产有关的资质，并由市应急局予以罚款。

（8）周某，监理单位项目监理部总监。对分包单位资质审查把关不严，对项目专项施工方案专家论证把关不严，施工现场监督管理不到位，对备案项目经理长期不到岗履职问题失察，其行为违反了《安全生产法》第二十五条第一款第（五）项、第（六）项、第四十六条、《四川省安全生产条例》第十九条第二款的规定，对事故发生负有重要管理责任，建议依据《安全生产法》第九十六条规定，移送住建部门暂停或吊销其与安全生产有关的资质，并由市应急局予以罚款。

（9）刘某，监理单位四川分公司主要负责人。对项目监督检查不到位，其行为违反了《安全生产法》第二十一条第一款第（五）项、《四川省安全生产条例》第十九条第二款的规定，对事故发生负有重要管理责任，建议依据《安全生产法》第九十五条第一款第（二）项的规定，由市应急局予以罚款。

（10）李某，防尘降噪施工棚设计单位结构设计师。未认真履行职责，网架中部分杆件设计承载力不足，部分与支座相连的竖腹杆承载力标准值不足，下部结构未与网架屋盖整体建模计算，对事故发生负有重要管理责任，建议依据《建设工程安全生产管理条例》第十三条第四款的规定，移送住建部门进行调查处理。

（11）刘某，防尘降噪施工棚设计单位实际负责人，安全生产第一责任人，对公司的安全生产工作全面负责。未认真履行安全生产工作职责，对项目施工图设计审查把关不严，出具的设计图纸存在缺陷，其行为违反了《安全生产法》第二十一条第一款第（一）项、第（二）项的规定，对事故发生负有一般管理责任，建议依据《安全生产法》第九十五条第一款第（二）项的规定，由市应急局予以罚款。

（12）程某，施工总承包下属单位驻地工程师。对项目专项施工方案专家论证监督把关不严，对项目监督检查不到位，对施工现场隐患排查整治监督不到位，其行为违反了《安全生产法》第四十六条的规定，对事故发生负有一般管理责任，建议依据《安全生产法》第九十六条的规定，移送住建部门暂停或吊销其与安全生产有关的资质，并由市应急局予以罚款，责成其单位按干部管理权限依法给予党纪政务处分。

（13）李某，施工总承包下属单位工程部副部长兼地铁×号线二期工程总工程师。对项目专项施工方案专家论证监督把关不严，对项目监督检查不到位，对施工现场隐患排查整治监督不到位，其行为违反了《安全生产法》第四十六条的规定，对事故发生负有一般管理责任，建议依据《安全生产法》第九十六条的规定，移送住建部门暂停或吊销其与安全生产有关的资质，并由市应急局予以罚款，责成其单位按干部管理权限依法给予党纪政务处分。

（14）杨某，施工总承包下属单位副总经理兼地铁×号线二期工程指挥长。对项目监督检查不到位，其行为违反了《安全生产法》第四十六条的规定，对事故发生负有一般管理责任，建议依据《安全生产法》第九十六条的规定，移送住建部门暂停或吊销其与安全生产有关的资质，并由市应急局予以罚款，责成其单位按干部管理权限依法给予党纪政务处分。

（15）宋某，建设单位标段业主代表。对项目专项施工方案专家论证监督把关不严，对施工现场隐患排查整治监督不到位，对备案项目经理长期不到岗履职问题失察，其行为违反了《安全生产法》第四十六条的规定，对事故发生负有一般管理责任，建议依据《安全生产法》第九十六条的规定，移送住建部门暂停或吊销其与安全生产有关的资质，并由市应急局予以罚款，移送市纪委监委按干部管理权限调查处理。

（16）刘某，建设单位分公司工程部副部长。对项目专项施工方案专家论证监督不到位，对施工现场隐患排查整治监督不到位，其行为违反了《安全生产法》第四十六条的规定，对事故发生负有一般管理责任，建议依据《安全生产法》第九十六条的规定，移送住建部门暂停或吊销其与安全生产有关的资质，并由市应急局予以罚款，移送市纪委监委按干部管理权限调查处理。

（17）蒋某，建设单位副董事长兼一分公司总经理。对项目安全生产工作监督不到位，其行为违反了《安全生产法》第四十六条的规定，对事故发生负有一般管理责任，建议依据《安全生产法》第九十六条的规定，移送住建部门暂停或吊销其与安全生产有关的资质，并由市应急局予以罚款，移送市纪委监委按干部管理权限调查处理。

（18）对参与专项施工方案审查的西南交大王某、朱某、安美钢构任某、中建成投董某、成都巨象陈某5名专家，建议由住建部门按有关规定作出处理。

3. 有关公职人员

对于在事故调查过程中发现的有关部门公职人员履职方面存在的问题，建议由市应急局移交市纪委监委追责问责审查调查。

4. 有关事故单位（6家）

（1）防尘降噪施工棚施工单位。违反了《安全生产法》第二十条、《建设工程安全生产管理条例》第二十条、《建筑业企业资质标准》（建市〔2014〕159号）的规定，对事故发生负有责任，建议按照《安全生产法》有关规定，由市应急局予以罚款，并纳入安全生产信用管理，实施联合惩戒。

（2）防尘降噪施工棚施工承包单位。违反了《安全生产法》第二十条、第四十八条、第四十九条、《建筑法》第二十九条第一款、第三款、《建设工程安全生产管理条例》第二十条、《建筑业企业资质标准》（建市〔2014〕159号）的规定，对事故发生负有责任，建议按照《安全生产法》有关规定，由市应急局予以罚款，并纳入安全生产信用管理，实施联合惩戒。

（3）施工总承包单位。违反了《安全生产法》第二十七条、第四十八条、第四十九条、《建筑法》第二十二条《建设工程安全生产管理条例》第二十条的规定，对事故发生负有责任，建议按照《安全生产法》有关规定，由市应急局予以罚款，并纳入安全生产信用管理，实施联合惩戒。

（4）监理单位。违反了《安全生产法》第四十一条第一款、第二款、《建设工程安全生产管理条例》第十四条的规定，对事故发生负有责任，建议按照《安全生产法》有关规定，由市应急局予以罚款，并移送住建部门进行处理。

（5）防尘降噪施工棚设计单位。违反了《安全生产法》第三十一条、《建设工程安全生产管理条例》第十三条第一款、《建设工程勘察设计管理条例》第三十条的规定，对事故发生负有责任，建议按照《安全生产法》有关规定，由市应急局予以罚款；涉嫌允许其他人以本单位的名义承揽业务的问题移送住建部门进行处理。

（6）防尘降噪施工棚施工图外部审查单位。违反了《房屋建筑和市政基础设施工程施工图设计文件审查管理办法》第十五条第二款的规定，建议移送住建部门进行处理。

上述责任单位涉嫌其他违法违规行为，建议由住建部门另行调查处理。

5. 其他处理建议

（1）施工总承包单位及相关下属单位建议由市住建局、市应急局进行告诫约谈。

（2）责成相关建设单位下属单位向建设单位作出书面检查。责成建设单位向市委市政府作出书面检查，并送市应急局备案。

（3）责成市住建局向市委市政府作出书面检查，并送市应急局备案。

2.9.6 防范及整改措施建议

建设施工各方责任主体要深刻汲取事故教训，举一反三，层层压实安全生产责任，切实加强建设施工全过程管控，坚决防止类似事故的发生。

（1）各事故责任单位要进一步强化安全发展理念和底线思维，认真学习贯彻习近平总书记关于安全生产系列重要指示批示精神和党中央国务院、省委省政府、市委市政府关于安全生产的决策部署，牢固树立安全发展理念，强化安全生产红线意识和底线思维，切实担负起保障人民群众生命和财产安全的政治责任。要认真学习贯彻新修正的《安全生产法》，进一步强化安全生产法制意识、责任意识，建立健全全员安全生产责任制，确保安全生产事事有人抓、处处有人查、时时有人管。

（2）施工总承包单位要切实履行安全生产主体责任，进一步健全安全生产管理制度，配齐配强安全管理人员，明确安全管理职责，切实将安全责任落实到最小工作单元；进一步强化分包管理，严格分包队伍进场资质审查，坚决杜绝无资质或超资质承揽工程；加强现场施工组织和交叉作业安全管理，严格督促各分包单位执行有关制度规定，及时发现和纠正存在问题，确保各项工作有序开展；建立健全安全风险分级管控和隐患排查治理双重预防机制，强化施工棚等临时工程、试点工程安全风险辨识评估，严格落实风险管控措施，强化安全隐患排查整治，切实筑牢安全生产防线。

（3）监理单位要认真履行监理合同约定，按要求配置具备专业能力的监理人员；严格分包队伍资质审查，对违规违法分包要坚决制止并如实上报；加强施工组织及施工方案审查审批，对“重进度、轻安全”等行为要及时制止或上报建设行政主管部门；加大对危大工程的监督力度，加强对施工棚等临时工程、试点工程的安全监督管理，严格落实重点工序巡查和旁站制度，及时发现安全隐患问题并督促施工单位有效整改，确保安全生产。

（4）设计单位要严格执行法律法规的规定，建立健全全员安全生产责任制，优化设计审查流程，强化内部管理，确保设计质量；项目负责人要对设计进行追踪技术服务，充分考虑施工安全操作和防护需要，并做好设计技术交底。

（5）建设管理单位要进一步压实施工总承包单位安全生产主体责任及监理单位安全监督责任，督促各参建单位合同备案人员严格按要求到岗履职；督促各参建单位严格落实危大工程管控机制，并将施工棚等临时工程、试点工程全面纳入管控范围；加大现场安全监督检查力度，重点整治合同人员不到岗履职、危大工程管理机制不落实及现场安全管控不到位等问题，确保施工安全。

（6）建设行政主管部门要切实履行行业安全监管责任，组织开展一次建设施工安全风险隐患排查整治专项行动，建立隐患问题整改台账清单，严格实行隐患问题闭环管理；建立健全临时设施安全管理制度，细化完善临时设施安全管理措施，进一步规范临时设施设计图审、施工管理、使用前验收等流程，并将临时设施纳入日常检查巡查内容；建立健全安全生产黑名单制度，加大现场检查力度，将压缩合理工期、不按规定履行法定建设程序、转包、违法分包和以包代管等严重违法行为纳入黑名单管理，并通报相关部门（单位）实行联合惩戒。

2.10 新疆维吾尔自治区昌吉市“9·19”坍塌较大事故调查报告

2021年9月19日12时15分许，新疆维吾尔自治区昌吉市2019年给水排水工程项目下三工村标段，在埋压管道时发生一起坍塌事故，造成3人死亡，直接经济损失约450万元。

2.10.1 相关项目基本情况

1. 项目概况及施工进度情况

1）项目概况

昌吉市2019年给水排水工程项目主要为新建排水管网5.6km，包含世纪大道（红旗路北外环）、西外环（北外环-宁边路）。下三工村。西六路（北三路-乌奎高速）四个标段。事故标段为下三工村标段，工程内容为新建排水管网DN400，长度2714m。

2）施工进度情况

2019年6月20日，施工单位进场开始前期准备和施工；2019年11月7日，世纪大道（红旗路。北外环）、西外环（北外环-宁边路）、西六路（北三路-乌奎高速）三个标段完工。

2020年4月9日，下三工村标段开始施工；2020年6月13日，由于疫情原因项目停工，2020年共施工1.5km。

2021年3月25日，施工单位申请办理复工手续。工程复工报告单仅有总监理工程师签字、监理单位盖章，建设单位和质量安全监督部门未签字盖章。

2021年3月29日至6月10日，项目复工建设。期间，4月10日，在施工段幸福路口方向100m处（邓禄普轮胎店附近）埋压管道过程中发生坍塌，造成一名工人被掩埋受伤，施工单位将伤者送往五家渠南人民医院进行治疗，向伤者赔1.5万元误工费。该事故未向监管部门报告。

2021年6月10日，因工程需横穿乌五公路，必须办理顶管施工许可方可施工，项目再次停工。

2021年8月27日，建设单位代表马某、刘某与乌鲁木齐市路政海事局，公路局相关人员对项目进行现场查勘，乌鲁木齐市路政海事局、公路局相关人员现场查勘后同意施工，建设单位代表马某现场电话告知施工单位总经理邵某，可以进行项目施工。

2021年9月8日，施工单位未办理复工手续进场施工。

2. 事故现场情况

事故发生段位于下三工村项目标段0+680m处，因救援时已严重破坏事故发生现场，根据救援现场影像资料及工程参与人员笔录复原，发生事故的基槽上口宽度约1.5～2.0m，下口宽度约1.0m，基槽东侧直立开挖，西侧有一定放坡（西侧有直埋暖气管道通过，埋深约1.5m，距离本次开挖基槽约50cm），放坡仅在上部回填土深度范围，放坡系数约1∶0.3至1∶0.5。挖掘机用斗铲将松散孤石刮落时形成斜坡，斜坡东侧紧邻军垦路路缘石，土质为路基卵砾石，结构较密实，未进行放坡，基槽挖出弃土堆于基槽西侧，堆土距离基坑上口边线约50cm，堆土高度约1.8m（图1）。

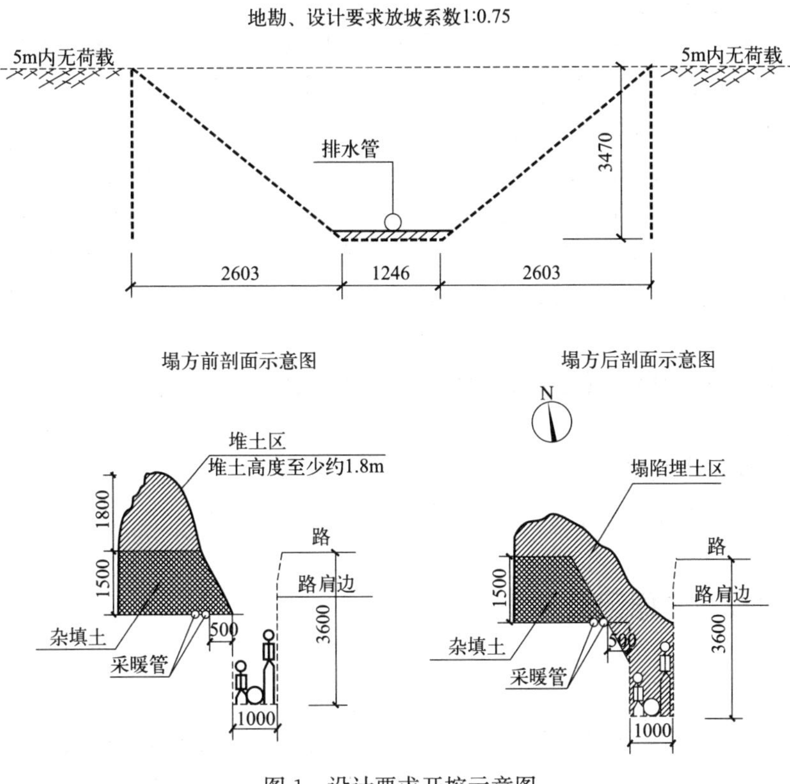

图1　设计要求开挖示意图

根据现场勘察和理论计算，基槽内塌方土80%以上来源于基槽西侧堆土。

2.10.2　事故发生经过及应急处置情况

1. 事故发生经过

2021年9月19日上午8时许，施工单位下三工村标段项目技术员齐某与技术实习生翟某前往项目施工现场，与现场施工工人唐某、陈某、付某挖掘机司机寇某会合，齐某安排翟某负责施工现场技术测量，寇某负责沟槽开挖，唐某、陈某、付某负责管道铺设。齐某前往乌五路对面另一施工现场，安排另外三名工人、挖掘机司机开挖管沟，铺设管道。

12时10分许，寇某完成基槽挖掘长约10m、上口宽约15～2m、下口宽约1.0m、深度约3.6m，基槽挖出弃土堆于基槽西侧，堆土距离基坑上口边线约50cm（设计要求不小于80cm），堆土高度约1.8m（设计要求不高于1.5m）。

12时15分许，寇某配合唐某、陈某、付某将管道放至基槽内，唐某、陈某、付某在基槽内调整管道高度，翟某在地面使用水准仪测量高程。翟某在测量时发现管沟堆土异常，立即要求基槽内工人快速撤离，三人还未反应，发生坍塌，唐某、陈某、付某三人被掩埋。

2. 应急处置情况

事故发生后，翟某立即向马路对面齐某呼救并进行救援。1min左右，齐某与另3名工人赶赴事故现场参与救援。

12时18分许，项目技术负责人祝某听到寇某呼救，立即赶到现场，组织救援。救援过程中，齐某拨打110、120报警求救；祝某通过电话告知邵某发生事故。五家渠市警务站民警到达现场，维持现场秩序。

12时20分许，五家渠市公安民警、120医护人员、消防救援大队陆续赶到现场参与救援，先后救出陈某、唐某、付某送往医院，经抢救无效死亡。接到事故报告后，昌吉州党委、政府高度重视，迅速启动应急预案，组织救援。州、市领导及相关部门领导第一时间赶赴事故现场，指导事故救援、善后处理工作。

2.10.3　事故造成的人员伤亡和直接经济损失

1. 事故造成3人死亡

2. 直接经济损失450万元

2.10.4　事故发生原因及性质

1. 直接原因

施工单位违规建设，违章冒险作业，施工过程违反设计要求及规范要求，基坑西侧堆土过高、放坡系数不符合设计及规范要求是造成基槽坍塌、导致事故发生的直接原因。

2. 间接原因

（1）施工单位违规建设、违章作业、安全管理不到位。施工单位复工手续不全，多次未按要求履行复工审批程序，违规组织施工；未按施工方案组织监理等相关单位开展验槽，违章冒险作业；施工现场安全技术管理人员随意离岗缺位；主要负责人及施工人员对安全生产职责不清，安全生产责任制和规章制度形同虚设。

（2）施工单位违规劳务分包，安全培训流于形式，未履行风险辨识和隐患排查治理职责。施工单位将劳务分包给不具备施工安全生产条件的个人，对下三工村标段现场施工的临时招聘劳务人员未依法有效进行安全培训和教育，现场施工过程安全技术交底停在纸面；自2021年施工以来，安全员长期缺岗雳未开展风险辨识和隐患排查治理，未深入现场开展安全检查。

（3）施工单位未深刻汲取事故教训。施工单位瞒报生产安全事故，该企业2021年4月10日已发生一起人员受伤的坍塌事故，未按要求上报负有行业监督管理职责的部门，未深刻汲取事故教训，未采取有效防范措施整改。

（4）监理单位监理人员缺位，伪造文件，干扰事故调查。未落实施工期间监理人员每天现场旁站监理、定期召开监理例会的要求，未有效履行现场旁站监理职责，未组织召集监理例会。总监代表、专业监理工程师王某伪造监理停工通知单，伪造施工单位负责人签名，为规避责任，谎称施工期间未到施工现场。

（5）监理单位工作制度不落实，监理人员工作不到位。未按《监理细则》对沟槽开挖进行验收；未按《安全监理规划》审核施工单位安全组织机构，对项目安全员长期不在岗的情况，未采取有效措施，未履行日常安全检查职责；施工期间无总监理工程师王某现场检查记录、巡查记录、主持监理工作会议记录。无变更手续私自变更监理人员，监理合同明确监理员与现场监理员不符；2019年至2020年项目施工期间《监理日志》未规范填写，存在冒名签字等弄虚作假行为。

（6）CJ市住建局安全生产监管职责落实不到位。项目负责人马某、刘某在明知项目已经复工的情况下，未及时审批办理复工手续，未报告CJ市质安中心安排监督员到场监督，未组织督促施工单位、监理单位开展安全风险辨识和隐患排查治理。

（7）监管中心监管履职不到位。在下三工村标段2021年2次施工期间，监管中心监督员均未到现场开展安全检查和现场监督，盲目认为项目未开工，未派监督员到场监督。

3. 事故性质

经调查认定，施工单位坍塌事故是一起较大生产安全责任事故。

2.10.5　对事故相关责任人员和单位处理建议

1. 建议移交司法机关追究刑事责任人员

（1）註某，施工单位法定代表人。作为安全生产第一责任人，安全生产主体责任不落实。安全生产责任制及各项规章制度不健全。瞒报事故，未汲取事故教训，未采取防范措施，造成同类事故再次发生，企业内部岗位职责不清，专职安全员长期不在岗，未履行复工手续违规组织施工，未严格按照设计方案组织施工，对事故发生负有直接领导责任，鉴于其行为涉嫌触犯刑法，建议移送司法机关追究刑事责任。

（2）祝某，施工单位下三工村标段实际负责人。作为现场施工安全生产实际责任人，施工现场安全管理混乱，未履行负责人安全管理职责。安全技术交底缺失，未履行复工手续违规组织施工，未严格按照设计方案进行施工，对事故发生负有直接领导责任，鉴于其行为涉嫌触犯刑法，建议移送司法机关追究刑事责任。

（3）齐某，施工单位下三工村标段技术员兼安全员。未严格按照施工方案施工，安全教育培训流于形式，伪造培训资料，未依法对施工人员进行安全教育培训，施工现场安全管理混乱，对事故发生负有直接管理责任，鉴于其行为涉嫌触犯刑法，建议移送司法机关追究刑事责任。

（4）王某，监理公司下三工村标段项目总监理工程师代表；专业监理。干扰事故调查，为逃避责任在下三工村标段监理过程中伪造文件，未全面正确履行监理职责，对事故发生负有直接管理责任，鉴于其行为涉嫌触犯刑法，建议移送司法机关追究刑事责任。

2. 建议给予行政处罚人员

（1）邵某，施工单位法定代表人。作为安全生产第一责任人，安全生产主体责任不落实。安全生产责任制及各项规章制度不健全。瞒报事故，未汲取事故教训，未采取防范措施，造成同类事故再次发生，企业内部岗位职责不清，专职安全员长期不在岗，未履行复工手续违规组织施工，未严格按照设计方案进行施工。以上行为违反了《安全生产法》第二十一条1依据《安全生产法》第九十五条第二项2之规定，建议由州应急管理局对其依法给予行政处罚。

（2）祝某，施工单位下三工村标段实际负责人作为现场施工安全生产实际责任人。施工现场安全管理混乱，未履行项目负责人安全管理职责，安全技术交底缺失，未履行复工手续，未严格按照设计方案违规组织施工。以上行为违反了《安全生产法》第二十五条3依据《中华人民共和国安全生产法》第九十六条4之规定，建议由州应急管理局对其依法给予行政处罚。

（3）鲜某，施工单位下三工村标段实际劳务承包人。不具备安全生产条件违规承保建设施工项目，招录不具备作业能力的临时劳务人员参与项目施工，未签订劳务合同，作业人员安全教育培训不到位，未履行安全技术交底职责。以上行为违反了《安全生产法》第二十五条3，依据《中华人民共和国安全生产法》第九十六条4之规定，建议由州应急管理局对其依法给予行政处罚。

（4）齐某，施工单位下三工村项目标段技术员兼安全员。未严格按照施工方案施工，安全教育培训流于形式。培训资料造假，一线人员没有进行岗前安全教育培训，三级安全教育未有效落实，施工现场安全管理混乱。以上行为违反了《中华人民共和国安全生产法》第二十五条，依据《中华人民共和国安全生产法》第九十六条之规定，建议由州应急管理局对其依法给予行政处罚。

（5）沈某，监理单位法定代表人。作为监理单位安全生产第一责任人，安全生产主体责任不落实。对项目监理履职不到位对监理日志记录不全等不检查不督促不监管失职失责，建议由州住房和城乡建设局对其依法给予行政处罚。

（6）王某，监理单位该项目总监理工程师对项目疏于监理，履职不到位，监理日志记录不全等不检查、不督促、不监管，建议由州住房和城乡建设局对其依法给予行政处罚，并吊销总监理工程师资质。

（7）王某，监理单位该项目总监理工程师代表、专业监理。干扰事故调查，在下三工村标段项目监理过程中为逃避责任造假（事故发生后，补发监理停工通知单），未全面正确履行监理职责，对事故发生负有主要责任，建议由州住房和城乡建设局对其依法给予行政处罚。

以上处理结果，在事故调查报告正式批复之日后15个工作日内完成，并报事故调查组备存。

3. 建议给予党纪、政务处分人员

（1）姚某，CJ市委副书记、常务副市长，中共党员。CJ市党委主管住建工作的领导，对分管领域发生事故负有领导责任，建议由纪委监委调查处理。

（2）姚某，建设单位党委书记，中共党员。作为建设单位主要领导，未督促相关科室及昌吉市质安中心履行管职责，负有主要领导责任，建议由纪委监委调查处理。

（3）袁某，建设单位局长，中共党员。作为建设单位主要领导，未安排相关科室及CJ市质安中心对下三工村标段项目进行监督检查，负有主要领导责任，建议由纪委监委调查处理。

（4）张某，建设单位副局长，中共党员。作为建设单位分管市政建设领导，对分管领域疏于管理对下三工村标段项目未及时安排相关科室进行监督检查，负有直接领导责任，建议由纪委监委调查处理。

（5）马某，建设单位城市建设科（公用基础设施科）科长，中共党员。作为建设单位代表，未与施工单位签订安全管理协议，对项目疏于监管，未督促监理加强项目监管，以包代管，建议由纪委监委调查处理。

（6）刘某，建设单位城市建设科（公用基础设施科）副科长。负责本项目管理工作，对项目疏于监管，未督促监理加强项目监管，以包代管，建议由纪委监委调查处理。

（7）黄某，监管单位党支部书记，中共党员。在监管单位主任驻村期间主持工作，对下三工村项目标段疏于管理，未及时安排监督员监督检查，负有领导责任，建议由纪委监委调查处理。

（8）张某，监管单位质量安全科科长，中共党员。作为下三工村标段项目监督员，对项目开复工未及时跟踪监管审批，未办理复工许可，履职不到位，建议由纪委监委调查处理。

（9）候某，监管单位质量安全科科员。作为下三工村标段项目监督员，对项目开复工未及时跟踪监管审批，未办理复工许可，履职不到位，建议由纪委监委调查处理。

4. 对有关单位处理建议

（1）施工单位。施工单位违规建设违章作业，安全管理不到位；违规劳务分包，安全培训流于形式，未履行风险辨识和隐患排查治理职责。以上行为违反了《安全生产法》第二十八条第二款、第四十一条第二款、第四十九条，导致事故发生，对事故发生负有主要责任。依据《中华人民共和国安全生产法》第一百一十四条第二项规定，建议由州应急管理局依法依规对施工单位给予行政处罚，将施工单位纳入自治州黑名单企业进行管理（期限1年）。

（2）监理单位。监理单位监理人员缺位，伪造文件，干扰事故调查；工作制度不落实监理人员工作不到位，长期不在岗，未履行日常安全检查职责。建议由建设单位依法依规对监理单位进行行政处罚。

2.10.6 事故防范和整改措施的建议

1. 施工单位

一要增强法治意识，严格执行国家的各项法律法规标准规范，立即对本公司承建的所有项目进行合法性审核，依照法律、法规规章和章程，制定本企业安全生产规章制度，指导本企业安全生产工作。要全面落实企业安全生产主体责任全面履行安全生产法定职责，严格筑牢安全底线，夯实安全基础，建立健全从主要负责人到一线从业人员的全员安全生产责任制，突出关键岗位、高风险岗位，实现安全生产责任全覆盖、安全生产责任全过程追溯，明确责任岗位、责任人、责任范围，做到“全员有责任心，一岗双责”“权责相适”。形成公司项目部，施工班组三级安全管理体系，夯实每一个环节、每一个岗位的安全责任，坚决杜绝违章作业，坚决消除侥幸心理和麻痹思想，真正吸取事故教训。

二要针对此次事故暴露出施工现场安全管理薄弱和安全技术交底不规范等安全隐患和问题，坚持问题导向，建立健全有效的施工现场安全管控措施和规范安全技术交底。施工过程中，项目经理、项目负责人、专职安全员随时跟踪进行巡视和检查，发现隐患及时整改，要对施工作业安全进行全面交底，确保交底不漏一人，坚决做到未进行安全交底决不施工。

三要严格按照国家安全培训规定要求，加强对从业人员安全生产理论与实践技能培训，要结合行业特点，每季度至少进行一次全员培训，每月至少进行一次关键岗位作业人员培训，主要负责人定期结合企业安全风险管控开展一次专题授课。要建立健全从业人员“三级”安全教育培训制度，特别是新入职人员的安全培训教育，未参加安全培训并考核合格的人员严禁上岗作业。要认真开展项目部施工前风险分析并制定风险管控措施，突出重点作业环节重点管控，使从业人员知悉危险有害因素和应急处置措施。要立即修订完善应急预案，针对施工过程中可能发生或造成的渗漏坍塌等突发事故，制定有针对性的专项应急预案，定期组织演练，不断提高实战化水平和应急处置能力。

四要组织开展事故警示教育，认真吸取事故教训，提高防范遏制事故能力。强化从业人员安全意识，加强项目安全管理，严格按照设计方案和施工方案进行施工，土方开挖前，应确定放坡条件，对不能满足施工安全的，应及时采取加固措施。要加强与业主单位、监理单位的联系和协调，避免出现安全管理上的脱节和漏洞。要及时和业主单位、监理单位组织相关人员对土方开挖、边坡支护、基坑降水进行验收，合格后方可进入下一道工序。要严格执行安全生产法律法规，认真落实安全监管部门工作指令，按要求限时整改并及时反馈，排除和规避施工过程中的安全隐患和风险，避免类似安全事故再次发生。

2. 监理单位

一要增强法治意识，严格执行国家各项法律法规、标准规范，强化安全生产监理责任意识，严格按照监理细则落实监理安全生产责任制，认真研判施工现场风险，细化施工现场安全监理方案。依据项目规模配足配强监理人员，健全安全责任体系，进一步落实监理工作责任制。

二要强化监理责任落实，规范建设工程安全监理工作程序，技术措施进行认真审核批准，对排水管网分段施工、分段验收严格把关，在工程施工过程中落实好旁站监理职责。要加强施工现场巡视检查力度，认真检查施工过程中安全防护措施落实情况，严格监督施工单位隐患排查治理工作，及时发现和纠正违章违规行为，发现险情及时采取有效措施。

三要严格执行安全生产法律法规，强化监理能力建设，积极主动落实安全监管部门监管指令，确保作业现场安全。

3. 建设单位

一要加强项目安全监管督促施工单位科学制定并严格执行施工作业方案，认真落实各项安全技术和管理措施，编制安全生产责任网、制度网、保障网；组织督促勘察、设计、施工、监理单位根据相关法律法规，认真履行相应职责，并确定专人负责，形成齐抓共管合力。

二要督促建设工程质量安全服务中心强化安全生产监督管理，督促指导建设工程各方责任主体全面、细致做好安全生产工作，重点加强对施工现场安全措施落实情况的检查，做好事故隐患排查和治理，进一步夯实施工安全保障措施。

三要深刻吸取事故教训，举一反三，全面排查整治建筑施工领域安全管理、违法转包、分包、挂靠及现场施工作业等方面的安全隐患。重点排查各类建筑施工现场施工吊篮、脚手架等设施设备安全隐患，特别是高支模、深基坑等危险性较大的分部分项工程，检查落实防坠落、物体打击、坍塌安全措施情况。严把企业资质关，防止出现相关资质过期、人员拼凑等现象。

4. CJ 市委、市人民政府

CJ 市委、市人民政府要深入学习贯彻习近平总书记关于安全生产重要论述和重要指示批示精神，严格落实党中央、国务院和区州党委，政府关于安全生产工作决策部署，严守“发展决不能以牺牲安全为代价”红线，认真履行安全生产属地监管责任，健全完善党政同责——一岗双责、齐抓共管的安全生产责任体系，认真落实管行业必须管安全、管业务必须管安全、管生产经营必须管安全的要求，坚决落实自治区安全生产严管严控 36 条措施和自治州 40 条措施，深入开展安全生产大排查、大整治工作。深入开展事故警示教育，加大执法工作力度，督促各级安全生产责任有效落实，杜绝类似事故再次发生，保持安全生产形势稳定向好。

2.11　贵州省遵义市“9·20”较大塔式起重机坍塌事故调查报告

2021 年 9 月 20 日 12 时 45 分，在建 DZ 自治县某开发项目 9 号地块 3 号楼 4 号塔式起重机在标准节接高的顶升过程中发生坍塌事故，导致正在高空进行顶升作业的 3 名作业人员随塔式起重机垮塌部分高坠受伤，其中 2 名作业人员在送医途中死亡，1 名作业人员经医院抢救无效死亡，事故直接经济损失 527 万元。

2.11.1　事故基本情况

1. 工程总体概况

DZ 自治县某开发项目 9 号地块（原命名为 2 号地块）总用地规模 113411.44m^2，总建筑计容面积 226822.88m^2，本期建筑计容面积 24489.53m^2，本期建筑面积 24827.95m^2。建筑分类：3 号、4 号楼为一类高层住宅楼，S9 商业（S9-2）为多层商业服务网点，地下车库设备用房/人防（详人防专项设计）。本高层设计等级为一级。

2. 事故塔式起重机基本情况

1）经营情况

4 号塔式起重机设备租赁单位法定代表人蔡某勇为了方便在贵州地区经营，将该塔式起重机挂靠在设备产权单位名下。因为蔡某勇与设备产权单位法人代表蔡某礼是堂兄弟关系，所以没有签订挂靠协议，没有交纳挂靠费用，该塔式起重机的日常经营、管理由蔡某勇负责，收益由蔡某勇收取。

2）基本数据

4号塔式起重机生产厂家为重庆某塔式起重机有限公司；型号：QTZ80（5613）；安装高度：100m；起重臂长：56m；最大起重量：1.3t；出厂日期：2015年6月。该塔式起重机用于9号地块3号楼、4号楼建设，内部编号4号塔式起重机。该塔式起重机备案在六盘水市住房和城乡建设局，备案编号：黔LS-T01242，备案有效期：2030年6月18日。

3）检测验收保养情况

2020年12月12日，塔式起重机基础通过验收。2020年12月15日，工程总承包方、设备安装单位提交《3号楼塔式起重机安装方案》《安拆安全生产事故应急救援预案》，监理单位同日审批同意。2020年12月21日，4号塔式起重机经设备产权单位、起重机安装单位、工程总承包方和监理单位4方验收合格。

2020年12月21日，检测单位工作人员胡某、李某到现场开展检测；2020年12月22日，检测单位出具《塔式起重机检验报告》（20200061-0194701028），检验合格。

4号塔式起重机维保单位为设备安装单位，每月均开展了安全检查和维护保养，每次检查维护保养后均通过使用单位、监理单位验收（图1）。

图1 事故塔式起重机全貌

4）现场核查情况

设备租赁公司在DZ自治县该开发项目共投入8台塔式起重机用于场内施工，其中6台在8号地块使用，2台（包含4号塔式起重机）在9号地块使用。2021年6月，8号地块的5台塔式起重机拆卸后，其中3台运走，2台拆卸部件放到9号地块4号塔式起重机附近，4号塔式起重机顶升作业中使用了这些零配件，导致4号塔式起重机标准节混用，标准节螺栓混用，塔式起重机附着框，附着杆混用，部分附着杆存在焊接加长现象。

1号塔式起重机安装高度：100m（基础顶面至塔式起重机大臂下弦）；标准节数：39节；附着道数：6道；附着高度：第一道22m，第二道34.5m，第三道47m，第四道59.5m，第五道72m，第六道84.5m；第六道附着以上塔式起重机自由高度：15.5m，符合相关技术标准。

3. 4号塔式起重机设计及施工情况

1）施工组织设计情况

2020年12月12日，塔基基础通过验收。2020年12月15日，设备安装单位、工程总承包方编制并提交《3号楼塔式起重机安装方案》《安拆安全生产事故应急救援预案》，2020年12月16日，监理单位审核同意上述方案。

2）4号塔式起重机施工现场人员情况

施工现场人员共计5人。其中现场带班领导为工程总承包方该开发项目安全主管郑某，现场安全员为工程总承包方该开发项目9号地块专职安全员王某，塔式起重机顶升作业工人为设备安装单位安装工人蔡某、白某、白某。

事故发生时，郑某在项目部吃午饭，王某在塔式起重机下方地面负责事故塔式起重机顶升过程中的地面安全；蔡某、白某、白某在距地面垂高84.5m高空处开展塔式起重机顶升作业。

3）4号塔式起重机工人持证、技术交底情况

经事故调查组核查，《3号楼塔式起重机安装方案》中4号塔式起重机安装作业人员为戴某、白某、白某，事故当日实际安装作业人员为蔡某、白某、白某。蔡某现年56岁，因年龄超过“建筑施工特种作业操作资格证”（建筑机械安装拆卸工）限制要求，于是其将自己的照片与杨某的“建筑施工特种作业操作资格证”进行合成，伪造后用于工地相关备案；白某、白某持证情况符合要求。

事故当日上午8时54分，项目安全主管郑某到现场，对塔式起重机顶升作业人员蔡某、白某、白某进行现场安全技术交底，并完成签字手续，且将相关资料发送至项目管理群。

4）4号塔式起重机顶升作业现场安全监管情况

顶升作业期间，塔式起重机安装公司、监理公司未派员实施现场旁站。贵州华易公司项目安全主管郑某、专职安全员王某轮换在现场地面值守。

4. 当地气象情况

2021年9月20日，DZ自治县城区气温30～16℃，晴，东风1级；塔式起重机顶升作业时（12～13h），城区风速2.5m/s，风力2级轻风，天气晴朗，符合开展塔式起重机顶升作业条件。

2.11.2　事故经过及应急救援情况

1. 事故经过

2021年9月18日，DZ自治县该开发项目工程总承包单位通知事故设备安装单位，在2021年9月20日对该开发项目4号塔式起重机进行顶升作业。

2021年9月20日8时40分左右，设备安装单位塔式起重机安装人员白某、白某、蔡某到现场开展顶升作业。8时48分，安全员王某电话通知项目安全主管郑某进行塔式起重机顶升作业安全技术交底。8时54分，郑某到现场，对塔式起重机顶升作业人员白

某（一）、白某（二）、蔡某进行现场安全技术交底，并完成签字手续，且将相关资料发送至项目管理群。交底完成后，郑某交代王某拉好警戒线在此旁站，自己先去4号楼北侧路看一下挖机修路，然后回到作业现场同王某一起旁站。塔式起重机安装单位对塔式起重机进行检查及准备工作后，开始塔式起重机附墙安装作业。塔式起重机附墙作业至11时20分左右，郑某让安全员王某先回项目部吃午饭。12时10分，王某吃完午饭后到现场替换郑某进行旁站，并在警戒线之外的2号、3号楼之间的西大门保安室处现场旁站警戒，防止无关人员进入作业现场。12时40分，完成塔式起重机附墙作业，安装作业人员开始进行塔式起重机顶升作业。12时45分，在顶升过程中，4号塔式起重机发生坍塌事故（图2）。

图2 扭曲破坏的标准节情况

2. 事故信息报告、救援及善后处置情况

1）事故信息报告、救援情况

事故发生后，施工方立即向地方人民政府和DZ自治县住建局进行报告。接报后，DZ自治县人民政府第一时间向市委、市人民政府报告了事故情况，并立即开展现场救援处置工作。应急、住建、公安、消防等部门赶赴现场处置，迅速将3名伤员送往医院救治，并第一时间停止事故项目施工作业，对事故发生现场进行封闭，管控好事故现场秩序，做好危险源排查处理，及时疏散人员，防止了次生事故发生。

接报后，市人民政府立即率市应急管理局、市住建局、市市场监管局等部门赶赴事故现场指挥事故处置及善后工作。成立了“9.20”事故应急处置指挥部，下设现场处置组、综合协调组、应急救援组、医疗救治组、隐患排查组、善后工作组、舆情管控组和信访维稳组8个工作组，负责统筹协调、涉及区域隐患排查、信息报送、后勤保障、监测预警、善后处理和信访维稳等工作。

2）善后处置情况

在事件处置过程中，未发生其他不稳定因素，维护了社会稳定。此次事故的发生、处置和善后工作，未引发群体性事件，未发现舆论恶意炒作。

3. 事故伤亡情况及直接经济损失

经事故调查组调查：本次事故造成3人死亡，依据《企业职工伤亡事故经济损失统计标准》GB 6721—1986和有关规定统计，核算事故直接经济损失527万元。

2.11.3 事故发生原因

1. 事故发生的直接原因

作业人员在顶升作业时未将油缸横梁放入标准节面对塔式起重机大臂的左面踏步的正确位置（踏步半圆座内），而是顶在踏步肩部，发生误操作。左面的失误，导致横梁右面放入标准节右面踏步半圆座的长度不足，顶升过程中横梁右面从半圆座内脱出，塔式起重机上部约19t载荷失去油缸横梁支撑自由下落撞击标准节顶部，引发塔身剧烈晃动的同时拉断附着装置中混用且焊接不牢固的附着杆，附着杆的断裂导致附着丧失约束作用，塔身晃动并扭转，致使标准节扭曲破坏，塔式起重机最终垮塌（图3）。

作业人员违反顶升作业程序，违反操作规程，作业操作失误，是此次事故发生的直接原因。

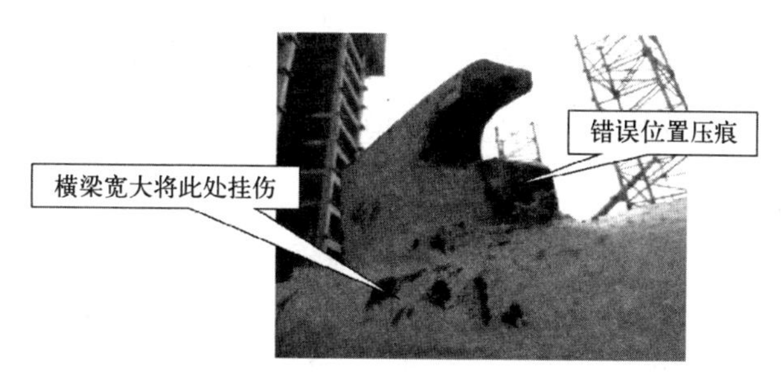

图3 标准节左面踏步被横梁错误顶住肩部造成的伤痕

2. 事故发生的间接原因

1）设备安装单位

公司内部安全生产工作管理混乱，企业安全生产主体责任落实不到位。在开展塔式起重机顶升作业（重大危险作业）过程中，未按照《建筑起重机械安全监督管理规定》相关规定，安排专职安全生产管理人员对现场作业进行旁站指导及监督；对特种作业人员资质审核不严，作业人员安排不足，（仅安排3名建筑机械安装拆卸工开展顶升作业，起重司机、起重信号工、司索工缺位），导致油缸横梁进位操作时发生失误；违反《建筑起重机械安全监督管理规定》相关规定，使用自行制作焊接的附着装置（杆件），杆件接长焊接质量未受控且杆件混用。

2）工程总承包方

公司内部安全生产工作安排部署混乱，企业安全生产主体责任落实不到位。对特种作业人员资质审核不严，在明知监理、安装公司安全监管人员未旁站的情况下，未及时停止事故塔式起重机顶升作业；未严格执行安全生产法律法规和安全管理规章制度，对项目部监督管理不到位，现场安全管控不力，安全生产防范意识不足、措施不力。

3）监理单位

公司内部安全生产工作安排部署混乱，企业安全生产主体责任落实不到位。项目部总监理工程师长期不到岗履职，原项目部专业监理工程师离职后，长期未安排人员替换补位；对特种作业人员资质审核不严，未按照相关要求对4号塔式起重机顶升作业现场实施旁站监理。未严格执行安全生产法律法规和安全管理规章制度，没有正确履行监理职责。

4）工程建设方

安全生产防范意识不足，企业安全生产主体责任落实不到位。企业主要负责人未按规定取得安全资格证；对工程总承包方、监理单位未认真履行企业安全生产主体责任的现象督促整改不力。

5）DZ自治县住房和城乡建设局

领导班子成员分工未正式行文，安全生产责任未压实；建筑安全监管的有关制度、文件执行不严，日常督导工作存在漏洞和不足；房屋建筑工地用起重机械的安装、使用监管不到位，安全生产行业监管责任履行不到位。

6）DZ自治县市场监管局（特种设备及经营安全生产专业委员会办公室）

没有履行好道真自治县市场监管局“三定方案”：“负责特种设备安全生产监督管理，综合管理特种设备安全监察、监督工作”职责；没有落实好特种设备及经营安全生产专业委员会办公室“负责综合管理特种设备的安全监督管理职责”。对DZ自治县住房和城乡建设局履行房屋建筑工地用起重机械的安装、使用的监督管理职责不到位现象督导不力，特种设备及经营安全生产专业委员会办公室综合监管、监察作用发挥不明显。

2.11.4 事故性质

经事故调查组调查认定：DZ自治县某开发项目“9.20”塔式起重机较大垮塌事故是一起较大生产安全责任事故。

2.11.5 对有关责任人处理建议

根据事故原因调查和事故责任认定，依据有关法律法规和党纪政纪规定，对事故有关责任人和责任单位提出以下处理建议。

1. 建议刑事责任追究人员4人

蔡某、白某、白某，3人均为4号塔式起重机顶升作业工人。安全意识淡薄，违章作业，冒险蛮干，未按照施工方案和技术交底要求进行施工，对本次事故负有直接责任，应移交司法机关处理，鉴于已在本次事故中死亡，建议对蔡某、白某、白某免于责任追究。

（1）蔡某，男，设备安装单位监事、DZ自治县该开发项目塔式起重机安拆项目负责人、4号塔式起重机实际所有人、4号塔式起重机安拆负责人。未按要求安排安全人员在塔式起重机顶升作业现场旁站，安排塔式起重机顶升作业人员数量、资质不符合相关规范和要求，现场管理混乱导致塔式起重机零部件混用。其行为违反了《中华人民共和国安全生产法》第二十一条之规定，涉嫌构成安全生产类犯罪，建议移交司法机关依法追究其刑事责任。

（2）王某，男，工程总承包方该开发项目9号地块专职安全员，负责3号4号楼建设安全。在明知监理、安装公司安全监管人员未到场，塔式起重机顶升作业人员数量、资质不符合相关规范和要求的情况下，未立即停止顶升作业。其行为违反了《中华人民共和国安全生产法》第二十五条之规定，涉嫌构成安全生产类犯罪，建议移交司法机关依法追究其刑事责任。

（3）郑某，男，工程总承包方该开发项目安全主管，在明知监理、安装公司安全监管人员未到场，塔式起重机顶升作业人员数量、资质不符合相关规范和要求的情况下，未立即停止顶升作业。其行为违反了《中华人民共和国安全生产法》第二十五条之规定，涉嫌安全生产类犯罪，建议移交司法机关依法追究其刑事责任。

（4）李某，男，监理单位正安分公司负责人，监理单位该开发项目总监理工程师。长期不到项目现场履行总监职责，对项目专业监理工程师长期缺位现象视而不见，未按照《建设工程监理规范》相关要求正确履行监理职责，其行为违反了《建设工程安全生产管理条例》第十四条之规定，涉嫌安全生产类犯罪，建议移交司法机关依法追究其刑事责任。

2. 建议经济处罚 7 人

（1）刘某，男，设备安装单位法定代表人，安全生产第一责任人。未切实履行企业安全生产主要负责人工作职责，对公司管理不到位。其行为违反了《中华人民共和国安全生产法》第二十一条 4 之规定，对该起事故的发生负有领导责任。建议由市综合行政执法局依据《中华人民共和国安全生产法》第九十五条之规定对其处上一年年收入百分之六十的罚款。

（2）杨某，男，工程总承包方法人代表、总经理，安全生产第一责任人。未切实履行企业安全生产主要负责人工作职责，对公司管理不到位。其行为违反了《中华人民共和国安全生产法》第二十一条 4 之规定，对该起事故的发生负有领导责任。建议由市综合行政执法局依据《中华人民共和国安全生产法》第九十五条之规定对其处上一年年收入百分之六十的罚款。

（3）杨某，男，工程建设方法人代表，安全生产第一责任人。未切实履行企业安全生产主要负责人工作职责，对公司管理不到位。其行为违反了《中华人民共和国安全生产法》第二十一条之规定，对该起事故的发生负有领导责任。建议由市综合行政执法局依据《中华人民共和国安全生产法》第九十五条之规定对其处上一年年收入百分之六十的罚款。

（4）吕某，女，工程建设方该开发项目部经理。对项目部管理不到位。其行为违反了《中华人民共和国安全生产法》第二十五条 5 之规定，对该起事故的发生负有管理责任。建议由市综合行政执法局依据《中华人民共和国安全生产法》第九十六条之规定对其处上一年年收入百分之五十的罚款。

（5）程某，男，工程总承包方安全部经理。对在建 DZ 自治县该开发项目安全生产情况不明、监管不力，其行为违反了《中华人民共和国安全生产法》第二十五条之规定，对该起事故的发生负有管理责任。建议由市综合行政执法局依据《中华人民共和国安全生产法》第九十六条之规定对其处上一年年收入百分之五十的罚款，并由住建部门吊销其企业主要负责人安全资格证。

（6）陈某，男，工程建设方 DZ 自治县该开发项目工程部经理。其行为违反了《中华人民共和国安全生产法》第二十五条 5 之规定，对该起事故的发生负有管理责任。建议由市综合行政执法局依据《中华人民共和国安全生产法》第九十六条之规定对其处上一年年收入百分之五十的罚款，并由住建部门吊销其企业主要负责人安全资格证。

（7）肖某，男，工程总承包方该开发项目项目部经理。其行为违反了《中华人民共和国安全生产法》第二十五条5之规定，对该起事故的发生负有管理责任。建议由市综合行政执法局依据《中华人民共和国安全生产法》第九十六条之规定对其处上一年年收入百分之五十的罚款，并由住建部门吊销其企业主要负责人安全资格证。

3. 建议公司处理人员1人

钱某，男，工程总承包方副总经理，分管经营和安全工作，未按要求正确履行职责，对该起事故的发生负有重要领导责任。建议责成工程总承包方依据公司有关规定给予辞退处理。

4. 建议移交遵义市纪委市监委进行党纪政纪处分人员（共5人）

对于在事故调查过程中发现的地方党委政府、有关部门及相关地方国企人员履职方面存在的问题线索，已移交遵义市纪委市监委，对有关人员的党纪政纪处分，由遵义市纪委市监委提出。

2.11.6 对有关责任单位的处理建议

1. 建议按照《中华人民共和国安全生产法》给予行政处罚的单位4家

（1）设备安装单位，对该起事故的发生负有直接责任。建议由市综合行政执法局依据《中华人民共和国安全生产法》第一百一十四条之规定对其实施120万元的行政处罚。

（2）工程总承包方，对该起事故的发生负有管理责任。建议由市综合行政执法局依据《中华人民共和国安全生产法》第一百一十四条之规定对其实施110万元的行政处罚。

（3）工程建设方，对该起事故的发生负有管理责任。建议由市综合行政执法局依据《中华人民共和国安全生产法》第一百一十四条之规定对其实施100万元的行政处罚。

2. 建议按照相关法律法规给予行政处罚的单位1家

设备租赁单位公司内部管理混乱，存在将不同厂家、不同型号塔式起重机零配件混用，自行制作、焊接附着杆等使用管理混乱的现象。其行为违反《中华人民共和国特种设备安全法》第二十九条之规定，建议由市综合行政执法局依据《建设工程安全生产管理条例》第六十条之规定对其实施10万元的行政处罚。

3. 建议责成做出书面检查的地方政府和部门3家

（1）DZ自治县人民政府，对该起事故的发生负有领导责任。同时，今年以来该县已发生两起建筑施工生产安全事故，建议责成其向市人民政府做出深刻书面检查。

（2）DZ自治县住房和城乡建设局，对该起事故的发生负有直接监管责任，建议责成其向县人民政府做出书面检查。

（3）DZ自治县市场监管局，对该起事故的发生负有综合监管责任，建议责成其向县人民政府做出书面检查。

2.11.7 事故调查中发现的其他问题

（1）设备产权单位，为蔡某勇提供塔式起重机挂靠、备案业务，其行为违反了《中华人民共和国建筑法》第二十六条之规定，建议由六盘水市住房和城乡建设局依据《中华人民共和国建设法》第六十六条之规定开展相应查处。

（2）检测单位，事故调查组提取4号塔式起重机检测报告时，其无法提供现场检验原始记录及影像资料，其行为涉嫌违反了《关于规范房屋建筑和市政工程“两工地”起重机械检验检测管理的通知》（黔建建通〔2015〕132号）相关规定，建议责成市住房和城乡建设局开展相应查处。

2.11.8 事故防范措施建议

1. 要切实强化企业主体责任的落实，提升安全生产管理水平

建设单位要严格落实各项审批手续，签订相关施工合同，要完善规章制度，切实履行建设单位对施工项目的管理，杜绝手续不全、岗位人员未到位的情况下盲目组织施工。施工单位、监理单位和建筑起重设备租赁、安装单位要严格落实《中华人民共和国安全生产法》《中华人民共和国特种设备安全法》《建设工程安全生产管理条例》等法律法规规定，严禁以包代管、以租代管、违规租赁、违规安装、违规组织施工；要高度重视企业安全生产主体责任，切实完善各项规章制度，加强从业人员的管理和培训教育，对特种作业人员的资质严格把关；要加强对施工项目现场的安全管理和安全检查，落实政府部门的安全监管和行政执法指令，杜绝任何违法违规作业行为，确保工程建设过程中不发生任何安全生产事故。

2. 加大行政监管执法力度，严厉打击非法违法行为

建设领域监管部门要进一步加强建设领域的打非治违工作，重点集中打击和整治建设单位不办理施工许可、质量安全监督等手续的行为和施工单位弄虚作假、转包工程、违法分包工程的行为，以及特种作业人员无操作资格证、建筑起重设备不按要求安装维保的行为。加强现场监督检查，对发现的问题和隐患，责令企业及时整改，直至责令停工。

特种设备监管监察部门要履行好特种设备综合监管职能，发挥好特种设备及经营安全生产专业委员会办公室“负责综合管理特种设备的安全监督管理职责”，齐抓共管杜绝较大及以上事故发生，切实保护人民群众的生命财产安全。

3. 健全落实安全生产责任制，确保监管主体责任到位

各级党委、政府要严格落实“党政同责、一岗双责、齐抓共管、失职追责”的安全生产责任制。党委、政府要采取有效措施，及时发现、协调、解决各负有安全生产监管职责的部门在安全生产工作中存在的重大问题，认真督办重大安全隐患，及时解决建设施工中相关问题，切实维护人民群众生命财产安全。要依法依规及时办理项目建设、施工备案手续。要督促企业加强安全教育、安全培训、安全管理，有效提升全民安全常识和安全意识。

2.12 天津市东丽区“10·12”较大坍塌事故调查报告

2021年10月12日15时35分左右，位于东丽区津滨大道与登州南路交口的地铁×号线南段土建第6合同段登州南路站南侧附属结构A2出入口及2号风亭工程，在地下连续墙凿除过程中发生冠梁及部分地下连续墙失去支撑而失稳下滑侧移，导致冠梁上部的砖砌挡水墙及部分土方掉落在附属结构顶板、通道和新风井内，砸中通道及新风井内正在进行清理作业的工人，造成4人死亡、1人轻伤，直接经济损失（不含事故罚款）667.626384万元。

2.12.1 基本情况

1. 涉事项目基本情况

天津地铁×号线南段工程起自南开区东南角站，止于东丽区新兴村站，线路全长19.4km，均为地下线；设车站14座，设民航大学车辆段，新建主变电所1座（图1）。

该工程共分为4个标段，事发标段为第3标段，即第6合同段。该合同段分为登州南路站（原昆俞路站）、跃进北路站（原沂蒙路站）共两站；车站总面积34352.1m^2，该标段总投资额约23079.0468万元；登州南路站和跃进北路站两个车站的风道及出入口工程总造价4004.2517万元。

登州南路站建筑面积约为17513.3m^2，最大单跨跨度9.75m，最大基坑深度17.56m。事故发生地点登州南路站A2出入口及合建2号风道开挖面积约1189m^2，为单层箱形框架结构，A2口标准段及合建2号风道顶板和底板厚800mm，A2口爬坡段顶板和底板厚700mm，侧墙厚600mm；A2出入口冠梁顶至底板底部距离约10m，覆土深度约4.9m；2号风道顶板覆土深度约3.7m。

第6合同段于2015年8月15日由总承包单位开工建设。截至事故发生之日，登州南路站主体结构已完成，附属结构1号风道与车站合建及D出入口已完成，A2出入口后浇带部分顶板、2号风道内人防门和风井口部分及C1、C2出入口顶管始发井顶板尚未完成。

2. 事故发生部位结构情况

地铁×号线南段登州南路站南侧附属结构包含A2出入口及2号风亭，二者为一体结构，内部用混凝土墙隔开，附属结构顶、底板与车站主体结构相连。其中A2出入口包含与车站连接口、出入口通道和地面出入口三部分；2号风亭包括2个活塞风井、1个排风井、1个新风井。事故发生点位于A2出入口与车站连接口和新风井范围（图1）。

图1 事发地点A2出入口与车站连接口和新风井全貌

事故涉及的主要结构构件如下：

（1）主体结构地下连续墙：车站主体结构基坑开挖时的围护结构为钢筋混凝土结构，深度一般为车站基坑深度的1.8～2.0倍，在附属结构基坑开挖时也作为附属基坑围护结构的一部分，附属结构与车站连接时需要凿除附属结构底板以上部分地下连续墙和冠梁。

（2）冠梁：设置在围护结构顶部的钢筋混凝土水平梁，主要作用是把每幅地下连续墙连接为一体，同时承受基坑第一道支撑水平力；附属结构范围内的车站主体结构冠梁，在附属结构基坑开挖过程中也承受附属基坑第一道支撑水平力。当附属结构第一道支撑拆除后，该部分冠梁及地下连续墙完全失去作用，随后进行凿除。

（3）挡水墙：设置在基坑围护结构冠梁顶部，主要作用是防止暴雨天气场地内雨水漫流入基坑，一般为砖砌结构，也可采用混凝土结构，高度一般为0.5～1.0m。

（4）锁口管接头：地下连续墙需要分幅施工，一般幅宽为6m，锁口管接头是地下连续墙每幅之间接头的一种形式，锁口管接头部位为素混凝土连接。

（5）护坡：在基坑边缘土体表面浇筑的一层混凝土，其作用是防止边坡土体坍塌和雨水冲刷。

2.12.2 事故经过及救援情况

1. 事故经过

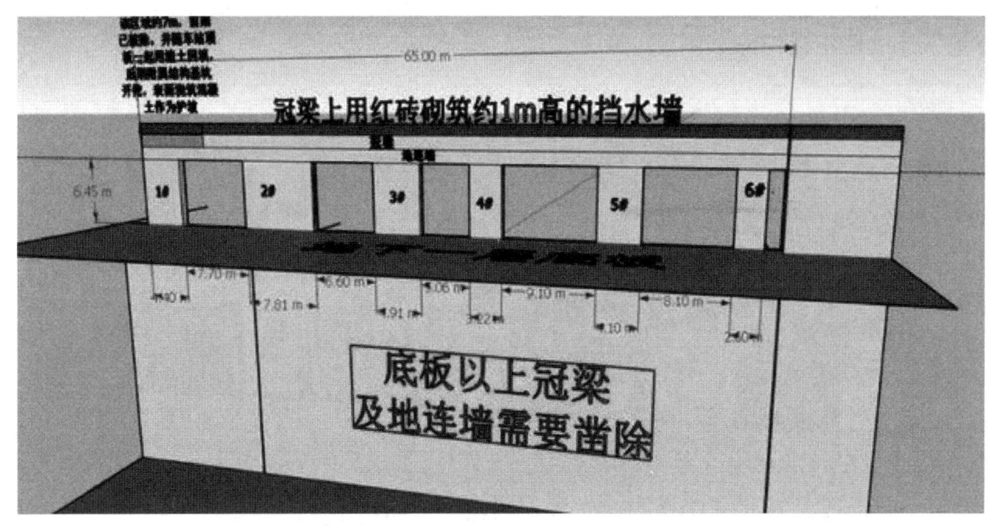

图2 A2出入口及2号风亭范围冠梁及地下连续墙开洞示意图

2021年7月，在附属结构基坑第一道支撑施工时，为了防止边坡土体滑落，附属工程结构施工单位在之前已凿除的7m冠梁处浇筑了素混凝土护坡，并在整体冠梁上方砌筑了红砖挡水墙（高1m，厚0.24m），然后进行基坑开挖工作（图2、图3）。

2021年8月25日，登州南路站南侧附属结构基坑开挖到底后，为了使附属结构顶、底板与车站主体结构连接，隧道公司安排专业分包单位开始跳仓凿除附属结构与车站主体结构之间的原车站主体基坑围护结构地下连续墙，一共凿开5个孔洞（自西向东宽度分别

图 3 坍塌前护坡、挡水墙原状

为 7.7m、6.6m、5.06m、9.1m、8.1m，高度均为 6.45m），预留包括两侧在内的 6 个临时支撑地下连续墙（自西向东宽度分别为 4.4m、7.81m、4.91m、3.22m、4.1m、2.6m，高度均为 6.45m），作为上部冠梁及地下连续墙的支撑。

2021 年 10 月初，附属工程结构施工单位在 3 号临时支撑地下连续墙西侧约 3m 位置、3 号与 4 号临时支撑地下连续墙之间及 4 号与 5 号临时支撑地下连续墙之间设立三个混凝土临时支墩。10 月 7 日之后，专业分包单位陆续凿除东侧 3 个孔洞上部地下连续墙及冠梁。至事发前 10 月 11 日，4 号临时支撑地下连续墙已切割并清理完成，5 号和 6 号临时支撑地下连续墙正在切除（图 4）。

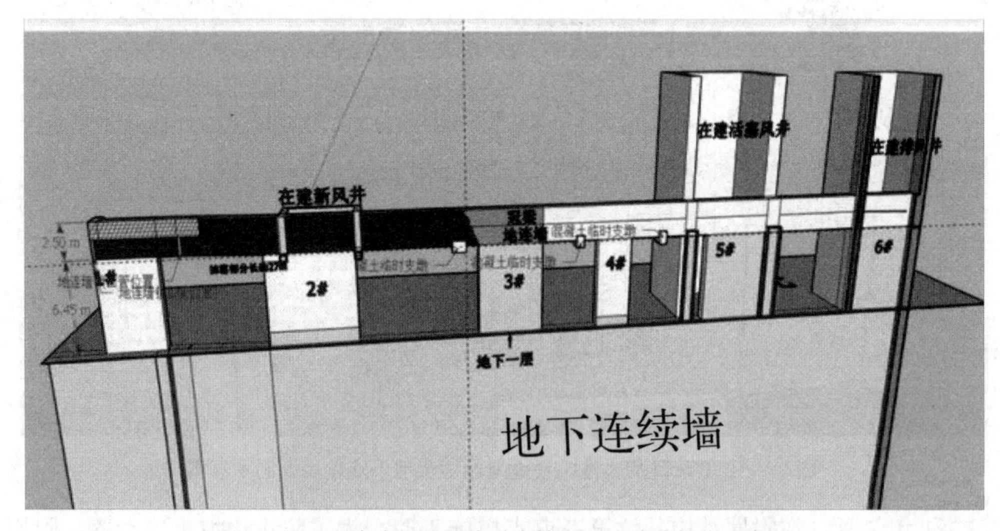

图 4 地下连续墙开洞及临时支撑地下连续墙部位示意图

2021 年 9 月底，施工单位安排张某队伍，开始凿除西段 1 号和 2 号临时支撑地下连续墙。其中 1 号临时支撑地下连续墙在 9 月 29 日至 10 月 10 日之间凿除；2 号临时支撑地下连续墙于 9 月 29 日开始凿除，至事故发生时已凿除至底板上 1.5m 处（图 5、图 6）。

10 月 11 日，专业分包单位对 3 号临时支撑地下连续墙上部冠梁及地下连续墙开始凿除，12 日上午完成并割断连接钢筋（图 7、图 8）。

图5 1号地下连续墙临时支撑墙凿除过程

图6 事发当日2号地下连续墙临时支撑墙凿除情况

图7 3号地下连续墙临时支撑墙

图8 3号地下连续墙临时支撑墙与冠梁连接钢筋已割除

2021年10月12日15时35分左右，西端一幅地下连续墙从锁口管连接部位向下滑落，剩余冠梁及地下连续墙随即下落，位于冠梁上部的砖砌挡水墙掉落在附属结构顶板、通道和新风井内，砸中通道和新风井内正在进行清理作业的邢某施工队作业人员（图9～

图14)。

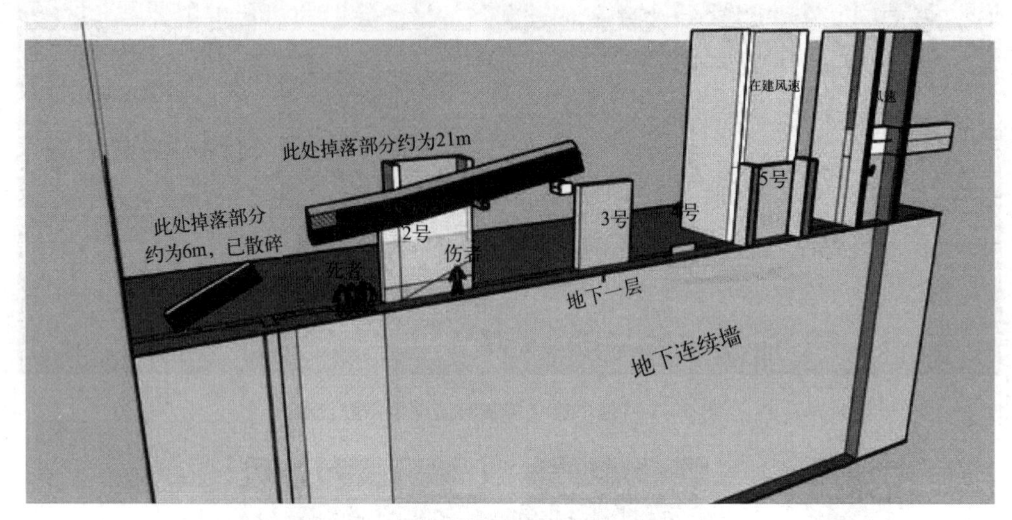

图9 现场伤亡人员地点模拟图

图10 通道内坍塌现状

图11 新风井内现状（一）

图 12　新风井内现状（二）

图 13　顶板上方散落的红砖挡水墙

图 14　砸中人的位置及砸人砖块

2. 事故报告、应急救援处置情况及评估

1）事故报告及应急救援处置情况

2021 年 10 月 12 日 15 时 35 分左右，地铁×号线登州南路站南侧附属结构冠梁发生坍塌。15 时 38 分左右，隧道公司项目经理张某接隧道三分公司施工员于某电话报告发生生产安全事故后，向隧道公司党委书记、董事长郭某电话报告事故情况，郭某安排隧道公司总经理索某前往事故现场进行处置。

16 时至 16 时 30 分，隧道公司管理人员相继到达事故现场开展救援。经郭某授意，索某与张某共同商议后决定以“事故造成一人受伤”作为对外统一口径，并通过电话通知正在事故现场的隧道公司副总经理马某。马某、张某分别指挥徐某、于某等人对外统一口径。邢某准备拨打 110 报警时，徐某制止其报警，并要求邢某制止其他人报警。邢某按徐某的要求执行。

16 时 27 分左右和 16 时 47 分左右，在事故中受伤的工人冯某 2 次拨打 120 急救电话，告知事故现场有人受伤、3 至 4 人被埋压。17 时许，120 急救中心 5 辆救护车陆续到达事发地点，隧道公司现场人员告诉急救人员只有 1 名伤者。急救人员在 A2 出入口 B1 层楼梯处对伤者进行包扎并送至天津医院；急救人员经与隧道公司现场负责人确认无其他人员伤亡后，其余 4 辆救护车离开。4 名死者由工地负责人指派司机送往沙柳北路天盛殡葬服务处。

由于索某提供虚假信息以及于某蓄意误导相关政府部门核查人员前往其他地点核实，导致市应急局、市公安局、市住房城乡建设委和东丽区人民政府均未在第一时间掌握事故造成人员伤亡的真实情况。

19 时 34 分左右，市公安局 110 指挥中心接到死者家属报警称，死者干活时因塌方受伤，医院告知已有 3 人死亡。接报后，东丽区应急局及公安东丽分局的工作人员再次赶赴事故现场进行核实。此时，索某承认事故造成 4 人死亡、1 人受伤。东丽区住房建设委、区应急局及公安东丽分局立即组织力量迅速开展现场封锁、交通管制、信息核实、调查取证、人员控制和舆情监控等工作。

2）事故报告及应急救援处置情况评估

在反复核实确定事故伤亡情况后，各级政府及相关部门信息报送渠道通畅，信息流转及时，应急指挥响应迅速，协调有序，应急处置措施得当。

2.12.3 事故造成的人员伤亡及直接经济损失情况

1. 死亡人员情况

冯某，男，普工，《法医学尸体检验鉴定书》（津公技鉴字〔2021〕第 06125 号）鉴定意见：冯某符合被巨大钝性外力作用头部致颅脑损伤死亡。

冯某，男，普工，《法医学尸体检验鉴定书》（津公技鉴字〔2021〕第 06126 号）鉴定意见：冯某符合被巨大钝性外力作用头部致颅脑损伤死亡。

冯某，男，普工，《法医学尸体检验鉴定书》（津公技鉴字〔2021〕第 06127 号）鉴定意见：冯某符合被巨大钝性外力作用身体致创伤性休克死亡。

冯某，男，普工，《法医学尸体检验鉴定书》（津公技鉴字〔2021〕第 06128 号）鉴定意见：冯某符合被巨大钝性外力作用身体致颅脑损伤合并创伤性休克死亡。

2. 直接经济损失

事故调查组依据《企业职工伤亡事故经济损失统计标准》GB 6721—1986的有关规定，确认该事故造成的直接经济损失（不含事故罚款）为667.626384万元人民币。

2.12.4 事故原因及性质

1. 直接原因

西侧27m地下连续墙及20m冠梁下部的临时支撑墙被全部凿除、钢筋被切断，造成冠梁及部分地下连续墙失去支撑而失稳下滑侧移，导致冠梁上部的砖砌挡水墙及部分土方掉落在附属结构顶板、通道和新风井内，砸中通道及新风井内正在进行清理作业的工人，是导致本次事故的直接原因。

2. 相关单位及部门存在的问题

1）施工单位

（1）作为项目的实际管理单位对项目管理混乱。一是未按照《天津地铁×号线南段工程土建施工第6合同段工程附属工程冠梁及地下连续墙凿除方案》（以下简称《凿除方案》）施工；二是未对分包单位安全生产工作进行统一协调、管理；三是对入场施工队伍负责人的技术交底和安全教育培训弄虚作假。以上行为违反了《中华人民共和国安全生产法》第四十九条第二款、《中华人民共和国安全生产法》第二十八条第一款及第四款、《建设工程安全生产管理条例》第二十七条的规定。

（2）事故发生后，相关人员未及时并如实上报事故情况，存在谎报事故的行为，违反了《中华人民共和国安全生产法》第八十三条的规定。

2）总承包单位

一是未依法履行总承包单位对施工现场的管理职责；二是项目经理未对项目进行实际管理，未履行项目安全生产管理职责。以上行为违反了《天津市建筑市场管理条例》第十六条、《建设工程安全生产管理条例》第二十一条第二款、《建筑施工企业项目经理资质管理办法》第七条第（三）项的规定。

3）监理单位

一是未按照《天津地铁×号线南段工程登州南路站附属结构基坑工程监理细则》要求，检查总承包单位对入场的施工人员技术交底和安全教育培训情况；二是在发现施工人员未按照《凿除方案》实施作业的行为后未予以制止；三是在明知总承包单位违法分包的情况下，没有制止施工单位的违法行为。以上行为违反了《建设工程安全生产管理条例》第十四条第二款、第三款，《天津市建设工程监理管理规定》第二十四条第（三）项的规定。

4）总承包单位上级公司

一是组织总承包单位将第6合同段工程违法分包给隧道公司；二是督促检查不力，未发现所属施工企业对分包单位未开展技术交底及安全培训教育。

5）市住房城乡建设委

履行建筑行业和建筑市场管理职责不到位，未及时发现市住房和城乡建设综合行政执法总队执法人员2021年对地铁×号线登州南路站进行春季开复工项目检查和日常执法检查中存在的“工作不认真、不细致”“发现违法行为未及时处理”等问题；在开展监督检查过程中未依法查处五市政公司将第6合同段工程违法分包给隧道公司的行为。

6）事故相关单位存在的其他问题

专业分包单位涉嫌违法允许他人以本单位名义承揽工程，总承包单位涉嫌违法分包，上述问题移交市住房城乡建设委依法查处。

3. 事故性质

事故调查组认定，地铁×号线登州南路站“10·12”较大坍塌事故是一起生产安全责任事故。

2.12.5 对事故有关责任单位及人员的处理情况和建议

1. 刑事责任追究情况

（1）张某，施工单位下属单位经理兼项目经理，因涉嫌重大责任事故罪，于2021年11月19日被批准逮捕。

（2）于某，施工单位下属单位施工员，因涉嫌重大责任事故罪，于2021年11月19日被批准逮捕。

（3）徐某，施工单位下属单位副经理，因涉嫌不报、谎报安全事故罪，于2021年11月19日被取保候审。

（4）郭某，施工单位党委书记、董事长，因涉嫌不报、谎报安全事故罪，于2021年11月10日被取保候审。

（5）索某，施工单位总经理，因涉嫌不报、谎报安全事故罪，于2021年11月10日被取保候审。

（6）马某，施工单位副总经理，因涉嫌不报、谎报安全事故罪，于2021年11月10日被取保候审。

（7）邢某，施工队负责人，因涉嫌重大责任事故罪，于2021年11月10日被取保候审。

2. 给予党纪政务处分和组织处理人员

事故调查组将事故调查中发现的有关部门及单位的公职人员履职方面的问题线索及相关材料移交纪检监察部门。经纪检监察部门调查核实后，提出以下处置。

1）施工单位

（1）郭某，男，施工单位党委书记、董事长，作为公司法定代表人，履行主要负责人安全生产职责不力，对事故发生负有重要领导责任；对隧道公司参与总承包单位的违法分包活动负有重要领导责任；授意谎报事故，负有直接责任。建议给予撤销党内职务、政务撤职处分。

（2）索某，男，施工单位总经理，作为公司总经理，履行主要负责人安全生产职责不力，对事故发生负有重要领导责任；对隧道公司参与总承包单位的违法分包活动负有重要领导责任；授意谎报事故，负有直接责任。建议给予撤销党内职务、政务撤职处分。

（3）张某，男，施工单位第6合同段项目安全负责人，未对相关施工人员进行安全教育培训，未及时发现事故隐患，对事故的发生负有直接责任。建议给予政务记过处分。

（4）许某，男，施工单位第6合同段项目技术总工，对未按《凿除方案》施工的行为未予以制止，未对入场施工队伍负责人技术交底，对事故的发生负有直接责任。建议给予政务记大过处分。

2）总承包单位

（1）黄某，男，总承包单位董事长、法定代表人，未依法履行总承包单位对施工现场的管理职责，对项目部管理混乱、落实安全生产教育培训不到位、分包单位管理缺失等问题失察失管，违法将附属工程土建施工项目进行分包，对项目管理失职失责。建议给予政务记大过处分。

（2）李某，男，总承包单位总经理，未建立健全并落实本单位全员安全生产责任制，对项目部管理混乱、项目部对分包单位管理缺失等问题失察失管，对违法将附属工程土建施工项目进行分包未予纠正和制止，对项目管理失职失责。建议给予政务记大过处分。

（3）常某，男，总承包单位五分公司负责人，实际履行项目经理职责，负责项目部全面工作，作为项目部实际负责人，无相应执业资格，未对分包单位进行统一协调管理，以包代管，未能及时发现并制止分包单位违反《凿除方案》进行施工及交叉作业问题，未组织人员对新入场施工人员进行技术交底和安全教育培训，对项目管理失职失责。建议给予撤销党内职务、政务撤职处分。

（4）李某，男，第6合同段工程项目经理，未实际从事项目管理工作，对新入场施工人员技术交底和安全教育培训管理不到位，对项目管理失职失责。建议给予政务记过处分。

3）监理单位（一）

（1）罗某，男，监理单位（一）桥隧分公司党委书记、总经理，安全生产第一责任人，作为公司主要负责人，对监理第1合同段项目安全监督管理不到位，对事故发生负有重要领导责任。建议给予诫勉谈话处理。

（2）李某，男，监理第1合同段总监代表，未认真履行项目安全生产监理责任，对下属未按照《监理细则》要求检查总包单位对入场的施工人员技术交底和安全教育培训情况失察失管，未督促监理人员按规定履行现场监理职责，在发现施工人员未按照《凿除方案》实施作业的行为后未予以制止，在明知总承包单位违法分包的情况下，没有制止施工单位的违法行为，对事故发生负有直接管理责任。给予政务警告处分。

（3）彭某，男，监理第1合同段第6标段监理组组长，负责登州南路站监理组的日常工作，未按照《监理细则》要求，检查总包单位对入场的施工人员技术交底和安全教育培训情况，未严格督促监理人员按规定履行现场监理职责，在发现施工人员未按照《凿除方案》实施作业的行为后未予以制止，在明知五市政公司违法分包的情况下，没有制止施工单位的违法行为，对事故发生负有直接管理责任。建议给予记大过处分。

（4）李某，男，专业监理工程师，负责登州南路站巡查工作，未按照《监理细则》要求，检查总包单位对入场的施工人员技术交底和安全教育培训情况，未严格督促监理人员按规定履行现场监理职责，在发现施工人员未按照《凿除方案》实施作业的行为后未予以制止，在明知总承包单位违法分包的情况下，没有制止施工单位的违法行为，未及时发现问题并督促施工单位整改，对事故发生负有直接监理责任。建议给予记过处分。

4）监理单位（二）

（1）赵某，男，监理第1合同段总监理工程师，作为天津地铁×号线南段工程土建监理项目的负责人，在明知总承包单位违法分包的情况下，没有制止施工单位的违法行为；对监理单位监理组未发现涉事项目分包单位存在的问题失察失管，对事故的发生负有重要监理责任。建议给予诫勉谈话处理。

（2）杨某，男，监理第1合同段安全总监，对监理单位监理组未发现涉事项目分包单位存在的问题失察失管，对事故的发生负有主要监理责任。建议给予政务警告处分。

5）施工单位

（1）许某，男，施工单位党委书记、董事长，负责集团的全面工作，主持召开集团班子会，研究决定总承包单位将第6合同段剩余工程违法分包给附属结构土建工程实际施工单位；施工单位对事故单位督促检查不力，许某对以上行为负有重要领导责任，建议给予警示谈话处理。

（2）李某，男，施工单位总经理助理，分管集团安全生产工作，执行集团领导及集团班子会的决定；对隧道公司以五市政公司的名义进行第6合同段附属工程的违法分包行为负有主要领导责任。建议给予政务警告处分。

（3）张某，男，施工单位质量安全部部长，分管集团安全生产工作。对所属施工企业对分包单位未开展技术交底及安全培训教育的行为督促检查不力，对隧道公司以五市政公司的名义进行第6合同段附属工程的违法分包行为负有直接责任。建议给予诫勉谈话处理。

6）市住房城乡建设委

（1）王某，男，市住房和城乡建设综合行政执法总队轨道交通工程执法支队检查一组组长（副科级），未能及时发现该支队检查一组执法人员日常检查执法中存在的工作不认真、不细致问题，未严格履行轨道交通工程安全生产行政执法工作职责，负有直接监管责任。建议给予诫勉谈话处理。

（2）刘某，男，2020年7月至2021年8月底任市住房和城乡建设综合行政执法总队轨道交通工程执法支队支队长，未能及时发现该支队检查一组执法人员日常检查执法中存在的工作不认真、不细致问题，未严格履行轨道交通工程安全生产行政执法工作职责，负有主要领导责任。建议给予批评教育处理。

3. 对相关责任单位及责任人员给予处理的建议

（1）施工单位未按照施工方案进行施工，未对分包单位安全生产工作进行统一协调、管理，对入场施工队伍负责人的技术交底和安全教育培训弄虚作假，对事故发生负有责任，依据《中华人民共和国安全生产法》第一百一十四条第（二）项的规定，建议对其给予人民币200万元罚款的行政处罚。

事故发生后，施工单位的现场相关人员相互串通，向事故发生地政府和负有安全生产监督管理职责的有关部门以及救援人员故意隐瞒事故亡人的事实，谎报事故情况，性质恶劣，情节严重，违反了《生产安全事故报告和调查处理条例》第四条第一款的规定，依据《生产安全事故报告和调查处理条例》第三十六条第（一）项，建议对其给予人民币200万元罚款的行政处罚。

依据《安全生产违法行为行政处罚办法》第五十三条的规定，建议由区应急局对隧道公司进行合并处罚，罚款人民币400万元。

①郭某作为施工单位主要负责人，未履行《中华人民共和国安全生产法》规定的安全生产管理职责，未及时消除本单位的生产安全事故隐患，导致发生生产安全事故，依据《中华人民共和国安全生产法》第九十五条第（二）项的规定，建议对其处以2020年度年收入60%的罚款，共计人民币9.6468万元。

事故发生后，郭某向事故发生地政府和负有安全生产监督管理职责的有关部门谎报事故情况，违反了《中华人民共和国安全生产法》第八十三条和《生产安全事故报告和调查处理条例》第四条第一款的规定，依据《生产安全事故报告和调查处理条例》第三十六条第（一）项的规定，建议对其处以2020年度年收入100%的罚款，共计人民币16.078万元。

依据《安全生产违法行为行政处罚办法》第五十三条的规定，建议由区应急局对其进行合并处罚，罚款人民币25.7248万元。

郭某被给予行政撤职处分，依据《中华人民共和国安全生产法》第九十四条第三款的规定，自受处分之日起，五年内不得担任任何生产经营单位的主要负责人。

②索某，施工单位总经理，组织指挥向事故发生地政府和负有安全生产监督管理职责的有关部门谎报事故情况，依据《生产安全事故报告和调查处理条例》第三十六条第（一）项的规定，建议由区应急局对其处以2020年度年收入100%的罚款，共计人民币16.4711万元。

③张某，施工单位下属单位经理、隧道公司天津地铁×号线南段工程登州南路站附属结构项目负责人，组织指挥向事故发生地政府和负有安全生产监督管理职责的有关部门谎报事故情况，依据《生产安全事故报告和调查处理条例》第三十六条第（一）项的规定，建议由区应急局对其处以2020年度年收入100%的罚款，共计人民币8.203万元。

④徐某，施工单位下属单位副经理、施工单位天津地铁×号线南段工程登州南路站附属结构项目副经理，向事故发生地政府和负有安全生产监督管理职责的有关部门谎报事故情况，依据《生产安全事故报告和调查处理条例》第三十六条第（一）项的规定，建议由区应急局对其处以2020年度年收入80%的罚款，共计人民币7.68592万元。

⑤于某，施工单位天津地铁×号线南段工程登州南路站附属结构项目施工员，向事故发生地政府和负有安全生产监督管理职责的有关部门谎报事故情况，依据《生产安全事故报告和调查处理条例》第三十六条第（一）项的规定，建议由区应急局对其处以2020年度年收入80%的罚款，共计人民币4.12136万元。

（2）总承包单位未依法履行总承包单位对施工现场的管理职责，项目经理未参与项目管理，未履行项目安全生产管理职责，违反了《天津市建筑市场管理条例》第十六条、《建设工程安全生产管理条例》第二十一条第二款的规定，对事故发生负有责任，依据《中华人民共和国安全生产法》第一百一十四条第（二）项的规定，建议由区应急局对其给予人民币100万元罚款的行政处罚。

①黄某，总承包单位法定代表人，未履行《中华人民共和国安全生产法》规定的安全生产管理职责，未及时消除本单位的生产安全事故隐患，导致发生生产安全事故，依据《中华人民共和国安全生产法》第九十五条第（二）项的规定，建议由区应急局对其处以

2020年度年收入60%的罚款，共计人民币4.465122万元。

②常某，总承包单位下属单位负责人，被给予行政撤职处分，依据《中华人民共和国安全生产法》第九十四条第三款的规定，自受处分之日起，五年内不得担任任何生产经营单位的主要负责人。

（3）监理单位未按照《监理细则》要求，检查总包单位对入场施工人员的技术交底和安全教育培训情况，在发现施工人员未按照《凿除方案》实施作业的行为后未予以制止，在明知总承包单位违法分包行为的情况下没有制止施工单位的违法行为，对事故发生负有责任，依据《中华人民共和国安全生产法》第一百一十四条第（二）项的规定，建议由区应急局对其给予人民币100万元罚款的行政处罚。

罗某，监理单位负责人，未履行《中华人民共和国安全生产法》规定的安全生产管理职责，未及时消除本单位的生产安全事故隐患，导致发生生产安全事故，依据《中华人民共和国安全生产法》第九十五条第（二）项的规定，建议由区应急局对其处以2020年度年收入60%的罚款，共计人民币30.321895万元。

（4）建议市住房城乡建设委向市人民政府作出深刻书面检查。

（5）建议轨道交通集团向市人民政府作出深刻书面检查。

（6）建议施工单位向市国资委作出深刻书面检查。

（7）建议建设单位向市住房城乡建设委作出深刻书面检查。

2.12.6 事故防范和整改措施

（1）施工单位要切实落实施工单位主体责任，严守安全生产红线，依法依规开展项目建设施工。一是要严格落实施工企业安全生产主体责任，建立健全安全生产责任制和安全生产教育培训制度；二是要强化对工程项目部的管理，严格施工单位和人员的资格审核，相关负责人依法到岗履职，严禁“以包代管”，坚决杜绝出借资质、违法分包等行为的发生；三是要加强施工单位对施工现场的安全生产管理，严格按照工程设计图纸和施工技术标准、方案进行施工，强化对施工现场的统一协调管理，及时发现和消除事故隐患。同时，施工单位要对全市范围内所承担的建设工程项目开展专项安全检查，严格落实建设工程质量安全管理“十个必须”的要求。

（2）监理单位要提高监理能力水平，落实安全生产监理责任。一是要规范配备与工程规模和技术要求相适应的监理人员；二是要加强对施工现场安全监管检查，严格按照项目监理细则中明确的施工安全监理措施实施监理，对不具备施工安全条件或者事故隐患未消除而进行施工的，应当要求施工单位进行整改或停工整改，并下发监理通知书，对拒不整改的，要及时向住房城乡建设管理部门进行报告；三是要分别对全市范围内所承担的建设工程项目开展专项安全检查，严格落实建设工程质量安全管理“十个必须”的要求。

（3）市住房城乡建设委要加大行政监管力度，进一步加强对本行业领域安全生产工作的监督管理。一是要深刻吸取事故教训，牢固树立科学发展、安全发展理念，切实贯彻“四铁”、“六必”的要求；二是要严格落实安全生产监管职责，督促各责任主体落实安全责任，深入开展在建城市轨道交通工程“打非治违”，严厉打击出借资质、违法分包等行为，建立打击非法违法建筑施工行为专项行动工作长效机制，不断巩固专项行动成果，确保建筑安全生产监督检查工作取得实效；三是要在全市通报本起事故暴露的问题，开展警示宣传，督促各城市轨道交通施工单位以案为鉴、举一反三，强化安全意识，压实各环节责任，严格监管，坚决遏制事故发生。

2.13　浙江省金华市“11·23”较大坍塌事故调查报告

2021年11月23日13时20分许，金华经济技术开发区在建工程某项目酒店宴会厅钢结构屋面在进行刚性保护层混凝土浇捣施工时发生坍塌事故，共造成6人死亡、6人受伤，直接经济损失1097.55万元。

2.13.1　事故有关情况

1. 事故发生经过及救援情况

（1）事故发生经过。2021年11月23日上午9时许，某项目施工泥工班组长李某及工人何某、王某、李某等11名作业人员进行酒店宴会厅钢结构屋面C20细石混凝土刚性保护层施工，计划浇筑厚度为50mm，从⑩轴向⑯轴方向浇筑，采用汽车泵将混凝土输送至浇筑部位。13时许，作业面上共有13人，其中10名泥工班组工人在⑫—⑯轴间进行混凝土浇捣作业，1名工人在⑩—⑪轴屋面上准备磨光机收面工作，混凝土公司泵工王某在⑯轴位置遥控操作混凝土泵管下料，管理人员杜某在⑩轴北侧带班。13时20分许，浇捣至⑫—⑯轴交-轴时，⑩—⑯轴交-轴钢结构屋面发生整体坍塌。事发时，王某迅速逃离至安全地带，杜某跌落在内脚手架上，其余11名工人从屋面坠落至三层楼面（图1）。

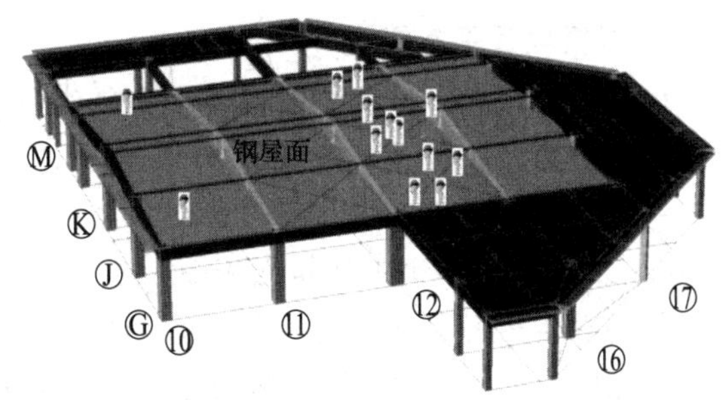

图1　钢屋面及作业人员分布示意图

（2）事故救援情况。2021年11月23日13时20分许，事故项目经理方某和现场负责人宋某看到宴会厅钢结构屋面发生坍塌后立刻拨打110报警电话，同时组织周边工人进行救援。110指挥中心接到报警后立即启动应急响应。金华市、开发区两级应急、公安、建设、卫健、消防等部门人员，调动专业车辆、设备立即开展救援工作。现场成立应急救援指挥部和应急救援、医疗救护、善后处理、综合协调4个工作组协同开展救援工作。应急救援组通过核实现场作业人数，组织专家勘查现场排查次生灾害风险，确定危险区域，设置救援路线，联动医疗、供电等部门开展事故救援处置；市消防支队调派消防员13车81人携带无人机、金属切割机、液压破拆工具组、手动破拆工具等救援装备开展施救工作；卫健部门协调浙二医院专家来金会诊，制定诊疗方案，全力抢救伤员。整个救援过程行动迅速、指挥有力、科学专业。截至当日15时52分，现场共营救出11人立即送往医院救治。11月24日3时14分许，最后一名被困工人在⑩—⑪轴现场找到，立即送往医院抢救。截至11月25日10时36分，事故中共有6人经抢救无效死亡，6人在医院救治，无生命危险。善后工作组“一对一”做好死伤者家属安抚工作，截至11月28日，6名遇难人员已全部火化并完成相关赔偿，事故善后处理平稳有序，网络舆情总体平稳。

（3）事故信息报送情况。11月23日14时05分，金华市应急管理局指挥中心接到110警情通报，称金华经济技术开发区某建设工地发生一起事故，经初步核实后立即电话报告省应急管理厅。15时33分，金华经济技术开发区应急管理局通过应急值班系统向金华市应急管理局报告，某在建工地宴会厅刚性屋面倒塌，11人被砸，伤者已送往医院抢救。16时11分，金华市应急管理局通过应急值班系统向省应急管理厅报告。16时12分，金华经济技术开发区应急管理局通过应急值班系统向金华市应急管理局续报事故情况，1名人员经抢救无效死亡。16时31分。金华市应急管理局通过应急值班系统向省应急管理厅续报事故情况。11月24日0时23分，金华市应急管理局通过应急值班系统向省应急管理厅续报事故情况，截至11月23日24时，3人经抢救无效死亡。11月24日9时22分，金华市应急管理局通过应急值班系统向省应急管理厅续报事故情况，截至11月24日3时14分，最后一名被困人员救出，经送医抢救无效死亡。11月25日10时36分，金华市应急管理局通过应急值班系统向省应急管理厅续报事故情况，截至10时36分，共6人经抢救无效死亡，其余6人在医院救治。

2. 事故项目基本情况

（1）项目概况。该建设项目位于金华经济技术开发区双龙南街与志和路交叉口东南侧，为地上商业4层、酒店14层，地下2层，集购物、餐饮、娱乐、住宿、邻里配套工程为一体的社区型商业综合体。该项目总用地面积28612.47m^2，总建筑面积101105.16m^2，其中地上建筑面积50948.36m^2，地下建筑面积501568m^2。事故部位为该项目星级酒店裙房宴会厅钢结构屋面（图2）。该项目建设单位为某集团有限公司，设计、施工中标单位为某建设集团有限公司。项目实际承包人杜某、王某，项目经理方某，实际现场负责人宋某，备案技术负责人龚某，实际技术负责人陈某，备案安全员何某、罗某、涂某、杨某，实际安全员郭某，备案施工员姚某、周某、王某，备案质量员江某、周某，实际施工员（质量员）王某、杜某、宋某、周某、宋某，备案资料员杨某，实际资料员陈某、吴某、林某、林某。

图2 事故建筑物示意图

（2）项目审批情况。2018年6月8日，建设单位取得该建设项目建设用地使用权：2019年9月2日，审批取得建设用地规划许可证；2020年8月4日，审批取得建筑工程施工许可证；2020年12月22日，审批取得建设工程规划许可证。

（3）项目设计及图审情况。2020年8月，王某将该项目设计任务转包给设计单位2。设计单位2蒋某为该设计项目的牵头人。2020年8月，设计单位2又将其中结构专业施工图的设计分包给设计单位3。设计单位3实际负责人朱某将该项目主体结构专业施工图交由张某设计，张某又将其中宴会厅钢结构屋面专业施工图交由陈某设计。图纸设计过程中，宴会厅屋面钢结构施工图设计按屋面为彩钢瓦、檀条、钢梁构造计算荷载，恒荷载取值为0.3kN/m^2 而建筑施工设计中宴会厅屋面构造做法从上到下依次为50mm厚C20细石混凝土刚性保护层、无纺布隔离层、3mm厚防水卷材、1.5mm厚防水涂膜、20mm厚水泥砂浆找平层、120mm厚岩棉板保温层、镀锌钢丝网、1.2mm厚钢底板。由于设计单位2建筑设计与设计单位3结构设计之间没有协调一致，钢结构施工图设计未计取建筑设计施工图中构造做法的荷载。8月24日，蒋某相继将项目各专业设计图纸发给设计单位1校对审核，设计单位1在校对审核过程中未发现宴会厅钢结构屋面设计与建筑构造做法不一致的问题，对设计图纸审核通过并签字盖章。

8月26日，建设单位通过金华市建筑和市政工程施工图联合审查系统（以下简称审查系统）将该项目上报至金华市某建设工程施工图审查中心（施工图审查单位）。11月上旬，蒋某用设计单位1的专用账号将施工图设计文件上传至审查系统。11月10日，施工图审查单位受理该项目施工图审查业务，审查过程中也未发现宴会厅钢结构屋面设计与建筑构造做法不一致的问题。12月9日，施工图审查单位出具了审查合格书。

（4）项目施工情况。2020年8月5日该项目开工建设，2021年6月26日主体结顶，9月30日宴会厅钢结构屋面安装完成，准备实施屋面混凝土浇筑等施工。10月初，宋某向项目部总监戴某提出岩棉板上铺设20mm厚的水泥砂浆找平层会导致防水涂层不便施工，后期容易开裂，需重新修改图纸，将20mm厚的水泥砂浆改为50mm厚细石混凝土，戴某让其与设计方联系。后宋某让陈某与蒋某对接。10月9日陈某向蒋某提出修改方案，蒋某未提出反对意见，宋某在建筑施工图构造做法未变更的情况下，擅自让项目部按修改方案进行施工。10月31日项目部浇筑宴会厅钢结构屋面找平层，将20mm厚的水泥砂浆改为50mm厚细石混凝土。11月23日进行钢结构屋面刚性保护层混凝土浇捣施工。

2.13.2 事故直接原因

经调查，事故当日金华气象数据为气温4～12℃，偏西风1～2级，无降水。排除因地震、恶劣天气等自然灾害因素引发事故的可能性。

经认定，本次事故的直接原因为：屋面钢结构设计存在重大错误，结构设计计算荷载取值与建筑构造做法不一致，钢梁按排架设计，未与混凝土结构进行整体计算分析；未按经施工图审查的设计图纸施工，将钢结构屋面构造中20mm厚水泥砂浆找平层改为50mm厚细石混凝土，且浇筑细石混凝土超厚，进一步增加了屋面荷载。因上述原因造成钢梁跨中拼接点高强度螺栓滑丝、钢梁铰接支座锚栓剪切和拉弯破坏，导致⑪、⑫轴二榀屋面钢梁坍塌。

2.13.3　事故相关单位主要问题

1. 设计单位1和施工单位

（1）资质出借违法。违反《建筑法》第二十六条、《建设工程质量管理条例》第十八条《建设工程勘察设计管理条例》第八条等规定，允许杜某、王某使用设计单位1和施工单位资质证书、营业执照，非法挂靠设计单位1承包金华该EPC项目；将项目设计业务非法转包给设计单位2并允许设计单位2以其名义出具设计图纸，且未履行设计质量管理责任。

（2）项目管理违法。杜某、王某非法挂靠设计单位1和施工单位中标该EPC项目后，根据双方签订的《工程项目责任承包合同》约定，设计单位1和施工单位作为甲方为乙方（杜某、王某）提供技术支持、人员配备、工程质量、安全管控等，但设计单位1和施工单位违反《建设工程质量管理条例》第二一六条《浙江省建筑业管理条例》第二十一条规定。派驻的项目部管理机构虚设，人员严重缺位，管理制度流于形式。实际现场管理人员与设计单位1和施工单位向建设方报备的人员严重不一致，部分技术、安全岗位人员无资格证书：违反《建设工程施工发包与承包违法行为认定查处管理办法》第八条第（三）项规定，陈某、杜某、郭某、宋某等项目管理人员未与设计单位1和施工单位订立劳动合同且没有建立社会养老保险关系。

（3）施工管理违法。违反《建设工程质量管理条例》第二十八条规定，未按经施工图审查的设计图纸施工，未办理设计变更手续，擅自修改设计并施工。

2. 全过程工程咨询服务单位

（1）未履行工程质量监理职责。违反《建筑法》第三十二条《建设工程质量管理条例》第三十六条规定，未履行《全过程工程咨询合同》约定的对该项目施工质量、施工图设计审核、设计变更等管理职责。

（2）未履行工程管理监理职责。违反《建筑法》第三十五条规定，无视项目部长期存在的管理问题，对施工单位五类管理人员未到岗履职的情况未监管，未向主管部门反映和汇报，默认项目部相关台账、资料造假。

3. 设计单位2

（1）违规承揽设计业务。违反《建设工程质量管理条例》第十八条、《建设工程勘察设计管理条例》第八条规定，违规承揽设计业务，以设计单位1名义出具设计图纸。

（2）非法分包工程设计。违反《建设工程质量管理条例》第十八条、《建设工程勘察设计管理条例》第二十条规定，将金华该EPC项目结构专业设计分包给无设计资质的设计单位3。

4. 设计单位3

非法承接工程设计。违反《建设工程质量管理条例》第十八条、《建设工程勘察设计管理条例》第二十一条规定，在未取得工程设计资质证书的情况下，非法承接金华该EPC项目结构专业设计业务。

5. 施工图审查单位

未依法履行施工图设计文件审查职责。违反《建设工程勘察设计管理条例》第三十三条《房屋建筑和市政基础设施工程施工图设计文件审查管理办法》第三条、第十一条规定，未依法对施工图设计文件涉及公共利益、公众安全和工程建设强制性标准的内容进行审查，未发现该项目工程设计存在重大错误，尤其是钢梁承载力不足的重大设计错误问题。

6. 建设单位

未落实建设单位工程质量首要责任。未按照《住房和城乡建设部关于落实建设单位工程质量首要责任的通知》（建质规〔2020〕9号）要求履行工程质量管理职责，未有效督促参建各方做好施工现场安全生产、工程质量审查工作，对事故项目非法挂靠、非法转包、分包，施工单位项目部管理机构虚设、人员严重缺位，管理制度流于形式等问题未履行监管职责。未认真督促监理单位履行项目施工图设计审核、设计变更、施工质量等监理职责。

7. 第三方安全巡查服务单位

未履行约定的安全巡查义务。作为金华经济技术开发区建设局委托的在建工程第三方安全巡查服务单位，未切实履行合同约定的责任和义务，对项目巡查工作开展不深入、不全面，对该项目巡查过程中发现的人证不相符、人员严重缺位、制度执行流于形式。台账资料不实等问题跟踪复查、督促整改不到位，未形成闭环。

2.13.4　地方有关部门和单位主要问题

1. JH经济技术开发区建设局建设工程质量监督站

建设工程质量监督管理履职不力。未对《房屋建筑工程质量安全监督计划与交底》中有关质量安全台账资料进行检查，未发现该项目部人证不一、人员严重缺位、制度执行流于形式、台账资料不实等问题。

2. JH经济技术开发区建设局

作为行业主管部门，履行建筑业行业安全监管职责不力，对下属单位开发区建设工程质量监督站和第三方服务机构履行职责指导督促不力。

3. JH经济技术开发区管委会

未认真贯彻落实“党政同责、一岗双责、齐抓共管”要求，对建筑施工领域安全生产工作不够重视，存在重发展轻安全倾向，未督促落实国有开发主体建设项目质量安全首要责任；未严格执行《安全生产法》第九条第一款规定，忽视建筑施工领域存在的监管力量和监管任务不匹配等突出问题，未有效督促开发区建设局开展建设领域安全监管工作。

4. JH市建设局

作为承担建筑工程质量安全监管主管部门，对全市建筑行业安全生产工作指导、督促不力，对建筑业市场长期存在的设计资质挂靠、工程转包、资料台账委托第三方制作等行业乱象制止和纠正的力度不够大、措施不够严，对建设工程领域违法违规行为查处打击不力。对开发区建设局上报的违法线索办理情况反馈不及时，未认真督促开发区建设局和建筑企业执行施工现场项目管理人员实名管理制度，建筑市场监督管理信息管理平台未正常有效运行。

2.13.5　对事故有关责任人员及责任单位的处理建议

1. 建议追究刑事责任司法机关已采取刑事强制措施人员

1）建设单位有关人员

（1）徐某，建设单位法定代表人，2021年11月25日被刑事拘留，12月8日以涉嫌重大责任事故罪被依法逮捕。

（2）钱某，建设单位总工程师，2021年11月24日被刑事拘留，12月8日以涉嫌重大责任事故罪被取保候审。

（3）邵某，建设单位派驻该项目管理人员，2021年11月24日被刑事拘留，12月8日以涉嫌重大责任事故罪被取保候审。

2）施工项目部有关人员。

（1）杜某，系该项目实际承包人，2021年11月25日被刑事拘留，12月8日以涉嫌重大责任事故罪被依法逮捕。

（2）王某，系该项目实际承包人，项目负责人，2021年11月24日被刑事拘留，12月8日以涉嫌重大责任事故罪被依法逮捕。

（3）宋某，系该项目现场负责人，2021年11月24日被刑事拘留，12月8日以涉嫌重大责任事故罪被依法逮捕。

（4）方某，系该项目经理，2021年11月24日被刑事拘留，12月8日以涉嫌重大责任事故罪被取保候审。

（5）陈某，系该项目技术负责人，2021年11月24日被刑事拘留，12月8日以涉嫌重大责任事故罪被依法逮捕。

3）设计及图审有关人员

（1）蒋某，系设计单位2该项目图纸设计牵头人，2021年11月25日被刑事拘留，12月8日以涉嫌重大责任事故罪被依法逮捕。

（2）朱某系该项目结构设计部分的分包人2021年11月25日被刑事拘留，12月8日以涉嫌重大责任事故罪被依法逮捕。

（3）张某，系该项目主体结构施工图设计人，2021年11月25日被刑事拘留，12月8日以涉嫌重大责任事故罪被依法逮捕。

（4）陈某，系该项目酒店宴会厅钢结构屋面施工图设计人，2021年11月25日被刑事拘留，12月8日以涉嫌重大责任事故罪被依法逮捕。

（5）徐某，系设计单位1和建设单位设计院执行院长，2021年11月26日被刑事拘留，12月13日以涉嫌重大责任事故罪被取保候审。

（6）朱某，系设计单位1和建设单位设计院该项目设计负责人，2021年11月26日被刑事拘留，12月8日以涉嫌重大责任事故罪被依法逮捕。

（7）胡某，系设计单位1和建设单位设计院该项目结构专业审核人，2021年11月26

日被刑事拘留，12 月 8 日以涉嫌重大责任事故罪被取保候审。

（8）胡某，系施工图审查单位该项目结构专业审查人。2021 年 11 月 26 日被刑事拘留，12 月 8 日以涉嫌重大责任事故罪被取保候审。

4）监理有关人员

（1）戴某，系全过程咨询服务单位项目总监理工程师，2021 年 11 月 24 日被刑事拘留，12 月 8 日以涉嫌重大责任事故罪被依法逮捕。

（2）朱某，系全过程咨询服务单位项目土建专业监理工程师、总监代表，2021 年 11 月 25 日被刑事拘留，12 月 8 日以涉嫌重大责任事故罪被依法逮捕。

2. 对有关公职人员问责处理

对于在事故调查过程中发现的地方党委政府及有关部门等公职人员在履职方面存在的问题，JH 市纪委市监委依规依纪依法组织开展审查调查，对 10 名责任人员作出追责问责处理。

（1）苏某，JH 经济技术开发区党工委副书记、管委会常务副主任，进行诫勉处理。

（2）张某，JH 经济技术开发区管委会副主任（正局级，分管建设工作领导），给予政务记过处分。

（3）孙某，JH 经济技术开发区党工委委员、管委会副主任（原分管建设工作领导），给予党内警告处分。

（4）徐某，JH 市建设局党委委员、副局长，给予党内严重警告处分。

（5）吴某，JH 市建设局建筑业处处长，给予政务记过处分。

（6）汤某，JH 市建设局行政审批处处长（原建筑业处处长），给予政务警告处分。

（7）范某，JH 经济技术开发区建设局局长，给予政务记大过处分，并免去其 JH 经济技术开发区建设局局长职务。

（8）陈某，JH 经济技术开发区市政园林环卫中心干部（保留正科级，JH 经济技术开发区建设局原分管领导、市政园林环卫中心主任），给予党内严重警告、政务降级处分。

（9）钱某，JH 经济技术开发区建设局建设工程质量监督站站长，给予政务撤职处分。

（10）王某，JH 经济技术开发区建设局建设工程质量监督站质监员，给予开除党籍、政务开除处分。

3. 对有关单位及人员处罚建议

1）建议依法作出行政处罚的单位

（1）由 JH 市应急管理局依法对设计单位 1 和建设单位作出行政处罚；

（2）由 JH 市住房和城乡建设局依法对设计单位 1 和建设单位、全过程工程咨询服务单位、设计单位 2、设计单位 3、施工图审查单位作出行政处罚。行政处罚情况报送 JH 市应急管理局。

2）建议依法作出行政处罚的责任人员

（1）由 JH 市应急管理局依法对设计单位 1 和建设单位主要负责人作出行政处罚；

（2）由 JH 市住房和城乡建设局依法对设计单位 1 和建设单位、全过程工程咨询服务单位、设计单位 2、设计单位 3、施工图审查单位有关责任人员作出行政处罚。行政处罚情况报送 JH 市应急管理局。

4. 对有关部门和单位问责建议

（1）责成JH市建设局向JH市政府作出深刻检查。

（2）责成JH经济技术开发区管委会向JH市政府作出深刻检查。

（3）责成JH经济技术开发区建设局向JH经济技术开发区管委会作出深刻检查。

（4）责成建设单位向JH经济技术开发区管委会作出深刻检查。

（5）JH市安委会约谈市建设局、JH经济技术开发区管委会。以上相关书面材料抄报JH市应急管理局。

5. 对其他单位的处理建议

JH经济技术开发区建设局对第三方安全巡查服务单位作出处理。

2.13.6　事故防范和整改措施建议

针对事故暴露的问题，为深刻吸取事故教训，举一反三，有效防范和坚决遏制类似事故发生，提出以下建议措施。

（1）强化安全发展理念。各级各部门要认真贯彻落实习近平总书记关于安全生产系列讲话和指示批示精神，坚守安全生产红线意识和底线思维，坚持人民至上、生命至上，以对党和人民高度负责的态度，织牢织密安全防控网，为全市经济社会高质量发展提供安全稳定的环境。金华经济技术开发区管委会要加强对辖区安全生产工作的统筹协调，按照“管行业必须管安全、管业务必须管安全、管生产经营必须管安全”的原则进一步明确国有开发主体和行业监管部门的建筑工程质量安全职责，进一步规范建设项目管理，杜绝未批先建、边设计边建设等不合规行为，确保安全生产责任制和各项安全监管措施落实到位。建设部门要认真履行行业监管职责，针对建筑业市场和施工领域存在的设计资质挂靠、工程转包、资料台账委托第三方制作等突出问题，研究落实对策措施，坚决遏制行业领域事故高发的势头。

（2）全面落实参建各方安全生产主体责任。一是压实建设单位首要责任。建设单位要严格执行国家法律法规和标准规范，健全落实项目法人责任制，建设单位工程质量首要责任。要加强对工程建设全过程的质量安全管理和对工程总承包单位和监理（全过程咨询）单位履约合同情况的监督检查，加强施工全过程的统筹协调，及时解决施工过程中的各方面问题，保障施工安全。二是压实设计单位主体责任。设计单位要按照规定进行设计交底和图纸会审，做好设计服务，参与工程验收。要加强与施工单位的联系，及时解决施工过程中的设计问题，对采用特殊结构的建设工程应当提出保障安全和预防生产安全事故的措施建议。三是压实施工单位全面责任。施工单位对安全生产工作全面负责，要严格按照经图审的设计文件和强制性标准进行施工，编制并实施施工组织设计、专项施工方案，建立完善质量安全管理体系和质量安全管理机构，项目管理人员必须按照合同规定履约到岗。四是压实监理单位监督责任。监理（全过程咨询）单位要切实履行法律法规和合同约定的工作职责，加大对驻工地监理人员的考核，督促监理人员认真执行《建设工程监理规范》规定的职责。严格审查分包单位资质、各类施工组织设计、专项施工方案和验收资料。对施工过程中发现的转包、非法分包、人岗不符等违法违规行为，要及时严肃指出并督促整改，同时要将相关情况及时上报建设单位及行业主管部门。

（3）健全完善建筑领域体制机制。建设部门要规范建筑领域招标投标市场，研究制订工程总承包招标投标制度，正确引导工程总承包改革方向。要全面推行建筑领域双重预防机制落地，建立健全安全预防控制体系，强化落实危险源风险评估和危害辨识、风险分级、分色管控和隐患排查治理等工作制度，责任分级落实到人，实行隐患自查自纠闭环管理，进一步落实企业主体责任。要积极推进建筑安全责任保险制，强化事前风险防范，促使企业加大安全生产投入，加强安全生产管理工作，及时消除事故隐患，预防和减少各类生产安全事故的发生。数字赋能，推进“浙里建”数字化服务平台建设，实现企业自我管理与政府监督管理的标准统一、在线协同，形成管理合力，提升工程建设重大风险防范能力，筑牢建筑施工领域“智慧化安全防线”。按照《金华市建筑市场专项整治三年行动实施方案》要求，着力强化对建设、施工、监理、设计等单位的责任落实监管，严把关键环节关口，加大监管和事故责任查处力度，彻底排查多发事故和重大危险源以及重点薄弱环节，杜绝安全事故的发生。要切实加强执法监管力量建设。市建设局要加强对开发区建设局的业务指导，进一步优化案件移交流转程序，督促执法机构及时办理移交的案件，并及时告知处理结果。要积极引导监管执法力量下沉，配齐配强开发区监管执法力量，缓解开发区监管项目多监管力量薄弱的局面。开发区建设局要充分发挥第三方服务机构的专业优势，弥补监管执法力量的不足。

（4）严厉打击建筑领域违法违规行为。建设部门要切实加大监督检查和执法办案力度，重点打击工程项目和设计业务转包、非法分包、层层分包、肢解发包、工程技术资料造假等违法行为。强化行刑衔接和部门联合执法，出台相关工作机制文件，进一步形成执法合力，加大对建筑施工领域事故前重大违法行为的刑事追责力度。要充分发挥违法案例的警示教育作用，通过定期公布执法典型案例、召开警示教育现场会等形式，不断提高参建各方和参建人员的安全意识，严格按照法律法规和行业规范标准施工作业，切实做到依法安全建设。要敢于“动真碰硬”，提高执法的刚性，彻底扭转执法“宽松软”的局面。对于检查中发现的违法违规行为，发现一起查处一起，全市上下要迅速形成“从速从严”的整治氛围和“露头就打”的高压态势，切实消除建筑安全事故隐患。

2.14　湖南省长沙市“12·2”较大车辆伤害事故调查报告

2021年12月2日15时59分40秒左右，位于NX高新技术产业园区（以下简称NX高新区）的湖南某机床设备有限公司的某机床工程机械制造总部基地项目工地发生一起混凝土搅拌运输车溜车伤害事故，事故造成3人死亡，直接经济损失（不含行政处罚）约455.8万元。

经调查认定，NX高新区“12·2”车辆伤害事故是一起较大生产安全责任事故。

2.14.1　项目建设基本情况

某机床工程机械制造总部基地项目（以下简称某机床项目）位于NX高新区，是由湖南某机床设备有限公司投资建设的工程机械配套生产基地，总投资约 4 亿元，固定资产投资约 2 亿元，主要是制造机械、机床产业零部件配套产品，规划面积 71588.7m^2，建筑面积约 68332.82 万 m^2。项目于 2021 年 9 月启动基础施工，计划年内主体竣工，2022 年 6 月前全面投产（图 1～图 3）。

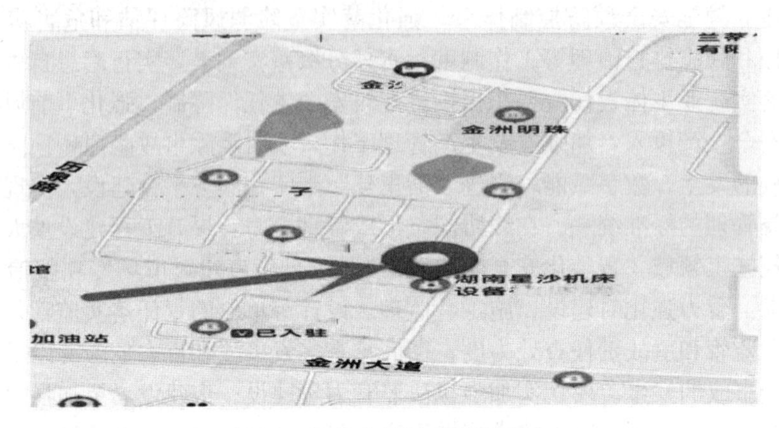

图 1　该机床项目区域位置图

图 2　该机床项目建设规划示意图

图 3　建设项目施工工地出入大门

2.14.2　事故车辆及驾驶员有关情况

1. 事故车辆鉴定有关情况

2022年1月4日，经湖南迪安司法鉴定中心对湘AK120×重型特殊结构货车的安全技术状况、事故发生时驻车制动操作装置所处的状态进行鉴定分析和模拟试验，其出具的《司法鉴定意见书》（湘迪安司鉴中心〔2021〕痕鉴字第1525号）鉴定意见结论：①湘AK120×号重型特殊结构货车制动系统、转向系统、照明、信号装置符合《机动车运行安全技术条件》GB 7258—2017标准要求；②事故发生时湘AK120×号重型特殊结构货车驻车制动操作装置处于关闭状态可以成立。

2. 车辆驾驶员有关情况

湘AK120×驾驶员钟某，男，汉族，初中文化。钟某系退伍军人，中共党员。2011年6月17日，钟某取得由湖北省襄阳市公安局交通警察支队核发的机动车驾驶证，准驾车型：A1A2（增驾A2，实习期至2021年8月16日），有效期限：2017年6月17日至2027年6月17日。2017年6月5日，钟某取得由长沙市交通运输局机动车驾培管理处核发的经营性道路旅客运输驾驶员从业资格证，有效期限至2023年8月5日。2018年8月28日，钟某取得由长沙市交通运输局机动车驾培管理处核发的经营性道路货物运输驾驶员从业资格证，有效期限至2024年8月27日。

2021年8月1日，混凝土运输单位（甲方）与钟某（乙方）签订劳动合同，合同期限自2021年8月1日起至2023年7月31日止。

经调查核实，钟某于2021年8月1日入职混凝土运输单位。因钟某之前在混凝土生产单位从事过混凝土搅拌运输车的驾驶工作，驾驶技术比较熟练，混凝土运输单位对钟某的情况也比较了解熟悉，因此，未对钟某进行上岗前的安全教育培训（包括实际操作）和考核，只审核了钟某的有关驾驶资质证件后，就安排允许钟某上岗作业了。混凝土运输单位提供的针对钟某的《驾驶员岗前培训记录》9份（2021年7月23日、24日、25日、26日、27日、28日、29日、30日、31日）均系事故发生后（12月4日）编造（培训学时均为每天8学时，培训内容由钟某填写，由安全员方海燕签字确认）。混凝土运输单位提供的钟某的《运输车辆驾驶员安全培训教育考试试题》3份（分别计分95分、90分），也是事故发生后（12月6～8日）由安全员方某通过郭某（丰捷运输公司驾驶员，钟某的同事、战友）将考试试卷（包括答案）交给钟某补做的。

经调查核实，事发时，钟某无酒驾、毒驾行为。

2.14.3　事故现场有关情况

1. 事故现场道路情况

经现场勘查，“12.2”溜车事故地点为某机床公司该机床项目建设工地的西南角，东经：112°4′43″，北纬：28°27′44″。该路段为该机床公司自行修建的厂区内部道路，呈四方形环状。该道路规划设计为企业今后的内部通行道路，因项目处于建设施工初期，暂时只对路面进行初期水泥硬化，尚未进行路面沥青铺设等，灰尘泥土附着较多，道路中的下水井盖均高于路面约 10cm（为铺设沥青路面预留），下水井盖因受运输车辆的碾压等外力的影响，时常发生位移、掀开、翘起等情况现象。

事故发生路段为工地内西南角处南北向道路临近南端转弯处路段，道路性质为水泥路面，路面宽度约为 7m，南北走向，北高南低呈斜坡状，由南往北方向为上坡，坡道路段坡顶至南端坡底（道路南端边缘）处距离约为 19.5m，经测量，平均坡度约为 5.8°，最大坡度约为 7°（坡度最大处为坡道往上 33 处）；道路南端路外设置有简易工棚 2 座（现场查勘时，正对南北向道路南端东侧的工棚已被搅拌车撞塌损毁）。

经勘查调查，“12.2”事故发生时，该路段未设置明显的有关车辆通行的安全警示标志标识，也未明确安排专门的人员负责有关车辆通行的统一调度指挥。

2. 事故现场工棚搭设使用情况

据调查，现场两个施工工棚为简易集装箱式板房，尺寸为 3m×6m，由挡土围墙施工单位李某经手租用的，一个主要用于存放有关施工图纸、仪器、工具器材、设备设施等，另一个设有液化气、灶具、空调、排气扇、电饭煲、铁架床等生活设施，供施工作业人员做饭厨房、临时短暂休息等。2021 年 9 月 3 日，挡土围墙施工单位于开始进场组织挡土墙施工，两个工棚搭设在某科技公司挡土墙项目施工工地。至 2021 年 9 月 20 日，因某科技公司挡土墙项目已基本完成施工，为方便施工，经李某请示挡土围墙施工单位并与该机床项目部协调后，将原设在某科技公司挡土墙项目施工工地的两个工棚转移设置在该机床公司项目工地的西南角位置（为该机床项目二期用地，转移设置时，该机床项目工地只有挡土围墙施工单位一家单位在从事施工作业）。

3. 事发前施工人员活动情况

2021 年 12 月 2 日，挡土围墙施工单位项目现场负责人李某安排组织施工人员进行围墙（贴砖）施工（施工人员是由隆某联系的，因隆某与李某系同学关系，李某便口头委托隆某找人做事，口头约定每天工资 400 元，未签订劳动合同，也未组织进行专门的安全生产教育培训考核，只在吃饭休息时，口头提醒注意安全）。至下午 3 时 50 分左右，在完成一个贴砖的工序后，转做另一个贴砖工序，施工人员到施工工棚换工具、临时休息，准备到围墙的另一边贴砖施工。当时，在施工工棚现场有李某和 4 名施工人员。至溜车事故发生，3 名施工人员被卷入车底，东侧工棚被碾压撞毁，现场人员只有李某、隆某侥幸逃生。

4. 事故发生当天的有关气象情况

经查询 NX 市气象局有关气象资料，2021 年 12 月 2 日（周四），事故发生区域的有关气象情况：最高气温 17℃，最低气温 4℃，天气多云～晴天，风向西北风 1 级。当天的天气环境条件，对户外运输施工等作业无不利影响。

2.14.4 有关安全监督情况

1. NX 高新区规划建设局

按照 NX 市委、市政府的有关赋权规定，NX 高新区规划建设局负责高新区范围内建设工程质量安全的监督管理工作。

2021年11月，NX高新区规划建设局下达《受监项目通知书》（签发人：李某），对该机床项目实施质量安全监督，明确该项目以郭某为主监（监督组组长），胡某协助。2021年11月29日，NX高新区质安站在项目部会议室主持组织有建设单位、监理单位、施工单位负责人参加的工程质量安全监督交底工作（工程质量安全监督交底人：郭某、胡某，廉洁从业交底人：李某），制定了工程质量安全监督工作方案。

2021年11月30日，该机床项目因使用未依法取得相应资质的预拌混凝土，NX高新区质安站责令该建设工程项目局部停工（宁高质安停〔2021〕第1101号）。

2021年12月2日，该机床项目因发生交通事故，NX高新区规划建设局责令该项目停工（宁高规建停〔2021〕15号）。

2021年12月3日，该机床项目因发生较大安全生产事故，NX高新区规划建设局分别对建设单位（项目负责人杨某）、施工单位（项目负责人谭某）、监理单位（项目总监史某）拟记录严重不良行为。

2. NX市交通运输局

按照NX市政府批复的巡查计划，2021年度，NX市交通运输局公共事务中心对丰捷运输公司进行了两次巡查，并对该公司组织开展了安全宣传进企业活动。

2021年1月5日，NX市交通运输局公共事务中心付某、郭某、唐某联合双江口交管站执法中队文华等人对该公司进行巡查，发现该公司存在驾驶员未按要求进行岗前教育培训、未进行安全提醒告知，无2021年教育培训计划、应急演练计划和安全生产经费投入使用计划，主要负责人、安全生产管理人员未取得安全考核合格证明，无安全生产组织机构，无任职任命文件等问题。巡查后，对前述问题下达了整改建议书，要求限期整改。该公司分别于1月15日、3月2日整改到位，并将相关资料报事务中心复查存档。

2021年5月11日，NX市交通运输局公共事务中心郭某、唐某到该公司巡查，对该公司从业人员岗前培训教育及应急演练等情况进行检查，检查结果为均按计划落实。

2021年11月23日，NX市交通运输局公共事务中心黄某、郭某、彭某、唐某到该公司组织开展安全宣传进企业活动，对主要负责人、安全生产管理人员及部分从业人员进行了安全宣讲。

3. NX市住房城乡建设局

按照NX县委县政府《关于明确金洲新区集中管理体制及职能权限的意见》（宁发〔2014〕11号）、NX市委办市政府办《NX市规范工业园区投资项目审批管理暂行办法》（宁办通知〔2018〕12号）、NX市政府办《NX市园区赋权目录》（宁政办发〔2021〕8号）等文件规定要求，NX高新区工业项目实行“园区把关、部门确认、权责对等”的审批模式，项目立项（核准、备案）、建设用地规划许可证、建设工程规划许可证、施工许可证由市直相关审批部门实行“见章盖章”，其他已赋权到园区的事项由园区直接审批，盖园区行政审批专用章即生效；园区直接审批和市直相关审批部门实行（或参照执行）“见章盖章”的事项由园区负责监管，市直相关审批部门加强指导。因建设工程施工许可证直接赋权园区，NX市住房城乡建设局在2021年11月29日核发（盖章）建设工程施工许可证后，认为该机床项目已赋权NX高新区规划建设局负责监管，未再对该项目进行实质性的监督检查工作。

2.14.5 事故发生经过及应急处置情况

1. 事故发生经过

2021年12月2日下午15时29分左右，按照安排，混凝土运输单位驾驶员钟某驾驶混凝土搅拌运输车（湘AK120×）从混凝土生产单位运送混凝土（装载混凝土约7m³）至该机床项目工地。当时，施工单位正在对项目东侧的车库基础进行混凝土浇筑施工，一辆混凝土泵车（呈头南尾北）停在东侧道路上，正在往车库基础卸载浇筑混凝土。

经湘AK120×车载行车记录仪视频播放显示（视频显示时间与标准的北京时间存在约5min左右的时差）：15时54分32秒，车辆驶入该机床项目工地大门，随后车辆在工地内部道路行驶；15时58分22秒，车辆驶过一右转弯道，进入上坡路段；15时59分3秒，车辆起步向前行驶，车辆前方道路上一井盖呈上翘状态；15时59分16秒，车辆行驶至上翘的井盖附近时，车辆再次停止；15时59分22秒，视频画面中通过太阳光照车辆前部在道路上的投影，可视驾驶室驾驶座侧车门开启，随后车辆驾驶员钟某下车后，车门关闭；15时59分31秒，车辆驾驶员钟某下车后，行走至上翘的井盖处，搬动上翘的井盖；15时59分40秒，车辆开始向后缓慢滑行，随后车辆向后滑移速度增大；15时59分54秒，车辆后部与行人发生碰撞，随后车辆尾部碰撞工棚板房；16时00分02秒，车辆后退经过一段距离后再次静止停止。

车载行车记录仪视频显示以及调查询问，完整显示湘AK120×在事故发生时段的行驶过程轨迹：该车进入工地大门，先左转弯进入内部道路，由东往西沿东西走向的水泥道路行驶至工地西南角处，再右转弯进入南北走向的道路（此处道路由南往北呈上坡），车辆经上坡行驶约至坡顶时，遇前方湘AK111×搅拌车相向会车，且发现前方路面井盖翘起，驾驶人将车辆停止后，下车翻动上翘的井盖，在翻动三次后，湘AK111×驾驶员刘某发现湘AK120×在向后滑，急按喇叭提醒钟某，钟某以为刘某是催促自己，没有理会，继续第四次翻动井盖，在翻动过程中，发现车辆向后滑行，连忙追车，直至车尾碰撞道路南端路外的施工人员及工棚板房后停止。

据湘AK120×车驾驶员钟某事后调查陈述：钟某驾驶混凝土搅拌运输车行驶至事故发生地点时，与另一辆混凝土搅拌运输车（混凝土运输单位混凝土搅拌运输车，车牌号湘AK111×，驾驶员刘某）相向会车，且发现距离车前面3～4m的下水井盖翘起，会车困难。两辆车停下短暂僵持后，钟某认为路面较窄，自己驾驶的车辆所处位置倒车不方便，而对面车辆驾驶员刘某在低头看手机，为了不影响车辆通行，就主动将车停下（车尾距离工棚板房约28m），下车离开车辆，将翘起的下水井盖以翻滚的方式搬离到路边。15时59分40秒左右，湘AK120×搅拌车开始向后溜动。当时，湘AK111×驾驶员刘某按喇叭提醒，并从车窗户伸出头叫钟某，说车子在溜动。但当时钟某集中精力搬移下水井盖，没有意识到，以为是刘某催促他快点搬移下水井盖，甚至还以为刘某是在开玩笑。待钟某转头发现湘AK120×搅拌车溜动，开始紧跑，想追向车辆，但终因车辆后溜速度太快，追车不及。当时，在进行挡墙施工的施工人员李某、刘某、隆某、谢某、隆某正陆续从作业点返回到工棚板房，在工棚板房外临时短暂休息。湘AK120×搅拌车将其中的3名施工人员撞倒卷入车底，并将东侧工棚板房撞倒损毁。

事故发生后，钟某、李某及其他现场人员马上拨打了119、120、110等电话进行报警，并向相关企业主要负责人进行了事故情况报告。

2. 应急救援处置情况

接到事故报告后，NX市应急、消防、公安、卫健等部门迅速赶到现场，立即组织现场救援工作。其中，NX市消防救援大队金洲站调派抢险救援车一辆、举高喷射消防车一辆、消防员13人，赶赴现场进行救援，并协调调用三一重工60t起重机一辆协助救援。由于事发现场情况复杂，移动工棚板房已完全压塌并卷入车底，被卷入其中的人员无法动弹，现场清理非常困难，救援空间有限，救援人员采取就地卸载罐体内的混凝土，利用铁锹、丁子镐等对地面进行挖掘，利用无齿锯、液压剪切器、电动剪切器等对混凝土搅拌运输车车身护栏进行切割等措施，扩大救援空间，全力对受困人员进行施救。经现场紧急救援，17时44分救出第一人，17时52分救出第二人，18时15分救出第三人。NX市120急救中心第一时间先后将3人送往NX市人民医院进行急救。至19时59分左右，3人经抢救无效，均先后相继死亡（图4～图8）。

总体来看，“12·2”较大车辆伤害事故发生后，相关部门反应迅速，积极组织开展救援工作，应急处置指挥得当、安全有序、科学高效，无次生衍生事故灾害及疫情发生。

图4 “12·2”溜车事故现场照片（一）

图5 “12·2”溜车事故现场照片（二）

图 6　“12・2”溜车事故现场救援照片

图 7　“12・2”溜车事故车辆坡道停车位置还原照片

图 8　“12・2”溜车事故车辆标识牌

2.14.6 事故发生原因及事故性质

1. 直接原因

混凝土运输单位驾驶员钟某驾驶混凝土搅拌运输车（车牌号湘AK120×）在坡道（坡度约为7°）上停车时，违反安全操作规程，未关停发动机（车辆未熄火），未有效采取驻车制动措施（未采取挂前进挡、在车辆的前后轮胎垫楔防滑三角木等防溜车措施，经检测分析驻车制动操作装置处于关闭状态），搅拌车在发动机的震动作用和惯性作用下，自动向后下坡方向滑行溜车，从而导致事故发生。

具体分析如下：

（1）经现场勘查，涉事车辆事故发生时的停车地点，北高南低。混凝土运输单位2021年1月编制的操作规程汇编第二章《运输车辆司机作业安全技术规程》中的《一般要求》第（5）项：在坡道上被迫熄火停车，并拉紧手制动器，下坡挂倒挡，上坡挂前进挡，并将前后轮楔牢；第二章《主要设备安全技术操作规程》中的《混凝土运输车操作规程》第4项：停放时，应将内燃机熄火，拉紧手制动器，关锁车门，内燃机运转时，驾驶员不得离开车辆；第5项：在坡道上停放时，下坡停放应挂上倒挡，上坡停放应挂上一挡，并应使用三角木楔等塞紧轮胎。由南往北呈上坡状。经现场测量，该路段平均坡度约为5.8°，最大坡度约为7°。

（2）经现场勘查，在事故发生现场的坡道路面上，未检到涉事车辆因制动所留有车轮拖行的印痕（刹车痕迹）。

（3）经现场模拟实验，涉事车辆刹车制动性能均正常有效。仅只有当驻车制动操作装置关闭后，松开制动踏板时，车辆才能向后下坡方向滑行溜车。

（4）涉事车辆在未熄火的状况下，车头仍会产生较剧烈的振动。当车辆驻车制动操作装置处于关闭状态时，在车头振动力的驱使下，加上车辆本身的重力及惯性作用，才导致车辆向下坡方向自动滑行溜动。

2. 事故性质

经调查认定，NX高新区“12·2”车辆伤害事故是因车辆驾驶员违反安全操作技术规程而直接导致发生的一起较大生产安全责任事故。

2.14.7 调查发现的有关问题

NX高新区“12·2”车辆伤害事故虽然主要是因为车辆驾驶员违反安全操作技术规程而导致发生的一起较大的生产安全责任事故，但经过调查，发现了企业以及有关部门安全生产工作存在以下问题。

1. 有关企业

一是主体责任落实不力

（1）混凝土运输单位作为道路运输企业，对组织建立并落实安全风险分级管控和隐患排查治理双重预防工作机制不力；对从业人员的安全生产教育培训不到位、流于形式，未充分保证从业人员熟悉掌握岗位安全操作规程和安全操作技能；未如实记录安全生产教育培训情况，教育培训记录、考核（考试）情况编造作假；安排未经安全生产教育培训合格的从业人员上岗作业；未有效教育和督促从业人员严格遵守执行安全操作规程；未向从业人员如实告知作业场所和工作岗位存在的危险因素、防范措施以及事故应急措施。

（2）挡土墙施工单位，未组织建立并落实安全风险分级管控和隐患排查治理双重预防工作机制；未对从业人员组织进行安全生产教育培训，未保证从业人员具备必要的安全生产知识；未如实记录安全生产教育培训、考核（考试）情况，安排未经安全生产教育培训合格的从业人员上岗作业；未向从业人员如实告知作业场所和工作岗位存在的危险因素、防范措施以及事故应急措施；未有效督促、检查施工作业现场的安全管理工作。

二是现场安全管理缺失

施工总包单位，未有效制定项目工地运输车辆交通组织方案，在项目工地施工路段未设置明显的有关车辆通行的安全警示标志标识；未按照与混凝土生产单位签订的《预拌混凝土销售合同》的约定明确安排专人负责对混凝土运输车辆进出项目工地的统一调度指挥；未针对施工场地内车辆通行状况加强对场内道路的检查，未及时检查维护场内道路下水道井盖被通行车辆碾压而发生的位移、掀开、翘起等情况，造成车辆通行和会车困难；对在同一作业区域内两个以上单位进行有相互影响的交叉作业风险研判辨识不到位，未签订安全生产管理协议，未明确各自的安全生产管理职责和应当采取的安全措施，未指定专门人员进行检查与协调，施工作业现场安全保障措施落实不力；在项目未取得建设工程施工许可证的情况下，违法提前组织项目的开工建设。

三是统一协调管理不力

（1）建设单位，未与挡土墙围墙施工单位签订专门的安全生产管理协议，也未在施工合同中约定各自的安全生产管理职责；对项目施工总包单位安全生产工作的统一协调、管理、检查不力，未及时有效检查发现并督促整改施工总包单位、挡土墙围墙施工单位施工作业现场安全管理方面的问题；在项目未取得建设工程施工许可证的情况下，违法提前组织项目的开工建设。

（2）监理单位，履行项目监理职责不力，对项目未取得建设工程施工许可证的情况下，违法提前组织项目开工建设的行为未予以制止；对在同一作业区域内两个以上单位进行有相互影响的交叉作业风险的监理警示不足；未及时对项目建设单位安全生产工作的统一协调、管理、检查方面的问题和施工总包单位施工作业现场存在的安全管理的问题督促整改。

2. 有关部门

1）NX高新区管委会

安全生产属地管理的体制机制不完善，贯彻落实“党政同责、一岗双责、齐抓共管”和“三个必须”的要求存在差距，重发展、轻安全的思想认识仍然存在；未有效解决安全生产监管机构队伍薄弱与安全监管任务繁重不匹配等突出问题；对建筑施工领域安全生产工作重视不够，对NX高新区规划建设局开展建设工程安全监管工作的督促指导不力。

2）NX高新区规划建设局（现更名为开发建设局）

按照NX市委、市政府的有关赋权规定，NX高新区规划建设局负责高新区范围内建设工程质量安全的监督管理工作。对该机床项目有关参建单位主体责任落实不力、统一协调管理不力、施工作业现场安全管理缺失等问题失察失管；对承包单位、承租单位签订专门的安全生产管理协议，或者在承包合同、租赁合同中约定各自的安全生产管理职责；生产经营单位对承包单位、承租单位的安全生产工作统一协调、管理，定期进行安全检查，发现安全问题的，应当及时督促整改。机床项目前期在未取得建设工程施工许可证的情况下违法提前组织项目开工建设的行为未及时予以查处。

3）NX 市交通运输局

按照有关“三定方案”规定，NX 市交通运输局负责全市道路运输市场和公路、水路建设市场的安全生产监督管理工作。开展安全监管工作不深入、不细致，对混凝土运输单位存在的安全生产主体责任落实不力、安全生产教育培训不到位、安排未经安全生产教育培训合格的从业人员上岗作业、未有效教育督促从业人员严格遵守操作规程等问题失察失管。

4）NX 市住房城乡建设局

按照有关“三定方案”规定，NX 市住房城乡建设局负责全市建设工程质量安全的监督管理工作。按照 NX 市委、市政府的有关赋权，NX 高新区范围内建设工程质量安全的监督管理工作虽然赋权 NX 高新区规划建设局负责，但 NX 市住房城乡建设局对 NX 高新区规划建设局有关建设工程项目安全监督管理工作的业务指导不力。

2.14.8　对有关单位和人员的处理建议

根据事故发生的原因和经过调查发现的有关问题，事故调查组对 NX 高新区“12·2”较大车辆伤害事故有关的单位、人员提出如下处理建议意见：

1. 对有关企业的处理

（1）混凝土运输单位，安全生产主体责任落实不力，是事故的发生单位，对事故的发生负有责任，建议由 NX 市应急局依照《中华人民共和国安全生产法》第一百一十四条第（二）项的规定予以行政处罚，并纳入安全生产联合惩戒对象；同时，建议由 NX 市交通运输局对该企业存在的有关违法违规行为依法处理。

（2）施工总包单位，违法提前组织项目的开工建设，作业现场安全管理缺失，作业现场安全保障措施落实不力，建议由 NX 市住房城乡建设局依法处理。

（3）挡土围墙施工单位，安全生产主体责任落实不力，作业现场安全管理缺失，建议由 NX 市住房城乡建设局依法处理。

（4）建设单位，对建设项目承包单位安全生产工作的统一协调、管理、检查不力，违法提前组织项目的开工建设，建议由 NX 市住房城乡建设局依法处理。

（5）监理单位，履行监理职责不力，对交叉施工作业风险的监理警示不足，对作业现场有关的安全管理问题督促整改不力，建议由 NX 市住房城乡建设局依法处理。

2. 对有关企业人员的处理

（1）钟某，中共党员，混凝土运输单位湘 AK120×混凝土搅拌运输车驾驶员，违反安全操作规程，对事故的发生负有直接责任，涉嫌重大责任事故罪，建议由公安机关立案调查处理。

（2）高某，中共党员，混凝土运输单位法定代表人、总经理，履行企业主要负责人的安全生产工作职责不力，违反《中华人民共和国安全生产法》第二十一条第（五）项的规定，对事故的发生负有领导责任，建议由NX市应急局依照《中华人民共和国安全生产法》第九十五条第（二）项的规定予以行政处罚。

（3）方某，混凝土运输单位专职安全员，履行企业安全生产管理人员的职责不力，违反《中华人民共和国安全生产法》第二十五条第（二）（六）项的规定，建议由NX市交通运输局依照《中华人民共和国安全生产法》第九十六条的规定予以行政处罚。

（4）谭某，中共党员，施工单位该机床项目部项目经理，履行建设项目施工单位项目负责人的职责不力，建议由NX市住房城乡建设局依法处理。

（5）陈某，施工单位该机床项目部专职安全员，履行项目施工单位安全生产管理人员的职责不力，建议由NX市住房城乡建设局依法处理。

（6）蒋某，挡土围墙施工单位法定代表人，履行建设项目施工单位主要负责人的职责不力，建议由NX市住房城乡建设局依法处理。

（7）李某，中共党员，挡土围墙施工单位项目现场负责人、专职安全员，履行建设项目施工单位项目负责人、安全生产管理人员的职责不力，建议由NX市住房城乡建设局依法处理。

（8）杨某，中共党员，建设单位总经理、项目负责人，履行项目建设单位主要负责人、项目负责人的职责不力，建议由NX市住房城乡建设局依法处理。

（9）周某，建设单位兼职安全员，具体负责基建项目工作的组织实施，履行项目建设单位安全生产管理人员的职责不力，建议由NX市住房城乡建设局依法处理。

（10）史某，监理单位该机床项目监理部总监，履行建设项目监理单位项目总监的职责不力，建议由NX市住房城乡建设局依法处理。

3. 对有关公职人员的处理

（1）胡某，NX高新区开发建设局质监工作组专干（时任NX高新区规划建设局质量安全监督站监督员），工作不认真不细致，履职不到位，对该机床项目有关参建单位主体责任落实不力、统一协调管理不力、施工作业现场安全管理缺失的问题失察失管负有直接责任，建议由长沙市市纪委监委予以问责处理。

（2）郭某，中共党员，NX高新区开发建设局质监工作组组长（时任NX高新区规划建设局质量安全监督站站长），履职不到位，对该机床项目有关参建单位主体责任落实不力、统一协调管理不力、施工作业现场安全管理缺失的问题失察失管负有直接责任，建议由长沙市纪委监委予以问责处理。

（3）姚某，中共党员，时任NX高新区规划建设局局长，对规划建设局履行工程质量和安全监管职责督促检查不到位，对施工作业现场安全管理缺失等问题失察失管，建议由长沙市纪委监委予以问责处理。

（4）高某，中共党员，时任NX高新区管委会副主任，分管安全生产和规划建设工作，对NX高新区规划建设局履职督促指导不力，对该机床项目有关参建单位主体责任落实不力、统一协调管理不力、施工作业现场安全管理缺失的问题失察失管，建议由长沙市纪委监委予以问责处理。

（5）苏某，中共党员，NX高新区党工委书记（时任NX高新区管委会主任），对星沙机床项目有关参建单位主体责任落实不力、统一协调管理不力、施工作业现场安全管理缺失的问题失察失管，建议由长沙市纪委监委予以问责处理。

（6）殷某，中共党员，时任NX市住房城乡建设局党组成员、总工程师，分管安全生产工作，工作部署不细致，对NX高新区建设工程项目安全监管工作业务指导不力，建议由长沙市纪委监委予以问责处理。

（7）叶某，中共党员，NX市住房城乡建设局党组书记、局长，对NX高新区建设工程项目安全监管工作业务指导不力，建议由长沙市纪委监委予以问责处理。

（8）聂某，中共党员，NX市交通运输局党组成员，分管货运企业的监管工作，对货运企业指导不力，对混凝土运输单位存在的安全生产主体责任落实不力、安全生产教育培训不到位等问题失察失管，建议由长沙市纪委监委予以问责处理。

（9）杨某，中共党员，NX市交通运输局党组书记、局长，对货运企业日常监督不到位，对混凝土运输单位存在的安全生产主体责任落实不力、安全生产教育培训不到位等问题失察失管，建议由长沙市纪委监委予以问责处理。

（10）孙某，中共党员，NX市人民政府副市长，分管住房和城乡建设工作，对NX高新区建设工程项目安全监管工作的业务指导不到位，对NX市住建部门履职督促不力，建议由长沙市纪委监委予以问责处理。

4. 其他有关处理

（1）建议责成NX高新区开发建设局向NX高新区管委会作出书面检查。

（2）建议责成NX高新区管委会、NX市住房城乡建设局、NX市交通运输局向NX市委、NX市人民政府作出书面检查。

（3）建议责成NX市委、NX市人民政府向长沙市委、CS市人民政府作出书面检查。

2.14.9　事故防范整改措施建议

NX高新区“12·2”车辆伤害事故损失惨重，教训深刻。根据事故发生的原因和调查发现的有关问题，为深刻吸取事故教训，有效防范类似事故的重复发生，事故调查组提出如下有关事故防范和整改措施建议意见：

1. 认真落实安全生产主体责任

各相关企业要认真汲取事故教训，举一反三，深刻剖析事故发生的根源，坚持“安全第一、预防为主、综合治理”的方针，正确处理安全与效益的关系，认真落实安全生产主体责任，建立健全覆盖全过程的风险动态分级管理和隐患排查治理双重预防机制，提高企业本质安全管理水平。

（1）混凝土运输单位作为道路运输企业，要认真落实安全生产主体责任，严格落实全员安全生产责任制，建立健全安全生产教育培训的长效机制，推进安全生产教育培训的制度化、规范化、常态化。要严格教育和督促从业人员严格执行安全生产规章制度和安全操作规程，有效制止和纠正违章违规行为；要针对道路运输行业的特点，将有效的刚性教育培训作为从业人员准入的前提先决条件，切实做到“不经教育培训不上岗、教育培训不到位不上岗、教育培训不合格不上岗"，力戒安全生产教育培训工作中走过场、做样子、搞形式、敷衍应付、弄虚作假的不良倾向。

（2）施工单位，要按照对施工现场安全生产负总责的要求，加强对建设项目施工作业现场各环节、全过程的安全管理。要结合建设项目的不同情况，科学合理地制定专项的施工组织方案，加强对施工作业现场的安全管理和监督检查。要加强对交叉作业安全风险的研判辨识，明确安全管理职责，落实安全保障措施，及时对交叉作业进行检查与协调，排查消除各类事故隐患和不安全因素。

（3）挡土墙施工单位，要建立健全并严格落实全员安全生产责任制。同时，结合安全生产工作的实际，规范劳动用工，加强对从业人员的安全教育培训，保证从业人员具备必要的安全生产知识，不得安排未经安全生产教育培训合格的从业人员上岗作业。如实向从业人员告知作业场所和工作岗位存在的危险因素、防范措施以及事故应急措施。

（4）建设单位，要认真履行项目建设安全生产的首要主体责任，克服安全生产工作"以包代管"包而不管"一包了之"的现象，加强对承包参建单位安全生产工作的统一协调管理，及时督促各承包参建单位依法依规组织施工。要依法签订专门的安全生产管理协议或者在承包合同中约定各自的安全生产管理职责，及时检查各承包参建单位安全生产工作，及时督促整改安全生产工作中的问题。

（5）监理单位，要严格依法履行项目监理职责，及时分析、辨识、研判项目施工作业各环节中的风险、危险因素和事故隐患。对监理过程中发现的问题隐患，要及时督促整改；对拒不整改的，要及时向有关监管部门报告。要针对项目施工实际，统筹合理安排监理工作时间任务，确保建设项目监理职责的履行落实到位。

2. 严格落实安全生产监督管理职责

各有关部门要按照"三个必须"的要求，严格履行行业安全监管职责，完善监管工作机制，加大执法检查力度，督促指导企业落实安全生产主体责任，严肃查处打击非法违法行为。

1）NX高新区开发建设局

要按照赋权要求，严格督促建设项目参建单位认真落实安全生产主体责任，严格执行安全生产规章制度，将安全监管贯穿于建设项目的各环节、各岗位、全过程。要加强施工作业现场的监督检查，不留死角、不留盲区、不走过场，督促参建单位及时排查消除各类事故隐患和不安全因素，有效防范建筑施工生产安全事故。要严厉查处打击建筑行业的违法违规行为，对未批先建、现场管理混乱、违章违规作业、违反劳动纪律等行为，坚持"零容忍"，及时采取坚决、果断的措施予以处理，做到"逢违必究、逢患必除"，有效防范建筑行业领域生产安全事故。

2）NX市交通运输局

要进一步加强对道路运输企业的监督检查，督促指导企业落实安全生产主体责任，建立健全并落实全员安全生产责任制和安全生产规章制度，指导企业建立并落实安全风险分级管控和隐患排查治理双重预防工作机制。要以案促改，督促指导企业开展全方位、动态化的风险辨识和隐患排查，增强安全管理的预见性和洞察力，实现"预警在先、化解在前"，提升企业安全管理水平和风险防控能力。要针对道路运输行业的特点，加强企业安全教育培训工作的监督，指导企业建立健全安全教育培训的长效机制，切实解决教育培训工作的形式主义问题，严厉查处教育培训工作中走过场、做样子、搞形式、敷衍应付、弄虚作假的行为。

3）NX市住房城乡建设局

要按照“三个必须”的要求，严格履行建设项目安全监督管理的工作职责，统筹协调组织开展建设工程项目的安全监督管理工作。要充分认识建筑施工行业的高风险性，深刻剖析研判建筑施工行业的风险因素，认真查找事故防控的薄弱环节，坚持问题导向，突出普遍性、典型性问题，从源头治起、从细处抓起、从短板补起，深入推进建筑行业的安全专项整治，依法查处打击非法违法建设施工行为。要建立完善对园区等赋权的建设项目监督指导工作的机制体制，加大对NX高新区规划建设局建设项目安全监督工作的指导力度，加强动态监管，加强风险管控，确保建设项目安全监督的效能，确保建设项目监督职责的落实。

3. 强化安全生产工作的组织领导

各级各部门要牢固树立“以人为本、安全发展”的理念，始终坚持“安全第一、预防为主、综合治理”的方针，始终坚守“发展决不能以牺牲人的生命为代价”这条不可逾越的红线，强化安全生产工作的组织领导。

1）NX高新区管委会

要进一步完善园区安全生产属地管理的体制机制，严格按照“党政同责、一岗双责、齐抓共管、失职追责”和“三个必须”的要求，强化安全生产的红线意识、底线思维，正确处理好经济发展与安全生产的关系，始终把安全生产摆在第一位的位置。

要坚持问题导向，深刻剖析事故发生的深层次原因，全面梳理安全生产工作中存在的问题、短板、弱项，从体制机制、责任落实、制度执行等方面查找差距。要认真贯彻落实中央、省、市有关安全生产工作的部署要求，加强安全监管机构队伍建设，完善抓常抓细抓长的长效工作机制，深入推进安全生产专项整治行动，有效防范和化解安全生产风险，有效遏制生产安全事故。在园区建设项目的监管工作中，要坚决严把安全生产的前置关口，严厉打击未批先建等非法违法建设行为，在确保安全的基础上，优化园区建设发展的营商投资环境，把“软环境”转化为“硬实力”。

2）NX市人民政府

要充分认识安全生产形势的严峻性和复杂性，深入学习贯彻习近平总书记关于安全生产的重要论述，提高政治站位，统筹发展和安全两件大事，加强对安全生产工作的组织领导。要对照《地方党政领导干部安全生产责任制规定》，进一步健全完善安全生产工作的领导协调机制，指导、支持、督促有关部门依法履行安全监管职责，及时研究、协调、解决安全生产工作中的有关重大问题。加大安全生产“打非治违”工作的统筹协调力度，对违法生产经营行为，发现一起，打击一起，处罚一起，切实消除违法生产经营行为的生存空间。要综合运用巡查督查、考核考察、激励惩戒、警示约谈等措施，全面落实安全生产工作责任，防止责任落实中“上热中温下冷”的现象，切实解决责任落实中的梗阻、瓶颈问题，克服安全生产工作中的形式主义倾向。要坚持一级抓一级，层层抓落实，层层传导责任压力，促使各级各部门切实承担起“促一方发展、保一方平安”的政治责任，全面织牢织密安全生产防控网。

2.15　湖北省鄂州市“12·8”较大起重伤害事故调查报告

2021 年 12 月 8 日 12 时 15 分左右，鄂州市 GD 经济技术开发区某项目 C 地块项目 C1 号楼 4 号塔式起重机在顶升作业过程中，发生一起较大起重伤害事故，造成 3 人死亡，1 人受伤，直接经济损失 364.8 万元。

事故调查组认定，鄂州市 GD 经济技术开发区某项目 C 地块“12·8”起重伤害事故是一起较大生产安全责任事故。

2.15.1　基本情况

1. 涉事故项目 C1 号楼基本情况

某项目 C 地块项目位于 GD 开发区高新大道以南、创业大道两侧。项目建设规模 4.49 万 m^2，项目为三栋高层建筑（编号为 C1、C2、C3 号），地上 29 层，总高度 85.9m，地下 1 层，地下室面积 1.08 万 m^2。住宅层高 2.9m，部分底商层高在 5.6 至 6.7m 不等。C1～C3 主楼基础采用 CFG 进行地基处理，基础埋深约 6m，车库基础为独立基础＋防水板。事故发生在 C1 号楼。

该项目于 2021 年 2 月 9 日开工建设，事故发生前，三栋楼主体结构均施工至 26 层，2021 年 11 月 29 日召开了 BC 地块质量安全现场观摩会。

本项目共配置 2 台中联重科 QTZ80（TC5613-6）塔式起重机，其中安装在 C1 号楼为 4 号塔机（事故塔机），安装在 C3 号楼的为 5 号塔机。

2. 事故 4 号塔式起重机及安装情况

事故塔机为安装在 C1 号楼南侧部位 4 号塔机，C1 号楼 4 号塔机于 2 月份开始安装，事发前，C1 号楼 4 号塔机共进行了 8 次顶升加节，5 道附着安装，分别是 2021 年 6 月 4 日顶升、2021 年 7 月 19 日顶升、2021 年 8 月 2 日顶升附着、2021 年 9 月 5 日顶升附着、2021 年 10 月 6 日顶升附着、2021 年 10 月 31 日顶升、2021 年 11 月 13 日顶升附着、2021 年 12 月 8 日顶升附着，塔机安装高度为 84m。

3. 相关参建单位履行安全生产主体责任情况

（1）塔式起重机安装单位，具备安装顶升相应资质。2021 年 12 月 8 日该单位安全管理员彭某违章指挥，无证操作 4 号塔机，该单位安拆工韩某违规作业，无证操作 5 号塔机。

（2）监理单位，2021 年 12 月 8 日该公司安排监理人员芦某对该项目 C 地块 4 号塔机顶升作业进行旁站监督，当日 11 时 30 分左右，4 号塔机顶升作业人员还在作业，芦某在未与顶升作业人员确认和现场核实的情况下便离开施工现场，未落实全过程旁站。

（3）施工单位（施工总承包），2021 年 12 月 8 日 4 号塔机顶升作业现场未按规定设置警戒区域和明显的警示标识；在向区质监站报告事故后，未按规定向属地应急部门报告事故情况。

（4）劳务派遣单位（简称劳务单位），2021年12月8日，在4号塔机进行顶升作业的劳务人员龙某、万某、王某，没有按照相关规定拒绝服从违章指挥，及时制止和上报彭某违规操作、冒险作业的情况。

（5）工程建设单位，该公司在工程开工前，依法申请领取了《建设工程规划许可书》《建设工程施工许可书》，将建筑工程发包给了具备相应建筑施工资质和安全生产条件的施工单位。双方签订了安全生产协议，因承包人原因所产生的生产安全事故，由承包人负责。

该公司成立了本项目项目部，配备了项目总经理、项目经理、机电经理、土建经理等负责对本项目开发进行统筹管理，配备了1名持有注册安全工程师资格证的专职安全生产监督人员，机构设置和人员配备符合要求。项目部、施工总包单位、监理单位成立的三方安全工作协调小组，负责对项目进行统一协调、管理。2021年2月至11月共召开了10次协调会议，3月至11月共开展了9次月度安全检查，并开展了大型机械设备专项排查治理。该公司安措费支付符合法定要求，组织施工总包单位编制了《生产安全事故综合应急预案》，并督促开展了7次应急救援演练和消防应急演练。该公司依法履行了安全生产主体责任。

4. 事故当日天气情况

12月8日：多云，偏北风2至3级，最低气温8℃，最高气温17℃。

2.15.2 事故发生经过和应急处置情况

1. 事故发生经过

2021年12月4日，起重机安装单位安全员彭某接到该项目C地块项目施工单位安全员刘某通知，要求12月8日对该项目C1号楼4号塔机安装第5道附墙及顶升作业。接到任务后彭某对该项目作业进行了人员安排及材料组织。用于本次安装的5节标准节、1套附着框、3根附着杆等已于2021年11月29日运达该项目。

12月8日事故发生当天7点30分左右，劳务公司龙某、汪某、万某、李某4名劳务人员到达施工现场。

7点40分左右，起重机安装单位副总经理、安装作业项目负责人冯某，施工单位安全员刘某对4名劳务人员进行了安全技术交底，交底完成后，四人便进入C1号楼开始作业。7点50分左右，彭某和起重机安装单位的另一名安拆工韩某到达施工现场，刘某又对彭某、韩某进行了安全技术交底。

上午9点钟左右，冯某在工地大门外遇到浦某后，告诉浦某4号塔机升5节，做1道附墙，并说自己临时有事，然后离开了作业现场。上午10点半左右完成第24层部位第5道附着安装，自检后，进行下步顶升工作。塔机顺利完成顶升第一节标准节（塔身第33节距地面约89.6m）后，准备进行第二节顶升。当塔机套架及其上部结构被顶起约0.5m左右后（此时塔身与回转下支座脱离连接），顶升油缸无法继续顶升增高，经安拆人员初步判断认为油泵电机故障。彭某确认故障原因后，认为油泵电机损坏，需要更换。为尽快消除故障完成顶升作业，彭某决定借用本项目相邻5号塔机同型号的油泵替用，以便继续作业。

11时30分左右，彭某安排劳务公司的塔机司机李某和安拆工李某先下塔机去吃饭，他和另外两名安拆工龙某、汪某留在塔机上待命。同时要求在地面作业的韩某配合从塔机上下去的万某去5号塔机拆油泵用于替换。彭某在4号塔机驾驶室操作塔机，让劳务公司的信号司索工严某在地面待命。韩某、万某两人将5号塔机套架平台上的油泵卸下后，由韩某操作5号塔机将其吊运至C2号楼主楼26层楼面，C1号楼4号塔机在回转支座未与标准节塔身有效连接，腾空约0.5m高情况下，彭某操作塔机回转起重臂至东侧，将吊钩上配平用标准节放到C2号楼主楼26层楼面后，起吊用于替代用的油泵，吊钩吊运油泵起升至起重臂下约2.3m后，回收小车准备将油泵落放至4号塔机套架上替代损坏的油泵作业，当小车收回到距离塔身约15m处，此时塔机起重臂指向东面、平衡臂指向西面，与正常加节方向完全相反。由于塔机起重臂与平衡臂的力矩平衡被破坏，塔机上部结构失衡发生翻转，平衡臂下落，起重臂上扬逆时针旋转约180°后，套架及塔机上部结构坠落地面。事故发生时，安拆人员龙某、汪某察觉到异常，两人及时躲入塔身标准节内躲过危险，并通过爬梯向下攀爬，从第四道附着人员通道进入建筑物，自行下到地面。汪某在下塔过程中不慎摔伤手臂。塔机起重臂在坠落至地面时，将司索工严某和C1号楼施工升降机司机张某砸死。彭某在驾驶室内随塔机上部结构坠落地面死亡。

2. 事故报告情况

事故发生后，12时22分，现场施工人员相继拨打“120”“110”报警求救。

12时36分，项目总包单位项目经理杨某电话向GD开发区住房和建设环保局质监站报告事故。

12时19分，GD开发区住房和建设环保局向区管委会报告事故。

13时22分，GD开发区安监局电话向市应急局报告事故。

13时24分，GD开发区质监站向市住建局电话报告事故。

13时53分，市住建局向省住建厅报告事故。

14时00分，GD开发区管委会向市政府报告事故。

14时00分，市住建局向市政府和市应急局报告事故。

15时31分，市应急局向省应急厅报告事故详细情况，并按照事故统计报告规定时限通过事故网络直报系统上报事故信息。

3. 应急救援情况

12时45分，“120”急救中心救护车赶到事故现场，经医护人员初步判断后向“120”平台报告事故造成了3死1伤，随即将伤者送至光谷同济医院救治。

13时00分，GD派出所赶到事故现场，设置警戒线，维护秩序，疏导围观人员。

13时05分，GD开发区住房和建设环保局、质监站到达事故现场，了解事故情况。

13时08分，GD开发区管委会工委委员、分管城建工作的副主任到达事故现场，指挥现场救援，并协调殡仪馆到现场处理相关问题。

13时41分，GD开发区管委会主任到达事故现场，安排应急救援及善后相关工作。

14时57分，GD开发区消防应急救援大队到达事故现场。

15时00分，副市长姜某率市住建局、市应急局、市市场监管局等部门主要负责人及相关人员赶赴事故现场，要求做好现场救援，严防次生事故发生，做好善后处置，安抚家属情绪。

4. 善后处置及评估情况

事故发生后，在市区两级政府领导下，“120”“110”“119”及相关部门整体联动，全力救援，至12月8日15时30分，现场救援工作结束。至12月10日，相关善后赔付工作结束，3名死者遗体火化，死者亲属情绪稳定，伤者经治疗后恢复健康。

事故应急救援处置工作科学有效、指挥有力、措施得当，未引发次生事故，未发生群体性事件，社会面舆情总体稳定。

5. 伤亡人数认定

本起事故核定伤亡人数为：3人死亡，1人受伤。基本情况如下：

序号	姓名	性别	年龄	籍贯	从事工作(工种)	致害情况
1	彭某	男	32岁	苏扬州	起重机安装单位现场安全管理员	死亡
2	严某	女	50岁	北鄂州	劳务公司信号司索工	死亡
3	张某	女	52岁	北鄂州	劳务公司施工升降机司机	死亡
4	汪某	男	55岁	北荆州	劳务公司塔机安拆工	受伤

2.15.3 事故原因及分析

1. 事故直接原因

塔机顶升作业过程中，液压系统（油泵）出现故障，在处置故障过程中，起重机安装单位现场安全管理员彭某在塔身与回转下支座未有效连接情况下，违反《QTZ80（TC5613-6）塔式起重机使用说明书》和《建筑施工塔式起重机安装、使用、拆卸安全技术规程》JGJ 196—2010等规定，进行回转、变幅、起升操作，造成塔机上部结构失稳，导致塔机倾翻。

2. 相关企业的管理原因

（1）起重机安装单位。危大工程技术管理不到位，现场管理人员专项施工方案交底工作未落实。旁站人员未及时发现和制止液压系统故障处置的错误行为。施工人员未严格执行操作规程，违章指挥、违规操作、冒险作业。

（2）监理单位。履行监理职责不到位，对塔机顶升作业专项施工方案交底工作的监督不到位。监理旁站不彻底，未及时发现和制止起重机安装单位作业人员的违章操作行为。危大工程监理实施细则中未包含塔机安装工程。

（3）施工单位。履行总承包安全责任不力，塔机顶升作业管理人员的专项施工方案技术交底落实不到位。施工现场安全管理员未全过程进行监督，未落实巡回检查制度，未及时发现和制止起重机安装单位作业人员的违章操作行为。

（4）劳务单位。安全生产规章制度不健全，未按规定设置安全管理机构，安全教育培训档案不齐全。

2.15.4　事故责任认定及对事故责任者的处理建议

1. 建议免予追究刑事责任的人员

彭某，起重机安装单位安全员。违章指挥、违规操作、冒险作业，无证操作塔机，在塔机回转支座未与塔身标准节有效连接的情况下，操作塔机进行回转、变幅、起升操作，破坏了塔机起重臂与平衡臂的力矩平衡，使塔机上部结构失衡发生翻转，套架及塔机上部结构坠落地面，导致事故发生，造成3人死亡、1人受伤。其行为违反了《中华人民共和国安全生产法》《中华人民共和国建筑法》《建设工程安全生产管理条例》《建筑起重机械安全监督管理规定》的相关规定，对事故负直接责任。因其在事故中死亡，建议免予追究刑事责任。

2. 司法机关立案调查情况

鄂州市公安局GD开发区公安分局（GD派出所）已于2022年1月13日对鄂州市GD经济技术开发区该项目“12·8”较大起重伤害事故立案调查。

3. 建议给予党纪政务处分和行政问责的人员

根据《中国共产党纪律处分条例》《中华人民共和国公职人员政务处分法》《湖北省安全生产党政同责实施办法》等规定，建议给予以下人员及单位党纪政务处分和行政问责：

（1）王某，GD开发区建设工程质量监督站工作人员，该项目监督负责人。落实建筑行业安全生产监督职责不力，日常监督检查执法不严，监管不到位，没有严格执行检查、督查人员不少于两人的规定，执法行为不规范。违反了《湖北省房屋建筑和市政基础设施工程施工安全监督办法》的相关规定，在监管上对事故负有重要领导责任，根据《中华人民共和国公职人员政务处分法》相关规定，建议给予政务警告处分。

（2）曾某，GD开发区建设工程质量监督站负责人。对辖区建筑行业安全生产监督不力，对工作人员日常安全监督工作管理不到位；单位内部管理不规范，人员分工不到位；核查、上报事故人员伤亡信息不准确。违反了《湖北省房屋建筑和市政基础设施工程施工安全监督办法》《安全生产事故报告和调查处理条例》的相关规定，在监管上对事故负有重要领导责任，在事故人员伤亡信息报送上负主要领导责任，根据《中国共产党纪律处分条例》《中华人民共和国公职人员政务处分法》有关规定，建议给予党内警告、政务记过处分。

（3）袁某，GD开发区住房和建设环保局副局长，分管、联系GD开发区建设工程质量监督站。对分管建筑行业安全生产工作督办不够、履职不到位，在监管上对事故负有主要领导责任，根据《中华人民共和国公职人员政务处分法》有关规定，建议给予进行诫勉谈话。

（4）姜某，GD开发区住房和建设环保局局长，负责辖区建筑施工工程建设全面工作。对建筑施工工程建设安全生产工作督导不到位，对建设工程质量监督站领导不力，在监管上对事故负有重要领导责任，根据《中华人民共和国公职人员政务处分法》有关规定，建议其向GD开发区党工委、管委会作出书面检查，并报市住建局、市安委会办公室备案。

（5）陈某，GD开发区党工委委员、管委会副主任，负责城市建设、工程管理等工作，分管住房和建设环保局。对辖区建筑行业领域安全生产工作领导不力，对住建部门安全生产工作督导不够，基层监管力量配备不足。在监管上对事故负有重要领导责任，根据《中华人民共和国公职人员政务处分法》有关规定，建议对其进行批评教育。

（6）罗某，市建筑行业劳动安全监察站站长。对GD开发区建筑起重机械安全生产监督工作业务指导不到位。在工作指导上对事故负有主要领导责任，根据《中华人民共和国公职人员政务处分法》有关规定，建议其向市住建局作出书面检查。

4. 建议给予行政问责的单位

（1）GD开发区建设工程质量监督站，落实建筑行业安全生产监管职责不到位，执法检查力量不足，执法行为不规范，对建筑施工企业日常督查、检查不深不细，对施工现场特种设备安拆工作巡查检查不到位。责成GD开发区质监站向GD开发区住建局作出书面检查。

（2）GD开发区住建环保局，对辖区行业、领域内安全生产工作未认真履行安全监管职责，督促区质监站履行行业安全监管检查工作不力。责成GD开发区住建局向GD开发区党工委、管委会作出书面检查，并报市住建局、市安委会办公室备案。

（3）GD开发区管委会，组织领导辖区建筑工程安全生产工作存在薄弱环节，对建筑工程安全生产工作指导、监督不够。责成GD开发区党工委、管委会向市委、市政府作出书面检查，并报市纪委监委、市安委会办公室备案。

（4）市建筑行业劳动安全监察站，建筑工程安全生产工作存在薄弱环节，指导GD开发区建筑起重机械安全生产工作不力。责成市建筑行业安监站向市住建局作出书面检查。

（5）市住建局，指导GD开发区建筑起重机械安全生产工作不力。责成市住建局向市委、市政府作出书面检查，并报市纪委监委、市安委会办公室备案。

5. 建议给予行政处罚的人员

（1）朱某，起重机安装单位总经理、劳务单位法定代表人，全面负责起重机安装单位和劳务单位的生产经营。履行单位安全生产工作职责不力，危大工程技术管理不到位。未组织制定并实施安全生产教育和培训计划，对员工安全教育培训不到位。现场安全管理员违反操作规程、违章指挥、冒险作业，技术人员现场监管不力，旁站不到位，未及时发现并制止违章行为；劳务单位未按规定设置安全管理机构，安全教育培训档案不齐全。违反了《中华人民共和国安全生产法》的相关规定，对事故负有主要领导责任。建议由市应急局依据《中华人民共和国安全生产法》第九十五条之规定，对其处以上一年年收入百分之六十的罚款。

（2）冯某，起重机安装单位分管安全副总经理、鄂东片区负责人，全面负责起重机安装单位安全生产工作。安全生产履职不到位，对起重机安装单位安全管理部监督管理不力，未督促公司安全部门按照相关规定开展安全教育培训工作；旁站履职不力，未按规定正式交接旁站工作，即离开旁站岗位，造成旁站缺位，违反了《中华人民共和国安全生产法》《中华人民共和国建筑法》《建设工程安全生产管理条例》的相关规定，对事故负有直接领导责任。建议由市应急局依据《中华人民共和国安全生产法》第九十六条之规定对其进行行政处罚。

（3）魏某，监理单位法定代表人，负责监理单位全面工作。履行安全生产工作职责不到位，对项目总监和监理人员安全教育不到位，施工现场监理人员工作标准低，旁站不彻底，关键工序和节点监理人员未全过程旁站，监理实施细则缺乏全面性和针对性，危大工程监理实施细则中未包含塔机安装工程，违反了《中华人民共和国安全生产法》的相关规定，对事故负有重要领导责任。建议由市应急局依照《中华人民共和国安全生产法》第九十五条之规定，对其处以上一年年收入百分之六十的罚款。

（4）芦某，监理单位安全员、监理工程师。塔机顶升作业专项施工方案交底工作监督不到位，塔机顶升作业旁站不彻底，关键工序和节点未全过程旁站，违反了《建筑起重机械安全监督管理规定》《建设工程安全生产管理条例》《建设工程监理规范》的相关规定，对事故负主要责任。建议由市应急局依照《中华人民共和国安全生产法》第九十六条之规定对其进行行政处罚；责成市住建局依照行业监管的相关规定予以处理；同时建议监理单位按照公司内部管理规定予以处理，并报市安委会办公室备案。

（5）杨某，施工单位武汉片区负责人，该项目C地块项目经理，中共预备党员，负责施工单位武汉片区管理工作及该项目C地块项目部全面工作。履行安全生产管理职责不力，安全管控风险意识不强，安全生产组织管理不严，项目部安全管理存在薄弱环节，施工现场停工、交接班、下班前的安全管理薄弱，塔机顶升作业现场未设置警戒区域和明显警示标识，违反了《中华人民共和国安全生产法》《建设工程安全生产管理条例》《建筑起重机械安全监督管理规定》的相关规定，对事故负有重要领导责任。建议由市应急局依据《中华人民共和国安全生产法》第九十五条之规定，对其处以上一年年收入百分之六十的罚款；责成市住建局依照行业监管的相关规定予以处理；同时建议所在党组织取消其预备党员资格，按照公司内部管理规定予以处理，并将处理结果报市安委会办公室备案。

（6）刘某，施工单位该项目C地块安全员，负有大型设备日常管理和施工现场旁站等职责。对安全技术交底的监督不到位；未对施工现场进行全过程旁站，未及时发现和制止违章指挥、冒险作业、违反操作规程的行为，违反了《中华人民共和国安全生产法》《建设工程安全生产管理条例》的相关规定，对事故负主要责任。建议由市应急局依据《中华人民共和国安全生产法》第九十六条之规定，对其进行行政处罚；责成市住建局依照行业监管的相关规定予以处理；同时建议施工单位按照公司内部管理规定予以处理，并将处理结果报市安委会办公室备案。

6. 建议给予行政处罚和行政处理的单位

（1）起重机安装单位。企业技术管理制度不健全，危大工程技术管理不到位；对施工人员安全教育不到位，现场管理人员专项施工方案交底工作未落实，未及时发现和制止违章指挥、冒险作业行为，现场作业人员违反操作规程操作起重机械，违反了《中华人民共和国安全生产法》《中华人民共和国建筑法》《建设工程安全生产管理条例》《建筑起重机械安全监督管理规定》的相关规定，对事故负直接责任。建议由市应急局依据《中华人民共和国安全生产法》的相关规定依法予以行政处罚；责成市住建局依据行业监管的相关规定依法依规处理。

（2）监理单位。安全生产工作履职不力，项目部监理人员未严格履行监理职责，对塔机顶升作业专项施工方案交底工作监督不到位，监理旁站不彻底，未及时发现和制止违章违规行为，危大工程监理实施细则中未包含塔机安装工程，违反了《中华人民共和国安全生产法》《中华人民共和国建筑法》《建设工程安全生产管理条例》《建筑起重机械安全监督管理规定》《项目监理机构人员配置标准（试行）》的相关规定，对事故负重要领导责任。建议由市应急局依据《中华人民共和国安全生产法》的相关规定依法予以行政处罚；责成市住建局依据行业监管的相关规定依法依规处理。

（3）施工单位该项目C地块项目部。履行施工单位安全责任不到位，塔机顶升作业管理人员的专项施工方案技术交底落实不到位，塔机顶升作业现场未按规定设置警戒区域和明显的警示标识，施工现场安全监督不到位，项目部安全员未全过程管理，违反了《中华人民共和国安全生产法》《中华人民共和国建筑法》《建设工程安全生产管理条例》《建筑起重机械安全监督管理规定》的相关规定，对事故负重要领导责任。建议由市应急局依据《中华人民共和国安全生产法》的相关规定依法予以行政处罚；责成市住建局依据行业监管的相关规定依法依规处理。

（4）劳务单位。安全生产主体责任落实不到位，安全生产规章制度不健全，未按规定设置安全管理机构，安全教育培训档案不齐全，违反了《中华人民共和国安全生产法》的相关规定，建议由市应急局依据《中华人民共和国安全生产法》的相关规定依法予以行政处罚。

7. 其他建议给予追责问责的人员

（1）韩某，起重机安装单位安拆工。安全意识淡薄，违章作业，无证操作5号塔机，对彭某的违章指挥、违规操作行为不仅未予拒绝、制止和及时上报，还配合其违规操作、冒险作业，违反了《中华人民共和国安全生产法》《建筑起重机械安全监督管理规定》的相关规定，对事故负主要责任，建议起重机安装单位按照公司内部管理规定予以处理，并将处理结果报市安委会办公室备案；责成市住建局依照行业监管的相关规定予以处理。

（2）浦某，起重机安装单位现场技术人员，协助彭某工作。未发挥技术人员旁站作用，未及时发现并制止液压系统故障处置的错误行为，违反了《建设工程安全生产管理条例》《建筑起重机械安全监督管理规定》的相关规定，建议起重机安装单位按照公司内部管理规定予以处理，并将处理结果报市安委会办公室备案；责成市住建局依照行业监管的相关规定予以处理。

（3）顾某，起重机安装单位安全管理部经理，负责安全教育培训、技术交底等工作。安全管理职责履行不力，安全教育培训工作不到位，未制定安全教育培训计划，无安全教育培训方案，违反了《中华人民共和国安全生产法》的相关规定，建议起重机安装单位按照公司内部管理规定予以处理，并将处理结果报市安委会办公室备案；责成市住建局依照行业监管的相关规定予以处理。

（4）雷某，监理单位该项目C地块项目总监理工程师，负责主持该项目日常监理工作。对监理人员的工作检查不力，对危大工程监理实施细则审批不严，危大工程监理实施细则中未包含塔机安装工程，违反了《建筑起重机械安全监督管理规定》《建设工程监理规范》的相关规定，建议监理单位按照公司内部管理规定予以处理，并将处理结果报市安委会办公室备案；责成市住建局依照行业监管的相关规定予以处理。

（5）唐某，施工单位该项目安全部负责人。安全管理职责履行不力，对安全员的管理监督和教育培训不到位，安全员工作标准低，未做到施工全过程监管，违反了《中华人民共和国安全生产法》的相关规定，对事故负有主要领导责任，建议施工单位按照公司内部管理规定予以处理，并将处理结果报市安委会办公室备案；责成市住建局依照行业监管的相关规定予以处理。

（6）龙某，劳务单位安拆工班长。未及时制止违章人员冒险作业，未及时报告施工现场的不安全因素，违反了《中华人民共和国安全生产法》《建设工程安全生产管理条例》的相关规定，建议劳务单位按公司内部管理规定予以处理，并将处理结果报市安委会办公室备案。

（7）汪某，劳务单位安拆工。未及时制止违章人员冒险作业，未及时报告施工现场的不安全因素，违反了《中华人民共和国安全生产法》《建设工程安全生产管理条例》的相关规定，建议劳务单位按公司内部管理规定予以处理，并将处理结果报市安委会办公室备案。

（8）万某，劳务单位安拆工。未及时制止违章人员冒险作业，未及时报告施工现场的不安全因素，违反了《中华人民共和国安全生产法》《建设工程安全生产管理条例》的相关规定，建议劳务单位按公司内部管理规定予以处理，并将处理结果报市安委会办公室备案。

2.15.5　事故防范措施建议

为全面贯彻落实习近平总书记关于安全生产的重要论述和指示批示精神，坚持生命至上、人民至上，坚持安全发展理念，坚守发展决不能以牺牲人的生命为代价这条不可逾越的红线，深刻吸取事故教训，着力强化企业安全生产主体责任，着力堵塞监督管理漏洞，着力解决不遵守法律法规的问题，提出以下建议：

1. 立即在全市范围内开展在建工地施工安全大检查

市住建局要在全市范围内组织在建工地开展安全施工自查自纠，及时抽查、记录相关参建企业自查自纠进展情况。总包单位、施工单位要严格落实安全生产主体责任，要定期抽查分包单位、设备安装租赁单位、劳务派遣单位的安全施工、安全管理及制度落实情况，督促其迅速整改相关问题，并跟进验收整改完成情况。设备租赁单位、劳务单位要盯紧重点岗位、特殊工种，对习惯性违章的人员要及时严肃处理。

2. 及时开展事故案例警示教育，提升建筑行业从业人员安全意识

市住建局要牵头组织在全市范围内开展建筑行业安全教育活动，以典型案例为切入点，对全市在建工地的从业人员进行安全培训教育。各级建筑行业主管部门，要积极开展建筑施工安全生产警示教育，召开事故案例分析会，深入剖析事故的成因，全面解读事故的责任及危害，要充分利用网络、公众号等渠道，大力宣传违章指挥、违规作业、冒险施工的危害，进一步提高建筑行业人员的安全意识和防范技能。

3. 查漏洞、补短板，迅速开展建筑起重机械专项整治工作

各级建筑行业主管部门要督促监督各建筑业企业对建筑起重机械的安装、顶升、拆卸等作业开展专项整治工作，重点监督施工单位是否按照相关法律法规的规定开展了安全技术交底和巡查旁站工作，施工现场安全员是否能够发挥安全监管作用；监理单位是否按照相关规定完善了监理实施细则，监理人员的监理工作是否到位，是否做到了全过程监理；起重机械公司是否按照相关规定做好了相应准备工作，是否配齐了必要的工作人员，工作人员是否做到“人证合一”等，建筑起重机械作业要严格落实旁站到位、交底到位、监理到位。

4. 全面推行安全风险管控，强化施工现场隐患排查治理

各建筑业企业要结合自身，科学界定安全风险类别。要从技术、制度等多个维度对安全生产工作进行分级管控，细化落实企业、项目、队伍、岗位的安全管控责任，强化对重大危险源、重要施工环节、重要岗位、重要人员的安全管控。要健全完善施工现场隐患排查治理制度，明确隐患排查治理事项，细化隐患排查治理内容，层层压实隐患排查治理责任，逐级落实隐患排查治理职责，特别要提高对起重机械、模板脚手架、深基坑等重点点位的隐患排查频率，做到隐患排查细致，隐患治理及时，严格落实隐患排查治理闭环管理，全面提升隐患排查治理能力。

2.16 江苏省苏州市“12·22”高处坠落事故调查报告

2021年12月22日9时15分，位于XC区某小区外立面改造项目7号楼东北侧，附着式电动施工平台（以下简称施工平台）拆除过程中，3名工人从高处坠落，经抢救无效死亡，直接经济损失613万元。

事故调查组认定，XC区某小区“12·22”高处坠落事故是一起外立面改造过程中发生的较大生产安全责任事故。

2.16.1 事故经过及应急救援情况

1. 事故发生经过

2021年12月22日7时左右，XC区某小区内，3名工人在7号楼东北侧施工平台上进行施工，其中分包单位2名工人刘某、周某进行平台下降拆除作业，并将拆除零部件堆放在施工平台上，总包单位1名工人胡某站在施工平台上安装百叶窗。9时15分，当拆除到第16层时，施工平台突然断裂下坠（图1），致3名工人从高处坠落，经抢救无效死亡。

2. 应急救援情况

2021年12月22日9时15分，苏州市110指挥中心接到报警。9时20分，市消防救援支队立即调派11辆消防车、69名指战员赶赴现场处置开展救援；XC区卫健委应急办接苏州急救中心120通知，立即启动紧急医疗救援预案，派出3辆120救护车辆及随车9名医护人员赶赴现场进行救援。9时38分，现场救出1名被困人员，9时41分，救出另2名被困人员，3名被困人员均第一时间送往医院抢救，经抢救无效死亡。

为防止二次事故灾害，现场指挥部决定调用中亿丰建设集团股份有限公司应急救援队伍，并组织1台100t和1台200t汽车起重机对未坠落施工平台进行拆除，同时安排专家及有关专业人士对拆卸工作进行现场技术指导，当日15时现场处置完毕（图2）。

图 1　附着式电动施工平台事故现场

图 2　事故现场处置情况

整个救援过程响应迅速，指挥有力，救援人员、医务人员无一人伤亡，未发生次生事故。

XC 区、建设单位制定善后处置方案，领导分组协调，积极做好遇难者家属安抚工作，依法依规做好赔偿。至 12 月 26 日 17 时，善后处置工作平稳有序结束。

2.16.2　事故相关情况

1. 该小区情况

该小区位于苏州市 XC 区，共 22 栋楼（其中 21 栋住宅，1 栋配套用房），为拆迁安置小区，于 2013 年 10 月 20 日交付使用。因小区部分楼栋陆续出现外墙粉刷层脱落，导致楼下玻璃、幕墙、停放车辆等不同程度受损，小区居民多次在政府平台进行投诉，建设单位管委会决定对小区外立面进行维修改造。改造内容为小区 1 号、6 号、10 号、15 号、20 号共 5 栋楼进行外墙涂料翻新；2～5 号、7～9 号、11～14 号、16～19 号、21～22 号等共 17 栋楼铲除外墙保温粉刷层，重新安装复合发泡水泥板保温和外墙涂料。

2. 项目情况

项目名称为某小区外立面改造工程，工程立项批准文号为相审批投初〔2020〕198号，总包单位工程承包范围包括外立面改造、室外泛光照明的拆卸及安装、阳台栏杆防锈、破碎玻璃更换及其他零星维修等。工程计划开工日期为2021年3月25日，计划竣工日期为2022年2月7日，工期总日历天数320d。

3. 事故现场勘查情况

经现场勘查，施工平台型号为MC-36/15，制造单位为分包单位。平台安装总长度23.1m，共16节平台横梁，东、西侧立柱齿条之间水平距离18.3m。平台东侧伸出1节平台横梁，中间由13节平台横梁组成，西侧伸出2节平台横梁（图3）。

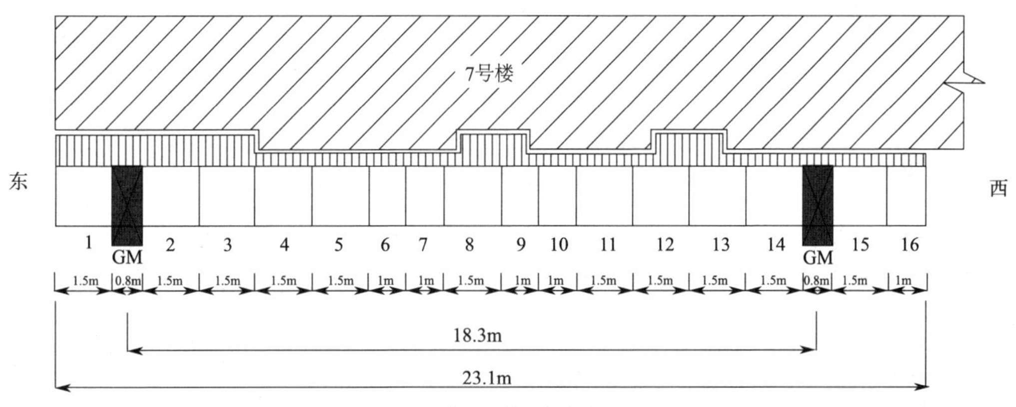

图3 事故平台相关情况

1）施工平台载重情况分析

经现场勘查，共收集到从平台坠落的零部件有41节立柱、9套附墙件及部分平台伸缩面脚手板。对这些坠落零部件进行称重，总重量为2442.05kg（不包含平台自重和3名坠落工人）。

根据《MC-36/15电动施工平台使用手册》第2.2节中双柱型电动施工平台载荷分布图所示及《某小区改造提升工程附着式电动施工平台专项施工方案》第5.4节第10条、11条要求，该平台组合使用过程中总荷载应不超过2000kg（图4）。

第2.2节对最接近现场平台安装工况的荷载要求。

事故发生时该施工平台正处于拆除作业过程中，按照《MC-36/15电动施工平台使用手册》第7.7节、7.9节要求，安装、拆除阶段最大荷载是2个工人和正常使用荷载时的一半。

分包单位企业标准《附着式电动施工平台（MC36/15）》Q/CPXHM0003—2017第5.7.2条要求："当电动桥架荷载超过额定荷载时，电控系统应有效切断线路，使电动桥架不能启动"。该项目附着式电动施工平台专项施工方案专家论证报告第1条要求"方案

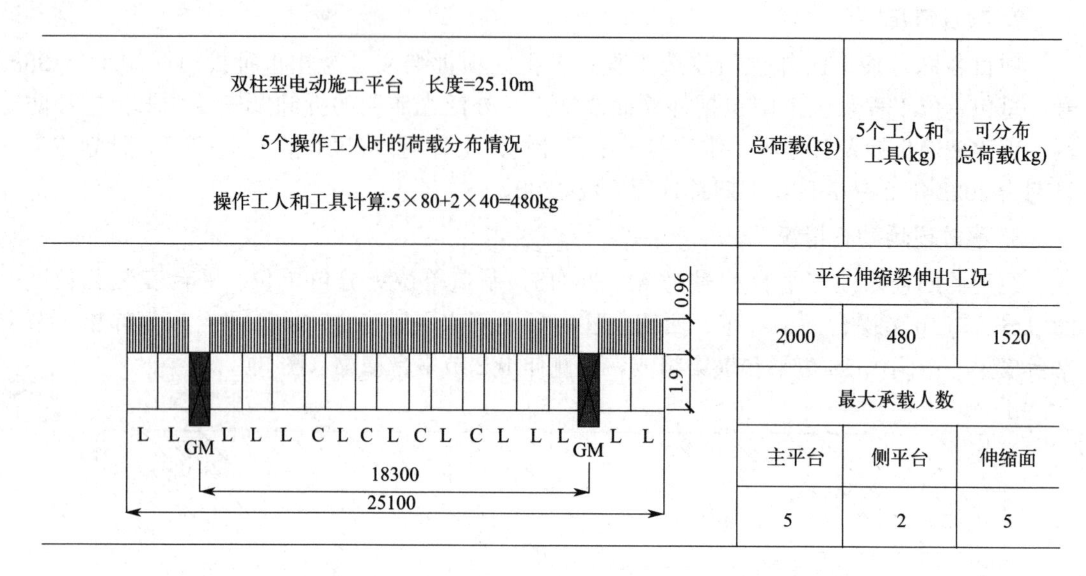

图4 《MC-36/15电动施工平台使用手册》

中应提供相应制造许可证、鉴定报告、说明书中主要技术指标参数，明确防坠、超载报警性能指标和检测要求，明确进场和安装要求”。经勘查，现场事故平台未发现超载保护装置。

综上分析，该施工平台在拆卸阶段最大荷载为1000kg，未安装超载保护装置。事故发生时该施工平台荷载为使用手册规定最大荷载的244.205%（不包含3名坠落工人）。

2）平台结构断裂情况分析

该施工平台横梁（图5）共有4处连接头断开，分别位于（现场朝西观察）第3、4节左上、右上、下部三处（图6），第5、6节平台横梁下部。东侧立柱第26节与第27节处（从地面向上数）断开，第27节下端三根立杆螺栓连接处呈撕裂状（图7、图8）。

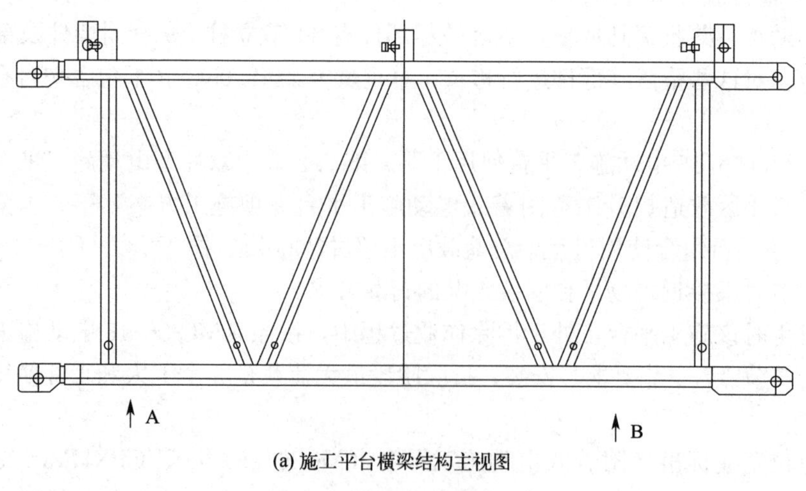

(a)施工平台横梁结构主视图

图5 施工平台横梁（一）

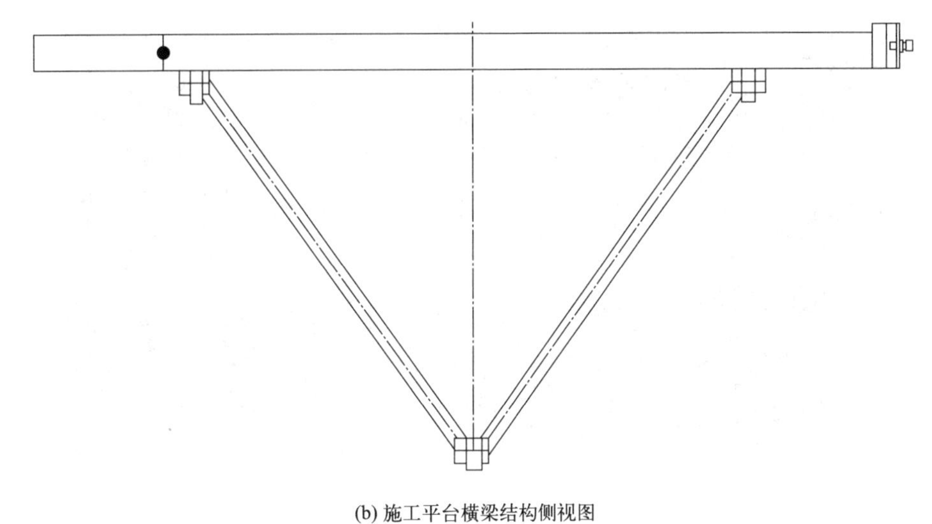

(b) 施工平台横梁结构侧视图

图5　施工平台横梁（二）

图6　第3、4节平台横梁右上断开连接头外观图

根据《MC-36/15电动施工平台使用手册》规定，拆下的立柱标准节放置分布不符合使用手册工作平台的“伸缩面只能承受人的载荷，不能堆放物料”的规定，产生横向偏心载荷，造成超载、偏载而导致施工平台横梁连接处单耳板产生脆性断裂。

事故调查组通过对事故现场进行查验、开挖、取样检测，逐一排除了地震、气象等可能导致坍塌的因素。

图7 东侧立柱第26节上端实图

图8 东侧立柱第27节下端实图（坠落段）

2.16.3 事故原因

1. 直接原因

施工作业过程中拆除的零部件总重量达2442.05kg（不含3名坠落工人），超过施工平台在拆除时规定的最大载荷1000kg，加上拆下的标准节放置不符合规范要求，造成超载、偏载，导致施工平台横梁连接处单耳板产生脆性断裂，3名作业人员高处坠落。

2. 间接原因

（1）分包单位对平台设备安装、拆除作业人员安全培训和技术交底不到位，作业人员仅凭经验感觉堆放拆除的零部件，造成超载、偏载，导致施工平台断裂。

（2）分包单位未按照《附着式电动施工平台（MC36/15）》Q/CPXHM0003—2017企业标准要求安装超载保护装置。

（3）3名高处作业人员安全意识淡薄，未按照要求佩戴安全带等防护用品，导致坠落死亡。

（4）施工单位未安排专职安全生产管理人员对施工情况进行现场监督。

（5）施工单位、监理单位对作业人员经常性未按照要求佩戴安全带的违章行为未有效制止。

（6）建设单位、施工单位未严格按照危险性较大的分部分项工程相关规定进行安全管理。

3. 事故性质

经调查认定，XC区某小区“12·22”高处坠落事故是一起外立面改造过程中发生的较大生产安全责任事故。

2.16.4 事故暴露出的主要问题

1. 事故有关企业主要问题

1）分包单位

作为施工平台供应方及安装拆除的实施单位，未按照企业标准《附着式电动施工平台(MC36/15)》Q/CPXHM0003—2017要求安装超载保护装置，违反《安全生产法》第三十六条；

在7号楼平台拆除作业期间，现场负责人未履行安全管理职责，违反《建筑工程安全生产管理条例》第二十一条，违反《危险性较大的分部分项工程安全管理规定》第十七条；

对施工人员安全培训、技术交底流于形式，未能保证作业人员具备必要的安全生产知识、遵守相关的安全生产规章制度和安全操作规程，违反《安全生产法》第二十八条；

对施工人员存在未按规定佩戴安全带的违章行为未有效制止，未安排专职安全生产管理人员对施工情况进行现场监督，作业人员未按规定施工，违反《建筑工程安全生产管理条例》第二十三条。

2）总包单位

未安排专职安全生产管理人员对平台承租单位的平台拆除作业进行现场监督，对施工现场安全管理不到位，违反《建筑工程安全生产管理条例》第二十三条，违反《危险性较大的分部分项工程安全管理规定》第十七条；

作业人员的安全培训和技术交底不到位，未如实记录安全生产教育和培训情况，违反《安全生产法》第二十八条；

项目经理未有效履职，对施工项目现场安全管理不到位，违反《建筑工程安全生产管理条例》第二十一条；

在分包单位2人拆除平台时，同步安排1名作业人员安装百叶窗，施工人数超过《MC-36/15电动施工平台使用手册》第7.7节只允许2个人的要求，违反《安全生产法》第二十五条；

对施工人员存在未按规定系安全带的违章行为未有效制止，违反《建筑工程安全生产管理条例》第二十三条。

3）监理单位

未按要求履行监理安全责任，对现场存在的安全隐患监督管理不到位，未督促施工单位按要求配备安全员，未采取有效措施制止施工人员长期存在未按规定系安全带的违章行为，未按有关规定将施工单位不落实整改的情况向主管部门报告，违反《建筑工程安全生产管理条例》第十四条。

4）建设单位

对监理单位提出对施工单位存在违章作业等安全隐患的处理建议不予重视，且处理措施没有严格落实执行。

5）代建单位

对监理单位提出对施工单位存在违章作业等安全隐患的处理建议不予重视，且处理措施没有严格落实执行。

2. 有关部门主要问题

（1）XC区建设工程质量安全监督中心，作为项目的监管单位，对事故项目未严格落实危大工程监管要求，对辖区内已办理施工安全监督手续并取得施工许可证的工程项目安全监督不到位，对工程的施工、监理单位及人员履行安全生产职责监督检查不彻底。

（2）建设单位规划建设局，未能严格履行监督职责，对辖区内建设工程监管不到位，落实建筑施工安全隐患排查整治工作不到位。

（3）XC区住建局，未能严格履行监管职责，落实建筑施工安全隐患排查整治工作不到位；对区建设工程质量安全监督中心的安全监管工作指导、监督不到位。

3. 地方党委政府主要问题

建设单位党工委、管委会。安全发展理念不牢，安全责任意识不强，未认真贯彻“党政同责、一岗双责、齐抓共管、失职追责”要求，对职能部门履职不力情况疏于监督。

2.16.5　对事故有关单位及人员的处理建议

1. 建议追究刑事责任的人员

陈某，男，XC区该外立面改造工程附着式升降平台的项目负责人，对升降平台的安全施工负责。在实际施工中未落实安全生产责任制度和操作规程，并根据工程的特点落实安全施工措施，消除安全隐患。对该起事故负有主要责任，涉嫌构成重大责任事故罪，建议追究刑事责任。

胡某，男，XC区该外立面改造工程实际项目负责人，对建设工程项目的安全施工负责。在实际施工中未落实安全生产责任制度，消除安全隐患。对该起事故负有主要责任，涉嫌构成重大责任事故罪，建议追究刑事责任。

2. 建议给予党纪政纪处分的人员

对于在事故调查过程中发现的地方党委政府及有关部门的公职人员履职方面的问题线索及相关材料，已移交纪委监委。对有关人员的党政纪处分和有关单位的处理意见，由市纪委监委提出。

3. 建议给予行政处罚的相关企业

（1）分包单位，对事故发生负有责任，建议应急管理部门依据《安全生产法》第一百一十四条规定对分包单位予以处罚；建议住建部门依据相关法律法规对分包单位予以处罚。

（2）总包单位，对事故发生负有责任，建议应急管理部门依据《安全生产法》第一百一十四条规定对总包单位予以处罚。

（3）监理单位，未能有效履行建设工程安全生产监理责任，建议住建部门依据相关法律法规对监理单位予以处罚。

4. 建议给予行政处罚的相关人员

（1）杨某，分包单位总经理，主持公司的全面工作，未履行安全生产管理职责，督促、检查本单位分包项目工程的安全生产工作不力，违反《安全生产法》第二十一条。建议应急管理部门依据《安全生产法》第九十五条规定对杨某予以处罚。

（2）刘某，分包单位工程部经理，负责公司项目的质量、安全、生产等工作，检查本单位承包项目工程的安全生产状况工作不力，未及时排查生产安全事故隐患，违反《安全生产法》第二十五条。建议应急管理部门依据《安全生产法》第九十六条规定对刘某予以处罚。

（3）曾某，总包单位的主要负责人，未履行安全生产管理职责，督促、检查本单位承包项目工程的安全生产工作不力，违反《安全生产法》第二十一条。建议应急管理部门依据《安全生产法》第九十五条规定对曾某予以处罚。

（4）曾某，总包单位工程部经理，负责公司项目的质量、安全、生产等工作，检查本单位承包项目工程的安全生产状况工作不力，未及时排查生产安全事故隐患，违反《安全生产法》第二十五条。建议应急管理部门依据《安全生产法》第九十六条规定对曾某予以处罚。

（5）王某，总包单位项目经理，未严格落实安全生产职责，未及时督促、检查安全生产工作，及时消除生产安全事故隐患，建议住建部门依据相关法律法规对王某予以处罚。

（6）相某，监理单位项目总监，对现场存在的安全隐患监督管理不到位，未能有效履行建设工程安全生产监理责任，建议住建部门依据相关法律法规对相某予以处罚。

（7）罗某，监理单位项目总监代表，对施工人员长期存在未按规定系安全绳的违章行为未采取有效措施制止；对现场存在的安全隐患监督管理不到位，未能有效履行建设工程安全生产监理责任，建议住建部门依据相关法律法规对罗某予以处罚。

5. 相关单位处理建议

责成XC区委、区政府向苏州市委、市政府作出深刻书面检查；责成建设单位党工委、管委会向XC区委、区政府作出深刻书面检查，认真总结和吸取事故教训，进一步加强安全生产等工作。

2.16.6 事故主要教训

1. 安全发展理念没有牢固树立

XC区、建设单位未深刻吸取“7·12”、“12·6”事故教训，举一反三力度不够。在牢固树立底线思维和红线意识、统筹处理发展和安全存在差距，对属地有关部门开展报建项目的建筑安全隐患排查整治指导督促不够，致使排查整治没有形成高压严管态势，辖区内建筑领域“三违”现象依然突出。

2. 对建设领域新设备把关不严

属地和行业监管部门，对首次在苏州使用的建设领域新设备安全把关不严，监管力度和检查频率不高。未能及时发现施工方未安装超载保护装置等执行相关安全技术规范不到位的违法违规行为。施工方对新工艺新设备日常检查、维护保养不到位，导致安全隐患长期存在。

3. 企业安全生产主体责任远未落实

企业重生产轻安全，对员工安全教育培训和技术交底部位，仅签名了事，作业员工凭感觉进行施工；施工平台未按照标准要求安装超载保护装置；作业现场“三违”问题突出（违章指挥、违章作业、违反劳动纪律）；企业日常安全检查、隐患排查流于形式，施工方、监理方、代建方等相关单位忽视施工现场的安全施工条件，对施工现场长期性未按规定佩戴安全带等违章行为未有效制止。

2.16.7 事故防范和整改措施

1. 牢固树立安全发展理念

全市各地各部门，特别是XC区、建设单位要深刻汲取事故教训，牢固树立安全发展理念，强化底线思维、红线意识，在经济社会发展和城乡建设中自觉把人民群众生命安全和身体健康放在第一位，切实承担起“促一方发展、保一方平安”的政治责任。要结合本地实际，完善落实“党政同责、一岗双责、齐抓共管、失职追责”的安全生产责任体系。要围绕“两个不放松”和“务必整出成效”总要求，深化提升安全生产专项整治，全面防范化解重大风险隐患。要强化辖区安全生产工作组织领导，加大对各镇（街道、区）、部门安全生产工作的巡查督导力度，推动安全生产责任措施落实。要配齐配强安全监管人员，提升安全监管能力，确保监督管理职责履职到位。

2. 开展“三违”及“一带一帽”专项执法

全市各地各部门，特别是XC区、建设单位要结合施工现场信息化监管手段，采取全覆盖、多轮次、常态化方式，对属地所有建筑施工项目“三违”（违章指挥、违章作业、违反劳动纪律）和“一带一帽”（安全带、安全帽）配备和质量保障等问题开展专项执法，对违法违规行为真抓、严管、重罚，及时整治事故隐患，惩处相关责任人员，整顿问题突出企业，曝光典型案例。同时，纳入日常执法监管范围，督促指导企业建立健全相关规章制度和操作规程等。

3. 开展“隐患即事故”闭环整改

全市各地各部门，特别是XC区、建设单位要通过企业自查自改、部门监督检查等方式，全面安排部署建筑工程施工现场隐患排查，突出关键部位、关键岗位、关键人员，重点排查安全管理组织机构、危大工程管理、其他管理基础类、现场实体类重大隐患，推动落实闭环整改。针对企业自查和隐患排查情况，对已发现的建筑施工现场事故隐患，实行分级分类管理。建立健全部门信息交互共享、行政处罚和市场联动衔接等工作机制。督促企业进一步落实安全生产法律法规规定，建立完善安全风险分级管控和隐患排查治理双重预防机制，查找和弥补安全生产工作中的差错和疏漏，根据企业实际情况，结合住房和城乡建设部刚刚印发的《房屋市政工程生产安全重大事故隐患判定标准（2022版）》的通知要求，划分风险等级，实施分级管控，变管“事故”为管“隐患”。要加强建筑领域新设备使用管理，对存在违法违规行为的责任单位予以信用扣分、行政处罚、市场限入等处理措施。

4. 开展建筑施工安全监管能力提升行动

全市各地各部门，特别是XC区、建设单位要坚持把理论武装作为提升监管队伍能力素质的关键措施，分级分层开展各类培训，优化知识结构，全面提升安全生产理论和政策水平。围绕重点内容，着眼工作需要，坚持问题导向，深入开展调查研究，坚持靶向整改，着力破解当前安全监管矛盾和难点。在施工现场开展执法练兵比武，交流经验，取长补短。完善监管检查制度，切实转变监管方式，推行监督机构和监督人员现场公示制度，建立“主监员”负责制，切实转变监管方式，落实监管目标承诺和考核制度。强化监管队伍建设，各级监管人机构人员到位、履职到位、机制到位，全面提高监管人员业务素质和执法能力，为全市安全生产工作保驾护航。

3 2022年较大及以上事故调查报告

3.1 贵州省毕节市“1·3”在建工地山体滑坡重大事故调查报告

2022年1月3日18时55分许，贵州省毕节市JHH新区GH街道办事处XT村在建的毕节市某医院分院培训综合楼边坡支护工程在施工过程中，突然发生山体滑坡，造成14名施工作业人员死亡、3人受伤。直接经济损失2856.06万元。

经调查认定，毕节市JHH新区“1·3”在建工地山体滑坡事故是一起重大生产安全责任事故。

3.1.1 基本情况

1. 建设项目基本情况

毕节市某医院分院培训综合楼（含全科医生培训基地住院医生规范化培训基地）建设项目（以下简称培训综合楼建设项目），位于毕节市JHH新区GH街道办事处XT村。项目总用地面积38588.83m^2，总建筑面积46639m^2，其中地下室建筑面积13776m^2，地上建筑面积32863m^2，地下2层，地上17层，建筑高度73.5m。项目西侧为拟建的双飞路；北侧为院区预留用地；东侧为自然山体，岩层为顺坡向20°，根据设计应进行挖方并形成高边坡，需要进行专项支护处理；南侧为双山北路。建筑施工总承包合同工期580日历天，合同造价（含税）29450万元。该项目属毕节市某医院分院建设项目的组成部分。

2013年4月10日，省发展改革委批复同意毕节市某医院分院（一期）建设项目可行性研究报告。2014年3月14日，省发展改革委批复同意毕节市某医院全科医生临床培养基地建设项目可行性研究报告。2014年5月15日，省发展改革委批复同意毕节市某医院分院（二期）建设项目可行性研究报告。2014年6月11日，省发展改革委复函同意毕节市某医院（分院）一期、二期、全科医生临床培养基地、精神专科建设项目合并建设。2014年9月15日，省发展改革委批复同意毕节市某医院（分院）一、二期、全科医生临床培养基地、精神专科建设项目初步设计。2015—2016年，为争取国家住院医师规范化培训项目，该建设项目按国家住院医师规范化培训基地建设要求进行了调整，建设地点调整到目前建设位置。

2017年毕节市某医院向国家卫生计生委、财政部申报作为住院医生规范化培训基地。为此，毕节市该医院拟将已批复的全科医生临床培养基地和拟新建的住院医生培训基地及相关培训设施整合新建培训综合楼。2017年3月13日，毕节市发展改革委批复同意培训综合楼建设项目可行性研究报告。2017年7月19日，毕节市发展改革委批复同意培训综合楼建设项目初步设计，项目总投资为22286万元，资金来源：中央预算内投资2300万元，国家卫计委资金500万元，其余资金为业主自筹。

2016年8月，毕节市某医院分院主院区完成施工招标投标。因培训综合楼建设项目规划设计方案还在调整中，住院医师规范化培训基地还未获国家批复，且建设资金未完全落实，所以主院区施工招标投标时建设内容不含培训综合楼。2017年1月13日，除培训综合楼以外的建筑工程正式开工。由于国家医改政策规定公立医院不准贷款用于基本建设，资金无法保障，建设进度很慢。

为推进毕节市某医院分院项目建设，2020年7月18日，毕节市人民政府召开关于研究毕节市该医院分院项目建设事宜专题会议，决定将项目业主单位由毕节市该医院变更为某建设单位。

2020年7月21日，毕节市政府成立了毕节市某医院分院项目建设工作领导小组，领导小组下设综合协调专班、手续办理专班、项目建设专班、要素保障专班、督查考核专班等5个专班开展工作。

2020年7月31日，毕节市发展改革委批复同意将毕节市某医院分院项目业主变更为某建设单位。该公司接手项目后，在组织实施主院区后续工程施工的同时，启动培训综合楼项目建设的有关工作。

2020年10月办理完成项目规划选址、建设用地规划、建设工程规划手续，并完成勘察、设计等合同主体变更。2021年3月10日，毕节市重大工程和重点项目领导小组办公室发文将毕节市某医院分院建设项目纳入“2021年毕节市重大工程和重点项目名单及推进计划”。

2021年5月18日，培训综合楼建设项目施工总承包公开招标，中标单位为施工单位。2021年7月22日，监理单位通过公开招标成为监理中标人，并与监理单位签订监理合同。2021年8月16日，监理单位与施工单位签订了施工总承包合同。

2021年9月1日，培训综合楼建设项目举行了开工仪式，施工单位进场，开展施工前期准备工作。

2. 边坡情况

发生滑坡的山体总体地势为东高西低，山体最高海拔1433m，最低海拔1390m，高差43m。滑坡体原始斜坡为缓斜坡，起伏变化较小，地形坡度10°～30°。因工程建设活动，斜坡区已被多次“切割”改造，现斜坡东侧因毕节市某医院分院主院区建设切坡，形成高达40m左右的近直立高陡边坡，坡面已经进行挂网喷射混凝土护坡处理，南侧因双山北路建设切坡形成高5～35m的高陡边坡，坡度60°以上，已进行挂网喷射混凝土护坡处理。山体西侧因培训综合楼建设需要，正在进行切坡和边坡支护工作，滑坡前斜坡坡面呈台阶状，整体坡度10°～30°，施工部位经切坡后呈近直立边坡。

根据勘察单元2021年9月《毕节市某医院分院培训楼边坡支护施工图设计》（未审定），开展支护施工的边坡位于拟建培训综合楼东侧，长92.94m，最大高度18.7m，为岩质边坡，上覆少量耕表土和红黏土，岩层强风化至中风化，岩体基本质量等级为Ⅲ至Ⅳ类，采用锚杆喷浆挂网加格构的方式进行永久支护。事故发生时，边坡支护第一阶已开挖完成，支护结构尚未施工完毕，第二阶正在开挖施工，尚未开挖到设计标高（图1～图4）。

图1 滑坡区2021年12月卫星图像

图2 2022年1月3日滑坡前施工现场

图3 2022年1月3日滑坡区鸟瞰图

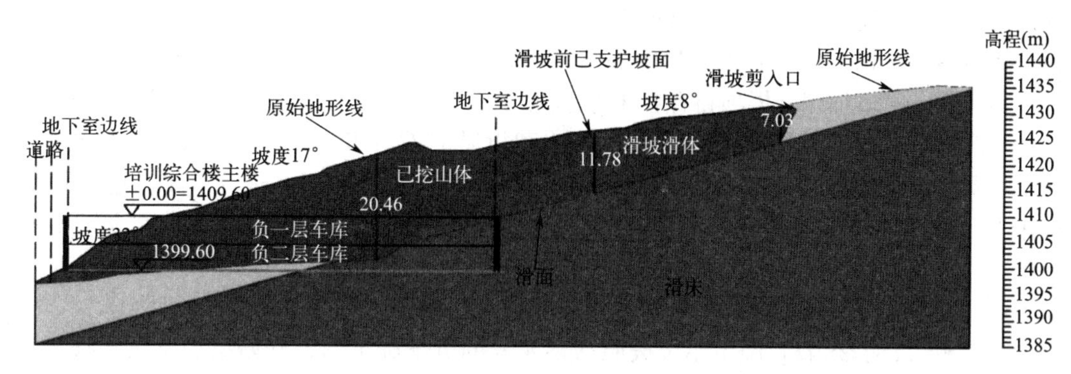

图4　滑坡区域示意图

3.1.2　事故经过和应急处置情况

1. 事故经过

2021年8月，因培训综合楼建设需要开挖山体西侧，开挖的山体边坡及紧靠边坡的培训综合楼基坑要进行支护治理，建设单位口头委托毕节市某医院分院建设项目勘察单位进行边坡支护施工专项设计。根据前期地勘资料，勘察单位设计了一套边坡支护施工图（坡度1∶0.2），于2021年9月16日提供给建设单位马某龙（公司质量安全部负责人、项目小组副组长），马某龙签署"请施工单位按此图组织实施"；建设单位王某义（公司项目工程部负责人、项目小组组长）签署"按马某龙意见办理"，并由马某龙提供给施工单位项目部。

2021年9月23日，劳务分包单位与施工单位签订《毕节市某医院分院培训综合楼（含全科医生培训基地住院医生规范化培训基地）建设项目劳务分包合同》。承包范围为"本工程的施工图设计及变更文件范围以内，基础垫层以上（包含基础垫层）全部主体结构劳务施工"，合同总金额（含增值税）1958.838万元。

2021年9月30日，施工单位开始开挖土石方以修建施工便道，至10月2日16时40许，正在开挖的山体突然发生滑移，土石方量约2.1万m^3。10月3日起，施工方开始清理滑坡土石方，至11月27日，滑移土石方基本清理完毕，施工方、建设方、监理方、审计方共同对滑坡范围进行收方。其间，勘察单位又重新做了一套边坡支护图纸（坡度1∶0.5），公司总经理刘某勇于10月28日通过微信发给马某龙。马某龙随即于10月29日发给施工单位、监理单位征求意见。11月8日，总监理工程师葛某林主持召开建设单位、施工单位、监理单位、边坡勘察设计单位共同参加的第一次监理例会，会议确定：按第二版施工图进行施工。（注：第二版施工图，即10月28日刘某勇通过微信发给马某龙的图纸）。

2021年11月16日，周某来以个人名义与劳务分包单位签订《毕节市某医院分院培训综合楼建设项目边坡支护工程劳务合作协议》（周某来已签字，劳务分包单位未签字盖章），承包范围为"支护工程设计图纸范围内的所有施工内容"。随后，周某来电话通知此前务工时认识的周某（又名：周某勇）组织人员进场施工。周某又电话联系了此前务工时认识的翟某军，让翟某军组织人员前来施工。11月26日，翟某军组织亲戚朋友共8人来到工地做零工，12月10日起，开始从事边坡锚杆支护治理施工。

其间，针对培训综合楼项目存在未办理施工许可证、扬尘治理未完善的问题，毕节高新技术产业开发区（毕节市JHH新区）城乡建设局于2021年11月17日发出《贵州省建设工程质量安全监督停工整改通知书》，要求该项目暂时停止施工，进行整改，逾期不改，将作出行政处罚。11月24日，毕节高新技术产业开发区（毕节市JHH新区）城乡建设局再次向项目部发出《停工通知书》（金建停字（2021）112302号），指出该项目未取得施工许可证，责令立即停止一切违法建设行为，三日内到该局办理施工许可手续。

2021年11月28日，施工单位按照马某龙发的电子施工图，开始组织永久边坡支护施工。至12月23日，第一级边坡上部支护施工完成。12月24日，开始第一级边坡下部支护施工。

2022年1月3日，翟某军带领一个班组在第一级边坡下部喷浆，罗某兵带领另一个班组随后开展格构梁施工。1台挖掘机在台阶上清理浮土，1台挖掘机和2台破碎锤在靠近双山北路一侧的边坡下方破碎和清理土石方，并通过汽车运走。18时许，喷浆班组完成工作后离开；罗某兵等11人在施工员陶某伟的指挥下继续开展格构梁施工；2台挖掘机、2台破碎锤继续工作。18时48分，安全员欧某松发现双山北路一侧边坡有掉块现象，便电话通知施工员陶某伟组织人员撤离，随后欧某松在微信群里语音通知大家撤离，陶某伟在微信群里语音回复已组织撤离，但现场人员并未及时向安全地带撤离。

2022年1月3日18时55分许，边坡突然发生整体滑坡，滑坡量约3.5万m^3，将现场17名施工人员埋压（11名劳务人员、1名施工员、2名挖掘机驾驶员、2名破碎锤操作员、1名货车驾驶员），造成14人死亡、3人受伤。

2. 事故信息报告情况

2022年1月3日19时，JHH新区公安分局接到培训综合楼项目部保安罗某猛电话报警：双山北路市某二期工程发生山体滑坡，造成人员被困；19时03分，JHH新区总值班室接新区公安分局电话报告山体滑坡事件，JHH新区总值班室接报后，立即向JHH新区党工委、管委会领导报告并通报住建、消防等部门；19时30分，JHH新区总值班室向毕节市委、市政府总值班室分别作了电话报告；19时53分，JHH新区总值班室向省政府总值班室电话汇报有关情况。

3. 应急处置情况

事故发生后，JHH新区管委会立即启动应急响应，调集救援力量，全力搜救。省级现场应急救援指挥部下设综合协调和信息工作组、现场搜救及专家组、医疗救治组、善后工作组、舆论引导和新闻发布组、秩序安保组和人员排查组、事故调查组七个工作组，各工作组在省级现场指挥部的统一领导下对事故现场进行综合分析研判，科学制定救援方案，快速开展现场救援工作。共调集应急、消防、住建、自然资源、卫健、公安等各方救援力量1390余人，调集挖掘机16台、破拆器10台、大型吊车2台、运输车辆20辆等装备开展抢险救援。至2022年1月4日14时05分，17名失联人员全部找到，其中3名伤者已第一时间送往医院抢救，生命体征平稳。事故造成14人死亡。

4. 伤亡人员善后处置情况

按照“一人一专班”包保的原则，JHH新区成立14个由县级干部牵头负责的善后处置工作组，与家属主动对接，多渠道安抚慰问被困人员家属。至1月20日，遇难人员全部火化下葬。3名受伤人员分别于1月9日、1月10日、1月25日治愈出院。

5. 应急处置评估

事故发生后，省委、省政府领导第一时间组织有关部门赶赴现场，立即成立了现场救援指挥部，科学制定救援处置方案，动员救援力量，调动装备物资，果断决策，及时开展救援处置工作。评估认为，此次应急处置及时、科学、有效，减少了人员伤亡和财产损失。但也存在未能及时准确核定现场施工人数和失联受伤人数，事故信息报送质量不高，前期正面客观报道和发声力度不够等不足，在以后工作中需要进一步改进和加强。

3.1.3 人员伤亡和直接经济损失情况

此次事故造成14人死亡、3人受伤。依据《企业职工伤亡事故经济损失统计标准》GB 6721—1986规定结合实际估算，调查认定本次事故造成直接经济损失2856.06万元。

3.1.4 事故直接原因分析

1. 排除降水及地下水导致滑坡的可能

根据事故地点最近的两个气象观测站（省气象台毕节市梨树站和双山站）观测记录，滑坡发生前1周内，两站均未有单日大于3mm的降雨记录，滑坡前15d累计降雨量分别为9.3mm和19.8mm，30日累计降雨量为11.8mm和28.4mm，60d累计降雨量为23.0mm和54.0mm。山体滑坡发生前的1个月内最大降水量发生在2021年12月26日，降水量为：梨树站8.1mm，双山站15.5mm，2021年12月25日～26日的实际天气为雨夹雪及降雪天气。事故当天天气阴，气温2～10℃。

滑坡体区域未见地表水及地下水，在前期道路及医院主院区一侧工程活动开挖形成的坡面上，也未见泉点等地下水的渗流痕迹。

2. 排除地震导致滑坡的可能

通过中国地震台网查询，2021年12月1日至2022年1月3日毕节地区无地震现象；事故发生前一个月内，毕节周边地区地震共计12次，震级2.9～5.5，震源深度8～17km，距离毕节120～600km，事故当天毕节地区无地震发生。

2021年8月21日，毕节市七星关区曾发生4.5级地震，震中距离此次滑坡处18km，滑坡附近未监测到地震。可见此次滑坡点与七星关4.5级地震震区有一定距离，滑坡与七星关4.5级地震没有明显关联。

3. 事故直接原因

专家组采用《滑坡防治工程勘查规范》GB/T 32864—2016附录1滑坡稳定性评价和推力计算方法，利用勘察报告提供的岩体参数进行计算，滑坡区斜坡稳定系数为0.92；按岩土参数反演分析，滑坡稳定系数为0.857；按本次事故现场原状滑带土室内测试成果计算，滑坡稳定系数为0.799，3种方法计算结果均表明在2022年1月3日的切坡状态下，斜坡稳定系数已小于1，斜坡处于不稳定状态。

经事故调查组调查分析，排除了地震、降水和地下水导致滑坡的可能。认定事故直接原因为边坡开挖改变了斜坡的地表形态和应力分布，降低了山体抗滑力，导致坡体失稳，形成滑坡。

3.1.5 调查发现的主要问题

1. 项目参建单位

1）建设单位。

（1）培训综合楼无设计施工图纸，无工程规划许可，就进行施工招标发包工作。违反《中华人民共和国招标投标法》第九条、《贵州省建筑工程招标投标实施办法》第七条第（二）项规定。

（2）无施工许可证，组织相关单位进场施工。违反《中华人民共和国建筑法》第七条规定。

（3）不执行JHH新区城乡建设局的《停工通知书》。违反《中华人民共和国安全生产法》第七十条第一款规定。

（4）培训综合楼建设项目规划指标调整。违反《中华人民共和国城乡规划法》第四十三条规定。

（5）人为肢解边坡支护工程，将边坡勘察设计发包给资质不符合要求的单位。违反《中华人民共和国建筑法》第二十二条、二十四条规定。

（6）未签订勘察设计合同，进行边坡支护设计。违反《中华人民共和国建筑法》第十五条第一款规定。

（7）将未送审的边坡支护施工图（白图）提供给施工单位使用。违反《建设工程质量管理条例》第十一条第二款规定。

（8）对施工单位采用未经专家论证的边坡支护专项方案施工行为未制止，且安排工作人员对边坡施工产生的实物工程量进行收方。违反《中华人民共和国安全生产法》第四十一条第二款规定。

（9）施工招标文件中未列出危大工程清单。违反《危险性较大的分部分项工程安全管理规定》第七条规定。

（10）未委托有资质的第三方监测单位对边坡进行变形监测。违反《危险性较大的分部分项工程安全管理规定》第二十条第一款规定。

（11）培训综合楼建设项目未向毕节市国资委报备。

2）山体边坡勘察设计单位。

（1）超资质承接勘察设计业务。违反《中华人民共和国建筑法》第二十六条规定。

（2）勘察、设计对场地滑坡机理的判断不准确，对边坡的支护形式建议不合理，勘察报告中未说明地质条件可能造成的工程风险，设计文件中未注明涉及危大工程的重点部位和环节。违反《建设工程质量管理条例》第十九条第一款、《危险性较大的分部分项工程安全管理规定》第六条第一款规定。

（3）基本建设程序未落实，在勘察报告未送审，且相关参数不齐全的情况下，进行边坡支护设计。违反《建设工程质量管理条例》第五条规定。

（4）编制的边坡勘察报告深度不足，部分岩土构成及主要强度参数缺乏，不满足边坡勘察的相关要求。违反《建设工程质量管理条例》第二十条规定。

（5）公司管理混乱，弄虚作假。公司技术负责人长期不在公司上班，不履行职责，公司总经理在图纸上代签技术负责人姓名，并加盖技术负责人执业注册印章，技术负责人存在挂证行为。违反《中华人民共和国安全生产法》第五条、《建设工程勘察设计管理条例》第十条、《建设工程质量管理条例》第十九条第二款规定。

3）施工单位。

（1）违法转包工程。违反《中华人民共和国建筑法》第二十八条、《建筑工程施工发包与承包违法行为认定查处管理办法》（建市〔2019〕1号）第八条第（一）项规定。

（2）培训综合楼建设项目未取得施工许可证的情况下，擅自施工。违反《建筑工程施工许可管理办法》第三条规定。

（3）使用未经设计单位盖章且未送审的边坡设计施工图进行施工。违反《建设工程质量管理条例》第十一条第二款规定。

（4）超危大工程专项施工方案未经总监理工程师审查，未组织专家论证，就用于指导施工。违反《危险性较大的分部分项工程安全管理规定》第十二条第一款规定。

（5）边坡支护施工不合理，分段参数不符合要求。违反《危险性较大的分部分项工程安全管理规定》第十六条第一款规定。

（6）对新进场作业人员安全生产三级教育培训不到位。违反《生产经营单位安全培训规定》第十三条、《建设工程安全生产管理条例》第三十七条、《中华人民共和国安全生产法》第二十八条规定。

（7）未对边坡支护重大危险源进行识别，未建立安全隐患台账。违反《危险性较大的分部分项工程安全管理规定》第十四条规定。

（8）未编制安全专项应急预案。违反《中华人民共和国安全生产法》第八十一条规定。

（9）未采用有效技术手段进行变形监测。违反《危险性较大的分部分项工程安全管理规定》第十七条第三款规定。

（10）未执行建设行政主管部门下达的两次停工指令。违反《中华人民共和国安全生产法》第七十条第一款规定。

（11）公司安全检查流于形式。违反《建设工程安全生产管理条例》第二十一条第一款规定。

4）监理单位。

（1）现场监理人员且未持证上岗。违反《建设工程质量管理条例》第三十七条第一款规定。

（2）明知培训综合楼建设项目未取得施工许可、边坡设计未送审，对施工单位采用白图施工行为未制止，也未向有关部门报告。违反《建设工程质量管理条例》第三十六条、《建设工程安全生产管理条例》第十四条第三款规定。

（3）履行安全监管巡察不力，未建立安全隐患台账，边坡施工安全巡察记录缺失。违反《危险性较大的分部分项工程安全管理规定》第十四条、《建设工程安全生产管理条例》第十四条第三款、《危险性较大的分部分项工程安全管理规定》第十八条规定。

（4）未对施工单位编制的危大工程专项施工方案进行审核，未督促施工单位开展危大工程专项施工方案的专家论证。违反《危险性较大的分部分项工程安全管理规定》第十一条第一款规定。

（5）未对施工单位、劳务公司驻场人员进行资质审核，且未采取有效措施要求施工单位将不符合要求的人员予以清退、更换。违反《建设工程监理规范》第5.5.2条规定。

（6）对2021年10月2日场地滑坡风险认识不足，监督施工单位落实边坡滑坡抢险工程方案不力。违反《危险性较大的分部分项工程安全管理规定》第十八条规定。

（7）对施工单位拒不执行属地建设主管部门《停工通知书》，未制止且未报告住房城乡建设行政主管部门。违反《建设工程安全生产管理条例》第十四条第二款规定。

（8）在明知建设单位未委托第三方监测单位对边坡进行变形监测、施工单位施工监测措施不到位的情况下，未采取有效措施制止和督促整改。违反《危险性较大的分部分项工程安全管理规定》第十九条规定。

5）劳务分包单位。

（1）违规委派该项目施工总承包单位任命的执行经理为项目经理。违反《房屋建筑和市政基础设施工程施工分包管理办法》第十五条规定。

（2）将劳务作业进行再分包。违反《中华人民共和国建筑法》二十九条第三款、《建筑工程施工发包与承包违法行为认定查处管理办法》第十二条第（五）（六）项规定。

（3）劳务公司均未与现场作业人员签订劳动合同。违反《中华人民共和国劳动法》第十六条规定。

（4）安全生产三级教育培训不到位，对新入职上岗的作业人员未进行安全生产教育培训。违反《中华人民共和国安全生产法》第二十八条、《建设工程安全生产管理条例》第三十七条规定。

（5）管理人员违章指挥现场作业人员冒险作业。违反《中华人民共和国建筑法》第四十七条规定。

6）主体设计单位。

该公司只负责培训综合楼主体工程的设计，未参与边坡设计相关工作，经调查对事故不承担责任。

2. 管理单位

（1）施工单位上级控股公司。对施工单位主要履行出资人职责，即对重大投资、重大资金使用、重大人事任免进行管理，日常经营管理由子公司全权负责。对施工单位安全管理、施工管理混乱失管失察。

（2）施工单位上级控股公司控股单位。作为施工单位上级控股公司的控股单位，主要履行出资人职责，即人事任免、重大投资管理等。未切实履行安全管理职责，没有建立安全生产考核巡查等制度，没有设置安全管理机构、没有专职安全管理人员对控股公司进行安全管理，对施工单位上级控股公司日常安全管理工作缺位。

3. 有关部门和单位

1）BJ高新区（JHH新区）城乡建设局。

（1）在培训综合楼项目招标投标登记过程中，未严格审查招标条件。违反了《房屋建筑和市政基础设施工程施工招标投标管理办法》（中华人民共和国建设部令第89号）第七条规定。

（2）针对培训综合楼项目未取得建筑施工许可证擅自进行施工作业的行为，该局分别于2021年11月17日下达《停工整改通知书》、11月24日下达《停工通知书》、12月10日对该施工单位项目执行经理钟育麒进行调查询问并制作《询问笔录》，但未采取有效措施，强制建设单位、施工单位履行停工指令，未对应当予以处罚的行为进行行政处罚，也未向上级报告。违反了《中华人民共和国安全生产法》第七十条、《中华人民共和国行政处罚法》第四条规定。

（3）在对培训综合楼项目进行监督检查时，未对该项目施工企业主要负责人、项目负责人和专职安全生产管理人员持证上岗、教育培训和履行职责等情况进行监督检查。违反了《建筑施工企业主要负责人、项目负责人和专职安全生产管理人员安全生产管理规定》（住房和城乡建设部令第17号）第二十三条规定。

2）BJ高新区（JHH新区）国土分局。

2021年10月2日，毕节市某医院（分院）培训综合楼项目施工作业时发生滑坡险情，国土分局主要负责人前往项目现场指导滑坡排险处置工作，并发现施工单位存在未取得建筑施工许可证擅自进行施工作业的问题，但没有向负有安全生产监督管理职责的有关部门移送相关安全问题。违反了《中华人民共和国安全生产法》第六十九条规定。

3）BJ高新区（JHH新区）社会事务管理局。

根据《中共毕节市机构编制委员会关于规范毕节市高新技术产业开发区（毕节JHH新区）管理机构相关事项的通知》（毕编委发〔2021〕10号），BJ高新区（JHH新区）社会事务管理局承担劳动保障监察职能职责。该局日常只对已录入了贵州省劳动用工大数据综合服务平台的用人单位开展检查，对未录入平台的用人单位没有纳入检查范围。违反了《劳动保障监察条例》第十条第（二）项规定。

4）BJ市住房和城乡建设局。

（1）“两违清查”工作中对毕节市某医院（分院）培训综合楼项目未取得建筑施工许可证的问题指导督促整改不力。

（2）对JHH新区建筑施工“打非治违”工作指导不力。

（3）市级行政执法弱化，在日常巡查、检查中发现的问题都是交办区县住建部门实施行政处罚，市执法支队未独立开展执法工作。

（4）未有效落实毕节市人民政府《关于研究毕节市某医院SS分院项目建设事宜的会议纪要》要求“BJ市住房和城乡建设局委派相关专家和分管领导参与项目建设，协助完善项目建设各项工作”。

5）BJ市卫生健康局。

主要领导未按照《毕节市人民政府办公室关于成立毕节市某医院SS分院项目建设工作领导小组的通知》（毕府办函〔2020〕48号）要求，认真履行“手续办理专班”职责，办理完善项目工程建设相关手续。

6）BJ市国资委。

（1）按照《毕节市国资委监管企业重大事项管理暂行规定》第十二条第（三）项，监管企业投资一亿元以上的项目，应当报市国资委进行核准，但事故项目截至事故发生时仍未上报核准，市国资委对该事项失察。

（2）主要领导未按照《毕节市人民政府办公室关于成立毕节市某医院SS分院项目建设工作领导小组的通知》（毕府办函〔2020〕48号）要求，认真履行“综合协调专班”职责，研究提出需领导小组协调解决的项目建设、手续办理等问题。

（3）对建设单位的管理不到位。对建设单位未取得施工许可证、无工程规划许可等就组织施工的行为失察。

4. 地方党委政府

1）JHH新区GH街道办事处党工委、街道办事处

（1）党工委书记2021年8月起同时兼任JHH新区管委会党政办主任，且以党政办工作为主，对安全生产工作领导不力。

（2）未按照《中华人民共和国安全生产法》第九条第二款规定加强安全监管力量建设，安监站、道交办均只有一名临聘人员在负责安全监管工作。

（3）街道办党工委扩大会议明确由农业服务中心负责人担任安监站负责人，但又明确告知该负责人不做安监业务，只挂名安监站负责人，还是继续做农业服务中心工作。

2）JHH新区党工委、管委会

对建筑施工安全监管、劳动监察等工作领导不力，对住房城乡主管部门、劳动监察部门履职不到位等失察。

3）BJ市人民政府

对工程建设项目安全生产工作领导不力，督促住房城乡建设部门履行安全监管工作职责不到位，对毕节市某医院分院项目手续办理专班履职情况和工作落实情况督促不到位。

3.1.6 责任追究建议

1. 免于追究刑事责任人员

陶某伟，群众，施工单位毕节市该医院分院培训综合楼建设项目部施工员。对事故负有直接责任。其行为涉嫌重大责任事故罪，鉴于已在事故中死亡，建议免于追究刑事责任。

2. 建议移送司法机关追究刑事责任人员

（1）赵某，中共党员，施工单位毕节市该医院分院培训综合楼建设项目部商务经理，事故项目实际控制人。对事故负有直接责任。其行为涉嫌重大责任事故罪，建议移送司法机关依法追究刑事责任。

（2）钟某麒，群众，施工单位毕节市该医院分院培训综合楼建设项目部执行经理，事故项目施工实际负责人。对事故负有直接责任。其行为涉嫌重大责任事故罪，建议移送司法机关依法追究刑事责任。

（3）欧某松，群众，施工单位毕节市该医院分院培训综合楼建设项目部安全员。对事故负有直接责任。其行为涉嫌重大责任事故罪，建议移送司法机关依法追究刑事责任。

（4）李某勇，群众，施工单位毕节市该医院分院培训综合楼建设项目部技术员。对事故负有直接责任。其行为涉嫌重大责任事故罪，建议移送司法机关依法追究刑事责任。

（5）马某龙，群众，建设单位质量安全部负责人、项目小组副组长。对事故负有直接责任。其行为涉嫌重大责任事故罪，建议移送司法机关依法追究刑事责任。

（6）王某义，群众，建设单位项目工程部负责人、项目小组组长。对事故负有直接责任。其行为涉嫌重大责任事故罪，建议移送司法机关依法追究刑事责任。

（7）李某海，中共党员，建设单位副总经理，分管质量安全部和项目工程部。对事故负有直接责任。其行为涉嫌重大责任事故罪，建议移送司法机关依法追究刑事责任。

（8）葛某林，中共党员，监理单位副总经理，事故项目总监理工程师。对事故负有直接责任。其行为涉嫌重大责任事故罪，建议移送司法机关依法追究刑事责任。

（9）陈某，群众，监理单位工作人员，事故项目专业监理工程师。对事故负有直接责任。其行为涉嫌重大责任事故罪，建议移送司法机关依法追究刑事责任。

（10）刘某勇，中共党员，勘察单位法定代表人、总经理。对事故负有直接责任。其行为涉嫌重大责任事故罪，建议移送司法机关依法追究刑事责任。

（11）罗某铭，群众，劳务分包公司法定代表人、经理。对事故负有直接责任。其行为涉嫌重大责任事故罪，建议移送司法机关依法追究刑事责任。

（12）陶某，群众，劳务分包公司培训综合楼建设项目现场负责人、安全员。对事故负有直接责任。其行为涉嫌重大责任事故罪，建议移送司法机关依法追究刑事责任。

（13）周某来，群众。事故负有直接责任。其行为涉嫌重大责任事故罪，建议移送司法机关依法追究刑事责任。

（14）赵某，中共党员，施工单位工程部副总经理（主持工作）。对事故负有直接管理责任。其行为涉嫌重大责任事故罪，建议移送司法机关依法追究刑事责任。

（15）罗某虎，中共党员，施工单位安全生产管理部经理。对事故负有直接管理责任。其行为涉嫌重大责任事故罪，建议移送司法机关依法追究刑事责任。

3. 责令企业给予处分人员

（1）张某，中共党员，施工单位人力资源部副经理（主持工作）。对事故发生负有重要管理责任。建议责成施工单位给予其行政撤职、党内严重警告处分。

（2）姚某刚，中共党员，施工单位副总工程师、技术中心主任。对事故发生负有重要管理责任。建议责成施工单位给予其行政撤职、党内严重警告处分。

（3）郭某，中共党员，施工单位副总经理，分管生产和安全。对事故发生负有主要领导责任。建议责成该施工单位上级控股公司给予其行政撤职、党内严重警告处分。

（4）赵某，中共党员，施工单位副总经理、总工程师。对事故发生负有主要领导责任。建议责成该施工单位上级控股公司给予其行政撤职、党内严重警告处分。

（5）倪某伟，中共党员，施工单位执行总经理。对事故发生负有主要领导责任。建议责成该施工单位上级控股公司给予其行政撤职、党内严重警告处分。

（6）何某安，中共党员，施工单位法定代表人、董事长、总经理。对事故发生负有主要领导责任。建议责成该施工单位上级控股公司给予其行政撤职、党内严重警告处分。

（7）钟某，中共党员，该施工单位上级控股公司安全部部长。对事故发生负有一定管理责任。建议责成贵州建工集团给予其行政记过、党内警告处分。

（8）程某，中共党员，施工单位上级控股公司董事、副总经理、党委委员，分管施工单位。对该公司安全管理混乱问题失管失察。建议责成绿地大基建集团给予其行政记过、党内警告处分。

（9）廖某红，中共党员，施工单位上级控股公司董事、常务副总经理兼总工程师，负责集团生产、技术、质量、安全、文明施工等工作。对施工单位安全管理不到位。建议责成施工单位上级控股公司控股单位给予其行政记过、党内警告处分。

（10）刘某，中共党员，施工单位上级控股公司控股单位投资运营中心副总经理（主持工作）。对施工单位上级控股公司安全生产工作监督检查不到位。建议责成施工单位上级控股公司控股单位给予其行政记过、党内警告处分。

4. 建议给予行政处罚人员

（1）何某安，中共党员，施工单位法定代表人、董事长、总经理。对事故发生负有主要领导责任。建议按照《中华人民共和国安全生产法》第九十五条之规定，由省应急厅对其处2021年度收入80％的罚款。

（2）黄某，中共党员，建设单位法定代表人、总经理。对事故负有主要领导责任。建议按照《中华人民共和国安全生产法》第九十五条之规定，由省应急厅对其处2021年度收入80％的罚款。

（3）肖某宪，中共党员，建设单位董事长。对事故负有主要领导责任。建议按照《中华人民共和国安全生产法》第九十五条之规定，由省应急厅对其处2021年度收入80％的罚款。

（4）刘某德，中共党员，监理单位董事长。对事故负有主要领导责任。建议按照《中华人民共和国安全生产法》第九十五条之规定，由省应急厅对其处2021年度收入80％的罚款。

（5）杨某，群众，监理单位法定代表人、执行董事。对事故负有主要领导责任。建议按照《中华人民共和国安全生产法》第九十五条之规定，由省应急厅对其处2021年度收入80％的罚款。

（6）郭某，中共党员，施工单位副总经理，分管生产和安全。对事故负有责任。建议按照《中华人民共和国安全生产法》第九十六条之规定，由省应急厅对其处2021年度收入50％的罚款。

（7）赵某，中共党员，施工单位副总经理、总工程师。对事故负有责任。建议按照《中华人民共和国安全生产法》第九十六条之规定，由省应急厅对其处2021年度收入50％的罚款。

（8）倪某伟，中共党员，施工单位执行总经理。对事故负有责任。建议按照《中华人民共和国安全生产法》第九十六条之规定，由省应急厅对其处2021年度收入50％的罚款。

（9）程某，中共党员，施工单位上级控股公司董事、副总经理、党委委员，分管施工单位。对该公司安全管理混乱问题失管失察。建议按照《中华人民共和国安全生产法》第九十六条之规定，由省应急厅对其处2021年度收入50％的罚款。

（10）廖某红，中共党员，施工单位上级控股公司董事、常务副总经理兼总工程师，负责集团生产、技术、质量、安全、文明施工等工作。对施工单位安全管理不到位。建议按照《中华人民共和国安全生产法》第九十六条之规定，由省应急厅对其处2021年度收入50%的罚款。

（11）陈某华，中共党员，施工单位上级控股公司董事长、党委书记、总经理。对事故发生负有重要领导责任。建议按照《中华人民共和国安全生产法》第九十六条之规定，由省应急厅对其处2021年度收入50%的罚款。

（12）吴某东，中共党员，施工单位上级控股公司控股单位总裁、法定代表人。未按照《中华人民共和国安全生产法》第二十一条的规定认真履行主要负责人安全生产管理职责，安全管理工作弱化，未组织对下属企业开展安全专项检查。建议按照《中华人民共和国安全生产法》第九十六条之规定，由省应急厅对其处2021年度收入50%的罚款。

5. 建议吊销资质证书人员

（1）闫某，群众，勘察单位员工。建议按照《建设工程安全生产管理条例》第五十八条规定，由省住房和城乡建设厅提请住房和城乡建设部给予其吊销注册土木工程师（岩土）证书，终身不予注册的行政处罚。

（2）吴某德，群众，毕节市该医院分院培训综合楼建设项目部项目经理。建议按照《建设工程安全生产管理条例》第五十八条规定，由省住房和城乡建设厅提请住房和城乡建设部给予其吊销一级建造师注册证书，终身不予注册的行政处罚。

6. 对有关企业的处理建议

（1）施工单位，对事故负有责任。建议依照《中华人民共和国安全生产法》第一百一十四条规定，由省应急厅对其处以罚款1000万元的行政处罚。

（2）建设单位，对事故负有责任。建议依照《中华人民共和国安全生产法》第一百一十四条规定，由省应急厅对其处以罚款600万元的行政处罚。

（3）监理单位，对事故负有责任。建议依照《中华人民共和国安全生产法》第一百一十四条规定，由省应急厅对其处以罚款600万元的行政处罚。

（4）勘察单位，对事故负有责任。建议依照《建设工程质量管理条例》第六十条第一款之规定，由省住房城乡建设厅对其处以吊销工程勘察资质证书的处罚。

（5）劳务分包单位，对事故负有责任。建议按照《建设工程质量管理条例》第六十二条的规定，由省住房城乡建设厅对其处以吊销建筑业企业资质证书的处罚。

7. 移送纪委监委调查处理人员和单位

根据《关于在生产安全责任事故追责问责审查调查中加强协作配合的指导意见（试行）》要求，对事故调查中发现的有关单位和监察对象的问题线索及相关材料已移送省纪委省监委。对监察对象的党政纪处分和有关单位的处理意见，由省纪委省监委提出；涉嫌犯罪人员，由省纪委省监委移交司法机关处理。

3.1.7 事故主要教训

1. 项目建设有关单位目无法规胆大妄为

该项目施工图未审定就招标，边坡治理地勘资料及手续不完善就进行设计，未办理施工许可、设计图未审定就施工，劳务人员未培训就上岗，2021年10月2日滑坡后未采取针对性的防范措施就继续开展边坡支护，本应起到监督作用的监理机构形同虚设，冒险蛮干，导致事故发生。

2. 企业安全生产主体责任缺位，层层失守

施工单位上级控股公司对所属子公司主要履行投资人职责，安全管理弱化。四公司以包代管，对项目部相关人员未到岗履职不管不问，安全检查弄虚作假。四公司目前承建工程项目80余个，但公司在岗职工仅400人左右（含公司机关100人），不能满足各项目人员配备要求，只能在项目中标后临时聘用人员并任命为项目部人员组织施工。劳务分包单位安全管理形同虚设，违法将所承揽的劳务再分包给个人，与劳务人员不签订劳动合同，劳务人员未经安全培训就上岗。

3. 企业混改后的安全管理弱化

施工单位上级控股公司原属省属国有企业，2015年混合体制改革后，施工单位上级控股公司控股单位持51%股份、贵州某国有资产经营公司持30%股份，主要管理权限不再归属贵州。但作为持股方的施工单位上级控股公司控股单位除了形式上任命了管理人员（党委书记、党委委员、董事长、董事等，实质上都是原施工单位上级控股公司人员）外，实际上只派了一名财务总监到施工单位上级控股公司。造成了贵州无权管、上海无人管的状况，对施工单位上级控股公司的管理出现脱节。

4. 部分政府投资项目安全管理较为混乱

特别是重点项目，强调一个“快”字，处处开绿灯，往往在不具备条件的情况下强行启动，边设计边施工，边施工边审批，边审批边调整，甚至有的已建设完成，审批手续还未办理。由于未严格落实工程建设项目各环节审批审查程序，客观上造成了安全管理无法严格执行，带来安全风险。

5. 安全监管执法宽松软

JHH新区城乡建设局发现毕节市某医院分院培训综合楼建设项目未取得施工许可证就施工的违法行为后，于2021年11月17日下达了停工通知。发现该项目未按要求停工后，没有依法实施行政处罚、采取行政强制措施，于11月24日再次下达停工指令。在施工单位拒不执行停工指令、依然继续施工的行为后，也未实施行政处罚、采取行政强制措施。

6. 地方党委政府属地责任落实不到位

督促住房城乡建设等部门履行安全监管职责不到位，组织建筑施工打非治违不力，致使违法施工行为长期存在而得不到处置。

3.1.8 防范整改措施建议

1. 进一步树牢安全发展理念

BJ市要深刻吸取事故教训，深入学习贯彻落实习近平总书记关于安全生产重要论述和重要指示精神，站在“两个维护”的高度，站在人民至上、生命至上的高度，统筹好发展和安全的关系，真正把安全生产工作作为重大政治责任，以对人民群众生命财产安全极端负责的态度，全力防范化解安全风险，坚决遏制类似事故再次发生。

2. 加强住房城乡建设部门安全管理力量建设

省住房和城乡建设厅要针对自身涉及建筑业、城镇燃气、消防设施设计审查验收等多个领域的安全生产工作的实际，加强安全生产工作的组织协调，建立住房城乡建设领域安全生产统筹协调机制，统筹推进和加强各领域的安全生产工作。

3. 立即组织开展建筑施工安全专项整治

省住房城乡建设厅要针对此次事故暴露出的问题，认真研究制定工作方案，在全省范围内立即组织开展建筑施工安全专项整治，全面摸清建筑工地情况，建立台账，组织力量逐一进行检查，对发现的安全问题依法严肃处理。发现未取得施工许可证、施工图未审定就组织施工的，坚决责令停工并进行处罚；对拒不执行监管指令的，要采取断电断水断路等行政强制措施；涉嫌构成犯罪的，一律移送司法机关追究刑事责任。

4. 各级各部门要严格政府投资项目管理

市政府投资项目要在安全生产方面作表率，严格落实各环节审批审查手续，严格按照法律法规标准落实各项安全措施，做到不合法不施工、不安全不施工。有关部门要严格监督管理，不得因为是政府投资项目就“放水”，放宽安全标准和要求，留下安全隐患。对于以行政命令要求项目违法违规施工、压缩工期的，一经查实要严肃追究有关人员责任。

5. 严格监管执法

市各级建筑施工安全监管部门要依法开展监督管理，坚决杜绝监管执法的形式主义、官僚主义，决不能人情执法、留痕式检查，充分利用执法手段倒逼企业履行安全生产主体责任。对发现的问题隐患，该责令整改的要责令整改，该处罚的坚决处罚，该采取行政强制措施的要坚决采取，存在的重大突出问题要及时上报。

6. 切实加强基层监管力量建设

特别是BJ市各类新区、开发区，要进一步理顺安全监管体制机制，明确安全监管职责，配齐配足监管力量和装备，加强安全监管队伍专业化建设，提高安全监管人员监管执法水平。同时，要为安全监管部门撑腰鼓劲，保证安全监管人员能够大胆监管、公正执法，守住安全生产底线。

3.2 重庆市荣昌区“3·19”较大中毒事故调查报告

2022年3月19日13时28分许，某污水处理厂三期扩建项目厂外管网工程（西南大学荣昌校区段）15号污水检查井进行抽水作业时，发生一起较大中毒事故，造成3人死亡，直接经济损失436万元。

3.2.1 基本情况

某污水处理厂三期扩建项目厂外管网工程属于市政建设项目，管网线路经荣滨南路、昌州大道、学院路至污水处理厂。DN1200的污水管自北向南走向，起点为夏布小镇，向南延伸，终点为荣滨南路西段。管网纵坡2.2%，埋深为6.09～13.9m，地面标高

317.75～315.11m，管网全长2.38km；DN1500的污水管自北向南走向，起点为荣滨南路西段，向南延伸，终点为污水处理厂。管网纵坡0.63%，埋深为8.07～17.8m，地面标高307.12～317.75m，管网全长2.85km。污水管线干线采用机械顶管施工，支线采用人工顶管施工。

3.2.2 事故发生经过和应急救援情况

1. 事故发生经过

3月19日13时左右，泥工班组三名作业人员倪某（班组长）、刘某（普工）、程某（普工）根据商某（施工员）当日早上的工作安排，前往该污水处理厂三期扩建项目外管网工程15号检查井准备进行抽水作业。

13时23分，程某、刘某揭开15号检查井井盖，倪某用锥形桶制作现场警戒；倪某和刘某随即用绳子将抽水泵准备放至井底进行抽水，但当抽水泵放至井内第一个平台（深约3m）时，由于第一个平台洞口与第二个平台洞口不对称，需要人员进入第一个平台挪动抽水泵位置以便其继续下放至第二个平台直至井底。

13时28分，程某（未系挂安全绳）便顺着井口爬梯下至第一个平台时，突然坠入井底。

13时29分，刘某（未系挂安全绳）随即顺着爬梯下井施救，当其到达第二个平台时发生昏倒，倪某立即向李某（安全员）等拨打求救电话，旁观路人亦相继拨打119和120。

13时37分，李某和易某（杂工）从项目部到达现场。在自然通风不足30min，也未进行机械通风、气体检测的情况下，李某戴上过滤式呼吸器盲目入井进行施救，倪某和易某则将安全绳栓在李某身上负责其下井。当李某到达第二个平台时也发生晕厥，倪某和易某立即向上提拉安全绳，但李某被第一个平台洞口挡住无法继续提升。本次事故最终造成程某、刘某、李某3人被困井内。

14时30分，消防救援人员救出2人（李某、刘某）并送区人民医院抢救。

17时50分救出最后一名被困人员（程某）。3人均因伤重经抢救无效于当日死亡。

2. 事故应急处置及善后情况

事故发生后，荣昌区人民政府立即启动应急救援预案，区应急局、区公安局、区住房城乡建委、区消防救援支队等相关部门立即赶赴事故现场开展应急救援和现场处置工作。同时成立一对一善后工作专班，全力做好死者善后工作。目前，善后赔偿已全部到位。

3.2.3 事故造成的人员伤亡和直接经济损失

1. 人员伤亡情况

程某，男，施工单位普工。

刘某，男，施工单位普工。

李某，男，施工单位安全员。

2. 直接经济损失情况

丧葬及善后赔偿费用：436万元。

3.2.4　事故现场勘查、检验鉴定概况

1. 现场勘查概况

2022年3月20日，技术组专家及调查组有关人员对事故现场进行勘察，15号检查井位于重庆市荣昌区昌元街道学院路229号（荣昌区污水处理厂三期扩建工程厂外管网项目西南大学荣昌校区段），检查井进口直径70cm，井内直径2m，属于地下有限空间。打开井盖，15号检查井内部可见竖向爬梯和两层休息平台，局部可见积水反光。根据现场勘察和调查，事故发生时检查井内死者大致位置为井底1人、第二层平台上2人。井底死者1为普工程某，第二层平台上死者2为普工刘某、死者3为安全员李某。

2. 事故当日的气象概况

根据荣昌区气象局提供资料显示，2022年3月19日8时-20时，荣昌区为晴天，无降水，平均温度28.1℃，最大风速4.1m/s。

3. 检验鉴定情况

根据公安部物证鉴定中心出具的《检验报告》（公物证鉴字〔2022〕448号、449号、450号）证实：程某心血样本中硫化氢含量为0.448μg/mL、李某心血样本中硫化氢含量为0.387μg/mL、刘某心血样本中硫化氢含量为0.368μg/mL。

3.2.5　事故发生的原因和事故性质

1. 直接原因

15号检查井内存在有毒有害气体，下井人员进入井内作业和救援前未进行通风和气体检测，且救援人员未按规定佩戴隔离式呼吸保护器具是本次中毒事故的直接原因。

2. 间接原因

1）施工单位未严格落实安全生产主体责任

（1）有限空间作业长期违反《缺氧危险作业安全规程》GB 8958—2006第5.1.1和5.3.2条等相关安全管理要求。未督促从业人员严格执行通风、气体检测等必要程序。

（2）未严格监督从业人员规范佩戴使用劳动防护用品。现场管理人员未督促程某、刘某、李某严格按照《缺氧危险作业安全规程》GB 8958—2006第5.3.3条要求，佩戴使用空气呼吸器或软管面具等隔离式呼吸保护器具。

（3）未对从业人员严格进行岗前安全教育培训。未对下井作业人员进行专业安全技术培训考核，未对下井作业人员人工急救技能进行培训考核。

（4）未组织全员开展生产安全事故应急演练。未组织作业人员进行应急预案培训，未组织全员开展有限空间作业类型的专项应急演练。

（5）项目重要安全管理人员未严格履职。项目经理刘某、技术负责人黄某未在项目进

行日常管理。

2）监理单位未严格落实安全生产监理责任

（1）对项目施工情况失察失管，未全面掌握施工单位的节点、进度和内容。监理单位主要依靠施工单位每日完工后的施工进度掌握作业情况，未能提前研判施工作业安全风险，特别对井下抽水、开孔作业的状况，监理单位存在监理盲区。

（2）未采取技术管理措施消除事故隐患。未发现并消除程某、刘某长期有限空间作业无有效防护措施的事故隐患。

（3）未严格履行日常安全监理职责。未发现并纠正施工单位有限空间作业缺乏岗前安全教育培训、应急预案演练不规范、项目重要安全管理人员未严格履职等违规行为。

3）建设单位未严格落实安全生产首要责任

（1）对施工单位和监理单位的安全生产工作未进行统一协调管理。针对事故项目未严格落实“日周月”隐患排查整治工作，对施工单位违规开展有限空间作业的行为失察失管。

（2）未对项目全过程安全有效履职，现场监督整改不力。未发现并纠正施工单位有限空间作业缺乏岗前安全教育培训、应急预案演练不规范、项目重要安全管理人员未严格履职等违规行为。

3. 事故性质

经事故调查组调查认定，某污水处理厂三期扩建项目厂外管网工程“3·19”较大中毒事故是一起生产安全责任事故。

3.2.6 事故暴露的主要问题

1. 施工单位

（1）项目关键管理人员存在证件失效的情形。事故发生时，施工员商某所持施工员证件已过期。

（2）项目安全生产人员组织不合理。备案安全员张某实际履行施工员工作，未进行项目安全专项管理。

2. 监理单位

监理人员配备不规范。备案监理人员与实际监理人员不一致，未严格履行主要监理人员变更手续，且现场监理人员无监理员资质。

3.2.7 相关职能部门履职存在的问题

1. RC区住房城乡建委

未严格履行行业主管部门安全监管职责，未严格检查事故项目参建单位安全管理状况。未发现并消除事故项目有限空间长期违规作业的事故隐患；未发现并纠正岗前安全教育培训、应急预案演练不规范等违规行为；对项目重点管理人员长期未履职的情况失管；未与昌元街道办事处开展联合执法，未开展事故项目有限空间作业专项安全检查。

2. RC区昌元街道办事处

未有效履行属地安全管理职责，未严格检查事故项目参建单位安全管理状况。未发现并消除事故项目有限空间长期违规作业的事故隐患；未与荣昌区住房城乡建委开展联合执法，未开展事故项目有限空间作业专项安全检查。

3.2.8 责任分析及处理建议

1. 建议追究刑事责任的人员

（1）倪某，施工单位泥工班组长。在未进行充分通风、气体检测以及有效防护措施的情况下，违规安排作业人员下井作业。倪某对事故发生负有责任。其行为涉嫌重大责任事故罪，建议由司法机关依法追究刑事责任。

（2）商某，施工单位施工员。未严格督促泥工班组作业人员规范施工，未对有限空间作业情况进行现场技术监督。商某对事故发生负有责任。其行为涉嫌重大责任事故罪，建议由司法机关依法追究刑事责任。

（3）刘某，施工单位执行经理，事故项目日常管理人员。未发现并消除有限空间长期违规作业的事故隐患。刘某对事故发生负有责任。其行为涉嫌重大责任事故罪，建议由司法机关依法追究刑事责任。

（4）刘某，施工单位项目经理。未按规定履行施工现场带班安全管理职责，对事故项目有限空间长期违规施工失察失管。刘某对事故发生负有责任。其行为涉嫌重大责任事故罪，建议由司法机关依法追究刑事责任。

（5）刘某，施工单位总经理，该公司安全生产第一责任人。未严格督促事故项目重要安全管理人员带班履职，对事故项目有限空间长期违规施工失察失管。刘某对事故发生负有责任。其行为涉嫌重大责任事故罪，建议由司法机关依法追究刑事责任。

（6）朱某，监理单位工作人员，事故项目现场监理员。对事故项目未严格落实安全监理职责，未消除事故项目有限空间长期违规作业的事故隐患，未严格督促事故项目重要安全管理人员带班履职。朱某对事故发生负有责任。其行为涉嫌重大责任事故罪，建议由司法机关依法追究刑事责任。

（7）杨某，监理单位工作人员，事故项目专职监理工程师。对事故项目未严格落实安全监理职责，未消除事故项目有限空间长期违规作业的事故隐患，未严格督促事故项目重要安全管理人员带班履职。杨某对事故发生负有责任。其行为涉嫌重大责任事故罪，建议由司法机关依法追究刑事责任。

（8）张某，监理单位项目总监。对事故项目未严格落实安全监理职责，未严格督促现场监理员、专职监理员严格履职，未消除事故项目有限空间长期违规作业的事故隐患。张某对事故发生负有责任。其行为涉嫌重大责任事故罪，建议由司法机关依法追究刑事责任。

2. 建议给予行政处罚的单位

（1）施工单位，未严格落实安全生产主体责任：一是有限空间作业长期违反《缺氧危险作业安全规程》GB 8958—2006第5.1.1条和5.3.2条等相关安全管理要求。未督促从业人员严格执行通风、气体检测等必要程序。二是未严格监督从业人员规范佩戴使用劳动防护用品。现场管理人员未督促程某、刘某、李某严格按照《缺氧危险作业安全规程》GB 8958—2006要求，佩戴使用空气呼吸器或软管面具等隔离式呼吸保护器具。三是未对从业人员严格进行岗前安全教育培训。未对下井作业人员进行专业安全技术培训考核，未对下井作业人员人工急救技能进行培训考核。四是未组织全员开展生产安全事故应急演练。未组织作业人员进行应急预案培训，未组织全员开展有限空间作业类型的专项应急演练。五是项目重要安全管理人员未严格履职。项目经理刘某、技术负责人黄某未在项目进行日常管理。其行为违反《缺氧危险作业安全规程》第5.1.1条、第5.3.3条、第6.2条和《中华人民共和国安全生产法》第二十八条第一款、第四款、第四十一条第二款、第四十四条第一款、第四十五条、第四十六条第一款的规定，施工单位对本次事故发生负有责任，依据《中华人民共和国安全生产法》第一百一十四条第二项的规定，建议由市应急局给予其罚款120万元的行政处罚，并纳入安全生产联合惩戒。

（2）监理单位，未严格落实安全生产监理责任：一是对项目施工情况失察失管，未全面掌握施工单位的节点、进度和内容。监理单位主要依靠施工单位每日完工后的施工进度掌握作业情况，未能提前研判施工作业安全风险，特别对井下抽水、开孔作业的状况，监理单位存在监理盲区。二是未采取技术管理措施消除事故隐患。未发现并消除程某、刘某有限空间长期违规作业无有效防护措施的事故隐患。三是未严格履行日常安全监理职责。未发现并纠正施工单位有限空间作业缺乏岗前安全教育培训、应急预案演练不规范、项目重要安全管理人员未严格履职等违规行为。其行为违反《重庆市建设工程安全生产管理办法》第二十八条、《中华人民共和国安全生产法》第四十一条第二款、第四十六条第一款的规定，监理单位对本次事故发生负有责任，依据《中华人民共和国安全生产法》第一百一十四条第二项的规定，建议由市应急局给予其罚款110万元的行政处罚，并纳入安全生产联合惩戒。

（3）实际建设单位，未严格落实安全生产首要责任：一是对施工单位和监理单位的安全生产工作未进行统一协调管理。针对事故项目未严格落实“日周月”隐患排查整治工作，对施工单位违规开展有限空间作业的行为失察失管。二是未对项目全过程安全有效履职，现场监督整改不力。未发现并纠正施工单位有限空间作业缺乏岗前安全教育培训、应急预案演练不规范、项目重要安全管理人员未严格履职等违规行为。其行为违反《中华人民共和国安全生产法》第四十一条第二款、第四十六条第一款、第四十九条第二款的规定，实际建设单位对本次事故发生负有责任。依据《中华人民共和国安全生产法》第一百一十四条第二项的规定，建议由市应急局给予其罚款105万元的行政处罚，并纳入安全生产联合惩戒。

3. 建议给予行政处罚的人员

（1）王某，施工单位副经理。对事故项目安全生产工作未进行有效督促检查，未及时发现并消除事故项目有限空间违规作业的事故隐患。其行为违反《中华人民共和国安全生产法》第二十五条第五项的规定，王某对本次事故负有责任。根据《中华人民共和国安全生产法》第九十六条的规定，建议由市应急局对其处以罚款6万元（12万×50%）的行政处罚。

（2）王某，监理单位法定代表人兼总经理。未有效履行安全管理职责，未督促检查事故项目的安全生产状况。其行为违反《中华人民共和国安全生产法》第二十一条第五项的规定，王某对本次事故负有责任。根据《中华人民共和国安全生产法》第九十五条第二项的规定。建议由市应急局对其处以罚款7.2万元（12万元×60%）的行政处罚。

（3）陈某，监理单位副总经理、重庆分公司负责人兼总经理。未有效履行安全管理职责，未及时发现并消除事故项目有限空间违规作业的事故隐患。其行为违反《中华人民共和国安全生产法》第二十五条第五项的规定，陈某对本次事故负有责任。根据《中华人民共和国安全生产法》第九十六条的规定，建议由市应急局对其处以罚款6万元（15万元×40%）的行政处罚。

（4）孟某，实际建设单位工作人员，事故项目现场代表。对施工单位和监理单位的安全生产工作未严格实施安全协调管理，未严格督促检查事故项目安全生产状况，未及时发现并消除事故项目有限空间违规作业的事故隐患。其行为违反《中华人民共和国安全生产法》第二十五条第五项的规定，孟某对本次事故负有责任。根据《中华人民共和国安全生产法》第九十六条的规定，建议由市应急局对其处以罚款2.16万元（7.2万元×30%）的行政处罚。

（5）周某，实际建设单位工作人员，事故项目部经理。对施工单位和监理单位的安全生产工作未严格实施安全协调管理，未严格督促检查事故项目安全生产状况，未及时发现并消除事故项目有限空间违规作业的事故隐患。其行为违反《中华人民共和国安全生产法》第二十五条第五项的规定，周某对本次事故负有责任。根据《中华人民共和国安全生产法》第九十六条的规定，建议由市应急局对其处以罚款3万元（10万元×30%）的行政处罚。

4. 建议追责处理的人员

（1）刘某，RC区建设工程安全技术中心监督员，事故项目安全监督主监。未发现并消除事故项目有限空间长期违规作业的事故隐患，未发现并纠正岗前安全教育培训、应急预案演练不规范等违规行为，对事故项目重点管理人员长期未履职的情况失管。刘某对此负有责任。建议由区纪委监委对其进行政务记过处分。

（2）马某，RC区建设工程安全技术中心监督员，事故项目安全监督辅监。未发现并消除事故项目有限空间长期违规作业的事故隐患，未发现并纠正岗前安全教育培训、应急预案演练不规范等违规行为。马某对此负有责任。建议区建设工程安全技术中心对其调离岗位。

（3）温某，RC区建设工程安全技术中心监督员，事故项目安全监督辅监。未发现并消除事故项目有限空间长期违规作业的事故隐患，未发现并纠正岗前安全教育培训、应急预案演练不规范等违规行为。温某对此负有责任。建议区建设工程安全技术中心对其解除劳动合同。

（4）易某，RC区建设工程安全技术中心负责人。未严格检查事故项目参建单位安全管理状况，对事故项目监管人员的履职情况失管。易某对此负有责任。建议由区纪委监委对其进行政务警告处分。

（5）翁某，RC区住房城乡建委副主任，分管RC区建设工程安全技术中心工作。未督促指导RC区建设工程安全技术中心与昌元街道办事处开展联合执法，未督促开展事故项目有限空间作业专项安全检查。翁某对此负有责任。建议由区纪委监委对其进行提醒谈话。

（6）彭某，RC区住房城乡建委主任，负责该部门全面工作。对RC区建设工程安全技术中心未严格履职状况失察，未督促指导RC区建设工程安全技术中心与昌元街道办事处开展联合执法。彭某对此负有责任，建议由区纪委监委对其进行提醒谈话。

（7）黄某，RC区昌元街道规划建设管理环保办公室主任。未发现并消除事故项目有限空间长期违规作业的事故隐患，未与RC区住房城乡建委开展联合执法，未开展事故项目有限空间作业专项安全检查。黄某对此负有责任。建议由区纪委监委对其进行政务警告处分。

（8）林某，RC区街道办事处副主任。针对事故项目，未指导督促规划建设管理办公室开展有限空间作业专项安全检查。林某对此负有责任，建议由区纪委监委对其进行提醒谈话。

（9）王某，RC区昌元街道办事处主任，负责该街道办全面工作。针对事故项目，未指导督促规划建设管理办公室开展有限空间作业安全检查。王某对此负有责任，建议由区纪委监委对其进行提醒谈话。

5. 建议作出检查的单位

建议责成RC区住房城乡建委、RC区昌元街道办事处分别向荣昌区人民政府作出书面检查。

6. 其他处理建议

（1）建议责成业主单位纪委对事故项目现场代表孟某进行政务记大过处分。

（2）建议责成业主单位纪委对事故项目部经理周某行政务记过处分。

（3）建议责成业主单位纪委对建设单位副总经理周某进行提醒谈话。

（4）建议责成业主单位纪委对建设单位总经理陈某进行提醒谈话。

（5）针对本次事故暴露的主要问题，建议由RC区住房城乡建委对施工单位、监理单位进行调查处理。

3.2.9　事故防范和整改措施建议

为深刻汲取本次事故教训，预防和避免类似事故再次发生，针对本次事故的特点，特提出以下防范措施建议：

1. 提高政治站位，强化责任落实

各级政府及其有关部门要认真学习贯彻习近平总书记关于安全生产的重要指示精神和市委、市政府关于安全生产工作的部署要求，以落实国务院安委会加强安全生产工作“十五条硬措施”为重点，以大排查大整治大执法为主线，围绕“两重大一突出”，全面强化安全责任，全面排查整治风险隐患，精准发现和严厉打击各类安全生产非法违法行为。压实属地和行业监管责任，把安全责任落实到领导、部门和岗位，督促各类生产经营单位严格落实各单位安全生产主体责任，加强风险辨识管控和隐患排查治理，严防类似事故再次发生，确保人民群众生命财产安全。

2. 严格监管执法，彻底整治隐患

各级有关部门要加大执法检查力度，严格按照有限空间作业安全管理等相关规定，严厉查处有限空间作业违法违规行为。强化监管执法合力，深入打非治违，要坚持把隐患作为事故对待，以零容忍的态度铁腕抓整改。要严格实施隐患整改销号制度，对隐患整治不力的单位要实施警示通报、约谈主要负责人和考核扣分等措施，对企业采取停产停业整顿、纳入诚信不良记录、行政处罚等措施，对导致事故的依法依规按上限顶格处理。

3. 探索地方标准，强化警示作用

住建部门及属地政府应深刻汲取教训，探索创新地下有限空间作业安全技术规范的地方标准，强化有限空间作业安全培训教育；通过微信、网站、报纸、电视等各种媒体，开展事故警示教育，加大宣传工作力度和效果，普及有限空间等危险作业安全常识和科学施救知识，用惨痛事故后果警示从业人员提高安全意识；确保做到“先通风、再检测、后作业”，严禁通风、检测不合格作业。

4. 加强教育培训，明确应急处置

施工单位要加大有限空间作业安全培训力度，广泛开展有限空间作业安全专题培训，使相关单位和从业人员清楚有限空间作业风险辨识、作业规程和应急处置要求。通过培训，做到全市所有有限空间作业点警示标识与风险告知齐全，作业程序、危险因素和防范要求明确，监护人员与防护用具齐全。

3.3　甘肃省兰州市“5·3”起重伤害较大事故调查报告

2022年5月3日9时53分许，XG区某城中村改造打捆项目一期（高家咀地块）安置房项目一标段工地内，发生塔式起重机上部结构倾翻，导致作业人员高空坠落，造成3人死亡、1人受伤的起重伤害较大事故。

3.3.1　基本情况

兰州市XG区某城中村改造打捆项目一期（高家咀地块）安置房项目，总建筑面积约72117.74m^2，主要建设16号、17号、18号住宅楼，位于XG区环形东路（水上公园对面），项目性质为住宅、商业、物管用房、车库、设备用房。其中发生事故的16号楼总建筑面积20484.06m^2。该项目于2020年7月21日进场施工，至事故发生时，已完成主体封顶，处于装饰装修阶段。

3.3.2　事故过程及应急处置情况

1. 事故经过

兰州市XG区某城中村改造打捆项目一期（高家咀地块）安置房项目16号楼，于2021年年底主体竣工，2022年4月初准备拆除塔式起重机，塔式起重机租赁单位（简称租赁单位）只有租赁资质，无安装拆卸资质，联系了有安装拆卸资质的塔式起重机拆除单位（简称拆除单位），4月10日施工单位与拆除单位签订拆除合同。按照程序，应由拆除单位编制塔式起重机拆除方案及有关申请资料，报施工单位和监理单位审批同意后，向市建设工程安全质量监督站办理拆除塔式起重机的审批告知手续。4月18日，租赁单位羊某联系施工单位项目部施工员王某，询问塔式起重机拆除手续办理情况，王某让羊某找项目部安全员魏某落实进展。4月30日，项目部安全员魏某电话联系羊某，魏某告知拆卸塔式起重机手续正在办理中，项目部已经审核完成，拆卸方案已经报给监理公司审核，待监理公司批准通过后，就可以通过网上办公程序，上传塔式起重机拆卸施工报审资料至市建设工程安全质量监督站审批，“五・一”节过后就能办好塔式起重机拆卸告知手续，现场不再使用塔式起重机，可以随时拆除。

5月2日，魏某电话联系羊某确定拆卸塔式起重机时间，羊某回复第二天来拆卸，但塔式起重机拆卸手续监理还未审核，塔式起重机拆卸告知手续还未通过市建设工程安全质量监督站审批，两人商量塔式起重机拆除至少需要4d时间，项目部执行经理董某也同意羊某负责拆卸塔式起重机，认为先往下拆卸几个标准节不会有什么影响，等节后再补齐手续。在塔式起重机拆卸手续还未获得审批通过情况下，羊某安排其雇用人员周某（有起重机安装拆卸工证，无建筑起重司索信号工证）找人拆卸塔式起重机。周某联系马某（有建筑起重机安装拆卸工证）、苏某（无起重机安装拆卸工证）、王某（无起重机安装拆卸工证），马某联系上杨某（有建筑起重司机证），上述5人（2人有证，3人无证）准备拆卸塔式起重机作业。

5月3日上午8时许，租赁单位派出周某、杨某、王某、苏某、马某进入项目施工现场，对16号楼塔式起重机进行拆卸，其中周某负责在地面指挥，杨某负责驾驶塔式起重机，王某、苏某、马某在塔身负责拆卸作业，施工单位项目部安全员魏某负责现场监督。8时30分许开始塔式起重机拆卸作业，9时50分许，当拆卸至第4个标准节时，塔式起重机顶部塔帽、起重臂、平衡臂、回转机构、司机室突然倾翻坠落至地面，致使正在塔身作业的苏某、马某、塔式起重机司机杨某坠落楼下死亡，作业人员王某坠落至主楼楼顶受伤。

2. 事故报告情况

9时56分，施工单位项目部施工员王某军拨打120急救电话，并打电话上报施工单位三公司项目执行经理董某报告现场事故情况。10时16分，董某接到事故报告后，电话向施工单位三公司经理张某膏报告事故情况。10时25分，张某膏接报后向XG区住建、应急、街道等部门上报事故，并打电话分别向施工单位总经理孙某才和分管安全副总经理蒲某报告。

10时45分，XG区应急局将事故发生情况上报市应急局和区委、区政府。11时10分，市应急局将事故情况分别上报省应急厅和市委、市政府。经调查核实：按照《生产安全事故报告和调查处理条例》第九条“事故发生后，事故现场有关人员应当立即向本单位负责人报告；单位负责人接到报告后，应当于1h内向事故发生地县级以上人民政府安全生产监督管理部门和负有安全生产监督管理职责的有关部门报告。情况紧急时，事故现场有关人员可以直接向事故发生地县级以上人民政府安全生产监督管理部门和负有安全生产监督管理职责的有关部门报告”的规定，事故单位上报时间符合法律规定。

事故报告后，区、市相关监管部门报告符合国务院《生产安全事故报告和调查处理条例》第十条“较大事故逐级上报至省、自治区、直辖市人民政府安全生产监督管理部门和负有安全生产监督管理职责的有关部门”“安全生产监督管理部门和负有安全生产监督管理职责的有关部门依照前款规定上报事故情况，应当同时报告本级人民政府”；第十一条“安全生产监督管理部门和负有安全生产监督管理职责的有关部门逐级上报事故情况，每级上报的时间不得超过2h”的规定，不存在迟报、漏报、谎报或者瞒报的问题。

3. 事故救援情况

经现场救援，伤者王某被送至XG区人民医院救治，随后立即转送至兰州大学第二附属医院救治，其他3名人员经现场救治无效死亡。本次事故应急处置得当，未造成事故扩大，有效控制了事故发展态势。

4. 善后处理情况

XG区委、区政府及有关部门全力做好事故伤亡人员家属接待、遇难者身份确认和赔偿等工作，在当地政府部门的牵头协调下，事故相关单位积极与死者家属进行协商赔偿事宜，于5月6日签字确认赔偿协议，3名死者已于赔偿协议签订当日火化安葬，事故善后工作平稳有序，死者家属情绪稳定。受伤人员在医院得经现场勘验，事发塔式起重机安装于16号楼裙楼中间位置，塔式起重机上部起重臂、平衡臂、塔帽、回转机构、司机室倾翻坠落，起重臂、司机室、平衡臂、回转机构坠落于塔身西侧，塔式起重机的6块配重，均坠落于塔身东侧，一块配重砸穿裙楼屋顶坠落于2楼，一块配重砸穿裙楼屋顶和二楼楼板，坠落于1楼地面，其余4块配重坠落于塔身东侧地面上。

事发时，塔式起重机上有4名作业人员，其中王某坠落至16号楼屋顶，坠落垂直高度约3m，坠落点距女儿墙1.3m处；马某坠落至裙楼屋顶，坠落垂直高度约93m，坠落点距裙楼女儿墙0.7m，距塔身6.8m；苏某通过配重砸穿孔坠落至裙楼2层地面楼板，坠落垂直高度约97m，坠落点距楼层邻边2.1m，距塔身东北角5m；杨某与司机室一同坠落至16号主楼外侧车库顶板，坠落垂直高度约102m，坠落点距裙楼西侧外墙3m，距16号楼主体北侧外墙5.5m。

3.3.3 事故原因及性质

1. 事故原因

1）直接原因

经事故调查组调查认定，租赁单位不依法履行安全主体责任，不具备起重设备安装工程专业承包资质，组织无建筑起重机械安装拆卸工操作资格证人员无证上岗作业，施工单位无拆卸资质、无施工方案，违法施工，作业人员无操作资格证，未按操作规程进行作业，未按规定进行安全技术交底，在不具备安全条件情况下，进行违法违章施工造成事故发生，不符合《建筑施工塔式起重机安装、使用、拆卸安全技术规程》JGJ 196—2010第2.0.3条的规定。

现场施工人员违反操作规程，在塔式起重机拆卸作业时，起重臂位于塔身西侧，施工人员在拆卸第4节标准节时，顶升横梁位于第5节标准节底部，第4节标准节拆卸推出套架后，未按照该塔式起重机使用说明书拆卸标准节的程序规定，顶升横梁防脱插销未插入标准节踏步防脱插销孔，在塔式起重机拆卸过程中，顶升横梁滑出第5节标准节下踏步，塔机上部失稳，在冲击力作用下，配重块滑脱坠落，塔式起重机向西倾翻，导致顶升架以上结构坠落，是造成本起事故的直接原因。

2）间接原因

（1）施工单位

作为施工总承包单位，又是塔式起重机承租使用单位，安全意识淡漠，未落实全员安全生产责任制和项目安全生产规章制度，未健全风险防范化解机制，防止安全生产事故的发生，违反了《中华人民共和国安全生产法》第四条、《建筑施工塔式起重机安装、使用、拆卸安全技术规程》JGJ 196—2010 第 2.0.3 条，塔式起重机安装、拆卸作业应配备下列人员：1. 持有安全生产考核合格证书的项目负责人和安全负责人、机械管理人员；2. 具有建筑施工特种作业操作资格证书的建筑起重机械安装拆卸工、起重司机、起重信号工、司索工等特种作业操作人员。《中华人民共和国安全生产法》（国家主席令第 88 号）第四条，生产经营单位必须遵守本法和其他有关安全生产的法律、法规，加强安全生产管理，建立健全全员安全生产责任制和安全生产规章制度，加大对安全生产资金、物资、技术、人员的投入保障力度，改善安全生产条件，加强安全生产标准化、信息化建设，构建安全风险分级管控和隐患排查治理双重预防机制，健全风险防范化解机制，提高安全生产水平，确保安全生产。《中华人民共和国建筑法》第四十四条规定，对项目经理挂名未按要求在岗履职的行为失察失管；所属三公司项目部安全管理缺失，违规同意不具备安装拆卸资质的企业进行塔式起重机拆除作业，未制止现场违章指挥、违章操作现象，违反《建设工程安全生产管理条例》（国务院令第 393 号）第二十三条之规定；项目部项目经理、技术负责人、安全员工作失职，未依法履行安全职责，事故塔式起重机拆卸作业时，项目负责人未按要求在施工现场履职，施工单位违规进行了安全技术交底，违反《危险性较大的分部分项工程安全管理规定》第十七条之规定，对事故塔式起重机安装拆卸单位监督管理不力，项目施工安全管理存在薄弱环节和漏洞，是造成本起事故的间接原因。

（2）监理单位

未能严格履行监理安全管理法定职责，未认真执行实施项目危大工程专项施工方案监理实施细则，对施工现场的总体安全生产疏于管理，未能及时发现施工现场存在的安全隐患并督促责任单位及时落实整改，未能及时发现并有效制止施工作业人员违章作业的不安全行为，事发时总监代表、监理员不在拆卸作业现场。

《中华人民共和国建筑法》第四十四条，建筑施工企业必须依法加强对建筑安全生产的管理，执行安全生产责任制度，采取有效措施，防止伤亡和其他安全生产事故的发生。

《建设工程安全生产管理条例》（国务院令第 393 号）第二十三条，施工单位应当设立安全生产管理机构，配备专职安全生产管理人员。专职安全生产管理人员负责对安全生产进行现场监督检查。发现安全事故隐患，应当及时向项目负责人和安全生产管理机构报告；对违章指挥、违章操作的，应当立即制止。

因《危险性较大的分部分项工程安全管理规定》第十七条，施工单位应当对危大工程施工作业人员进行登记，项目负责人应当在施工现场履职。项目专职安全生产管理人员应当对专项施工方案实施情况进行现场监督，对未按照专项施工方案施工的，应当要求立即整改，并及时报告项目负责人，项目负责人应当及时组织限期整改。施工单位应当按照规定对危大工程进行施工监测和安全巡视，发现危及人身安全的紧急情况，应当立即组织作业人员撤离危险区域。旁站，未对塔式起重机拆卸过程进行监督检查，监理工作未按照《建设工程监理规范》GB/T 50319—2013中监理规划及监理实施细则等有关规定要求，违反了《房屋建筑工程施工旁站监理管理办法（试行）》第四条的规定，对危大工程的安全工作监督不力，对现场履职监督缺失是造成本起事故的间接原因。

（3）行业和属地监管方面

LZ市住建局未认真履行行业监管责任，在落实“管行业必须管安全”规定上有差距，对4月25日下发的《LZ市安全生产大检查工作方案》未及时安排部署并有效开展，落实安全生产工作流于形式，未发现重大安全隐患。市安质监站履行安全监督检查工作不力，对建筑起重机械使用登记工作监管不细致，在建筑施工企业日常督查、检查中不深不细，未能有效督促建设、施工、监理等工程建设各方安全生产主体责任全面落实。

XG区委、区政府在督促行业部门履行安全生产监管职责方面存在差距，安全生产责任落实不力。组织领导辖区建筑工程安全生产工作存在薄弱环节，对建筑工程安全生产工作指导、监督不够。

XG区住建局在落实“管行业必须管安全”规定上存在漏洞，未对重点行业领域安全生产工作进行专题安排部署，未能及时按照《建设工程监理规范》GB/T 50319—2013第4.3.1条，对专业性较强、危险性较大的分部分项工程，项目监理机构应编制监理实施细则。第5.5.2条，项目监理机构应审查施工单位现场安全生产规章制度的建立和实施情况，并应审查施工单位安全生产许可证及施工单位项目经理、专职安全生产管理人员和特种作业人员的资格，同时应核查施工机械和设施的安全许可验收手续。

未有效发现辖区建筑工地存在的重大风险隐患并及时上报整改。区安监站在XG区安置房项目“5·3”事故发生前一周，检查过该项目，检查记录仅反映了一条资料问题，对施工现场特种设备安装拆卸工作巡查检查不重视，日常检查走过场，履行属地安全监督管理职责不力。区城中村改造办公室主体责任不落实，将安全管理职责委托给不具备安全技术管理服务资质的单位，未落实本单位安全生产责任。

2. 事故性质

经调查认定，兰州市XG区安置房项目“5·3”起重伤害事故是一起较大生产安全责任事故。

3.3.4　对事故责任人员及责任单位的处理建议

1. 对事故责任人员的处理建议

1）免予责任追究人员（3人）

（1）马某，租赁单位临时雇用人员，违章操作，致使塔式起重机失稳，塔式起重机上部结构倾翻，对事故的发生负有直接责任。鉴于其在事故中死亡，建议免予责任追究。

（2）苏某，租赁单位临时雇用人员，违法无证作业，违章操作，致使塔式起重机失稳，塔式起重机上部结构倾翻，对事故的发生负有直接责任。鉴于其在事故中死亡，建议免予责任追究。

（3）杨某，租赁单位临时雇用人员，冒险作业，违章操作，致使塔式起重机失稳，塔式起重机上部结构倾翻，对事故的发生负有直接责任。鉴于其在事故中死亡，建议免予责任追究。

2）建议移送司法机关追究刑事责任人员（6人）

（1）羊某，租赁单位法定代表人，在该企业不具备塔式起重机安装拆卸资质及无拆卸能力情况下，擅自雇用人员，违法组织拆卸作业，未督促、检查本单位的安全生产工作，未及时消除生产安全事故隐患，造成3人死亡，其行为违反了《中华人民共和国安全生产法》第二十一条之规定，对本起事故发生负有直接责任，根据《中华人民共和国安全生产法》第九十四条第二款图之规定，涉嫌构成安全生产类犯罪，建议移交司法机关依法追究刑事责任。

（2）周某，事故塔式起重机施工现场拆卸施工负责人，系羊某雇用人员，违反安全生产规章制度和操作规程，组织指挥无证人员开展拆除作业，强令他人违章冒险作业，其行为违反了《中华人民共和国安全生产法》第二十一条、第五条、第二十五条、五十七条之规定，对本起事故发生负有直接责任，根据《中华人民共和国安全生产法》第九十六条规定，涉嫌构成安全生产类犯罪，建议移交司法机关依法追究刑事责任。

（3）张某青，施工单位三公司党支部书记、经理，作为三公司主要负责人和项目部技术负责人，未依法履行职责范围内的安全生产工作，未在重点时段、重大节日督促检查本单位的安全生产工作，未及时消除生产安全事故隐患，违反了《中华人民共和国安全生产法》第五条之规定，对该起事故负有重要领导责任。根据《中华人民共和国安全生产法》第九十六条之规定，涉嫌构成安全生产类犯罪，建议移交司法机关依法追究刑事责任。

（4）董某，项目执行经理，全面负责项目部工作，未依法履行安全职责，工作失职，违反有关规定让无安装拆卸资质的企业进场施工，未及时排查生产安全事故隐患，对施工现场塔式起重机违法施工作业失察，未及时制止违章指挥、违反操作规程的行为，未对安全风险采取管控措施，违反了《中华人民共和国安全生产法》第五条之规定，对该起事故负有直接责任。根据《中华人民共和国安全生产法》第九十六条之规定，涉嫌构成安全生产类犯罪，建议移交司法机关依法追究刑事责任。

（5）魏某，项目部安全员，负责现场安全管理。未按规定进行现场安全交底培训，在明知塔式起重机拆卸作业未办理完审批告知手续情况下，仍然同意拆卸作业，其行为违反了《中华人民共和国安全生产法》第二十五条之规定，对本起事故发生负有直接责任，根据《中华人民共和国安全生产法》第九十六条之规定，涉嫌构成安全生产类犯罪，建议移交司法机关依法追究刑事责任。

（6）王某，监理单位该项目现场监理员，未依照法律、法规和工程建设强制性标准实施监理，在事故发生后补发监理通知，存在资料造假问题。违反了《建设工程安全生产管理条例》第十四条之规定，对事故发生负有直接责任。根据《建设工程安全生产管理条例》第五十七条、第五十八条之规定，建议移交司法机关依法追究刑事责任。

3）建议给予行政处罚人员（7人）

（1）张某，施工单位董事长、法定代表人。作为公司主要负责人，未建立健全本单位的全员安全生产责任制，未认真组织开展安全生产大检查，未组织建立并落实安全风险管控和隐患排查双重预防机制，未按规定督促检查指导下级单位履行安全生产职责，违反了《中华人民共和国安全生产法》第二十一条之规定，对该起事故负主要领导责任。建议按照《中华人民共和国安全生产法》第九十五条第二款处上一年年收入百分之六十的罚款，同时建议按照干部管理权限给予相应党纪政纪处分。

（2）孙某才，施工单位总经理，作为公司负责人，未认真督促落实企业主体责任，未按规定督促、检查指导下级单位履行安全生产职责，对公司所属各项目的安全生产工作督促、检查指导不力，未及时消除隐患，违反了《中华人民共和国安全生产法》第二十一条之规定，对该起事故负主要领导责任。建议按照《中华人民共和国安全生产法》第九十五条第二款处上一年年收入百分之六十的罚款，同时建议按照干部管理权限给予相应党纪政纪处分。

（3）蒲某，施工单位副总经理，分管安全生产工作，未认真履行安全管理职责，未及时排查生产安全事故隐患，对下级单位安全生产工作疏于管理，违反了《中华人民共和国安全生产法》第二十五条之规定，对该起事故负有重要领导责任。建议按照《中华人民共和国安全生产法》第九十六条处上一年年收入百分之三十的罚款，由建设行政主管部门给予暂停安全生产有关的资格，同时建议按照干部管理权限给予相应党纪政纪处分。

（4）李某，施工单位中标备案项目经理，挂名担任工程项目经理，实际未履行职责，建议按照《建设工程安全生产管理条例》第五十八条之规定，由建设行政主管部门给予责令停止执业资格，同时建议施工单位按照相关规定给予相应处理。

（5）高某，监理单位驻该项目总监理工程师，对危大工程的监督不力，未认真履行监理工作职责，违反了《建设工程安全生产管理条例》第十四条之规定，对事故的发生负有重要领导责任。

（6）贾某，监理单位总监代表，对现场监理履职监督缺失，未依法履行监督职责，对塔式起重机违法违章拆卸作业行为失察，违反了《建设工程安全生产管理条例》第十四条之规定，对事故发生负有管理的直接责任。建议依据《建设工程安全生产管理条例》第五十七条、第五十八条有关规定，由建设行政主管部门依法处理。

（7）王某，租赁单位临时雇用人员，违章无证作业，致使塔式起重机失稳，塔式起重机上部结构倾翻，对事故的发生负有直接责任。建议依据《建筑施工特种作业人员管理规定》第三十条规定，由建设行政主管部门依法注销资格证书。

施工单位其他有关人员由施工单位按照规定追究责任，监理单位其他有关人员由监理单位按照规定追究责任，施工单位和监理单位将处理结果报市住建局。

4）给予政务处分及组织处理人员的建议（9人）

（1）王某，中共党员，市住房和城乡建设局党组成员、副局长。对市级住建部门监管的重点建设项目，安全检查不全面、不细致，对在建筑施工现场极易引发高坠等安全生产事故的高危特种设备，缺乏有针对性的监督管控措施，存在失管失察的问题，工单位拒不整改或者不停止施工的，工程监理单位应当及时向有关主管部门报告。工程监理单位和监理工程师应当按照法律、法规和工程建设强制性标准实施监理，并对建设工程安全生产承担监理责任。对分管范围内安全生产工作负有重要领导责任。建议纪检监察机关予以处理。

（2）万某，中共党员，市建设工程安全质量监督管理站站长。负责全市建设工程领域安全生产监管，在日常监管工作中，贯彻落实国家和省市相关会议精神不及时，隐患排查流于形式，对事故发生负监管方面的主要领导责任。建议纪检监察机关予以处理。

（3）何某，中共党员，市建设工程安全质量监督管理站副站长。分管XG片区建设工程安全生产监督管理，对监督范围内的项目安全隐患排查不及时，对事故单位施工现场的起重机械违规拆卸行为监督不力，对事故发生负直接监管方面的重要领导责任。建议纪检监察机关予以处理。

（4）梁某，中共党员，市建设工程安全质量监督管理站监督八科科长。负责XG东片区房屋和市政工程安全质量监督，未及时按照安全生产大检查要求进行监督检查，现场监督抽查工作不细致、不深入，对事故发生负监管直接责任。建议纪检监察机关予以处理。

（5）姚某，中共党员，XG区政府副区长，对分管的建筑行业安全工作未及时进行专题安排部署，对建筑工地危大工程安全检查不全面、不细致；对分管部门履行安全生产职责监督不够，对事故发生负重要领导责任。建议纪检监察机关予以处理。

（6）张某，中共党员，XG区住房和城乡建设局局长，在日常工作中对负有建筑行业安全质量监管责任的区安质监站的监督指导不力，致使区安质监站履职尽责在落实上有差距，对事故发生负有主要领导责任。建议纪检监察机关予以处理。

（7）杨某，XG区住房和城乡建设局副局长，作为分管领导，对辖区住建部门监管的重点建设项目，检查得不全面、不细致，对事故的发生负重要领导责任。建议纪检监察机关予以处理。

（8）刘某，中共党员，XG区安监站站长，对辖区建筑施工企业日常监督检查不实不细，对事故工地存在项目负责人不履行安全职责、工地员工安全意识淡薄等问题未及时发现，对事故发生负监管方面的主要领导责任。建议纪检监察机关予以处理。

（9）马某，中共党员，XG区城中村改造办公室负责人，未履行项目建设单位安全生产责任，对事故发生负主要领导责任。建议纪检监察机关予以处理。

2. 对事故责任单位的处理建议

1）租赁单位

未落实企业安全主体责任，违法组织拆除施工，作业人员无证上岗、违章操作，违反了《中华人民共和国安全生产法》第二十条、《建设工程安全生产管理条例》第二十条和《建筑施工企业负责人及项目负责人施工现场带班暂行办法》第七条之规定，对事故发生负有安全管理主体责任。根据《中华人民共和国安全生产法》第一百一十四条第二款等有关规定，建议依法给予140万元的行政处罚。

2）施工单位

未认真履行企业安全主体责任，安全生产规章制度不健全，对所属三公司项目部安全管理缺失，安全教育培训流于形式，未对危大工程进行专项检查，对项目经理挂名未按要求在岗履职的行为失察，对项目安全管理监督不力，违反了《中华人民共和国安全生产法》第四条、第二十条之规定，根据《建设工程安全生产管理条例》第二十条、第二十五条和《建筑施工企业负责人及项目负责人施工现场带班暂行办法》第七条之规定，对事故发生负有安全管理主体责任。根据《中华人民共和国安全生产法》第一百一十四条第二款等有关规定，建议依法给予140万元的行政处罚。

3）监理单位

未严格履行监理职责，监理制度未落实，监理人员未按规定对项目施工进行有效的监督，危大工程现场作业监理不在现场旁站，未履行监理职责，存在失管失察，违反《建设工程安全生产管理条例》(国务院令第393号)第十四条、《危险性较大的分部分项工程安全管理规定》(住房和城乡建设部令第37号)第十八条、《房屋建筑工程施工旁站监理管理办法(试行)》第四条之规定，建议依据《建设工程安全生产管理条例》第五十七条有关规定，由建设行政主管部门依法处理。

4)属地和行业监管单位

(1)LZ市住建局。未认真履行行业监管责任，未有效落实“管行业必须管安全”规定的行业安全监管责任，对4月25日下发的《LZ市安全生产大检查工作方案》未及时安排部署，并有效开展，落实安全生产工作流于形式，未发现重大安全隐患；市安质监站履行行业安全监督工作不力，对建筑起重机械使用登记工作监管不细致，对建筑施工企业日常督查、检查不深不细，未能有效督促建设、施工、监理等工程建设各方全面落实安全生产主体责任。建议市住建局向市委、市政府作出深刻检查，并在全市范围内通报批评。

(2)XG区委、区政府。在督促行业部门履行安全生产监管职责方面存在差距，安全生产抓落实不力。组织领导辖区建筑工程安全生产工作存在薄弱环节，对建筑工程安全生产工作指导、监督不够。建议XG区委、区政府分别向市委、市政府作出深刻检查，并在全市范围内通报批评。

(3)XG区住建局。在落实“管行业必须管安全”执行力度上有差距，未对重点行业领域安全生产工作进行专题安排部署，未能及时有效发现辖区建筑工地存在的重大风险隐患并及时上报整改；XG区安监站对施工现场特种设备安拆工作巡查检查走过场，日常检查走过场，在XG区安置房项目“5·3”事故发生前一周检查过该项目，检查记录仅反映了一条资料问题，履行属地安全监督管理职责不力；XG区城中村改造办公室主体责任不落实，将安全管理职责委托给不具备安全技术管理服务资质的单位，未落实本单位安全生产责任。建议区住建局向区委、区政府作出深刻检查，并在全区范围内通报批评。

3.3.5 “一案四查”“两个倒查”情况

1. “一案四查”情况

1)主体责任落实情况

施工单位及所属分公司、项目部在贯彻落实习近平总书记关于安全生产工作重要指示、批示精神不够坚决彻底，未认真履行项目施工总体责任；开展安全生产专项整治三年行动不力，隐患清单内容为日常一般性检查问题，在事故隐患排查方面制度措施不健全，隐患自查自改不及时，落实各级政府及行业部门制度措施清单工作有差距；如2020年11月18日，该公司组织项目管理人员学习上级公司下发的《安全生产专项整治三年行动计划实施方案》，学习记录中无培训人员签字；现场安全技术交底流于形式，事故发生前安全交底培训人员与实际作业人员不一致，特种作业高风险岗位人员管理混乱，现场未有效查验人员资格证，特种设备等施工机械管理缺失；工程项目分包管理失控，未及时制止非法违法施工现象，对大型设备安装拆卸的分包单位缺乏有效管理，对基层单位日常管理、履职情况监督不力。

监理单位现场监理机构形同虚设，未按照《建设工程监理规范》GB/T 50319—2013相关要求正确履行监理职责，危大工程未进行旁站记录，监理日志、监理通知造假，如该项目监理日志自2022年4月29日至5月2日发生事故当天监理日志雷同，均记载了事故塔式起重机拆除告知手续未办理，并在事故发生后补发监理通知，存在资料造假问题。

2）监管责任落实情况

在兰州市XG区陈坪街道陈官营村、东湾村城中村改造打捆项目一期（高家咀地块）安置房项目建设过程中，对照职责，市住建局、市安质监站，XG区政府、XG区安监站等属地政府和部门在安全生产工作安排部署、行政审批、证照办理及日常现场检查等方面存在监管漏洞，市住建局未及时按照《兰州市安全生产大检查工作方案》要求开展安全大检查工作，市安质监站对全市在建项目危大工程监督不力、安全监督机构业务工作指导不足，对无资质公司承揽辖区危大工程建设的非法建设行为监督不力。

XG区政府组织领导辖区建筑工程安全生产工作存在薄弱环节，对建筑工程安全生产工作指导、监督不够。XG区住建局未对重点行业领域安全生产工作进行专题安排部署，未能及时有效发现辖区建筑工地存在的重大风险隐患并及时上报整改。XG区安监站对施工现场特种设备安装拆卸工作巡查检查走过场，日常检查走过场。XG区城中村改造办公室主体责任不落实，将安全管理职责委托给不具备安全技术管理服务资质的单位，未落实本单位安全生产责任。

3）重大决策部署贯彻落实情况

市住建局落实的主要工作：2022年3月26日印发了《关于进一步加强全市建筑工地安全生产工作的通知》，开展了建筑工地安全大检查。3月30日，市住建局组织召开兰州市住建系统2022年第二季度安全生产（扩大）视频会议，传达学习了习近平总书记对东航坠机事故批示指示精神，安排部署安全大检查工作。4月29日，兰州市房屋建筑安全风险隐患排查整治工作领导小组办公室印发了《关于进一步做好房屋建筑安全隐患排查工作的紧急通知》，要求深刻吸取湖南长沙房屋倒塌事故教训，安排部署了建筑行业安全大检查工作。存在的问题：落实“管行业必须管安全”存在较大差距，未及时有效开展安全生产大检查工作，落实安全生产工作流于形式，未发现重大安全隐患。XG区委、区政府落实的主要工作：能够落实党中央、国务院和省、市党委、政府关于安全生产工作的重大决策部署，2022年4月1日，XG区安委办印发了《关于切实做好全区安全生产大检查工作的紧急通知》（西安办发〔2022〕15号），立即组织全区开展安全大检查。4月26日，XG区政府召开第八次常务会议，安排部署了全区安全生产工作。5月1日，区政府主要领导和分管领导在《关于深刻吸取“4·29”长沙居民自建房倒塌事故教训立即开展安全隐患排查整治的通知》（兰安办发〔2022〕36号）上分别签署意见，要求有关部门和乡镇街道吸取事故教训、举一反三，排查隐患，尽快整治，对各项工作任务进行了安排部署。存在的问题：在督促行业部门履行安全生产监管职责方面存在差距，安全生产抓落实不力，组织领导辖区建筑工程安全生产工作存在薄弱环节，未结合行业部门实际情况安排部署专项检查。

4）事故反映出的深层次原因

一是相关责任单位安全责任意识不够强。对贯彻落实党中央、国务院和省委省政府、市委市政府关于安全生产工作安排部署执行力度不够，行业管理混乱，特别是施工现场管理混乱，针对临时用工随意性、无劳动合同法律约束、人员流动快等特点，未能有效的管理。施工单位对安全生产重进度，轻安全，对现场安全管理混乱未采取有效整治措施。监理单位重质量，轻安全，现场无人监督，不履行监理职责。二是企业主体责任不落实。未批先建、边批边建、边施工边办手续现象依然存在，施工机械特种设备安全监管存在漏洞，重资料程序审查，现场监管走过场。建筑施工领域仍然存在资质挂靠、出借现象，特种设备机械安装拆卸资质管理混乱。三是行业监管责任不落实。对项目经理长期挂名而不履职现象失管失察。对企业安全教育培训覆盖不全面，安全技术交底走过场现象长期视而不见。现场安全检查流于形式，对重大隐患长期存在监管失察。四是建设单位未落实安全生产责任，将安全生产主体责任委托给其他单位负责，一包了之，不履行建设单位日常安全管理职责，现场安全基本不进行检查。

2.“两个倒查”情况

1）培训考试情况

施工单位未严格落实本单位安全生产教育和培训制度，现场安全岗位操作规程培训和安全技术交底流于形式，事故发生当日，有6人进行了现场安全技术交底确认，交底中明确规定操作人员必须持证上岗，事故发生后查验证件，只有2人有证；一线操作人员对有关安全生产规章制度及本岗位安全操作技能不熟悉，本次事故因违规操作行为发生，反映出安全教育培训工作还有诸多不足。

2）招标投标情况

本项目于2018年由XG区发展和改革局批复立项《关于XG区陈官营村、东湾村地块城中村改造打捆项目一期（高家咀地块）可行性研究报告的批复》（西发改发〔2018〕196号），2019年12月20日兰州市自然资源局办理《建设工程规划许可证》（兰规建字第620100201900261号），12月31日经评标委员会评定，分别向设计单位1和设计单位2发出勘察和设计的中标通知书。2020年6月15日，施工单位中标，该项目随后签订《建设工程施工合同》。8月7日由兰州市XG区城中村改造办公室与监理单位签订《建设工程监理合同》。2020年9月15日，兰州市住房和城乡建设局颁发《建筑工程施工许可证》。招标投标程序符合规定。

3.3.6　事故教训

兰州市XG区安置房项目“5·3”起重伤害较大事故的发生，充分暴露出相关责任单位安全意识淡薄、主体责任缺失、监管执法不到位等问题。

1. 隐患排查整改力度不够，专项检查流于形式

“5·3”起重伤害较大事故教训极为深刻，属地政府和行业部门安全生产隐患排查整治力度不够，部分隐患排查整改不闭环，存在跟踪督办不力等问题；行业监管部门专项检查流于形式，不深入不细致，未突出重点工程、重点部位、重点环节的监督检查力度和自查自纠力度，未及时消除施工过程中安全生产管控的漏洞、盲区，在重点时段、重要节日发生较大事故，教训十分惨痛。

2. 主体责任不落实，事故防范措施不足

施工企业未严格履行安全生产主体责任，对所属的建筑起重机械、附着式升降脚手架、悬挑脚手架、深基坑、高支模等危大工程安全管理和预防高坠事故措施不够。属地政府和行业部门落实“强化安全生产责任落实、坚决防范遏制重特大事故的十五条措施”力度不够、“三管三必须”履职不到位，履行“一岗双责”意识不强，抓安全的措施落实不力，防范事故措施不足。

3. 专业化监管技术不足，风险识别与管控缺失

建筑行业领域安全专业化监管技术不足，专业人员缺乏，监督检查单一，检查不出问题或发现不了深层次问题隐患，在建筑起重机械等危大工程作业中，对螺栓报警、顶升降节和起吊作业安全监测系统等新技术未能有效应用，施工现场风险识别与管控缺失，未建立大型设施设备风险监测体系。

3.3.7　防范整改措施建议

为深刻吸取事故教训，坚决防范化解重大风险，严防发生类似安全生产事故，针对事故暴露出的问题，提出以下防范整改措施建议：

1. 严格落实安全生产责任制，增强安全生产意识

各县区党委、政府和相关部门要坚决贯彻落实习近平总书记关于安全生产的重要论述，切实落实国务院安委会十五条硬措施及省三十五条具体措施、市二十条措施关于安全生产的部署要求，树牢安全发展理念，坚持安全发展，坚守发展绝不能以牺牲安全为代价这条不可逾越的红线，提高对建筑行业的高风险性认识，杜绝麻痹思想和侥幸心理。要按照《地方党政领导干部安全生产责任制》有关要求，严格落实“党政同责、一岗双责、齐抓共管、失职追责”，层层压实责任，切实解决安全监管工作走过场、流于形式等问题，不断提升发现安全隐患问题能力水平。各县区建设主管部门要按照“管行业必须管安全，管业务必须管安全，管生产经营必须管安全”要求，切实落实行业监管责任，加强基层一线监管力量，注重信息化监管手段运用，依照法定职责提高现场监管效能。要高度重视建筑领域危大工程的安全监管工作，细化监管措施，加强检查督导，协调解决重大隐患问题。要着力加强对建筑企业取得建筑企业资质后是否满足资质标准和市场行为的监督管理。

2. 重点开展建筑市场及针对建筑起重机械设备专项检查，加大行业监管执法力度

建设主管部门要进一步加强建设领域的打非治违工作，重点集中打击和整治以下行为：建设单位不办理施工许可、质量安全监督等手续，施工单位弄虚作假，无相关资质或超越资质范围承揽工程、转包工程、违法分包工程；施工单位主要负责人、项目负责人、专职安全生产管理人员无安全生产考核合格证书，特种作业人员无操作资格证书从事施工活动的行为；施工单位不认真执行主要负责人及项目负责人施工现场带班制度；施工单位违反《危险性较大的分部分项工程安全管理办法》规定，不按照建筑施工安全技术标准规范的要求，对深基坑、高大支模架、建筑起重机械等重点工程部位进行安全管理；施工现场管理混乱，违章操作、违章指挥等违法违规行为。

3. 切实强化企业主体责任，提高安全生产管理能力

建设单位要认真履行企业安全生产主体责任，建立健全有效运行的安全生产责任体系。严格落实建设单位对施工项目的管理责任，坚决杜绝项目负责人、专职安全生产管理人员等关键岗位人员缺位失职等现象。施工单位、监理单位和建筑起重设备租赁、安装单位要严格落实《建设工程安全生产管理条例》《建筑起重机械安全监督管理规定》等有关规定，严格执行安全生产规章制度，严禁无证上岗、无照经营，杜绝“三违”现象；要认真开展安全生产教育培训，切实增强员工的安全生产意识和操作技能。

4. 深入开展风险管控和隐患排查治理工作，提升企业本质安全

各建筑业企业要对建筑起重机械的安装、使用、维护保养等作业进行专项整治，制定科学的安全风险辨识程序和方法，全过程辨识施工工艺、设备施工、现场环境、人员行为和管理体系等方面存在的安全风险，逐一落实管控责任，对安全风险分级、分层、分类、分专业进行有效管控，尤其要强化对存在有重大危险源的施工环节和重点部位的管控，在施工期间要安排专人现场带班管理。要健全完善施工现场隐患排查治理制度，明确和细化隐患排查的事项、内容和频次，并将责任逐一分解落实，特别要对起重机械、高大支模架、深基坑等环节和重点部位定期排查。建筑起重机械安装、使用和租赁单位应严格按照《特种设备安全监察条例》和《建筑起重机械安全监督管理规定》租赁、安装、使用和管理起重机械。使用单位要严格落实起重机械设备日常检查、维护和巡查制度，及时排除事故隐患。

3.4　云南省曲靖市“9·3”较大起重伤害事故调查报告

2022年9月3日9时49分，ZY区某安置小区一标段施工工地发生1起较大起重伤害事故，造成4人死亡，直接经济损失514.58万元。

3.4.1　事故发生单位情况

项目名称：某安置小区一标段。

该项目建筑总面积12121.66m^2，造价为1497.5万元，地上17层，一层为非机动车库，二层为商业用房，三层～十七层为住宅，共计90户，建成后可安置300余人，建筑高度为56.8m，框架剪力墙结构。

3.4.2　事故发生经过和事故救援情况

1. 事故发生经过

2022年9月3日7时45分，专业承包单位塔式起重机驾驶员龙某、信号工刘某进入该安置小区一标段施工工地，7时57分，塔式起重机驾驶员龙某登上型号为QTZ80（5610）塔式起重机；8时31分，专业承包单位3名安装拆卸工夏某、雷某、张某进入该安置小区一标段施工工地，8时33分，登上型号为QTZ80（5610）塔式起重机，对型号为 QTZ80（5610）塔式起重机进行顶升加高作业（塔式起重机高度 53.2m）；9 时 49 分，在顶升过程中，该塔式起重机发生平衡块、引进平台上一节标准节、上下支座、塔帽、平衡臂、起重臂、顶升套架及已安装的 4 个标准节先后坠落，塔身从距地面 40m 处折断的情形，安装拆卸工夏某、雷某、张某及驾驶员龙某随塔式起重机倾翻，坠落地面，现场被大量灰尘笼罩。

2. 事故应急救援情况

9 月 3 日 9 时 50 分左右，监理单位项目总监阙某，总承包单位安全员袁某、临时工易某听到响声后立即赶到事故现场，现场塔式起重机的塔帽掉落在地上，塔式起重机前臂已经倒塌，并且有人员受伤，9 时 51 分，袁某、易某分别拨打 120、119、110 报告事故情况并请求救援，同时向总承包单位项目部有关负责人和专业承包单位负责人报告。9 时 52 分，总承包单位办公室工作人员梁某电话向总承包单位项目经理子某报告，子某随即安排梁某向 ZY 区住建局质安站相关负责人及公司安全部门报告，10 时 7 分，梁某向 ZY 区住建局质量安全监督管理站副站长报告，念某叮嘱项目部赶快向行业主管部门负责人报告，并尽快组织救援，梁某于 10 时 39 分向 ZY 区住建局质量安全监督管理站站长报告。在接到项目部报告前，区住建局副局长（主持工作）已接到常务副区长的事故救援通知。10 时 37 分，副局长（主持工作）向区委、区政府报告事故情况，同时 ZY 区住建局质量安全监督管理站站长电话向上级主管部门曲靖市住建局安监站站长报告事故情况。

10 点 20 分左右，袁某等现场人员将龙某救出，经 120 急救车辆护送至曲靖市第一人民医院进行救治。与此同时，事故塔式起重机负责人沙某也赶到现场，被龙华派出所民警带走配合调查。10 时 25 分子某到达现场，并找了两辆吊车进行现场救援。总承包单位项目负责人杨某从位于 ZY 区某小区家中赶往现场，协调吊车前来参与救援。

9 月 3 日 9 时 52 分龙华派出所接到报警，接警后龙华派出所立即赶到现场进行处置，9 时 57 分 ZY 消防大队指挥中心接到报警，10 时 11 分 ZY 消防大队到达现场，大队指挥员第一时间向支队指挥中心、区委、区政府及区总值班室报告，并要求区总值班室调集公安、应急、住建、交通、卫健、医疗等部门到场联合开展救援行动。

接到报告后，ZY 区委、区人民政府立即启动 ZY 区生产安全事故应急预案Ⅲ级响应，区委、区人民政府主要领导、分管领导迅速赶到现场，及时组织 120 急救中心、应急、住建、消防救援、公安、卫健、人社、龙华街道等部门开展救援处置工作，同步成立了由区委书记和区人民政府区长任双组长的事故救援处置工作领导小组，组织开展救援工作。领导小组下设现场救援、医疗救治、事故调查、善后维稳、舆情管控、责任追究、后勤保障 7 个工作组，按职责分工有序开展救援和善后处置各项工作。

现场工作组坚持科学施救、有序施救、安全施救，公安负责现场管控，主要负责现场安全警戒和舆情管控，卫健部门负责疫情管控和现场消杀，应急部门负责协调相关部门调集吊车等现场救援需要的其他装备，医疗部门负责伤员的救治。10 时 11 分 ZY 大队调派 3 车 15 人到场，通过外部侦察后成立 6 个救援小组，曲靖消防支队指挥中心收到情况报告后，第一时间调派紫云路特勤站 4 车 16 人前往增援，支队带班首长副支队长、值班领导副支队长带领全勤指挥部 2 车 7 人遂行出动。10 时 20 分，第 1 名被困人员龙某被救出，10 时 35 分至 11 时左右，分别救出第 2 名、第 3 名被困人员夏某、雷某。11 时 05

分，支队全勤指挥部 2 车 7 人和紫云路特勤站 4 车 20 人到场，支队指挥员重新调整力量和部署战斗任务，由特勤站成立 6 人的攻坚小组对最后 1 名被困人员实施抢救。11 时 20 分，吊车到达现场。11 时 30 分，吊车对现场倒塌的塔式起重机进行吊升作业。12 时 05 分，最后 1 名被困人员张某被救出。

救出的夏某、雷某、张某 3 人经抢救无效死亡，龙某受伤后被送往曲靖市第一人民医院救治，于 2022 年 9 月 18 日救治无效死亡。此次事故造成 4 人死亡。

ZY 区应急管理局 9 月 3 日 12 时 5 分在国家应急指挥综合业务系统上报事故情况，曲靖市应急管理局 9 月 3 日 12 时 49 分在国家应急指挥综合业务系统上报事故情况。接到事故报告后，市委、市政府领导高度重视，主要领导就事故救援处置和汲取教训等工作分别作出批示和要求。随即市人民政府分管领导率应急、住建、公安、工会、市场监管等部门负责同志，陆续赶到事发现场指导和参与救援处置工作。

3. 善后处置情况

ZY 区人民政府成立善后维稳工作组，围绕 4 名死者家属，协调当事人公司（总承包单位、专业承包单位）与 4 名死者家属分别签订了《人民调解赔偿协议书》，赔偿款于 2022 年 9 月 30 日全部赔偿到位。4 名死者均已火化安葬，家属思想情绪稳定，社会舆情平稳。

4. 应急处置评估结论

经事故调查组评估，该起事故发生后，应急响应启动及时，信息接收、流转与报送畅通，ZY 区公安、应急、住建、消防、医院 120 等相关职能部门协调联动密切，处置迅速；应急救援指挥得当，调动有序，应急救援队伍（消防）训练有素、技能过硬，救援装备物资储备充分，保障到位，应急处置方案制定科学、规范，针对性强；市、县两级党委、政府统一指挥、统一调度和全面统筹责任落实到位，争取了第一时间快速有效处置，现场处置得当，确保了救援人员绝对安全，杜绝了次生事故发生。

3.4.3 直接经济损失

根据《企业职工伤亡事故经济损失统计标准》GB 6721—1986 等标准和规定统计，该事故造成直接经济损失 514.58 万元。其中塔式起重机损坏价值 8.1 万元，附属设施（脚手架、遮雨棚等）损坏价值 3.05 万元，死亡 4 人赔偿 476.43 万元，医疗救治费 27 万元。

3.4.4 事故发生的原因和事故性质

1. 直接原因

由于事故塔式起重机顶升横梁与顶升油缸连接销轴在顶升前已存在部分移位，销轴不能有效与顶升横梁左右连接板相连接，在活塞杆伸出约 1.1m、把塔式起重机上部（重量约 32t）顶升约 1.1m 高时，顶升横梁与顶升油缸连接销轴突然滑移，活塞杆支撑点发生变化，伸出的活塞杆支撑力随即改变，使活塞杆瞬间产生弯曲，顶升横梁左端（面对顶升油缸）支撑轴由于活塞杆的弯曲随后从标准节踏步支撑面滑脱，失去支撑的塔式起重机上部起重臂、平衡臂等部件沿塔身下滑，平衡臂向下倾斜；塔式起重机上的7块配重（约15.23t）向后移动，冲断端部横梁后坠落地面；配重坠落产生的反冲击力使平衡臂又立即向上翘起，在前后两次弯曲应力的强力冲击下，造成从上往下第四节标准节上部折断，导致上部结构全部向前倾翻坠落。

2. 间接原因

（1）第三方检验机构到现场对塔式起重机进行检验检测时，对顶升横梁与顶升油缸连接销轴止退挡板固定螺栓断裂脱落、止退挡板失效等较大事故隐患存在漏检，无检验照片、也无整改要求的情形，存在检测报告与塔式起重机设备实际状况不符的情形下就出具合格报告的情形。

（2）专业承包单位未认真履行塔式起重机出租单位安全生产主体责任，安全生产制度不健全，未在安装现场对作业人员进行安全技术交底，擅自在建筑起重机械上安装非原制造厂制造的标准节（起重机生产厂派人到现场检测确认），未配备专业技术人员和专职安全生产管理人员进行现场监督，在未编制塔式起重机顶升安装施工方案又缺乏现场安全监理监护等情况下，指派公司塔式起重机作业人员实施塔式起重机顶升安装作业，在顶升加高前未对顶升系统及连接部位进行认真检查，对顶升横梁与顶升油缸连接销轴移位、止退挡板固定螺栓断裂脱落、止退挡板失效未及时发现，导致塔式起重机顶升过程中从上往下第四节标准节上部全部折断向前倾翻。

（3）总承包单位未认真落实施工单位安全生产主体责任，尤其对租赁塔式起重机公司在安装作业施工现场的安全协调管理缺失，未严格按照相关规定，要求安拆单位配备足够的特种作业人员，对现场作业人员未按操作规程作业监督检查督促不到位。

（4）监理单位未认真落实监理单位安全生产主体责任，履行安全监理职责不力，未督促安拆单位配备足够的特种作业人员，对塔式起重机安装、拆卸、顶升等过程中存在的安全隐患未及时检查发现和督促整改到位，未到现场监督安装单位按操作规程作业，未对检测单位的检测行为进行过程监督，且事发时也未安排监理人员在顶升作业现场监理旁站。

（5）建设单位在该事故工地复产后，未认真履行安全生产监管主体责任，未严格督促施工单位、监理单位等按照各自的安全管理责任，进行安全责任明确和细化。检查督促项目参建单位安全生产现场协调管理和安全隐患排查治理不力。

（6）ZY区龙华街道办事处未按照“党政同责、一岗双责”的要求，认真落实属地安全监管责任，责任压实不到位。存在重危险化学品、非煤矿山、工矿商贸等领域的安全监管，轻建筑安全监管的认识差异，对建筑行业安全监管责任检查督促不力，只限于打招呼、发文件、打电话告知等，缺乏实际有效的监管手段，安全隐患排查不到位，对建筑行业安全隐患排查不深入、不细致，尤其对建筑行业的特种设施设备、重点危险区域等检查督促不力。

（7）ZY区住房和城乡建设局及ZY区建设工程质量安全监督管理站未认真按照“三管三必须”要求，严格履行建筑行业安全监督管理责任，对事故塔式起重机在使用登记环节中的安装、检测、验收和登记资料审核把关不严，未针对实际情况制定建筑起重机械产权告知、备案登记等工作制度和工作流程，特别是现场核查存在疏漏；在建设工程质量安全监督管理中，也仅依赖建筑起重机械产权单位对申报资料真实性的承诺，对该事故施工工地的塔式起重机作业存有重大安全设备隐患监督检查执法不到位情况。

3. 事故性质

经调查认定，此事故是一起较大起重伤害生产安全责任事故。

3.4.5　事故责任的认定及对事故责任者的处理建议

1. 对有关责任单位的处罚建议

（1）专业承包单位。该公司是该安置小区一标段施工工地的专业分包方（塔式起重机租赁和安装单位）。该公司未认真落实塔式起重机出租单位安全生产主体责任，安全生产制度不健全，承建的塔式起重机安装、顶升现场组织混乱，在未编制塔式起重机顶升专项施工方案和施工单位安全员、监理单位监理员没有到场监督实施的情况下，指派公司塔式起重机驾驶员及安拆人员进场从事塔式起重机顶升作业，致使操作人员在作业过程中引发塔式起重机倾翻事故。对事故的发生负有直接管理责任，依据《中华人民共和国特种设备安全法》第九十条第（二）项之规定，建议由曲靖市住房和城乡建设局依法给予罚款49万元（肆拾玖万元整）。

（2）总承包单位。未认真落实项目总承包施工企业的安全生产主体责任，未认真审核事故塔式起重机安装单位的资质文件、施工组织设计以及塔式起重机安装等施工方案，对租赁公司缺乏有效的监管，对事故塔式起重机安装、顶升、使用等情况监督管理不力。对事故的发生负有主要管理责任，依据《中华人民共和国特种设备安全法》第九十条第（二）项之规定，建议由曲靖市住房和城乡建设局依法给予罚款49万元（肆拾玖万元整）。

（3）第三方检验机构。派出曲靖分支机构检测员倪某、李某和资料员张某3人到现场对事故塔式起重机进行整体检测检验中，对顶升横梁与顶升油缸连接销轴止退挡板固定螺栓断裂脱落、止退挡板失效等事故隐患点漏检，对已检验检测出的隐患整改情况未进行确认，就出具检验检测合格报告（在主检栏签字的是倪某和李某）。属情节严重。对事故的发生负有直接检测责任，依据《中华人民共和国特种设备安全法》第九十三条之规定，建议由曲靖市住房和城乡建设局商请发证机关依法吊销机构资质。

（4）监理单位。未认真履行监理单位安全生产主体责任，履行安全监理职责不力，监理制度落实不到位，管理手段弱化；监理旁站管理不规范，特别对事故塔式起重机作业安全监理旁站不到位；对施工单位提供事故塔式起重机安装单位、使用单位的资质证书、安全生产许可证和特种作业人员操作证以及事故塔式起重机的安装、拆卸、顶升专项施工方案等相关资料审查把关不严；对塔式起重机安装、拆卸、顶升等过程中存在的安全隐患未及时巡查发现和督促整改到位，并采取有效措施；且事发时未安排监理人员在顶升作业现场监理旁站。属情节严重。对事故的发生负有主要监理责任，依据《建设工程安全生产管理条例》第五十七条之规定，建议由曲靖市住房和城乡建设局依法降低资质等级。

2. 对有关责任人的处理建议

（1）专业承包单位塔式起重机司机龙某，安装拆卸工夏某、雷某、张某在事故当天进入工地，于7时57分至8时33分陆续登上型号为QTZ80（5610）塔式起重机进行安装作业，在监理单位监理员和总承包单位安全管理员未到现场的情况下，按公司要求进场从事塔式起重机顶升作业，导致该塔式起重机于9时49分发生倾翻。对事故的发生都负有直接责任，鉴于4人均已在此次事故中死亡，建议不再追究相关责任。

（2）董某，男，专业承包单位法定代表人黄某授权委托董某为该公司全权代表，行使公司所有权、承担公司所有责任，为公司实际主要负责人，未认真履行塔式起重机出租单位安全生产主体责任，塔式起重机安装、顶升现场组织管理不到位，在未编制塔式起重机顶升专项施工方案和施工单位安全员、监理单位监理员没有到场监督实施的情况下，指派公司塔式起重机驾驶员及安拆人员进场从事塔式起重机顶升作业。对事故的发生负有主要领导责任，涉嫌重大劳动安全事故罪，建议移送司法机关立案查处。

（3）沙某，男，专业承包单位事故塔式起重机施工负责人，未认真履行出租单位安全生产主体责任，对塔式起重机顶升现场组织管理缺位，在塔式起重机租赁、安装、顶升等过程中未认真贯彻落实安全生产管理职责，在未编制塔式起重机顶升专项施工方案和施工单位安全员、监理单位监理员没有到场监督实施的情况下，指派公司塔式起重机驾驶员及安拆人员进场从事塔式起重机顶升作业。对事故的发生负有直接领导责任，涉嫌重大劳动安全事故罪，建议移送司法机关立案查处。

（4）倪某，男，检验检测单位曲靖分支机构检测员（经理），对事故塔式起重机进行整体检测检验中，对顶升横梁与顶升油缸连接销轴止退挡板固定螺栓断裂脱落、止退挡板失效等事故隐患点漏检，对已检验检测出的隐患整改情况未进行确认，就签字出具检测合格报告（在主检栏签字的是倪某和李某）。属情节严重。对事故的发生负有直接检测责任，依据《中华人民共和国特种设备安全法》第九十三条之规定，建议由曲靖市住房和城乡建设局商请发证机关依法吊销其起重机械检验检测资格。同时，涉嫌重大责任事故罪，建议移送司法机关立案查处。

（5）李某，男，检验检测单位曲靖分支机构检测员，对事故塔式起重机进行整体检测检验中，对顶升横梁与顶升油缸连接销轴止退挡板固定螺栓断裂脱落、止退挡板失效等事故隐患点漏检，对已检验检测出的隐患整改情况未进行确认，就签字出具检测合格报告（在主检栏签字的是倪某和李某）。属情节严重。对事故的发生负有直接检测责任，依据《中华人民共和国特种设备安全法》第九十三条之规定，建议由曲靖市住房和城乡建设局商请发证机关依法吊销其起重机械检验检测资格。同时，涉嫌重大责任事故罪，建议移送司法机关立案查处。

（6）王某，男，总承包单位法定代表人，未严格落实主要负责人安全管理职责，安全生产工作安排部署不力。对事故的发生负有主要领导责任，依据《中华人民共和国特种设备安全法》第九十一条第（二）项之规定，建议由曲靖市住房和城乡建设局依法给予处上一年收入40%的罚款。

（7）杨某，男，总承包单位项目负责人，对现场事故塔式起重机租赁和安装过程监管不力；未认真审核事故塔式起重机安装单位的资质文件、施工组织设计和安装、顶升专项作业方案。对事故的发生负有重要领导责任，依据《中华人民共和国特种设备安全法》第九十一条第（二）项之规定，建议由曲靖市住房和城乡建设局依法给予处上一年收入40%的罚款。

(8) 子某，男，总承包单位项目经理，对塔式起重机联合验收和资料审核把关不严；未指派专职设备管理人员和专职安全管理人员对事故塔式起重机安装、顶升、使用等情况进行现场监督管理和检查。对事故的发生负有直接领导责任，依据《中华人民共和国特种设备安全法》第九十一条第（二）项之规定，建议由曲靖市住房和城乡建设局依法给予处上一年收入40％的罚款。

(9) 袁某，男，总承包单位安全员，履行安全生产管理责任不到位，落实安全教育培训、安全督查检查等工作不到位；组织塔式起重机联合验收时，对联合验收不合格的项目内容没有采取有效措施整改到位。对事故的发生负有管理责任，建议由曲靖市住房和城乡建设局督促总承包单位按照公司内部有关规定进行处理。

(10) 阙某，男，监理单位法定代表人黄某（董事长兼总经理），授权委托担任该安置小区工程项目的项目负责人，以委托方名义履行监理职责，对该工程项目实施组织管理，依照国家有关法律法规及标准规范履行职责，并依法对涉及使用年限内的工程质量承担相应终身责任，其法律后果由授权方监理单位承担，为监理单位项目总监理工程师。对施工单位提供事故塔式起重机制造许可证、产品合格证、制造监督检验证明、备案证明等文件，安装单位、使用单位的资质证书、安全生产许可证和特种作业人员操作证以及事故塔式起重机安装、拆卸、顶升专项施工方案等相关资料审查把关不严；事发时未安排监理人员在顶升作业现场监理旁站。属情节严重。对事故的发生负有监理直接领导责任，依据《建设工程安全生产管理条例》第五十八条之规定，建议由曲靖市住房和城乡建设局依法吊销其执业资格证书。

(11) 刘某，男，监理单位监理工程师，对事故塔式起重机安装、顶升情况在监理日志上记录不详实；对塔式起重机安装、拆卸、顶升等过程中存在的安全隐患未及时巡查发现和督促整改到位，并未采取有效措施；监理旁站不到位，事发时未在顶升作业现场监理旁站。属情节严重。对事故的生发负有监理直接责任，依据《建设工程安全生产管理条例》第五十八条之规定，建议由曲靖市住房和城乡建设局依法吊销其执业资格证书。

3. 建议给予党政纪处分的责任人员

(1) 孔某，男，中共党员，ZY区区委常委、常务副区长，对全区建筑施工安全生产工作领导不力，对ZY区住房和城乡建设局建筑起重机械安全监督管理工作监督不到位。对事故的发生负有一定领导责任，建议给予谈话提醒，并作出深刻书面检查。

(2) 梅某，男，中共党员，ZY区住房和城乡建设局党组成员、副局长（主持工作），对全区建筑施工安全生产监管工作领导不力，落实行业监管责任有差距。对事故的发生负有重要领导责任，建议给予书面诫勉问责。

(3) 张某，男，中共党员，ZY区住房和城乡建设局党组成员、副局长，分管建筑施工安全工作，未认真贯彻落实《建筑起重机械安全监督管理规定》（建设部令第166号）及相关规范标准，对全区建筑起重机械安全监督管理工作领导不力，对分管质安站的建筑起重机械安全监督工作指导不到位、监督检查不力；分管期间没有组织分管科室人员对事故发生工地进行安全检查，只是要求分管科室对每个工地进行安全检查。对事故的发生负有主要领导责任，建议给予党内警告处分。

(4) 顾某，男，中共党员，ZY区建设工程质量安全监督管理站站长，负责辖区内建筑行业质量安全监督管理，对辖区建筑行业的安全监管如何管、怎么查缺乏有效的监管手段；执行落实建筑行业安全监管、督促检查、备案审核审批工作不到位，对椒树上村安置小区一标段项目查出的安全隐患没有跟踪监督落实并采取有效整改措施。对事故的发生负有重要监管责任，建议给予党内警告处分。

（5）念某，男，中共党员，ZY区建设工程质量安全监督管理站副站长、监督一组组长，负责该安置小区一标段项目的安全监督管理，未认真执行落实《建筑起重机械安全监督管理规定》（建设部令第166号）、《建设工程安全生产管理条例》及相关规范标准，2022年9月1日检查椒树上村安置小区一标段项目期间，对检查出的安全隐患虽下达了《隐患限期整改通知书》，但因施工单位项目经理及现场管理人员不在现场，下达的《隐患限期整改通知书》被检查单位负责人没有签收，只是现场口头告知建设单位张某和监理单位刘某，叫其组织各参建单位下周一（9月5日）进行约谈，也没有对下达的《隐患限期整改通知书》进行跟踪监督落实并采取有效整改措施，导致9月3日发生事故。对事故的发生负有直接监管责任，建议给予党内严重警告处分。

（6）范某，男，中共党员，ZY区建设工程质量安全监督管理站副站长、监督一组组员，协助监督一组组长念某负责该安置小区一标段项目的安全监督管理，未认真执行落实《建筑起重机械安全监督管理规定》（建设部令第166号）、《建设工程安全生产管理条例》及相关规范标准，对2022年9月1日该安置小区一标段项目查出的安全隐患没有跟踪监督落实并采取有效整改措施。对事故的发生负有直接监管责任，建议给予党内警告处分。

（7）杨某，男，群众，ZY区建设工程质量安全监督管理站监督一组组员，协助监督一组组长念某负责该安置小区一标段项目的安全监督管理，未认真执行落实《建筑起重机械安全监督管理规定》（建设部令第166号）、《建设工程安全生产管理条例》及相关规范标准，对2022年9月1日该安置小区一标段项目查出的安全隐患没有跟踪监督落实并采取有效整改措施。对事故的发生负有直接监管责任，建议给予政务警告处分。

（8）赵某，男，中共党员，ZY区龙华街道党工委副书记、办事处主任，负责街道党政工作，属地安全生产监管主要负责人，对辖区内建筑起重机械安全监督管理工作领导不力，对街道城乡建设规划服务中心建筑起重机械安全监督管理工作监督不到位。对事故的发生负有重要领导责任，建议给予书面诫勉问责。

（9）王某，男，中共党员，ZY区龙华街道办事处副主任，分管经济、安全生产、住建、自然资源等工作，对分管街道城乡建设规划服务中心建筑行业安全监督管理工作督促检查落实不到位，该安置小区项目复工后，对项目施工安全督查检查、隐患排查不力。对事故的发生负有主要领导责任，建议给予党内警告处分。

（10）王某，男，中共党员，LH街道办事处城乡建设规划服务中心办公室主任，执行落实辖区内建筑行业领域安全生产监督管理工作不到位，对辖区内建筑行业安全检查、隐患排查不到位，特别是对该安置小区项目安全检查、隐患排查不到位。对事故的发生负有直接监管责任，建议给予党内严重警告处分。

（11）李某，男，中共党员，ZY区LH街道办事处龙泉社区居民委员会总支书记、主任，作为建设单位主要负责人，对本社区拆迁安置小区建设项目的安全监管缺乏足够的思想认识和有效的监管手段，对本社区拆迁安置小区复工期间安全问题，大多采取口头交代，督促整改不力。对事故的发生负有监管责任，建议给予批评教育。

（12）桂某，男，群众，ZY区LH街道办事处龙泉社区居民委员会副主任兼安全员，作为建设单位安全生产负责人，对本社区拆迁安置小区复工期间存在的安全隐患排查不到位，督促整改不力。对事故的发生负有监管责任，建议给予批评教育。

（13）张某，男，中共党员，ZY区LH街道办事处龙泉社区居民委员会该项目所在村居民小组组长，主要负责本小组拆迁安置小区建设的项目安全监管，对本小组拆迁安置小区复工期间存在的安全隐患排查不到位，督促整改不力。对事故的发生负有监管责任，建议给予批评教育。

4. 建议作出书面检查的单位

（1）ZY区委、区人民政府向曲靖市委、市人民政府作出深刻书面检查。

（2）ZY区住房和城乡建设局、ZY区龙华街道党工委、办事处向ZY区委、区人民政府作出深刻书面检查。

（3）ZY区LH街道龙泉社区居民委员会向LH街道党工委、办事处作出深刻书面检查。

3.4.6 事故防范和整改措施

为深刻汲取事故教训，举一反三，切实加强建筑施工安全生产管理，严格落实企业安全生产主体责任，促进全市建筑施工行业安全发展，严防同类事故再次发生，提出如下防范和整改建议：

1. 强化政府属地安全生产管理责任

ZY区各级政府要深刻汲取事故教训，认真学习习近平总书记关于安全生产重要指示和省、市领导对此次事故的重要批示精神，牢固树立科学发展、安全发展理念，强化安全生产底线思维和红线意识，充分认识到建筑行业的高风险性，把安全生产工作摆在更加突出的位置，严格落实“党政同责、一岗双责、齐抓共管、失职追责”的要求，按照《地方党政领导安全生产责任制规定》和“三管三必须”工作要求，加强辖区建筑企业危大工程专项方案编制、审核、论证、审批、验收等各环节的监督管理，抓实建筑企业建筑起重机械、深基坑、高支模、脚手架、高处作业、有限空间作业等高风险作业环节隐患排查整治。进一步强化组织协调、监督检查和问题整改，进一步压实行业监管责任、属地管理责任和企业主体责任，采取强有力措施，强化建筑企业的安全管理和安全培训、隐患排查治理和施工现场管理整治。以安全生产专项整治三年行动为契机，保持“打非治违”高压态势，全面开展建筑行业“打非治违”工作，及时化解重大隐患和问题，切实做好建筑施工安全生产工作。

2. 强化行业主管部门安全生产监管责任

ZY区住建部门要严格落实行业监管责任，督促建筑施工相关企业落实主体责任。要按照“管行业必须管安全、管业务必须管安全、管生产经营必须管安全”的工作要求，严格要求建筑工程建设、勘察、设计、施工、监理等参建单位遵守法律法规，严格履行项目开工、质量安全监督、工程备案等手续，督促全区建设行业相关单位加强建筑企业危险性较大的分部分项工程安全教育、安全培训、安全管理。要深刻汲取事故教训，强化建筑起重机械使用和监管，深入开展建筑起重机械的安全隐患排查治理。重点检查建筑起重机械安装拆卸前的专项施工方案编制、审批和组织实施以及安装、拆卸工程生产安全事故应急救援预案编制情况；正在使用的建筑起重机械办理备案和使用登记情况；建筑起重机械安装、拆卸安全施工技术交底、现场安装后的检测报告及安装工程验收情况；各项安全防护装置符合产品标准、安全使用要求情况和定期检查、维护及保养情况；建筑起重机械安装拆卸资质、安全生产许可证以及安装拆卸工、司索信号工、司机等特种作业人员持证上岗、上岗前接受针对性的安全教育情况等。同时，要严格督促落实施工现场安全管理，对发现的问题和隐患，责令企业及时整改，重大隐患排除前或在排除过程中无法保证安全的，一律责令停工，强化对本行业本领域企业的督查工作，突出建筑起重设备的备案、安拆、顶升、交底、维保、检验检测等过程的监督管理，加强高支模、深基坑、脚手架、高边坡等重点部位的巡查排查，确保施工现场安全风险降到可控范围，坚决遏制建筑行业领域类似事故的发生。要以此次事故教训为契机，加强《中华人民共和国安全生产法》《中华人民共和国特种设备安全法》《建设工程安全生产管理条例》《建筑起重机械安全监督管理规定》《生产安全事故报告和调查处理条例》等有关法律法规规定的宣传力度，建立完善安全宣传长效工作机制，加强对建筑企业安全教育培训的监督检查，尤其是加强对施工单位、监理单位等重点单位、重点人员安全教育培训的监督检查，及时组织开展全区建筑企业的安全生产警示教育，采取会议、小视频、宣传展板、观看事故案例等多种形式，督促指导全区所有在建工地参建单位进一步加强对建筑施工作业人员的安全生产警示教育，提高建筑企业和作业人员的安全意识和防范技能。

3. 落实企业安全生产主体责任

建筑企业参建单位要进一步落实安全生产主体责任，要建立健全安全生产管理制度，将安全生产责任落实到岗位，落实到个人，用制度管人、管事。ZY区LH街道龙泉社区居委会和建设工程项目管理单位要切实强化安全责任，督促施工单位、监理单位和各参建单位加强施工现场安全管理。总承包单位要依法依规配备足够的安全管理人员，严格现场安全管理，尤其要强化对起重机械设备安装、使用和拆除全过程安全管理；要组织开展建筑起重机械的安装、顶升、拆卸等作业进行专项检查，严把方案编审关、严把方案交底关、严把方案实施关、严把工序验收关；要进一步健全完善施工现场隐患排查治理制度，明确和细化隐患排查的事项、内容和频次，并将责任逐一分解落实，特别是对起重机械、模板脚手架、深基坑等环节和部位应重点定期排查巡查，发现隐患及时消除；要和参建单位强化协作，明确安全责任和义务，确保生产安全有人管、有人负责。监理单位要严格履行现场安全监理职责，按规定配备足够的、具有相应从业资格的监理人员，强化对起重机械设备安装、使用和拆除等危险性较大的分部分项工程监理；要严格审核建筑起重机械安装单位、使用单位的资质证书、安全生产许可证和特种作业人员的特种作业操作资格证书；要严格审核建筑起重机械安装、拆卸工程专项施工方案，并监督安装单位执行建筑起重机械安装、拆卸工程专项施工方案情况；要定期开展监督检查建筑起重机械的使用情况，发现存在生产安全事故隐患的，应当要求限期整改或要求停止施工，拒不执行的应及时向住建部门报告。专业承包单位要认真总结此次事故教训，举一反三对作业现场和机械设备的安全隐患进行全面排查，细化起重机械作业等危险工种专项操作规程，健全完善企业安全管理规章制度、安全管理台账、安全操作规程；要按照规范要求对建筑起重机械设备进行维修保养，按规定定期开展检测并积极配合专业检测机构出具符合规范要求的检验报告，确保机械设备状况完好；按要求编制建筑起重机械安装、顶升、拆卸工作专项施工方案，并严格履行审核、批准及告知程序，完善建筑起重机械安装、拆卸工程生产安全事故应急救援预案；建立健全全员安全生产责任制，督促作业人员严格执行操作规程，加强对现场作业人员安全技术交底和特殊作业人员持证上岗培训。

4. 强化建筑企业安全教育培训

施工、监理、安装等建筑企业参建单位要认真学习《中华人民共和国安全生产法》《中华人民共和国特种设备安全法》《建设工程安全生产管理条例》《建筑起重机械安全监督管理规定》等有关法律法规规定，组织开展建筑从业人员和安全管理人员经常性安全教育培训，落实“三级”安全教育培训，重点针对建筑施工人员流动性大的特点，强化从业人员和安全管理人员安全技术和操作技能教育培训，注重岗前安全教育培训，做好施工过程安全交底。要加强从业人员和安全管理人员尤其是从事建筑企业特殊工种、危大工程作业人员和安全管理人员的针对性安全教育培训，切实增强建筑从业人员和安全管理人员安全意识，提高企业本质安全管理水平。

3.5 广东省珠海市“3·25”较大坍塌事故调查报告

2022年3月25日8时37分许，横琴粤澳深度合作区（以下简称“合作区”）某大厦（主体工程）项目建筑工地发生一起较大坍塌事故，造成3人死亡，5人受伤（其中2人轻微伤），直接经济损失471万元。

3.5.1 事故基本情况

1. 事发工程概况

某大厦项目，位于合作区都会道东侧、观澳路南侧、琴海东路西侧，兴澳路北侧。用地性质：办公、酒店、商业用地。建设用地面积约10950.59m^2，总建筑面积约101500.13m^2。地下部分为四层，建筑面积约31786m^2，基坑深度17.1m，采用“边区逆作法”支护形式施工。地上部分为一栋33层（含六层裙房）超高层塔楼，结构形式为钢管混凝土钢梁框架-钢板组合剪力墙核心筒结构体系，建筑面积约69714m^2，建筑高度约173m，结构高度149.3m。项目建筑类别为一类高层，二级耐久年限（50年），建筑耐火等级一级，抗震设防烈度七度。

2019年3月6日，该项目取得某大厦（基坑支护及桩基础工程）《建筑工程施工许可证》。2020年6月1日，该项目变更施工单位及其项目负责人、技术负责人等。2020年7月17日，该项目取得某大厦（主体工程）《建筑工程施工许可证》。

事故发生时，该项目的施工进度：26—27 层塔楼钢结构梁、柱安装，25 层压型钢板安装，23—21 层钢筋绑扎，20 层楼板混凝土已浇筑完成 7d。事故发生部位为核心筒第 23 层钢筋周转平台。

2. 涉事钢筋周转平台情况

施工总承包单位编制了《结构钢筋工程施工方案》（以下简称“施工方案”），施工方案的编制、审核、审批按照相关程序要求实施。施工方案中提出了钢筋周转平台搭设的各项参数（图 1、图 2），对钢筋吊运作业提出要求（图 3、图 4）。

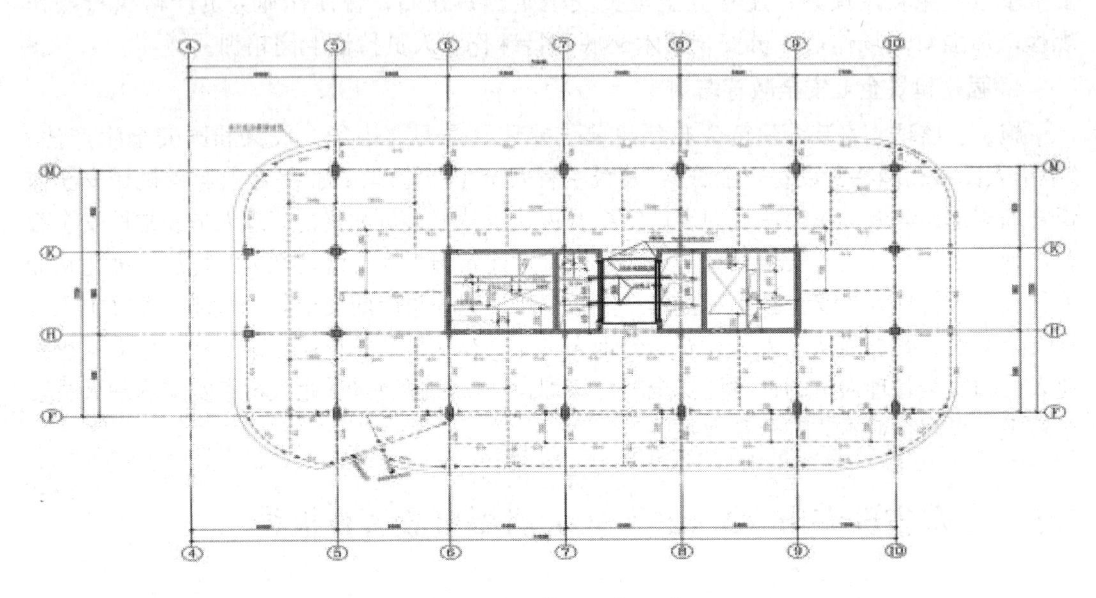

图 1　核心筒平面布置图

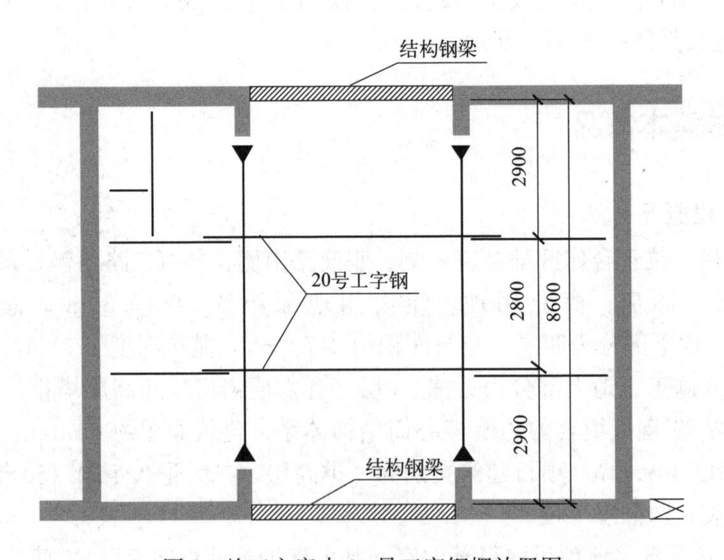

图 2　施工方案中 20 号工字钢摆放置图

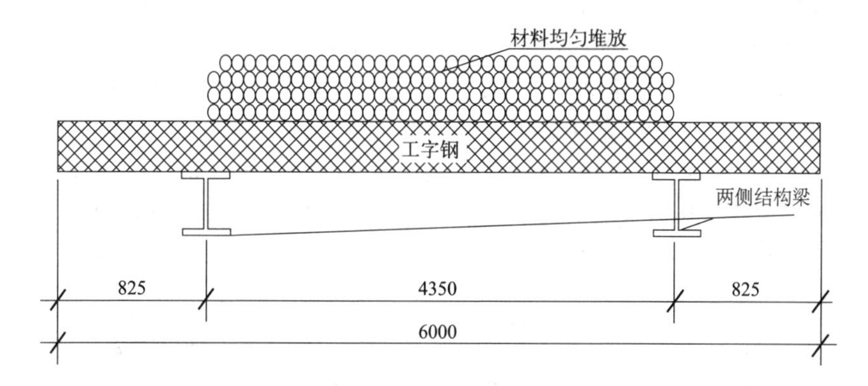

图 3 施工方案中钢筋摆放示意图

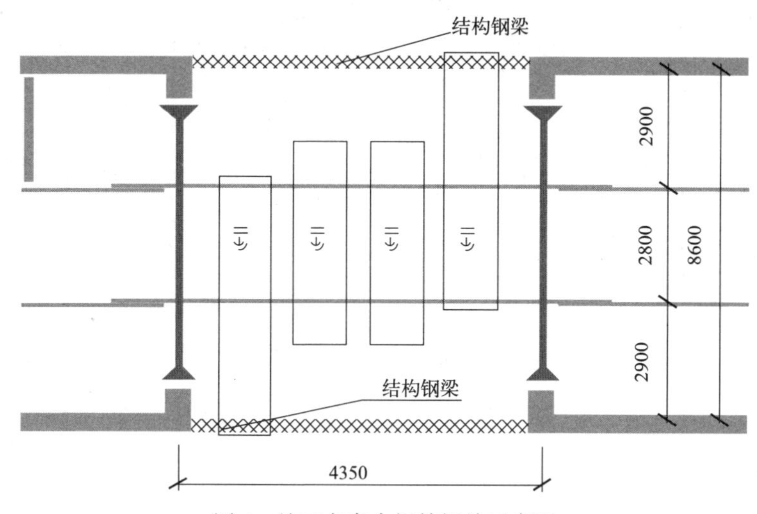

图 4 施工方案中钢筋摆放示意图

3.5.2 事故发生经过和应急处置情况

1. 事故发生经过

3 月 24 日 19 时至 21 时 08 分，经土建劳务分包单位安全员黄某申请，施工总承包单位项目部工程部部长李某同意，专业承包单位塔式起重机班组（塔式起重机司机谌某、楼面塔式起重机信号工李某、地面塔式起重机信号工宋某）使用 3 号塔式起重机配合土建劳务分包单位将 4 吊加工好的成品钢筋吊运至核心筒第 23 层钢筋周转平台（图 5、图 6）。

3 月 25 日上午 6 时 23 分，黄某电话询问李某能否使用塔式起重机吊运钢筋。8 时 03 分，李某同意安排塔式起重机班组使用 3 号塔式起重机配合土建劳务分包公司吊运钢筋。8 时 30 分许，地面钢筋加工区钢筋工人将重约 2100kg 钢筋绑钩完成，地面塔式起重机信号工张某通过对讲机通知塔式起重机司机岳某起钩。钢筋起吊后，塔式起重机大臂逆时针旋转，摆动至塔楼核心筒上方后，经第 23 层塔式起重机信号工彭某确认吊物位置后，通过对讲机通知岳某缓慢下钩。当钢筋吊运至钢筋周转平台附近时，3 名工人上前接应。约 8 时 37 分，钢筋周转平台工字钢梁突然发生坍塌，3 名工人随钢筋、工字钢梁及压型钢板等从第 23 层坠落，相继击穿第 22 层、第 21 层已铺设的压型钢板及已基本绑扎完成的钢筋，第 22 层 2 名工人和第 21 层 1 名工人同时发生坠落，正在第 20 层楼面作业的 2 名工人被坠落坍塌物击中（图 7）。以上 8 名工人被坠落坍塌物掩埋在第 20 层楼面（图 8）。经现场紧急营救，事故最终造成 3 人死亡，5 人受伤（3 人送往医院救治，2 人轻微受伤现场自行脱困）。

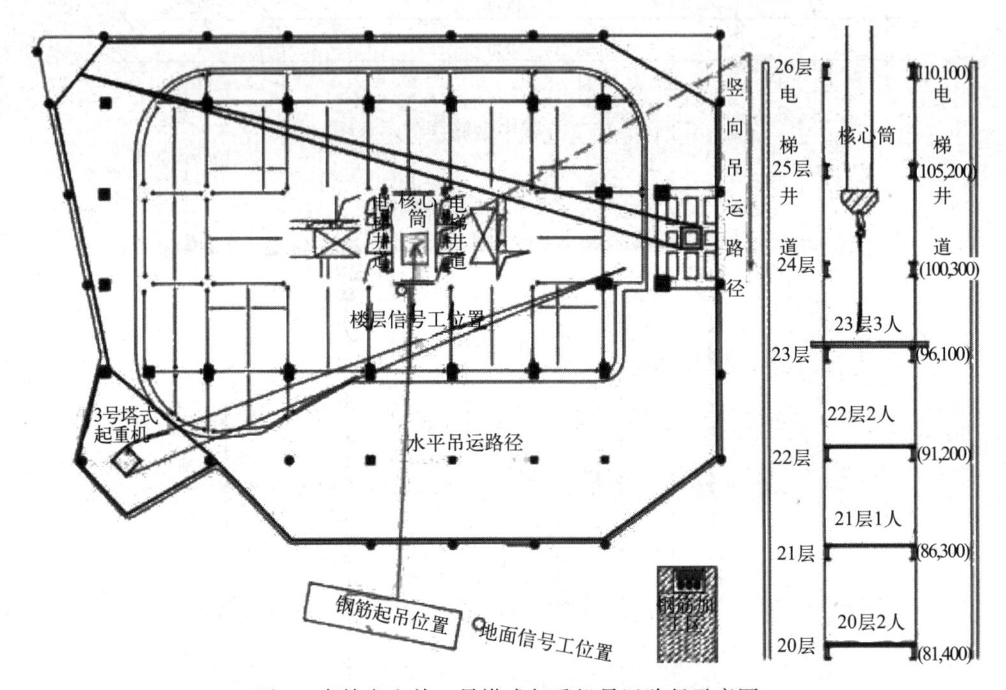

图 5 事故发生前 3 号塔式起重机吊运路径示意图

图 6 事发部位（钢筋周转平台 3 月 24 日白天实景照片）

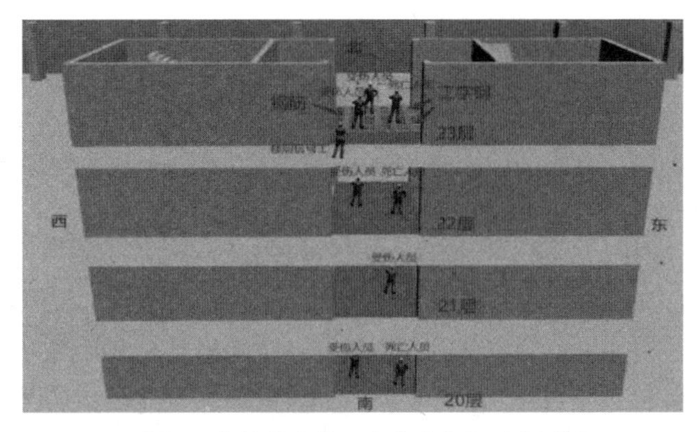

图7 事故发生前工人作业位置示意图

图8 事故发生后现场坍塌照片

2. 事故应急处置情况

1）事故接报及应急处置情况

事故发生后，现场工人第一时间组织施救并拨打珠海市紧急医疗救援中心（市120指挥中心）电话。程某（项目报建负责人）听到工地发出巨大响声后立即前往事故现场察看。8时39分，程某接到项目部电工陈某电话报告发生事故，立即向陈某（项目实际负责人）报告事故；9时07分，陈某向合作区城市规划和建设局梁某（工程质量安全和消防管理处监督员）报告发生事故；9时11分，陈某向总承包单位安全总监黄某报告事故。

8时43分，珠海市紧急医疗救援中心接项目部人员杨某电话报警，称某大厦有人受伤，需要派救护车前往。珠海市紧急医疗救援中心于8时44分、8时48分、8时49分先后派出3辆车进行救援。8时55分向119总台通报该起事故；8时57分向110总台通报该起事故；9时17分向珠海市卫生健康局值班室报告该起事故；9时19分向珠海市政府值班室报告该起事故；9时20分向珠海市委值班室报告该起事故；9时22分向珠海市应急管理局值班室报告该起事故。

横琴消防救援大队接120报告后立即调集队伍赶赴现场救援。

珠海市政府值班室接 120 报告后立即致电广东省政府横琴办总值班室核实事故情况。

广东省政府横琴办总值班室立即致电合作区公安局、合作区商事服务局核实事故情况。

9 时 20 分，合作区商事服务局接广东省政府横琴办总值班室通报称某大厦发生坍塌事故。接到事故报告后，合作区商事服务局立即派员赶赴事发现场开展应急处置工作。10 时 40 分，合作区商事服务局将事故简要情况通报珠海市应急管理局。

2）珠海市、合作区相关部门应急响应和应急处置情况

珠海市、合作区接到事故报告后，迅速启动应急预案，调集各方力量组织抢险救援。

消防、医疗、公安、应急等应急救援力量第一时间赶赴现场并全力开展救援工作。消防部门先后出动消防救援专业队伍 116 人（含 45 名地震专业救援队员）、消防车 15 台、破拆设备 41 件套参与现场搜救。用时 3h 抢救出全部被困工人；医疗部门共出动 3 辆医疗救护车、3 组急救医护循环接伤者至 2 家医院救治；合作区公安局对项目周边场所和事故发生区域进行警戒，全力维护现场秩序；合作区商事服务局立即牵头开展信息上报、现场勘验、调查取证、处理善后事宜等工作。“横琴在线”官方微信公众号也在第一时间发布事故信息，有效引导舆论宣传。

事故发生当日，省政府横琴办、珠海市政府向省委、省政府呈报了某大厦“3·25”事故情况报告和续报，并在事故现场召开现场办公会，迅速成立事故调查处置领导小组，下设医疗救治组、事故调查组、善后处置组、新闻舆论组、综合保障组五个工作组，全力做好事故应急处置工作。

3. 应急救援评估结论

此次事故救援，省应急管理厅、省住房和城乡建设厅有关领导靠前指挥，珠海市委市政府、省委横琴工委、省政府横琴办、合作区执委会和相关部门决策科学合理，事故信息报送准确及时，应急机制及时有效，现场救援处置得当，未发生二次伤害和群体事件。经综合评定，本次事故应急救援处置总体有力、有序、有效，应急响应程序合法，符合应急处置措施程序及要求。

4. 善后处置情况

合作区按照“一个家庭、一个方案、一个专班”要求，坚持用心、用情、用力做好善后处置工作，稳妥推进遇难者家属赔偿及安抚工作，事故善后工作已基本处理完毕。

5. 直接经济损失

根据《企业职工伤亡事故经济损失统计标准》GB 6721—1986 及《国家安全监管总局印发关于生产安全事故调查处理中有关问题规定的通知》等规定，经事故单位统计，主管部门审核，调查组核定此起事故直接经济损失为 471 万元，其中工伤赔偿 430 万元，医疗费 38.7 万元，工程楼承板损坏费用 2.3 万元。

3.5.3　技术分析情况

事故调查组邀请 4 名相关行业领域的专家进行了技术分析，通过仔细查看事故现场、调取事故现场周边监控视频、称重计量垮塌的钢筋、查阅施工资料、询问相关人员、取样送检、钢梁受力计算分析等，形成了某大厦项目“3·25”事故技术分析报告，有关情况如下：

1. **现场勘验及测量结果分析**

(1) 搭设钢筋周转平台的工字钢梁：工字钢梁外形和20号工字钢相同，现场测量截面高200mm、宽100mm（图9）。工字钢梁现场测量翼缘板厚度6mm、腹板厚度5mm，达不到施工方案里20号工字钢翼缘板厚度11.4mm、腹板厚度7mm的要求。

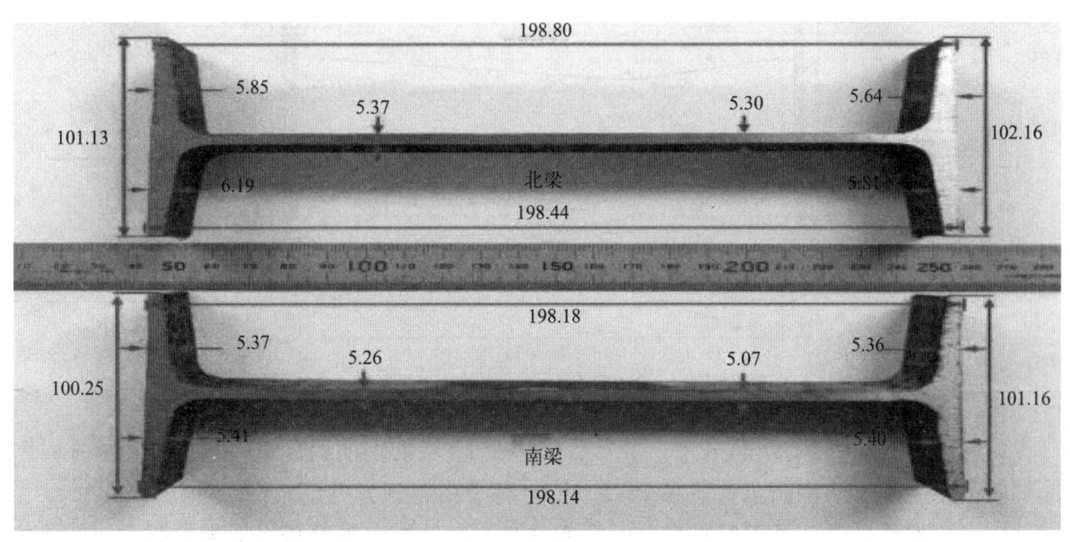

图9 现场钢筋周转平台工字钢梁几何尺寸

(2) 工字钢梁下垫的木枋：垫工字钢梁木枋的位置与痕迹表明，事发前工字钢梁没有按照施工方案示意图进行布置，北侧工字钢梁与北侧结构核心筒边结构钢梁距离偏大（施工方案为2900mm，实际距离为3550mm）（图10）。

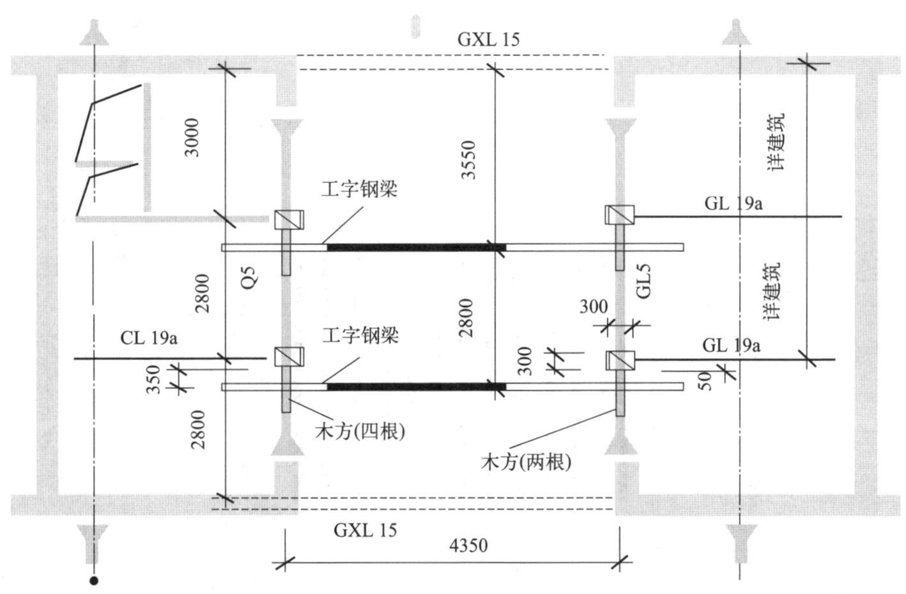

图10 现场工字钢梁摆放示意图（上北下南）

(3) 工字钢梁坠落位置：现场测量结果显示，核心筒第23层两条工字钢梁坠落在20层的位置和外观形貌（图11）。

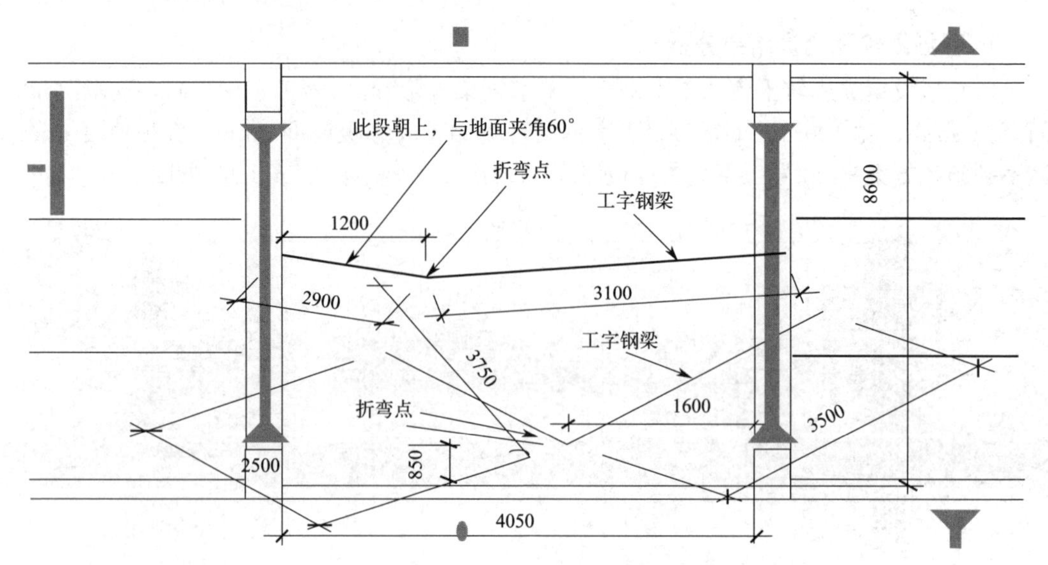

图 11　工字钢梁（图中红色）坠落后的宏观形貌（上北下南）

（4）散落在20层的钢筋重量：事发后散落在20层的钢筋经称重计量计算，事发时钢筋周转平台上堆放的钢筋总重量为7323.3kg（称重由第三方见证）。

（5）事发前最后一吊钢筋重量：结合钢筋加工区监控、钢筋班组提供的原始下料单核对与计算，事发前最后一吊（3月25日第一吊钢筋）吊运的钢筋为2捆，长度6m，单根钢筋直径12mm，共计400条，合计约2100kg。

（6）事发前一天晚上钢筋摆放位置：经现场核实，结合3月24晚塔式起重机指挥、钢筋班工人的问询笔录，3月24日晚，吊运的4吊成品钢筋堆放在2条工字钢梁上，钢筋班组未按照施工方案要求及时将上述钢筋转运至楼层内，钢筋自然散放在2条工字钢梁上（图12）。

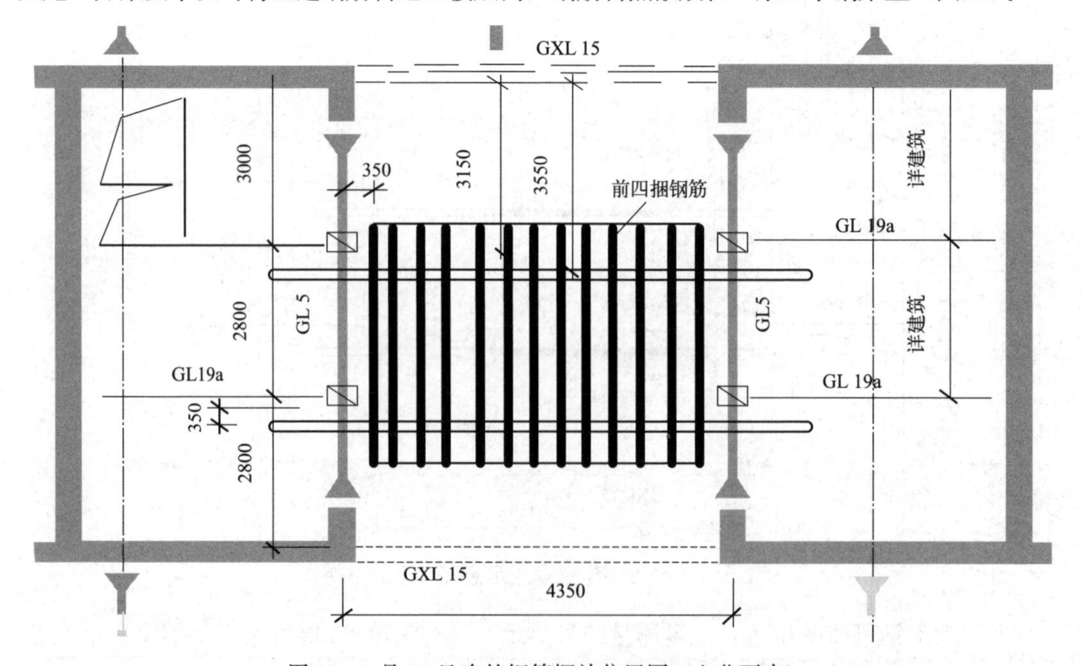

图 12　3月24日晚的钢筋摆放位置图（上北下南）

（7）事发前最后一吊钢筋卸料位置：经事发时3号塔式起重机信号工彭某（建筑起重信号司索工）事后确认，事发前最后一吊钢筋（3月25日早上吊运的第一吊钢筋），已经吊至钢筋周转平台上，吊索钢丝绳为松绳状态，钢筋坠落前的位置在23层核心筒电梯厅吊运料口西侧、靠北侧位置。结合现场塔式起重机吊钩停止位置的照片，通过事故发生后现场坠落钢筋散落形态、钢筋的长度、支承钢筋工字钢梁翼缘局部变形、腹板局部屈曲形态、钢丝绳断裂形貌、塔式起重机吊钩的位置，还原事发前最后一吊钢筋的卸载位置。

2. 材料检验检测情况

（1）事故调查组委托广州特种承压设备检测研究院对"3·25"事故工字钢梁和断裂钢丝绳进行检测分析，形成失效分析报告结论：①两根钢梁样品端部的底部翼缘均有明显剐蹭损伤，钢梁均在与腹板垂直方向发生屈曲，腹板呈弯曲屈曲状态，上部翼缘受挤压呈波浪形褶皱屈曲状态，钢梁屈曲变形符合弯曲载荷作用下的弯曲屈曲失稳失效特征。②两根钢丝绳样品断裂钢丝部分断口附近可见挤压、摩擦等损伤痕迹，钢丝断口具有颈缩和韧窝形貌特征，部分断口与钢丝轴心存在不同程度倾斜，钢丝绳断裂符合拉伸载荷和剪切载荷共同作用下的过载断裂失效特征。

（2）事故调查组委托广东省建设工程质量安全检测总站有限公司对事发工字钢梁进行力学性能检验，形成了《钢材力学性能、工艺性能检验报告》。

3. 技术具体分析

（1）事发前最后一吊钢筋集中堆放在北侧工字钢梁上。2022年3月25日上午第一吊钢筋（即事发前最后一吊钢筋）重量2100kg，属于两扎钢筋一起起吊，比3月24日单吊钢筋的重量多1倍，分布不均，并且所吊400条钢筋长度均为6m，为方便取用，楼面操作工人把钢筋堆放在钢筋周转平台靠北的位置。由于钢筋周转平台上已有3月24晚吊运散放的钢筋，工人扶、推该吊钢筋的空间受限，钢筋落点未控制好，将该吊钢筋放置在钢筋周转平台北侧工字钢梁上，重心在北侧工字钢梁北面距工字钢梁中心线0.4m处，钢筋北端没有搁置到结构钢梁上，造成平台北侧工字钢梁正截面应力达到材料设计强度允许值。

（2）工字钢梁翼缘板厚度较小，偏心受压和扰动导致上翼缘板局部弯曲变形。工字钢梁翼缘板平均厚度5.87mm（约为20a工字钢翼缘板厚度11.4mm的51%），腹板平均厚度5.34mm（约为20a工字钢腹板厚度7mm的76%），25日堆放的钢筋重心在北侧工字钢梁偏北0.4m处，使北侧工字钢梁上翼缘板局部承受非对称侧向附加弯矩。工字钢梁搁置在由多条木枋垫高约200mm的基础上，木枋在钢筋堆放的动荷载作用下发生变形，叠加工人操作扰动，加大了工字钢梁上翼缘板承受的局部非对称侧向附加弯矩，附加弯矩导致上翼缘板局部弯曲变形，降低了钢梁的承载力。

（3）北侧工字钢梁局部变形屈曲导致整条工字钢梁失稳失效。北侧工字钢梁正截面应力已达到材料设计强度允许值，加之上翼缘板局部变形降低了钢梁的承载力，该部位腹板发生屈曲，北侧工字钢梁在该位置屈服破坏，整条工字钢梁失稳失效。北侧工字钢梁失稳失效后，钢筋周转平台上钢筋下坠，导致南侧工字钢梁失稳失效，钢筋周转平台发生整体垮塌。在工字钢梁下坠过程中，由于钢筋尚未完成解扣，导致已经松弛的吊索钢丝绳再次收紧，钢筋急速下坠让吊索钢丝绳承受冲击载荷；且该捆钢筋下坠时被原堆载钢筋挤压，产生附加荷载，在此双重荷载作用下，吊索钢丝绳发生断裂失效。

（4）工字钢梁摆放不到位、钢筋堆放不到位、钢筋未及时转运间接促成了本起事故的发生。钢筋周转平台的两条工字钢梁未按施工方案要求摆放，致使北侧钢梁与北侧核心筒结构钢梁的间距过大（3550mm），导致钢筋周转平台南、北两侧工字钢梁承受的荷载相差很大，出现北侧工字钢梁单独受力的情况，也不利于6m长的钢筋按照施工方案要求实现多点支承。25日吊运钢筋前，未按照施工方案要求及时将24日晚堆放在周转平台的钢筋转运到周边的楼面板，导致钢筋周转平台多层堆放钢筋，增加了北侧工字钢梁的荷载。

3.5.4 事故原因和事故性质

1. 直接原因

事故调查组经过现场勘察、第三方检验、计算分析、事故现场相关人员谈话问询等大量调查取证和分析论证工作，认定事故直接原因为：

在翼缘板和腹板厚度未达到20a工字钢标准的两条工字钢梁搭建的钢筋周转平台上，3月24日晚吊运到平台的钢筋在未搬离前，25日早第一吊钢筋集中堆放在北侧工字钢梁上。叠层、偏北堆放的钢筋导致北侧工字钢梁上翼缘板发生局部弯曲变形，腹板随之屈曲，北侧工字钢梁失稳下坠；北侧工字钢梁失稳下坠带动南侧工字钢梁失稳破坏，导致整个平台垮塌。

2. 有关单位存在的问题

1）建设单位

（1）未有效落实建设单位安全生产责任。建设单位项目部未建立安全生产相关制度，未明确项目负责人刘炳进安全管理职责。除刘某外，建设单位项目其他管理人员对项目相关施工方案不了解、不掌握；对项目监理机构实际配备人数不符合《监理规划》和相关规定要求未提出整改意见；对施工总承包单位项目部内部管理不规范等问题未提出整改意见；将本应由建设单位申请办理的《建筑工程施工许可证》交由施工总承包单位办理，不掌握项目有关安全施工措施资料相关情况。在该大厦（基坑支护及桩基础工程）《建筑工程施工许可证》施工单位发生变化时，变更后的《建筑工程施工许可证》未审批发放前，发函通知施工总承包单位于2020年5月8日起违规组织开工。

（2）未有效消除项目安全风险隐患。对巡查检查中反复发生的钢筋堆放、吊索钢丝绳等安全隐患，仅针对隐患现象要求整改，未认真剖析、深入查找本质原因，未能从制度、管理、人员教育培训及业务能力等方面找准多次出现同类隐患的原因，未形成有效的除患整改及风险管控机制。对上海宝冶公司组织的劳务分包情况审查不严，未做限制和管理，不清楚工程项目中劳务分包具体情况。

2）监理单位

（1）现场监理部人员配备不足、专业水平不高。项目监理机构投标报建14人，中标后因项目延期又与建设单位约定，实际驻场监理仅5人（总监理工程师1人，专业监理工程师2人、监理员1人、资料员1人）。报建的机电专业监理不在项目部办公，不定期到项目部补签有关资料。现场机电监理工作由他人代替。事发时，项目已有土建、钢结构、消防、机电、幕墙5个专业工程，267人同时作业，监理机构人员配置不能满足监理任务实际需要。部分监理人员缺乏相关安全专业管理知识。总监理工程师黄某、土建专业监理工程师冯某、现场监理员王某不清楚司索工岗位需要持证上岗且不能混同于信号工单独作业的规定。土建专业监理工程师冯某不清楚对属于危大作业的幕墙工程及起重吊装作业等土建工程应当实施旁站，其虽负责工地土建特种作业人员证照审查工作，但称对证件真伪不能负责任。

（2）现场监理安全管理力度不足、深度不够、管理不严。对施工总承包单位项目部普遍存在的安全教育问题、安全技术交底问题，未发现和制止，相关检查流于形式；对工地夜间施工及钢筋吊运作业未设置专职司索工、施工总承包单位项目部安全员未到场监督等问题监管缺位；对施工单位存在的特种作业操作人员涉嫌持假操作资格证书情况审查不严格；未曾对现场楼层钢筋堆载不合规定、超重等严重隐患进行处罚。对项目部分安全问题隐患整改没有闭环的情况无进一步处理措施；对施工总承包单位在未取得《建筑工程施工许可证》情况下违法组织施工活动未进行制止。对钢结构吊装危大作业监管不严，2022年3月23日土建劳务分包单位使用塔式起重机将搭设核心筒钢筋周转平台的工字钢梁由22层吊运至23层，因现场监理人员王某现场巡查时未见有人使用塔式起重机，且施工总承包单位项目部未向监理单位告知塔式起重机作业安排，便在《安全监理日志》中做出塔式起重机未使用的记录。

（3）违规编制、审批多份监理实施细则和方案。监理机构编制的多项监理实施细则和方案等，专业监理工程师冯某并未实际参与编制，由不具相应资质水平的资料员等人编制，经总监理工程师黄某同意，交由冯某签名，冯某对相关内容不了解、不掌握，违反《建设工程监理规范》GB/T 50319—2013有关规定。土建工程、玻璃幕墙工程、钢结构工程以及旁站监理等监理实施细则均由不在项目监理机构驻场工作的监理公司法定代表人刘某审批，总监理工程师只负责审核，违反《建设工程监理规范》GB/T 50319—2013有关规定。

3）施工总承包单位

（1）施工企业安全生产主体责任不落实。据调查，项目常务副经理、技术负责人陈某实际履行项目部主要负责人职责，其在项目部中的主要工作向施工总承包单位广州分公司副总经理靳某请示汇报。登记的具有一级注册建造师资格的前后两任项目负责人宋某、程某在该项目中均未实际履行对涉事项目安全生产管理全面负责的责任，存在权责不对等问题。除程某、陈某外，项目部其他人员均无施工总承包单位书面任职通知。

（2）项目管理混乱，安全管理工作落实不到位。项目部负责人对项目安全情况不清楚。项目新入职员工三级教育存在搞形式、走过场问题，安全技术交底制度落实不严格，调查发现，多班组多名员工不清楚什么是安全技术交底；经查证，项目部两份交底记录并非技术负责人陈某本人签名，陈某对代签行为不知情。按照项目部技术交底规定，经施工总承包单位认可，由土建劳务分包单位负责对钢筋班组施工人员进行技术交底的钢筋班组现场负责人郑某、安全员黄某，对核心筒钢筋周转平台的工字钢梁限载量不清楚，事故中的受伤人员代某无任何技术交底签字。项目有16名特种作业操作人员证件涉嫌假证，上述审核均由施工总承包单位钢构公司派驻人员自行负责，施工总承包单位广州分公司未尽统一管理义务。在未取得变更后的《建筑工程施工许可证》情况下违法组织施工。

（3）对核心筒钢筋周转平台的工字钢梁安全监管措施不到位。发生事故的 23 层楼面核心筒钢筋周转平台的工字钢梁外形虽与 20 号工字钢相同，但工字钢梁翼缘板厚度、腹板厚度明显小于 20 号工字钢。经查证，2021 年 1 月 28 日，项目物资部物料主管祁某未按要求组织对其他项目转运进场的 8 条工字钢（包括事故发生时用于搭建钢筋周转平台的 2 条工字钢梁）进行合格验收，即开具了《物资调拨单》，允许土建劳务分包单位施工使用，包括用于搭建楼面核心筒钢筋周转平台。2022 年 3 月 23 日，土建劳务分包单位安全员黄某协调塔式起重机班组从 22 层核心筒将作为钢筋周转平台的工字钢梁吊运至 23 层，并安排 2 名杂工进行摆放，施工总承包单位项目部工程部部长、施工主管李某未对此次工字钢梁搭放情况是否符合《结构钢筋工程施工方案》要求进行检查。3 月 25 日钢筋吊运前，施工总承包单位和劳务分包单位均无安全管理人员对工字钢梁使用的安全可行情况进行检查。经查，工字钢梁搭设在 11 层核心筒处时，项目部管理人员即曾发现过因钢筋移动，致使工字钢梁倾倒，翻转 90°以“H”状侧放，导致一条工字钢梁变形，进而更换，由于该事件未造成人员伤亡损失，未能引起现场管理人员的高度重视，未能深入调查和分析总结其深层次的原因。

（4）对塔式起重机施工安全管理存在失控漏管情形。施工总承包单位项目部仅对涉及塔式起重机安装拆卸、顶升以及钢结构、幕墙吊装等危大工程施工活动比较重视，对塔式起重机的常规作业管理不严格，特别对塔式起重机作业环境较差情况下，未专门要求过项目部或各分包单位安全员必须到场进行安全监管。经查，2022 年 3 月 24 日 19 时至 21 时 08 分之间，经施工总承包单位项目部工程部部长李某同意，土建班组在 23 楼作业场所照明严重不足，仅靠塔式起重机班信号员手机灯光照明情况下，向 23 楼吊运了 4 吊加工好的成品钢筋，违反“十不吊”要求。经李某同意的 3 月 24 日晚间及 3 月 25 日早上两次吊运钢筋均未安排项目部安全管理人员到现场监管。项目部在全部起重作业中均未曾安排持有司索工特种作业资格的人员专门从事吊具捆绑挂钩、摘钩卸载等工作。

（5）未制定专项施工方案即组织开展钢结构安装施工。施工总承包单位项目部于 2020 年 9 月编制了《钢结构制作安装方案》，建设单位认为该方案存在安全隐患，要求监理单位责成施工总承包单位项目部补充相关资料。经查验《安全监理日志》，2020 年 7 月～8 月，施工总承包单位项目部多次组织开展钢梁与牛腿焊接、板筋与钢柱焊接等钢结构安装活动。施工总承包单位项目部直至 2021 年 10 月 1 日收到监理单位《安全隐患整改通知单（055 号）》后才补编了《钢结构吊装安全专项施工方案》，并联合监理机构总监理工程师和专业监理工程师将方案的审核审批时间提前为 2020 年 10 月。

（6）主要管理人员备案登记造假，违规使用劳务派遣人员。项目部现有 29 名员工中，共有 19 名员工社保关系不在施工总承包单位（含相关分公司），其中属于劳务派遣人员多达 16 人；2020 年 6 月 1 日在《建筑工程施工许可证》登记作为施工总承包单位项目管理机构主要管理人员的技术负责人陈某，其登记备案时劳动工资和社保关系均在广州某有限公司，为劳务派遣人员，2021 年 5 月才转入施工总承包单位工作，施工总承包单位 2020 年 5 月通过建设业务管理系统（政府端）向珠海市住房和城乡建设局申办诚信登记时提供陈某个人养老保险关系“缴费单位名称”为施工总承包单位，违背承诺，涉嫌造假；2021 年 7 月 8 日在《建筑工程施工许可证》上变更登记为技术负责人之一的黎某，至事故发生时仍为劳务派遣单位人员，技术负责人作为建筑企业和项目部的骨干人员由劳务派遣人员担任，违反《劳动合同法》有关劳务派遣人员用工规定；且施工总承包单位项目部质量管理负责人苏某（具有土建助理工程师资质）与安全管理负责人邱某（具有工程管理专业工程师职称和一级建造师资质）为隶属于施工总承包单位旗下全资子公司的员工，上述3人未与施工总承包单位签订劳动合同，未建立劳动工资和社会养老保险关系。

4）土建劳务分包单位

（1）项目负责人未能实际驻场履行管理职责。土建劳务分包单位法定代表人陈某同时兼任事故项目劳务分包单位项目负责人，因其公司在广东省内共有6个工程项目，其每月只能到事故项目现场两三次，不能落实《建设工程施工劳务分包合同》有关项目负责人在劳务作业现场时间要求，其项目工地日常管理委托给其公司现场负责人郑某，其对现场施工安全管理情况不清楚、不掌握，远程操控施工活动。

（2）安排非特种作业操作人员从事特种作业活动。自土建劳务分包单位与施工总承包单位签订土建工程劳务分包合同进场施工以来，一直安排未持有司索工特种作业资格的钢筋工配合塔式起重机班组从事钢筋吊运过程中的司索工岗位工作。

（3）违规开展钢筋吊运工作，未有效确认钢筋吊运作业环境是否安全。陈某已在2022年2月28日在土建班组安全技术交底记录上签字，但其声称对此无印象且不清楚工字钢梁堆载限重。因现场塔式起重机数量有限，为抢时间完成施工楼层钢筋备用工作，2022年3月24日晚在现场照明不符合要求的情况下，黄某在郑某授意下违规组织开展钢筋吊运工作，将4吊重钢筋吊运至23楼核心筒钢筋周转平台的工字钢梁上过夜存放，郑某未到现场检查。3月25日事故发生前，黄某应陈某要求，再次申请将1吊重钢筋（2100kg）运至23楼核心筒部位的工字钢梁上堆放，且未对其所在的23楼现场作业环境进行查看，福建高刻度公司也未安排其他人员查看相关情况。

5）塔式起重机专业承包单位（简称专业承包单位）

（1）违规吊运作业。2022年3月24日19时至21时08分，塔式起重机班组在作业场所照明严重不足、视线不清，无专职司索工等情况下，盲目听从项目工程部安排，违规配合土建劳务分包单位土建班组向在建的该大厦23楼吊运4吊成品钢筋，违反“十不吊”规定。

（2）信号工履职不到位。事故发生当日，负责指挥土建班组工人将吊运至23楼的钢筋推送放置在钢筋周转平台的信号工彭某，在土建班组工人扶推6m长一捆钢筋落区偏置在钢筋周转平台北侧工字钢梁、未能按照项目部编制的《结构钢筋工程施工方案》搭放在楼面结构钢梁上时，未认真观察，未能及时与塔式起重机司机沟通，制止该违规操作。

6）合作区城市规划和建设局

（1）施工现场安全监管工作不实不细，失之于宽。合作区城市规划和建设局虽对台商总部大厦项目组织开展多次检查，但没有切实有效促动企业落实安全隐患排查治理工作。在2020年“五一”期间安全生产检查中发现该项目存在未办理变更《建筑工程施工许可证》手续问题，但只下发了停工通知，未跟进、处理；对事发项目的《临时用电施工方案》《钢结构制作安装方案》等专项施工方案虽发现监理总工程师未审核签批即组织实施，但仅要求总监理工程师补签，对补签时间未按实际签批时间填写等未予关注，对相关违规行为也未予处罚；对项目工地技术交底、安全交底检查多注重书面材料核查，未向一线员工深入了解交底情况；对起重常规作业监管存在漏洞；对特种作业操作人员持假证上岗情况、现场监理人员未按《珠海市建设工程施工现场管理人员配备暂行办法》配备等问题未能发现并作出处理；对事故项目核心筒钢筋周转平台钢筋临时堆放过程中的违规问题没有发现处理。

（2）履行行政审批、监督检查职责不到位。合作区城市规划和建设局对本应由建设单位申请办理的《建筑工程施工许可证》却交由施工总承包单位办理的违规情形未能发现和制止。该局负责建筑安全监管工作的工程质量安全和消防管理处编制21人，实际在岗15人，不能满足对103个在建项目、2万多名建筑工人的日常监管需要。

3. 事故性质认定

经调查认定，某大厦（主体工程）项目“3·25”较大坍塌事故是一起较大生产安全责任事故。

3.5.5　事故责任认定以及处理建议

1. 移送司法机关处理人员（5人）

1）施工总承包单位2人

（1）陈某，男，群众，施工总承包单位事发项目部实际负责人（报建技术负责人），负责项目部全面工作。违规组织施工作业、联合监理单位将专项施工方案审批时间提前；未督促项目物资部对其他项目转运进场的工字钢进行合格验收，对核心筒钢筋周转平台的工字钢梁安全监管措施不到位；未严格履行并督促项目部管理人员落实三级教育、安全技术交底及班前教育职责；未能有效督促、检查项目安全生产工作，对塔式起重机施工安全管理失控漏管，未能及时消除事故隐患，对事故发生负有责任。建议移送司法机关依法追究其刑事责任，并自刑罚执行完毕之日起，5年内不得担任任何施工单位的主要负责人、项目负责人。

（2）李某，男，群众，施工总承包单位事发项目部工程部部长、施工主管，负责施工现场安全生产及协调工作。未能及时督促安全监管人员对核心筒钢筋周转平台工字钢梁上钢筋的堆放情况及工字钢梁的安全性、可靠性等进行检查；对钢筋吊运作业未设置专职司索工等问题监管缺位；对项目现场的安全生产监督检查不深不细，未能及时消除安全隐患，对事故发生负有责任。建议移送司法机关依法追究其刑事责任。

2）监理单位1人

黄某，男，群众，监理单位事发项目总监理工程师，负责监理项目的全面工作。未严格按照有关规定编制、审批多项监理实施细则、方案，联合施工单位将专项施工方案审批时间提前；未严格督促监理人员对施工总承包单位三级教育及安全技术交底工作进行监督检查；未按合同约定及工程进度上报并要求公司配备专业及数量满足工作需求的监理人员；未严格督促落实安全巡视及旁站监理职责，对现场楼层钢筋堆载不合规定等严重隐患监管不严格；对项目监理人员监管不力、疏于管理，对事故发生负有责任。建议移送司法机关依法追究其刑事责任；建议由合作区城市规划和建设局依据《建设工程安全生产管理条例》等有关规定，依法对其持有的相关注册执业资格证书作出相应处理。

3）土建劳务分包单位2人

（1）郑某，男，群众，土建劳务分包单位事发项目土建工程现场负责人。未按规定设置专职司索工从事钢筋吊运作业；未能及时督促、检查核心筒钢筋周转平台工字钢梁上钢筋堆放及工字钢梁的安全性、可靠性等现场状况；未按规定组织对施工人员开展安全教育、安全技术交底；未落实现场负责人的安全监管职责，对施工现场的安全生产检查及安全监管人员履职等情况监管不到位，对事故发生负有责任。建议移送司法机关依法追究其刑事责任。

（2）黄某，男，群众，土建劳务分包单位事发项目土建工程现场安全员。未落实安全监管职责，对工人的安全教育、安全技术交底流于形式；未按规定及施工方案对钢筋吊运作业进行监督；未能及时检查核心筒钢筋周转平台工字钢梁上钢筋堆放及工字钢梁的安全性、可靠性等现场状况，对事故发生负有责任。建议移送司法机关依法追究其刑事责任。

上述5人建议待司法机关依法作出处理后，由涉事企业或其上级主管部门按照管理权限及时给予相关的政务处分。

2. 建议给予党纪政务处分的人员

对于在事故调查过程中发现的有关部门和有关单位公职人员履职尽责方面的问题及相关材料，已将相关线索移交合作区纪检监察工作委员会追责问责审查调查组。对有关人员的党纪政务处分等处理意见，由合作区纪检监察工作委员会提出。

3. 建议给予行政处罚的单位（5家）

（1）建设单位，未有效落实安全管理职责，对施工总承包单位存在违规开展施工活动等违法情形未能发现和制止；安全责任意识不强，未能有效消除事故隐患，对事故发生负有责任。建议由合作区商事服务局依据《中华人民共和国安全生产法》第一百一十四条等法律法规对其进行立案调查，纳入联合惩戒对象。

（2）施工总承包单位，对核心筒钢筋周转平台工字钢梁的安全监管措施组织落实不到位，未按要求组织对其他项目转运进场的工字钢梁进行合格验收，即同意土建劳务分包单位使用其搭建核心筒钢筋周转平台；对塔式起重机施工安全管理失控漏管；项目部内部管理不规范，部分管理人员对职责范围内的情况不清楚、不掌握；在未取得《建筑工程施工许可证》情况下违法组织进场施工，未制定专项施工方案即组织开展钢结构安装施工；违规使用劳务派遣人员；三级安全教育及安全技术交底流于形式，对特种作业操作人员资格审查不严格，安全监管工作不实不细，对事故发生负有责任。建议由合作区商事服务局依据《中华人民共和国安全生产法》第一百一十四条等法律法规对其进行立案调查，纳入联合惩戒对象；建议由合作区城市规划和建设局依据《建筑业企业资质管理规定》《建筑施工企业安全生产许可证管理规定实施意见》等规定依法处理。

（3）监理单位，项目监理机构人员配备不足、专业水平不高；违规编制、审批多份监理实施细则、方案；对施工单位三级安全教育和安全技术交底的检查流于形式，对特种作业操作人员是否具备操作资格监管不到位，对夜间施工及钢筋吊运作业监管缺位，对钢结构吊装等危大作业监管不严，履行现场施工安全监理职责不实不细，对事故负有责任。建议由合作区商事服务局依据《中华人民共和国安全生产法》第一百一十四条等法律法规对其进行立案调查，纳入联合惩戒对象，并由合作区城市规划和建设局依据《建设工程安全生产管理条例》等有关规定依法处理。

（4）土建劳务分包单位，长期安排未持有司索工特种作业资格的人员从事钢筋吊运过程中的司索工岗位工作，违规开展钢筋吊运工作，未有效确认作业环境是否安全，对事故发生负有责任。建议由合作区商事服务局依据《中华人民共和国安全生产法》第一百一十四条等法律法规对其进行立案调查，纳入联合惩戒对象；建议合作区城市规划和建设局依据《建筑业企业资质管理规定》《建筑施工企业安全生产许可证管理规定实施意见》等有关规定依法处理。

（5）塔式起重机专业承包单位，对事故发生当日土建班组工人推送吊运钢筋落区偏置、不符项目部编制的《结构钢筋工程施工方案》搭放要求的违规情形未能及时发现和制止相关行为，对事故发生负有责任。建议由合作区商事服务局依据《中华人民共和国安全生产法》第一百一十四条等法律法规对其进行立案调查，纳入联合惩戒对象。

4. 建议给予行政处罚的个人（14人）

1）建设单位2人

（1）杨某，建设单位法定代表人，未及时督促项目部建立安全生产责任体系、落实安全管理职责，未及时消除生产安全事故隐患，对事故发生负有责任。建议由合作区商事服务局依据《中华人民共和国安全生产法》第九十五条等法律法规对其进行立案调查，追究其相关法律责任。

（2）刘某，建设单位工程总监，事发项目建设单位负责人，对项目监理单位人员配备不符合规范要求的问题未提出整改，违规组织施工总承包单位在未取得施工许可证前进行作业，对反复出现的钢筋堆放、吊索钢丝绳等隐患问题未提出明确要求及具体措施，未及时排查生产安全事故隐患，对事故发生负有责任。建议由合作区商事服务局依据《中华人民共和国安全生产法》第九十六条等法律法规对其进行立案调查，追究其相关法律责任。

2）施工总承包单位7人

（1）高某，男，中共党员，施工总承包单位法定代表人、党委书记兼董事长，对施工总承包单位广州分公司所承担的该大厦项目未尽到相应管理职责，未及时消除生产安全事故隐患，对事故发生负有责任。建议由合作区商事服务局依据《中华人民共和国安全生产法》第九十五条等法律法规对其进行立案调查，追究其相关法律责任。对其在事故防范中涉及的违纪行为，建议移交相关纪委监委依法调查处理。

（2）靳某，男，中共党员，施工总承包单位广州分公司副总经理，分管粤西片区负责人，未认真督促检查事故项目的安全生产工作，未及时排查生产安全事故隐患对事故发生负有责任。建议由合作区商事服务局依据《中华人民共和国安全生产法》第九十六条等法律法规对其进行立案调查，追究其相关法律责任。对其在事故防范中涉及的违纪行为，建议移交相关纪委监委依法调查处理。

（3）程某，男，中共党员，施工总承包单位事发项目报建项目负责人，未认真督促检查项目的安全生产工作，对项目部管理不到位，对核心筒钢筋周转平台工字钢梁的安全监管重视不够，未督促项目物资部对其他项目转运进场的工字钢进行合格验收，即同意土建劳务分包单位使用其搭建核心筒钢筋周转平台，对塔式起重机作业现场安全管理措施组织落实不到位，未制定专项施工方案即组织开展钢结构安装施工，联合监理单位将专项施工方案审批时间提前，对特种作业操作人员资质审查不严格，未及时检查发现新入职员工三级教育培训工作落实不到位问题，未及时排查生产安全事故隐患，对事故发生负有责任。

建议由合作区商事服务局依据《中华人民共和国安全生产法》第九十六条等法律法规对其进行立案调查，追究其相关法律责任；建议由合作区城市规划和建设局依据《建设工程安全生产管理条例》等有关规定，依法对其持有的相关注册执业资格证书作出相应处理。对其在事故防范中涉及的违纪行为，建议移交相关纪委监委依法调查处理。

（4）邱某，男，群众，施工总承包单位事发项目安全部部长，负责施工单位安全管理工作，未认真组织、落实新入职员工三级教育培训工作，未严格审查分包单位特种作业人员证件，对塔式起重机施工安全管理不严格不细致，未及时排查生产安全事故隐患，对事故发生负有责任。建议由合作区商事服务局依据《中华人民共和国安全生产法》第九十六条等法律法规对其进行立案调查，追究其相关法律责任。对其在事故防范中涉及的职务违法行为，建议移交相关监委依法调查处。

（5）苏某，男，群众，施工总承包单位事发项目技术部部长，负责施工单位安全技术专项方案的编制，对核心筒钢筋周转平台工字钢梁的安全监管不到位，对施工人员的技术交底不全面，未及时排查生产安全事故隐患，对事故发生负有责任。建议由合作区商事服务局依据《中华人民共和国安全生产法》第九十六条等法律法规对其进行立案调查，追究其相关法律责任。对其在事故防范中涉及的职务违法行为，建议移交相关监委依法调查处理。

（6）祁某，男，群众，施工总承包单位事发项目物资部物料主管。负责物资、材料进场验收及采购计划。对转场存放在项目工地的工字钢未按要求进行验收，即开具《物资调拨单》，允许劳务分包单位使用，未能及时消除生产安全隐患，对事故发生负有责任。建议由合作区商事服务局依据《中华人民共和国安全生产法》第九十六条等法律法规对其进行立案调查，追究其相关法律责任。

（7）陈某，男，群众，施工总承包单位事发项目安全员，负责施工单位大型机械的安全管理，对塔式起重机的常规作业未组织进行现场安全管理，未及时排查生产安全事故隐患，对事故发生负有责任。建议由合作区商事服务局依据《中华人民共和国安全生产法》第九十六条等法律法规对其进行立案调查，追究其相关法律责任。

3）监理单位2人

（1）刘某，男，群众，监理单位法定代表人，总经理兼技术负责人，对事发项目监理人数配备不合理、项目监理机构管理混乱等问题不重视、不解决，违规签批监理实施细则，未及时消除生产安全事故隐患，对事故发生负有责任。建议由合作区商事服务局依据《中华人民共和国安全生产法》第九十五条等法律法规对其进行立案调查，追究其相关法律责任。

（2）冯某，男，群众，监理单位事发项目监理部土建监理工程师，未实际参与监理实施细则编制，对施工单位报送的分包单位特种作业人员资格报审表审查不严格，未按照法律、法规和工程建设强制性标准实施监理，未及时排查生产安全事故隐患，对事故发生负有责任。建议由合作区商事服务局依据《中华人民共和国安全生产法》第九十六条等法律法规对其进行立案调查，追究其相关法律责任。

4）土建劳务分包单位1人

陈某，男，群众，土建劳务分包单位法定代表人，事发项目土建劳务分包单位项目负责人，未实际驻场履行项目负责人职责，未尽到对其劳务班组的管理职责，对现场管理人员安排非特种作业操作人员从事特种作业活动、违规组织开展钢筋吊运工作监管不到位，未及时消除生产安全事故隐患，对事故发生负有责任。建议由合作区商事服务局依据《中华人民共和国安全生产法》第九十五条等法律法规对其进行立案调查，追究其相关法律责任。

5）专业承包单位2人

（1）邱某，男，新加坡籍，专业承包单位法定代表人。未有效督促派驻事故项目管理人员严格执行塔式起重机作业操作规程，未能及时消除生产安全隐患，对事故发生负有责任。建议由合作区商事服务局依据《中华人民共和国安全生产法》第九十五条等法律法规对其进行立案调查，追究其相关法律责任。

（2）彭某，女，专业承包单位事发项目塔式起重机信号工。对事故发生当日土建班组工人推送吊运钢筋落区偏置、不符项目部编制的《结构钢筋工程施工方案》搭放要求的违规情形未能及时发现和制止，对事故发生负有责任。建议由合作区城市规划和建设局移交有关主管部门依据《关于印发〈建筑施工特种作业人员管理规定〉的通知》（建质〔2008〕75号），对其持有的《建筑施工特种作业操作资格证》有关资质依法作出处理，并由专业承包单位依据内部管理规定对其作出处理，处理结果抄送合作区城市规划和建设局。相关行政职能部门在调查过程中发现事故责任单位或者人员存在其他违反法律、法规、规章规定的违法行为，应当给予行政处罚的，依照相关规定予以处理。事故责任人员涉嫌犯罪的，建议由司法机关依照刑法有关规定追究刑事责任。

5. 其他问题处理建议

（1）建设单位，对其违规申办《建筑工程施工许可证》，违法组织开工的行为，建议由合作区城市规划和建设局会同商事服务局依据《中华人民共和国建筑法》第六十四条、《建设工程安全生产管理条例》第五十五条等法律法规规定对其立案调查处理。

（2）施工总承包单位，对其在珠海市建设业务系统诚信登记时提供人员虚假资料的违法行为，建议由珠海市住房和城乡建设局对其依法查处。

（3）钢结构工程劳务分包单位，对其未严格审查特种作业人员资格，多名工人持假证上岗从事特种作业的违法行为，建议由合作区城市规划和建设局会同商事服务局、公安局依据有关法律法规对其进行立案调查处理。

3.5.6 事故教训

一是建设单位未落实安全生产首要责任。建设单位项目部未建立安全生产管理制度，未明确建设单位项目部相关人员安全管理职责。对监理单位、施工单位在项目上存在的人员配置问题未提出整改要求，对施工现场长期存在的安全风险隐患未有效消除。

二是施工单位未压实安全生产主体责任。施工总承包单位对项目施工安全生产负总责，未按照相关规定和投标承诺落实现场安全生产管理体系；未牵头负责施工现场隐患排查治理，未加强施工过程管理，未按照施工方案要求搭设钢筋周转平台，未对搭设完成的钢筋周转平台严格进行验收，未及时转运钢筋周转平台上的钢筋。安全生产检查和巡查力度不足。虽对危大工程、特殊作业等关键施工环节比较重视，但对塔式起重机作业、核心筒钢筋周转平台等安全事故易发的常规作业安全监管存在漏洞，对涉及事故的劳务分包单位未采取有效安全管理措施。

三是监理单位未落实安全生产管理责任。监理单位未按规定配备项目监理人员，未严格审核施工组织设计中的安全技术措施和专项施工方案，未认真做好旁站、巡视和验收监督，未认真审查劳务分包单位进场人员资格，对项目存在的安全事故隐患未及时督促整改或报告。

四是施工现场重点环节安全风险防控和隐患排查不到位。该大厦项目参建各方主体未切实加强施工现场安全生产风险隐患排查，未加强隐患排查治理力度，对钢筋周转平台的工字钢梁的摆放间距、堆叠的木枋支承、事故发生前一天堆放的钢筋未及时运离等隐患未能及时排查发现、及时整改，对以往发生的施工现场未遂事件不深入调查分析，导致隐患最终演变成人员伤亡、财产损失的较大坍塌事故。

五是施工现场作业人员安全培训教育形式化。施工总承包单位对施工现场作业人员的安全生产教育和培训流于形式。对塔式起重机司机、信号指挥司索、焊工等特种作业人员的培训和新入场、转场工人的安全培训教育不到位，部分从业人员不了解施工现场的作业环境，不掌握本岗位的安全操作技能。

六是行业主管部门未依法履职。HZ区城市规划和建设局、原HQ新区管理委员会建设环保局、原HQ新区生态环境和建设局虽对该大厦项目开展多次检查，但检查深度不够、检查整改效果不好，对施工单位技术负责人实际履行项目主要负责人职责、特种作业操作人员涉嫌持假证上岗、监理单位未按规定配置项目监理人员等失管失察。

3.5.7 事故防范和整改措施建议

1. 牢固树立安全发展理念

市各区各有关部门、合作区各有关部门要深入学习贯彻习近平总书记关于安全生产重要论述和重要批示指示精神，全面贯彻国务院安委会安全生产十五条重要举措和省安委会65项细化措施，将安全生产纳入各级党政负责人集中培训的重要内容，推动各级领导干部树牢“人民至上、生命至上”理念，严格落实“党政同责、一岗双责、齐抓共管、失职追责”，推动各区各层级出台党政领导干部安全生产工作“职责清单”和“年度任务清单”；要统筹发展和安全两项工作，建立完善重大安全风险会商研判机制，深刻吸取近期各类安全生产事故教训，结合珠海市安全生产百日攻坚专项行动，持续开展重点领域、重点部位、重点行业安全隐患排查整治；要进一步加强安全生产宣传引导，强化社会面的安全意识，扛牢安全生产政治责任，推动珠海市、合作区经济社会高质量发展提供坚强保障。合作区务必举一反三，深刻吸取“3·25”事故教训，深入开展事故警示教育，定期研判分析安全生产形势，真正把安全生产纳入经济社会发展总体布局，整体谋划、推进、落实。

2. 切实加强建设工程项目安全监管

市各区、各建设行政主管部门，合作区建设行政主管部门要深入开展建设工程全链条安全生产专项整治，消除监管盲区漏洞，重点打击违法发包、分包、转包、挂靠等行为。重点关注近年基建规模增长较快的开发区（工业园区），严管本地安全生产管理缺失的企业；要梳理建立在建工程项目风险、防控措施和安全责任清单，建立台账，对重大隐患实行警示约谈、挂牌督办、跟踪整治，确保隐患治理工作做到全面覆盖、不留死角。在继续突出抓好危大工程等重要专项施工方案审查执行，加强高边坡、深基坑和大型设备等重要施工作业点位的现场监管工作的同时，督促施工企业强化对塔式起重机作业、高处作业、设置建筑材料临时堆放点等隐患易生、事故易发的常规作业安全监督检查，建立健全并认真落实相关监管制度，参照危大工程“六不施工”标准，同步加强施工作业管理，强化防坠落、防坍塌、防物体打击的预防预控措施和应急演练，严禁冒险作业、盲目赶工，坚决堵住安全生产事故易发高发漏洞；要狠抓建筑施工领域专项整治，全面深入排查工程建设领域存在的安全生产多发、共性问题，特别排查是否有违法转包、分包安全行为。对危大工程、特殊作业、恶劣天气作业开展安全隐患排查整治及专项督查，重点排查央企、国企严格贯彻落实建筑施工安全生产“硬六条”工作情况，通过行业约谈通报、诚信扣分、联合惩戒、强化执法力度等实招硬招提升企业整治重大隐患的自觉性，同时加强推广塔式起重机安全监控系统，遏制起重机械事故的发生。

3. 启动省市“一盘棋”响应，压紧压实建筑各方主体安全生产责任

市各区各有关部门，合作区各有关部门要紧盯建设单位首要责任、施工单位主体责任、监理单位监督责任不放，坚持问题导向，严格监管处罚，依法对违规违法行为出重拳、动真格、零容忍。按照“双随机、一公开”的要求，采取不事先通知被检项目，不事先告知相关单位责任人的方式重点监督检查；要聚焦企业主要负责人等“关键少数”，重点排查参建单位及项目负责人安全生产主体责任落实情况、劳务工人安全教育培训和交底情况，综合运用好明察暗访、四不两直、线上抽查、通报警示、严格执法、问责惩戒、招标投标限制、纳入“黑名单”等制度措施，对不履职尽责、事故多发的坚决予以严肃处理，尤其要严厉追究事故前严重违法行为的法律责任，把安全责任落实到企业、班组、岗位、个人，以严抓严管倒逼企业真查真改真落实。合作区要进一步健全执法体系，细化执法职责，强化联合执法，完善执法机制。要坚持严厉处罚、密切行刑衔接；要进一步规范执法程序、强化普法服务、加强执法监督，规范执法行为。建设单位要严格落实安全生产首要责任，加强安全风险辨识工作。施工总承包单位及其分公司要严格落实安全生产主体责任，加强施工现场安全管理，严格落实项目负责人现场带班制度，认真遵守施工规程和技术规范，全面实施全员教育制度，加大风险管控和隐患排查治理，加强塔式起重机等起重机械设备的安装和使用管理，尽量避免施工现场“盲吊”，将隐患当事故对待，要实现对隐患发现、确认、整改、验收、公示全过程闭环管理。监理单位要严格履行监理的安全管理职责，配备齐全具有相应从业资格的监理人员，编制有针对性、可操作性的监理规划和细则，加强巡视和旁站监理，加强对施工过程重点部位和薄弱环节的管理和监控，对监理过程中发现的严重安全隐患和问题，要立即责令施工单位整改并复查整改情况，对拒不整改的，要及时向行业主管部门报告。

3.6 广东省中山市“6·4”较大生产安全事故调查报告

2022年6月4日15时50分，中山市SX镇新圩村沙坦路中通名车城对面的某污水管道配套工程132号井发生一起较大生产安全事故，造成3人死亡，直接经济损失502.5万元。

3.6.1 事故基本情况

1. 项目基本情况

该工程名称为某污水管道配套工程项目，项目位于中山市SX镇坦洲快线K14+960（翠山公路）至K24+880（富宏加油站），建设内容为新建污水管道共计约12km，管深8～9m，主要污水管管径为DN400～DN1000。

中标单位（名义施工单位）2021年7月27日中标本工程项目，建设单位与中标单位（名义施工单位）签订《广东省建设工程标准施工合同》，合同总价69693111.19元，合同中明确约定："不进行转包及违法分包"。该工程2021年11月1日经SX镇城市建设和管理局（原城管住建和农业农村局）批准，获得《建筑工程施工许可证》。2021年11月5日，中标单位（名义施工单位）与名义劳务分包单位签订《建设工程施工劳务分包合同》，合同价格为：20827323.06元。

截至事故发生时，平湖路口至文昌东路路口段及马角路至金涌大道段污水主、支管道（DN400～DN1000顶拉管）施工已累计完成约7731m，全线所有2m及2.4m工作井已基本完成。

2. 工程转分包情况

（1）中标单位（名义施工单位）中标后，指派广东地区负责人邹某负责本工程，违法将中标的坦洲快线污水管道配套工程项目转包给不具备相关施工资质的实际施工单位，收取项目合同总价2%的管理费，允许实际施工单位以中标单位（名义施工单位）的名义开展施工活动，原《建筑工程施工许可证》审定的项目部经理、安全负责人陈某，项目部安全员陈某、杨某、叶某，质量检查员李某，机械师林某，技术负责人郭某，施工员李某等人在施工期间均挂空不在位。

（2）"戴某、胡某（2个自然人组成的生产经营主体）"以协调为由，利用职务之便在无相关施工资质的情况下违法承接了坦洲快线污水管道配套工程项目，组织了某市政工程（广东）有限公司（胡某任职公司）工程部副经理陈某、法经部经营主管李某、工程部技术主管徐某、工程部技术员李某等人接管项目，组织具体的施工，其中陈某是施工的项目负责人，徐某是施工现场负责人，李某是现场施工员，李某负责联络施工队、材料供应商、机械设备等并负责工程费用结算汇总工作，指示项目部的资料员每天使用陈某的照片在住建部门的刷脸监管系统打卡，逃避住建部门的监管。同时，违法将施工队伍挂靠在名义劳务分包单位名下进行具体的施工，相关的施工队伍费用、材料费用均通过"戴某、胡某（2个自然人组成的生产经营主体）"的财务人员指示进行具体的支付。

（3）名义劳务分包单位违规出借劳务施工资质，并收取劳务分包合同总价7.33%的挂靠费，缺乏对现场施工人员的管理。

3. 事故伤亡情况

事故造成陆某、关某、孔某3人死亡，经中山大学法医鉴定中心司法鉴定，3名死者的死因“符合因在较封闭环境作业、局部环境缺氧、吸入窒息性气体导致机体缺氧、窒息合并溺水共同作用致死”。

3.6.2 事故发生经过和应急处置情况

1. 事故发生经过

经调查，发生事故的陆某、关某、孔某3名工人是“戴某、胡某（2个自然人组成的生产经营主体）”招募的进行具体施工的劳务施工队，“戴某、胡某（2个自然人组成的生产经营主体）”安排陆某、关某、孔某等3名工人到SX镇某污水管道配套工程项目132号井进行新旧污水管道接驳施工作业，李某清、李某、徐某等人对陆某、关某、孔某3名工人进行工作安排和管理。施工前“戴某、胡某（2个自然人组成的生产经营主体）”组织人员在事故井上游对接驳的旧污水管（管径为1m，属中型钢筋混凝土污水管，埋深9.86m）采用了两条气囊、下游加一道240mm厚砖砌封堵墙的方式进行了封堵。

2022年6月4日下午，陆某、关某、孔某在事故井（井深8.4m，井径为2.4m，同时为深基坑、涉水地下有限空间）开展施工作业。关某、孔某在未经环境检测、未经安全风险辨识、未佩戴有限空间作业劳动防护用品且井底通风设备不足的情况下，进入事故井内进行挖土作业，陆某作为监护人员在井边监护。作业期间，由于封堵口外管道与封堵井缺少导流措施，外水持续进入致使已封堵的旧污水管道内水压不断增大，超出封堵措施的承受极限，同时，放置封堵气囊前，未对管底淤泥、砂石进行清理，放置封堵气囊后，未设专人对封堵气囊进行实时监测和管理，在封堵气囊内压逐步降低后，封堵气囊的功能亦逐步失效，使外水持续渗入旧污水管，与事故井相连的直径1m旧污水管砖砌封堵墙没有专项施工方案，封堵墙的结构强度未经计算，未采取锚固、支撑等有效措施。以上多重因素叠加，在已封堵的旧污水管道内水压持续增大的情况下，导致砖砌封堵墙结构失稳，突然垮塌，污水大量涌入关某等人工作的井内，有害气体快速扩散，导致井内作业人员关某、孔某2人被困。约15时50分左右，监护人员陆某发现异常情况后，向工地现场的交通劝导员曾某求助报警，并在未经环境检测、未经安全风险辨识、未佩戴有限空间作业劳动防护用品情况下，盲目下井施救被困。约17时05分，陆某等3名作业人员被消防救援人员从井内救出并立即送往SX医院进行抢救，3人经抢救无效死亡。

事故发生后，“戴某、胡某（2个自然人组成的生产经营主体）”指使资料员何某、周某等人，到陆某、关某、孔某3人的住处，搜寻3人的身份资料，找到陆某、关某的身份证，伪造了陆某、关某的劳务合同、工人进场登记表、技术交底资料、培训记录等资料，因未找到孔某身份信息，未对孔某的相关资料进行伪造。

2. 事故应急处置情况

1）事故相关责任单位

事故发生时，“戴某、胡某（2个自然人组成的生产经营主体）”、名义施工单位、名义劳务分包单位、监理单位等各方责任主体的相关人员均不在事发现场，未能及时组织开展救援行动，施工、劳务、监理等各方责任主体应急救援工作不到位。

2）事故所在地人民政府及相关职能部门

根据救援记录，2022年6月4日15时55分，SX医院急诊科接到市120中心命令单，位于SX镇沙坦路车管所对面的路段有人疑似气体中毒。接报后，救护车于16时05分出发，16时17分到达现场。16时15分，市消防支队指挥中心接到报警称SX镇沙坦路段有3人被困井下。接报后，市消防支队指挥中心立即调派SX消防救援站、SX消防第一专职队共4辆消防车21名消防救援人员前往处置，SX消防救援大队值班人员随即一同赶赴现场协助处置。16时25分，SX消防第一专职队率先到达现场开展处置。16时50分许，确认井下被困人员共有3名。经全力营救，17时05分，3名井下被困人员全部救出，立即由120救护车送往医院进行救治，3名被困人员被救出时身上没有佩戴安全带。经医院全力救治，被困人员孔某、关某抢救无效，于18时25分宣布临床死亡，被困人员陆某于21时31分宣布临床死亡。

接报警情后，SX镇党委政府主要领导立即带领消防、公安、应急、城建、新圩村委等相关单位赶赴现场，组织开展应急救援和处置应对工作，并成立事故应对指挥部和事故处置工作组，统筹推进事故处置应对工作。

经评估，SX政府及相关职能部门此次事故救援响应迅速、现场处置得当、救援行动开展有序、救援过程未发生次生衍生事故，无救援人员伤亡，事故应急处置较好。

3.6.3 事故直接原因

施工单位和工人违反有限空间“七不准”要求，在污水管道导流措施缺失、封堵气囊失效、砖砌封堵墙结构强度不够等封堵措施达不到要求，且井底通风设备不足的情况下，关某、孔某未经环境检测、未经安全风险辨识、未佩戴有限空间作业劳动防护用品，进入事故井内进行挖土作业，作业期间砖砌封堵墙结构失稳，突然垮塌，污水大量涌入工作井内，含有高浓度硫化氢、氨、甲烷、一氧化碳、二氧化碳等窒息性、刺激性的气体在事故井内快速扩散，导致井下作业人员被困，监护人员陆某发现异常情况后，在未经环境检测、未经安全风险辨识、未佩戴有限空间作业劳动防护用品情况下，盲目下井施救被困，导致人员伤亡进一步增加。

3.6.4 事故发生单位及有关企业存在的问题

1. 建设单位

建设单位未建立完善隐患排查治理档案，未组织质量安全专项评价、未督促施工单位项目负责人和监理单位总监理工程师在岗履职、未将其在岗履职情况作为检查与考核的重要内容、未督促施工单位严格落实重大危险源安全包保责任制、未按照危大工程“六不施工”和重要时段提级管控的要求开展工程建设。

2. 实际施工单位［戴某、胡某（2个自然人组成的生产经营主体）］

（1）工程项目施工管理混乱，实际施工单位无任何施工资质，利用职务之便违法承接工程后，部分项目资金形式上走对公账户，实质上走私人账户，通过私人账户外转资金聘请无资质施工队、租赁施工设备和购买建筑材料。接管项目部后，安全管理架构不健全，施工现场管理混乱，现场施工管理人员安全管理形式化，缺乏有效的安全管理，安全制度不落实、不执行，施工单位专职安全员不在岗，未尽到施工现场有限空间作业的管理责任。

（2）施工管理制度建立不完善、执行不严格。违反端午节非必要不施工要求，未进行有限空间作业审批，危重大项目井下有限空间作业没有专业旁站，施工流程混乱。井下作业未按规定配备施工监测、监护人员，未按规定配备安全保护设备、装备，事故现场仅有一台小型的送风装置，没有有效的通风措施，涉事现场缺乏必要的救援装备和安全防护设备，施工现场未进行危大隐患风险源公示。未建立有限空间作业及水下作业的安全生产规章制度和操作规程，未严格执行《工贸企业有限空间作业安全管理与监督暂行规定》（国家安监总局令第 80 号）第五条、第六条、第十二条、第二十三条等规定，未严格执行《中山市橡胶充气管塞涉水地下有限空间安全作业指引（试行）》的相关规定。

（3）未对 3 名死者进行培训和技术交底作业人员未进行下井作业前的安全教育及风险提示，没有对陆某、关某、孔某进行安全培训和技术交底，事后伪造安全培训、技术交底等资料。

（4）未按图施工施工单位未按图施工，擅自将设计文件中采用的沉井施工工艺改为上部采用沉井工艺（上部 6m，现状污水管以上部分）施工，下部采用逆作法工艺施工，逆作法挖土施工过程中会使沉井部分下沉，对现状污水管处的封堵墙造成重大影响。同时，逆作法施工时的作业面在现状污水管以下，对作业面的作业人员带来重大危险。

（5）缺少应急预案及演练施工单位未按《中山市橡胶充气管塞地下涉水有限空间安全作业指引（试行）》第 10.0.1 条的要求制定应急救援预案并组织开展演练。施工单位以上行为违反了《中华人民共和国安全生产法》第二十条、第二十八条、第四十条、第四十四条第一款、第四十五条等规定，导致事故发生，对事故发生负有责任。

3. 名义施工单位

名义施工单位中标后违法将项目转包，根据住房和城乡建设部《建筑工程施工发包与承包违法行为认定查处管理办法》第八条规定，属违法将工程整体转包，违反《中华人民共和国建筑法》第二十八条规定。违法将项目转包后，作为名义上的施工单位，涉事项目部挂名空转，对施工现场严重缺乏管理，对施工安全缺乏管理，导致施工现场管理混乱，违反《中华人民共和国安全生产法》第四十九条第一、二款规定，导致事故发生，对事故发生负有责任。

4. 名义劳务分包单位

名义劳务分包单位出借劳务资质证书，根据住房和城乡建设部《建筑工程施工发包与承包违法行为认定查处管理办法》第十条规定，属违法挂靠行为，违反《中华人民共和国建筑法》第二十六条规定。出借劳务资质证书后，作为名义上的劳务分包单位，未履行生产经营主体的责任，对施工现场严重缺乏管理，对施工安全缺乏管理，导致施工现场管理混乱，违反《中华人民共和国安全生产法》第四十九条第二款规定，导致事故发生，对事故发生负有责任。

5. 监理单位

监理单位未依法履行监理单位安全生产职责，监理工作不严不实，日常监理记录缺失，对关键工序、关键环节把关不严，未严格执行对地下有限空间作业的审批制度，未严格按照危大工程专项施工方案对施工现场安全进行全过程监理。违反《危险性较大的分部分项工程安全管理规定》（建设部令37号）第十八条、第十九条等相关规定。

3.6.5　地方党委政府和行业监管部门存在的问题

1. SX镇行业监管部门存在的问题

根据《中山市住房和城乡建设局关于落实2020年事权下放相关工作的通知》（中建通〔2020〕146号），自2021年1月1日起，SX镇承接了本事故中的相关事权。根据《关于调整SX镇党委、政府党政机构等事项的通知》（中山编办〔2022〕34号），SX镇城市建设和管理局负责供水、排水和污水处理等建设工作，承担建筑行业监督管理、建设工程质量安全管理以及工程招标投标活动的监督管理。SX镇城市建设和管理局在本事故中存在以下问题：

（1）对涉事项目监督检查不力、检查流于形式，未能发现工程违法转包、挂靠、无资质施工等问题，未能发现实际施工人员与《建筑工程施工许可证》审定的施工人员不一致，《建设工程安全隐患整改通知书》由他人代替项目经理签名等问题，对涉事项目工程违法转包、违法挂靠问题失察。

（2）安排没有监督员证的工作人员对项目进行监督管理。

2. SX镇党委、镇政府存在的问题

SX镇党委、镇政府压实党政领导责任、部门监管责任、企业主体责任不力，落实属地监管责任不到位。未有效督促指导SX镇城市建设管理局履行安全生产工作职责，未能有效管控辖区内的较大安全风险。

3. 市住房和城乡建设局存在的问题

市住房和城乡建设局承担全市建筑工程质量安全监管、整治违法转包、分包、挂靠行为的职责，相关职权虽已下放镇街，但对各镇街仍承担指导监督责任，在本事故中，市住房和城乡建设局对镇街的指导、监督力度不足。

3.6.6　事故责任认定及对事故有关单位及责任人员的处理建议

1. 事故责任认定

经调查认定，中山市SX镇“6·4”较大生产安全事故是一起因工程项目违法转包、挂靠，项目管理混乱、违反涉水深基坑地下有限空间作业相关规定、违章作业、盲目施救及有关各方未正确履职而引发的较大生产安全责任事故。该事故造成3人死亡，直接经济损失502.5万元，给人民生命财产造成了不可挽回的损失，在社会上造成了不良的影响。实际施工单位、名义施工单位、名义劳务分包单位未履行安全生产主体责任，对事故的发生负有责任，是事故责任单位。

2. 对事故有关单位及责任人员的处理建议

为吸取教训，教育和惩戒有关事故责任人员，根据《安全生产法》等有关法律法规规定，建议对SX镇“6·4”较大生产安全事故的有关单位及责任人作出如下处理：

1）建议追责问责人员

对于在事故调查过程中发现的地方党委政府、有关部门和公职人员履职方面的问题及相关材料，已移交市纪委监委。对有关人员的党纪政务处分等处理意见，由市纪委监委提出。

2）建议追究刑事责任人员

（1）戴某，戴某是实际施工单位主要组织者之一，安排胡某、陈某、徐某等人管理施工项目，无资质违法承接涉事项目工程、对实际施工的安全生产负直接管理领导责任，对事故发生负有责任，存在涉嫌刑事犯罪情形，建议由公安机关立案侦查。

（2）胡某，胡某是实际施工单位主要组织者之一，无资质违法承接涉事项目工程、对实际施工的安全生产负直接管理领导责任，对事故发生负有责任，存在涉嫌刑事犯罪情形，建议由公安机关立案侦查。

（3）邹某，名义施工单位广东地区负责人，代表名义施工单位负责涉事项目工程，在工程的违法转包及转包后具体的运作中起主要作用，导致发生生产安全事故，对事故发生负有责任，存在涉嫌刑事犯罪情形，建议由公安机关立案侦查。

（4）李某未履行现场施工员责任，导致发生生产安全事故，对事故发生负有责任，存在涉嫌刑事犯罪情形，已由公安机关立案侦查。

（5）李某清未履行现场施工管理责任，导致发生生产安全事故，对事故发生负有责任，存在涉嫌刑事犯罪情形，已由公安机关立案侦查。

（6）徐某未履行现场施工管理人员责任，导致发生生产安全事故，对事故发生负有责任，存在涉嫌刑事犯罪情形，已由公安机关立案侦查。

（7）陈某未履行现场施工管理人员责任，导致发生生产安全事故，对事故发生负有责任，存在涉嫌刑事犯罪情形，已由公安机关以立案侦查。

3）建议给予行政处罚单位（个人）

（1）对事故责任单位的行政处罚。

实际施工单位、名义施工单位、名义劳务分包单位对事故发生负有责任，是事故责任单位。建议由市应急管理局依据《中华人民共和国安全生产法》第一百一十四条第一款第（二）项规定进行行政处罚，纳入联合惩戒对象，纳入安全生产不良记录“黑名单”管理，并由住房城乡建设主管部门根据《建筑市场信用管理暂行办法》第十四条第一款第（三）项规定将其列入建筑市场主体“黑名单”。

（2）对事故中存在违法行为的行政处罚。

建议住建部门依照《中华人民共和国建筑法》等建设领域相关法律法规和规定，对名义施工单位、名义劳务分包单位和相关人员的违法转包、挂靠等违法行为进行行政处罚，对监理单位和相关人员的违法行为进行行政处罚。

（3）戴某，依据《中华人民共和国安全生产法》等依法进行行政处罚。

（4）胡某，依据《中华人民共和国安全生产法》等依法进行行政处罚。

（5）阮某（名义劳务分包单位实际控制人），未履行企业主要负责人对本单位的安全生产工作职责，建议由市应急管理局依据《中华人民共和国安全生产法》对阮某对事故发生负有责任进行行政处罚。

（6）林某（名义施工单位法定代表人），未履行企业主要负责人对本单位的安全生产工作职责，建议由市应急管理局依据《中华人民共和国安全生产法》对林某对事故发生负有责任进行行政处罚。

4）其他建议

（1）责成SX镇城市建设和管理局向SX镇人民政府作深刻书面检讨，并抄送市安全生产委员会办公室。

（2）责成市住房和城乡建设局、SX镇人民政府向中山市人民政府作深刻书面检讨，并抄送市安全生产委员会办公室。

3.6.7 事故防范措施建议

1. 深入贯彻习近平总书记重要指示精神，牢固树立安全发展理念

各镇街党委政府各部门要深入贯彻习近平总书记关于安全生产重要论述和重要指示精神，进一步提高做好安全生产工作的思想自觉、政治自觉、行动自觉，坚持“人民至上，生命至上”，强化底线思维、红线意识，切实承担起“促一方发展、保一方平安”的政治责任。各镇街党委政府各部门要深刻吸取事故惨痛教训，进一步严格落实“党政同责、一岗双责、齐抓共管、失职追责”的安全生产责任体系，层层压紧压实党政领导责任、部门监管责任和企业主体责任，及时分析研判安全风险，紧盯薄弱环节，采取有力有效防控措施，牢牢守住安全底线。

2. 切实做好有限空间作业安全管理工作，坚决防范遏制较大事故发生。（市安委办牵头，各行业主管部门分别落实）

一是市安委办要牵头督促各行业主管部门迅速行动起来，组织对全市涉有限空间作业的生产经营单位进行全面的事故隐患排查，对于违规违章作业的生产经营单位严肃执法；二是各行业主管部门要抓住企业实际控制人，压实实际控制人的安全生产法定7项职责，从而进一步压实企业安全生产主体责任，要求生产经营单位实际控制人立即组织对内部涉及有限空间作业进行全面的事故隐患排查，对有限空间作业人员要重新培训后上岗作业，落实有限空间作业现场安全管理，确保有限空间作业各项安全措施落实到位，严格督促工人按规定佩戴使用安全劳动防护用品，严禁违规违章作业；三是要对今年布置的有限空间检查进行一次回头看，组织辖区内、行业领域内涉及有限空间作业的企业认真落实有限空间“七不准”措施，对企业负责人、班组长和员工进行教育培训，“七不准”考核不及格的不准上岗。

3. 建立建设项目地下作业施工的安全动态管控机制，切实防范化解重大安全风险。（市住建部门、水务部门牵头，各镇街落实）

建设项目中的有限空间作业存在动态变化，监管存在较大困难，尤其目前全市水污染治理攻坚战涉及大量的有限空间作业，住建部门及水务部门要按照“三管三必须”的要求，落实行业监管职责，督促各参建单位安全施工，要建立由建设、勘察设计、施工、监理等单位项目负责人参加的风险控制小组，建立职责明晰、协调一致的安全生产管理体系，开展全过程安全动态管控。

（1）建设单位应明确与代建单位的关系，建立健全工程管理制度，履行项目建设全过程安全管理的首要责任，依法依规组织相关参建单位加强对工程技术安全风险的控制，及时作出科学决策；

（2）勘察设计单位要落实设计安全风险评估制度，对存在重大风险的环节进行专项设计，要加强设计交底和驻场服务，及时根据施工进展和安全风险提出要求和建议；

（3）监理单位要严格专项施工方案审查和实施情况监理，要加强对驻地监理的管理考核，逐级落实监理责任；

（4）施工单位要重点完善危大工程的安全管理体系，做到七个要：一要落实企业负责人带班检查制度，每月至少开展一次危险性较大的分部分项工程检查；二要加强施工前辨识，研判重大风险，编制危大工程专项施工方案：三要明确前期保障，投标时要制定危大工程清单并明确安全管理措施，在签订施工合同时要明确危大工程施工技术措施费和安全防护文明施工措施费；四要严格方案编制审批，专项施工方案必须经企业技术负责人和项目总监理工程师审批后组织施工，超过一定规模的必须组织专家论证；五要主动报告风险，危大工程施工前5个工作日内，施工单位必须向属地主管部门书面报告专项施工方案和应急预案等；六要严把方案交底关，项目管理技术人员必须向作业人员进行安全技术交底，并由双方和项目专职安全生产管理人员共同签字确认；七要强化现场监督管控，施工单位项目负责人是安全管控第一责任人，危大工程施工期间必须在施工现场履职。同时，施工单位应开展施工全过程的质量安全风险跟踪，如遇实际地质条件变差或与勘察报告不符，须及时通报相关参建单位研判分析，未确定具体处理措施时应暂停施工，严禁冒险作业；项目部应高度重视，及时向企业负责人进行专题汇报，寻求技术、安全等方面的支持。

4. 严格履行行业安全监管责任，加大对违法违规行为执法力度。（市住建部门牵头，各镇街配合）

市住建部门要履行行业管理职责，做好事权下放后对镇街住房城乡建设主管部门监督指导工作。一是针对全市未达标水体工程及污水管道工程制定涉水有限空间安全施工标准及操作指引，拍摄教育警示片，并组织全市各镇街住房城乡建设主管部门及相关单位从业人员加强培训学习，全面提升有限空间安全作业管理水平。二是对全市各镇街住房城乡建设主管部门及镇街自管项目开展有重点、有针对的督导检查，对重点区域、重点工序加大检查频次、深度。加强对参建单位安全管理机构设置、安全管理人员履职、安全培训、安全隐患自查自改、安全投入等督查检查，对落实不力的相关单位及时预警、约谈、现场督导、督办。三是加大执法力度，对项目涉及人员履约、安全生产等不良行为实行动态记录和扣分，对涉及危大工程违法违规冒险作业从严查处，对违法、分包、转包、挂靠等建筑市场乱象采取有效措施深度治理，全面规范建筑市场行为。

5. 强化宣传，营造全社会对安全生产工作齐抓共管的良好氛围。（市安委办牵头，各相关部门、镇街落实）

各镇街、各行业主管部门要深刻吸取本次事故经验教训，加大安全生产宣传力度，要借助本次事故的影响，通过事故教训宣传、执法宣传等方法方式，进一步提高企业实际控制人、管理人员以及一线工人的安全生产意识，提高企业实际控制人员、高级管理人员、班组长的安全管理能力，营造全社会对安全生产工作齐抓共管的良好氛围。

3.7 天津市东丽区“6·25”较大硫化氢中毒事故调查报告

2022年6月25日9时40分左右，位于东丽区十三顷村中河东侧的地铁×号线一期工程9标段出入段线施工现场，承包单位委托劳务分包单位在进行污水井维修作业时，1名工人进入污水井内进行堵漏作业，因硫化氢中毒晕倒；3名工人先后下井施救，其中2人因硫化氢中毒晕倒，1人受伤。事故共造成3人死亡，1人受伤，直接经济损失（不含事故罚款）488.916058万元。

3.7.1 基本情况

1. 项目基本情况

天津地铁×号线一期工程共分为13个标段，事故发生在9标段。9标段位于天津地铁×号线一期工程东端东丽六经路站东南侧，包含出入段线和车辆段。出入段与东丽六经路站接轨，北侧为津塘二线，东侧为蓟汕高速，南侧为规划路和海河（用地距海河最近处约200m），西侧为规划主干路和中河，用地呈长方形状，南北向长约930m，东西方向长约330m。

2. 事发污水井及相关管线情况

因地铁施工，需占压新立新市镇污水干管二标段部分管线，第9标段承包单位与天津市某市政工程服务有限公司签订了《天津地铁×号线七经路车辆段（含出入段线）DN1350污水管道切改工程协议》。该工程新建事发的WA7′-3污水井。

WA7′-3污水井坐落于先锋东路以南垂直距离86.86m、中河以东垂直距离19.65m处，深度3.4m，井底直径1.25m，井口直径0.7m，设计用途是区域内截污管接入，通过事发地埋设的一段DN600污水管道从北侧接入DN1350污水主干管。WA7′-3污水井东侧接入一根未按设计图纸施工的DN400波纹管，呈东西走向，为后期车辆段和出入段污水管道进入WA7′-3污水井而预埋，以确保乡村公路修缮施工一次性完成。

2021年6月，切改后的DN1350污水主干管投入使用。2021年8月1日，建设单位组织对DN1350污水管道切改工程（含新建的WA7′-3污水井）进行了竣工验收。

2021年9月10日，东丽区市政园林所与天津市某建设发展有限公司就新立新市镇污水干管二标段的移交问题签订了《城市道路桥梁排水设施移交接管意向书》，并对新立新市镇污水干管二标段（含DN1350地铁切改排水管线）设施进行了日常巡视。

2021年12月31日，东丽区市政园林所与东丽区水务综合服务中心签订了《市政排水设施移交接管协议书》，对东丽区市政园林所负责养管的市政排水设施进行了移交，移交清单中未包括新立新市镇污水干管二标段（含DN1350地铁切改排水管线）的相关资料。2022年6月15日，东丽区市政园林所分别与天津市某建设发展有限公司、建设单位签订了《建设工程档案移交清单》，接收了新立新市镇污水干管二标段（含DN1350地铁切改排水管线）的档案资料，并于当日将档案资料移交东丽区水务局。截至事故发生之日未签订移交协议。

3.7.2 事故经过及救援情况

1. 事故经过

因天津地铁×号线一期工程9标段建设过程中对中河桥桥基施工，需要占用十三顷村中河东侧的乡村公路，为方便村民出行，修建一条导行路，第9标段承包单位和某公司签订了《天津地铁×号线一期工程9标中河桥导行路工程施工协议》，施工期限为2021年9月1日至2021年9月20日，现场施工负责人为泥窝村村民孟某。

因地铁路基段施工，导行路断交。2022年6月20日，地铁×号线一期工程9标段生产经理吕某与孟某口头达成协议，对原有乡村公路进行修缮（长约122m，宽约6m），按照项目部放线点位施工。

6月21日，孟某按照约定组织人员进场施工，在事发点位破除原有路面，同时将土方运出场外。

6月22日，为确保后期施工不再破除路面，地铁×号线一期工程9标段施工员马某安排劳务分包单位将一根长约6m的DN400波纹管（未按设计图纸施工）接入WA7′-3污水井中，作为后期出入段污水管接入市政管网的预埋套管，埋深1.1m。马某对生产经理张某进行了预埋管作业口头技术交底，但没有制定施工方案，也未进行书面交底。

6月24日下午，孟某发现桥下路面潮湿影响修路，于是安排人员将湿土挖出，进行土方换填。换填作业中，孟某发现WA7′-3污水井周边冒水，于是将情况反映给马某。马某接报后向吕某汇报。吕某安排马某联系张某到现场查看，张某发现WA7′-3污水井与DN400预留波纹管接口的地方往外冒水，判断是接口的地方损坏了，于是组织对WA7′-3污水井内漏水点进行堵漏，当日未完成堵漏工作。

6月25日，劳务分包单位继续堵漏施工。7时许，劳务分包单位派施工员莫某带领工人张某山、张某喜、冯某和挖掘机司机潭某等人，陆续进场对WA7′-3污水井进行抽排水抢修作业。9时40分左右，张某山手提砂浆桶，自井内铝合金爬梯下到井内堵漏，突然昏厥掉落井内。张某喜发现异常后，手持绳子下井施救，随即昏厥。莫某见状立即拨打120急救电话，随后下井施救并发生昏厥。现场作业人员冯某随即下井拉莫某昌手臂，突感身体酥麻，大喊“有电”，爬出WA7′-3污水井，救人未成功。9时48分，现场挖掘机司机潭某发现出事后，打电话给张某，告知现场情况，后采用破坏WA7′-3污水井的方式将井内三人救出。

2. 事故报告、应急救援处置情况及评估

1）事故报告及应急救援处置情况

莫某昌拨打120进行求救后随即下井救人死亡，随后潭某打电话向张某报告有关情况。9时51分，张某电话报告给劳务分包单位项目负责人汤某，并于9时52分拨打119。9时51分，相邻作业区域作业员郭发听到呼救后，打电话向地铁×号线一期工程9标段施工员刘某报告，后经第9标段承包单位相关人员逐级报告至项目总经理部总经理盛某，10时24分，项目总经理部安全总监张某按照盛某的要求向市住房和城乡建设综合行政执法总队电话报告事故。

9时53分，张某到达现场后，安排潭某驾驶挖掘机采用破坏WA7′-3污水井的方式开展施救。10时，现场人员救出莫某，立即对其进行心肺复苏。10时1分，公安东丽分局接120工作人员报警。10时4分，东丽区消防支队到现场展开救援。10时5分，现场救援人员救出剩余2人，立即对2人进行心肺复苏。10时10分左右，120急救中心到达现场，经对3人抢救后，宣布3人死亡后撤离。

10时24分，市应急局通过查看天津市卫生应急指挥决策系统发现事故发生并电话通知东丽区应急局。东丽区应急局接到市应急局的通知后，主要负责同志立即带队赶赴事发现场对事故情况进行核查。

11时许，东丽区相关领导相继到达现场指挥处置和救援工作，并成立事故现场应急处置救援指挥部，配合市级部门开展应急处置工作。

事故发生后，市应急局、市住房城乡建设委主要领导同志带领市相关部门第一时间赶赴事故现场组织处置和救援，各部门现场研究处置和善后工作。

2）事故报告及应急救援处置情况评估

在事故应急救援过程中，劳务分包单位未采取任何安全防护措施，盲目施救，造成事故扩大。

市政府有关部门、东丽区政府及相关部门应急响应迅速，指挥协调有力，救援措施合理，信息流转及时，救援人员安全防护到位，未发生因盲目施救导致事故再次扩大的情况，应急处置措施得当。

3.7.3 事故造成的人员伤亡及直接经济损失情况

1. 死亡人员情况

张某喜，男，普工，《法医学尸体检验鉴定书》（津公技鉴字〔2022〕第03987号）鉴定意见：张某喜符合硫化氢中毒死亡。

张某山，男，普工，《法医学尸体检验鉴定书》（津公技鉴字〔2022〕第03988号）鉴定意见：张某山符合硫化氢中毒死亡。

莫某昌，男，普工，《法医学尸体检验鉴定书》（津公技鉴字〔2022〕第03989号）鉴定意见：莫某昌符合硫化氢中毒死亡。

2. 直接经济损失

事故调查组依据《企业职工伤亡事故经济损失统计标准》GB 6721—1986的有关规定，确认该事故造成的直接经济损失（不含事故罚款）为488.916058万元人民币。

3.7.4 事故原因及性质

1. 直接原因

WA7′-3污水井内聚集大量硫化氢，在未进行有害气体检测且没有专人监护的情况下，作业人员张某山未做好个人安全防护下井维修作业，吸入硫化氢气体中毒，丧失行动能力，导致身亡，是事故发生的直接原因。

2. 事故扩大原因

张某山在井内中毒晕倒后，张某喜、莫某昌、冯某在未做好个人安全防护且没有专人监护情况下盲目施救，是导致事故扩大的原因。

3. 相关单位及部门存在的问题

1）第9标段承包单位

作为9标段的承包单位，未按照设计图纸施工，也未履行设计变更手续进行预埋DN400波纹管作业，未对污水井维修作业的施工单位进行书面安全技术交底，未向施工人员如实告知作业场所和工作岗位存在的危险因素、防范措施以及事故应急措施，未履行下井作业审批手续，未组织硫化氢中毒事故应急救援演练，安全教育培训不到位、安全检查及隐患排查不到位，将道路修复施工委托给不具备相应资质条件的个人，对事故的发生负有主要责任。

2）劳务分包单位

作为9标段出入段污水管网的劳务分包公司，预埋DN400波纹管作业未按设计图纸施工；未对涉事施工人员进行下井作业安全培训，致使其未掌握下井作业的安全操作技能和应急处理措施；未向涉事施工人员提供有效的安全防护用具；下井作业时未安排井上监护人员；未如实记录隐患排查治理情况，并向从业人员通报，对事故的发生负有直接责任。

3）监理单位

作为9标段的监理单位，监理实施细则编制不严，缺少下井作业的相关内容；对施工现场分包队伍审查不严，对劳务分包单位没有签订合同就进行出入段施工作业的问题失察；监理巡视不到位，未对出入段所有作业面进行巡视，未能及时发现并制止DN400波纹管预埋作业未按照设计图纸施工的问题；竣工验收审核不严，对发生事故的WA7′-3污水井未按照设计图纸施工也未办理变更手续的问题失察。以上问题移交市住房城乡建设委依法查处。

4）DL区市政园林所

作为新立新市镇污水干管二标段（含DN1350地铁切改管线）的养管接收单位，未履行养管接收单位职责以及《城市道路桥梁排水设施移交接管意向书》的相关约定，对新立新市镇污水干管二标段（含DN1350地铁切改管线）的设施监管不到位。

5）DL区水务局

作为DL区排水管理部门，未对新立新市镇污水干管二标段（含DN1350地铁切改管线）的养护维修管理责任单位履行养护维修管理责任的情况进行监督检查，对该排水设施的运行情况失察失管。

6）市住房和城乡建设综合行政执法总队

作为建设行政执法部门，对地铁×号线9标段质量安全监督不到位，对未按设计图纸施工也未办理设计变更手续、安全培训教育不到位等隐患问题失察；对地铁建设中涉及管线（井）的硫化氢中毒事故防范工作部署和监督检查不到位，未对地铁×号线9标段落实情况进行督促检查；对地铁施工中管线迁改工程质量安全执法不到位。

4. 事故性质

事故调查组认定，地铁×号线一期工程9标段“6·25”较大硫化氢中毒事故是一起生产安全责任事故。

3.7.5 对事故有关责任单位及人员的处理情况和建议

1. 刑事责任追究情况

张某，劳务分包公司生产经理，因涉嫌重大劳动安全事故罪，于2022年8月2日被公安机关依法采取取保候审强制措施。

2. 给予政务处分和组织处理人员

事故调查组将事故调查中发现的有关部门及单位的公职人员履职方面的问题线索及相关材料移交纪检监察部门。经纪检监察部门调查核实后，提出以下处置。

（1）刘某，群众，第9标段承包单位路桥分公司员工，地铁×号线一期工程9标段施工员。在WA7′-3污水井维修作业前，未向施工队进行书面和口头的安全技术交底，未能及时发现并制止施工过程中的下井作业；施工日志记录不规范，没有污水井维修施工的相关记录；参与出入段雨污水管线施工安全技术交底作假。建议给予开除处分。

（2）马某，群众，第9标段承包单位路桥分公司员工，地铁×号线一期工程9标段施工员。对施工作业现场缺乏有效管理，事发地路面修缮、DN400波纹管预埋、WA7′-3污水井维修作业前均未进行书面安全技术交底；对下井作业缺乏预判，没有安排当天施工员刘某进行有效管理。建议给予政务降级处分。

（3）吕某，中共党员，第9标段承包单位路桥分公司员工，地铁×号线一期工程9标段生产经理。将事发地路面修缮作业分包给没有资质的个人；DN400波纹管预埋作业未按设计图纸施工也未履行变更手续；路面修缮、DN400波纹管预埋、WA7′-3污水井维修作业前均未进行书面安全技术交底；对下井作业缺乏预判，没有安排专人进行监护；对施工员管理不到位，对施工员存在的岗位职责不清、施工日志不规范等问题失察失管。建议给予政务降级处分。

（4）张某，中共党员，第9标段承包单位路桥分公司员工，地铁×号线一期工程9标段安全主管。施工现场安全检查不到位，对DN400波纹管预埋作业、WA7′-3污水井维修作业安全检查缺失；临时用电安全检查不到位，对临时电闸箱接地不规范、临时用电未按规定进行审批验收等情况未能及时发现并纠正；对施工人员安全教育培训不到位，未能真正起到警示作用；对施工人员安全防护用品缺失的情况未能及时发现并提供有效的安全防护用品。建议给予政务记大过处分。

（5）马某，中共党员，第9标段承包单位路桥分公司员工，地铁×号线一期工程9标段安全总监。施工作业范围界定不清，未安排人员对DN400波纹管预埋作业、WA7′-3污水井维修作业进行安全检查；临时用电安全检查不到位，安全教育培训不到位；2022年4月29日参加中交轨道公司地铁×号线安全例会后未对《天津市安全生产委员会办公室关于进一步加强硫化氢中毒和窒息类事故防范工作的通知》（津安办〔2022〕10号）进行传达部署。建议给予政务记过处分。

（6）李某，群众，第9标段承包单位路桥分公司员工，地铁×号线一期工程9标段质量主管。编制审核施工方案不严，未发现施工方案中污水管与市政管网连接作业方案存在不符合施工实际的问题；安全技术交底审核把关不严，存在不参加交底会、不对交底内容进行审查直接签字的情况；没有编制下井作业施工方案；对施工作业中是否按照交底进行施工缺乏监管，未对预埋管施工作业进行巡查。建议给予政务记大过处分。

（7）乔某，中共党员，第9标段承包单位路桥分公司员工，地铁×号线一期工程9标段总工程师。安全技术交底审核把关不严，对质量主管存在不参加交底会、不对交底内容进行审查直接签字的情况的问题失察失管；对施工作业中是否按照交底进行施工缺乏监管，未安排对预埋管施工作业进行巡查。建议给予政务记大过处分。

（8）张某，中共党员，第9标段承包单位路桥分公司员工，地铁×号线一期工程9标段项目经理。未与劳务分包单位签订出入段雨污水管网作业施工合同，安排其入场施工。WA7′-3污水井维修作业未制定施工方案、没有进行书面交底；将中河桥下路面修缮作业分包给没有资质的个人；安全检查不到位，对项目存在的未按设计进行施工、未制定下井作业方案、临时用电管理混乱、安全培训教育不到位，未组织硫化氢中毒事故应急救援演练等情况失察；2022年4月29日参加中交轨道公司地铁×号线安全例东丽会后，没有对《天津市安全生产委员会办公室关于进一步加强硫化氢中毒和窒息类事故防范工作的通知》（津安办〔2022〕10号）进行传达部署。建议给予政务撤职处分。

（9）陈某，第9标段承包单位路桥分公司副总经理。对地铁×号线9标项目安全检查不到位，督促项目部落实本单位安全生产制度不到位，未及时消除事故隐患。建议给予政务记大过处分。

（10）王某，中共党员，第9标段承包单位路桥分公司总经理。对地铁×号线9标项目部安全检查不到位，对项目存在的分包合同管理不规范、未按照设计图纸施工、安全教育培训不到位、临时用电管理混乱等问题失察失管，未及时消除事故隐患。建议给予政务记大过处分。

（11）姚某，中共党员，第9标段承包单位副总经理。对地铁×号线9标项目安全检查不到位，安全教育培训不到位，对该项目存在安全生产制度落实不到位等问题失察失管。建议给予政务警告处分。

（12）由某，中共党员，时任第9标段承包单位总经理。2022年6月20日调任某投资控股有限公司党委书记、董事长，6月25日尚未办理完成交接工作。对地铁×号线9标项目部安全检查不到位，对项目存在的分包合同管理不规范、未按照设计图纸施工、安全教育培训不到位、临时用电管理混乱等问题失察失管，未及时消除事故隐患。建议给予诫勉谈话处理。

（13）王某，中共党员，第9标段承包单位党委书记、董事长。对地铁×号线9标项目部安全检查不到位，对项目部存在安全生产制度落实不到位、分包合同管理不规范等问题失察失管。建议给予诫勉谈话处理。

（14）段某，群众，监理单位地铁×号线监理部9标土建监理工程师。履行监理职责不到位，未按合同及监理部安全规章制度的规定对所有工作面巡视检查，未能及时发现并制止DN400波纹管预埋作业未按照设计图纸施工的问题；技术交底审查不到位，未发现出入段雨污水管线施工安全技术交底中存在作假的问题。建议给予行政记过处分。

(15) 周某，群众，监理单位地铁×号线监理部9标监理组组长。履行监理组组长职责不到位，对出入段作业面现场施工，未安排监理进行巡视；竣工验收审核不严，对发生事故的WA7′-3污水井未按照图纸施工也未办理变更手续的问题失察。建议给予行政警告处分。

(16) 赵某，群众，监理单位地铁×号线监理部安全监理工程师。编制的监理细则中没有下井作业的相关内容；安全隐患排查不到位，对施工现场临时用电不规范等安全隐患失察。建议给予行政警告处分。

(17) 李某，中共党员，监理单位地铁×号线监理部总监理工程师。监理细则审核不到位，对监理细则中缺少下井作业的相关内容的问题失察；对劳务分包单位没有签订合同就在出入段施工作业的问题失察；竣工验收审核不严，对发生事故的WA7′-3污水井未按照设计图纸施工也未办理变更手续的问题失察。建议给予诫勉谈话处理。

(18) 王某，中共党员，DL区市政园林所所长，负责该所全面工作。王某任职期间，组织部署二标段设施监管工作不及时不到位，未及时发现并有效防范事故隐患，对事故发生及造成的不良影响负有领导责任，建议给予王某政务警告处分。

(19) 张某，中共党员，DL区水务局党委书记、局长，负责该局全面工作。DL区水务局作为区排水管理部门，未对区市政园林所履行监管职责情况进行监督检查，对排水设施运行情况失察失管。张某作为区水务局党委书记、局长，未部署对二标段监督管理责任单位履职情况进行监督，对上述问题的发生负有领导责任，建议给予张某政务警告处分。

(20) 穆某，中共党员，市住房和城乡建设综合行政执法总队轨道支队一组组长，具体负责地铁×号线9标段的质量安全监督工作。其在任职期间，日常行政执法检查不到位，对地铁×号线9标段未按施工图施工，也未办理设计变更手续、安全培训教育不到位等隐患问题失察；在落实硫化氢中毒事故防范工作中，未能确保建设单位收到并落实《市住房城乡建设委关于加强建筑施工项目硫化氢中毒事故防范工作的通知》要求；对地铁建设中涉及管线（井）的施工安全监管不到位，未对地铁×号线9标段落实情况进行督促检查，建议给予穆某政务记过处分。

(21) 路某，民革党员，市住房和城乡建设综合行政执法总队轨道支队负责人，主持工作。其在任职期间，履行地铁建设的质量安全监督职能不到位，对地铁施工中管线迁改工程质量安全执法不到位，对地铁×号线9标段日常行政执法检查不到位、硫化氢中毒事故防范工作督促检查不到位的问题失察失管，建议给予路某政务警告处分。

(22) 师某，中共党员，市住房和城乡建设综合行政执法总队副总队长，分管轨道支队。其在任职期间，对轨道支队对地铁施工中管线迁改工程质量安全执法、日常行政执法检查、硫化氢中毒事故防范工作督促检查不到位的问题失察失管，建议给予师某政务警告处分。

3. 对相关责任单位及责任人员给予处理的建议

(1) 劳务分包公司，未对涉事施工人员进行下井作业安全培训，致使其未掌握下井作业的安全操作技能和应急处理措施，未向涉事施工人员提供有效的安全防护用具，下井作业时未安排井上监护人员，未将隐患排查治理情况如实记录，并向从业人员通报，对事故发生负有直接责任。依据《中华人民共和国安全生产法》第一百一十四条第（二）项的规定，建议由DL区应急局对其给予人民币190万元罚款的行政处罚。

（2）杨某，劳务分包单位总经理、法定代表人，未履行安全生产管理职责，未及时消除本单位的生产安全事故隐患，对事故发生负有责任，依据《中华人民共和国安全生产法》第九十五条第（二）项的规定，建议由DL区应急局对其处以2021年度年收入60%的行政罚款，共计人民币2.470817万元。

（3）地铁×号线9标段承包单位，将道路修复施工委托给不具备相应资质条件的个人，预埋污水管作业未按照图纸施工也未履行设计变更手续，未对WA7′-3污水井维修作业的施工单位进行安全技术交底，未向施工人员如实告知作业场所和工作岗位存在危险因素、防范措施以及事故应急措施，未履行下井作业审批手续，未组织硫化氢中毒事故应急救援演练，安全教育培训不到位，安全检查及隐患排查不到位，对事故的发生负有主要责任。依据《中华人民共和国安全生产法》第一百一十四条第（二）项的规定，建议由DL区应急局对其给予人民币190万元罚款的行政处罚。

（4）王某，第9标段承包单位党委书记、董事长，未落实主要负责人安全管理职责，对地铁×号线9标项目部安全管理、检查不到位，未及时消除安全生产隐患，对事故发生负有责任，依据《中华人民共和国安全生产法》第九十五条第（二）项的规定，建议由DL区应急局对其处以2021年度年收入60%的行政罚款，共计人民币75.764829万元。

（5）建议DL区政府向市政府作出深刻书面检查。

（6）建议市住房城乡建设委向市政府作出深刻书面检查。

3.7.6　事故防范和整改措施

1. 施工单位严格落实安全责任，监理单位严查安全事故隐患

第9标段承包单位和劳务分包单位要深刻吸取事故教训，严格落实《中华人民共和国建筑法》《建设工程安全生产管理条例》《天津市建设工程施工安全管理条例》等法律法规规定的施工单位责任，严格按照设计图纸施工，不断加强对作业人员的安全教育培训，严格执行书面安全技术交底，如实告知作业场所和工作岗位存在的危险因素、安全防范措施以及应急处置措施，尤其是有针对性地做好硫化氢中毒事故防范工作，避免因施救不当导致事故的扩大。监理单位要严格依法依规实施监理，做到监理实施细则编制的全覆盖，强化对施工现场的安全检查，严查安全事故隐患并督促施工单位整改到位。

2. 市住房城乡建设委要采取有力措施坚决遏制建筑施工领域事故多发的势头，进一步加强对在建地铁项目的质量安全监管

一是要深入研究分析近年来建筑施工领域事故多发、频发的症结所在，从事故教训中梳理参建各方存在的问题，针对不同事故类型提出相应行之有效的事故防范措施并督促建设工程参建各方落实到位，进一步压实各方质量安全主体责任，有效减少事故的发生，确保工程质量安全。二是在全市范围内组织开展一次在建地铁项目的安全专项整治，排查监管漏洞和死角盲区，彻查事故隐患问题，确保建设工程质量安全管理“十个必须”落实落地。三是进一步加强对市住房和城乡建设综合行政执法总队的监督指导，加大对在建项目安全生产违法行为及非法违法施工活动的惩处力度，特别是要严查《市住房城乡建设委关于防范建筑施工硫化氢中毒事件的通知》的落实情况，对存在的事故隐患和突出问题要敢于“亮剑”，真正将“四铁”“六必”的要求落实到位。

3. DL区要理顺城镇排水与污水处理设施接管和养护维修工作，督促相关部门加强对运行维护和保护情况的监督检查

DL区人民政府要组织区相关部门深刻吸取事故教训，积极研究当前城镇排水与污水处理设施的接管工作中存在的问题，明确职责分工；各相关部门无缝对接，密切配合，确保接管工作依法依规、程序明晰、高效顺畅，坚决杜绝不担当、不作为现象。DL区水务局要严格落实《城镇排水与污水处理条例》《天津市城市排水和再生水利用管理条例》的有关规定，加强对养护维修管理责任单位履行养护维修管理责任情况和排水设施运行情况的监督检查。DL区市政园林所要梳理其尚未向DL区水务局移交接管的排水设施，尽快完成移交；各相关部门要主动作为，有效查处并督改移交接管过程中存在的事故隐患，坚决遏制各类事故的发生。

3.8 新疆维吾尔自治区喀什市“7·18”较大坍塌事故调查报告

2022年7月18日20时34分许，YC县TT乡8村排水工程施工过程中发生一起坍塌事故，造成7名施工人员被掩埋，其中5人经抢救无效死亡、2人轻伤，事故直接经济损失约762万元。

3.8.1 事故基本情况

1. 建设项目概况

2022年1月17日，YC县委农村工作领导小组暨乡村振兴领导小组印发了《YC县2022年第一批巩固拓展脱贫攻坚成果同乡村振兴项目实施方案》（叶党农领〔2022〕1号），该项目责任领导为副县长阿某，项目责任单位及责任人为TT乡党委书记李某、乡村振兴局局长毕某。

2022年3月13日，建设单位与设计单位签订了YC县TT乡4村和8村示范村乡村建设项目《建设工程设计合同》，于2022年3月编制了《可行性研究报告》《初步设计》。其编制的《YC县TT乡8村示范村乡村建设项目施工图设计》经施工图审查机构喀什地区建筑工程施工图审查中心审查合格，于2022年4月20日取得《施工图设计文件审查合格书》。

2022年3月15日，建设单位与勘察单位签订了YC县TT乡4村和8村示范村乡村排水管网建设项目《建设工程勘察合同》。其编制的YC县TT乡4村和8村示范村乡村排水管网建设项目《岩土工程勘察报告》经施工图审查机构喀什地区建筑工程施工图审查中心审查合格。

2022年3月28日，YC县发展和改革委员会下发《YC县TT乡4村和8村示范村乡村建设项目可行性研究报告（代项目建议书）的批复》（叶发改〔2022〕193号），2022年3月31日下发《关于YC县TT乡4村和8村示范乡村建设项目初步设计的批复》（叶发改〔2022〕217号）；项目代码：2203-653126-20-01-446342，建设地点为YC县TT乡4村和8村，工程投资概算总投资800万元，资金来源为财政衔接推进乡村振兴补助资金，建设内容：在YC县TT乡4村新建标准厂房2400m^2，每栋1200m^2，高低压配电室194.83m^2，配套水电暖路等附属设施；铁提乡8村新建DE315-DE500排水管道（钢带增强聚乙烯螺旋波纹管）5000m，新建排水检查井（钢筋混凝土，现浇）共计126座。2022年6月16日取得YC县自然资源局核发的《乡村建设规划许可证》（编号NO：X6500021073，无排水管道建设相关内容），建设规模2594.8m^2。

2022年6月10日建设单位与监理单位签订了YC县TT乡4村和8村示范村乡村建设项目（二标段）《建设工程监理合同》，总监理工程师为潭某。由公司委派的监理员何某在现场实施监理，何某未与公司签订劳务用工合同，监理日志从6月16日开始记录至7月18日。

事故发生在YC县TT乡4村和8村示范村乡村建设项目（二标段），建设内容：TT乡8村新建DE315-DE500排水管道（钢带增强聚乙烯螺旋波纹管）5000m，新建排水检查井（钢筋混凝土，现浇）共计126座。该项目由建设单位于2022年4月29日挂网招标，2022年5月27日在喀什地区公共资源交易中心开标，2022年6月2日出具定标报告，2022年6月9日建设单位向中标施工单位发放了《施工中标通知书》，中标价3125709.52元，并于6月10日签订了施工合同，工期为2022年6月10日至2022年10月7日。

2022年7月7日取得YC县住房和城乡建设局核发的《建筑工程施工许可证》，施工许可附件中排水工程数量为0（建设单位填报错误，发证单位审核不严），载明的建设单位项目负责人为TT乡人民政府副乡长罗某。

项目于2022年6月12日开工建设，7月18日施工至YC县TT乡农贸市场前（P98号井段）的时候，发生了土方坍塌事故，项目完成进度约60%。

图1 测量沟槽开挖深度

2. 事故发生地现场情况

7月19日，事故调查组会同邀请的专家进行现场勘查。现场事故地点发生在P98号井段，开挖沟槽深约4.5m（图1）、上口开挖宽度约1.3m（图2），沟槽边堆土高约2.5m，管底未按施工图设计铺设中粗砂垫层沟槽开挖未按施工图设计放坡，救援时开挖扩大了沟槽宽度（图3）。

图2 上口开挖宽度测量现场

图3 救援开挖拓宽后现场

3.8.2 事故发生经过及救援情况

1. 事故发生经过

通过调取事故发生时现场视频监控及询问现场相关人员，基本查明了事故发生经过。

2022年7月18日，YC县TT乡4村和8村示范村乡村建设项目（二标段）沟槽开挖至YC县TT乡农贸市场前时，施工人员阿某和木某2人在P98井段沟槽内（沟槽深约4.5m）安装完排水管道后顺沟槽返回南侧出口途中，20时30分许发生第1次土方坍塌，将管道推向沟槽壁一侧，导致木某脚卡在排水管道与沟槽壁之间，同行的阿某向地面人员呼救的同时跑至木某身边用手掏土施救，20时32分许地面3名施工人员阿某、赛某和依某依次跳下沟槽施救，同时在靠近TT乡政府一侧沟槽作业的阿某也跑过去施救，20时

34分许发生第2次土方坍塌，将沟槽内其中5人（木某、阿某、赛某、依某、阿某）完全掩埋，其中阿某在距离前述5人约有1m的地方用铁锹挖土施救，听到有人喊“快跑”，他扔下铁锹成功逃离，没有被掩埋，跑到约3m远处回头看时，其他人已经被全部掩埋，其顺沟槽从南侧出口方向离开。第2次塌方后地面非施工人员西某当即在20时34分许拨打了110、119、120求助电话，同时地面第4名施工人员艾某跳下沟槽施救，20时35分许发生第3次土方坍塌，未对艾某造成影响，其于20时36分许自行爬出沟槽（图4）。

图4　坍塌事故现场示意图

2. 应急救援及善后处理情况

1）应急救援情况

事故发生后，现场施工人员立即开展施救，同时迅速报警求助，YC县委、县人民政府主要领导第一时间赶赴事故现场指导开展事故应急救援，启动YC县应急响应，成立前方救援指挥部，统筹公安、消防、住建、卫健、医疗等部门380余人，大型机械8台（7台挖掘机、1台作业车）和保障用车10辆（7辆救护车、3辆应急车），公安、消防、部队等保障车辆51辆，安全有序开展事故救援。地区成立现场应急救援指挥部，下设事故救援组、事故调查组、医疗救护组、安全保卫组、善后处理组、舆情管控组、后勤保障组指导参与应急救援和事故调查。

地区消防救援支队指挥中心调集YC县消防救援大队共4辆消防车、24名消防救援人员携带生命探测、顶撑支护、警戒照明灯等各类救援装备赶赴现场救援处置，21时05分，第一名被困人员被成功救出；21时41分，第二名被困人员被救出；21时55分，第三名被困人员被救出；22时24分，第四名被困人员被救出；22时27分，第五名被困人员被救出，至此5名被困人员全部搜寻找到。搜救出的人员及时转运至县医院，地区人民医院及援疆医疗专家协同县人民医院进行全力救治。救援人员继续搜寻是否有其他被困人员，至7月19日0时37分，县消防救援大队留守1车5人协助大型机械设备继续开展救援监护（图5、图6）。

图 5　应急救援现场

图 6　应急救援现场

2）善后处理情况

5名被困人员送往医院后，地委、行署主要领导赶赴医院，要求全力抢救受伤人员，开展家属慰问、心理疏导、情绪安抚等工作，经抢救无效5名被困人员死亡。YC县成立5个善后处置小组，每个小组由一名县级领导负责，按照行署专员善后工作专题会议要求，采取“一人一方案”的方式，对5名死亡人员亲属开展思想疏导、善后安抚等工作，截至19日上午9时左右5名遇难者全部顺利下葬。

事故调查组会同YC县委、县人民政府依法、科学、精准、有序开展善后处理工作，按照“最大限度降低事故造成的社会影响、最大限度维护遇难人员家属权益”的原则，研究制定《YC县“7·18”TT乡乡村振兴工程建设项目坍塌较大生产安全责任事故遇难人员赔偿支付工作方案》，对遇难人员家庭情况精准核实、精准施策，精准计算赔付金额，结合遇难者供养家属情况，本着“就高不就低”的赔付原则，制定“一户一赔付”方案，共计赔付金额762万元，通过协调保险公司、银行、司法公证、用人单位等部门，落实资金来源，将赔偿金合法、合理、精准发放到每名遇难者家属手中，此项工作已于7月30

日全部完成。

3. 应急处置评估

事故发生后，喀什地委、行署，YC县委、县人民政府和相关职能部门在事故处置过程中能按照各自职责密切配合、协调联动，依法、科学、精准、高效完成应急处置各项工作。经评估，叶城县委、县人民政府坚决贯彻落实自治区党委、自治区人民政府领导指示批示要求，按照地委、行署决策部署，及时启动应急预案，迅速组织消防、公安、武警、应急、住建、交通、卫健、人社、民政等部门开展应急处置、医疗救治和善后处理等，事故现场救援处置措施得当，信息报送渠道通畅，信息发布及时，善后工作有序，在事故应急处置中无次生灾害、无衍生事故、无疫情发生，未出现上访等群体性事件。

3.8.3 直接经济损失

事故直接经济损失合计约762万元。

3.8.4 事故发生原因和事故性质

1. 直接原因

（1）沟槽开挖未按施工图设计施工，本次事故发生在P98号井段，根据施工图设计，该位置管道埋深4.24m，中粗砂垫层0.2m，沟槽开挖深度约4.5m，沟槽边坡坡度应根据土壤类别、力学性能和沟槽开挖深度决定，深度在5m以内（不加支撑）的沟槽最陡边坡的坡度根据《给水排水管道工程施工及验收规范》GB 50268—2008及地勘报告确定，边坡系数应为0.75，沟槽开挖设计断面如图7所示。

经过现场实际勘察，沟槽开挖没有放坡，沟槽开挖实际断面如图8、图9所示。

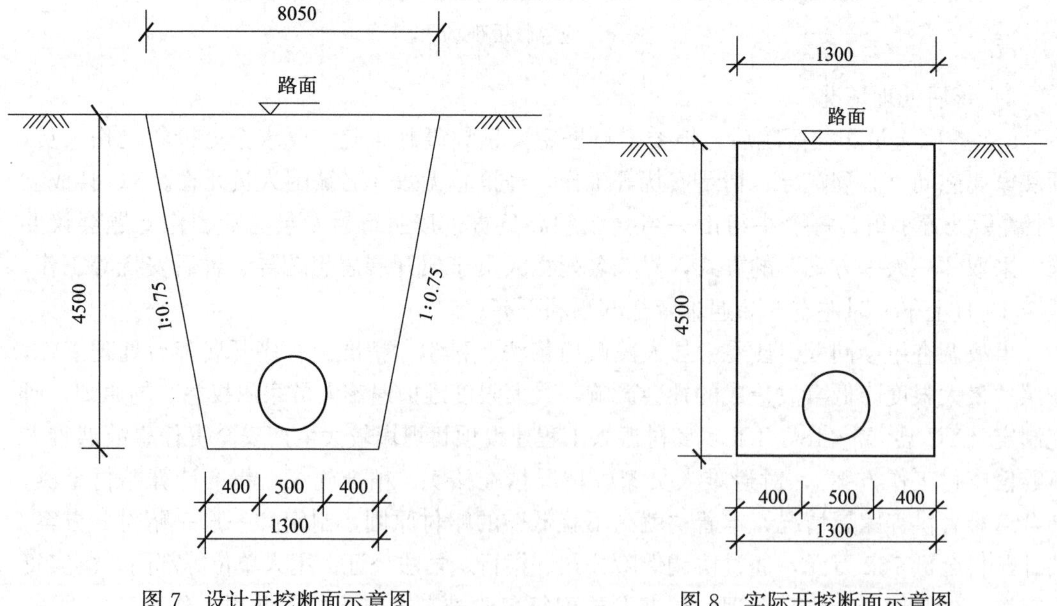

图7 设计开挖断面示意图

图8 实际开挖断面示意图

根据现场实际勘查，挖出土方顺势堆放在沟槽一侧高约 2.5m，超过施工图设计堆载高度且距离沟槽边缘较近（堆土距沟槽边缘不小于 0.8m，且高度不应超过 1.5m，沟槽边堆置土方不得超过设计堆载高度），加之挖掘机在塌方点附近作业、乡道 Y600 线车辆来往频繁，沟槽壁直立、上部静动荷载共同作用，导致沟槽边坡失稳发生局部坍塌。

图 9　实际开挖断面图

（2）作业人员安全意识淡薄，对施工作业的危险认识不足、缺乏基本安全知识，进入沟槽施工，发生第一次坍塌后盲目施救过程中发生二次坍塌，导致伤亡扩大。

2. 间接原因

1）实际施工方

董某、阿某非法违法生产、不具备安全生产条件，无相应施工资质和安全生产许可证，违法承揽 YC 县 TT 乡 4 村和 8 村示范村乡村建设项目（二标段），组织无相应资格的管理人员和未经培训教育的劳务人员，未按照施工图设计非法施工，降低工程质量安全标准。作业现场安全管理混乱，未制定安全生产责任制度和安全生产规章制度；沟槽开挖未编制安全技术措施和专项施工方案；施工现场未配备专职安全管理人员进行监督。现场负责人和相关管理人员未经有关部门考核合格，未对作业人员进行安全教育培训和安全技术交底，安全防护未按标准配备，未制定施工现场生产安全事故应急救援预案。现场监理人员先后下发《监理通知单》3 份（其中 2 份由马某签收，1 份无签收人签字），施工单位安全管理人员先后下发《建筑施工质量安全隐患整改通知单》2 份，都指出了现场安全隐患，不但未落实整改，还继续违章指挥、组织冒险施工，事故发生时实际施工方负责人未在岗在位。

2）施工单位

违法转包工程，将 YC 县 TT 乡 4 村和 8 村示范村乡村建设项目（二标段）转包给无相应资质和安全生产许可证的董某、阿某，导致不具备施工资质和条件的董某、阿某承揽该项目进行非法施工作业。安全生产主体责任未落实，未实际组建项目管理机构，未针对建筑工程实际制定安全技术措施。施工中标通知书、《建筑工程施工许可证》载明和施工合同约定的施工单位项目负责人徐某［二级建造师注册证书，注册专业：市政公用工程，有效期到 2024 年 1 月 11 日，安全生产考核合格证书编号：新建安 B（2021）0060143，证书有效期至 2024 年 1 月 13 日］违规挂证，既未在公司工作，也未到岗履职；施工中标通知书载明的施工技术负责人张某、施工员王某、资料员李某 3 人被公司安排负责其他工作，安全员王某、质量员王某、材料员彭某、预算员张某 4 人违规挂证（岗位证书），未在公司工作；质量安全科郑某负责包含该项目在内的公司部分项目质量安全巡查工作，公司对实际施工方未按施工图设计施工、降低工程质量标准，未采取必要安全防护措施，未有效履行施工单位质量安全内控职责，虽对发现的隐患下发了《建筑施工质量安全隐患整改通知单》2份，但未督促现场施工负责人实施有效整改形成“闭环”管理，未能有效督促消除现场安全隐患，事故发生时，公司相关管理人员均不在现场。

3）监理单位

未依法依规履行监理职责，未实际组建项目监理机构，虽编制了监理规划、监理实施细则，但未进行内部审核，更未落到实际监理工作中；未审查沟槽土方开挖安全技术措施和专项施工方案，对施工方在未签发开工令情况下提前施工作业未下达工程停工令；对施工方未按施工图设计施工、降低施工质量安全标准的行为未及时制止；对沟槽开挖作业未实施专项巡视检查。监理合同载明的总监理工程师潭某（注册监理工程师，注册专业：房屋建筑工程、市政公用工程）违规挂证，既未在公司工作，也未到岗履职；公司仅指派1名监理员何某在现场实施监理，虽对发现的安全隐患3次下发了《监理通知单》，但对施工现场存在重大安全隐患长期不整改的行为，未按规定向建设单位、行业主管部门和行业监管单位报告，隐患整改未形成“闭环”，且事故发生时监理人员均不在现场。

4）建设单位

未落实建设单位主体责任和建设工程质量安全首要责任，也未落实属地监管责任，对施工质量安全未履行统一协调、管理职责，未有效督促施工、监理单位对重大安全隐患采取措施及时排除。项目负责人将无资质资格的董某介绍给施工单位，明知实际施工方无资质资格，项目完全不具备开工条件，且在未取得施工许可手续、监理单位未签发开工令、工程质量安全无保障等情况下，下达开工指令，让实际施工方违规开工，对施工方未按施工图设计施工降低工程质量安全标准未监督、未发现，对项目主管部门YC县乡村振兴局推送的安全隐患整改通知未采取任何措施督促实际施工方落实整改。

3. 事故性质认定

事故调查组认定，YC县TT乡8村排水工程“7·18”较大坍塌事故是一起严重违法违规行为导致的生产安全责任事故。

3.8.5 有关部门主要问题

1. YC县乡村振兴局

作为项目主管部门，落实项目监管责任不到位，未认真落实“三管三必须”职责和《自治区农村人居环境整治项目管理办法》（新人居办〔2020〕4号）规定的“谁主管、谁负责”原则，虽委托第三方机构开展巡查发现了安全隐患并通知了建设单位项目负责人TT乡人民政府副乡长罗某，但未对隐患整改进行“闭环”管理。

2. YC县财政局（国资委）

在对国有企业安全管理上未履行“三管三必须”职责，对监管的某开发公司所属的施工单位在该工程建设过程中发生的系列违法违规行为未及时发现并制止。

3. YC县某开发公司

对其所属的施工单位生产经营管理不到位，未落实“三管三必须”职责，只管生产经营，不管安全生产，对其生产经营活动违法行为没有及时制止。

4. YC 县住房和城乡建设局

履行行业监管责任不到位，对施工、监理企业市场行为、从业行为等方面还存在监管漏洞，未及时发现并查处施工单位违法转包工程、监理单位监理人员违规挂证等违法违规行为。作为房屋市政工程行业监管部门，在项目实施中，对施工单位、监理单位的质量安全行为监督未能及时跟进。

3.8.6　对有关责任单位和人员的处理建议

1. 对有关责任人员的处理建议

1）免于追究责任人员（1 人）

赛某，1993 年 5 月出生，施工现场实际施工员，不具备相应资格，违规指挥开挖沟槽，且未按照施工图设计放坡，导致事故发生，对事故发生负有直接责任，涉嫌强令、组织他人违章冒险作业罪，鉴于其在本次事故中死亡，建议免予追究责任。

2）建议追究刑事责任人员（6 人）

施工单位（2 人）

（1）蒋某，男，1982 年 12 月出生，中共党员，YC 县住房和城乡建设局原副局长、YC 工业园区管委会就业服务中心主任、施工单位董事长，未履行安全生产第一责任人责任，将项目违法转包给不具备施工资质的个人，违反《中华人民共和国安全生产法》第二十一条第一至六款规定，在工程项目实施中，履行监管责任不力，对存在的安全隐患制止不力，工作严重失职失责，对事故发生负有主要领导责任，涉嫌重大责任事故罪，建议追究刑事责任。同时，由 YC 县纪委监委对其立案审查调查。

（2）李某，男，1985 年 3 月出生，中共党员，施工单位法定代表人、总经理，未履行安全生产第一责任人责任，将项目违法转包给不具备施工资质的个人，违反《中华人民共和国安全生产法》第二十一条第一至第六款、《中华人民共和国建筑法》第四十四条第二款规定，对工程项目后续施工未及时进行跟进监督，工作严重失职失责，对事故发生负有直接主要责任，涉嫌重大责任事故罪，建议追究刑事责任。同时，由 YC 县纪委监委对其立案审查调查。

实际施工方（3 人）

（3）董某，男，1979 年 4 月出生，施工方实际负责人，无相应资质和安全生产许可证，伙同他人承包该工程项目，不按施工图设计施工，降低工程质量安全标准，未及时消除安全隐患，违反《中华人民共和国安全生产法》第二十一条第一至第六款、《中华人民共和国建筑法》第四十七条、《建设工程安全生产管理条例》第二十一条规定，对事故发生负有主要责任。涉嫌重大责任事故罪和强令、组织他人违章冒险作业罪、工程重大安全事故罪，建议追究刑事责任，目前地区纪委监委已对其采取留置措施。

（4）阿某，男，1981 年 12 月出生，施工方实际负责人，无相应资质和安全生产许可证，伙同他人承包该工程项目，不按施工图设计施工，降低工程质量安全标准，未及时消除安全隐患，违反《中华人民共和国安全生产法》第二十一条第一至第六款、《中华人民共和国建筑法》第四十七条及《建设工程安全生产管理条例》第二十一条规定，对事故发生负有主要责任，涉嫌重大责任事故罪和强令、组织他人违章冒险作业罪、工程重大安全事故罪，建议追究刑事责任。

（5）马某，男，1989年3月出生，实际施工方聘用的管理人员，不按施工图设计施工，降低工程质量安全标准，对施工单位、监理单位多次下发的隐患整改通知书未采取有效措施落实整改，违反《中华人民共和国安全生产法》第四十六条、第五十七条、第五十九条及《中华人民共和国建筑法》第四十七条规定，对事故发生负有直接责任，涉嫌重大责任事故罪，建议追究刑事责任。

监理单位（1人）

（6）何某，男，1969年4月出生，项目施工现场监理员，对发现的安全事故隐患未实行“闭环”管理，对施工单位拒不整改或者不停止施工，未及时向有关部门报告，对事故发生负有直接责任，违反《中华人民共和国安全生产法》第五十九条、《中华人民共和国建筑法》第三十二条第二、三款、《建设工程安全生产管理条例》第十四条第三款、依据《中华人民共和国安全生产法》第一百零二条、《建设工程安全生产管理条例》第五十七条规定，涉嫌重大责任事故罪，建议追究刑事责任。

3）建议给予行政处罚人员（4人）

施工单位（2人）

（1）徐某，女，1996年3月出生，作为该工程项目经理，未履行法定职责，将本人二级建造师资格证书通过中介机构提供给企业使用，实际并未参与聘用单位业务范围内任何执业活动，违反《建设工程安全生产管理条例》第二十一条第二项规定，对事故发生负有管理责任，依据《建设工程安全生产管理条例》第五十八条规定，建议由地区住房和城乡建设局提请自治区住房和城乡建设厅对其有关资格依法处理。

（2）郑某，男，1983年12月出生，施工单位质量安全科质量安全员，未及时制止和纠正施工现场存在“三违”行为，未督促落实安全生产整改措施，违反《中华人民共和国安全生产法》第二十五条第六、七项、第五十九条、《建设工程安全生产管理条例》第二十三条第二款规定，对事故发生负有责任，依据《中华人民共和国安全生产法》第九十六条规定，建议由地区应急管理局对其进行行政处罚。同时由YC县纪委监委将其违规行为移交施工单位进行处理。

监理单位（2人）

（3）史某，男，1988年9月出生，监理单位法定代表人，未落实安全生产主要负责人责任，违反《中华人民共和国安全生产法》第二十一条第一项至第六项规定，对事故发生负有监理责任，依据《中华人民共和国安全生产法》第九十五条第二项规定，建议由地区应急管理局对其进行行政处罚。

（4）潭某，男，1966年5月出生，作为该工程总监理工程师，未履行法定职责，将本人监理工程师资格证书通过中介机构提供给企业使用，实际并未参与聘用单位业务范围内任何执业活动，违反《建设工程安全生产管理条例》第十四条第三款规定，对事故发生负有监理责任，依据《建设工程安全生产管理条例》第五十八条规定，建议由地区住房和城乡建设局提请住房和城乡建设部对其有关资格依法处理。

2. 生产安全责任事故追责问责审查调查情况

2022年7月19日，根据《自治区纪委监委开展重大生产安全责任事故追责问责审查调查工作办法（试行）》的有关规定，地区纪委监委组成 YC 县 TT 乡“7·18”较大生产安全责任事故追责问责审查调查组，依规依纪依法对事故涉及的党组织和党员、干部以及监察对象涉嫌违纪或者职务违法、职务犯罪开展追责问责审查调查工作，并提出拟对 20 名责任人员进行追责问责意见，其中立案审查调查 15 人，运用“第一种形态”处理 5 人。

1）立案审查调查（3 人）

（1）吐某，男，中共党员，YC 县 TT 乡 8 村党支部书记，对该村排水工程项目跟进监督不到位，对存在的安全隐患制止不力，对事故发生负有主要领导责任，建议由 YC 县纪委监委对其立案审查调查。

（2）罗某，男，中共党员，YC 县 TT 乡党委委员、副乡长，该项目主要责任人，明知由施工单位实施该项目，仍然与施工单位对接将项目转包给无资质个体老板施工；在项目未取得施工许可，完全不具备安全施工条件下违规下达开工指令；项目监管部门对其推送的隐患整改通知，未督促施工单位采取停工等整改措施；在项目日常监管中，对施工单位未按图施工降低工程质量安全标准，丧失监管；应当履行的安全生产职责全部放空，工作严重失职、失责、渎职，对事故发生负有建设单位直接领导责任，建议由 YC 县纪委监委对其立案审查调查。

（3）樊某，男，中共党员，YC 县委副书记，负责主抓巩固拓展脱贫攻坚成果同乡村振兴有效衔接，主管乡村振兴局，在乡村振兴项目实施过程中，没有履行工作职责，在具有工程项目资质企业中标的情况下，利用职权影响，违规向工程项目建设单位安排无企业资质老板承揽该乡 8 村排水工程项目，失职渎职，对事故发生负有主要领导责任，建议由地区纪委监委对其立案审查调查。

2）立案审查（12 人）

（1）沈某，女，中共党员，YC 县乡村振兴局产业发展中心主任，其负责乡村振兴项目建设，对项目实施情况监管不到位，委托第三方负责监管，一托了之，对工程监理履职情况不掌握，未做到跟踪问效，工作中失职失责，对事故发生负有项目管理不到位责任，建议由 YC 县纪委监委对其立案审查。

（2）钱某，男，中共党员，YC 县某开发公司党支部书记、董事长，作为施工单位的上级主管单位主要负责人，负有安全生产监督管理职责，履行安全生产监管职责不力，对所属企业施工项目安全缺失监管，失职失责，对事故发生负有监管领导责任，建议由 YC 县纪委监委对其立案审查。

（3）王某，男，汉族，中共党员，YC 县 TT 乡党委副书记，分管脱贫攻坚与乡村振兴工作，履行“一岗双责”不到位，对该项目跟进监督不到位，对存在的安全隐患制止不力，工作严重失职失责，对事故发生负有建设单位主要领导责任，建议由 YC 县纪委监委对其立案审查。

（4）毕某，男，中共党员，YC 县乡村振兴局党组副书记、局长，YC 县巩固脱贫攻坚成果、统筹推进实施乡村振兴战略的主管责任领导，思想麻痹大意，落实安全生产监管职责不到位，对不具备工程建设资质的人员层层违法转包的问题发现不及时，对存在的安全隐患制止不力，工作严重失职失责，对事故发生负有项目管理重要领导责任，建议由 YC 县纪委监委对其立案审查。

（5）刘某，男，中共党员，YC县乡村振兴局党组书记、副局长，YC县巩固脱贫攻坚成果、统筹推进实施乡村振兴战略的负责人，思想麻痹大意，落实安全生产监管职责不到位，对不具备工程建设资质的人员层层违法转包的问题未发现，对存在的安全隐患制止不力，工作严重失职失责，对事故发生负有项目管理重要领导责任，建议由YC县纪委监委对其立案审查。

（6）阿某，男，中共党员，YC县住房和城乡建设局党组书记、副局长，县住房和城乡建设局安全生产工作领导小组组长，抓安全生产工作主动性不强，思想麻痹大意，履行行业安全生产监管职责不到位，对项目建设事前、事中没有做到全程跟进监管，对不具备工程建设资质的人员层层违法转包的问题发现不及时，对存在的安全隐患制止不力，失职失责，对事故发生负有行业监管重要领导责任，建议由YC县纪委监委对其立案审查。

（7）邱某，男，中共党员，YC县住房和城乡建设局党组副书记、局长，作为住建系统主要领导，思想麻痹大意，落实行业安全生产监管职责不到位，对项目建设事前、事中没有做到全程跟进监管，工作开展多以听汇报为主，对不具备工程建设资质的人员层层违法转包的问题发现不及时，对存在的安全隐患制止不力，失职失责，对事故发生负有行业监管重要领导责任，建议由YC县纪委监委对其立案审查。

（8）阿某，男，中共党员，YC县TT乡党委副书记、乡长，安全生产第一责任人，对该项目跟进监督不到位，对存在的安全隐患制止不力，工作严重失职失责，对事故发生负有建设单位重要领导责任，建议由YC县纪委监委对其立案审查。

（9）李某，男，中共党员，YC县TT乡党委书记，在县有关领导授意下，安排下属协调对接，将项目转包给无资质个体老板施工，且在工程项目实施中，履行主体责任不力，对发现存在的安全隐患制止不力，工作严重失职失责，对事故发生负有建设单位重要领导责任，建议由YC县纪委监委对其立案审查。

（10）阿某，男，中共党员，YC县政府副县长，作为包联铁提乡的县领导，在乡村振兴项目实施过程中，未严格落实“包乡镇包项目”工作责任，对事故发生负有重要领导责任，建议由地区纪委监委对其立案审查。

（11）亚某，男，中共党员，YC县委常委，负责协管叶城县乡村振兴工作，履行乡村振兴项目安全生产监督责任不力，工作浮于表面，失职失责，对事故发生负有领导责任，建议由地区纪委监委对其立案审查。

（12）江某，男，中共党员，YC县委常委、常务副县长，负责协助县长主抓住房和城乡建设、安全生产、乡村振兴工作，督促住房和城乡建设局、乡村振兴局落实监管职责不到位，对安全生产工作检查浮于表面，工作措施落实不深不细，对事故发生负有主要领导责任，建议由地区纪委监委对其立案审查。

3. 运用“第一种形态”处理（5人）

（1）艾某，男，中共党员，YC县TT乡党委委员、纪委书记、派出监察办公室主任，履行监督责任不力，对铁提乡4村和8村示范村建设项目层层转包问题该发现而没有发现；没有认真贯彻落实《中共中央关于加强对“一把手”和领导班子监督的意见》，对“三重一大”事项监督缺位，对党政班子成员插手建设项目监督不力，负有主要领导责任，建议由YC县纪委监委对其运用“第一种形态”处理。

（2）向某，男，1979年11月出生，中共党员，YC县财政局副主任科员，分管YC

县财政局国资企财股（YC县未设置国资委，由YC县财政局国资企财股履行国有企业监管职责），负责对施工单位的安全生产监督管理职责，履行安全生产监管职责不力，对施工单位中标工程项目进展情况不过问、不监管，失职失责，对事故发生负有一定监管责任，建议由YC县纪委监委对其运用“第一种形态”处理。

（3）艾某，男，中共党员，YC县TT乡副书记、组织员、8村联系点领导，在乡村振兴项目实施过程中，未严格落实“包村包项目”工作责任，对TT乡8村排水管道项目建设存在的重大安全隐患未及时发现并督促整改，工作失职失责，对事故发生负有一定领导责任，建议由YC县纪委监委对其运用“第一种形态”处理。

（4）沙某，男，中共党员，YC县政府副县长，分管安全生产工作，没有切实履行好安全生产监管职责，对事故发生负有一定领导责任，建议由地区纪委监委运用“第一种形态”处理。

（5）向某，男，中共党员，YC县政府党组成员、副县长，分工负责乡村振兴工作，分管乡村振兴局、住房和城乡建设局。没有切实履行好“管行业必管安全”及“一岗双责”的安全生产监管职责，对事故发生负有一定领导责任，建议由地区纪委监委运用“第一种形态”处理。

4. 对有关责任单位的处理建议

（1）施工单位，安全生产主体责任不落实，将中标工程违法转包给不具备施工资质资格的个人进行非法施工，对事故发生负重要责任，违反《中华人民共和国安全生产法》第四十九条第一、二款及《中华人民共和国建筑法》第三条、第二十八条、第三十八条、第三十九条、第四十四条、第四十六条、第四十八条、第五十八条、《建设工程安全生产管理条例》第二十三条、第三十二条第一款、《建设工程质量管理条例》第二十八条规定，依据《中华人民共和国建筑法》第六十七条规定，建议由喀什地区住房和城乡建设局对其有关资质依法处理；依据《中华人民共和国安全生产法》第一百一十四条第二款规定，建议由地区应急管理局对其进行行政处罚。

（2）监理单位未依法依规履行监理责任，对事故发生负监理责任，违反《建设工程安全生产管理条例》第十四条规定，依据《建设工程安全生产管理条例》第五十七条规定，建议由地区住房和城乡建设局商喀什经济开发区规划土地建设环保局对其有关资质依法处理；依据《中华人民共和国安全生产法》第一百一十四条第二款，建议由地区应急管理局对其进行行政处罚。

（3）建设单位未落实建设单位主体责任、建设工程质量安全首要责任和属地监管责任，对事故发生负有责任。责成建设单位向YC县委、县人民政府作出深刻书面检查，建议由YC县委、县人民政府约谈建设单位主要负责人，并在事故调查报告批复后三个月内将处理情况报送地区安全生产委员会办公室备案。

（4）YC县乡村振兴局作为项目主管单位履行项目监管责任不到位，对事故发生负有项目主管责任，责成YC县乡村振兴局向叶城县委、县人民政府作出深刻书面检查，建议由叶城县委、县人民政府约谈YC县乡村振兴局主要负责人，并在事故调查报告批复后三个月内将处理情况报送地区安全生产委员会办公室备案。

（5）YC县财政局（国资委）对所属国有企业安全管理未履行“三管三必须”职责，对事故发生负有管理责任，责成YC县财政局（国资委）向YC县委、县人民政府作出深刻书面检查，并报送地区安全生产委员会办公室备案。

（6）YC县某开发公司对下属公司（施工单位）管理不到位，对事故发生负有管理责任，建议YC县人民政府约谈该开发公司主要负责人，并在事故调查报告批复后三个月内将处理情况报送地区安全生产委员会办公室备案。

（7）YC县住房和城乡建设局履行行业监管责任不到位，对建设各方市场行为监管不力，对事故发生负有行业监管责任，建议由YC县委、县人民政府约谈县住房和城乡建设局主要负责人，并在事故调查报告批复后三个月内将处理情况报送地区安全生产委员会办公室备案。

（8）YC县委、县人民政府未有效落实《地方党政领导干部安全生产责任制规定》，履行安全生产领导责任制不到位，对事故发生负有属地领导责任，建议由YC县委、县人民政府分别向地委、行署作出深刻书面检查，并抄送地区安全生产委员会办公室备案，由地委、行署约谈YC县委、县人民政府主要领导。

3.8.7 事故主要教训

1. 安全发展理念树得不牢

YC县乡两级党委、人民政府在牢固树立底线思维和红线意识、统筹发展与安全两件大事上存在差距，落实习近平总书记关于全面开展安全生产大检查的批示不到位，未深刻吸取近年来全国各类施工安全事故教训，相关部门没有严格落实“管行业必须管安全、管业务必须管安全、管生产经营必须管安全”的要求，对工程建设领域安全生产工作重视不够，工作不实不细，风险研判不全面，对安全风险认识不足，管控措施不得力，未按规定进行监督管理，监督管理层层失守，未有效落实施工安全监管职责，违规建设现象长期存在。

2. 乡村建设工程安全管理薄弱

近年来，随着乡村振兴战略的持续深入，乡村建设工程逐年增多，乡村建设工程业主行为不规范，有法不依、逃避监管、私招滥雇施工队伍，不按建设程序办理施工手续，乡村一线作业人员不了解、不掌握、不重视强制性标准，乡村建设工程质量安全形势不容乐观，安全监管存在薄弱环节。

3. 施工安全管理缺失缺位

施工单位严重违反法律法规规定，将工程转包给无资质、不具备安全管理能力的个人，未安排有资质和专业能力的人员全程跟进管理，导致施工管理混乱、盲目蛮干。监理单位极度不负责，未实际派驻总监理工程师、专业监理工程师，监理工作形同虚设，派驻的现场监理员发现问题不及时按规定报告处理。建设单位作为建设工程质量安全首要责任单位，未落实党政领导干部安全生产管理责任，未取得开工许可手续先行建设，对施工、监理单位违法和失职行为失察。建设单位、施工单位、监理单位隐患排查制度不落实，重大安全隐患未得到消除，种种不负责任的行为、职责的层层失守，使各种漏洞、风险叠加，埋下隐患，最终酿成事故。

3.8.8 事故防范和整改措施建议

事故发生后，地委、行署为深刻汲取教训，痛定思痛，坚持以问题为导向，紧盯政府投资类项目，严格规范审批、施工各个环节，全面开展工程建设领域安全大检查。7月19日，地委、行署主要领导组织召开全地区安全生产工作会议，深入学习贯彻习近平总书记关于安全生产的重要论述和重要指示批示精神，坚决贯彻落实自治区党委书记、自治区人民政府主席指示批示精神，认真贯彻落实全国、自治区安全生产工作会议精神，深入剖析YC县“7·18”排水工程较大坍塌事故的原因和血的教训。7月29日行署主要领导组织召开全地区安全生产约谈会，对包含YC县委、县人民政府在内的5个县市进行集体约谈，对全地区安全生产各项工作进行再强调、再部署、再检查、再落实，聚焦道路交通、消防、煤矿、非煤矿山、危险化学品、燃气、自建房、旅游、防溺水等重点领域，采取“执法+专家+多部门”联动的方式，全面排查整治安全隐患，落实包保责任制，压实各级党政、各行业监管部门责任，持续不断、全面彻底开展安全生产执法检查。健全完善常态化调度机制，及时发现和解决问题隐患，坚决把自治区党委、自治区人民政府的工作部署和措施要求落到实处，全力营造安全稳定的社会环境。

YC县“7·18”排水工程较大坍塌事故血的教训警醒我们，安全生产形势严峻、复杂，要始终坚持以人民为中心，始终坚守发展决不能以牺牲人的生命为代价这条不可逾越的红线，始终保持如履薄冰的谨慎，始终保持一叶知秋的敏锐，紧盯重点领域，狠抓各项安全防范措施落地落实。各级党委政府必须以习近平新时代中国特色社会主义思想为指导，切实增强“四个意识”，牢固树立安全发展、依法治理理念，综合运用巡查督查、考核考察、激励惩戒等措施，加强组织领导，强化属地管理、行业管理和企业主体责任，完善体制机制，有效防范安全生产风险，坚决遏制较大及以上生产安全事故。

1. 提高政治站位，进一步树牢安全发展理念

各级党委政府和有关部门要站在讲政治的高度，牢固树立以人民为中心的安全发展理念，在实际工作中认真贯彻落实习近平总书记关于安全生产工作重要论述和指示批示精神，坚守红线意识和底线思维。严格按照“党政同责、一岗双责、齐抓共管、失职追责”要求，压实地方党委政府属地领导责任和各部门安全生产监管责任，落实国务院安全生产15条硬措施和自治区、地区70条具体措施，督促企业严格落实安全生产主体责任，行业部门落实监管责任，切实维护人民群众生命财产安全。

2. 按照“三管三必须”要求，加强对乡村工程项目安全监管

各级党委政府和有关部门要深刻汲取事故教训，举一反三，按照“管行业必须管安全、管业务必须管安全、管生产经营必须管安全”要求，在抓乡村工程项目工作时，同时安排部署安全生产工作。在确保安全生产前提下，科学、合理地安排重点项目工期。要进一步梳理安全生产责任清单，完善审批部门与各有关部门及乡镇政府的安全生产工作联系机制，消除监管盲区。

3. 深入开展安全生产专项整治，严厉打击工程建设领域违法行为

各级党委政府和有关部门要严格落实《自治区实施〈地方党政领导干部安全生产责任

制规定〉细则》，切实做好各行业“安全生产专项整治三年行动”工作。特别是针对事故暴露出的工程建设领域中建设单位不办理开工手续违规开工，对施工单位项目部管理人员特别是安全管理人员身份信息审查把关不严、施工单位违法转包、分包，监理单位不按照规定实施监理等违法违规行为，进行全面排查整治，严格依法查处。要立即对施工单位现有工程项目进行全面摸排、审查，同时针对施工单位暴露出的问题举一反三，对辖区所有工程建设领域相关企业、项目进行全面排查整治。

4. 严格落实企业安全生产主体责任

建设单位要加强对施工单位、监理单位的安全生产管理，要与施工单位、监理单位签订专门的安全生产管理协议，要加强施工现场安全管理，定期进行安全检查，发现存在安全问题的要落实安全生产包保责任制及时督促整改。施工单位要按要求配备施工现场项目负责人和专职安全管理人员，督促施工项目部按要求制定并落实全员安全生产责任制、安全生产规章制度和操作规程，加强从业人员安全教育培训，健全完善安全风险分级管控和隐患排查治理双重预防机制，依法为从业人员缴纳工伤保险，重点高危行业依法投保安全生产责任险。监理单位要按规定配备总监理工程师和专业监理工程师，及时审查施工单位的安全管理体系建立和运行情况，严格审查施工单位安全管理人员资格和应急救援预案的编制和演练情况，对危险性较大作业实施专项巡视检查，重大问题依法向监管部门报告。

5. 严格落实属地监管责任

YC县县乡两级党委、人民政府和村（社区）要严格落实属地监管责任，加强对安全生产工作的领导，督促行业部门及有关企业认真落实安全生产职责，切实做到将安全生产工作同其他工作同部署、同检查、同考核，构建齐抓共管的工作格局。

6. 严格履行行业监管职责

各单位要坚决落实习近平总书记关于“安全生产必须落实到工程建设各环节各方面，防止各种安全隐患，确保安全施工，做到安全第一”的讲话精神，按照“管行业必须管安全”的要求，认真履行行业监管和安全监督职责，加强对相关单位资质审查，严格项目审批流程，把好准入关和监督关，严禁“先上车后买票”现象。要加强对建设施工、监理单位履行安全生产责任情况的监督检查，实行全过程监管，加大违规挂证查处力度，严厉打击转包、挂靠、违法分包、违法生产建设等行为，及时消除事故隐患，坚决杜绝类似事故再次发生。

3.9　江苏省南京市“8·20”较大起重伤害事故调查报告

2022年8月20日16时20分许，南京某NO.2021G24C地块项目工地，在1号塔式起重机（以下简称“塔机”）安装作业过程中发生一起塔机倒塌事故，造成3人死亡，1人受伤，直接经济损失约675万元人民币。

调查认定，南京某N0.2021G24C地块“8·20”较大起重伤害事故是一起因塔机连接销轴未全部安装、违规设计生产过渡节、相关安全责任不落实造成的较大生产安全责任事故。

3.9.1 事故基本情况

1. 事发项目基本概况

南京某N0.2021G24地块位于南京市玄武区红山新城，东至北苑东路、南至规划大壮观路、西至恒嘉路、北至华飞路，总占地面积约14.4万m^2，总建筑面积约73万m^2。G24地块又分为ABCDEF六个子地块（图1），其中涉事C地块位于项目东南侧，主要为办公及商业，总建筑面积约13.05万m^2。

图1 南京某NO.2021G24地块位置图

2. 塔机安装情况

施工总承包单位作为塔机的实际使用单位，为了便于后续施工，在开工时及时使用塔机，事发前组织召开塔机基础专项施工方案专家论证会。在主体工程尚未取得施工许可的情况下，向桩基施工单位出具塔机安装承诺书。承诺书显示，施工总承包单位使用桩基施工单位施工许可证办理塔机安装手续，并承诺在此期间对塔机的安装、安全事宜承担一切责任。但实际向建设行政主管部门报送的塔机安装告知相关材料施工总承包单位审核意见处为桩基施工单位盖章。

1）G24C地块塔机安装情况

G24C地块计划安装5台塔机，现场编号分别为：1号、2号、3号、4号、5号（图2），安装形式为独立式，后期转为附着式（3号、4号、5号为独立式），基础全部采用预埋支腿混凝土格构柱基础。

涉事塔机为现场1号塔机，位于地块西侧，采用平头式塔机，塔机型号QTZ315（STC7528P），采用支腿固定式塔机基础，臂长75m，吊装幅度60m，塔机吨位315t·m。出厂日期2020年11月2日，已办理江苏省建筑起重机械设备入库信息登记，设备编号苏AO-T00789，产权单位江苏庞源机械工程有限公司。

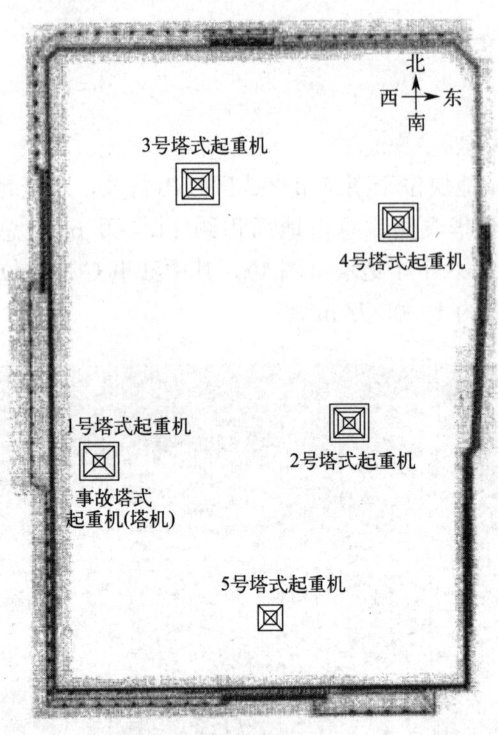

图 2　C 地块塔机安装分布图

2）塔机安装作业流程

塔机安装分为两个阶段。第一阶段为塔机基础施工，即将塔机的四个固定支脚预埋在塔机基础承台中，通过水平仪校正四个固定支腿上表面的水平度，再浇筑混凝土直至达到强度。第二阶段为塔机各构件安装，包括基础节、标准节、爬升架、回转总成及司机室、回转塔身、起重臂、平衡臂、变幅机构、平衡重等。

2022 年 7 月 15 日，塔机安装单位完成基础预埋支腿的施工。8 月 20 日，开始塔机各构件安装，至事故发生时，现场正在进行涉事塔机第二节起重臂的安装。

3. 事故发生经过

2022 年 8 月 20 日上午 6 时，塔机安装班组（周某、梁某、吉某、张某、黎某、王某）陆续到达施工现场，当天的工作任务是完成 G24C 地块 1 号塔机的安装作业。班组长周某安排吉某与他配合在地面完成塔机标准件拼装任务，王某担任电工和塔机司机，梁某带领张某、黎某负责塔机安装。6 时 20 分，安装拆卸工梁某在工作微信群中上传一张过渡节销轴无法安装的照片，现场负责人朱某在看到照片后，现场确认了过渡节安装方向，并要求梁某使用工作销代替销轴，实际上工作销也未安装。上午安装人员完成过渡节、基础节、标准节、平衡臂的安装和接电等工作任务。午饭后 15 时左右，安装人员返回施工现场，在过渡节销轴仍未全部安装的情况下，又继续安装了后平衡臂和一块配重。16 时 20 分左右，周某和吉某正在地面上拼装起重臂，司机王某在驾驶室内操作塔机，梁某、张某、黎某站在塔机平衡臂上，指挥王某操作塔机，意图将起重臂第一节转至朝南，安装其余的起重臂节。当平衡臂转向塔机基础西南方位时，塔机在回转过程中倾覆（图 3），过渡节与预埋支腿连接处发生断裂，发出一声巨响。吉某和周某在听到声音后，立即起身一边呼喊一边寻找其他工友。张某被夹在水泥罐和倾覆塔机的后平衡臂之间，司机王某被卡在塔机驾驶室里，梁某和黎某躺在工地西侧靠近围挡的便道上。随后，120 医护人员到达现场，宣布梁某和黎某死亡，张某和王某被送往江苏省中西医结合医院，张某经抢救无效死亡。

图 3 事故现场鸟瞰图

经现场勘验，在塔机安装过程中，过渡节分别与预埋支腿和基础节连接，上下连接面各有 4 个角 8 个接头，共需要安装 16 根销轴。G24C 地块涉事塔机过渡节东北角下接头、东南角上接头，共四根销轴未安装，西北角下接头仅连接一根销轴，西南角下接头连接两根销轴但其中一根未安装到位，合计 5 根销轴未安装，1 根销轴未安装到位。

4. 人员伤亡和直接经济损失情况

事故造成 3 人死亡，1 人受伤，直接经济损失约 675 万元人民币。

5. 项目施工安全监督情况

NO. 2021G24 项目共 ABCDEF 六个子地块，分阶段办理施工许可手续。2022 年 6 月 8 日，NO. 2021G24C 地块取得桩基工程施工许可证，相关信息同步推送至市质安站安管平台，明确自建设单位办理完成施工许可手续之日起，依法对项目开展安全监督管理。市质安站于 6 月 28 日编制了 G24C 地块桩基工程的《建设工程施工安全监督工作计划》，明确对桩基工程自首次监督会议起至终止监督，拟组织抽查 3 次。

经查，市质安站对事发地块的工程项目进展情况不熟悉，未根据现场施工实际及时调整、增加塔机安装监督内容；事发前未对涉事项目塔机安装过程进行现场安全监督抽查。

3.9.2 事故应急处置及评估情况

事故发生后，相关单位立即启动应急预案，迅速开展对现场伤者的抢救并相继拨打 110、120 电话报警和求助。110 指挥中心接警后，立即将接警信息通知应急、消防等部门。市领导和市应急管理局、市建委、市公安局、市总工会等有关部门的主要负责同志第一时间赶赴现场指挥救援处置工作，属地政府和企业全力配合救援和善后工作，并对现场进行保护防止次生灾害。经搜索清点，现场共4人受伤，其中2人经120医护人员现场确认已无生命体征；1人送至江苏省中西结合医院救治，生命体征平稳；1人送医抢救无效后死亡，现场救援工作于19时左右结束。王某经抢救脱离生命危险，于2022年9月7日转至南京悦群医院进行康复治疗，目前已出院。本次事故现场应急救援处置及时有效，科学有序，未发生次生事故。

3.9.3 事故原因分析

1. 直接原因

塔机安装单位，在部分销轴未安装的情况下，安拆人员违规继续进行塔机安装作业，当起重臂顺时针转动至南侧方向，塔机不能承受朝平衡臂（即朝西南方向）的倾覆力矩，导致塔机在回转过程中倾覆。

2. 间接原因

1）塔机安装单位

（1）在塔机安装过程中，未按规定指定安装主管全过程监管安装工作，在销轴无法安装的情况下，未及时中止安装作业。

（2）对过渡节安全风险辨识不到位，在复测基础预埋支腿不满足安装要求的情况下，擅自使用过渡节进行补偿时未按规定及时修改安装专项施工方案。

（3）编制的塔机安装专项施工方案不符合塔机使用说明书的要求，在预埋支腿施工时未认真检查固定框尺寸，也未使用标准节，导致预埋支腿不满足安装要求。

2）过渡节生产单位

过渡节生产单位，在仅有预埋支腿之间的相对高差的情况下，未按特种设备生产有关规定设计计算，就套用塔机制造单位过渡节设计图（2019版）生产过渡节。未严格教育和督促从业人员执行本单位的设计、生产、检测等相关制度和管理规定，未按规定配备专职质量检验人员，未按规定对产品质量进行检测。违反《特种设备安全法》有关规定，过渡节出厂时未按规定随附安全技术规范要求的设计文件、产品质量合格证明、安装及使用维护保养说明等相关技术资料和文件，导致过渡节与预埋支腿之间的销轴难以正常安装。

3）施工总承包单位

（1）对塔机安装单位报送的塔机安装专项施工方案审核把关不严，未发现并纠正预埋支腿的安装不符合塔机使用说明书相关要求。

（2）塔机安装作业期间，未指定专职安全生产管理人员监督检查塔机安装作业情况，对塔机安装单位安全生产工作统一协调、管理不到位，未及时发现并督促其整改塔机安装实际与塔机安装专项施工方案不符的事故隐患。

4）监理单位

（1）对施工总承包单位在未成立项目管理机构的情况下组织施工制止不力，且未按规定报告建设单位或主管部门。

（2）对报送的塔机安装专项施工方案审核把关不严，未发现并纠正预埋支腿的安装不符合塔机使用说明书相关要求。

（3）未安排备案总监理工程师在岗履职，项目监理部实际负责人冒用项目备案总监理工程师签名、使用备案总监理工程师执业印章审查专项施工方案；现场监理员未按要求履行旁站职责，未发现并制止塔机安装过渡节与安装专项施工方案不符的情况。

5）桩基施工单位

桩基施工单位允许施工总承包单位使用本单位的施工许可手续和公章，为实际不在其施工范围内的塔机安装提供盖章证明材料，视为事故关联方。

3.9.4　对有关责任人员和责任单位的处理建议

1. 司法机关追究刑事责任人员

（1）朱某，塔机安装单位 G24C 地块项目现场负责人，在塔机安装作业期间，对销轴无法安装的情况未能采取及时有效的处理，对事故发生负有直接责任。因涉嫌重大责任事故罪，已于 2022 年 8 月 25 日被公安机关采取刑事强制措施。

（2）彭某，塔机安装单位常务副总经理，对塔机安装专项施工方案审核把关不严，对事故发生负有直接责任。因涉嫌重大责任事故罪，已于 2022 年 8 月 25 日被公安机关采取刑事强制措施。

（3）孙某，监理单位 G24C 地块项目监理员，未能有效履行塔机安装作业期间旁站监理职责，未及时发现塔机施工作业过程中的事故隐患，对事故发生负有直接责任。因涉嫌重大责任事故罪，已于 2022 年 8 月 25 日被公安机关采取刑事强制措施。

（4）王某，监理单位 G24C 地块项目监理部实际负责人，冒用项目备案总监理工程师签名、使用备案总监理工程师执业印章审查专项施工方案；对塔机安装专项施工方案审核把关不严，督促监理人员落实施工现场旁站职责不到位，对事故发生负有直接责任。因涉嫌重大责任事故罪，已于 2022 年 8 月 28 日被公安机关采取刑事强制措施。

（5）印某，过渡节生产单位技术负责人，在仅有预埋支腿之间的相对高差，缺失各预埋支腿中心距尺寸、无各支腿垂直度相关参数的情况下，套用塔机生产厂家的过渡节设计图纸导致过渡节设计存在缺陷，且过渡节焊接完成后未按规定进行检测并记录。公安机关已于 2023 年 2 月 16 日对其采取刑事强制措施。

2. 给予行政处理的单位

（1）塔机安装单位，安全生产主体责任不落实对使用过渡节安全风险辨识不到位，未及时采取技术、管理措施消除塔机安装过程中销轴未安装的事故隐患，对事故的发生负有重要责任。建议由南京市应急管理局依据《安全生产法》给予行政处罚，并由南京市建设行政主管部门依据《省住房城乡建设厅关于进一步落实苏建质安〔2020〕75 号文的补充通知》（苏建质安〔2022〕198 号）要求，实行联合惩戒措施，在规定期限内不得承揽新的工程项目。

（2）过渡节生产单位，在仅有预埋支腿之间的相对高差的情况下，简单套用塔机生产厂家过渡节设计图纸生产过渡节；未严格教育和督促从业人员执行本单位的设计、生产、检测等相关制度和管理规定，未按规定配备专职质量检验人员，未按规定对产品质量进行检测；违反《特种设备安全法》有关规定，产品出厂时未按规定随附安全技术规范要求的设计文件、产品质量合格证明、安装及使用维护保养说明等相关技术资料和文件，导致过渡节与预埋支腿之间的销轴难以正常安装，对事故的发生负有责任。建议由南京市应急管理局依据《安全生产法》给予行政处罚。

（3）施工总承包单位，对塔机安装单位报送的塔机安装专项施工方案审核把关不严，未发现并纠正预埋支腿的安装不符合塔机使用说明书相关要求；塔机安装作业期间，未指定专职安全生产管理人员监督检查塔机安装作业情况，对塔机安装单位安全生产工作统一协调、管理不到位，未及时发现并督促其整改塔机安装实际与塔机安装专项施工方案不符的事故隐患，对事故的发生负有责任。建议由南京市应急管理局依据《安全生产法》给予行政处罚，并由南京市建设行政主管部门依据《省住房城乡建设厅关于进一步落实苏建质安〔2020〕75号文的补充通知》（苏建质安〔2022〕198号）要求，实行联合惩戒措施，在规定期限内不得承揽新的工程项目。

（4）监理单位，对施工总承包在未成立项目管理机构的情况下组织施工制止不力；对报送的塔机安装专项施工方案审核把关不严；未安排备案总监理工程师在岗履职；项目监理部实际负责人冒用项目备案总监理工程师签名、使用备案总监理工程师执业印章审查专项施工方案；现场监理员未按要求履行旁站职责，对事故的发生负有责任。建议由南京市应急管理局依据《安全生产法》给予行政处罚，并由南京市建设行政主管部门依据《省住房城乡建设厅关于进一步落实苏建质安〔2020〕75号文的补充通知》（苏建质安〔2022〕198号）要求，实行联合惩戒措施，在规定期限内不得承揽新的工程监理服务项目。

（5）桩基施工单位，允许施工总承包单位使用本单位的施工许可手续和公章，为实际不在其施工范围内的塔机安装提供盖章证明材料，是这起事故的关联方，对事故的发生负有责任。建议由南京市建设行政主管部门依法严肃处理，并依据《省住房城乡建设厅关于进一步落实苏建质安〔2020〕75号文的补充通知》（苏建质安〔2022〕198号）要求，实行联合惩戒措施，纳入企业信用管理，在规定期限内不得承揽新的工程项目。

3. 给予行政处罚的人员

（1）檀某，塔机安装单位法定代表人。在塔机安装作业前，未指定安装主管全过程监管安装工作，导致在销轴无法安装的情况下，未能及时制止塔机安装作业；督促、检查本单位的安全生产工作，及时消除生产安全事故隐患不力，对事故的发生负有管理责任。建议由南京市应急管理局依据《安全生产法》给予行政处罚。

（2）张某，施工总承包单位法定代表人。督促、检查本单位的安全生产工作，及时消除生产安全事故隐患不力，对事故的发生负有管理责任。建议由南京市应急管理局依据《安全生产法》给予行政处罚。

4. 对党纪政纪处分公职人员建议

在事故调查过程中发现的公职人员履职方面的问题线索，按照干部管理权限移交相关纪委监委予以追责问责。

5. 对其他有关责任单位和人员的处理建议

（1）建议由市安委会对市建委进行约谈，由市建委对市质安站进行问责惩戒。

(2) 王某，监理单位副总经理。在公司任命高某为项目总监理工程师后，未安排高某到岗履职，监理部文件审核和签字均由他人代为执行，对事故的发生负有管理责任。建议由单位依据内部管理规定进行处理，并将处理结果报南京市应急管理局备案。

3.9.5 事故防范和整改措施

1. 统筹好发展与安全，坚决守牢安全红线底线

相关单位要持续深入贯彻落实习近平总书记关于安全生产重要论述，自觉提高政治站位，强化底线思维，坚持“人民至上、生命至上”，牢固树立安全发展理念，统筹好发展和安全。要以极端认真负责的精神抓好建设安全生产工作，结合重大事故隐患专项排查整治2023行动和安全生产“治本攻坚”大会战，切实把防控化解建设工程领域系统性重大安全风险摆在突出位置。全面贯彻落实“三管三必须”要求，逐级传递安全责任，真正把安全生产责任制和安全防范措施落到实处，切实提升建设工程行业领域安全生产水平。

2. 聚焦建筑起重机械安全，压实参建方主体责任

建设单位要加强对项目各层级施工单位、监理单位的安全生产统一协调、管理，严格危大工程安全管控流程。总承包单位要加强危大工程专项施工方案编制内审、安全交底、施工监测和安全巡视等安全工作管理，要监督作业班组严格执行施工方案和技术规范，坚决杜绝在塔机销轴安装不全的情况下继续作业的冒险蛮干行为。监理单位要严格危大工程专项施工方案审查，规范配备建设工程监理人员，加强对监理人员履职情况监督管理，加强对危大工程及重点环节监督检查，对监理过程中发现的事故隐患严格督促施工单位整改，切实杜绝监理工作流于形式。

3. 优化机制流程，提升建设工程行业监管水平

建设工程行业主管部门，要在现有智慧安管平台的基础上，加快“安全风险分级管控和隐患排查整治”双重预防机制数字化建设应用，突出施工、监理主要管理人员在岗、建筑起重机械安装告知、危大工程过程监管、重大事故隐患整改等事项，及时掌握全市建筑工地实际管理情况，实现安全风险实时监测预警。坚持以法治为最根本举措，注重安全生产执法计划和检查方案制定的科学性、合理性，坚决克服监管缺位失位和监管执法“宽松软虚”，通过严格精准执法和信用监管应用，不断提升参建企业落实安全生产主体责任的内生动力。

4. 严格“过渡节”管控，提升塔机本质安全水平

塔式起重机属于特种设备，其安装、拆除作业属于危大工程，总量多、风险大，监管不到位、滥用“过渡节”，极易导致群死群伤事故发生，建议住建、市场监管等行业主管部门，对“过渡节”生产、使用情况进行全面排查，并从以下三个方面强化监管举措：一是明确“过渡节”适用范围与安全规程。建设工程行政主管部门，应从行政规章、规范性行政文件、国家行业标准的制定发布、修订完善等维度，对塔式起重机“过渡节”规范定义、细化解释，明确其适用范围、设计资质、审批流程，细化关键工序环节，为正确使用、依法监管“过渡节”提供依据。二是明确使用“过渡节”的塔式起重机应当整体重新计算设计。从严控制塔式起重机预埋支腿安装精度，尽量避免使用“过渡节”；确需使用

“过渡节”的，应由原塔式起重机设计单位（或同等资质及以上的设计单位）进行现场测量、计算设计；具备生产资质的企业应严格执行设计、生产、检验等各项制度和标准。三是明确将“过渡节”使用纳入危大工程变更管理。计划使用“过渡节”时，应按照危大工程变更管理要求，对方案进行充分论证、审查，完善安全技术措施；“过渡节”进入工地后，由施工总承包、监理、安装、使用、设备产权等单位进行多方验收。

3.10　重庆市“9·8”较大起重伤害事故调查报告

2022年9月8日10时10分许，重庆某大桥及南延伸段PPP项目P6塔式起重机拆除施工过程中发生一起起重伤害事故，造成3人死亡，直接经济损失约490万元人民币。

调查认定某大桥及南延伸段项目“9·8”较大起重伤害事故是一起生产安全责任事故。

3.10.1　工程及事故发生单位概况

1. 工程概况

项目名称：重庆某大桥及南延伸段PPP项目。

工程主要内容：某及南延伸段南起茶园立交，经兴塘立交、峡口立交、跨越长江后，北至花红湾立交，线路全长12.7km，包括某长江大桥和快速路六纵线南段工程两个部分。其中某长江大桥全长6.2km，包含主桥、引桥、南北引道及峡口、北桥头、花红湾3座立交；快速路六纵线南段全长6.5km，包含茶园、兴塘、白沙、接线4座互通式立交。

2. 事故塔式起重机基本情况

事故塔式起重机为普通塔式起重机，产品型号：QTZ160F，额定起重力矩1600kN·m，最大起重重量10t，最大独立高度53m，最大附着高度280m，制造许可证编号：TS2410615-2020，出厂日期：2019年9月26日，使用年限20年，2019年10月11日在重庆市高新区建设工程质量安全监督站备案。

3. 事故塔式起重机租赁情况

2019年8月，施工单位与塔机产权单位签订《重庆某大桥及南延伸段项目塔式起重机租赁合同》，约定一是由塔机产权单位将4台塔式起重机（包含事故塔式起重机）租赁给某大桥及南延伸段项目使用，暂定租期为78个月，合同总价871.992万元；二是由塔机产权单位负责塔式起重机的运输、安装、维修保养、拆除等工作，所需费用全包含在合同总价内。

4. 事故塔式起重机安装情况

2019年10月16日，塔机维保单位制作了《重庆市建筑起重机械安装告知书》，拟于2019年10月18日进行事故塔式起重机安装。该告知书经某大桥及南延伸段总承包项目部（以下简称“项目部”）和监理单位该大桥工程监理部（以下简称“监理部”）审核，并报重庆市建设工程施工安全管理总站审批通过。

10月17日，项目部与塔机维保单位签订《塔机安装合同》，约定由塔机维保单位负责安装事故塔式起重机，包括初次安装和后续顶升。之后，袁某、郑某、唐某等作业人员开始进行塔式起重机安装施工，将该塔式起重机安装于该大桥P6主塔上游，起重臂长60m，初次安装高度为53m。

10月28日，项目部和监理部对事故塔式起重机安装进行了竣工验收。此后，事故塔式起重机根据施工需要，仍由袁某、郑某、唐某等作业人员多次进行顶升施工。截至2022年9月7日拆除之前，该塔式起重机实际安装61个标准节，加上7.5m高的固定节，塔身安装高度为190.5m，一共安装11道附墙装置。

5. 事故塔式起重机维保、检验情况

2019年10月17日，项目部与塔机维保单位签订《塔机维修保养合同》，约定由塔机维保单位负责事故塔式起重机的维保，每月不少于1次对塔机进行定期检查保养。此后，袁某、郑某每月对事故塔式起重机进行1次检查，并填写塔式起重机月检表。

2021年5月5日和2022年4月25日，重庆精耘检测技术有限公司对事故塔式起重机进行2次检验，并出具了《塔式起重机（定期）检验报告》，检验结论均为合格。

6. 事故塔式起重机拆除情况

2022年8月22日，项目部与塔机拆除单位签订了《塔式起重机拆卸合同》，约定由深圳正鑫公司派出4名持证技术人员对事故塔式起重机实施拆卸作业。

8月25日，塔机拆除单位制作了《重庆市建筑起重机械拆卸告知书》，明确拆卸作业人员为袁某、郑某、唐某、黄某，并于9月1日经项目部和监理部审核，9月2日经重庆市建设工程施工安全管理总站审批通过。

9月7日，袁某、郑某、唐某和王某4人开始进行事故塔式起重机拆除作业。拆除方法为先将塔式起重机设置为顺桥向，逐节段向下降，降至最低独立高度后，再采用吊机拆除平衡臂、起重臂、塔尖等结构。截至事故发生时，该塔式起重机已拆除9个标准节和1道附墙装置。

3.10.2　事故发生经过及应急处置情况

1. 事故发生经过

2022年9月8日7时30分许，袁某、郑某、唐某等人乘坐施工升降机上到P6主塔顶部后登上事故塔式起重机，开始进行塔式起重机拆除作业。塔式起重机租赁单位的塔式起重机司机孙某驾驶P6主塔冠顶的塔式起重机配合袁某等人作业，王某在地面指挥袁某起吊和解吊钩。

8时7分左右，袁某驾驶事故塔式起重机吊起2节标准节调整重心，然后3人拆除第一道附墙装置。该附墙装置有3根附墙杆件，3人先后拆除了3根附墙杆件，孙某驾驶P6主塔冠顶的塔式起重机陆续将3根附墙杆件吊运到P6主塔顶部放置。

9时34分左右，袁某驾驶事故塔式起重机放下2节标准节，随后开始拆除第一道附墙装置的抱箍。

9时50分许，事故塔式起重机将2段抱箍吊运至地面。

9时53分许，王某解完吊钩后，空吊钩上升，袁某3人开始拆除第10节标准节，袁某位于塔式起重机驾驶室中，郑某、唐某在塔式起重机拆卸操作平台位置处。

10时10分左右，塔式起重机的平衡臂弯折，撞击套架，配重块掉落，破坏了附墙装置，套架朝起重臂方向晃动。随后第2、3块配重下落，起重臂向下倾斜，塔帽、回转塔身、回转下支座朝栈桥方向倒下，回转下支座以上的结构连同引进平台上的标准节向下掉落，袁某等3名工人随之坠落。

现场塔式起重机回转下支座以上的结构全部掉落至地面，未拆卸的标准节没有掉落，剩余塔式起重机标准节高160.5m，立于塔柱外侧，大部分塔式起重机附墙装置损坏，1节标准节（第10节）卡在塔式起重机附墙杆上。起重臂掉落砸在桥墩旁钢栈桥上，一端（根部）斜靠在栈桥上，一端插入钢栈桥下方钢围堰内。袁某随驾驶室坠落在栈桥下方，被散落钢结构掩埋，坠落高度约150m，郑某、唐某坠落于栈桥平台上，坠落高度约135.7m。

2. 事故应急处置情况

事故发生后，项目部于10时15分向施工单位和相关部门报告。市应急局、市住房城乡建委、NA区委、区政府等单位接报后迅速赶赴现场，组织开展应急救援。

由于剩余塔式起重机附墙装置破坏严重，部分散件仍卡在高空，随时有掉落风险，相关单位立即组织排险救援，根据专家意见，制定排险方案，组织汽车起重机在桥面墩柱位置配合P6主塔冠顶塔式起重机，对剩余塔式起重机危险残存构件和易落散构件进行排险拆除。9月9日1时20分，排险工作完成。救援人员随后在桥下采用汽车起重机、挖掘机、切割机等设备进行搜救。4时40分，袁某等3名作业人员全部被救出，均无生命体征。9月10日，项目部与死者家属签订赔偿协议，3名死者的遗体火化安葬。

3.10.3 事故造成的人员伤亡和直接经济损失

1. 死者基本情况（3人）

经查，袁某、郑某、唐某系塔式起重机拆卸专业技术人员，实际均为塔机产权单位工人，由该公司发放工资和购买保险。袁某持有建筑起重机械安装拆卸工（塔式起重机）资格证书和建筑起重机械司机操作资格证，郑某和唐某持有建筑起重机械安装拆卸工（塔式起重机）资格证书。

2. 直接经济损失认定情况

（1）丧葬抚恤金、一次性工亡补助金、供养亲属抚恤金、善后处理费用等共计450万元。

（2）塔式起重机损失约40万元。

以上合计约490万元。

3.10.4 事故原因

通过调查组的调查取证，根据《企业职工伤亡事故分类》GB 6441—1986分析认定，确定造成该次事故的原因如下：

1. 直接原因

1）人的不安全行为

根据《建筑施工塔式起重机安装、使用、拆卸安全技术规程》JGJ 196—2010规定，拆卸作业应将塔式起重机配平，确保塔式起重机的平衡。拆除事故塔式起重机报建的《塔式起重机拆卸工程专项施工方案》规定：下降作业前应检查拆卸上部是否处于平衡位置，否则应加以调整，使塔身前后平衡。根据事故塔式起重机生产厂家的《QTZ160F（JL7015）塔式起重机使用说明书》顶升平衡小车参考位置的规定，在事故塔式起重机臂长为60m的情况下，塔机顶升配平小车位置为距离塔身19m处，吊重1.5t（图1）。

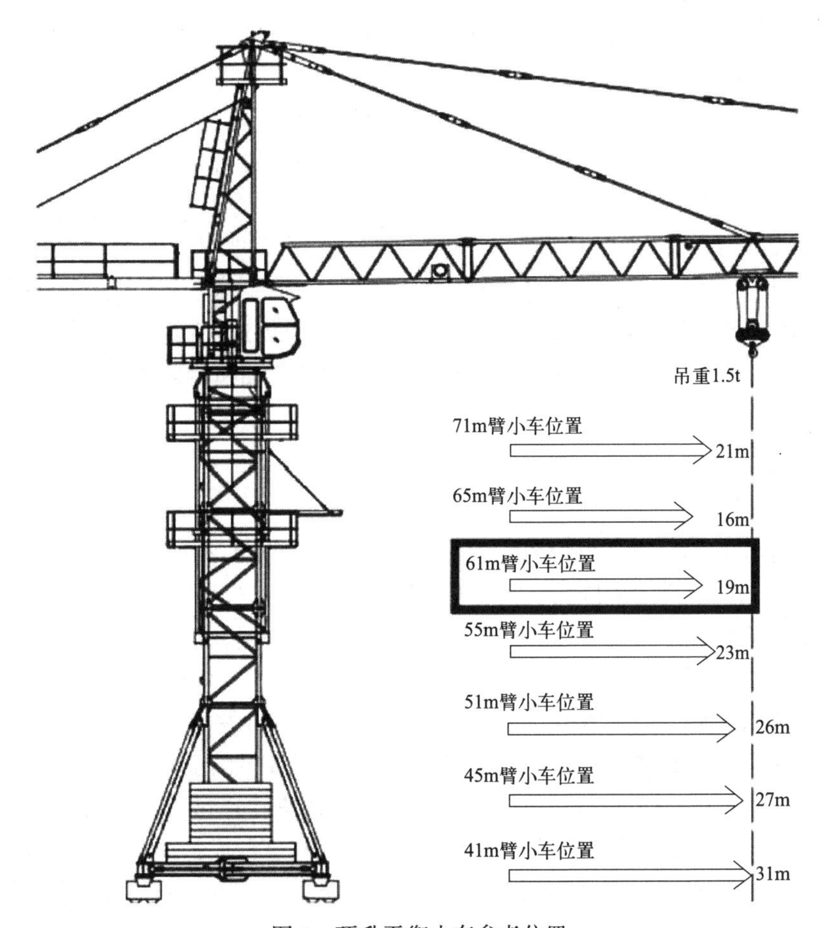

图1　顶升平衡小车参考位置

根据塔式起重机坍塌视频资料显示，事故发生时小车位于塔式起重机起臂靠近端部位置，没有吊重（图2）。

因此，袁某等人在进行塔式起重机拆除作业时未按规范、专项施工方案和使用说明书的要求将塔式起重机配平，在塔式起重机收缸下降过程中，平衡臂薄弱部位弯曲失稳，是本次事故的直接原因。

图 2　事发时小车位置监控视频截图

2）环境的不利影响

事故塔式起重机位于南岸区峡口镇江边，铜锣峡及周边地形的狭管效应会使该大桥 P6 塔 145m 高度处风速较地面风速增大。重庆大学和重庆市气象安全技术中心根据 9 月 8 日事故区域气象资料和地形特征进行了风环境影响分析，出具了《某大桥山区风场特性与塔式起重机抗风性能分析报告》。通过高分辨率数值天气预报模式模拟、激光测风雷达观测分析推算和风场 CFD 模拟："2022 年 9 月 8 日 9：00～11：00，郭家沱大桥 P6 塔 145m 高度处平均风速为 4 级风；10：10 左右阵风风速可达 6 级风，极大风速为 13.32m/s"。

根据《建筑施工塔式起重机安装、使用、拆卸安全技术规程》JGJ 196—2010 规定，安装时塔式起重机最大高度处的风速应符合使用说明书的要求，且风速不得超过 12m/s。《QTZ160F（JL7015）塔式起重机使用说明书》中也明确规定：拆卸时最高处风速应低于 12m/s。因此，事故发生时超过 12m/s 的大风加剧了塔式起重机拆除顶升下降过程中的抖振晃动，对事故发生有一定影响。

2. 管理原因

1）塔机产权单位借用资质进行塔式起重机拆除作业

塔机产权单位并无承接起重设备安装、拆除工程的资质。2021 年 5 月，塔机产权单位主要负责人陈某与塔机拆除单位法定代表人潘某达成口头协议，约定由塔机产权单位安排人员进行塔式起重机拆除，塔机拆除单位出借资质办理报建手续。每拆除一台塔式起重机，塔机拆除单位收取 1500 元手续费。2021 年 9 月 15 日，塔机产权单位与塔机拆除单位签订了《公司资质挂靠承诺书》，约定塔机拆除单位同意塔机产权单位塔机安拆挂靠其资质并提供相应资质资料和售后服务，塔机产权单位承担挂靠项目塔机安拆的全部责任和义务。

2022 年 9 月 1 日，塔机产权单位资料员肖某将报建资料通过微信传给塔机拆除单位潘某，由潘某通过重庆建设工程施工安全管理平台上传资料进行报备。2022 年 9 月 5 日，陈某通知袁某到某大桥及南延伸段项目拆除事故塔式起重机。2022 年 9 月 7 日，袁某等 3 人对事故塔式起重机进行拆除。

2）塔机拆除单位未指派专职安全员到场对拆除作业进行监督

塔机拆除单位违规允许塔机产权单位使用其资质承揽工程，未依法履行法定的安全生产义务。根据塔机拆除单位报建的《塔机拆卸工程专职安全生产管理人员及专业技术人员名单》，事故塔式起重机拆除施工的现场指挥和专职安全员为塔机拆除单位的正式员工邹某。根据《塔式起重机拆卸工程专项施工方案》规定，在拆卸整个过程中，应指派安全管理人员进行全程旁站、监督。但塔机拆除单位在事故塔式起重机拆除过程中，未指派邹某到现场对事故塔式起重机拆除作业进行旁站监督，也未指派其他安全员进行监督。

3）施工单位长江分公司

（1）未督促塔机拆除单位指派专职安全员到现场监督。

9 月 7 日，项目部发现事故塔式起重机拆除作业现场无塔机拆除单位的专职安全员进行指挥和监督，但未督促该公司指派专职安全员到现场，也未要求停止拆除作业。9 月 8 日，袁某等人在无专职安全员现场监督的情况下，仍继续进行事故塔式起重机拆除作业，项目部明知该违章行为仍未进行制止。

（2）未对塔式起重机拆除作业进行全过程旁站监控管理。

根据项目部制定的《安全管理体系》，对塔式起重机拆除作业应当进行旁站，发现有违章操作应立即制止。9 月 8 日，项目部指派安全员游某在郭家沱大桥桥面进行旁站、指派设备员王某负责拆除作业现场和塔式起重机下方钢栈桥区域的管理。9 月 8 日 7 时 30 分许，王某乘坐施工升降机登上 P6 主塔塔顶对袁某等人的塔式起重机拆除作业进行旁站监管。9 时 53 分，王某乘坐施工升降机离开拆除作业现场，下到钢栈桥位置进行检查。此时，袁某等人开始进行第 10 节标准节的拆除作业，施工现场无人进行监管，未及时发现和制止袁某等人未按规范、专项施工方案和使用说明书的要求将塔式起重机配平的违章操作行为。

4）监理单位未督促施工单位、拆除单位指派专职安全管理人员对塔式起重机拆除作业进行现场监管

根据监理部制定的《起重机械安装、拆卸监理实施细则》（简称《实施细则》），监理部应当定期组织安全检查，对安装单位执行建筑起重机械安装、拆卸工程专项施工方案情况进行监督。监理部按照该《实施细则》指定安全专监於某对塔式起重机拆除作业进行监管。9 月 7 日，於某检查发现塔机拆除单位没有指派专职安全管理人员到现场进行监督，口头要求项目部督促整改，并向项目总监陈某报告。但监理部未针对该问题下达监理通知单，也未要求项目部停止事故塔式起重机拆除作业。9 月 8 日，於某检查发现事故塔式起重机拆除作业现场仍没有塔机拆除单位的专职安全管理人员进行监管，依然口头要求项目部督促，未要求停止事故塔式起重机拆除作业，未督促及时消除事故隐患。

5）建设运营公司对塔式起重机拆除作业的监管不力

建设运营公司未指派人员对塔式起重机拆除作业进行全过程管理，仅安排了一名安全员进行巡查。该安全员从未登上 P6 主塔塔顶检查塔式起重机拆除作业现场，未检查塔式起重机拆除单位、施工单位、监理单位的安全管理人员履职情况，未发现事故塔式起重机拆除作业现场无人进行监管的隐患。

3.10.5　调查发现的其他问题

1. 塔机产权单位

1）擅自变更塔式起重机拆除作业人员

2022 年 9 月 1 日，塔机产权单位借用塔机拆除单位向市住房城乡建委报备拆除事故塔式起重机的作业人员为郑某、袁某、唐某、黄某，但 9 月 7 日、9 月 8 日实际在现场进行塔式起重机拆除作业的人员为郑某、袁某、唐某和王某。塔机产权单位在未履行变更手续的情

况下，擅自将作业人员黄某更换为王某。

2）借用资质进行施工升降机的安装与维保

作为该大桥及南延伸段项目P6主塔施工升降机的产权单位，其将施工升降机租赁给项目部使用，并安排郑某、袁某等人对施工升降机进行安装和维保。但塔机产权单位并无承接起重设备安装、拆除工程的资质，根据《施工升降机月检表》等相关资料，P6主塔施工升降机的安装和维保单位均为重庆市某机械有限公司。郑某、袁某实际为塔机产权单位的工人，塔机产权单位借用重庆市某机械有限公司资质对施工升降机进行安装和维保。

2. 塔机拆除单位违规出借资质

塔机拆除单位具有起重设备安装工程专业承包一级资质。2021年5月，该公司法定代表人潘某与塔机产权单位实际控制人陈某达成口头协议，约定由陈某安排人员进行塔式起重机拆除，塔机拆除单位出借资质办理报建手续。每拆除一台塔式起重机，塔机拆除单位收取陈某1500元手续费。2021年9月15日，塔机拆除单位与塔机产权单位签订《公司资质挂靠承诺书》。截至事故发生时，塔机产权单位已借用塔机拆除单位资质拆除了4台塔式起重机，另外还办理了2台塔式起重机（含事故塔式起重机）的拆除手续。

3. 塔机维保单位违规出借资质

塔机维保单位具有起重设备安装工程专业承包二级资质。2019年8月，塔机维保单位生产经理陈某忠与陈某达成口头协议，约定陈某借用塔机维保单位的资质对塔机产权单位租赁给郭家沱大桥及南延伸段总承包项目部的塔式起重机进行安装和维护保养。陈某负责安排袁某、郑某等工人进行塔式起重机的安装和维保作业，塔机维保单位负责资料报建。截至事故塔式起重机拆除时，该塔式起重机仍由陈某安排袁某、郑某以塔机维保单位的名义进行维保。

4. 施工单位长江分公司安全技术交底流于形式

9月7日和9月8日，该公司事故项目部管理人员对事故塔式起重机拆除工人王某等人进行安全技术交底共计2次。管理人员在2次安全技术交底过程中，一是均未核实实际作业人员与报建人员不符的情况，报建的拆除作业人员为黄某，但实际实施拆除作业人员为王某（王某已在交底记录上签署自己的名字）；二是未将塔式起重机拆除的具体操作流程、内容等关键事项进行交底，仅向作业人员强调了戴安全帽、系安全带事项。

3.10.6　相关监管单位履职情况及存在的问题

1. XK镇人民政府

XK镇人民政府对该大桥及南延伸段项目履行属地监管职责，督促项目部履行安全文明施工主体责任，督促项目管理人员履行安全生产职责，但存在以下问题：

安全生产监督管理未形成闭环。2022年1至9月，XK镇人民政府共计对该大桥及南延伸段项目检查10次，发现临边防护缺失、吊篮围栏缺失等风险隐患13条，但是未将整改和复查情况如实记录在《安全生产监督管理复查记录》中，未形成闭环管理。对检查发现的隐患仅要求整改，未移交行业主管部门调查处理。

2. NA区建设工程安全质量服务中心

NA区住房城乡建委根据《重庆市城乡建设委员会关于进一步落实市管工程安全生产属地监管责任的实施意见》（渝建〔2017〕715号）文件要求，委托NA区建设工程安全质量服务中心（原NA区建设工程施工安全监督站）对该大桥及南延伸段项目开展属地监管。工程建设期间，该中心共计对该大桥及南延伸段项目检查24次，对项目土石方挖运未湿法作业、土体裸露未覆盖问题立案处罚1次，罚款2万元。但存在以下问题：

对街道（乡镇）的建设工程属地管理工作督促指导不足。XK镇人民政府辖区内有23个在建项目，而负责建设项目安全管理的人员仅有2人，人员数量和能力均存在不足。NA区建设工程安全质量服务中心未与XK镇人民政府开展过联合执法，针对XK镇人民政府检查发现隐患却未移交执法建议的情况也未进行督促。

3. 市建设工程施工安全管理总站

根据《重庆市城乡建设委员会关于进一步落实市管工程安全生产属地监管责任的实施意见》（渝建〔2017〕715号）文件要求，市建设工程施工安全管理总站（以下简称市安管总站）对“市管工程”负直接监管责任。2018年12月，该大桥及南延伸段项目在市住房城乡建委办理了提前介入报监手续，市安管总站委派龙某任项目主监督员、杨某任辅监督员。2022年1至9月，市安管总站对该大桥及南延伸段项目开展安全检查12次，进行普通程序处罚1次，罚款10万元；进行简易程序处罚10次，罚款共计1万元。但存在以下问题：

（1）未督促拆除单位按照专项施工方案及安全操作规程组织拆卸作业。2022年9月1日，塔机拆除单位将建筑起重机械拆卸工程专项施工方案，拆卸人员名单，安装、拆卸时间等材料报项目部和监理部审核后，告知了市安管总站。市安管总站在塔机拆除单位履行告知程序后，未对塔式起重机拆除作业进行监督检查，未按照《建筑起重机械安全监督管理规定》，督促拆除单位、施工单位按照拆卸工程专项施工方案及安全操作规程组织拆卸作业。经查，2022年1月以来，市安管总站对该大桥及南延伸段项目的检查中均未包含塔式起重机安装、拆卸内容。

（2）未及时发现和制止塔机产权单位借用塔机拆除单位资质进行塔式起重机拆除作业的违法行为。2022年3月25日，该安全管理总站印发了《关于开展2022年房屋市政工程建筑起重机械专项检查工作的通知》（渝建安发〔2022〕20号），明确要求应对用人单位与特种作业人员订立劳动合同、购买工伤保险情况进行检查。

经查，塔机产权单位已借用塔机拆除单位资质在该大桥及南延伸段项目拆除了4座塔式起重机，而拆卸人员袁某、郑某、唐某等人实际均与塔机产权单位签订劳动合同，由塔机产权单位发放工资和购买保险。因此，通过对塔机拆除单位与袁某等人订立劳动合同、购买工伤保险情况进行检查，可以及时发现和制止塔机产权单位借用塔机拆除单位资质进行塔式起重机拆除作业的违法行为。但市安管总站未按照该文件规定用人单位与特种作业人员订立劳动合同、购买工伤保险情况进行检查，未及时发现和制止该违法行为。

3.10.7 事故责任的认定以及对事故责任者的处理建议

1. 建议追究刑事责任的人员（2人）

（1）陈某，塔机产权单位实际控制人，借用资质组织袁某等人进行塔式起重机拆除作业，且未对拆除作业进行监管，涉嫌重大责任事故罪，建议由NA区公安分局调查处理。

（2）潘某，塔机拆除单位法定代表人，出借资质给塔机产权单位进行塔式起重机拆除作业，且未指派专职安全管理人员对塔式起重机拆除作业现场进行监管，涉嫌重大责任事故罪，建议由NA区公安分局调查处理。

2. 建议给予行政处罚的单位（4家）

（1）塔机产权单位，未依法取得相应资质，借用塔机拆除单位资质进行塔式起重机拆除作业，不具备安全生产条件，且未对拆除作业进行监管，违反了《安全生产法》第二十条、《建设工程安全生产管理条例》（国务院令第393号）第十七条第一款的规定，对本次事故发生负有责任。依据《安全生产法》第一百一十四条第二项的规定，建议由DZ区应急局给予其罚款155万元的行政处罚，并纳入安全生产联合惩戒。

（2）塔机拆除单位，允许塔机产权单位使用本企业的资质进行塔式起重机拆除作业，未指派专职安全员到场对拆除作业进行监督，违反了《建筑法》第二十六条第二款、《建设工程安全生产管理条例》第十七条第二款的规定，对本次事故负有责任，依据《安全生产法》第一百一十四条第二项的规定，建议由DZ区应急局给予其罚款155万元的行政处罚，并纳入安全生产联合惩戒。

（3）施工单位长江分公司，未督促塔机拆除单位指派专职安全员到现场监督，未对塔式起重机拆除作业进行全过程旁站监控管理，违反了《安全生产法》第四十四条的规定，对本次事故负有责任，依据《安全生产法》第一百一十四条第二项的规定，建议由DZ区应急局给予其罚款150万元的行政处罚，并纳入安全生产联合惩戒。

（4）监理单位，未督促施工单位、拆除单位指派专职安全管理人员对塔式起重机拆除作业进行现场监管，违反了《安全生产法》第四十四条的规定，对本次事故负有责任，依据《安全生产法》第一百一十四条第二项的规定，建议由DZ区应急局给予其罚款150万元的行政处罚，并纳入安全生产联合惩戒。

3. 建议给予行政处罚的人员（6人）

（1）李某，施工单位长江分公司该大桥及南延伸段总承包项目部安全总监，负责项目的安全监管工作，督促检查项目的安全生产工作不力，未及时发现并消除生产安全事故隐患，违反了《重庆市安全生产条例》第十七条第七项的规定，依据《重庆市安全生产条例》第五十八条第二项的规定，建议由DZ区应急局给予其3万元罚款的行政处罚。

（2）吴某，施工单位长江分公司该大桥及南延伸段总承包项目部项目经理，主持项目部全面工作，督促检查项目的安全生产工作不力，未及时发现并消除生产安全事故隐患，违反了《重庆市安全生产条例》第十六条第二款的规定，对本次事故发生负有责任，依据《重庆市安全生产条例》第五十八条第二项的规定，建议由DZ区应急局给予其3万元罚款的行政处罚。

（3）古某，施工单位长江分公司执行董事，主持长江分公司的全面工作，督促检查公司项目的安全生产工作不力，未及时发现并消除生产安全事故隐患，违反了《安全生产法》第二十一条第五项的规定，对本次事故发生负有责任，依据《安全生产法》第九十五条第二项的规定，建议由DZ区应急局给予其上一年年收入60%（人民币：7.2万元）罚款的行政处罚。

（4）於某，监理单位该大桥工程监理部安全专监，未制止和纠正塔式起重机拆除作业现场无人监管的问题，违反了《重庆市安全生产条例》第十七条第七项规定，依据《重庆市安全生产条例》第五十八条第二项的规定，建议由DZ区应急局给予其3万元罚款的行政处罚。

（5）陈某，监理单位该大桥工程监理部项目总监，督促、检查本项目监理部的安全生产工作不到位，未及时消除生产安全事故隐患，违反了《重庆市安全生产条例》第十六条第二款之规定，对本次事故发生负有责任，依据《重庆市安全生产条例》第五十八条第二项之规定，建议由DZ区应急局给予其3万元罚款的行政处罚。

（6）郭某，监理单位董事长，督促检查公司项目的安全生产工作不力，未及时发现并消除生产安全事故隐患，违反了《安全生产法》第二十一条第五项的规定，对本次事故发生负有责任，依据《安全生产法》第九十五条第二项的规定，建议由DZ区应急局给予其上一年年收入60%（人民币：12万元）罚款的行政处罚。

4. 建议给予其他处理的单位（4家）

（1）塔机拆除单位，除事故塔式起重机以外，允许塔机产权单位使用其资质拆除了4座塔式起重机，建议由市住房城乡建委依法调查处理。

（2）塔机维保单位，允许塔机产权单位使用其资质安装、维保事故塔式起重机，建议由市住房城乡建委依法调查处理。

（3）施工单位，对长江分公司的安全生产工作督促指导不足，建议上级公司作出书面检查。

（4）建设单位，未督促塔式起重机拆除单位、施工单位、监理单位的安全管理人员履行塔式起重机拆除作业安全管理职责，建议上级公司作出书面检查。

5. 建议给予其他处理的人员（15人）

（1）王某，施工单位长江分公司该大桥及南延伸段总承包项目部设备员，未督促塔机拆除单位指派专职安全管理人员到塔式起重机拆除作业现场进行监管，建议施工单位将其开除。

（2）奚某，施工单位长江分公司该大桥及南延伸段总承包项目部设备员，未督促塔机拆除单位指派专职安全管理人员到塔式起重机拆除作业现场进行监管，建议施工单位将其开除。

（3）胡某，施工单位长江分公司该大桥及南延伸段总承包项目部安全部经理，督促检查项目的安全生产工作不力，未及时发现并消除生产安全事故隐患，建议施工单位给予其政务记过处分，并按照公司内部规定给予相应的经济处罚。

（4）赵某，施工单位长江分公司该大桥及南延伸段总承包项目部合约部经理，负责塔式起重机拆除工程发包工作，未发现塔机产权单位借用塔机拆除单位资质承揽塔式起重机拆除工程，建议施工单位将其开除。

（5）李某，施工单位长江分公司该大桥及南延伸段总承包项目部安全总监，督促检查项目的安全生产工作不力，未及时发现并消除生产安全事故隐患，建议施工单位给予其政务警告处分，免去其安全总监职务。

（6）吴某，施工单位长江分公司该大桥及南延伸段总承包项目部项目经理，督促检查项目的安全生产工作不力，未及时发现并消除生产安全事故隐患，建议施工单位给予其政务警告处分，免去其项目经理职务。

（7）张某，施工单位长江分公司安全总监，督促检查公司项目的安全生产工作不力，未及时发现并消除生产安全事故隐患，建议施工单位免去其安全总监职务，并按照公司内部规定给予相应的经济处罚。

（8）邢某，施工单位长江分公司总经理，督促检查公司项目的安全生产工作不力，未及时发现并消除生产安全事故隐患，建议施工单位对其予以诫勉，免去其总经理职务，并按照公司内部规定给予相应的经济处罚。

（9）古某，施工单位长江分公司执行董事，督促检查公司项目的安全生产工作不力，未及时发现并消除生产安全事故隐患，建议施工单位对其予以诫勉，免去其执行董事职务。

（10）黄某，施工单位安全部经理，督促检查长江分公司的安全生产工作不力，对长江分公司安全管理人员履职情况监管不力，建议施工单位给予其政务记过处分，并按照公司内部规定给予相应的经济处罚。

（11）曹某，施工单位总工程师，督促检查长江分公司的安全生产工作不力，对长江分公司安全管理人员履职情况监管不力，建议施工单位给予其政务记过处分，并按照公司内部规定给予相应的经济处罚。

（12）黄某，施工单位董事长，督促检查长江分公司的安全生产工作不力，对长江分公司安全管理人员履职情况监管不力，建议施工单位对其予以诫勉，并按照公司内部规定给予相应的经济处罚。

（13）郑某，建设单位安全部经理助理，未检查督促塔式起重机拆除单位、施工单位、监理单位的安全管理人员履行职责，建议建设单位给予其政务记过处分。

（14）吴某，建设单位副总经理，对公司安全管理人员履职情况监管不力，建议建设单位对其予以诫勉。

（15）成某，建设单位董事长，对公司安全管理人员履职情况监管不力，建议建设单位对其予以诫勉。

6. 对相关监管单位和人员的处理建议（6个）

（1）XK镇人民政府，安全生产监督检查未形成闭环，检查发现隐患未移交行业主管部门调查处理，建议向NA区人民政府作出书面检查。

（2）NA区建设工程安全质量服务中心，对街道（乡镇）履行建设工程安全监管属地责任的督促指导不足，建议向NA区住房城乡建委作出书面检查。

（3）市建设工程施工安全管理总站，未督促拆除单位按照专项施工方案及安全操作规程组织拆卸作业，未对用人单位为特种作业人员购买工伤保险的情况进行检查，建议向市住房城乡建委作出书面检查。

（4）龙某，市建设工程施工安全管理总站三级主任科员、该大桥及南延伸段项目主监督员，未督促拆除单位按照专项施工方案及安全操作规程组织拆卸作业，未对塔机拆除单位为袁某等工人购买工伤保险的情况进行检查，建议给予政务警告处分。

（5）杨某，市建设工程施工安全管理总站监督二科科长，该大桥及南延伸段项目辅监督员，对龙某履行塔式起重机拆除作业监管职责的督促不力，未对事故塔式起重机拆除作业进行监管，建议由市住房城乡建委予以诫勉。

（6）许某，市建设工程施工安全管理总站副站长，分管监督一科、监督二科、监督三科，对杨某、龙某履行塔式起重机拆除作业监管职责的督促不力，建议由市住房城乡建委进行谈话提醒。

3.10.8　防范措施及建议

为避免和预防类似事故再次发生，从此次事故中深刻吸取血的教训，在今后的工作中，应从以下方面采取防范措施：

1. 严守安全发展红线

各级党委政府要认真学习贯彻习近平总书记关于安全生产的重要指示精神和市委、市政府关于安全生产工作的部署要求，坚持“党政同责、一岗双责、齐抓共管、失职追责”。压实属地和行业监管责任，把安全责任落实到领导、部门和岗位，督促各类生产经营单位严格落实各单位安全生产主体责任。

2. 严格落实监管责任

建设行业主管部门要铁心硬手，真抓严管，敢于亮剑，坚决整治建筑施工领域乱象。一是要严肃查处违法分包转包行为，严肃追究发包方、承包方相应法律责任。严格资质管理，坚持“谁的资质谁负责、挂谁的牌子谁负责”，对发生安全事故的严格依法追究资质方的责任，遏制出借资质、无序扩张。二是严查参建企业安全管理责任不落实的问题。重点检查业主单位不落实安全措施费、弱化管理施工单位和监理单位等问题；检查施工单位和监理单位关键岗位人员不在岗履职、危大工程不按方案施工、现场安全管控弱化、事故以案促改不落实等问题。

3. 严格落实主体责任

建设工程参建各方要严格依法从事建设活动。建设单位要全面落实建设单位工程质量安全首要责任，全面履行管理职责，健全工程项目质量安全管理体系，配备专职人员并明确其质量安全管理职责，不断加强工程质量安全施工过程管理，确保工程质量安全符合国家法律法规、工程建设标准规定。要以案为鉴，加强教育培训，强化红线意识，压实各环节质量安全责任。特别是针对施工单位关键岗位人员长期不在岗、施工方案变更等情况及时作出约束管理。

施工单位要全面履行安全生产主体责任，严格分包队伍资质管理，针对特种设备如吊车、塔式起重机等，要加强人员操作规范管理。针对危大工程施工，关键人员未到场情况下，施工单位要命令禁止施工；进一步分解细化全员安全生产责任，层层分解至一线管理人员、班组；加大监管力度，扎实开展“日周月”隐患排查整治工作，建立隐患整治销号管理制度；加大一线管理人员培训教育；进一步落实“两单两卡”，采取培训与班前安全教育相结合的方式开展。

监理单位要切实履行监理职责，加强项目施工情况监管，全面掌握施工单位的节点、进度和内容，提前研判施工作业安全风险，采取技术管理措施消除事故隐患。要严格履行日常安全监理职责，及时发现并纠正施工单位吊装作业缺乏岗前安全教育培训、应急预案演练不规范、项目重要安全管理人员未严格履职等违规行为。

下　篇

2020—2022 年较大及以上事故专项分析

4　事故基本情况

4.1　事故总体情况

据统计，2020—2022 年全国房屋市政工程共发生较大及以上事故 50 起、死亡 209 人，其中 1 起事故为非生产安全责任事故，2 起事故调查报告尚未公布，以下仅对 47 起有正式事故调查报告的事故进行统计分析（图 1）。

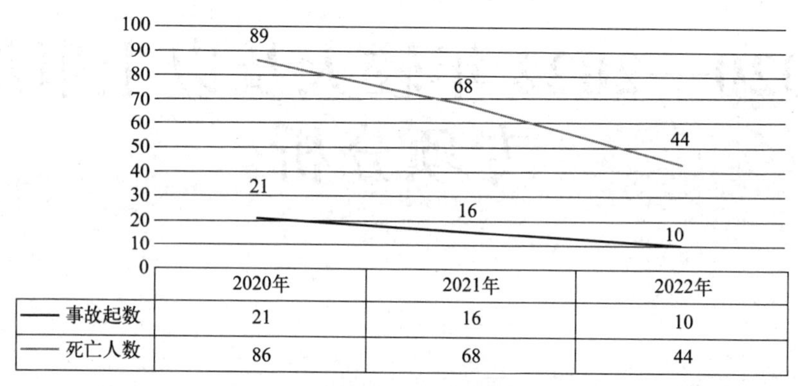

图 1　2020—2022 年房屋市政工程较大及以上事故总量变化趋势图

从图 1 可以看出，2020 年全国较大及以上事故发生 21 起，死亡 86 人，是近三年中事故起数及死亡人数最多的一年；2021 年全国较大及以上事故发生 16 起，死亡 68 人；2022 年全国较大及以上事故发生 10 起，死亡 44 人，是三年中事故起数及死亡人数最少的一年。总体来看，房屋市政工程较大及以上事故防范遏制工作取得了积极成效，事故起数和死亡人数总体呈下降趋势。这与住房城乡建设主管部门近年来认真贯彻落实党中央关于安全生产和防范化解重大风险的决策部署，紧盯施工现场危险性较大的分部分项工程（简称危大工程）和重大事故隐患，有效落实风险分级管控和隐患排查治理双重预防机制，深入开展各类安全治理行动密切相关。

4.2　重大事故情况

2020—2022 年发生 2 起重大事故，死亡 28 人（表 1），造成重大人员伤亡和恶劣社会影响，安全管控任务仍然艰巨。

2020—2022 年房屋市政工程生产安全重大事故统计表 **表 1**

序号	发生时间	事故名称	人员伤亡情况
1	2021 年 7 月 15 日	广东省珠海市"7・15"重大透水事故	14 人死亡
2	2022 年 1 月 3 日	贵州省毕节市"1・3"在建工地山体滑坡重大事故	14 人死亡

5 按事故地区统计

5.1 各地区事故情况

据统计，2020—2022年较大及以上事故死亡人数前15位的省份依次是广东（7起、38人）、贵州（5起、27人）、广西（2起、15人）、山东（4起、14人）、湖北（3起、12人）、重庆（3起、11人）、江苏（3起、11人）、安徽（3起、10人）、浙江（2起、9人）、陕西（2起、8人）、新疆（2起、8人）、天津（2起、7人）、河南（1起、4人）、四川（1起、4人）、云南（1起、4人），见图1。

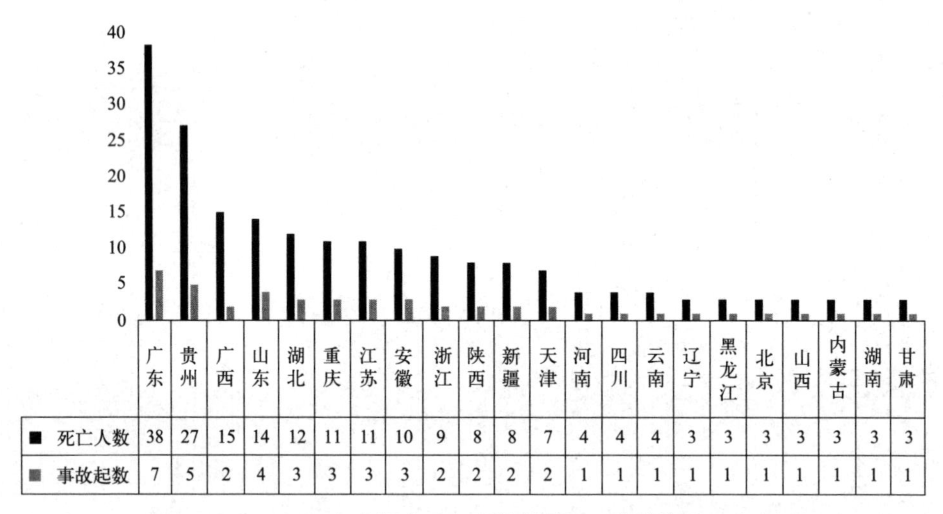

	广东	贵州	广西	山东	湖北	重庆	江苏	安徽	浙江	陕西	新疆	天津	河南	四川	云南	辽宁	黑龙江	北京	山西	内蒙古	湖南	甘肃
■ 死亡人数	38	27	15	14	12	11	11	10	9	8	8	7	4	4	4	3	3	3	3	3	3	3
■ 事故起数	7	5	2	4	3	3	3	3	2	2	2	2	1	1	1	1	1	1	1	1	1	1

图1 2020—2022年房屋市政工程较大及以上事故按地区分布图

5.2 重点城市事故情况

据统计，2020—2022年全国所有城市（含直辖市）中，较大及以上事故起数前4位的依次是重庆（3起、11人）、遵义（3起、10人）、珠海（2起、17人）、天津（2起、7人），见图1。

重庆和遵义位于西南地区，地质条件和自然环境较为复杂；珠海位于珠江三角洲地区，属于南部沿海经济发达地区；天津位于华北地区，是重要的港口城市，近年来经济发展较快。这些特征在城市建设和工程施工中无疑会增加相应的安全风险。因此，对于每个

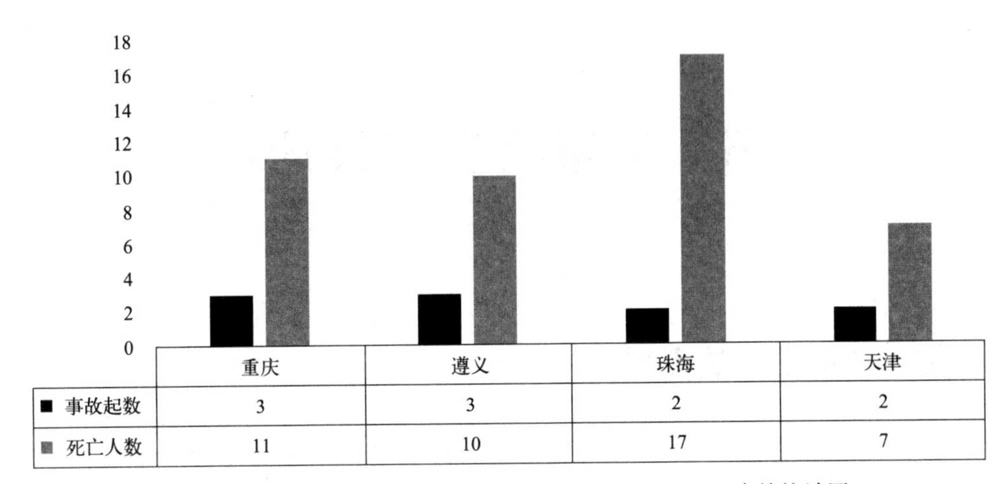

	重庆	遵义	珠海	天津
■ 事故起数	3	3	2	2
■ 死亡人数	11	10	17	7

图1　2020—2022年重点城市房屋市政工程较大及以上事故统计图

城市，都需要根据其特定的地理环境特征以及建设规模，采取有针对性的安全管理措施，降低事故发生的概率。

6 按事故类型统计

6.1 较大及以上事故类型

据统计，2020—2022 年全国房屋市政工程较大及以上事故按照类型划分，起重机械伤害事故 14 起、死亡 47 人，分别占总数的 29.79%和 23.74%；土方、基坑坍塌事故 9 起、死亡 58 人，分别占总数的 19.15%和 29.29%；模板支架事故 6 起、死亡 31 人，分别占总数的 12.77%和 15.66%；中毒、窒息和淹溺事故 4 起、死亡 13 人，分别占总数的 8.51%和 6.57%；高处坠落事故 3 起、死 9 人，分别占总数的 6.38%和 4.55%；脚手架事故 3 起，死亡 9 人，分别占总数的 6.38%和 4.55%；物体打击事故 1 起、死亡 3 人，分别占总数的 2.13%和 1.52%；触电事故 1 起、死亡 3 人，分别占总数的 2.13%和 1.52%；车辆伤害事故 1 起、死亡 3 人，分别占总数的 2.13%和 1.52%；其他类型事故 5 起、死亡 22 人，分别占事故总数的 10.64%和 11.11%。

从上述统计可以看出，起重机械伤害，土方、基坑坍塌，模板支架，中毒、窒息和淹溺，是目前房屋市政工程较大及以上事故的主要类型。见图 1。

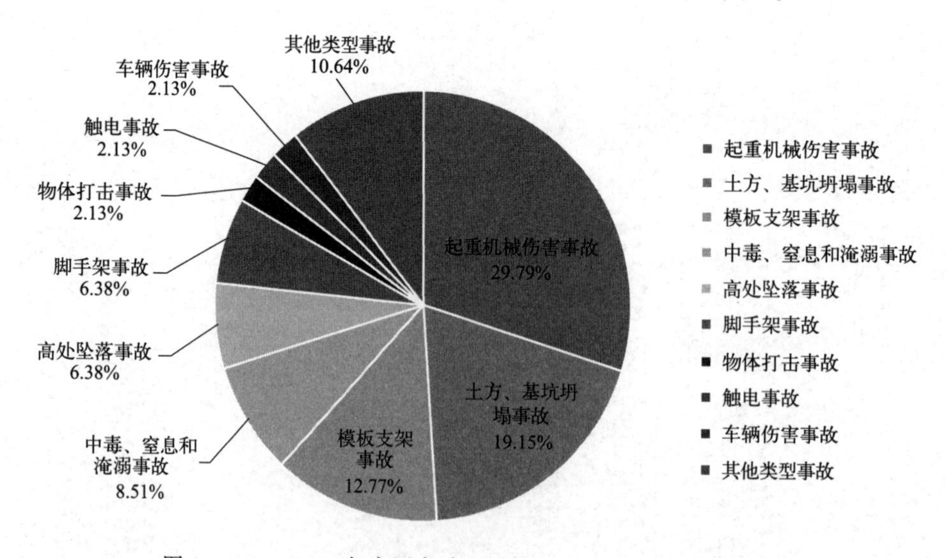

图 1　2020—2022 年房屋市政工程较大及以上事故类型统计图

6.2 各地区事故类型

据统计，2020—2022年各省房屋市政工程较大及以上事故类型分布中，起重机械伤害事故：山东发生3起，湖北发生2起，辽宁、广东、广西、浙江、贵州、江苏、重庆、云南、甘肃各发生1起；土方、基坑坍塌事故：贵州、广东、新疆各发生2起，安徽、广西、黑龙江各发生1起；模板支架事故：广东发生2起，湖北、山东、浙江、贵州各发生1起；中毒、窒息和淹溺事故：安徽、天津、广东、重庆各发生1起；高处坠落事故：山西、内蒙古、江苏各发生1起；脚手架事故：北京、贵州、安徽各发生1起；物体打击事故：广东发生1起；触电事故：陕西发生1起；车辆伤害事故：湖南发生1起；其他类型事故：河南、陕西、天津、四川、重庆各发生1起，见图1。

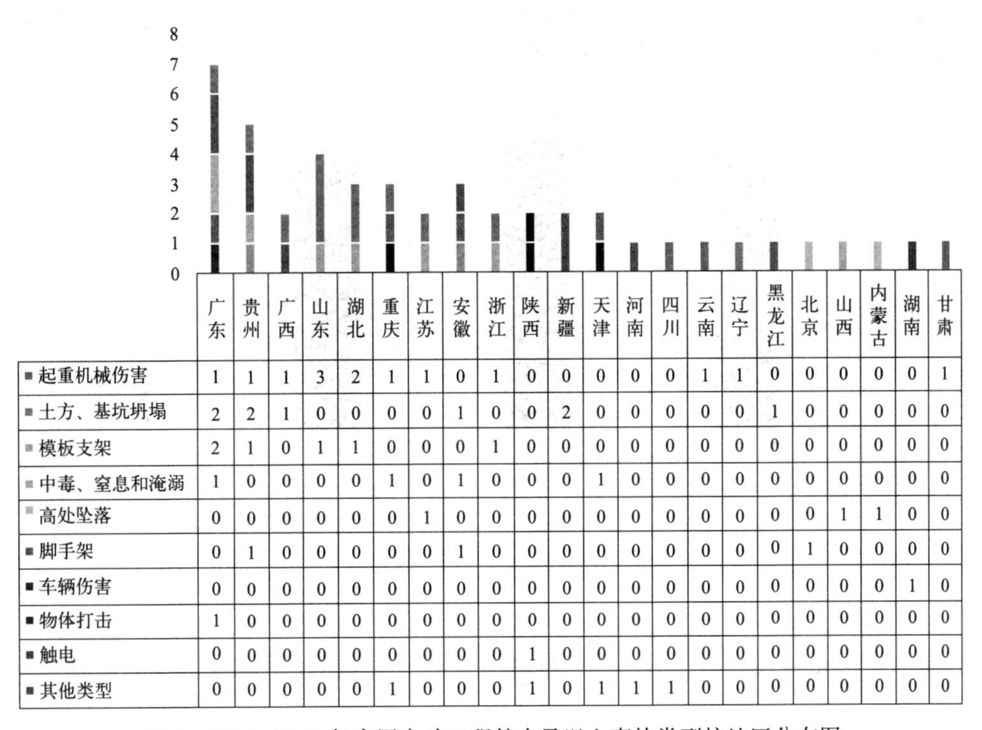

	广东	贵州	广西	山东	湖北	重庆	江苏	安徽	浙江	陕西	新疆	天津	河南	四川	云南	辽宁	黑龙江	北京	山西	内蒙古	湖南	甘肃
■ 起重机械伤害	1	1	1	3	2	1	1	0	1	0	0	0	0	0	1	1	0	0	0	0	0	1
■ 土方、基坑坍塌	2	2	1	0	0	0	0	1	0	0	2	0	0	0	0	0	1	0	0	0	0	0
■ 模板支架	2	1	0	1	1	0	0	0	1	0	0	0	0	0	0	0	0	0	0	0	0	0
■ 中毒、窒息和淹溺	1	0	0	0	0	1	0	1	0	0	0	1	0	0	0	0	0	0	0	0	0	0
■ 高处坠落	0	0	0	0	0	0	1	0	0	0	0	0	0	0	0	0	0	0	1	1	0	0
■ 脚手架	0	1	0	0	0	0	0	1	0	0	0	0	0	0	0	0	0	1	0	0	0	0
■ 车辆伤害	0	0	0	0	0	0	0	0	0	0	0	0	0	0	0	0	0	0	0	0	1	0
■ 物体打击	1	0	0	0	0	0	0	0	0	0	0	0	0	0	0	0	0	0	0	0	0	0
■ 触电	0	0	0	0	0	0	0	0	0	1	0	0	0	0	0	0	0	0	0	0	0	0
■ 其他类型	0	0	0	0	0	1	0	0	0	1	0	1	1	1	0	0	0	0	0	0	0	0

图1 2020—2022年房屋市政工程较大及以上事故类型按地区分布图

据统计，2020—2022年各省房屋市政工程较大及以上事故类型分布中，起重机械伤害事故死亡人数居前列的城市依次是广西玉林市（1起、6人）、山东日照市（1起、4人）、云南曲靖市（1起、4人）；土方、基坑坍塌事故死亡人数居前列的城市（地区）依次是广东珠海市（1起、14人）、贵州毕节市（1起、14人）、广西百色市（1起、9人）、新疆喀什地区（1起、5人）、广东广州市（1起、4人）；模板支架事故死亡人数居前列的城市依次是广东汕尾市（1起、8人）、湖北武汉市（1起、6人）、浙江金华市（1起、6人）、山东淄博市（1起、4人）、贵州遵义市（1起、4人）。

7 按建设工程各方主体统计

7.1 各方主体事故责任统计

基于2020—2022年房屋市政工程领域47起较大及以上生产安全事故调查报告的统计，从建设工程各方主体的事故责任统计来看，47起事故全部涉及建设单位，45起事故涉及施工总包单位，44起事故涉及监理单位，9起事故涉及勘察设计单位（图1）。

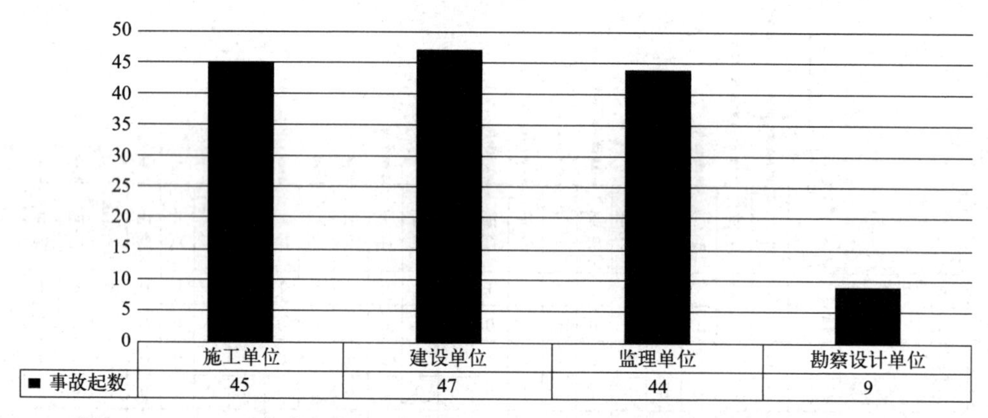

图1 2020—2022年房屋市政工程较大及以上事故中各方主体涉及事故起数统计图

从上述统计可以发现，建设单位、施工单位和监理单位在事故中的责任普遍落实不好，尤其建设单位在安全生产中的责任不落实现象愈发严重（47起事故全部涉及建设单位），应尽快明确建设单位安全责任定位，规范建设单位安全行为迫在眉睫。

7.2 施工单位统计

1. 按施工单位企业性质统计

从施工企业性质情况看，民营企业发生较大及以上事故最多，为26起，死亡97人，分别占总数的57.77%和51.05%。相较而言，地方国有企业和中央管理的建筑施工企业发生较大及以上事故较少。地方国有企业发生12起，死亡59人，分别占总数的26.67%和31.06%；中央管理的建筑施工企业发生7起，死亡34人，分别占总数的15.56%和17.89%，见图1。

根据图1可知，在与施工单位有关的45起较大及以上事故中，民营建筑施工企

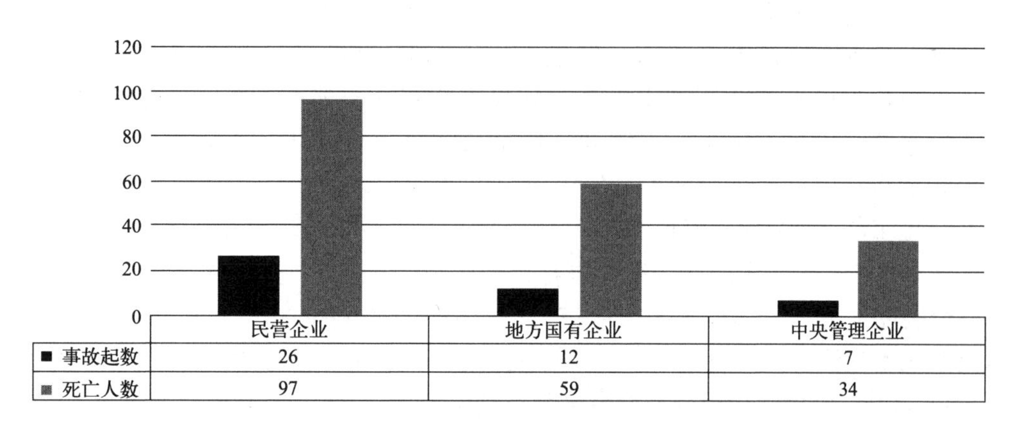

图1 2020—2022年房屋市政工程较大及以上事故按施工单位企业性质分布图

业占比最大，一方面，表明民营建筑施工企业安全管理基础和能力较差，企业整体安全管理水平不高；另一方面，民营建筑施工企业往往过分追求经济效益，在安全教育培训等方面投入不足，对安全生产法律法规的执行不到位。同时，国有企业和中央企业仍然发生一些事故（19起），表明国有建筑施工企业和中央管理企业在安全管理方面仍然存在提升空间，应不断完善安全管理体系，强化安全责任落实，弥补安全管理短板和不足。

2. 按施工单位企业资质统计

从施工企业资质情况看，一级资质的施工单位发生较大及以上事故最多，为17起，死亡60人，分别占总数的37.78%和31.58%。其次为特级资质的施工单位，较大及以上事故数量为16起，死亡84人，分别占总数的35.56%和44.21%，相较而言，二级资质和三级资质的施工单位发生较大及以上事故较少。二级资质的施工单位发生8起，死亡30人，分别占总数的17.78%和15.79%；三级资质的施工单位发生4起，死亡16人，分别占总数的8.88%和8.42%，见图2。

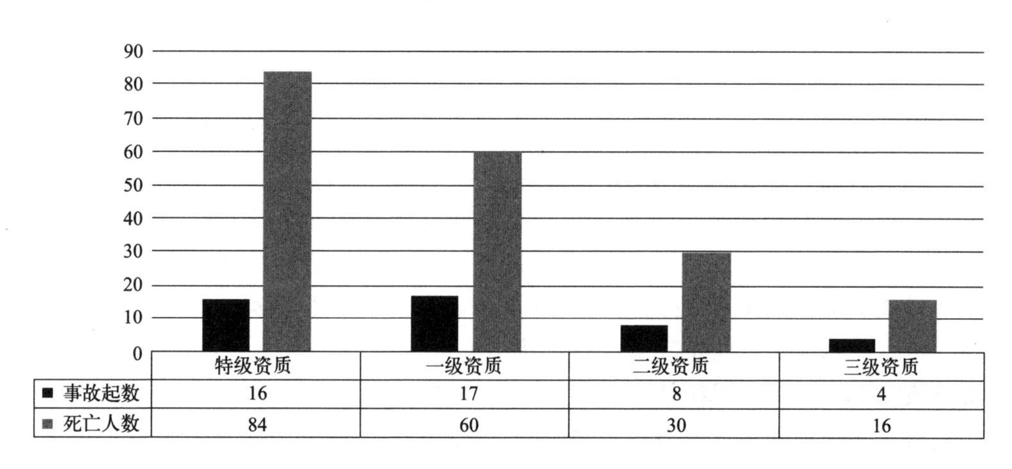

图2 2020—2022年房屋市政工程较大及以上事故按施工单位企业资质分布图

根据图2可知，在与施工单位有关的45起较大及以上事故中，施工单位特级资质和一级资质占比最大，一方面高资质企业往往能够承揽投资大、周期长的复杂工程，这类工程安全风险本身就高，发生事故的概率相应增加；另一方面表明，高资质的施工单位不代表安全管理水平高，如果安全责任不能有效落实，安全管理不到位，仍然无法避免事故发生。二级和三级低资质施工企业占比低，是因为在目前的建筑市场上很难中标工程，绝大部分作为分包单位从事施工生产活动。

3. 按施工单位事故原因统计

从施工单位在事故中的原因统计来看，共有167个原因，具体如下：

安全制度不落实28个，占比16.77%；安全管理不到位28个，占比16.77%；管理人员履职不到位23个，占比13.77%；违法转包23个，占比13.77%；安全教育培训不到位22个，占比13.17%；安全检查不到位14个，占比8.38%；方案符合性管理不到位13个，占比7.78%；安全管理人员配备不足6个，占比3.59%；分包安全管理不到位5个，占比3%；应急演练问题5个，占比3%（图3）。

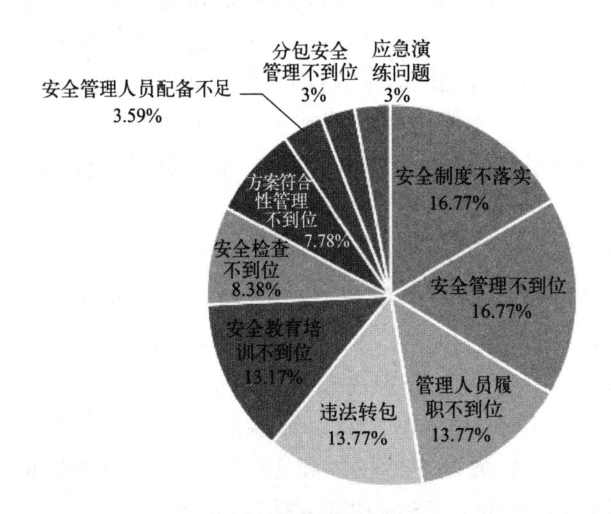

图3 2020—2022年房屋市政工程较大及以上事故按施工单位事故原因分类统计图

根据图3可知，安全制度不落实、现场安全管理不到位、管理人员履职不到位、违法转包以及安全教育培训缺失是施工单位负有事故责任的主要原因。虽然施工企业都建立了各项安全管理制度，但在实际执行过程中由于缺乏有效的监督和执行力度，各项制度不能得到完全有效落地执行。归纳起来，安全制度不落实、安全管理不到位仍然是施工单位造成事故发生的主要间接原因。

4. 按施工单位处罚情况统计

从对施工单位处罚情况来看，34个施工单位受到了行政处罚，21个施工单位的相关人员被追究其刑事责任，31个施工单位的相关人员收到了行政处罚，见图4。

在与施工单位有关的45起较大及以上事故中，共计对34个施工单位进行了行政处罚，处罚率约为75%；21个项目的相关人员收到了刑事责任追究，表明政府加大

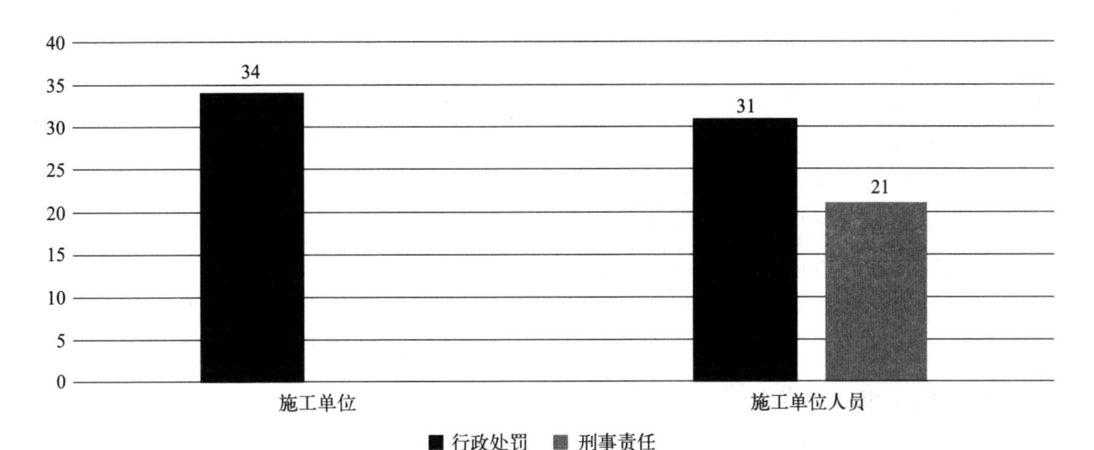

图 4 2020—2022 年房屋市政工程较大及以上事故施工单位处罚情况统计图

了刑法对违法违规行为的惩戒力度。但总体来看，仍然有部分施工单位未受到处罚，或处罚措施不全面，政府安全监管执法力度仍需进一步加强。

7.3 建设单位统计

1. 按建设单位企业性质统计

根据统计，民营企业作为投资主体的项目发生较大及以上事故最多，为 25 起，死亡 90 人，分别占总数的 53.19%和 45.45%。相较而言，政府作为投资主体的项目发生较大及以上事故较少，其中政府事业单位作为投资主体的共发生 9 起，死亡 36 人，分别占总数的 19.15%和 18.18%。国有企业作为投资主体的共发生 13 起，死亡 72 人，分别占总数的 27.66%和 36.36%（图 1）。

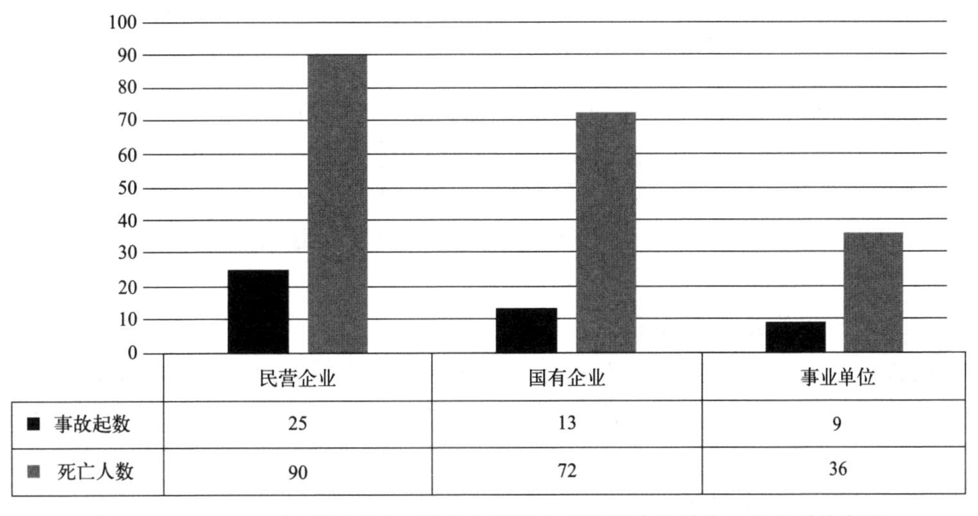

	民营企业	国有企业	事业单位
事故起数	25	13	9
死亡人数	90	72	36

图 1 2020—2022 年房屋市政工程较大及以上事故按建设单位企业性质分布图

根据对 47 起事故的建设单位企业性质进行统计，发现民营企业发生的事故数量和导致的死亡人数较多，其中，20 家民营企业主要是房地产开发企业，一级资质 3 家，二级资质 11 家，四级资质 1 家，5 家企业资质为暂定。民营房地产开发企业，往往为了追求高周转率、高效益，项目安全管理体系不健全，安全管理流于形式，安全投入不足，安全管理人员严重缺失，这也是近年来房地产项目事故频发的重要原因。与之相对的是，政府作为投资主体的项目发生的事故相对较少，尤其是政府投资的公共工程和民生工程事故较少，表明政府在安全方面起到了一定的示范作用。目前，我国建设单位构成比较复杂，尽快明确不同性质的建设单位安全责任定位，规范建设单位安全行为，是目前全面提升建筑施工行业安全管理水平、降低事故发生率、保障生产安全和工程质量的重要举措。

2. 按建设单位事故原因统计

从建设单位在事故中的原因统计来看，具体表现为：未履行基本建设程序 44 个，占比 37.93%；监督检查不到位 30 个，占比 25.86%；协调管理不到位 33 个，占比 28.45%；教育培训不全 9 个，占比 7.76%（图 2）。

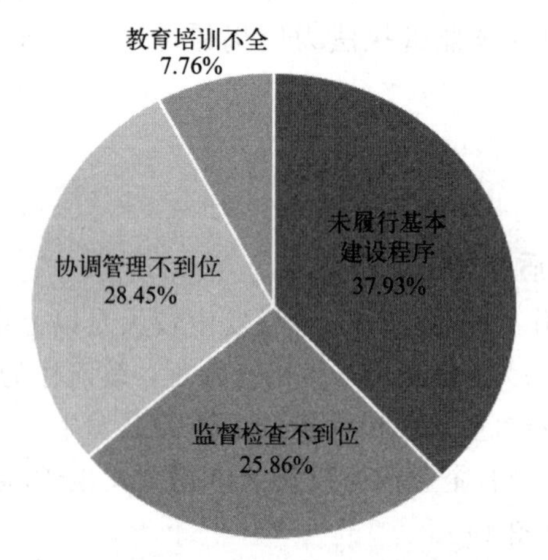

图 2 2020—2022 年房屋市政工程较大及以上事故按建设单位事故原因分类统计图

根据图 2 可知，在涉及建设单位违规行为的 116 个原因中，未履行基本建设程序、协调管理不到位、监督检查不到位是建设单位不履行安全责任而导致事故的主要原因。虽然《建设工程安全生产管理条例》规定了建设单位相应的安全责任，但这些规定比较泛化，并未就如何履行这些责任给予明确详细的规定，实践中执行起来困难，在一定程度上给建设单位逃避安全责任留下了一定的空间。

3. 按对建设单位处罚情况统计

经统计，在 47 起事故中，有 21 起事故对建设单位进行了行政处罚，有 15 起事故对建设单位仅进行了通报批评、书面检查的处罚，另有 11 起事故未追究建设单位事故责任。有 15 起事故对建设单位涉事个人进行了行政处罚，有 6 起事故对建设单位涉事个人追究了刑事责任，有 11 起事故对建设单位涉事个人仅进行公司内部处罚，另有 15 起事故未追究建设单位涉事个人责任（图 3）。

统计发现，在事故追责中对建设单位及其涉事个人在发生事故后采取的责任追究

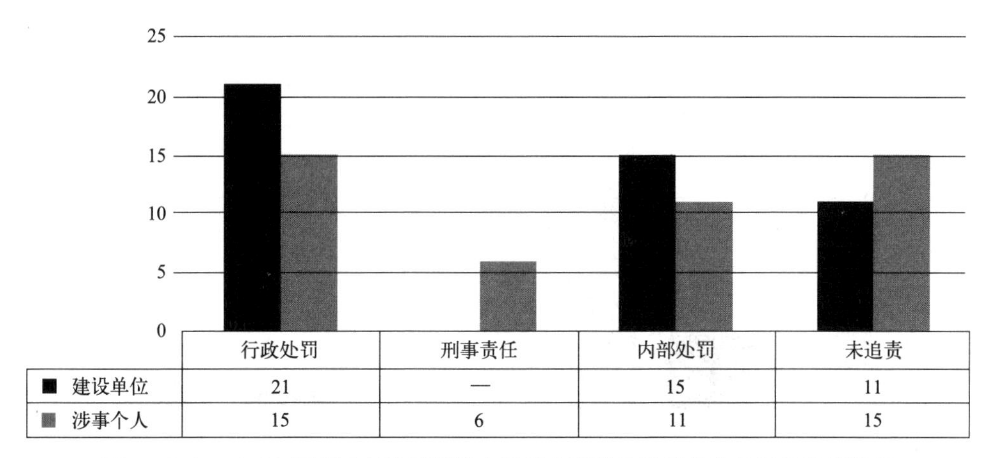

	行政处罚	刑事责任	内部处罚	未追责
■ 建设单位	21	—	15	11
■ 涉事个人	15	6	11	15

图 3 2020—2022 年房屋市政工程较大及以上事故按建设单位处罚情况统计图

和处罚力度较轻，与其在项目中的核心地位严重不符。在 47 起事故中，有 26 起事故的建设单位未受到较重的责任追究，包括 11 起事故中未追究建设单位的事故责任，这暴露出在事故责任认定和处罚执行上对施工单位的处罚力度远远重于对建设单位的处罚力度。同时，从对建设单位相关人员的处罚情况来看，47 起事故中有 6 起事故追究了建设单位相关人员的刑事责任，刑事责任多由施工单位及其他分包单位承担。并且，有 11 起事故的建设单位项目主要负责人仅承担公司内部处罚，甚至有 15 起事故的建设单位项目主要负责人未承担任何事故责任。

7.4 监理单位统计

1. 按监理单位企业性质统计

从监理单位企业性质情况看，民营企业发生较大及以上事故最多，为 35 起，死亡 154 人，分别占总数的 79.55%和 82.79%。相较而言，地方国有企业发生较大及以上事故较少。地方国有企业发生 9 起，死亡 32 人，分别占总数的 20.45%和 17.21%（图 1）。

根据图 1 可知，不同企业性质的监理单位在较大及以上事故的发生率及其严重程度上的显著差异。民营企业作为监理单位，发生的较大及以上事故数量及导致的死亡人数均远高于地方国有企业，反映了民营监理企业在安全管理、人员培训、资源投入以及风险控制方面的不足。对比地方国有企业，民营监理企业可能面临更大的经营压力和成本控制挑战，这会影响到对安全管理措施的投入和执行。此外，地方国有监理企业由于其背景和资源优势，能够实施更为严格的安全管理体系和高标准的培训系统，从而有效减少事故发生。

2. 按监理单位企业资质情况统计

从企业资质情况看，拥有甲级资质的监理单位发生较大及以上事故最多，为 36 起，死亡 160 人，分别占总数的 81.82%和 86.02%。其次为拥有综合资质的监理单位，较大及以上事故数量为 5 起，死亡 15 人，分别占总数的 11.36%和 8.06%。相较而言，拥有

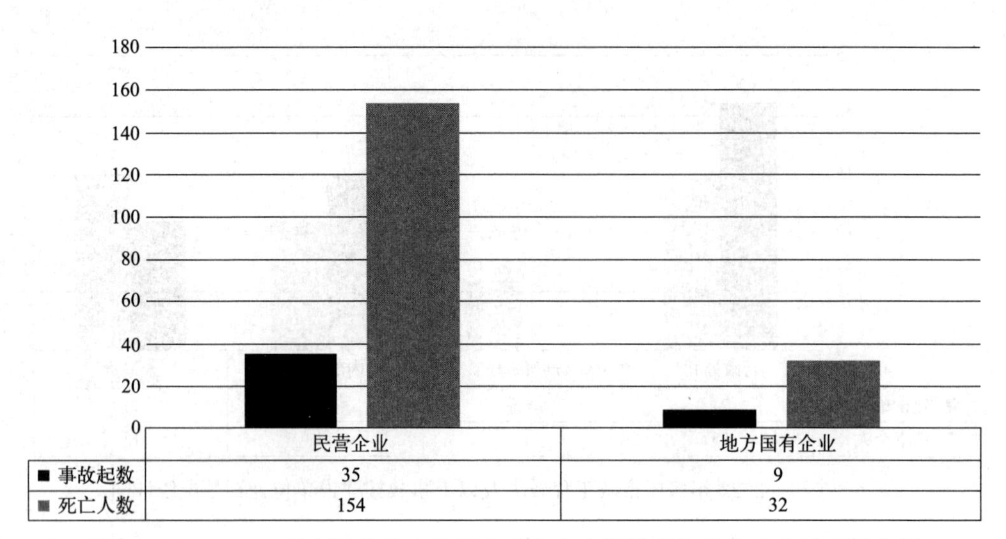

图1　2020—2022年房屋市政工程较大及以上事故按监理单位企业性质分布图

乙级资质的监理单位发生较大及以上事故最少，为3起，死亡11人，分别占总数的6.82%和5.92%（图2）。

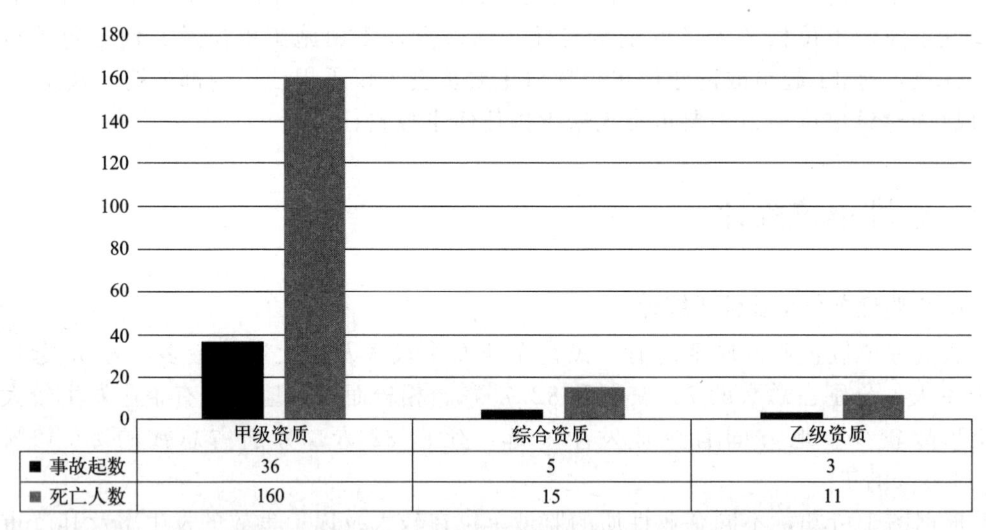

图2　2020—2022年房屋市政工程较大及以上事故按监理单位企业资质分布图

根据图2可知，甲级资质监理单位在较大及以上安全事故的发生率和死亡人数方面占据显著比例，这反映虽然甲级资质代表着较高的专业水平，但同时也意味着更大的责任，特别是在安全管理方面。拥有甲级资质的监理单位需要在建筑施工安全生产过程中实施更加细致的监督和管理，以确保安全标准的严格执行。此外，无论资质等级如何，所有监理单位都应不断提高安全培训质量，加强事故预防和风险控制措施，以降低安全事故发生的风险，保障施工现场的安全与工程质量。

3. 按监理单位事故原因统计

从监理单位在事故中的原因统计来看，按照原因可分类为：现场监督管理不到位46个，占比32.87%；监理职责未落实44个，占比31.43%；方案审核不严24个，占比 17.14%；监理单位自身能力不足 13 个，占比 9.28%；未履行旁站监督 13 个，占比 9.28%（图 3）。

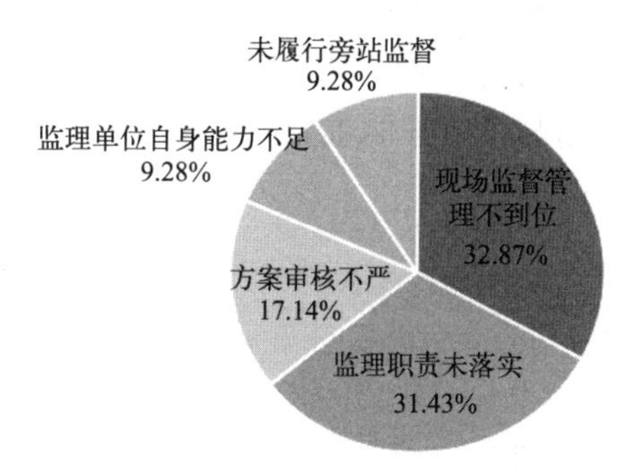

图 3　2020—2022 年房屋市政工程较大及以上事故按监理单位事故原因分类统计图

根据图 3 可知，监理单位在建筑施工安全事故中的主要责任原因中，占比最高的是现场监督管理不到位。这表明监理单位在日常的施工监督和安全管理方面存在缺陷，未能有效控制现场的安全风险。紧随其后的是监理职责未落实，反映了监理单位在执行其基本职能、确保施工按照规定和标准进行等方面的不足。方案审核不严和监理单位自身能力不足也是导致事故发生的重要原因，这两个因素直接影响到监理单位对施工方案的审查质量以及对潜在安全问题的识别和解决能力。未履行旁站监督职责也是一个显著问题，表明在关键施工阶段缺少必要的现场监督，增加了事故发生的风险。

4. 按监理单位处罚情况统计

从监理单位处罚情况来看，对 30 个监理单位进行了行政处罚，对 26 个监理单位的相关人员追究了其刑事责任，对 32 个监理单位的相关人员进行了行政处罚（图 4）。

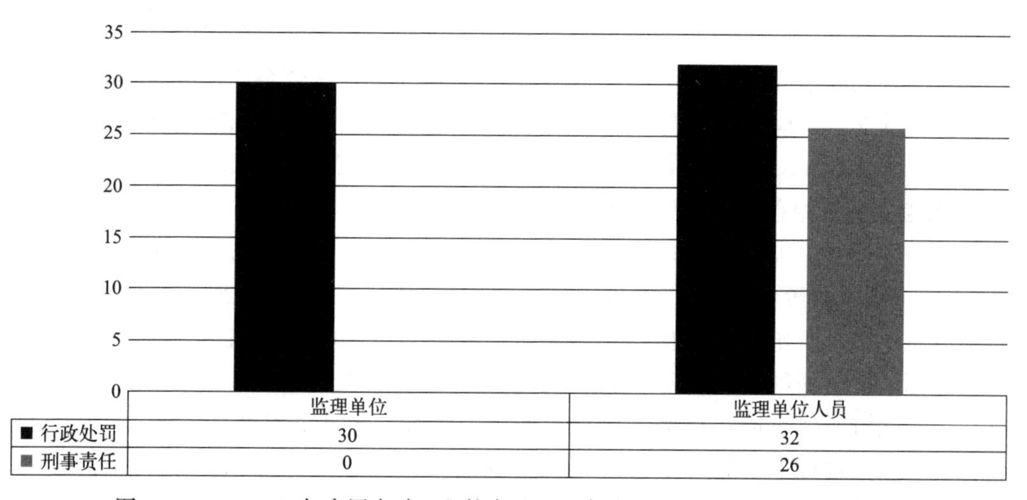

	监理单位	监理单位人员
■ 行政处罚	30	32
■ 刑事责任	0	26

图 4　2020—2022 年房屋市政工程较大及以上事故按监理单位处罚情况统计图

根据图4可知，通过对监理单位及相关人员的处罚情况可看出在安全事故发生后，针对监理单位及其相关人员采取的处罚措施的严格性。对30个监理单位进行的行政处罚突显了监理单位在安全事故中的责任和监管机构对于监理单位安全管理失职的严肃态度。此外，对26个监理单位的相关人员追究其刑事责任以及对32个监理单位的相关人员进行行政处罚进一步强调了个人在安全事故中责任的重要性，并展示了法律和监管框架在确保施工安全方面的应用力度。

7.5 勘察设计单位统计

1. 按勘察设计单位企业性质统计

从勘察设计单位企业性质情况看，民营企业和地方国有企业发生事故的起数和死亡人数基本在一个水平。民营企业发生较大及以上事故5起，死亡35人，分别占总数的55.56%和53.03%。地方国有企业发生较大及以上事故4起，死亡31人，分别占总数的44.44%和46.97%（图1）。

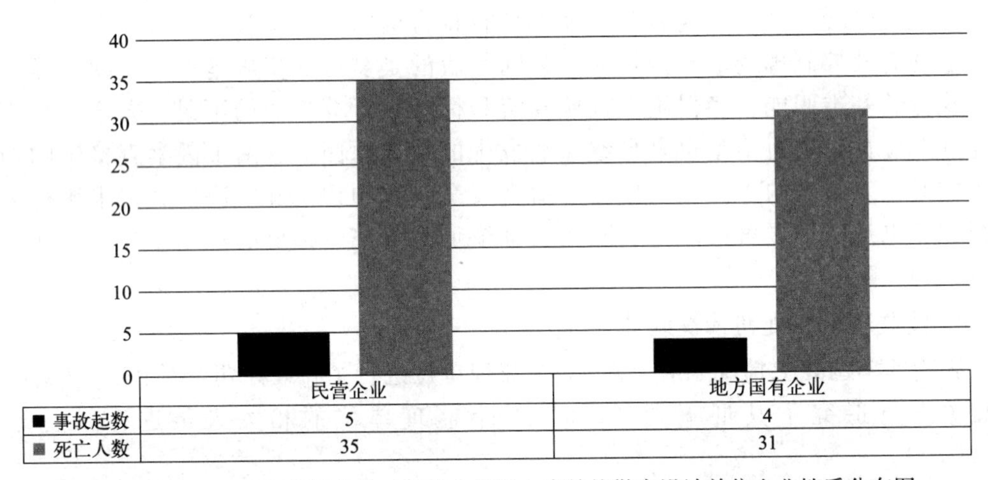

图1　2020—2022年房屋市政工程较大及以上事故按勘察设计单位企业性质分布图

通过图1的数据可知，勘察设计单位性质与事故无关，民营企业和地方国有企业在勘察设计方面的安全管理都需要进一步加强，从全寿命周期角度，加强前期阶段勘察、设计单位的安全责任，加强勘察、设计单位的风险意识，对于施工阶段安全至关重要。

2. 按勘察设计单位企业资质统计

从企业资质情况看，甲级资质的勘察设计单位发生较大及以上事故较多，为8起，死亡52人，分别占总数的88.89%和78.79%。乙级资质的勘察设计单位发生较大及以上事故虽然只有1起，但死亡人数14人，分别占总数的11.11%和21.21%（图2）。

通过图2的数据可知，甲级资质的勘察设计单位在较大及以上事故中占据了绝大多数的比例。甲级资质单位通常承接的项目规模大、技术工艺复杂程度高，事故风险自然较高。因此，勘察设计单位都需要进一步加强内部的安全培训、风险评估与管控机制，以及规范项目管理流程，确保在勘察设计阶段的安全标准得以落实和执行。

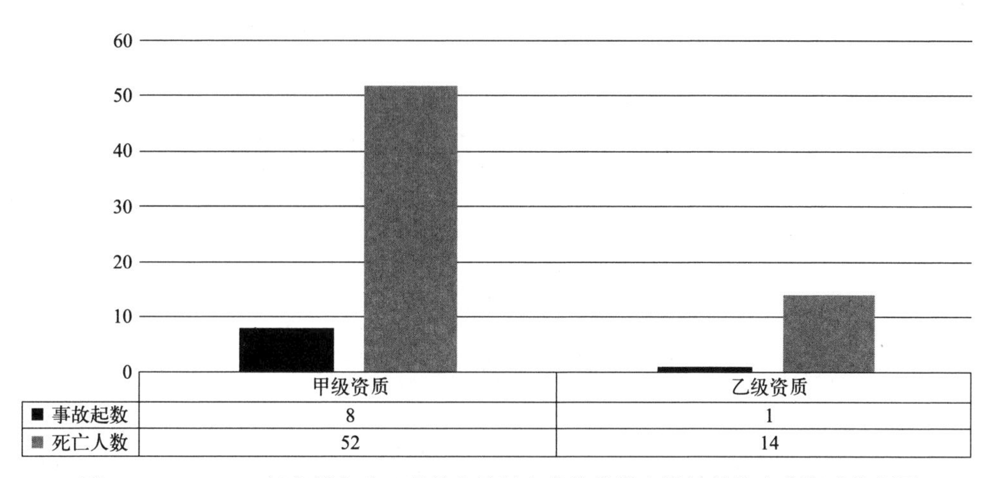

图 2　2020—2022 年房屋市政工程较大及以上事故按勘察设计单位企业资质分布图

3. 按勘察设计单位事故原因统计

从勘察设计单位在事故中的原因统计来看，按照原因可分类为：设计文件不符合现场实际安全性 12 个，占比 57.14%；违规承揽设计业务 6 个，占比 28.57%；设计文件缺少交底 3 个，占比 14.29%（图 3）。

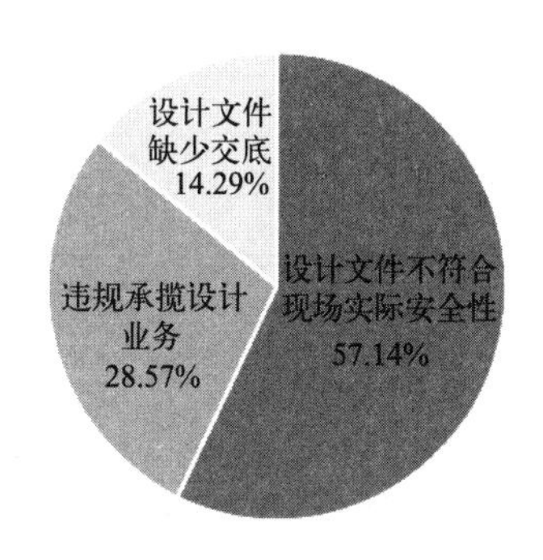

图 3　2020—2022 年房屋市政工程较大及以上事故按勘察设计单位事故原因分类统计图

通过图 3 可看出，勘察设计单位在安全事故中的主要责任原因体现在：设计文件不符合实际安全性、违规承揽设计业务以及设计文件缺少交底。目前的法律法规缺少对勘察设计单位安全责任的明确规定，作为勘察设计单位，必须确保设计充分考虑到实际施工的需求和安全规范，严格遵守资质管理规定，避免超出资质范围承揽项目，完善设计交底流程，与施工现场保持充分的沟通，确保施工团队准确理解设计意图，有效预防安全风险。

8 主要类型事故专项分析

8.1 模板支撑体系和脚手架较大及以上事故

2020—2022年，全国房屋市政工程共发生9起模板支撑体系和脚手架较大事故，导致40人死亡。在此期间内，未发生模板支撑体系和脚手架重大及以上事故。2020年发生事故起数最多，共发生6起事故，造成27人死亡。其次为2021年，共发生3起事故，造成13人死亡。在2022年，我国未发生模板支撑体系和脚手架较大及以上事故。2020—2022年模板支撑体系和脚手架较大及以上事故的起数和死亡人数呈连续下降趋势（图1）。

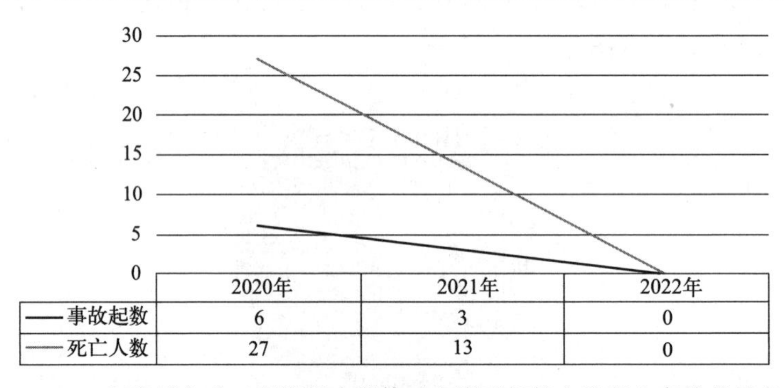

	2020年	2021年	2022年
事故起数	6	3	0
死亡人数	27	13	0

图1　2020—2022年房屋市政工程模板支撑体系和脚手架较大及以上事故总量变化趋势图

1. 按地区统计

2020—2022年，模板支撑体系和脚手架较大及以上事故死亡人数前3位的地区依次是广东（2起、11人）、贵州（2起、7人）和浙江（1起、6人），见图2。

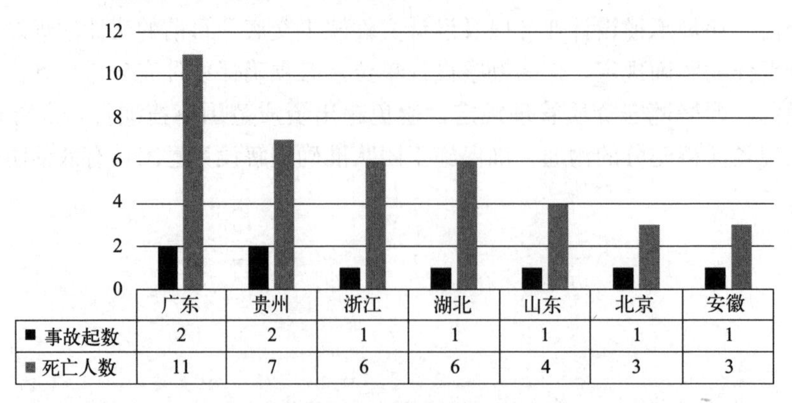

	广东	贵州	浙江	湖北	山东	北京	安徽
■ 事故起数	2	2	1	1	1	1	1
■ 死亡人数	11	7	6	6	4	3	3

图2　2020—2022年房屋市政工程模板支撑体系和脚手架较大及以上事故按地区分布图

2020—2022年，有9个地区发生过模板支撑体系和脚手架较大及以上事故，具体事故见表1。

2020—2022年房屋市政工程模板支撑体系和脚手架较大及以上事故统计表 **表1**

序号	年份	事故名称	省份	死亡人数
1	2020年	广东省汕尾市“10·8”较大建筑施工事故	广东省	8
2	2020年	湖北省武汉市“1·5”较大坍塌事故	湖北省	6
3	2020年	山东省淄博市“9·13”较大坍塌事故	山东省	4
4	2020年	广东省佛山市“6·27”较大坍塌事故	广东省	3
5	2020年	贵州省黔南布依族苗族自治州“9·28”较大建筑施工事故	贵州省	3
6	2020年	北京市顺义区“11·28”较大生产安全事故	北京市	3
7	2021年	浙江省金华市“11·23”较大坍塌事故	浙江省	6
8	2021年	贵州省仁怀市“3·15”较大坍塌事故	贵州省	4
9	2021年	安徽省广德市“7·23”脚手架坍塌较大建筑施工事故	安徽省	3

2. 按事故企业性质统计

从企业性质的角度来看，中央管理的建筑施工企业和地方国有企业模板支撑体系和脚手架发生的较大及以上事故较少。中央管理的建筑施工企业发生1起事故，导致4人死亡，分别占比为11.11%和10%；地方国有企业发生3起事故，导致12人死亡，分别占比为33.33%和30%；其他企业发生的模板支撑体系和脚手架较大及以上事故较多，共计5起，造成24人死亡，分别占比为55.56%和60%（图3）。

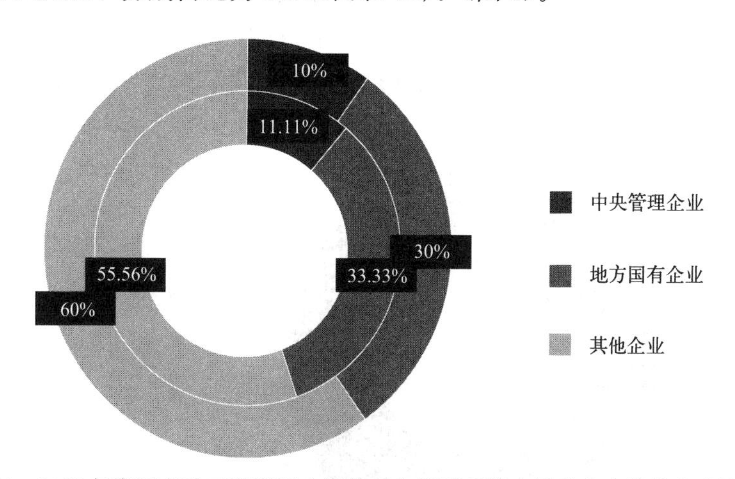

图3 2020—2022年房屋市政工程模板支撑体系和脚手架较大及以上事故按企业性质占比图

从总体上看，中央管理企业和地方国有企业的模板支撑体系和脚手架安全管理水平优于其他企业。建议下一步重点加强对其他企业项目模板支撑体系和脚手架施工的安全监管。

从企业资质的角度来看，一级企业在模板支撑体系和脚手架方面发生的较大及以上事故最多。一级企业发生4起事故，导致18人死亡，占比为44.44%和45%。其次是特级企业，发生3起事故，导致16人死亡，分别占比为33.33%和40%。相较之下，二级企业和三级企业在模板支撑体系和脚手架方面的事故发生率相对较低，均发生1起事故，导致3人死亡，占比为11.11%和7.5%（图4）。

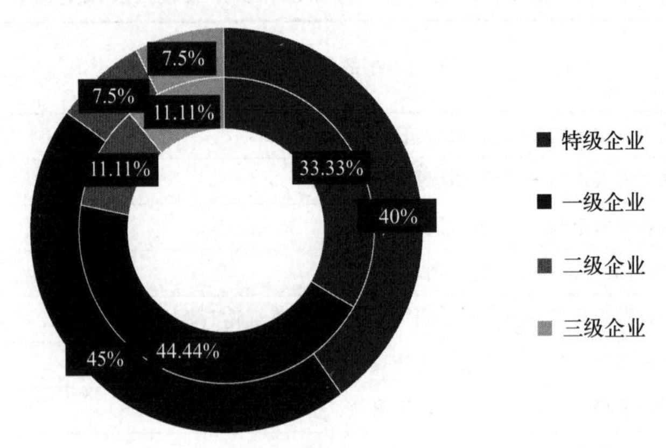

图4　2020—2022年房屋市政工程模板支撑体系和脚手架较大及以上事故按企业资质占比图

特级和一级企业通常接手规模大、复杂性高的工程项目，这些工程涉及更多的模板支撑体系和脚手架搭设工作。随着工程规模和复杂性的提升，模板支撑体系和脚手架事故的风险也相应增加。一旦发生模板支撑体系和脚手架事故，由于项目的规模庞大和复杂性，其影响通常会更为显著。

3. 按项目类型统计

2020—2022年，公共建筑项目在模板支撑体系和脚手架方面发生的较大及以上事故最多，共发生4起事故，导致20人死亡，占比为44.44%和50%。相对而言，住宅、厂房项目发生事故较少。住宅、厂房项目均发生2起事故，导致7人死亡，占比为22.22%和17.5%。其他项目在模板支撑体系和脚手架方面的事故发生率最低，发生1起事故，导致6人死亡，分别占比为11.11%和15%（图5）。

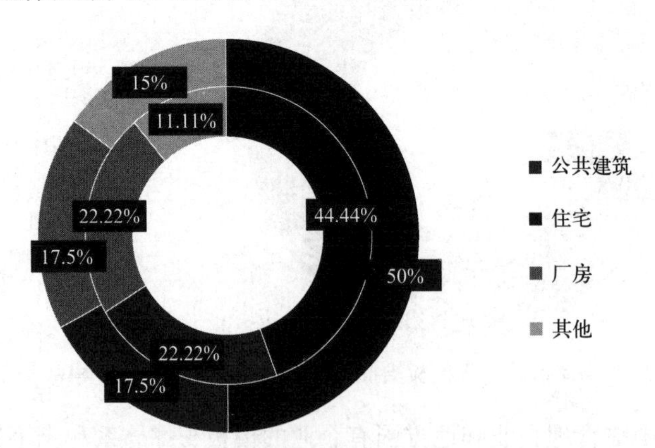

图5　2020—2022年房屋市政工程模板支撑体系和脚手架较大事故按项目类型占比图

公共建筑项目通常规模庞大，涉及多层次的工程，因而需要更复杂的模板支撑和脚手架体系。例如，在大型商业综合体或高层公寓建筑等项目中，模板支撑是高层建筑施工中支持混凝土浇筑的关键系统，同时需要大量的脚手架以支持工人在高空进行作业。

4. 按发生季度统计

2020—2022 年，单季度发生模板支撑体系和脚手架较大及以上事故最多的是第四季度和第三季度，两个季度均发生 3 起事故，占比均为 33.33%。相对应地，第四季度死亡 17 人，占比 42.5%；第三季度死亡 10 人，占比 25%。与之相比，第二季度模板支撑体系和脚手架较大及以上事故相对较少，发生 1 起，死亡 3 人，占比分别为 11.11% 和 7.5%。第一季度发生 2 起模板支撑体系和脚手架较大及以上事故，导致 10 人死亡，占比分别为 22.22% 和 25%（图 6）。

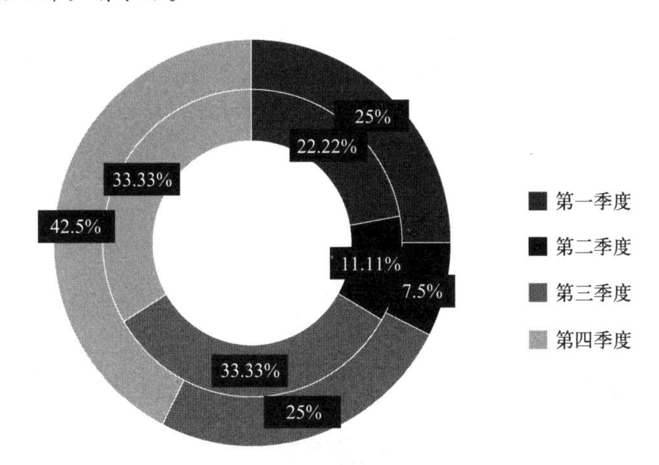

图 6　2020—2022 年房屋市政工程模板支撑体系和脚手架较大及以上事故按季度占比图

2020—2022 年，单月发生模板支撑体系和脚手架较大及以上事故起数最多的是 9 月和 11 月。其中，9 月发生 2 起事故，导致 7 人死亡，分别占比为 22.22% 和 17.5%；11 月发生 2 起事故，导致 9 人死亡，分别占比为 22.22% 和 22.5%。

其次是 1、3、6、7 和 10 月，均发生了 1 起模板支撑体系和脚手架较大及以上事故，死亡人数分别为 6、4、3、3、8 人。事故起数分别占比为 11.11%，而死亡人数分别为总数的 15%、10%、7.5%、7.5% 和 20%。2、4、5、8 和 12 月均未发生模板支撑体系和脚手架较大及以上事故（图 7）。

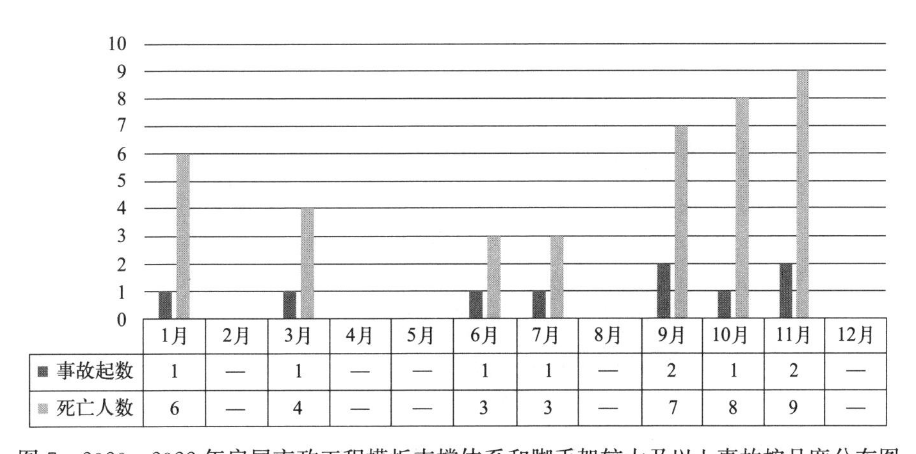

	1月	2月	3月	4月	5月	6月	7月	8月	9月	10月	11月	12月
事故起数	1	—	1	—	—	1	1	—	2	1	2	—
死亡人数	6	—	4	—	—	3	3	—	7	8	9	—

图 7　2020—2022 年房屋市政工程模板支撑体系和脚手架较大及以上事故按月度分布图

每年的第四季度至次年1月为岁末年初阶段，是工程项目完成年度建设任务的关键期，施工企业抢进度、赶工期意愿强烈，且随着天气转冷，雨雪冰冻、大风寒潮等灾害性天气多发，各类安全风险交织叠加，再加上春节前施工人员思归，易引发情绪波动，导致该阶段模板支撑体系和脚手架事故多发频发。每年2、3月恰逢春节，大部分工地停工，事故起数也相对较少。

5. 按作业环节统计

2020—2022年，模板支撑体系和脚手架较大及以上事故中，按作业环节可分为两个阶段，即混凝土浇筑阶段和其他作业阶段。在这两个阶段中，发生模板支撑体系和脚手架较大及以上事故最多的是混凝土浇筑阶段，发生6起事故，导致31人死亡，分别占比为66.67%和77.5%。而在其他作业阶段，发生3起事故，导致9人死亡，分别占比为33.33%和22.5%（图8）。

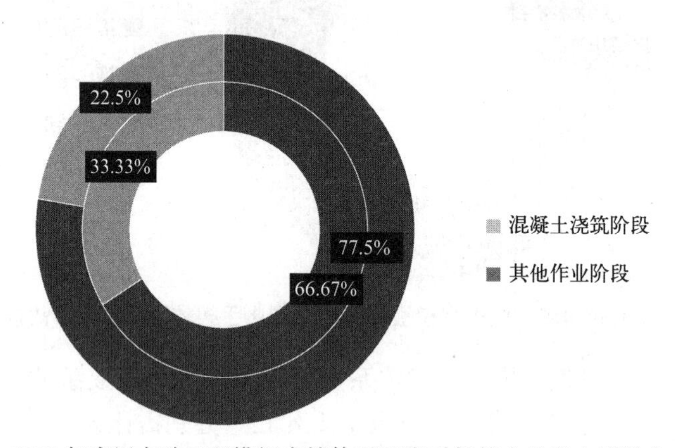

图8 2020—2022年房屋市政工程模板支撑体系和脚手架较大及以上事故作业环节占比图

2020—2022年的房屋市政工程模板支撑体系和脚手架较大及以上事故主要发生在混凝土浇筑阶段，其中浇筑中期是事故发生的高发期。浇筑中期发生4起事故，导致21人死亡，分别占比为66.67%和67.74%。其次是浇筑后期，发生2起事故，导致10人死亡，分别占比为33.33%和32.26%（图9）。

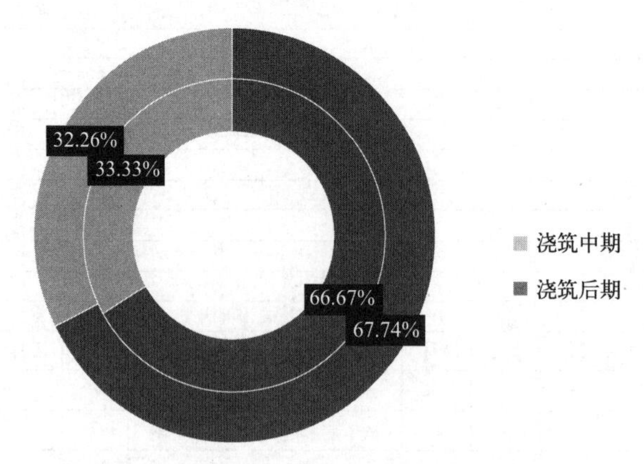

图9 2020—2022年房屋市政工程模板支撑体系和脚手架较大及以上事故浇筑作业占比图

模板浇筑过程中，振捣等动力作用是影响模板支撑体系稳定性的重要原因，加之模架搭设不规范，不按标准工序浇筑混凝土等问题交织，导致模板支撑体系失稳坍塌。模板支撑体系的动力稳定承载力小于静力稳定承载力（前者约为后者的 75%），所以大部分坍塌事故发生在动力作用相对集中的混凝土浇筑中期和后期。

6. 事故预防措施建议

（1）每年 1 月、第四季度等重点时段，有针对性地提醒企业和项目加大模板支撑体系和脚手架工程隐患排查治理力度。

（2）混凝土浇筑过程中，尤其是中、后期时，要安排专人加强对架体变形和位移情况的监测，发现事故征兆要立即组织人员撤离现场作业人员，有效预防人员伤亡事故的发生。

（3）督促建筑施工企业加强对架子工安全交底和现场作业的管理，按照标准规范搭设模板支撑体系和脚手架，浇筑混凝土，减少违章指挥和违规操作行为。

（4）扣件式钢管模板支撑体系坍塌事故是模板支撑体系和脚手架事故的主要类型。应当加快模板支撑体系和脚手架升级换代，采用更合理、安全系数更高的新型脚手架结构代替传统的扣件式钢管脚手架。

8.2 土方、基坑坍塌较大及以上事故

2020—2022 年，全国房屋市政工程共发生土方、基坑坍塌较大及以上事故 9 起，死亡 58 人。其中，发生重大事故 2 起，死亡 28 人；发生较大事故 7 起，死亡 30 人。2021 年发生较大及以上事故起数最多，共计 4 起，造成 23 人死亡；其次是 2020 年，发生较大及以上事故 3 起，造成 16 人死亡；发生事故起数最少的是 2022 年，共发生 2 起，造成 19 人死亡（图 1）。

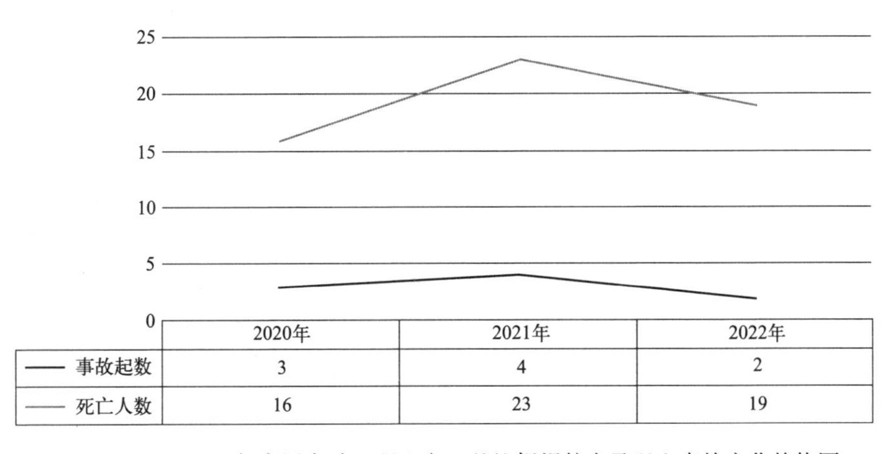

	2020年	2021年	2022年
—— 事故起数	3	4	2
—— 死亡人数	16	23	19

图 1　2020—2022 年房屋市政工程土方、基坑坍塌较大及以上事故变化趋势图

1. 按地区统计

2020—2022 年，土方、基坑坍塌较大及以上事故死亡人数前 3 位的地区依次是广东（2 起、18 人）、贵州（2 起、17 人）、广西（1 起、9 人），见图 2。

2020—2022 年，有 9 个地区发生过土方、基坑坍塌较大及以上事故，具体事故见

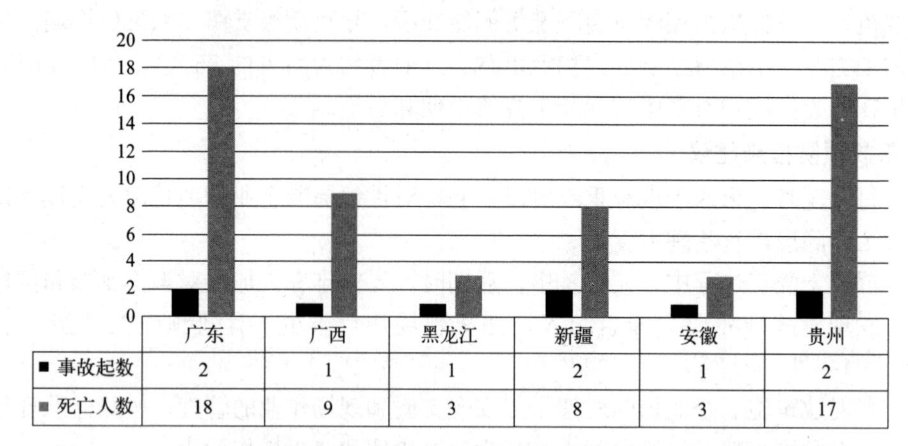

图2 2020—2022年房屋市政工程土方、基坑坍塌较大及以上事故按地区分布图

表1。

2020—2022年房屋市政工程土方、基坑坍塌较大及以上事故统计表　　　　表1

序号	事故名称	省份	死亡人数
1	广西壮族自治区百色市"9·10"较大隧道坍塌事故	广西壮族自治区	9
2	广东省广州市"11·23"较大坍塌事故	广东省	4
3	黑龙江省绥化市"8·16"较大坍塌事故	黑龙江省	3
4	广东省珠海市"7·15"重大透水事故	广东省	14
5	新疆维吾尔自治区昌吉市"9·19"坍塌较大事故	新疆维吾尔自治区	3
6	安徽省六安市"2021·5·22"较大坍塌事故	安徽省	3
7	贵州省遵义市"1·14"较大坍塌事故	贵州省	3
8	贵州省毕节市"1·3"在建工地山体滑坡重大事故	贵州省	14
9	新疆维吾尔自治区喀什市"7·18"较大坍塌事故	新疆维吾尔自治区	5

广东、广西等沿海地区地质条件复杂，许多工程项目淤泥质土含水量高，承载力较差，且受暴雨、台风等不利天气影响，基坑施工存在较大风险。贵州地区气候多雨，季节性降雨导致土壤湿润，增加土方和基坑坍塌的危险性。加之一些施工企业和项目在基坑施工中未充分考虑土质情况，不按专项施工方案进行施工，基坑支护及监测不到位，都是基坑坍塌事故发生的重要原因。

2. 按事故企业统计

从企业性质情况看，中央管理的建筑施工企业和地方国有企业在土方、基坑坍塌方面发生的较大及以上事故较少。中央管理的建筑施工企业发生2起事故，导致17人死亡，分别占比为22.22%和29.31%；地方国有企业发生3起事故，导致28人死亡，分别占比为33.33%和48.28%；相反，其他企业发生的土方、基坑坍塌较大及以上事故较多，共计4起，造成13人死亡，分别占比为44.44%和22.41%（图3）。

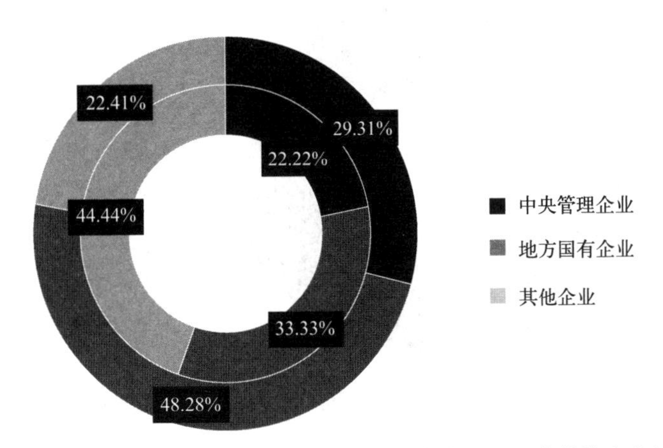

图3 2020—2022年房屋市政工程土方、基坑坍塌较大及以上事故按企业性质占比图

从企业资质情况看，特级企业在土方、基坑坍塌方面发生的较大及以上事故死亡人数最多，共发生2起事故，导致28人死亡，分别占比为22.22%和48.28%。其次是一级企业，共发生4起事故，导致19人死亡，分别占比为44.44%和32.76%。二级企业共发生2起事故，导致6人死亡，分别占比为22.22%和10.34%。相较而言，三级企业发生土方、基坑坍塌较大及以上事故死亡人数最少，共发生1起事故，导致5人死亡，分别占比为11.11%和8.62%（图4）。

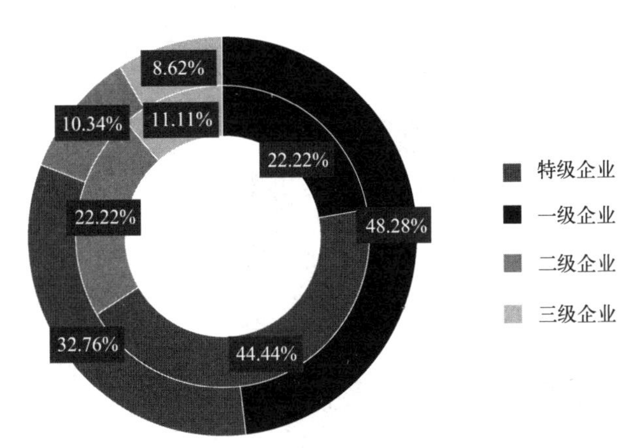

图4 2020—2022年房屋市政工程土方、基坑坍塌较大及以上事故按企业资质占比图

特级企业承揽的高层、超高层建筑较多，其深基坑工程多数情况复杂、施工难度大，发生土方、基坑坍塌的群死群伤事故的风险也相对较高。

3. 按项目类型统计

2020—2022年，市政基础设施项目在土方、基坑坍塌方面发生的较大及以上事故最多，共发生6起事故，导致37人死亡，分别占比为66.67%和63.79%。其次为公共建筑项目，发生较大及以上事故2起，死亡18人，分别占比为22.22%和31.04%。相对而言，住宅项目在土方、基坑坍塌方面发生的较大及以上事故最少，共发生1起事故，导致3人死亡，分别占比为11.11%和5.17%（图5）。

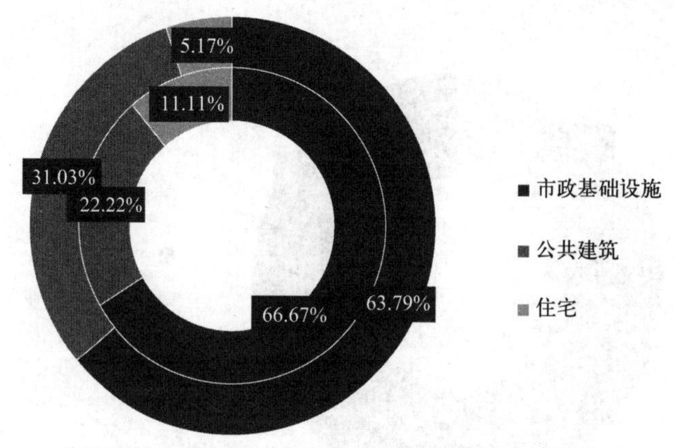

图5 2020—2022年房屋市政工程土方、基坑坍塌较大及以上事故按项目类型占比图

土方、基坑坍塌较大及以上事故中，公共建筑和市政基础设施项目占比较高。主要因为公共建筑和市政基础设施项目中的交通工程、地下管线工程等施工环境复杂，深基坑占比较大，易发生群死群伤事故。

4. 按发生季度统计

2020—2022年，单季度发生土方、基坑坍塌较大及以上事故起数最多的是第三季度，共发生5起事故，导致34人死亡，分别占比为55.56%和58.62%。其次是第一季度，共发生2起事故，导致17人死亡，分别占比为22.22%和29.31%。相较而言，第二季度与第四季度发生土方、基坑坍塌较大及以上事故起数最少，均只发生1起事故，占比均为11.11%。相对应地，第二季度死亡3人，占比为5.17%；第四季度死亡4人，占比为6.9%（图6）。

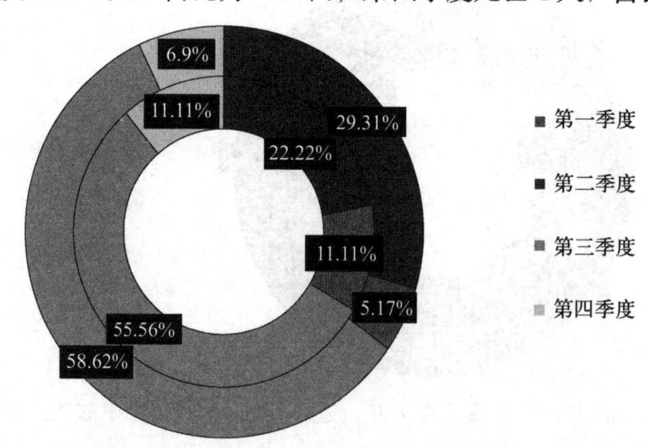

图6 2020—2022年房屋市政工程土方、基坑坍塌较大及以上事故按季度占比图

2020—2022年，单月发生土方、基坑坍塌较大及以上事故死亡人数最多的为7月，共发生2起事故，导致19人死亡，分别占比为22.22%和32.76%。其次是1月和9月，均发生2起事故，占比为22.22%。相对应地，1月死亡17人，占比为29.31%；9月死亡12人，占比为20.69%。11月共发生1起事故，导致4人死亡，分别占比为11.11%和6.9%。相对而言，5月和8月均发生土方、基坑坍塌较大及以上事故1起且死亡人数最

少，均为 3 人，事故起数与死亡人数分别占比为 11.11%和 5.17%。从统计情况来看，2、3、4、6、10、12 月未发生较大及以上事故（图 7）。

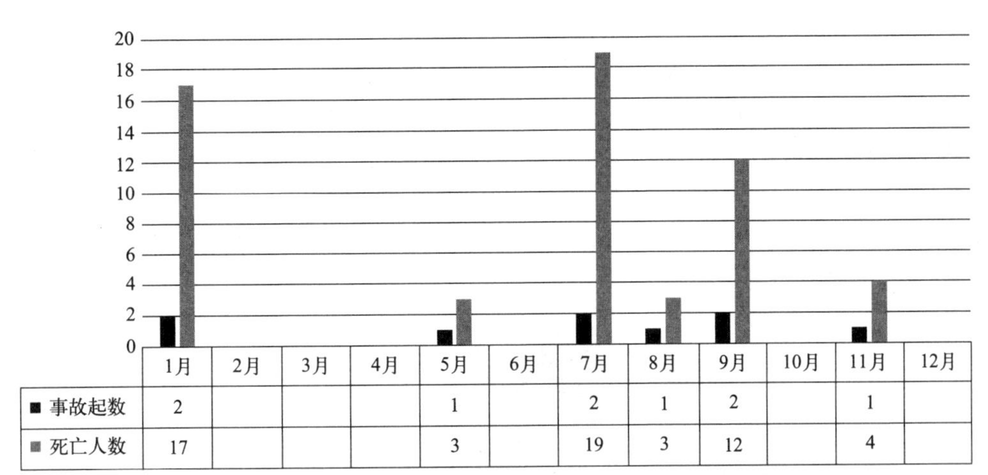

	1月	2月	3月	4月	5月	6月	7月	8月	9月	10月	11月	12月
■ 事故起数	2				1		2	1	2		1	
■ 死亡人数	17				3		19	3	12		4	

图 7　2020—2022 年房屋市政工程土方、基坑坍塌较大及以上事故按月度分布图

事故高发月份之所以为 1、7 和 9 月，主要原因在于季节性气象变化。1 月份天气寒冷引发结冰，导致支护结构铁件的低温脆断、土体的冻胀破坏等问题；7 月份雨期导致基坑坍塌的风险增加；9 月份则受到季节性节假日的人员疲劳和工作压力的影响。此外，特定月份有更多基础工程施工活动，提高了事故发生的可能性。

5. 按破坏形式统计

2020—2022 年，土方、基坑坍塌较大及以上事故按破坏形式可分为 4 种类型，包括：边坡失稳、突涌、支撑失稳、渗流破坏。发生土方、基坑坍塌较大及以上事故起数最多的破坏形式为边坡失稳，共发生 6 起，导致 32 人死亡，分别占比为 66.67%和 55.17%。相较之下，发生突涌、支撑失稳以及渗流破坏的事故相对较少。发生突涌较大及以上事故 1 起，导致 14 人死亡，分别占比为 11.11%和 24.14%；发生支撑失稳较大及以上事故 1 起，导致 9 人死亡，分别占比为 11.11%和 15.52%；发生渗流破坏较大及以上事故 1 起，导致 3 人死亡，分别占比为 11.11%和 5.17%（图 8）。

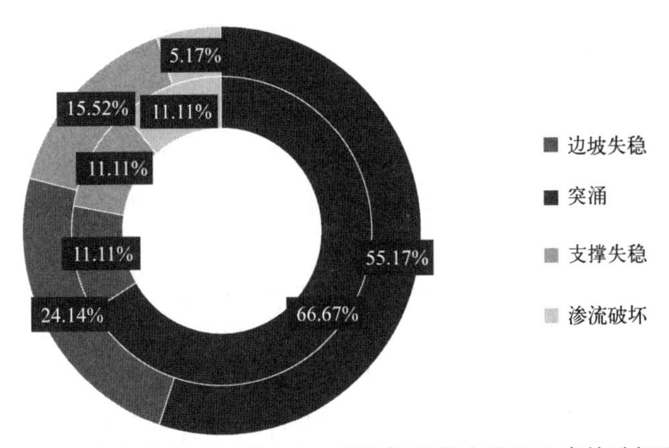

图 8　2020—2022 年房屋市政工程土方、基坑坍塌较大及以上事故破坏形式占比图

上述统计显示，土方、基坑坍塌事故预防重点是要加强对边坡周边水环境和支护结构监测等安全管控措施。

6. 按施工阶段统计

2020—2022年，土方、基坑坍塌较大及以上事故按施工过程可分为3个阶段，包括：基础工程、主体结构、管道敷设。发生较大及以上事故起数最多的阶段为基础工程，共发生4起事故，导致24人死亡，分别占比为44.44%和41.38%。其次为管道敷设，共发生3起事故，导致11人死亡，分别占比为33.33%和18.97%。发生较大及以上事故起数最少的阶段为主体结构，共发生2起事故，导致23人死亡，分别占比为22.23%和39.65%（图9）。

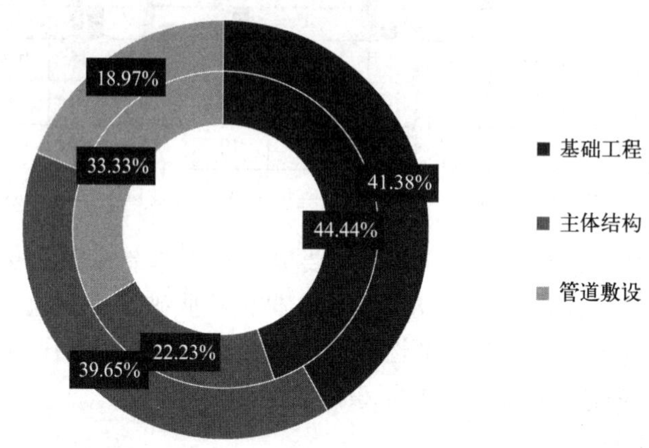

图9 2020—2022年房屋市政工程土方、基坑坍塌较大及以上事故按施工阶段占比图

基础工程通常涉及土方开挖、基坑支护等复杂操作，基础工程会面临复杂的地层情况，如土质松软、岩石、含水层等，增加了土方开挖和基坑支护的难度，也提高了事故发生的可能性。

主体结构在房屋市政工程中事故虽然数量相对较少，但其所造成的人员伤亡较高，这反映了在这两个施工阶段中事故的伤害程度较为严重。这种情况源于主体结构施工通常涉及复杂的结构设计和工程要求，包括高楼建筑、隧道、桥梁等，这使得事故发生的概率较低。但一旦发生，由于工程的特殊性，其伤害程度较为严重。

7. 事故预防措施建议

（1）广东、广西等沿海地区以及贵州等地质条件复杂地区，在工程前期，进行详细的地质勘测和评估，了解土地特性、地下水位等因素，以科学、合理的方式规划施工方案。制定和执行严格的安全标准和规范，确保土方和基坑工程按照合适的安全措施进行，包括合理的支护结构和排水系统。

（2）每年汛期，针对边坡失稳、突涌等重大风险点情形，要加强风险管控和隐患排查治理工作。特别是注意对地下水的风险管控，要采取必要的降水、排水、隔水等措施。

（3）对于基础工程，需要在项目启动前充分了解工程环境，进行详细的地质勘测和水文地质调查，确保对地质条件、地下水位等因素有准确全面的了解。通过科学、合理的工程设计，制订安全施工方案，并在项目实施过程中始终贯彻执行。

8.3 高处坠落较大及以上事故

2020—2022年，全国房屋市政工程共发生3起高处坠落较大事故，导致9人死亡。在此期间，未发生高处坠落重大及以上事故。2020年发生事故起数最多，共发生2起事故，造成6人死亡。其次为2021年，共发生1起事故，造成3人死亡。2022年，我国未发生高处坠落较大及以上事故。2020—2022年高处坠落较大及以上事故的起数和死亡人数呈连续下降趋势，见图1。

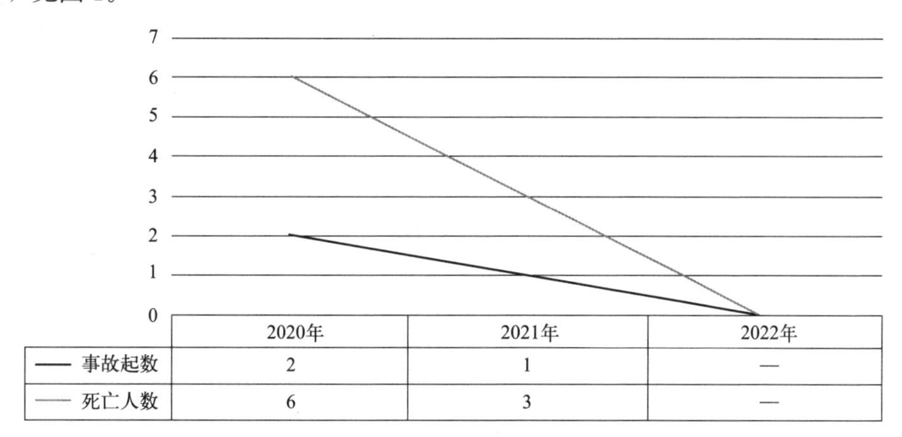

图1 2020—2022年房屋市政工程高处坠落较大及以上事故总量变化趋势图

1. 按地区统计

2020—2022年，有3个地区发生高处坠落较大及以上事故，分别是山西（1起、3人）、内蒙古（1起、3人）、江苏（1起、3人），见图2、表1。

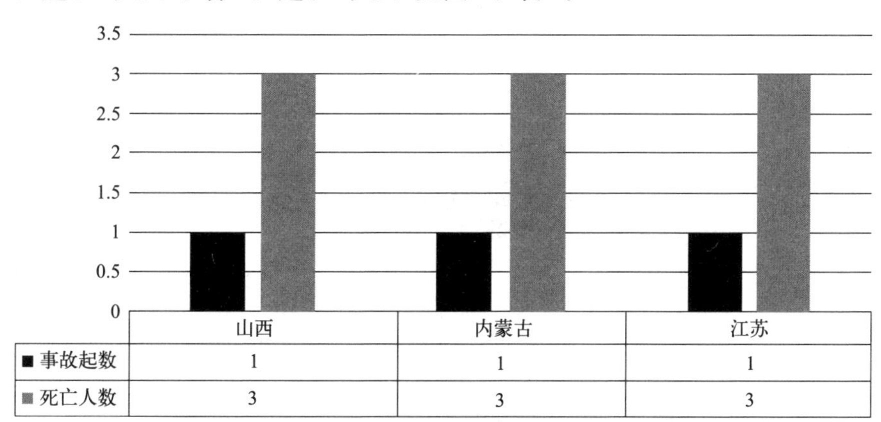

图2 2020—2022年房屋市政工程高处坠落较大及以上事故按地区分布图

2020—2022年房屋市政工程高处坠落较大及以上事故统计表 **表1**

序号	年份	事故名称	省份	死亡人数
1	2020年	内蒙古自治区包头市"5·19"起重伤害较大生产安全事故	内蒙古	3

续表

序号	年份	事故名称	省份	死亡人数
2	2020年	山西省晋城市“11·4”施工升降机高处坠落较大事故	山西省	3
3	2021年	江苏省苏州市“12·22”高处坠落事故	江苏省	3

2. 按事故企业统计

从企业性质情况看，地方国有企业在高处坠落方面发生较大及以上事故较少，共1起，导致3人死亡，分别占比为33.33%和33.33%；而其他企业发生较大及以上事故较多，共发生2起，导致6人死亡，分别占比为66.67%和66.67%。中央管理的建筑施工企业未发生高处坠落较大及以上事故，见图3。

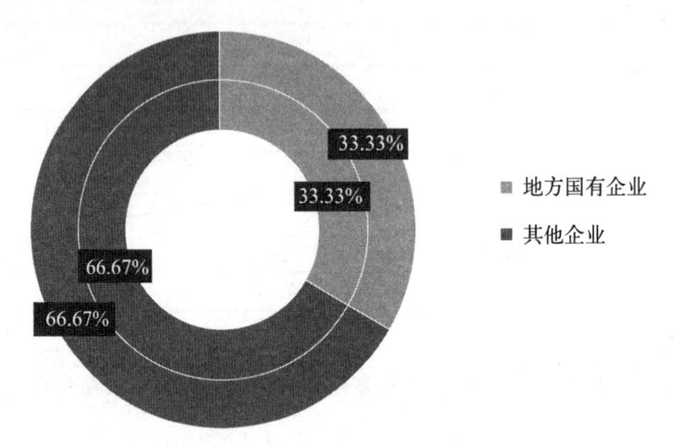

图3　2020—2022年房屋市政工程高处坠落较大及以上事故按企业性质占比图

从企业资质情况看，特级企业发生高处坠落较大及以上事故1起，死亡3人，分别占比为33.33%和33.33%；一级企业发生较大及以上事故1起，死亡3人，分别占比为33.33%和33.33%；二级企业发生较大及以上事故1起，死亡3人，分别占比为33.33%和33.33%，见图4。

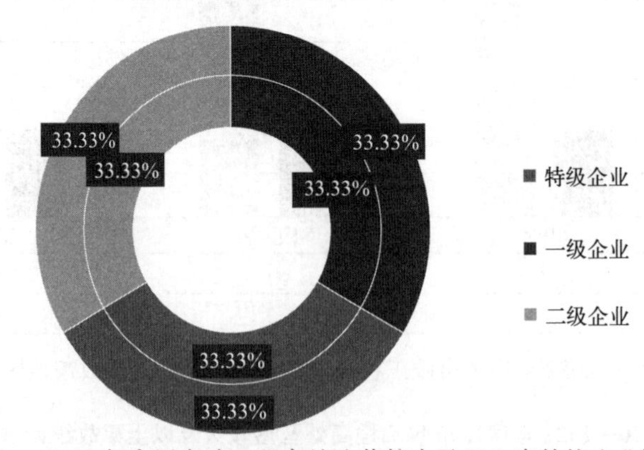

图4　2020—2022年房屋市政工程高处坠落较大及以上事故按企业资质占比图

从较大及以上事故情况分析，高处坠落事故的发生多与施工作业人员的安全生产意识相关。施工作业人员多为进城务工人员，其安全生产意识淡薄，安全防护技能较低，发生个人坠落的事故比率较高，与企业的资质等级没有直接的关联。

3. 按项目类型统计

2020—2022 年，发生的高处坠落较大及以上事故全部为住宅项目。

在住宅项目中，工人需要进行高空建筑、维护或修理工作。这类型工作涉及在建筑物高处执行任务，需要使用梯子、脚手架、吊篮等设备。然而，不当的操作或设备使用会显著增加高处坠落事故的风险。

4. 按发生季度统计

2020—2022 年，单季度发生高处坠落较大及以上事故起数最多的是第四季度，共发生 2 起，导致 6 人死亡，分别占比为 66.67%和 66.67%；其次是第二季度，发生较大及以上事故 1 起，导致 3 人死亡，分别占比为 33.33%和 33.33%。第一季度和第三季度均未发生高处坠落较大及以上事故，见图 5。

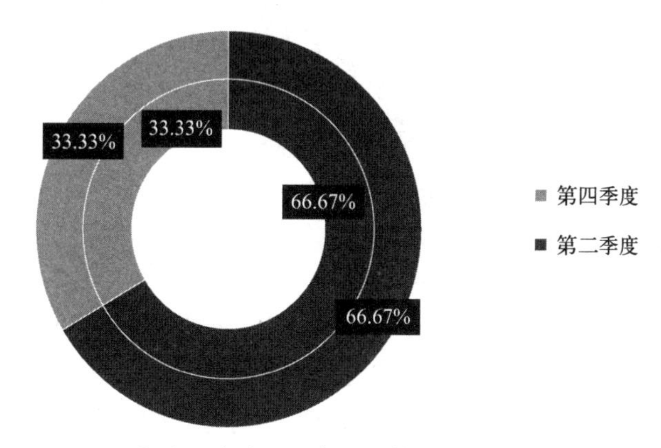

图 5　2020—2022 年房屋市政工程高处坠落较大及以上事故按季度占比图

2020—2022 年，单月发生高处坠落较大及以上事故的月份是 5 月、11 月以及 12 月，均发生 1 起，导致 3 人死亡，分别占比为 33.33%和 33.33%。其他月份均未发生高处坠落较大及以上事故，见图 6。

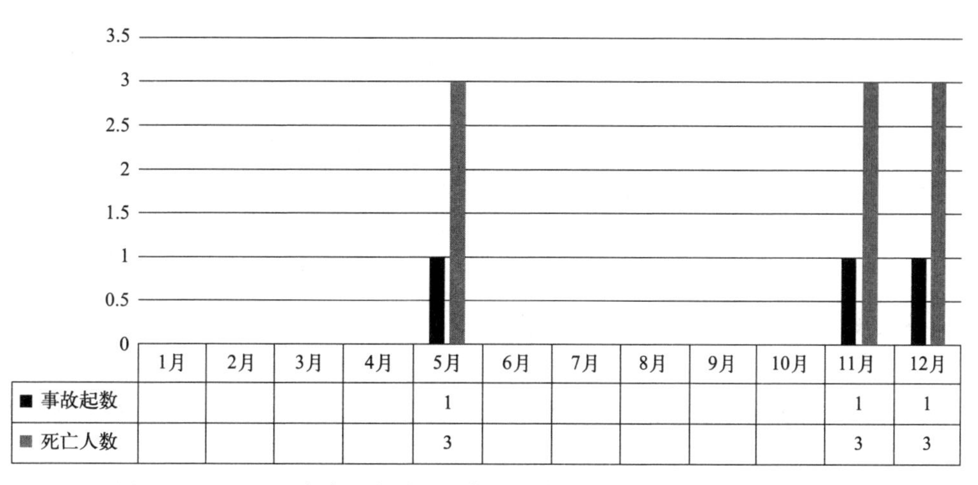

	1月	2月	3月	4月	5月	6月	7月	8月	9月	10月	11月	12月
■ 事故起数					1						1	1
■ 死亡人数					3						3	3

图 6　2020—2022 年房屋市政工程高处坠落较大及以上事故按月度分布图

5. 按施工阶段统计

2020—2022 年，高处坠落较大及以上事故按施工过程可分为 2 个阶段，包括：建筑物外立面和屋顶及主体结构施工。发生高处坠落较大及以上事故最多的阶段为建筑物外立面和屋顶施工，共发生 2 起，导致 6 人死亡，分别占比为 66.67%和 66.67%。相对而言，发生高处坠落较大及以上事故最少的阶段为主体结构施工，共发生 1 起，导致 3 人死亡，分别占比为 33.33%和 33.33%，见图 7。

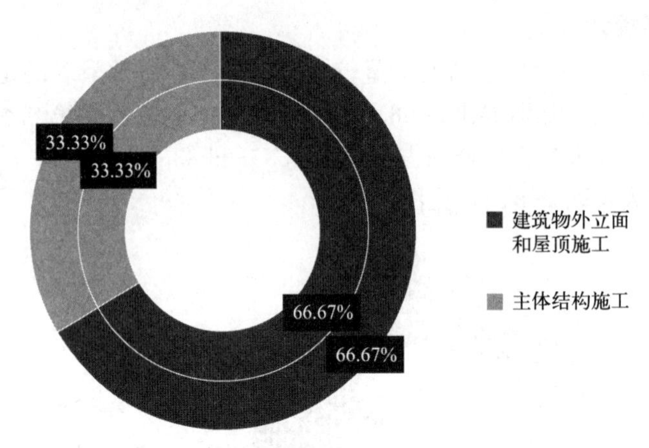

图 7 2020—2022 年房屋市政工程高处坠落较大及以上事故按施工阶段占比图

建筑物外立面和屋顶施工阶段通常牵涉高处作业，包括脚手架的搭建、外墙和屋顶结构的安装等工作。由于作业活动使作业人员置身于高危险位置，高处作业的风险显著增加。在这一施工阶段，安全护栏、安全网的过早拆卸以及没有适当的个人防护装备等，缺乏必要的安全措施，工人在高处进行作业时都极其容易发生坠落事故。

6. 按发生部位统计

2020—2022 年，高处坠落较大及以上事故按发生部位分为两个类型，包括：施工升降机和附着式电动施工平台。发生高处坠落伤害较大及以上事故起数最多的部位为施工升降机，共发生 2 起，导致 6 人死亡，分别占比为 66.67%和 66.67%。发生高处坠落伤害较大及以上事故起数最少的部位是附着式电动施工平台，共发生 1 起，导致 3 人死亡，分别占比为 33.33%和 33.33%，见图 8。

施工升降机和附着式电动施工平台通常用于高处作业，这种作业环境下发生高处坠落事故的风险相对较高。施工升降机和附着式电动施工平台是特殊的工程机械，其安全性对事故的预防至关重要。设备存在故障、操作不当等问题，都增加了高处坠落事故的潜在风险。

7. 事故预防措施建议

（1）督促施工总承包单位开展全员预防高坠事故的教育培训，尤其是进城务工人员、特种作业人员，要组织开展事故应急演练和体验式培训，提升全员安全防护意识和操作技能。

（2）督促建筑施工企业加强对劳务人员预防高坠事故的安全技术交底，并加强施工现场检查，对未按标准佩戴安全带、安全帽等防护用具的，要加大处罚力度。

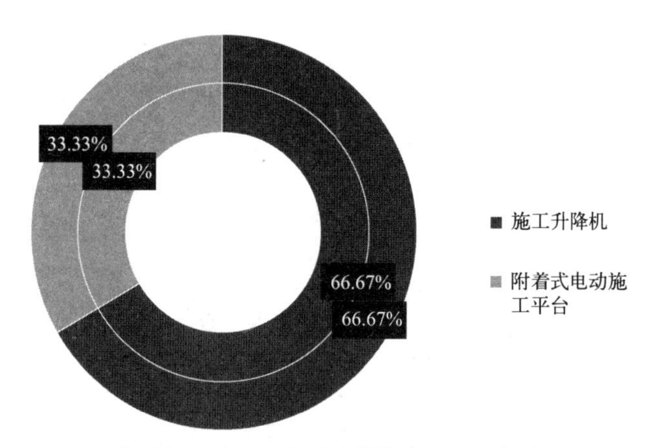

图 8　2020—2022 年房屋市政工程高处坠落较大及以上事故按发生部位占比图

（3）进行建筑物外立面和屋顶施工阶段，务必确保充足的安全措施，包括设置适当的安全护栏、使用安全网以及搭建牢固的脚手架结构等。这些措施必须符合相关法规和标准的规定，以保障工人在高度作业时的安全。

8.4　起重机械伤害较大及以上事故

2020—2022 年，全国房屋市政工程共发生了 14 起起重机械伤害较大事故，导致 47 人死亡。在此期间，未发生起重机械伤害重大及以上事故。2020 年发生事故起数最多，共发生 7 起，造成 25 人死亡。其次为 2022 年和 2021 年，各发生 4 起与 3 起，分别造成 13 人死亡与 9 人死亡。其中，2021 年在三年中发生起重机械伤害较大及以上事故起数最少（图 1）。

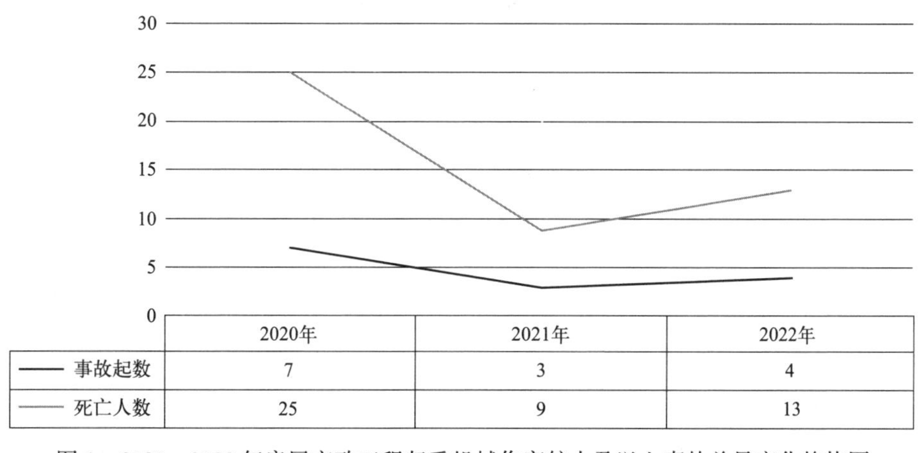

图 1　2020—2022 年房屋市政工程起重机械伤害较大及以上事故总量变化趋势图

1. 按地区统计

2020—2022 年，起重机械伤害较大及以上事故死亡人数前 3 位的地区依次是山东（3 起、10 人）、湖北（2 起、6 人）、广西（1 起、6 人），见图 2。

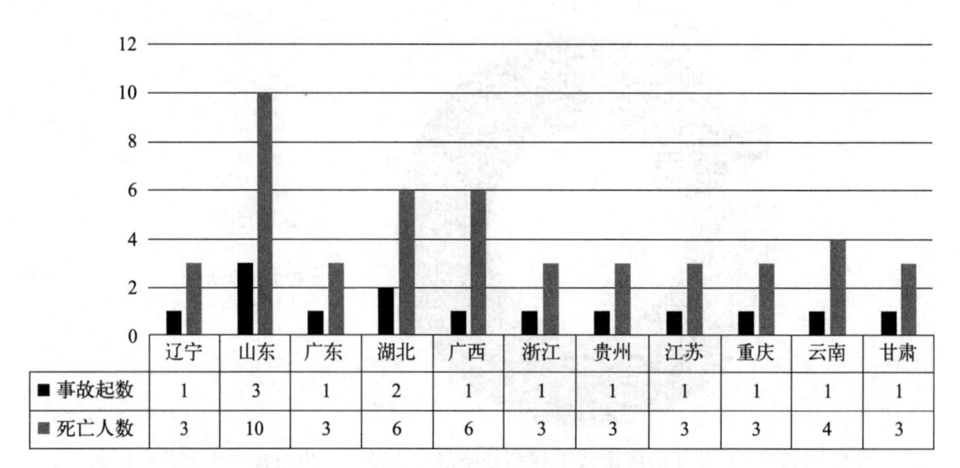

图 2 2020—2022 年房屋市政工程起重机械伤害较大及以上事故按地区分布图

2020—2022 年，有 14 个地区发生过起重机械伤害较大及以上事故，具体事故见表 1。

2020—2022 年房屋市政工程起重机械伤害较大及以上事故统计表 **表 1**

序号	年份	事故名称	省份	死亡人数
1	2020 年	广西壮族自治区玉林市“5·16”建筑施工较大事故	广西壮族自治区	6
2	2020 年	山东省日照市“10·5”较大起重伤害事故	山东省	4
3	2020 年	辽宁省沈阳市“10·22”较大起重伤害事故	辽宁省	3
4	2020 年	广东省深圳市“9·12”突发微下击暴流引发门式起重机倾覆事故	广东省	3
5	2020 年	山东省菏泽市“8·30”较大起重伤害事故	山东省	3
6	2020 年	湖北省钟祥市“7·4”较大起重伤害事故	湖北省	3
7	2020 年	浙江省宁波市“3·13”塔式起重机倒塌事故	浙江省	3
8	2021 年	湖北省鄂州市“12·8”较大起重伤害事故	湖北省	3
9	2021 年	贵州省遵义市“9·20”较大塔式起重机坍塌事故	贵州省	3
10	2021 年	山东省潍坊市“5·8”塔式起重机顶升套架滑落较大事故	山东省	3
11	2022 年	云南省曲靖市“9·3”较大起重伤害事故	云南省	4
12	2022 年	江苏省南京市“8·20”较大起重伤害事故	江苏省	3
13	2022 年	重庆市“9·8”较大起重伤害事故	重庆市	3
14	2022 年	甘肃省兰州市“5·3”起重伤害较大事故	甘肃省	3

山东、湖北等地区工程项目数量较大，使用的起重机械数量多，所以风险高，管控任务繁重，发生的较大及以上事故也比较多。

北京地区未发生起重机械伤害较大及以上事故，主要是因为北京地区对起重机械管控措施比较到位。如北京地区一是对从事建筑起重机械检验的机构进行管控，保持检验机构的合理发展空间，促进检验机构的良性发展，保证起重机械检验检测的高质量；二是建立起重机械安全监管信息管理系统，涵盖多种基础信息库，配合市区住房和城乡建设部门完成相关事项办理，并留存受理审查记录；三是大力推广政府购买服务，在市、区两级住房和城乡建设部门监督检查中，聘请第三方检验检测单位对设备进行实体检查，提高监管效能；四是对起重机械相关特种作业人员的培训、考核严格执行法律法规要求；五是实施建筑起重机械租赁企业备案和信用评价制度，将建筑起重机械租赁企业纳入监管范围；六是强化源头管理，严格实施对生产厂家及设备型号的审核。

2. 按事故企业统计

从总包单位性质情况看，中央管理的建筑施工企业和地方国有企业发生起重机械伤害的较大及以上事故相对较少。中央管理的建筑施工企业发生 1 起事故，导致 3 人死亡，分别占比为 7.14％和 6.38％。地方国有企业发生 4 起事故，导致 12 人死亡，分别占比为 28.57％和 25.53％。相较之下，其他企业起重机械伤害的较大及以上事故发生率最高，共发生 9 起，导致 32 人死亡，分别占比为 64.29％和 68.09％，见图 2。

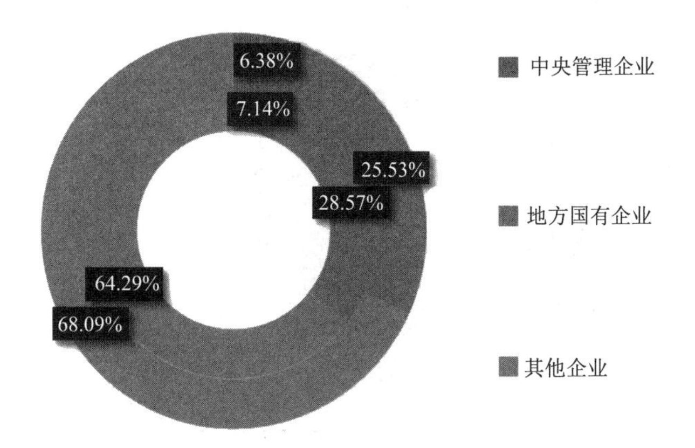

图 2 2020—2022 年房屋市政工程起重机械伤害较大及以上事故按总包单位性质占比图

从总体上看，中央管理的建筑施工企业起重机械安全管理水平优于地方国有企业和其他企业。建议下一步重点加强对地方国有企业和其他企业项目的建筑起重机械安全监管。

从总包单位资质情况看，特级企业发生 4 起起重机械伤害较大及以上事故，导致 12 人死亡，分别占比为 28.57％和 25.53％。一级企业发生 6 起起重机械伤害较大及以上事故，导致 18 人死亡，分别占比为 42.86％和 38.3％。二级企业发生 4 起起重机械伤害较大及以上事故，导致 17 人死亡，分别占比为 28.57％和 36.17％，见图 3。

2020—2022 年，由专业分包单位实施的房屋市政工程起重机械较大及以上事故总计 13 起，导致 44 人死亡。这一系列事故中，专业一级和专业三级企业占据较大比例。专业一级企业发生 5 起事故，导致 15 人死亡，分别占 13 起事故的事故起数和死亡人数的 38.46％和 34.09％。同时，专业三级企业发生 6 起事故，导致 23 人死亡，分别占 13 起事故的事故起数和死亡人数的 46.15％和 52.27％。相对而言，专业二级企业和无资质企业所涉及的事故数量较少。专业二级企业和无资质企业，均发生 1 起事故，导致 3 人死亡，分别占 13 起事故的事故起数和死亡人数的 7.69％和 6.82％，见图 3。

从以上数据可以看出，起重机械专业分包单位发生较大及以上事故集中在一级和三级企业，其发生事故的比例占到事故总量的 84.61％。一级企业通常会承揽到需要具备更高

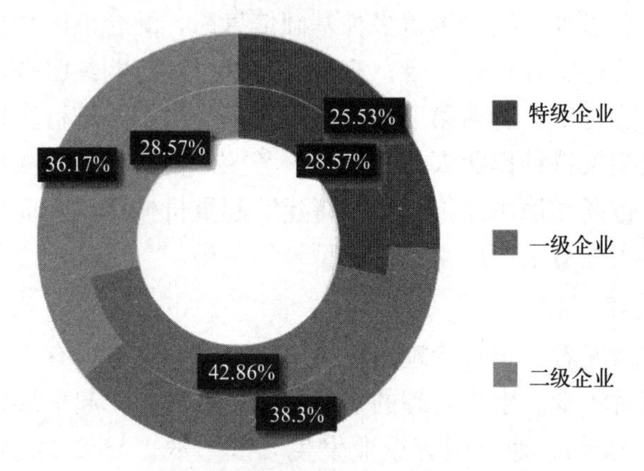

图2　2020—2022年房屋市政工程起重机械伤害较大及以上事故按总包单位资质占比图

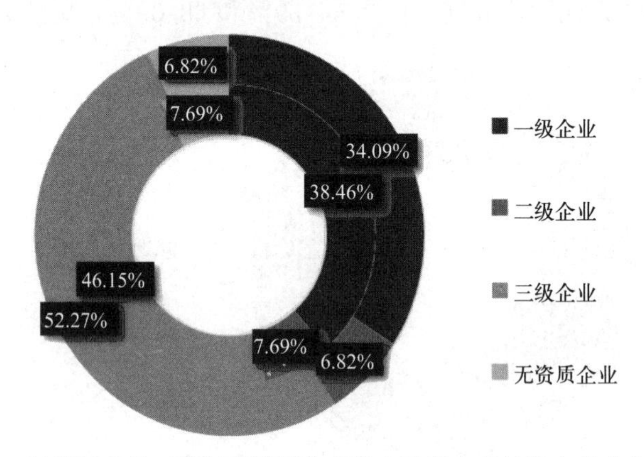

图3　2020—2022年房屋市政工程起重机械伤害较大及以上事故按专业分包单位资质占比图

的技术水平和专业知识的项目，由于工程复杂性增加而带来一些新的风险。三级企业在起重机械技术设备和人员培训方面相对较弱，导致起重机械伤害事故风险增加。

3. 按项目类型统计

2020—2022年，住宅项目的起重机械较大及以上事故最多，共发生11起，造成38人死亡，占比为78.57%和80.85%。相较之下，市政基础设施工程和公共建筑的事故数量较少，分别为2起和1起，分别占比为14.29%和7.14%。死亡人数分别为6人和3人，分别占比为12.77%和6.38%，见图4。

住宅项目通常涉及多层建筑和大型结构，因此起重机械的使用频繁且复杂。项目规模的扩大导致涉及更多危险因素，从而增加了事故发生的概率。同时，住宅项目施工工期通常有较为严格的要求，在确保项目按时完成的压力下，安全措施保障被忽视或减弱，包括未对起重机械操作进行严格监控。

4. 按发生季度统计

2020—2022年，单季度内发生的起重机械伤害较大及以上事故中，第三季度的事故起数最多，共发生7起，导致22人死亡，分别占比为50%和46.81%。其次是第二季度，发生3起，导致12人死亡，分别占比为21.43%和25.53%；第四季度，发生3起，导致10人死亡，分别占比为21.43%和21.28%。与之相比，第一季度发生事故起数和死亡人

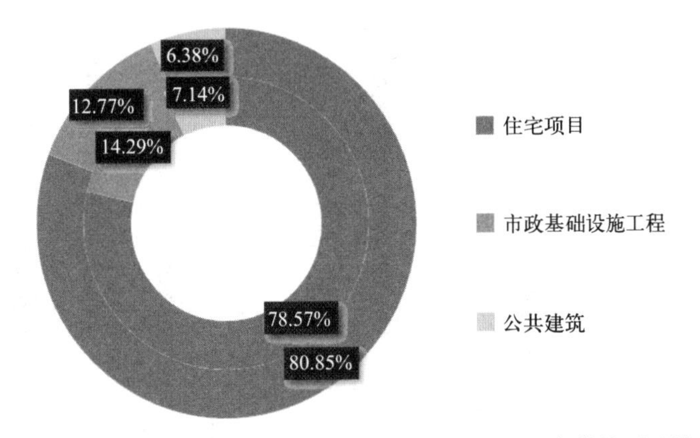

图 4　2020—2022 年房屋市政工程起重机械伤害较大及以上事故按项目类型占比图

数相对最少，发生 1 起，导致 3 人死亡，分别占比为 7.14%和 6.38%，见图 5。

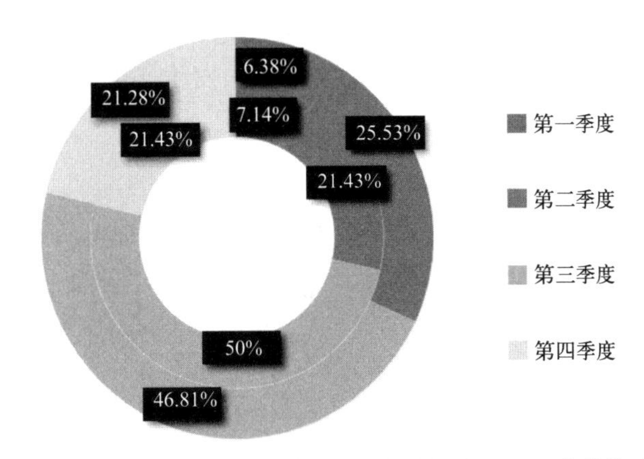

图 5　2020—2022 年房屋市政工程起重机械伤害较大及以上事故按季度占比图

2020—2022 年，单月内发生的起重机械伤害较大及以上事故中，死亡人数最多的是 9 月，共发生 4 起，导致 13 人死亡，分别占比为 28.57%和 27.66%。其次是 5 月，发生 3 起，导致 12 人死亡，分别占比为 21.43%和 25.53%。相反，3、7、8、10 和 12 月发生的较大及以上事故起数和死亡人数相对较少。其中 3、7、12 月均只发生 1 起事故，导致 3 人死亡，分别占比为 7.14%和 6.38%；8 月发生 2 起事故，导致 6 人死亡，分别占比为 14.29%和 12.77%；10 月发生 2 起事故，导致 7 人死亡，分别占比为 14.29%和 14.89%。在 1、2、4、6 以及 11 月，均未发生起重机械伤害较大及以上事故，见图 6。

值得重视的是，第三季度起重机械群死群伤事故多发频发，主要原因是第三季度是房屋市政工程项目施工的高峰阶段，由于施工量大、工程复杂性增加，高峰阶段通常伴随着紧张的工作节奏和高强度的工作压力，这导致工人的疏忽和操作失误，增加事故的风险。同时，机械设备的使用频率增加，导致设备故障、操作不当或维护不到位而引发事故。

5. 按设备类型统计

2020—2022 年，起重机械伤害较大及以上事故根据设备类型可分为三类：塔式起重机、升降机（包括施工升降机和物料提升机）、门式起重设备。其中，发生起重机械伤害较大及以上事故起数最多的设备类型是塔式起重机，共发生 12 起，导致 38 人死亡，分别

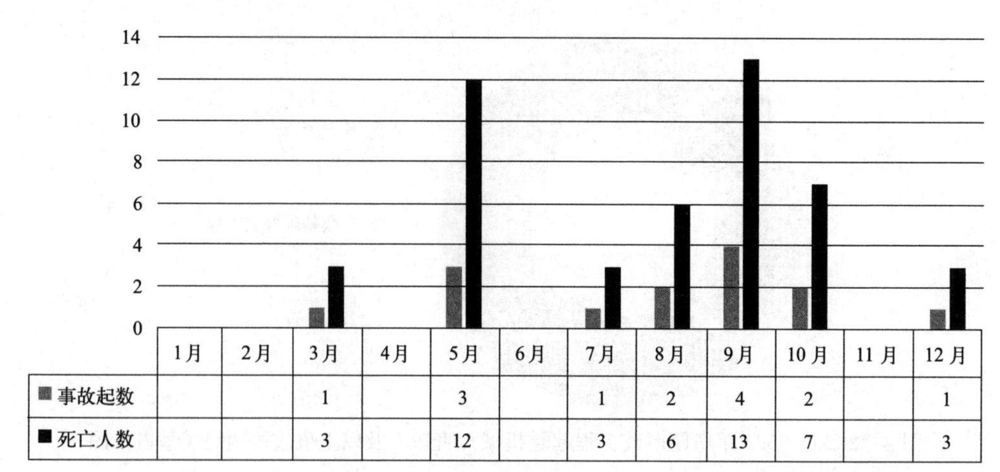

	1月	2月	3月	4月	5月	6月	7月	8月	9月	10月	11月	12月
事故起数			1		3		1	2	4	2		1
死亡人数			3		12		3	6	13	7		3

图6　2020—2022年房屋市政工程起重机械伤害较大及以上事故按月度分布图

占比为85.71%和80.85%。其次是升降机，发生1起，导致6人死亡，占比为7.14%和12.77%。相较而言，门式起重设备死亡人数最少，发生1起，导致3人死亡，占比为7.14%和6.38%，见图7。

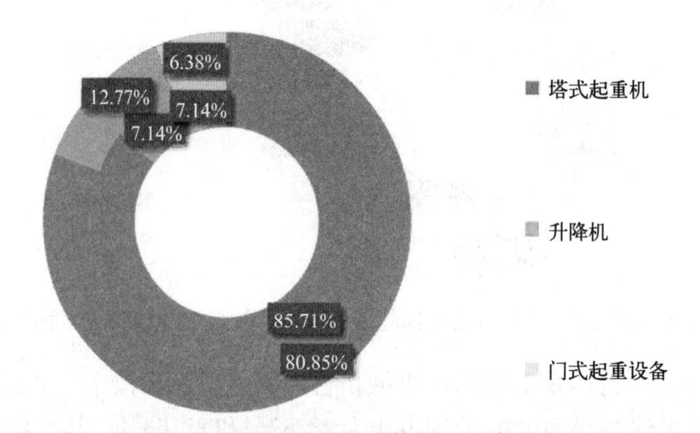

图7　2020—2022年房屋市政工程起重机械伤害较大及以上事故按设备类型占比图

从全部起重机械伤害较大及以上事故情况看，塔式起重机事故占比最高，达到了85.71%，是整体事故的防范重点。从单起事故造成的人员伤亡情况上看，升降机事故造成后果较为严重，如玉林市“5·16”施工升降机坠落较大事故造成6人死亡，是防范遏制重特大事故的重点。

6. 按事发环节统计

2020—2022年，起重机械伤害较大及以上事故可根据事发环节划分为4个阶段，分别是顶升阶段、拆卸阶段、安装阶段和使用阶段。在这些阶段中，起重机械伤害较大及以上事故的起数最多的是顶升阶段，共发生6起，导致20人死亡，分别占比为42.86%和42.55%。其次是拆卸阶段，发生4起，导致12人死亡，分别占比为28.57%和25.53%。相较而言，使用阶段和安装阶段的事故起数相对较少。使用阶段发生2起，导致9人死亡，分别占比为14.29%和19.15%；安装阶段发生2起，导致6人死亡，分别占比为14.29%和12.77%，见图8。

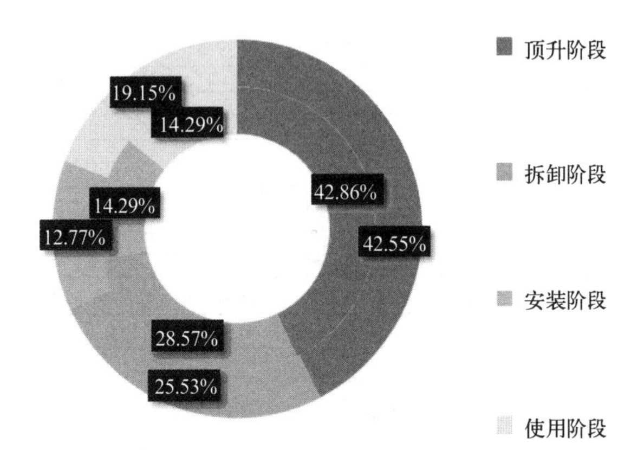

图 8　2020—2022 年房屋市政工程起重机械伤害较大及以上事故按事发环节占比图

起重机械伤害较大及以上事故中，发生在顶升环节的事故占比较高，由于顶升环节对作业班组配合和人员操作技能要求高，稍有不慎很容易发生群死群伤事故，是防范遏制起重机械伤害重特大事故的重点环节。

7. 事故预防措施建议

(1) 督促施工企业加强对塔式起重机、施工升降机等顶升、拆卸设备的重点管理，必须严格按照专项施工方案进行作业，特种作业人员必须持证上岗。

(2) 督促施工总承包单位在第三和第四季度合理安排设备管理人员在场值班，确保对分包单位安装拆卸作业实施有效管理。每年上半年重点加强起重机械拆卸环节安全管控，下半年重点加强起重机械顶升、安装作业的安全管控。

(3) 总结推广北京等地区好的经验，研究推行建筑起重机械“一体化”经营模式。培育高水平建机一体化企业和专业化工人队伍，鼓励施工总承包单位委托“一体化”企业对建筑起重机械进行管理。

(4) 依托多部委共建的安全生产监管信息化平台，共享建筑起重机械制造环节数据和设备出厂信息，推动解决产品溯源问题。加强与生产制造厂家的信息共享。

8.5　中毒、窒息和淹溺较大及以上事故

2020—2022 年，全国房屋市政工程共发生 4 起中毒、窒息和淹溺较大事故，导致 13 人死亡。在此期间内，未发生中毒、窒息和淹溺重大及以上事故。2022 年发生事故起数最多，共发生 3 起事故，造成 9 人死亡。其次为 2021 年，发生 1 起事故，造成 4 人死亡，2020 年未发生该类型事故。2020—2022 年中毒、窒息和淹溺较大及以上事故起数和死亡人数总体呈上涨趋势，见图 1。

8.5.1　按地区统计

2020—2022 年，发生中毒、窒息和淹溺较大及以上事故的地区依次是安徽（1 起、4 人）、天津（1 起、3 人）、广东（1 起、3 人）、重庆（1 起、3 人），见图 2。

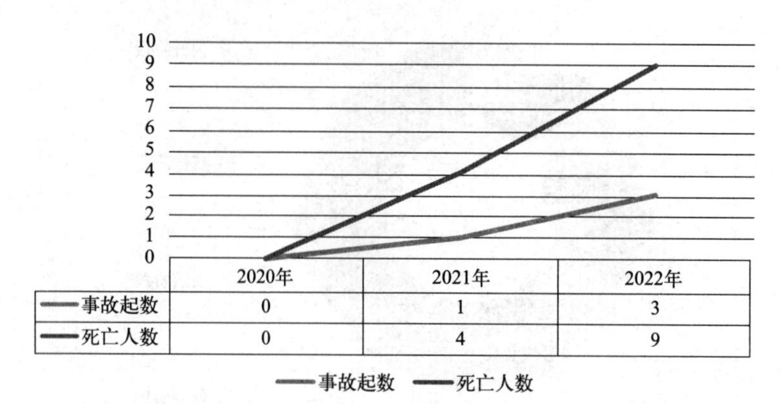

图 1 2020—2022 年房屋市政工程中毒、窒息和淹溺较大及以上事故总量变化趋势图

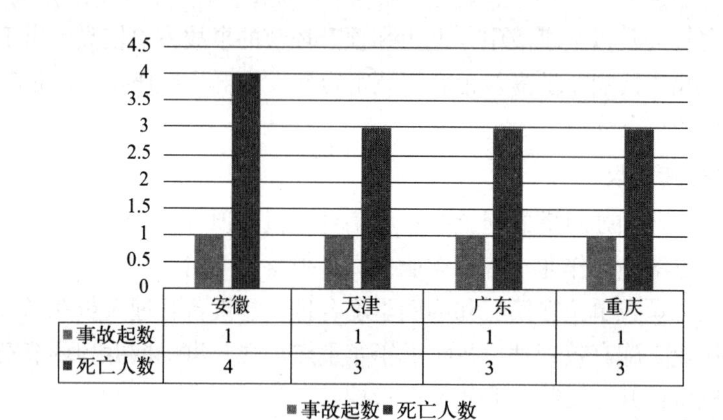

图 2 2020—2022 年房屋市政工程中毒、窒息和淹溺较大及以上事故按地区分布图

2020—2022 年，有 4 个地区发生过中毒、窒息和淹溺较大及以上事故，具体事故见表 1。

2020—2022 年房屋市政工程中毒、窒息和淹溺较大及以上事故统计表 **表 1**

序号	年份	事故名称	省份	死亡人数
1	2021	安徽省淮北市"2021・5・25"较大中毒和窒息事故	安徽省	4
2	2022	天津市东丽区"6・25"较大硫化氢中毒事故	天津市	3
3	2022	广东省中山市"6・4"较大生产安全事故	广东省	3
4	2022	重庆市荣昌区"3・19"较大中毒事故	重庆市	3

8.5.2 按事故企业统计

从企业性质情况看，其他企业发生中毒、窒息和淹溺的较大及以上事故最多，共计 3 起，导致 10 人死亡，分别占比为 75.00%和 76.92%。其次是中央管理的建筑施工企业，共发生事故 1 起，导致 3 人死亡，分别占比为 25.00%和 23.08%。地方国有企业在此期间未发生中毒、窒息和淹溺较大及以上事故，见图 3。

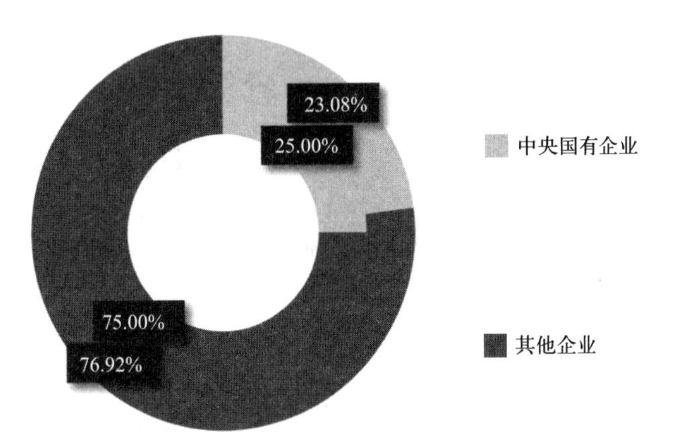

图 3　2020—2022 年房屋市政工程中毒、窒息和淹溺较大及以上事故按企业性质占比图

从企业资质情况看，特级企业在中毒、窒息和淹溺方面发生的较大及以上事故最多，共发生 3 起事故、导致 10 人死亡，占比为 75.00%和 76.92%。一级企业发生较大及以上事故较少，共发生 1 起事故、导致 3 人死亡，占比为 25.00%和 23.08%。二级企业和三级企业未发生中毒、窒息和淹溺较大及以上事故，见图 4。

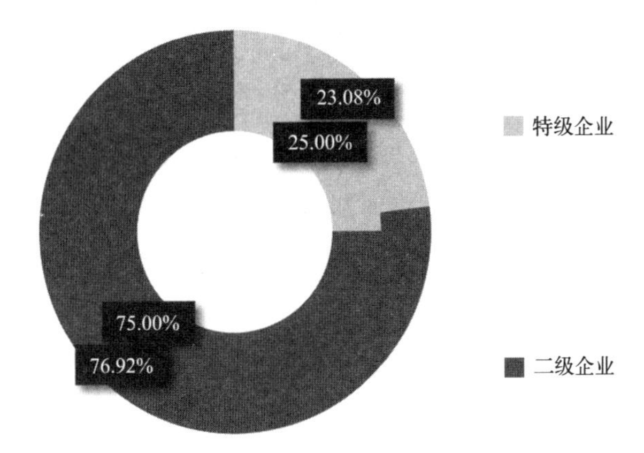

图 4　2020—2022 年房屋市政工程中毒、窒息和淹溺较大及以上事故按企业资质占比图

特级企业通常在企业资质和管理方面具有更高水平，进而会承担一些难度更高的项目，面临更复杂和危险的作业环境，包括更高的化学品使用量、更复杂的工艺流程或者更大规模的设备操作，这增加了中毒、窒息和淹溺事故发生的概率。

8.5.3　按项目类型统计

2020—2022 年，发生中毒、窒息和淹溺较大及以上事故全部为市政基础设施项目，共发生较大及以上事故 4 起、死亡 13 人。

从项目类型来看，在市政基础设施工程中经常涉及有限空间和有毒有害气体，从而面临较高的事故风险。有毒有害气体的来源包括废水处理、污水排放、垃圾处理等。这些工程涉及各种化学物质的处理，释放出对人体健康有害的气体。

8.5.4　按发生时段统计

2020—2022年，单季度发生中毒、窒息和淹溺较大及以上事故起数最多为第二季度，发生事故3起、死亡10人，分别占比为75.00%和76.92%。其次是第一季度，发生较大及以上事故1起、死亡3人，分别占比为25.00%和23.08%。第三季度和第四季度未发生中毒、窒息和淹溺较大及以上事故，见图5。

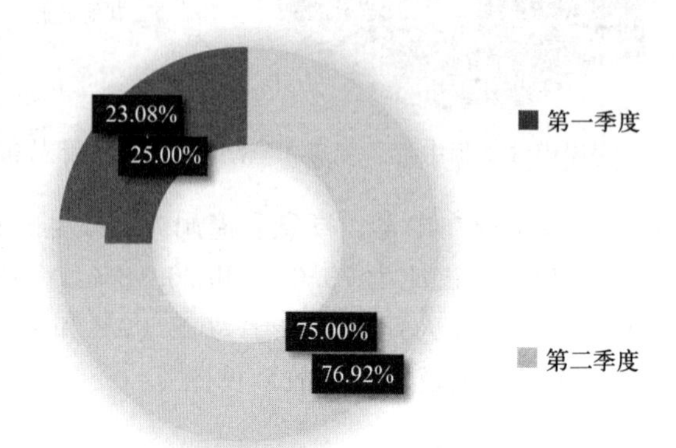

图5　2020—2022年房屋市政工程中毒、窒息和淹溺较大及以上事故按季度占比图

2020—2022年，单月发生中毒、窒息和淹溺较大及以上事故起数最多的是6月，共发生2起事故、导致6人死亡，分别占比为50.00%和46.15%。其次是3月和5月，均发生1起较大及以上事故，死亡人数分别为3人、4人。事故起数均占比为25.00%，死亡人数分别为总数的23.08%、30.77%。其他月份均未发生较大及以上事故，见图6。

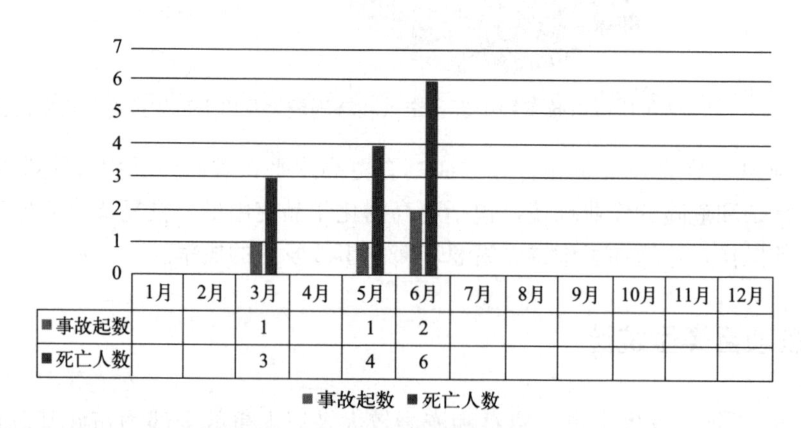

图6　2020—2022年房屋市政工程中毒、窒息和淹溺较大及以上事故按月度分布图

每年的3月至第二季度末为春夏交替阶段，是工程项目建设的关键期，施工企业抢进度、赶工期意愿强烈，且随着天气转变，气温升高、降雨等灾害性天气多发，导致该阶段事故多发、频发。

8.5.5 按发生部位统计

2020—2022 年，中毒、窒息和淹溺较大及以上事故按发生部位可分为两种，即污水井、地下管道。在这两个部位中，发生中毒、窒息和淹溺较大及以上事故最多的是污水井，发生3 起事故、导致 10 人死亡，分别占比为 75.00%和 76.92%。在地下管道发生的事故相对较少，发生 1 起事故、导致 3 人死亡，分别占比为 25.00%和 23.08%，见图 7。

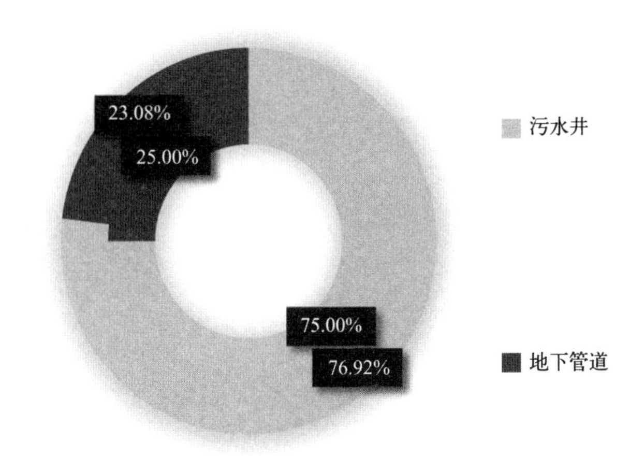

图 7 2020—2022 年房屋市政工程中毒、窒息和淹溺较大及以上事故按发生部位占比图

事故统计显示，污水井事故占比为绝大多数，这反映出在这一领域的安全措施存在不足或不够有效。缺乏适当的通风、气体检测和个人防护装备等措施是事故发生的原因。此外，施工人员对于在污水井等环境中潜在危险的认知和应对能力不足。

污水井通常是一个封闭的空间，容易发生气体堆积，尤其是有害气体，如硫化氢和甲烷的堆积。在这样的环境中，工作者如果没有采取适当的安全措施，极其容易中毒、窒息或淹溺。污水井存在污水、废水等恶劣环境，施工人员在进行相关工作时受到有害气体的侵害，其中包括对废水进行处理和维护管道系统等工作，都存在较高的风险。

8.5.6 事故预防措施建议

1. 每年 3 月、第二季度等重点时段，有针对性地提醒企业和项目加大中毒、窒息和淹溺隐患排查治理力度。

2. 施工过程中，尤其是进入有限空间作业时，要安排专人加强对有限空间内部环境的监测，发现事故隐患要立即制止人员进入现场作业，有效预防人员伤亡事故的发生。

3. 督促建筑施工企业加强对工作人员的安全交底和现场作业的管理，严格按照标准规范进行作业，加强有关知识和专业技能的培训，坚决杜绝违章指挥和违规操作行为。

4. 有毒有害气体检测不完全是导致中毒、窒息和淹溺事故发生的重要原因。应当加快检测技术和检测手段升级换代，采用更合理、安全系数更高的新型设施设备进行监测预警。